“十三五”国家重点出版物出版规划项目
城市地下综合管廊建设与管理丛书

城市地下综合管廊建设成套技术

中国建筑股份有限公司技术中心　　组织编写
油新华　申国奎　郑立宁　　等编著

中国建筑工业出版社

图书在版编目(CIP)数据

城市地下综合管廊建设成套技术/油新华等编著;中国建筑股份有限公司技术中心组织编写;—北京:中国建筑工业出版社,2018.12(2023.8重印)
(城市地下综合管廊建设与管理丛书)
ISBN 978-7-112-23065-5

Ⅰ.①城… Ⅱ.①油… ②中… Ⅲ.①市政工程-地下管道-管道工程
Ⅳ.①TU990.3

中国版本图书馆CIP数据核字(2018)第284744号

本书共13章，内容包括：概述；综合管廊的建设管理与投融资模式；综合管廊的规划；综合管廊的设计；综合管廊的明挖施工技术；综合管廊的暗挖施工技术；综合管廊的防水设计与施工；综合管廊的附属设施安装；综合管廊的运营管理；综合管廊的减灾防灾技术；综合管廊的BIM技术应用；综合管廊建设存在的问题及对策；综合管廊未来发展趋势。本书从综合管廊的建设背景、发展形势入手，重点论述了综合管廊在规划设计、土建施工、运营管理等方面的最新技术及工程案例，力求为综合管廊从业者提供一套综合管廊工程建设发展指南。

本书适用于从事综合管廊规划设计、建设、运营、维护工作的技术和管理人员参考使用，也可作为综合管廊从业人员的培训用书。

责任编辑：万　李　范业庶
责任校对：王雪竹

"十三五"国家重点出版物出版规划项目
城市地下综合管廊建设与管理丛书
城市地下综合管廊建设成套技术
中国建筑股份有限公司技术中心　组织编写
油新华　申国奎　郑立宁　等编著

*

中国建筑工业出版社出版、发行（北京海淀三里河路9号）
各地新华书店、建筑书店经销
北京佳捷真科技发展有限公司制版
建工社（河北）印刷有限公司印刷

*

开本：787×1092毫米　1/16　印张：31　字数：771千字
2018年12月第一版　2023年8月第四次印刷
定价：**80.00**元
ISBN 978-7-112-23065-5
(33147)

前　言

我国的城市综合建设，从1958年北京市天安门广场下的第一条管廊开始，经历了概念阶段、争议阶段、快速发展阶段、赶超和创新四个发展阶段，截至2015年底我国已建和在建管廊1600km，2016年一年完成开工建设2005km，2017年的计划指标是2000km，以后一直到“十三五”末每年都是以2000km的规模发展，最终将达到12000km的规模，我国即将成为名副其实的城市综合管廊超级大国。

随着综合管廊的建设发展，其建设投资模式也出现了很多变化。最早是由政府出资建设，后来出现了诸多EPC模式建设和个别BT模式的综合管廊项目，如海南三亚海榆东路综合管廊EPC项目，珠海横琴管廊BT项目，这些约占总项目数量的10%。后来《国务院办公厅关于推进城市地下综合管廊建设的指导意见》（国办发〔2015〕61号文）就提出了以PPP的模式大力推进建设综合管廊，之后大量建设的综合管廊项目基本上都是PPP项目，约占总项目数量的75%。

近几年综合管廊的建设项目数量越来越多，建设规模越来越大，给规划设计带来了严重的挑战。虽然出现了很多成功的案例，但总的来看，规划设计的总体状况是：任务不少、规划不严、规范不足、方式不一。

综合管廊工程的埋深和断面尺寸，处于地铁工程和市政管涵工程之间，总体来讲施工技术难度不高，但由于单个项目的体量越来越大，又有其独特的特点。经过近几年的不断发展，出现了越来越多的创新技术和设备，总体状况可以总结为：现浇为主、滑模为辅、预制方兴、设备重用。

国内管廊建设起步较晚，直到2015年才开始大规模的建设，近几年的管廊建设项目都还未进入全面运营管理期，运营管理方面的总体状况为：经验不足、法规不全、平台不专、标准不一。

本书从综合管廊的建设背景、发展形势入手，重点论述了综合管廊在规划设计、土建施工、运营管理等方面的最新技术及工程案例，力求为全国的综合管廊从业者提供一套综合管廊工程建设发展指南。

参加本书编写的主要人员有：油新华、申国奎、郑立宁、李祖鹏、刘献伟、余流、宁加星、冯大阔、王浩、袁梅、孟庆礼、胥方涛等。

在本书编写工程中，得到了中国建筑股份有限公司科技部蒋立红总经理的大力支持，也得到了各位参编者的全力支持，在此一并表示真诚的感谢！

因为最近几年管廊的飞速发展，新技术、新产品、新工艺的不断出现，以及作者的水平有限，因此书中难免存在错误和疏漏，敬请专家、同行和读者批评指正，以便我们在后期再版时进行修改完善。

目　录

第1章　概述

1.1　综合管廊的基本概念

1.1.1　综合管廊的基本概念

地下综合管廊，又称共同沟（英文为“UtilityTunnel”），就是指将两种以上的城市管线或所有城市地下管线（即给水、排水、电力、热力、燃气、通信、电视、网络等）集中设置于同一隧道空间中，并设置专门的检修口、吊装口和监测系统，实施统一规划、设计、建设，共同维护、集中管理，所形成的一种现代化、集约化的城市基础设施，如图1.1-1、图1.1-2所示。在城市中建设地下管线综合管廊的概念，起源于19世纪的欧洲，它的第一次出现在法国。自从1833的巴黎诞生了世界上第一条地下管线综合管廊系统后，随后英国、德国、日本、西班牙、美国等发达国家相继开始新建综合管廊工程，至今已经有将近185年的发展历程。但地下综合管廊对我国来说是一个全新的课题。我国第一条综合管廊1958年建造于北京天安门广场下，比巴黎约晚建125年。

图1.1-1　综合管廊示意图

根据收容管线输送性质的不同，综合管廊的性质与构造亦有所差异，综合管廊依其特性与功能可分为：干线综合管廊、支线综合管廊、缆线综合管廊和混合综合管廊。

(1) 干线综合管廊。收容通过性，是不直接服务沿线用户的主要管线，因此一般设置于道路中央下方，负责向支线综合管廊提供配送服务，主要收容的管线为通信、有线电视、电力、燃气、自来水等，也有的干线综合管廊将雨、污水系统纳入其中。干线综合管廊宜设置在机动车道、道路绿化带下，其覆土深度应根据地下设施竖向综

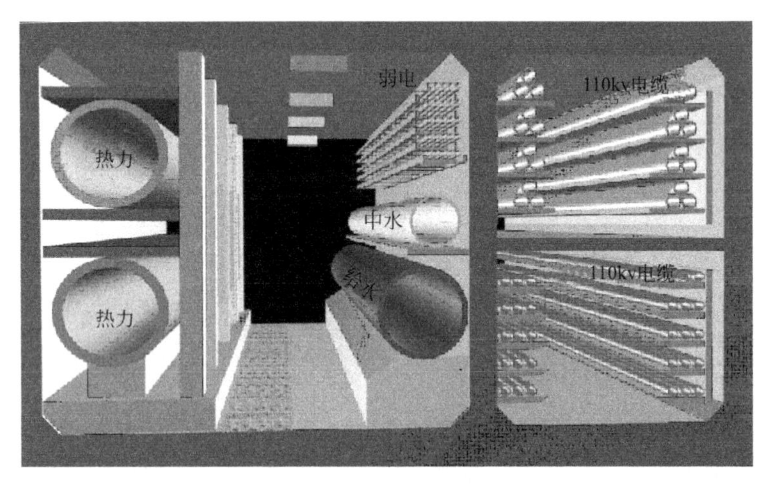

图 1.1-2　常用矩形综合管廊

合规划、道路施工、行车荷载、绿化种植及设计冻深等因素综合确定。其特点为结构断面尺寸大、覆土深、系统稳定且输送量大，具有高度的安全性，维修及检测要求高的特点。

（2）支线综合管廊。支线综合管廊为干线综合管廊和终端用户之间相联系的通道，从干管综合管廊引出来与沿线用户连接的支线，功能为收容直接服务于沿线用户的管线。支线综合管廊设置在道路绿化带、人行道或非机动车道下，其覆土深度应根据地下设施竖向综合规划、道路施工、绿化种植及设计冻深等因素综合确定。主要收容的管线为通信、有线电视、电力、燃气、自来水等直接服务的管线，结构断面以矩形居多。其特点为有效断面较小，施工费用较少，系统稳定性和安全性较高。横断布置面如图 1.1-3 所示。

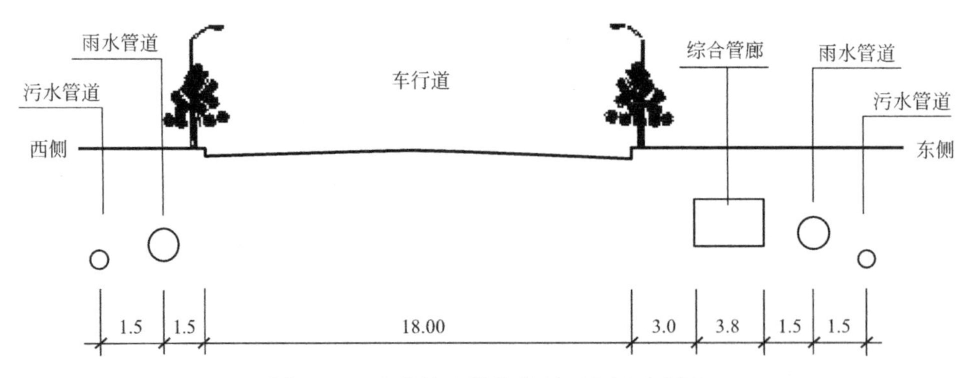

图 1.1-3　支线综合管线横断面布置示意图

（3）缆线综合管廊。收容各类缆线的一种较简单的设施，缆线综合管廊一般埋设在人行道下，其纳入的管线有电力、通信、有线电视等，管线直接供应各终端用户。其特点为空间断面较小，埋深浅，建设施工费用较少，不设有通风、监控等设备，在维护及管理上较为简单。

（4）混合综合管廊。是包括部分干管而具有支管功能的综合管廊，混合综合管廊在干线综合管廊和支线综合管廊的优缺点的基础上各有取舍，因此断面比干管综合管廊小，也是设置在人行道下方，一般适用于道路较宽的城市道路。各类综合管廊断面如图 1.1-4 所示。按其施工方法可分为明挖工法综合管廊、暗挖工法综合管廊和预制拼装综合管廊。

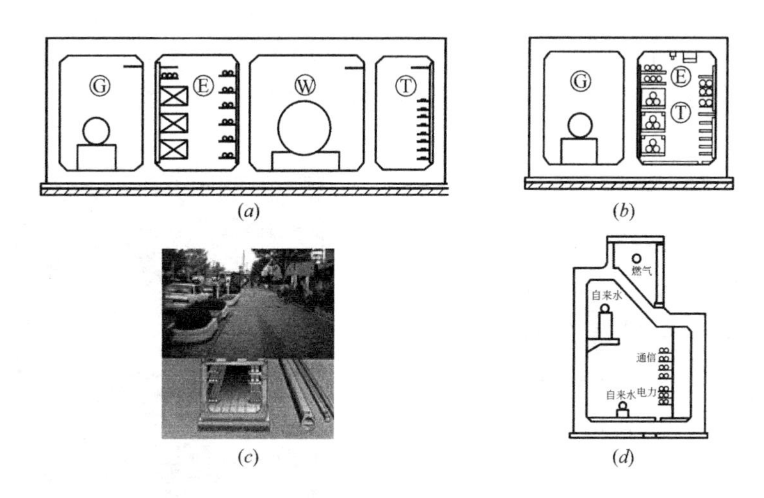

图 1.1-4　各类综合管廊

(*a*) 干线综合管廊；(*b*) 支线综合管廊；(*c*) 缆线综合管廊；(*d*) 混合综合管廊

1.1.2　综合管廊常见的断面形式

1. 矩形涵管

矩形混凝土涵管（称为箱涵或方涵）因其形状简单，空间大，可以按地下空间要求改变宽和高，布置管线面积利用充分。因而，至今是用得最多的一种管型，如图 1.1-5 所示。缺点是结构受力不利，相同内部空间的涵管，用钢量和混凝土材量较多，成本加大；同时大尺寸箱涵难于应用顶进工法施工，只适用于开槽施工工法，限制了其使用范围。当前地下综合管廊大多需建在城市主干道下，大开槽施工对城市和居民生活影响太大，箱涵顶进施工难度大、费用高，限制了箱涵在地下综合管廊中的应用。

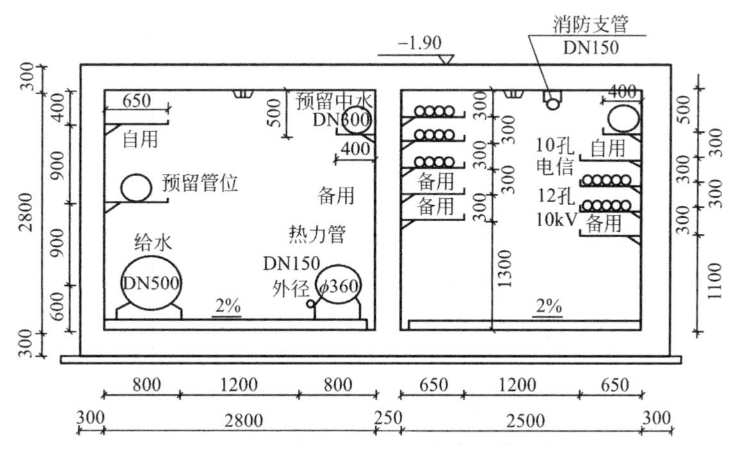

图 1.1-5　矩形断面地下综合管廊（单位：mm）

2. 圆形涵管

圆形混凝土涵管制造工艺成熟，生产方便，结构受力有利，材料使用量较少，成本较为低廉，因而广泛用于输水管中，如图 1.1-6 所示。然而在地下综合管廊中应用的缺点是，圆形断面中布置管道不尽方便，空间利用率低，致使在管廊内布置相同数量管线时圆管的直径需加大，增加工程成本和对地下空间断面的占用率。为此，一些大城市开始开发异形混凝土涵管作为电力、热力等管线的套管和地下综合管廊的管材。

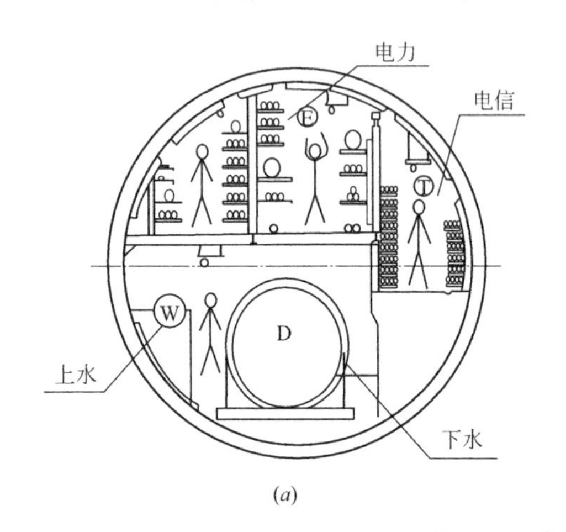

(*a*)

(*b*)

图 1.1-6　圆形断面地下综合管廊

3. 异形（三圆拱涵、四圆拱涵、多弧拱涵等）涵管

异形混凝土涵管即是为避开圆形和矩形混凝土涵管的缺点、综合其优点而研制开发适用于地下综合管廊的新型混凝土涵管，如图 1.1-7～图 1.1-9 所示。这类涵管的特点是顶部都是近似于圆弧的拱形，结构受力合理，地下综合管廊大多宽度要求大，这类涵管可以通过合理选用断面形状提高涵管承载力，因而使用这类异形混凝土涵管可节省较多材料；可以按照地下空间使用规划，调整异形涵管的宽和高，合理占用地下空间；可按照进入管廊的管线要求设计成理想的断面形状，优化布置，减小断面尺寸；异形混凝土涵管接头全

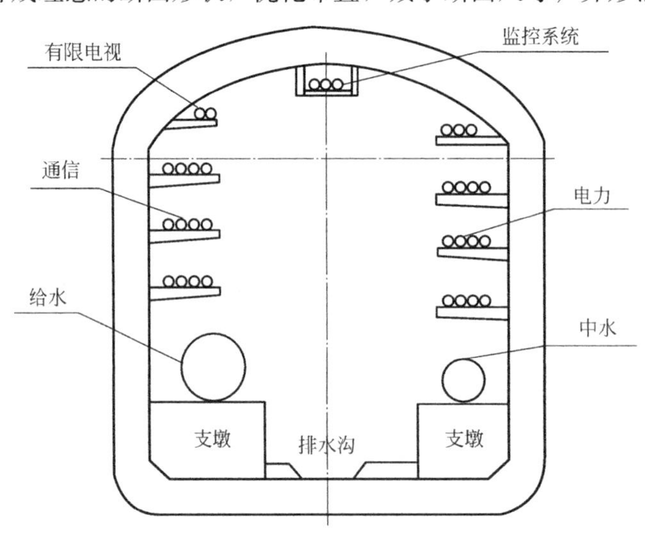

图 1.1-7　三圆拱断面地下综合管廊

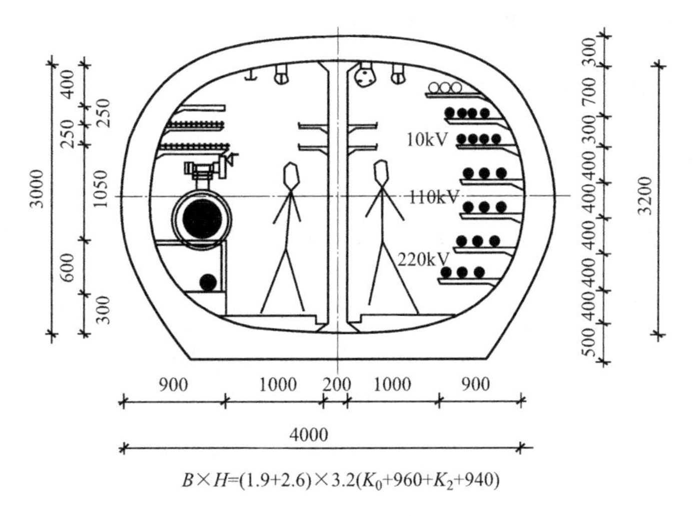

$B \times H = (1.9+2.6) \times 3.2(K_0+960+K_2+940)$

图 1.1-8 多弧组合断面地下综合管廊（单位：mm）

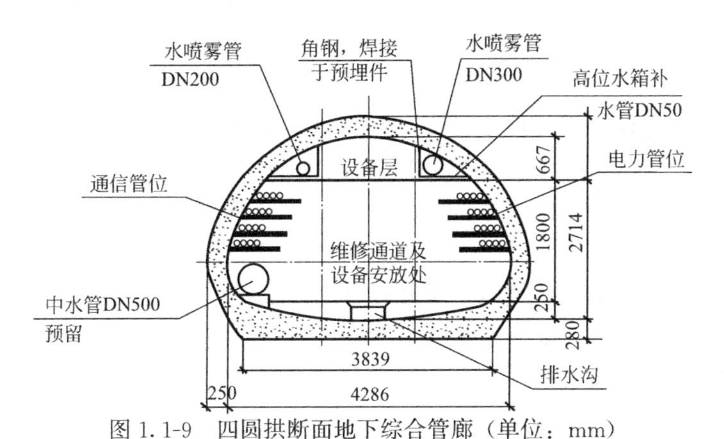

图 1.1-9 四圆拱断面地下综合管廊（单位：mm）

注：1. 拱涵外压裂缝荷为 198kN/m，拱涵外压破坏荷载为 227kN/m；

2. 拱涵设计地基承载力近为 80kPa；

3. 拱涵过水面积为 9.21m^2。

部使用橡胶圈柔性接口，能承受 1.0～2.0MPa 以上的抗渗要求，在地基发生不均匀沉降、顶进法施工中发生转角或受外荷载（地震等）作用管道发生位移或转角时，仍能保持良好的闭水性能，抗震功能较强；也可类似圆管那样，利用其接口在一定转角范围内具有良好的抗渗性，设计敷设为弧线形管道；这类涵管外形均可设计成弧线形，因而在顶进法施工中可降低对地层土壤稳定自立性要求，克服了矩形涵管的缺点。

预制异形混凝土涵管都带有平底形管座，相当于在管上预制有混凝土基础，与圆管相比，可降低对地基承载力的要求及提高涵管承载能力；管道回填土层夯实易操作、加快施工速度、保证密实效果，简化施工、减少费用。在不良地基软弱土层中应用，更显其优越性。

一般进入综合管廊的高压电力电缆要求单独置舱，避免对通信等设施的干扰，也要保障安全。因而随着综合管廊建设发展，单舱的形式将被双舱及三舱所取代。

综上所述，异形混凝土涵管较圆形和矩形断面涵管在地下综合管廊中应用有更大的优势，在地下综合管廊建设中可更多选用异形混凝土涵管。

1.1.3 综合管廊的建设背景与意义

目前国内地下管线存在很多问题。首先，由于建设之初并没有对城市地下管线做出总体的规划，导致各管线单位在设计和施工时以各自的利益为重，相互之间不配合，重复施工或者少建、多建，在人力、财力、物力上都造成极大的浪费。建设过程中给市民的出行也带来了困扰。其次，由于各管线单位审批部门不一致，相互的沟通协调不畅通，导致地下空间利用不充分，不合理，带来地下空间资源的极大浪费。各管线单位在工程竣工后，不重视竣工图的制作及存档，竣工图和管线现状不符合，或不完善，缺少重要的管线数据，为今后管线的查询、检修都带来了难度。且有些管线单位由于其管线的专业性，不能与其他管线单位实现数据共享，更加使得地下管线数据缺乏。最后，地下管线种类繁多且隐蔽性强，加之有些城市地下管线修建已久，普遍存在老化现象，加之以前的管道材质不好，工艺不先进，管道存在渗漏、破裂甚至爆炸的可能性，为市民的生活带来了极大的隐患。因此，提升管线布置方式和转变管理模式刻不容缓，势在必行。

综合管廊可以解决目前国内这些管线发展的问题。概括地说综合管廊具有以下优点：

1）综合管廊的建设可避免由于敷设和维修地下管线频繁挖掘道路，减少对交通和居民出行造成影响和干扰，保持路容完整和美观。

2）降低了路面多次翻修的费用和工程管线的维修费用，保持了路面的完整性和各类管线的耐久性。

3）便于各种管线的敷设、增减、维修和日常管理。

4）由于综合管廊内管线布置紧凑合理，有效利用了道路下的空间，节约了城市用地。

5）由于减少了道路的杆柱及各种管线的检查井、室等，美化了城市的景观。

6）由于架空管线一起入地，减少了架空管线与城市绿化的矛盾。随着城市的不断发展，综合管廊内还可提供预留发展空间，保证了可持续发展的需要。

从发达国家的成功经验来看，要彻底解决城市地下管线问题，最科学的办法是修建城市地下综合管廊。综合管廊是目前世界发达城市普遍采用的城市市政基础工程，是一种集约度高、科学性强的城市综合管线工程。已是21世纪新型城市市政基础设施建设现代化的重要标志之一，因此国内综合管廊建设具有重要意义。

1.2 综合管廊的相关政策

近几年国务院、住房城乡建设部、财政部陆续发布了加强推进城市地下综合管廊建设的相关文件和通知，主要文件相关内容摘录如下：

2013年09月06日《国务院关于加强城市基础设施建设的意见》（国发〔2013〕36号）文件中（二）提到加大城市管网建设和改造力度中提出：开展城市地下综合管廊试点，用3年左右时间，在全国36个大中城市全面启动地下综合管廊试点工程；中小城市因地制宜建设一批综合管廊项目。新建道路、城市新区和各类园区地下管网应按照综合管廊模式进行开发建设。

2014年6月3日《国务院办公厅关于加强城市地下管线建设管理的指导意见》（七）稳步推进城市地下综合管廊建设中提到：在36个大中城市开展地下综合管廊试点工程，探索投融资、建设维护、定价收费、运营管理等模式，提高综合管廊建设管理水平。

2014年12月26日《关于开展中央财政支持地下综合管廊试点工作的通知》（财建〔2014〕839号）。中央财政对地下综合管廊试点城市给予专项资金补助，一定三年，具体补助数额按城市规模分档确定，直辖市每年5亿元，省会城市每年4亿元，其他城市每年3亿元。对采用PPP模式达到一定比例的，将按上述补助基数奖励10%。

2015年4月9日在珠海召开全国城市地下综合管廊规划建设培训班，部分城市人民政府分管负责同志及城市规划建设主管部门负责同志共350人参加培训。会议明确：全国地下综合管廊建设全面启动，地下综合管廊是通过合理利用城市地下空间，破解城市发展难题的有效手段，也是实现城市规划建设与城市可持续发展相适应的基础设施建设发展方向。第一、建设城市地下综合管廊是国外已经走过的路，事实证明是一条成功的路。第二、综合管廊的意义在于充分地利用了地下空间。第三、管廊的意义还在于它的综合性，所以我们叫综合管廊。第四、综合管廊的意义还在于节省投资。第五、综合管廊建设将拉动经济增长。第六、综合管廊建设将改变城市面貌。第七、综合管廊将保障城市的安全。第八、要统一一个思想。就是我们建地下综合管廊，一定要一步达到国际先进标准。第九、一定要有一个新体制。第十、政府必须出资。第十一、建设综合管廊必须全力推进，但是如何推进必须认真考虑。第十二，要培育一个综合管廊行业。

2015年4月10日《关于组织申报2015年地下综合管廊试点城市的通知》（财办建〔2015〕1号）中财政部公布了2015年地下综合管廊十大试点城市名单公示，包头、沈阳、哈尔滨、苏州、厦门、十堰、长沙、海口、六盘水、白银10城市入围，计划3年内建设地下综合管廊389km，总投资351亿元。

2015年5月26日住房城乡建设部印发《城市地下综合管廊工程规划编制指引》（建城〔2015〕70号），文件要求各省、自治区住房城乡建设厅，北京市市政市容委、规划委，天津市城乡建设委员会、规划局，上海市城乡建设和管理委员会、规划和国土资源管理局，重庆市城乡建设委员会、规划局，新疆生产建设兵团建设局贯彻执行。

2015年7月28日召开国务院常务会议，部署推进城市地下综合管廊建设，扩大公共产品供给提高新型城镇化质量；城市建设重心向地下转移逐步消除“马路拉链”等问题，针对长期存在的城市地下基础设施落后的突出问题，要借鉴国际先进经验，在城市建造用于集中敷设电力、通信、广电、给水排水、热力、燃气等市政管线的地下综合管廊，作为国家重点支持的民生工程，这可以逐步消除“马路拉链”、“空中蜘蛛网”等问题。意味着城市建设重心从地上设施建设向地下设施建设和地下空间开发利用转移。国务院要求各城市政府要编制地下综合管廊建设专项规划；在全国开展一批地下综合管廊建设示范；完善管廊建设和抗震防灾等标准，落实工程规划、建设、运营各方质量安全主体责任，接受社会监督；创新投融资机制，通过特许经营、投资补贴、贷款贴息等方式，鼓励社会资本参与管廊建设和运营管理。同时强调综合管廊“对推进新型城镇化建设有历史意义”，城市地下综合管廊建设相当于建设一条地下“高速公路”，只要是铺设在城市地下的管线都要从管廊中通过。

住房城乡建设部2015年7月31日宣布中国将全面启动地下综合管廊建设，这一工程有望写入“十三五”规划，到2020年力争建成一批具有国际先进水平的地下综合管廊。住房城乡建设部会同有关部门和地方按照国务院的决策部署，将地下综合管廊建设作为城市基础设施建设的重要着力点，稳步推进，并确定了在沈阳、哈尔滨、包头等10个城市试点，计划3年内建设地下综合管廊389km，其中今年将开工190km，总投资351亿元。住房城乡建设部统计，今年全国共有69个城市启动地下综合管廊建设项目约1000km，总投资约880亿元。

2015年08月03日《国务院办公厅关于推进城市地下综合管廊建设的指导意见》(国办发〔2015〕61号)中(二)工作目标提到：到2020年，建成一批具有国际先进水平的地下综合管廊并投入运营，反复开挖地面的“马路拉链”问题明显改善，管线安全水平和防灾抗灾能力明显提升，逐步消除主要街道蜘蛛网式架空线，城市地面景观明显好转。(七)明确实施主体提到：鼓励由企业投资建设和运营管理地下综合管廊。创新投融资模式，推广运用政府和社会资本合作(PPP)模式。

2015年10月9日住房城乡建设部、中国农业发展银行发布《关于推进政策性金融支持城市地下综合管廊实行建设的通知》(建城〔2015〕157号)。

2015年10月19日住房城乡建设部、国家开发银行发布《关于推进开发性金融支持城市地下综合管廊实行建设的通知》(建城〔2015〕165号)。

2015年11月发改委、住房城乡建设部关于城市地下综合管廊实行有偿使用制度的指导意见(发改价格〔2015〕2754号)中提出了三条：一、建立主要由市场形成价格的机制；二、关于费用构成；三、完善保障措施。

国家和地方先后出台了相应的标准、规范、指南和导则等文件，其中部分文件如下：

2007上海市工程建设规范《世博会园区综合管廊建设标准》DG/TJ08-2017-2007；

2012年中华人民共和国国家标准《城市综合管廊技术规范》GB 50838—2012/2015；

2012江苏省发布《江苏省综合管沟建设指南》；

2013福建省编制《福建省综合管沟建设指南》；

2014上海市发布《综合管廊工程技术规范》；

2015辽宁省编制《辽宁省综合管廊建设技术导则》。

目前陕西、河北、浙江、甘肃、湖南、黑龙江、海南等各省市也积极陆续地发布管廊的管理办法或相关指南。

其中自2012年12月1日起实施的《城市综合管廊工程技术规范》GB 50838—2012，在历经两年后又进行了修改完善，修订为《城市综合管廊工程技术规范》GB 50838—2015，可见国家在推进城市地下综合管廊建设的力度是很大的，国内城市地下综合管廊的建设高潮已经来到。本书附录将介绍一些重要的文件内容。

1.3 综合管廊的建设发展历程

在城市中建设地下管线综合管廊的概念，起源于19世纪的欧洲，它的第一次出现在法国。自从1833的巴黎诞生了世界上第一条地下管线综合管廊系统后，随后英国、德国、日本、西班牙、美国等发达国家相继开始新建综合管廊工程，至今已经有180多年的发展历程。但地下综合管廊对我国来说是一个全新的课题。我国第一条综合管廊1958年建造于北京天安门广场下，比巴黎约晚建125年。中国国内综合管廊的发展历程大体可以分为四个阶段。我们可以把它们分别称为：萌芽期、成长阶段、快速发展阶段、赶超和革新阶段。

（1）第一阶段（1949年以前）：该阶段为城市管线综合技术的萌芽期。新中国成立前，我国的设计单位编制较混乱，几个大城市的市政设计单位只能在消化国外已有的设计成果的同时摸索着完成设计工作。

（2）第二阶段（1949～1978年）：该阶段为城市管线综合技术的成长阶段。新中国成立后，我国组建了负责市政设施规划和建设的专业部门，系统地对国外市政设施规划和建设的先进理论和技术进行学习和研究，为以后的发展阶段奠定了强有力的基础。

（3）第三阶段（1978～2000年）：该阶段为城市管线综合技术的快速发展阶段。改革开放以后，伴随着当今城市经济建设的快速发展以及城市人口的膨胀，为适应城市发展和建设的需要，结合前一阶段消化的知识和积累的经验，我国的科技工作者和专业技术人员针对管线综合技术进行了理论研究和实践工作，完成了一大批大中城市的城市管线综合规划设计工作。

（4）第四阶段（2000至今）：该阶段为新技术推动下的城市管线综合技术的赶超和革新阶段。进入21世纪后，随着优化设计理论与计算机辅助设计理论与方法的结合应用与进一步发展，我国的城市管线综合技术向着自动化、集成化、智能化的方向大踏步前进，与欧美发达国家的差距在不断缩小。

目前国内北京、天津、上海、广州、武汉、宁波、深圳、兰州、重庆、杭州、厦门等大中城市都在积极的规划设计和建设地下综合管廊项目。2015年4月10日财政部公布地下综合管廊试点城市名单，包头、沈阳、哈尔滨、苏州、厦门、十堰、长沙、海口、六盘水、白银10城市入围，目前这些城市的综合管廊工程正处在紧锣密鼓的建设当中。截至2015年5月，经过57年的发展，全国综合管廊建设里程仅近900km，计划建设770多公里，总计1600km。全国已建和在建综合管廊投资规模约为149亿元，已建、在建和计划建设的综合管廊投资规模约为268亿元。表1.3-1统计了部分城市已建和在建综合管廊投资规模。

部分城市地下综合管廊建设投资规模 **表1.3-1**

综合管廊	建成时间	长度(km)	总造价(元)	单价(万元/m)	备注
上海张扬路	1994年	11.13	3亿	2.70	
杭州火车站	1999年	0.5	3000万	1.50	
上海安亭新镇	2002年	5.8	1.4亿	2.41	
上海松江新城	2003年	0.323	1500万	4.64	
佳木斯市林海路	2003年	2.0	3000万	1.50	
杭州钱江新城	2005年	2.16	3000万	1.39	
深圳盐田坳	2005年	2.666	3700万	1.39	

续表

综合管廊	建成时间	长度(km)	总造价(元)	单价(万元/m)	备注
兰州新城	2006年	2.420	4847万	2.00	
昆明昆洛路	2006年	22.6	5亿	2.21	
昆明广福路	2007年	17.76	4.52亿	2.55	
北京中关村	2007年	1.9	4.2亿	22.0	各管单独小舱
宁波东部新城	在建	6.16	1.65亿	2.68	
深圳光明新城	在建	18.28	7.60亿	4.16	

据专家测算，地下综合管廊建设分为廊体和管线两部分，每公里廊体投资大约8000万元，入廊管线大约4000万元，总造价每公里1.2亿元。根据国家城市综合管廊的发展规划，按目前的城镇化速度，未来3～5年，预计每年可产生约1万亿元的投资规模。这些必将大大的推动综合管廊建设工作的发展与进步。

1.4 综合管廊的技术发展及现状

1.4.1 现有技术及适用条件

城市地下综合管廊施工方法主要分为：明挖法和暗挖法。明挖法施工中，综合管廊结构又可分为明挖现浇法和明挖预制拼装法。综合管廊暗挖法主要包括顶管法、盾构法以及浅埋暗挖法。综合管廊施工方法选择见表1.4-1，浅埋暗挖法各种工法的比较见表1.4-2。

综合管廊施工方法选择表　　表1.4-1

施工方法	适用工程情况	适用地质情况	备注
明挖法	地面开阔、场地允许	各种地质条件	具体方法选择见相关章节
顶管法	下穿越铁路、道路、河流或建筑物等各种障碍物时	软土地层	具体方法选择见相关章节
盾构法	下穿越铁路、道路、河流或建筑物等各种障碍物时。线位上允许建造用于盾构进出洞和出碴进料的工作井。隧道要有足够的埋深。连续的施工长度不小于300m	地质条件相对均质	
浅埋暗挖法	下穿越铁路、道路、河流或建筑物等各种障碍物时	适用于各种地层	

浅埋暗挖法各种工法的比较　　表1.4-2

施工方法	适用条件	沉降	工期	防水	拆初支	造价
全断面法	地层好、跨度≤8m	一般	最短	好	无	低
正台阶法	地层较差、跨度≤12m	一般	短	好	无	低
上半断面临时封闭正台阶法	地层差、跨度≤12m	一般	短	好	小	低
正台阶环形开挖法	地层差、跨度≤12m	一般	短	好	无	低
单侧壁导坑正台阶法	地层差、跨度≤14m	较大	较短	好	小	低
中隔壁法(CD法)	地层差、跨度≤18m	较大	较短	好	小	偏高

续表

施工方法	适用条件	沉降	工期	防水	拆初支	造价
交叉中隔壁法(CRD 法)	地层差、跨度≤20m	较小	长	好	大	高
双侧壁导坑法(眼镜法)	小跨度,可扩大成大跨	大	长	差	大	高
中洞法	小跨度,可扩大成大跨	小	长	差	大	较高
侧洞法	小跨度,可扩大成大跨	大	长	差	大	高
柱洞法	多层多跨	大	长	差	大	高
盖挖逆筑法	多跨	小	短	好	小	低

1.4.2　明挖法

1. 常见明挖沟槽支护形式

(1) 原状土放坡开挖无支护

当施工现场有足够的放坡场地、周边环境风险小、地下水位埋深较深等情况时，可采用放坡开挖的形式。该方法主要适合地下水位以上的黏性土、砂土、碎石土及回填土质量较好的人工填土等地层。

(2) 土钉墙支护技术

土钉支护技术是通过钻孔、插筋（管）、注浆、喷射混凝土面板等一系列工序，形成土钉与混凝土面板的复合挡土结构，实现土体加固的技术。一般适用于地下水以上或经降水处理后的杂填土、普通黏土或非松散性的砂土，主要用于土质较好地区。

(3) 钢板桩施工技术

钢板桩属板式支护结构之一，钢板桩是一种带锁口或钳口的热轧（或冷弯）型钢，靠锁口或者钳口相互连接咬合，形成连续的钢板桩墙。用来挡土和挡水，具有高强、轻型、施工快捷、环保可循环利用等优点。通常采用捶打法、振动打入法、静力压入法或振动锤击法将型钢打入土层，锚索或支撑承担土压力的基坑围护技术。多用于深度较浅基坑或沟槽。

2. 其他明挖沟槽支护形式

综合管廊明挖沟槽一般适用于新城区的规划建设，常见的沟槽支护形式可以满足施工需求。但当沟槽附近地表有其他构筑物，或者受地质条件限制时，可根据现场实际情况采用以下支护形式。

(1) 锚索支护施工技术

锚索支护结构是围护结构与外拉系统相结合的一种深基坑组合式支护结构。锚索由承载体、钢绞线、灌浆体、外锚头等组成，其锚固在稳定土层中的钢绞线提高的抗拔力平衡维护结构将受到土压力及其他荷载的作用。一般适用于较密实的砂土、粉土、硬塑到坚硬的黏性土或岩层中的深、大基坑。对形状复杂、开挖面积较大而设置内支撑比较困难的基坑应考虑采用；对存在地下埋设物而不允许损坏的场地不宜采用。

(2) 地下连续墙施工技术

地下连续墙是利用挖槽机械沿着基坑的周边，在泥浆护壁的条件下开挖一条狭长的深槽，在槽内放置钢筋笼，然后用导管法在泥浆中浇注混凝土，如此逐段进行施工，在地下构成一道连续的钢筋混凝土墙壁。通常条件下，基坑工程中地下连续墙适用条件归纳起来有以下几点：①基坑开挖深度大于10m；②软土地基或砂土地基；③基坑周围有重要的建筑物、地下构筑物；④围护结构与主体结构相结合共同承受上部荷载，且对抗渗有严格要求；⑤采用盖挖逆作法施工，围护结构和内衬形成复合结构的工程。在地下连续墙应用过程中，开发了许多新设备、新技术和新材料，并广泛地用作深基坑工程的围护结构。

（3）灌注桩施工技术

灌注桩是指在地面以下竖直开挖出一定直径的桩孔，向桩孔内吊装钢筋笼并灌注混凝土形成钢筋混凝土桩体。多个桩体依次排列构成抵抗土压力的抗弯承载结构。根据成孔方法的不同，灌注桩分为人工挖孔桩和机械钻孔桩，机械钻孔桩有干法钻孔灌注桩、泥浆护壁钻孔灌注桩和钻孔咬合桩。人工挖孔桩适用于无地下水或地下水较少的黏土、粉质黏土，含少量的砂、砂卵石、砾石的黏土层和全、强风化地层，特别适合于黄土层使用，深度一般控制在20m左右。干法钻孔灌注桩适用于地下水位以上的黏性土、砂土、人工填土等软土地层。泥浆护壁钻孔灌注桩适用于地下水位较高的土层、砂砾石地层及软岩。钻孔咬合桩一般适用于地下水位较高的黏土、粉质黏土、砂黏土、砂砾石地层。随着灌注桩施工技术不断发展成熟，出现了多种新的结构形式和施工方法，在基坑工程中的应用逐渐增多。

（4）水泥搅拌桩施工技术

水泥搅拌桩是利用水泥干粉或水泥浆作为固化剂的主剂，并加入一定量的外加剂，通过深层搅拌机械上带有叶片的搅拌头在地基深部就地将软土和固化剂强制拌和，对土体进行改良形成土壤水泥墙。水泥搅拌桩适用于软弱地基处理，对于淤泥、淤泥质土、粉质黏土、粉土及饱和素填土等地基承载力标准值低于140kPa的地层，搅拌桩的强度也较低，适合地层加固和止水，不适合作为挡土结构，一般需和其他挡土结构配合使用。

（5）SMW施工技术

SMW工法亦称新型水泥土搅拌桩墙，即在水泥土桩内插入H型钢等（多数为H型钢，亦有插入拉森式钢板桩、钢管等），将承受荷载与防渗挡水结合起来，使之成为同时具有受力与抗渗两种功能的支护结构的围护墙。特别适合于以黏土和粉细砂为主的松软地层。

（6）双排桩施工技术

双排桩是由两排平行的钢筋混凝土桩、前后桩连系梁以及压顶梁组成的空间组合围护桩体系。可通过改变前、后排桩间距和排列形式调整整体刚度，适用于常规围护结构形式刚度过小不能满足基坑变形控制要求，支护结构不能架设支撑体系等情况，还能起到挡水的作用。

（7）微型钢管桩施工技术

微型钢管桩是在微型桩和钢管桩的基础上发展而来的一种施工技术。近年来，微型钢管桩作为基坑超前支护技术应用于特殊地形、地质条件下基坑支护和基坑加固处理工程中。

（8）旋喷桩施工技术

旋喷桩施工技术首先利用钻机钻孔，然后将旋喷喷头钻置孔底高速喷射水泥浆液破坏土体，边提升边搅拌使浆液与土体充分搅拌混合，在土中形成水泥浆和土的复合固结柱状体，从而对土体进行改良，一般分为单管旋喷、双管旋喷和三管旋喷。旋喷桩适用于淤泥、砂性土、黏性土、粉质黏土、粉土等软弱地层，土层的标贯值 N 在 0～30 的淤泥、砂性土、黏性土等含水层中，效果尤其明显。

（9）支撑体系施工技术

基坑的支撑体系由内支撑体系和外支撑体系组成，外支撑体系包括锚索、锚杆等形式，内支撑体系由围檩（冠、腰梁）、内支撑和立柱等构成。

3. 内支撑施工技术

基坑的支撑体系由内支撑体系和外支撑体系组成，外支撑体系包括锚索、锚杆等形式，内支撑体系由围檩（冠、腰梁）、内支撑和立柱等构成。

（1）内支撑施工技术

当基坑开挖深度比较大，基坑所处地域的地质条件和周边环境较为复杂，或对基坑及周边变形要求比较严格时，需要在基坑内部设置内支撑体系与围护结构配合使用。内支撑体系有全部采用钢支撑或全部采用混凝土支撑的，也有部分采用钢支撑、部分采用混凝土支撑的。

（2）锚索（杆）施工技术

锚索根据锚固形式不同，可分为荷载集中型和荷载分散型锚索，荷载分散型锚索又分为拉力分散型和压力分散型锚索。

4. 明挖综合管廊结构现浇法施工

（1）满堂红支架现浇

满堂脚手架又称作满堂红脚手架，是一种搭建脚手架的施工工艺。由立杆、横杆、斜撑、剪刀撑等组成。满堂脚手架相对其他脚手架系统密度大。满堂脚手架相对于其他的脚手架更加稳固。满堂脚手架主要用于单层厂房、展览大厅、体育馆等层高、开间较大的建筑顶部的装饰施工。目前国内综合管廊建设主要采用现场搭设脚手架，支模板现浇混凝土施工方式。满堂红支架配合钢模板施工方法是目前国内普遍采用的方法。

（2）滑模现浇

滑模是模板缓慢移动结构成型，一般是固定尺寸的定型模板，有牵引设备牵引移动。滑模技术的最突出特点就是取消了固定模板，变固定死模板为滑移式活动钢模，从而不需要准备大量的固定模板架设技术，仅采用拉线、激光、声呐、超声波等作为结构高程、位置、方向的参照系。可一次连续施工完成条带状结构或构件。由于综合管廊地板、侧墙、顶板满足滑模现浇的条件，尽管目前国内还没有项目采用整体滑动模板施工的案例，但随着综合管廊工程大规模的开发，滑动模板施工必将是保证施工质量、降低工程成本有效的技术方法之一。图 1.4-1～图 1.4-3 为部分目前综合管廊施工已经使用的滑模情况。

5. 明挖综合管廊结构预制拼装

综合管廊预制拼装施工是预先预制管廊节段或者分块预制，吊装运输至现场，然后现场拼装的施工形式。预制分为现场预制和工厂预制。预制拼装接头分为柔性接头、留后浇带现场浇筑接头等形式。预制拼装方法基本适用于全部明挖沟槽综合管廊工程的建设。

图 1.4-1　管廊施工滑动模架

图 1.4-2　中建八局西宁项目整体移动模板台架

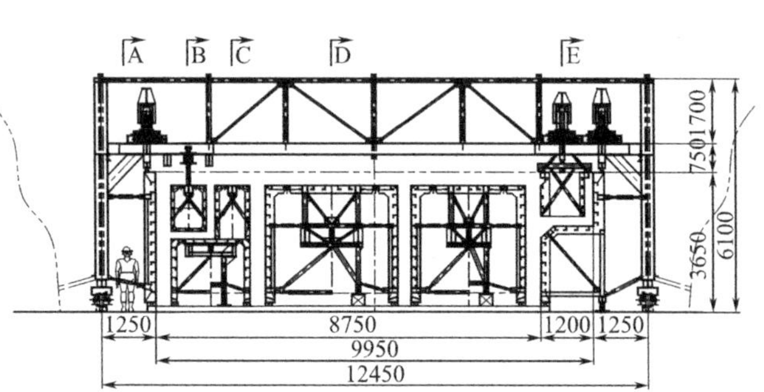

图 1.4-3　日本滑模双舱台车使用情况

(1) 综合管廊节段预制拼装

综合管廊节段预制拼装是指综合管廊沿纵向进行分块，先预制成管廊节，运输至现场进行拼装的施工形式，如图 1.4-4 所示。接头防水主要采用膨胀橡胶止水带，纵向采用螺栓拉紧，管节的外侧粘贴防水材料。目前，日本预制综合管廊技术相对比较成熟，基本上全部采用预制拼装施工。但日本综合管廊建设 30 年前已基本建完，且日本综合管廊设计使用年限是 50 年，因此，对预制拼装柔性接头的防水耐久性要求较高。当前日本已建设综合管廊正处在全面的大修阶段。

目前，我国的综合管沟工程普遍采用明挖现浇混凝土施工工艺。与当前普遍采用的明挖现浇的综合管廊相比，明挖综合管廊预制拼装施工在保证施工质量，提高施工速度方面

图 1.4-4　节段预制拼装装综合管廊

有其优越性。当前存在的技术难点是预制拼装接头的防水还需要进行深入的研究，按照日本的防水技术，还不能满足国内 100 年设计使用的耐久性要求。

（2）综合管廊分块预制拼装

对于某些综合管廊工程断面较大，为了提高施工速度采取预制拼装施工时，由于管节的分块重量过大或者尺寸过大，不易进行吊装、运输及现场拼装时，可以考虑将管廊按照底板、侧壁、中板及顶板分别预制，将分块运至施工现场进行组装。目前国内湖南省湘潭市霞光东路管廊工程采用了该施工技术，如图 1.4-5 所示。该技术可大大缩短施工的工期及工程成本，但拼装技术对拼装缝的防水性能有很高的要求。对于综合管廊设计使用年限为 100 年要求来说，目前耐久性对该施工技术接头的防水性能存在严峻的考验，还需要对

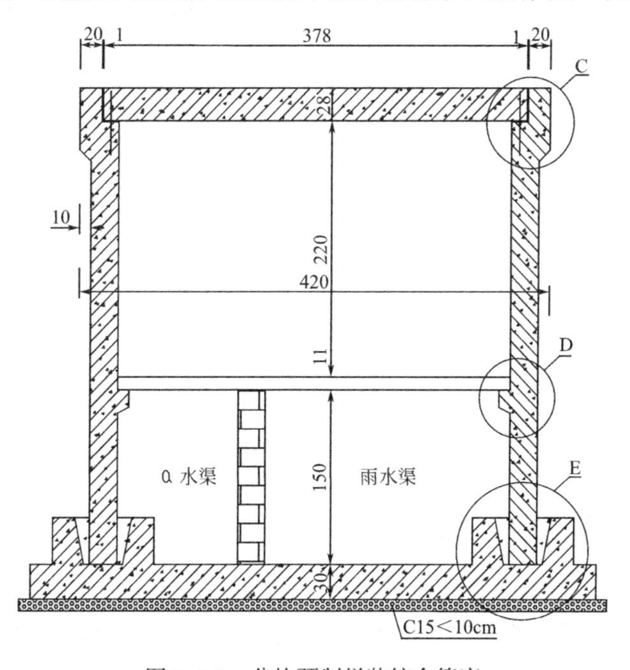

图 1.4-5　分块预制拼装综合管廊

接头接缝的防水材料进行深入的研究。

1.4.3 暗挖法

适用于城市地下综合管廊的暗挖施工技术主要有顶管法，盾构法及浅埋暗挖法。

1. 顶管法

当综合管廊下穿铁路、道路、河流或建筑物等各种障碍物时，此时可采用暗挖法中的顶管法施工。在施工时，通过传力顶铁和导向轨道，用支承于基坑后座上的液压千斤顶将管压入土层中，同时挖除并运走管正面的泥土。当第一节管全部顶入土层后，接着将第二节管接在后面继续顶进，这样将一节节管子顶入，作好接口，建成涵管。顶管法特别适于修建穿过已成建筑物、交通线或河流、湖泊下面的涵管。顶管按挖土方式的不同分为机械开挖顶进、挤压顶进、水力机械开挖和人工开挖顶进等。

2. 盾构法

当综合管廊在松软含水地层，或地下线路等设施埋深达到 10m 或更深时，可以采用盾构法。盾构法是暗挖法施工中的一种全机械化施工方法。它是将盾构机械在地中推进，通过盾构外壳和管片支承四周围岩防止发生往隧道内的坍塌。同时在开挖面前方用切削装置进行土体开挖，通过出土机械运出洞外，靠千斤顶在后部加压顶进，并拼装预制混凝土管片，形成隧道结构的一种机械化施工方法。盾构法施工综合管廊时，通常需要满足以下条件：

（1）线位上允许建造用于盾构进出洞和出碴进料的工作井；

（2）隧道要有足够的埋深，覆土深度宜不小于 6m 且不小于盾构直径；

（3）相对均质的地质条件；

（4）如果是单洞则要有足够的线间距，洞与洞及洞与其他建（构）筑物之间所夹土（岩）体加固处理的最小厚度为水平方向 1.0m，竖直方向 1.5m；

（5）从经济角度讲，连续的施工长度不小于 300m。

3. 浅埋暗挖法

当下穿越铁路、道路、河流或建筑物等各种障碍物时，综合管廊施工采用浅埋暗挖法施工，在施工技术上已经比较成熟，但施工成本和工期较长，通常综合管廊施工中采用的较少。浅埋暗挖法是在距离地表较近的地下进行各种类型地下洞室暗挖施工的一种方法。在城镇软弱围岩地层中，在浅埋条件下修建地下工程，以改造地质条件为前提，以控制地表沉降为重点，以格栅（或其他钢结构）和喷锚作为初期支护手段，按照十八字原则进行施工。

1.5 国内外发展概况

1.5.1 国外综合管廊的发展概况

在城市中建设地下管线综合管廊的概念，起源于 19 世纪的欧洲，它的第一次出现还是在法国。自从 1833 的巴黎诞生了世界上第一条地下管线综合管廊系统后，至今已经有 180 多年的发展历程。经过近百年的探索、研究、改良和实践，它的技术水平已完全成熟，并在国外的许多城市得到了极大的发展，它已经成了国外发达城市市政建设管理的现代化象征，也已经成为城市公共管理的一部分。国外地下管线综合管廊的发展历程、现状和规划概括如下：

（1）法国

法国由于 1832 年发生了霍乱，当时的研究发现城市的公共卫生系统的建设对于抑制流行病的发生与传播至关重要，于是，在第二年，巴黎市着手规划市区下水道系统网络。并在管道中收容自来水（包括饮用水及清洗用的两类自来水）、电信电缆、压缩空气管及交通信号电缆等五种管线，这是历史上最早规划建设的综合管廊形式，如图 1.5-1 所示。

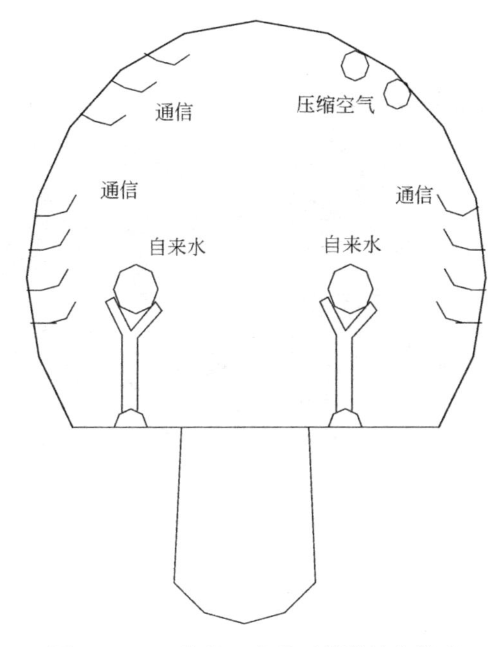

图 1.5-1　巴黎第一条地下管线综合管廊

近代以来，巴黎市逐步推动综合管廊规划建设，在 19 世纪 60 年代末，为配合巴黎市副中心 LA Defense 的开发，规划了完整的综合管廊系统，收容自来水、电力、电信、冷热水管及集尘配管等，并且为适应现代城市管线的种类多和敷设要求高等特点，而把综合管廊的断面修改成了矩形形式。迄今为止，巴黎市区及郊区的综合管廊总长已达 2100km，堪称世界城市里程之首。法国已制订了在所有有条件的大城市中建设综合管廊的长远规划，为综合管廊在全世界的推广树立了良好的榜样。

（2）德国

1893 年在汉堡市的 Kaiser-Wilheim 街两侧人行道下方兴建 450m 的综合管廊收容暖气管、自来水管、电力、电信缆线及煤气管，但不含下水道。在德国第一条综合管廊兴建完成后发生了使用上的困扰，自来水管破裂使综合管廊内积水，当时因设计不佳，热水管的绝缘材料，使用后无法全面更换。沿街建筑物的配管以及横越管路的设置仍发生常挖马路的情况，同时因沿街用户的增加，规划断面未预估日后的需求容量，而使原兴建的综合管廊断面空间不足，为了新增用户，不得不在原共同沟外的道路地面下再增设直埋管线，尽管有这些缺失，但在当时评价仍很高，故在 1959 年在布白鲁他市又兴建了 300m 的综合管廊用以收容瓦斯管和自来水管。1964 年苏尔市（Suhl）及哈利市（Halle）开始兴建综合管廊的实验计划，至 1970 年共完成 15km 以上的综合管廊，并开始营运，同时也拟定推广综合管廊的网络系统计划于全国。共收容的管线包括雨水管、污水管、饮用水管、热水管、工业用水干管、电力、电缆、通信电缆、路灯用电缆及瓦斯管等。

耶拿地下综合管廊可容纳多种管线，水、气、电、通信、供暖所用管线均可共用同一管廊。这样，在管线检测、维修、更换或增减时较为便捷，可持续发展，优势明显。

廊道内，管线可放置在底部，也可用支架等固定在墙上。由于受到廊道保护，管线几乎不受土壤压力、地面交通负荷等外部因素影响，管线所用材料也可更轻便些，如图 1.5-2 所示。

图 1.5-2　耶拿地下综合管廊

（3）西班牙

西班牙在 1933 年开始计划建设综合管廊，1953 年马德里市首先开始进行综合管廊的规划与建设，当时称为服务综合管廊计划（Plan for Service Galleries），而后演变成目前广泛使用的综合管廊管道系统。经市政府官员调查发现，建设综合管廊的道路，路面开挖的次数大幅减少，路面塌陷与交通阻塞的现象也得以消除，道路寿命也比其他道路显著延长，在技术和经济上都收到了满意的效果，于是，综合管廊逐步得以推广，到 1970 年止，已完成总长 51km。马德里的综合管廊分为槽（Crib）与井（Shaft）二种，前者为供给管，埋深较浅，后者为干线综合管廊，设置在道路底下较深处且规模较大，它收容除煤气管外的其他所有管线。另外有一家私人自来水公司拥有 41km 长的综合管廊，也是收容除煤气管外的其他所有管线。历经 40 年的论证马德里市政官员对综合管廊的技术与经济效益均感满意。马德里的综合管廊内所敷设的电力缆线原被限制在 15kV 以内，主要是为预防火灾或爆炸，但随着电缆材料的不断改进，目前已允许电压增至 138kV，至今没有发生任何事故。马德里的综合管廊内敷设管线的内景，如图 1.5-3 所示。

（4）美国

美国自 1960 年代起，即开始了综合管廊的研究，在当时看来，传统的直埋管线和架空缆线所能占用的土地日益减少而且成本越来越高，随着管线种类的日益增多，因道路开挖而影响城市交通，破坏城市景观。研究结果认为，在技术上、管理上、城市发展上、社会成本上建设综合管廊都是可行且必要的，只有建设成本的分摊难以形成定论。

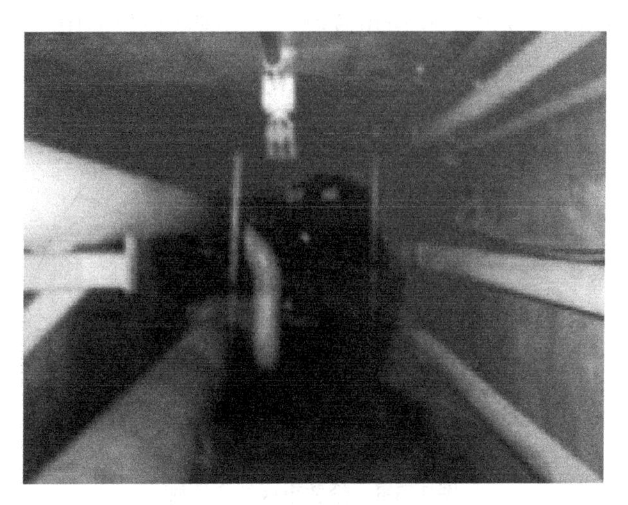

图 1.5-3　马德里综合管廊内敷设管线

因此，1971 年美国公共工程协会（American Public Works Association）和交通部联邦高速公路管理局赞助进行城市综合管廊可行性研究，针对美国独特的城市形态，评估其可行性。

1970 年，美国在 White Plains 市中心建设综合管廊除了煤气管外，几乎所有管线均收容在综合管廊内，如图 1.5-4 所示。此外，美国较具代表性的还有纽约市从東河下穿越并连接 Astoria 和 Hell Gate Generatio Plants 的隧道（Consolidated Edison Tunnel），该隧道长约 1554m，高约 67m，收容有 345kV 输配电力缆线、电信缆线、污水管和自来水干线。而阿拉斯加的 Fairbanks 和 Nome 建设的政府所有的综合管廊系统，是为防止自来水和污水受到冰冻。Faizhanks 系统约有六个廊区，而 Nome 系统是唯一一个将整个城市市区的供水和污水系统纳入到一起的综合管廊，沟体长约 4022m，如图 1.5-5 所示。

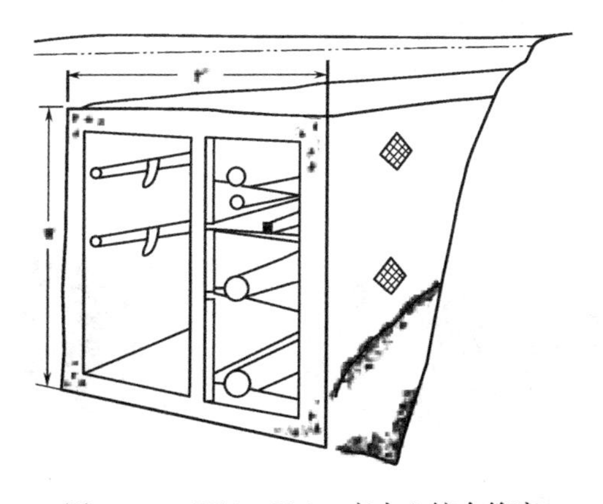

图 1.5-4　White Plains 市中心综合管廊

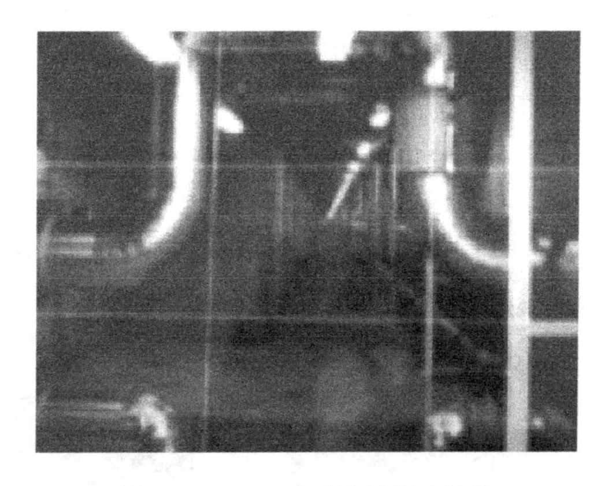

图 1.5-5　Nome 建设的综合管廊

（5）英国

英国于 1861 年在伦敦市区兴建综合管廊，如图 1.5-6 所示，采用 12m×7.6m 的半圆形断面，除收容自来水管、污水管及瓦斯管、电力、电信外，还敷设了连接用户的供给管线，迄今伦敦市区建设综合管廊已超过 22 条，伦敦兴建的综合管廊建设经费完全由政府筹措，属伦敦市政府所有，完成后再由市政府出租给管线单位使用。

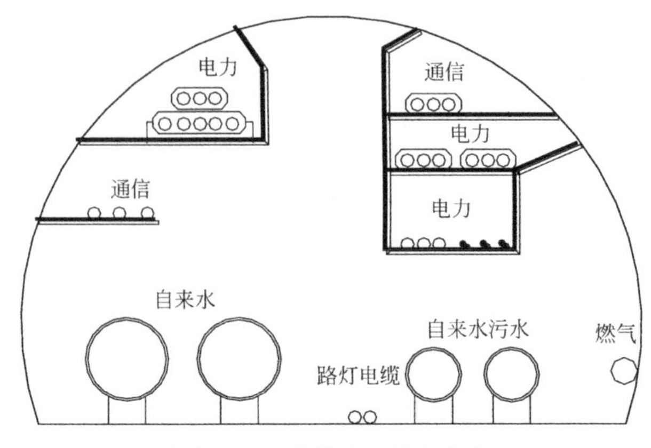

图 1.5-6 伦敦市区综合管廊

（6）日本

日本综合管廊的建设始于 1926 年，为便于推广，他们把综合管廊的名字形象地称之为“共同沟”。东京关东大地震后，为东京都复兴计划鉴于地震灾害原因乃以试验方式设置了三处的共同沟：(a) 九段阪综合管廊，位于人行道下净宽 3m×高 2m 的干管，长度 270m 的钢筋混凝土箱涵构造。(b) 滨町金座街综合管廊，设于人行道下为电缆沟，只收容缆线类。(c) 东京后火车站至昭和街的综合管廊亦设于人行道下，净宽约 3.3m，高约 2.1m，收容电力、电信、自来水及瓦斯等管线，后停滞了相当一段时间。一直到 1955 年后，由于汽车交通快速发展，积极新辟道路，埋设各类管线，为避免经常挖掘道路影响交通，于 1959 年又再度于东京都淀桥旧净水厂及新宿西口设置共同沟；1962 年政府宣布禁止挖掘道路，并于 1963 年四月颁布共同沟特别措置法，订定建设经费的分摊办法，拟定长期的发展计划，从公布综合管廊专法后，首先在尼崎地区建设综合管廊 889m，同时在全国各大都市拟定五年期的综合管廊连续建设计划，在 1993～1997 年为日本综合管廊的建设高峰期，至 1997 年已完成干管 446km，较著名的有东京银座、青山、麻布、幕张副都心、横滨 M21、多摩新市镇（设置垃圾输送管）等地下综合管廊，如图 1.5-7 所示。其他各大城市，大阪、京都、名古屋、冈山市、爱知县等均大量投入综合管廊的建设，至

图 1.5-7 日本综合管廊

2001年据统计日本全国已兴建超过600km的综合管廊，在亚洲地区名列第一。

1926年，日本在关东大地震以后的东京复兴建设中，完成了包括九段坂在内的多处长约1.8km的共同沟。采用盾构法施工的日比谷地下管廊建于地表以下30多米处，全长约1550m，直径约7.5m。日比谷地下综合管廊的现代化程度非常高，承担了该地区几乎所有的市政公共服务功能（图1.5-8）。

图1.5-8 日比谷地下综合管廊

迄今为止，日本是世界上综合管廊建设速度最快，规划最完整，法规最完善，技术最先进的国家。日本综合管廊基本上全部采用预制拼装施工。由于日本综合管廊建设30年前已基本完成，且日本综合管廊设计使用年限是50年，因此，对预制拼装的柔性接头防水耐久性有很高的要求。当前日本已建设综合管廊正处在全面的大修阶段。

（7）瑞典

瑞典斯德哥尔摩市在二战期间，原已经建造一条30km长，直径8m的管沟，原意为民防用，二战后着重于地下管沟的建设，每年利用共同沟收容了自来水管，雨水管、污水管、暖气管及电力、电信的服务性管线，成效良好，又陆续建造了25～30km，如图1.5-9所示。

图1.5-9 瑞典斯德哥尔摩市综合管廊

（8）其他国家

如挪威、瑞士、波兰、匈牙利、俄罗斯等许多国家都建设有城市地下管线综合管廊项目，并都有相应的规划。

1.5.2 国内综合管廊发展概况

从1958年建造我国第一条北京天安门广场综合管廊以来，全国各大中城市都陆续开始建设城市地下综合管廊。

（1）台湾地区

在台湾地区，综合管廊也叫“共同管道”。台湾地区近十年来，对综合管廊建设的推动不遗余力，成果丰硕。自1980年即开始研究评估综合管廊建设方案，1990年制订了“公共管线埋设拆迁问题处理方案”来积极推动综合管廊建设，1992年委托“中华道路协会”进行“共同管道法立法的研究”，同年6月14日正式公布实施。2001年12月颁布施行细则及建设综合管廊经费分摊办法及工程设计标准，并授权当地政府制订综合管廊的维护办法。

台湾地区结合新建道路、新区开发、城市再开发、轨道交通系统、铁路地下化及其他重大工程优先推动综合管廊建设，台北，高雄、台中等大城市已完成了系统网络的规划并逐步建成，如图1.5-10所示。此外，已完成建设的还包括新近施工中的台湾高速铁路沿线五大新站新市区的开发。到2002年，台湾地区综合管廊的建设已逾150km，累积的经验，足可供其他地区借鉴。

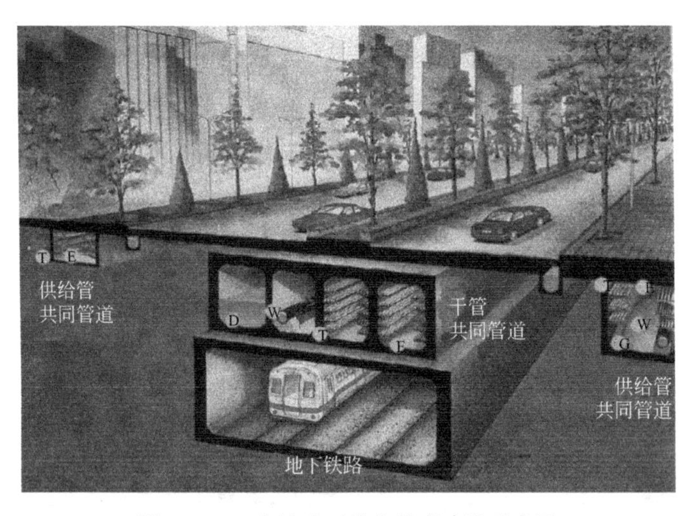

图1.5-10 台湾地区综合管廊建设示意图

（2）北京

第一条综合管沟于1958年建造于北京天安门广场下，比巴黎约晚建125年，鉴于天安门在北京有特殊的政治地位，为了日后避免广场被开挖，建造了一条宽4.0m，高3m埋深7～8m长1km的综合管沟收容电力、电信、暖气等管线。至1977年在修建毛主席纪念馆时，又建造了相同断面的综合管廊，长约500m。北京近几年在综合管廊建设方面投入较大，建设了国内首例三位一体（地下综合管廊＋地下空间开发＋地下环行车道）的超大地下构筑物——北京中关村西区地下综合管廊，将地下空间开发与地下环行车道融为一体的地下构筑物，是国内首个超大地下综合管廊，是国内入廊管线最多项目，包括燃气、热力、电力、电信、自来水等管线，如图 1.5-11 所示。随后又在北京的通州建设集地铁换乘、交通枢纽、商业空间组织、机动车交通、市政管线安排、公共设施建设、停车、防灾等功能于一体的复合型公共地下空间——通州新城运河核心区地下空间。该工程是国内整体结构最大的集综合管廊于一体的复合型公共地下空间，如图 1.5-12 所示。

图 1.5-11 北京中关村综合管廊

图 1.5-12 通州运河核心区北区地下空间规划效果图

（3）天津

1990 年天津市为解决新客站处行人、管道与穿越多股铁道而兴建长 50m、宽 10.0m、高 5.00m 的隧道，同时拨出宽约 2.5m 的综合管廊，用于收容上下水道电力、电缆等管线，这是我国综合管廊的雏形。

（4）上海

1994 年在上海浦东新区张杨路人行道下建造了二条宽 5.9m，高 2.6m，双孔各长

5.6km，共 11.2km 的支管综合管廊，收容煤气、通信、上水、电力等管线，它是我国第一条较具规模并已投入运营的综合管廊，如图 1.5-13、图 1.5-14 所示。2006 年底，上海的嘉定安亭新镇地区也建成了全长 7.5km 的地下管线综合管廊。另外在松江新区也有一条长 1km，集所有管线于一体的地下管线综合管廊。

图 1.5-13　上海张杨路综合管廊

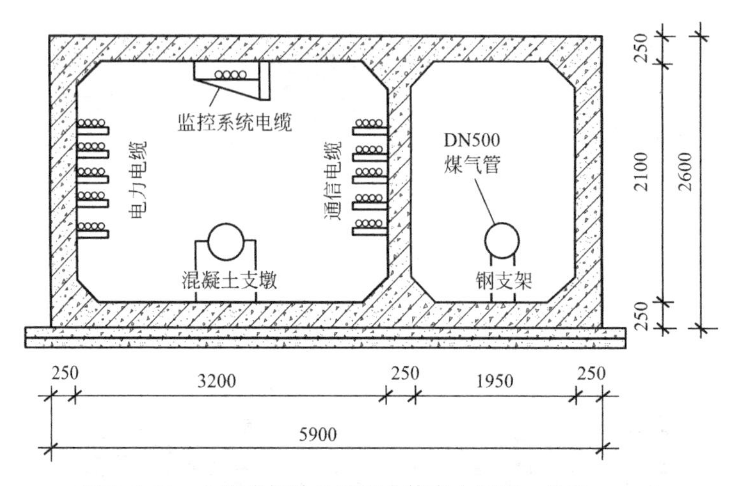

图 1.5-14　上海张杨路地下综合管廊内部图（单位：mm）

2010 年世博会在上海召开，每天有超过 40 万人次的参观者进入园区观光，为了推动世博园区的新型市政基础设施的建设，避免道路开挖带来的污染，提高管线运行使用的绝对安全和创造和谐美丽的园区环境，政府管理部门已着手在园区内规划建设管线综合管廊，它是目前国内，系统最完整，技术最先进，法规最完备，职能定位最明确的一条综合管廊，如图 1.5-15。它是以城市道路下部空间综合利用为核心，围绕城市市政公用管线布局，对世博园区综合管沟进行了合理布局和优化配置，构筑服务整个世博园区的骨架化综合管沟系统。世博园区综合管沟工程的建设完全符合“将城市规划、建筑、社会与经济发展、城市景观、技术、基础设施、道路交通等方面有效地统一起来”的原则和目标，真正体现了“城市，让生活更美好”的世博会理念。不仅如此，世博园区的这条综合管廊除了把传统的水、电、煤气、通信等管线敷设入内外，还第一次把冷热水管、蒸汽管和垃圾管的新型城市管线也纳入了设计规划。该工程包含预制预应力综合管廊长约 200m 试验段，也是目前国内首次将预应力管节应用于综合管廊建设的工程。

图 1.5-15 上海世博园综合管廊

(5) 广州

2003 年底，在广州大学城建成了全长 17.4km，断面尺寸为 7m×2.8m 的地下综合管廊，也是迄今为止国内已建成并投入运营，单条距离最长，规模最大的综合管廊，如图 1.5-16、图 1.5-17 所示。

图 1.5-16 广州大学城综合管廊

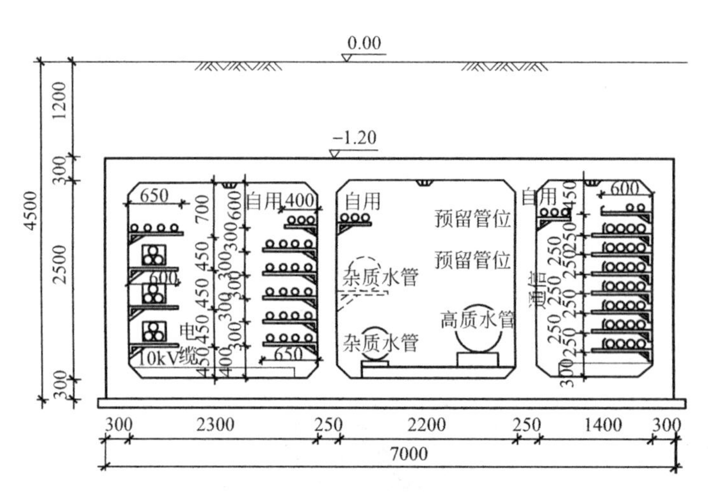

图 1.5-17　广州大学城综合管廊断面图（单位：mm）

（6）国内其他已建成地下综合管廊的部分城市及长度

除此以外，武汉、宁波、深圳、兰州、重庆、杭州、厦门等大中城市都在积极的规划设计和建设地下综合管廊项目，见表 1.5-1。

国内部分地下综合管廊统计　　表 1.5-1

序号	时间	项目地点	项目名称	长度(km)
1	1958	北京	天安门广场综合管廊	1.58
2	1978	上海	宝钢综合管廊	—
3	1994	上海	张杨路综合管廊	11.13
4	1999	浙江	杭州火车站	0.5
5	2001	山东	济南市泉城路改建工程综合管廊	1.45
6	2003	广州	广州大学城综合管廊	17.4
7	2003	黑龙江	佳木斯市林海路	2
8	2003	上海	山海松江新城综合管廊	0.32
9	2003	深圳	深圳大梅沙综合管廊	2.67
10	2005	深圳	深圳盐田坳	—
11	2005	浙江	钱江新城	2.16
12	2006	甘肃	兰州新城	2.42
13	2006	云南	昆明昆洛路管廊	22.6
14	2007	北京	北京中关村综合管廊(各管单独小仓)	1.9
15	2007	云南	昆明广福路管廊	17.76
16	2010	江苏	苏州新加坡工业园区	1
17	2010	上海	上海世博会园区综合管廊	—
18	2011	广西	北部湾科技园国凯大道综合管廊工程	2.3
19	2011	江苏	无锡市高铁核心区	1.75
20	2012	湖南	湘潭霞光东路(东二环路—板马路)综合管	1.68

续表

序号	时间	项目地点	项目名称	长度(km)
21	2012	辽宁	沈阳市浑南新城综合管廊	20
22	2012	辽宁	东港商务区地下管廊	20
23	2013	江苏	无锡市太湖新城综合管沟	16.4
24	2013	江苏	苏州月亮湾综合管廊工程	0.92
25	2013	天津	天津100万t/年乙烯及配套项目化工公用	5
26	2014	北京	通州新城核心区地下城北环隧道(主隧道)	1.5
27	2014	福建	南平武夷新区	3.8
28	2014	河南	郑州经济技术开发区滨河国际新城综合管廊	3.63
29	2014	江苏	连云港西大堤综合管廊	6.67
30	2014	厦门	杏林湾道路	—
31	2014	山东	日照海洋大道综合管廊	—
32	2014	泰州	医药城地下综合管廊	1
33	2014	武汉	武汉王家墩商务区管廊	1.6
34	2014	云南	保山中心城市青堡路A2标综合管廊	5.55
35	2015	河北	石家庄正定新区综合管廊(在建)	1.17
36	2015	河南	郑东新区CBD副中心区综合管廊	0.65
37	2015	厦门	湖边水库	—
38	2015	陕西	沣西新城地下综合管廊	1.8
39	2015	深圳	深圳光明新城(在建)	18.28
40	2015	四川	乐山青江新区市政基础设施建设太白路综合管廊	1.13
41	2015	云南	保岫东路综合管廊	—
42	2015	浙江	宁波东部新城管廊(在建)	6.16
43	2015	浙江	磐安新兴街综合管廊施设工程	0.75
44	2015	浙江	金华金义都市新区地下综合管廊	—

2015年4月10日财政部公布了地下综合管廊试点城市名单，包头、沈阳、哈尔滨、苏州、厦门、十堰、长沙、海口、六盘水、白银10城市入围，目前这些城市的综合管廊工程正处在紧锣密鼓的建设当中。截至2015年5月，经过57年的发展，全国综合管廊建设里程将近900km，计划建设770多公里，总计1600km。全国已建和在建综合管廊投资规模约为149亿元，已建、在建和计划建设的综合管廊投资规模约为268亿元。据专家测算，地下综合管廊建设分为廊体和管线两部分，每公里廊体投资大约8000万元，入廊管线大约4000万元，总造价每公里1.2亿元。根据国家城市综合管廊的发展规划，按目前的城镇化速度，未来3～5年，预计每年可产生约1万亿元的投资规模。这些必将大大的推动综合管廊建设工作的发展与进步。

第2章　综合管廊的建设管理与投融资模式

2.1　综合管廊的建设管理模式分析

综合管廊属于准经营性项目，即具有公益性、有收费机制和现金流入等特点。综合管廊的这一特性，导致综合管廊的建设管理模式多种多样。总的来说，综合管廊的建设管理可以分为建设期的建设管理以及运营期的运营管理两部分。根据建设与运营管理的主体不同，基本上可以分为自建自管与自建他管两种形式。

2.1.1　自建自管

综合管廊早期的建设管理模式为政府自建自管的方式，管理模式如图 2.1-1 所示，该种模式的特点是，政府为管廊的建设单位，建设单位将管廊建设完毕后，下设管廊运营部门，专门负责管廊的运营管理。

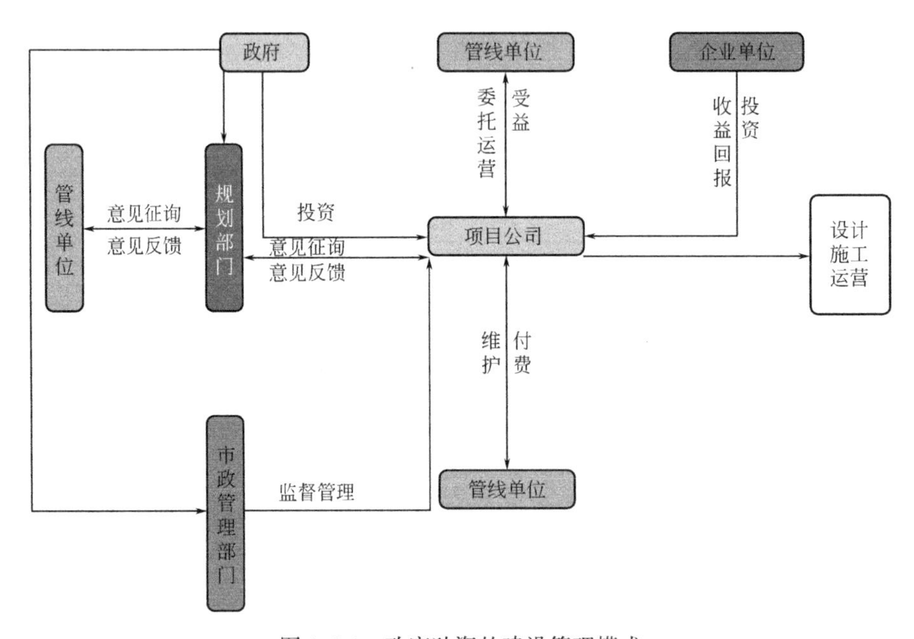

图 2.1-1　政府独资的建设管理模式

该种建设管理模式的优点为：政府作为建设管理单位，直接对项目全寿命周期的管理负责，并且向管线单位收取入廊费及运营维护费用。项目参与相关单位不多，故各单位间较易协调管理。

该种建设管理模式的缺点为：政府作为建设单位，负责项目的全寿命周期的管理，将承担建设及运营管理的全部风险。政府需要下设建设管理部门及运营管理部门分别负责管廊的建设与运营工作，导致下设的组织机构庞大。在这种情况下，政府不仅将投入较多的人力物力，还难以保证运营管理服务的质量。

该种方式具有代表性的是上海世博园区综合管廊项目，该项目总长为 11.7km，廊内纳入电力、信息等管线。该综合管廊由政府投资建设，建成后，区政府组建了专门管廊管理单位（属事业单位），对综合管廊进行运营维护管理，并且另外拨付养护经费用于委托专业养护单位分别进行土建、机电等养护。

随着社会的发展，政府自建自管的方式已经不能够满足社会与经济的发展需要，此时，PPP 模式应运而生，该种模式的运行机制是由政府引入社会资本，开展政府和社会资本合作模式，并且由政府与社会资本建立项目公司，政府赋予项目公司特许经营权，给予项目公司自己运营管理的权利。采用 PPP 模式，社会主体（企业）将承担部分政府责任，获得特许经营权方式，政府与社会主体建立起“全程合作、利益共享、风险共担”的共同体关系，政府的财政负担减轻，社会主体的投资风险减小。由于该种模式为政府与企业带来的巨大效益，在公共基础设施建设领域运用 PPP 新型投融资模式引入社会资本，加快建设效率，增加政府提供公共服务产品能力已基本形成共识。

在 PPP 模式下，政府通过与企业签订特许权协议，政府或政府授权机构将项目授予国内外业主为特许经营权项目公司，在规定时间内，由项目公司负责项目的投融资、建设、经营和维护。特许期满后，项目公司将特许权经营的综合管廊无偿移交给政府或政府指定的机构。

运营管理部是由 PPP 项目公司在建设期的工程部直接转化而来，该种管理模式，工程部在管廊建设完毕后，直接从事管廊的运营管理工作。运营管理部门属于 PPP 项目公司直接管辖。

该种建设管理模式的优点为：运营管理部门主要职员为管廊的直接建设者，对管廊的情况较为熟悉，方便管理。PPP 项目公司直接参与管廊的运营，对建设及运营情况较为了解。

该种建设管理模式的缺点为：PPP 项目公司承担项目自设计到试运营阶段所有的风险。PPP 项目公司仅对建设阶段的质量把控较为熟悉，但对于运营质量把控不够专业，导致运营服务质量的下降，并且为企业带来的经济效益不明显（图 2.1-2）。

2.1.2　自建他管

自建自管的管理模式，需要建设单位承担全部运营管理的风险，并且建设单位需要下设部门专门负责运营管理。由于管廊属于准经营性项目，并且其运营管理体制还未健全，该种模式使得建设单位的成本及风险增加，故而自建他管的建设管理模式应运而生。自建他管分为政府自建他管以及 PPP 项目公司自建他管的管理模式。在该种模式下，投资建设主体将运营管理委托给专业的运营公司。该种模式较自建自管的优点在于能够以最低的成本获得最好的服务，并且运营公司就服务质量对建设单位及管线单位负责。

在自建他管的建设管理模式下，项目建设方在项目建设完毕后，将向管线单位收取入廊费和运营维护费用，并且将管廊运营交与专业运营公司运营。运营公司向建设单位收取一定的管理费用。该种模式是完全市场化的运作模式，运营公司之间形成良性竞争，对社会及经济效益有利。

目前，随着管廊建设的推行，PPP 项目下的自建他管的建设管理模式受到大力的发

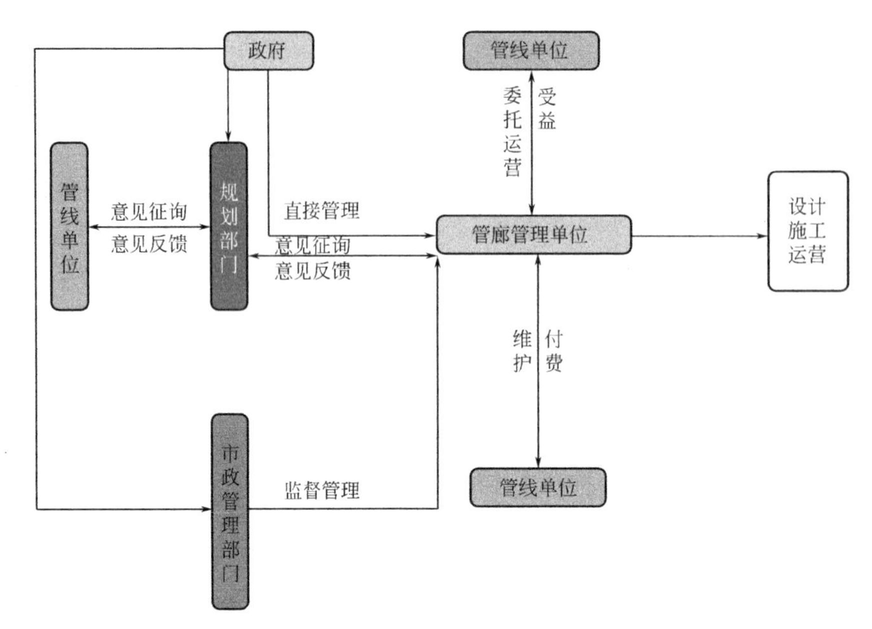

图 2.1-2　PPP 投融资的建设管理模式

展，第一批试点城市中，六盘水综合管廊国家示范项目采用的是该种模式。

该种建设管理模式的优点为：PPP 项目公司在管廊建设完毕后，将管廊运营管理委托给专业运营公司管理，并支付一定的费用，PPP 项目公司将运营管理风险转移，并得到较好的服务质量。

该种运营管理模式为目前建设管理模式中较为先进的管理模式，它符合市场的发展规律，得到政府、PPP 项目公司以及管线单位的一致推崇。

该种建设管理模式的管理模式如图 2.1-3 及图 2.1-4 所示。

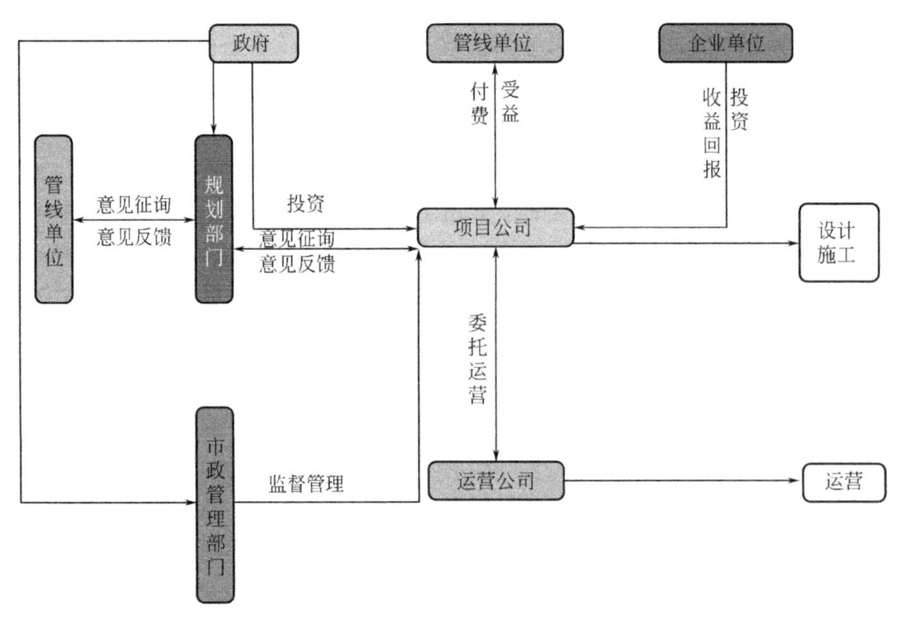

图 2.1-3　政府独资的建设管理模式

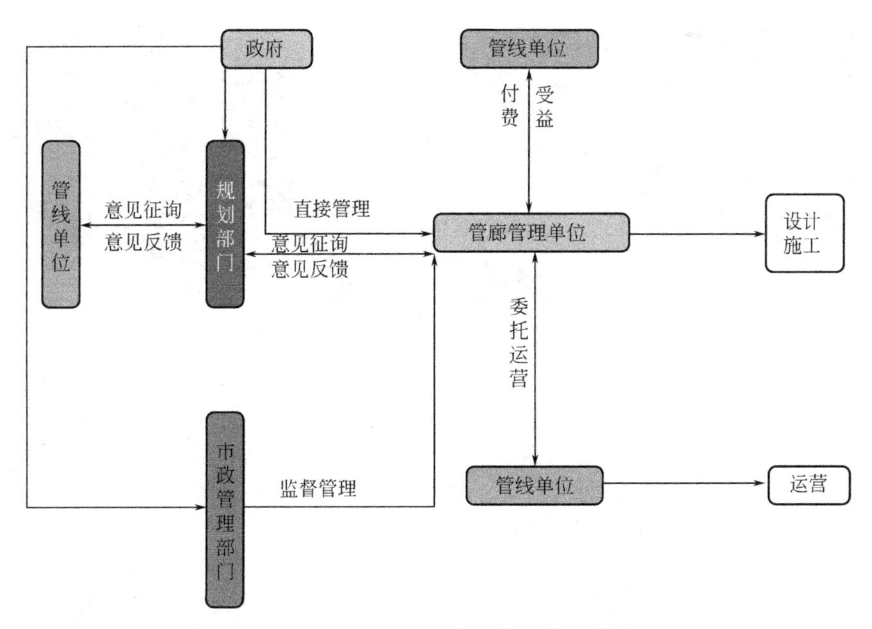

图 2.1-4　PPP 投融资的建设管理模式

2.2　综合管廊的投融资模式

投资大是综合管廊项目的实施难点之一，国内外各地根据当地法律基础、人文环境等采取了不同的综合管廊投融资模式，依据投资主体主要分为政府独立投融资和联合投融资模式。

2.2.1　政府独立投融资

1. 欧美国家

欧美国家由于其政府财力比较强，综合管廊被视为由政府提供的公共产品，其建设费用由政府承担，可以由企业参股共同经营，参股企业对综合管廊及设施享有一定年限的管理权和收益权。不过，综合管廊的产权归国有，既有利于统一规划、协调管理，又可避免地下资源的重复建设。同时以出租的形式提供给管线单位实现投资的部分回收，其出租价格并没有统一规定，而是由市议会讨论并表决确定当年的出租价格，可根据实际情况逐年调整变动。

这一分摊方法基本体现了欧洲国家对于公共产品的定价思路，欧美国家因为财富积累和经济发展，政府本身财政雄厚，综合管廊被定位为公共产品，该产品由政府代表公众利益投资建设，属于国家资产，管线单位付费购买服务，最终还是政府承担了大部分的建设费用。为了保证综合管廊的使用率，国家出台相关的法律规定，综合管廊一旦建设完成，相关管线单位入廊，不得再采用传统埋设方法。欧美国家根据本身国情和民主氛围，通过民主讨论和表决确定出租价格，协调民众利益和管线单位利益达成一致（图 2.2-1）。

图 2.2-1　法国巴黎综合管廊

2. 国内

（1）财政资金

项目建设地当地政府如果财政资金充实，可根据综合管廊项目建设规模和投资，全部采用财政资金投资。随着我国市场化程度的不断提高，财政支出的重心将逐步向社会保障、教育、科技等方面转移，单纯依靠财政来满足社会对公共基础设施的需要是难以维持的。我国国家政策不推荐该方式，希望通过其他投融资模式，利用财政资金开发更多项目。

（2）发行政府债券

财政部公布的数据显示，2014 年末的全国地方政府债务余额 15.4 万亿元，截至 2015 年末，地方政府债务 16 万亿元，2015 年地方政府债务率为 89.2%。纳入预算管理的中央政府债务 10.66 万亿元，两项合计全国政府债务 26.66 万亿元，占 GDP 的比重为 39.4%，全国政府债务的负债率将上升到 41.5%左右。为加强地方政府性债务管理，促进国民经济持续健康发展，《国务院关于加强地方政府性债务管理的意见》（国发〔2014〕43 号）提出经国务院批准的省级政府的预算中必须建设投资的部分资金，可以在国务院确定的限额内，通过发行地方政府债券的方式举借用于公益性资本支出的债务，除此之外，地方政府及其所属部门不得以任何方式举借债务。

2.2.2　政企联合投融资

1. 日本

综合管廊在日本被称为“共同沟”，1923 年东京政府于关东地区重建时主动出资兴建了包括九段阪、滨町、八重洲等综合管廊，然而由于当时的经济条件，综合管廊建设在日本未能很快地推广与发展。1963 年 4 月 1 日，日本政府专门制定了《关于共同沟建设的特别措施法》，推动综合管廊的建设。1964 年 10 月 4 日同时颁布了《共同沟法实施令》和《共同沟法实施细则》。解决了综合管廊建设中的资金分摊、建设技术等方面的关键问题。但初期进展缓慢，主要原因是综合管廊牵涉到众多管线单位，难以达成共识。1991 年，日本成立了专门管理共同沟的部门，负责推动共同沟的建设，并在数十年中对相关法律作了数次修订。1999 年发布《共同沟设计指南》，指导规范综合管廊的设计、施工及验收。据悉，日本东京、大阪、名古屋、横滨、福冈等近 80 个城市已经修建了总长度达 2057km 的地下综合管廊，为日本城市的现代化科学化建设发展发挥了重要作用（图 2.2-2）。

图 2.2-2　日本银座共同沟

综合管廊在日本被认为是城市道路的重要组成部分，综合管廊属于道路附属设施，国土交通省直接管辖道路下的综合管廊投资、建设和管理由国土交通省道路部门负责，地方政府管辖道路下的综合管廊投资、建设和管理由地方政府建设局负责，日本政府主导综合管廊的建设，通过立法明确综合管廊的建设资金由政府和管线单位共同承担。

日本采用推定投资额方式确定管线单位承担的建设费用，不足部分由道路管理部门承担（国土交通省或地方政府），理论上使管线单位不会因入廊导致财务负担过重，提高管线单位入廊积极性，有利于推动综合管廊的建设。对于推定投资额计算，日本有一套复杂的计算方法，推定投资额实际就是传统敷设成本与入廊敷设成本的差值（节省额）。综合管廊被定位为政府服务产品，综合管廊的运行需要系统的日常维护工作，由政府或专业的运营公司负责。依据“使用者付费”原则，日常维护费用由管线单位承担。综合管廊作为政府财产，政府承担综合管廊大规模的修理和维护费用。

2. 中国台湾

综合管廊在中国台湾地区被称为“共同管道”，早在20世纪70年代，台湾地区由于受到日本的影响，就产生了建设综合管廊的构想，1989年，台北市开始积极推动捷运的建设，更使挖路情况急剧恶化，挖路次数直线上升，从而造成了严重的交通堵塞、尘土飞扬、空气污染严重，并且经常挖断燃气、电信等管线，严重影响民众的生活，引起广大民众的不满。1990年台北市第570次市政会议决定在工务局新工处下设共同管道科，并于1991年2月15日正式成立。从此，台湾地区真正迈进综合管廊时代。

台湾地区结合各地经验和教训，要求做到法规先行，于是在2000年颁布了“共同管道法”，2001年颁布了“共同管道建设及管理经费分摊办法”和“共同管道法施行细则”，2002年颁布了“共同管道建设基金收支保管及运用办法”和“共同管道系统使用土地上空或地下之使用程序使用范围界线划分登记征收及补偿审核办法”，2003年颁布了“共同管道工程设计标准”。至此，综合管廊法规体系初步构建起来了，内容涉及综合管廊规划建设方面的基本规定及其施行细则、建设基金及运用办法、工程设计标准等。这些规定是各县市制定和修正综合管廊地方规章制度的依据。

中国台湾地区综合管廊建设原则内核和日本是基本一致的，由政府和管线单位一起承担综合管廊的建设费用。其中不同的地方是经过多次的讨论和论证，并以经验数据为依据，明确政府和管线单位分摊建设成本的比例，实行“一刀切”的形式，避免了复杂和繁琐的计算，也避免了政府和管线单位之间的争论。同时，用规定确定管线单位之间分摊比例的计算公式，明确各单位承担建设成本的比例，避免了管线单位之间的争论。台湾地区综合管廊由工务局主导建设，成立专业部门协调组织，并设立了“共同管道建设基金”，也由工务局负责管理，通过无息贷款推动综合管廊建设。

根据“共同管道建设及管理经费分摊办法”第2条规定：共同管道工程建设经费分摊为工程主办机关负担三分之一，管线事业机关负担三分之二。管线事业机关之间的分摊比例采用“传统体积值法”计算，计算公式见式（2.2-1）：

$$R_j = \frac{V_j^* C_j}{\sum_{j=1}^{n} (V_j^* C_j)} \tag{2.2-1}$$

“共同管道建设及管理经费分摊办法”第3、4条规定：在共同管道完工后3个月内，提取总工程经费的5%，成立共同管道管理及维护经费专户，专款专用。管理维护经费分担方式为由各管线事业机关于完工后第二年起平均分摊总管理维护费用的三分之一，另三分之二由各管线事业机关依使用时间或次数等比例分摊。其中的管理费用不包括主管机关编制内人事费用。

3. 中国大陆

PPP（Public-Private Partnership）模式是政府与社会资本合作模式，即社会资本通过特许经营等方式，参与城市基础设施等有一定收益的公益性事业投资与运营。是政府为增强公共产品和服务供给能力、提高供给效率，通过特许经营、购买服务、股权合作等方式，与社会资本建立的利益共享、风险分担及长期合作关系。针对综合管廊项目，政府和社会成本共同出资成立（SPV）项目公司负责综合管廊项目的融资、建造及运营。

（1）政府资金

政府可以通过上述调整财政资金、发行政府债券方式统筹资金，作为政府资本金投入PPP 项目。

另外，也可以通过申请相关基金作为 PPP 项目中政府资本金。2015 年 8 月，国家发改委通过国家开发银行和中国农业发展银行向邮储银行定向发行首批 3000 亿元的专项建设债券，筹集资金后建立专项建设基金，重点支持五大类和 22 个重点领域建设（地下综合管廊属于重点领域之一）。该基金主要采用股权方式投入，用于地方政府申请的项目资金本金投入、股权投资和参与地方投融资公司基金。另外各个省、市政府也有相关的产业基金，当地政府可以申请相关国家专项建设基金和地方产业基金用于综合管廊项目。

（2）社会资本

1）社会企业

拥有丰富融资、建造和运营经验的社会企业是 PPP 模式重要参与方，社会企业投入资本金与政府一起成立项目公司，作为综合管廊项目中的执行者。政府的发展规划、市场监管、公共服务职能，与社会资本的管理效率、技术创新动力有机结合，充分发挥社会资本的专业化和市场化优势，实现项目效益最大化。

2）财务投资者

机构投资者是指为广大受益人或投资者的利益进行高成交量和低手续费的大宗交易的公司或者机构，包括投资中介机构（共同基金、投资银行和私募基金等）、契约性储蓄机构（社会保障基金、保险基金等）、存款机构（商业银行等）以及各种基金组织和慈善机构等。财务投资者以获利为目的，通过投资行为取得经济上的回报。财务投资者一般不参与项目的具体实施，通过资金投入获得固定收益，减轻政府或社会企业的资金负担。

社会企业和财务投资者两者可以单独与政府 PPP 模式合作，也可以共同参与到 PPP 模式合作中，需要结合项目实际情况，采用最合适的参与方和出资比例组建项目公司。项目公司承担项目的融资责任，可以通过金融机构，或采用财务投资者投融一体化的形式。投融一体化即财务投资者既投入资本金组建项目公司，同时又对后续资金进行放贷。

项目实施地政府指定项目的实施机构和平台公司，项目发起方与实施机构通过公开招标方式选择社会资本，社会资本与平台公司组建综合管廊项目公司（SPV），市政府与项目公司（SPV）签署 PPP 项目合同，约定特许经营期和责任义务，授权其在项目合作期内负责地下综合管廊投融资、建设及运营（图 2.2-3）。

财政部发布《PPP 项目合同指南》要求项目公司是依法设立的自主运营、自负盈亏的具有独立法人资格的经营实体。项目公司由政府和社会资本共同出资设立。但政府在项目公司中的持股比例应当低于 50%且不具有实际控制力及管理权。财政部《关于进一步做好政府和社会资本合作项目示范工作的通知》（财金〔2015〕57 号）要求政府和社会资本合作期限原则上不低于 10 年。政府和社会资本的投融资方式可参考章节 3.2.1。

项目公司（SPV）的收入一般包括两部分：经营性收入和政府补贴收入。根据《国

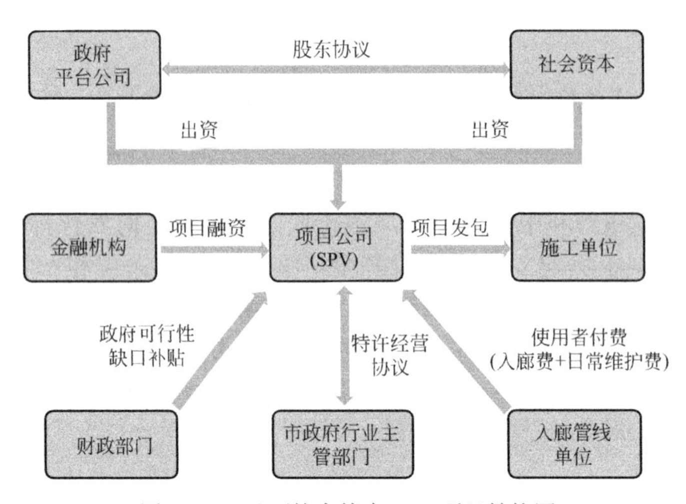

图 2.2-3　地下综合管廊 PPP 项目结构图

家发展改革委　住房和城乡建设部关于城市地下综合管廊实行有偿使用制度的指导意见》(发改价格〔2015〕2754 号)，入廊管线单位应向管廊建设运营单位支付管廊有偿使用费用，有偿使用费包括入廊费和日常维护费。入廊费主要是为了补偿综合管廊的建设成本，入廊管线单位向管廊建设运营单位一次性支付或分期支付。为了减轻管线单位的资金支付压力，建议入廊费采用分期支付的方式，但需考虑资金的时间价值。日常维护费主要用于弥补管廊日常维护、管理支出，由入廊管线单位每年向管廊运营单位逐期支付（图 2.2-4）。

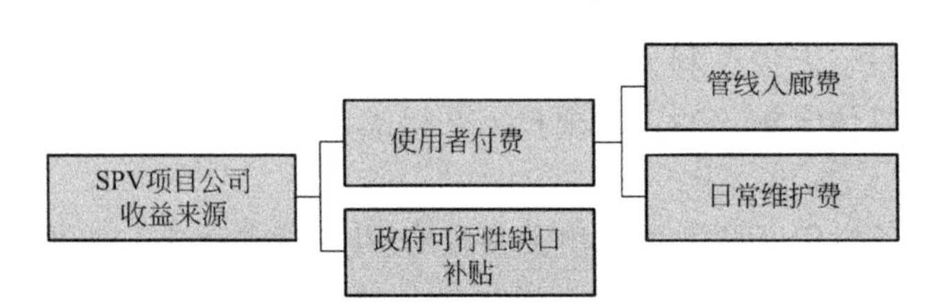

图 2.2-4　项目公司收入来源构成图

由于综合管廊项目公益性较强，管线单位的付费部分尚不足以满足项目回报要求，由政府提供缺口补贴，以保障项目财务可行性。政府补贴收入的依据是：根据我国现行的法律法规和行政体制来看，综合管廊应属于准经营性项目，即具有公益性、有收费机制和现金流入，但无法收回成本，尚需政府投入部分资金进行扶持等。

2.3　我国综合管廊建设典型案例

2.3.1　六盘水

六盘水市作为综合管廊建设的首批试点城市，市政府指定机构与社会投资房组建 PPP 项目公司，并且授权于 PPP 项目公司签订特许经营协议，PPP 项目公司按照特许经营协议要求负责项目的投资、融资、建设及运营管理，自行承担费用、责任和风险，并获得服务费用。该项目的资本金中，社会投资方占股 80%，市住投公司占股 20%。后期建设费用由项目公司负责融资，并且承担相应责任。

PPP 项目公司负责整个项目的投资、融资和建设管理。同时，PPP 项目公司将运营管理业务委托给专业的运营管理公司进行管理，仅支付相应的运营管理费用。运营管理公司负责管理平台的搭建以及运营维护服务工作，PPP 项目公司作为建设单位对运营公司的服务做评价及监督工作。PPP 项目公司或者其委托运营公司负责入廊费及运营维护费的收取，运营公司就服务质量向 PPP 项目公司和管线单位负责（图 2.3-1）。

图 2.3-1　六盘水市综合管廊

2.3.2　长沙

长沙市作为首批试点城市，市政府授权市住建委作为项目发起方与实施机构，通过公开招标方式选择社会资本，与六盘水项目总体上拟采用“TOT+BOT”的模式进行运作。即：长沙市政府授权长沙市住建委作为项目发起方与实施机构，通过公开招标方式选择社会资本，并指定政府方股东与社会资本共同出资组建 PPP 项目公司。市住建委与项目公司签署 PPP 项目合同，授权其在项目合作期内负责地下综合管廊投融资、施工图设计、建设运营及移交。其中，高铁新城区域内作为长沙国际会展中心配套工程的 7 段管廊（下称“先建管廊”）采用“TOT”形式有偿转让给 PPP 项目公司进行运营管理；对于高铁新城区域内的其余管廊以及老城区湘府西路管廊工程（含高铁新城控制中心及天际岭控制中心）（下称“后建管廊”）采用“BOT”形式由 PPP 项目公司负责全部的投融资、施工图设计、建设运营及移交。项目的资本金为项目总投资的 30%，由政府方股东及社会股东参照股权比例分别出资，其余资金通过开发性银行贷款等债务资金筹集。

2.3.3 广州大学城

广州大学城（小谷围岛）综合管廊是广东省规划建设的第一条综合管廊，位于小谷围岛中环路，沿中环路呈环状结构布局，全长约 18km，主干管长约 10km，总投资约为 2.47 亿元。广州市政府安排大学城投资公司负责投资，大学城建设指挥部办公室统筹建设，于 2003 年下半年开工建设，2005 年全部建成。采用三舱形式，总宽为 7m，高为 2.8m，分别为电缆舱，水舱和通信舱，分别收容电力电缆、给水和供冷水管、电信和有线电视电缆等。目前由大学城投资经营管理有限公司委托一家专业运营公司进行维护管理（图 2.3-2）。

图 2.3-2 广州大学城综合管廊

2.3.4 佛山新城

佛山新城综合管廊是佛山市规划建设的第一条综合管廊，为环状布局，全长共 9.8km，总投资约 2.3 亿元，2006 年投入使用。由佛山市新城物业发展有限公司投资建设，资金来源为政府财政资金。采用单舱形式，一般为宽 3.2m，高 2.8m，作为中轴线的大福路南延段则是宽 4m、高 2.8m，入廊管线为自来水、直饮水、电力电缆和通信线缆。佛山新城管廊由佛山市新城物业发展有限公司下属的新城物业发展有限公司管理，该公司负责东平新城核心区内新建项目物业管理前期介入工作、市政设施设备日常维护、环境卫生质量监督、闲置地物业出租、广告经营等工作。新城物业发展有限公司再委托专门综合管廊运营公司管理管廊（图 2.3-3）。

图 2.3-3　佛山新城综合管廊

第3章　综合管廊的规划

3.1　我国城市综合管廊的规划现状及政策分析

随着城市建设方式由粗放式向高效集约式转变，城市土地开发模式由粗放式开发向挖潜存量空间转变，空间开发利用由地上向统筹地上及地下转变。综合管廊作为一种集合了管线安置、地下空间集约利用、减少地面破挖、维持交通顺畅等多种作用于一身的管道敷设方式，受到了越来越多的关注。与此同时，综合管廊还是一项初期投资较大，建设难度较大的设施。因此，科学的指导综合管廊的建设，综合管廊工程合理规划显得尤为重要。

住房城乡建设部于2015年5月印发的《城市地下综合管廊工程规划编制指引》，其中综合管廊工程规划的主要内容包括以下方面：规划可行性分析、目标及规模、建设区域、系统布局、管线入廊分析、断面选型、三维控制线划定、重要节点控制、配套设施、附属设施、安全防灾、建设时序、投资估算及保障措施。

当前国内综合管廊建设规划还存在一定的问题，综合管廊的规划规模与城市规模及经济水平有一定关联，但并不成正比例关系。当前国内综合管廊试点城市设立目的就是为各类型城市建设综合管廊提供样本和范例，因此在城市的选择上也涵盖了不同地区、不同经济发展水平及规模的城市。对于不同类型的城市在进行综合管廊规划的时候，可以结合自身的经济发展水平及规模，参照试点城市的综合管廊规划规模来布局。

综合管廊是地下空间规划及利用的一部分，因此地下综合管廊的空间布局应结合及顺应地下空间的总体规划。因此，综合管廊的规模应在地下空间开发总规模的基础上进行讨论。目前各个城市都已编制或准备编制综合管廊的专项规划工作，特别是由住房城乡建设部、财政部共同确定的第一批、第二批管廊试点城市均做了综合管廊专项规划工作。综合管廊专项规划对规范和指导城市地下综合管廊工程建设，提高综合管廊建设的科学性，避免盲目、无序建设，起到了很好的指导作用。

3.2　综合管廊的规划依据

综合管廊工程规划应根据城市总体规划、地下管线综合规划、控制性详细规划、各类工程管线的专项规划等进行编制，同时应与地下空间规划、道路规划、环境景观等相关城市基础设施保持衔接、协调。规划年限应与总体规划一致，同时预留远景发展空间。

3.3　综合管廊的规划原则

综合管廊规划一般应遵循以下原则：

（1）管廊工程规划由城市人民政府组织相关部门编制，用于指导和实施管廊工程建设。编制中应听取道路、轨道交通、给水、排水、电力、通信、广电、燃气、供热等行政主管部门及有关单位、社会公众的意见。

（2）管廊工程规划应以统筹地下管线建设、提高工程建设效益、节约利用地下空间、防止道路反复开挖、增强地下管线防灾能力为目的，遵循政府组织、部门合作、科学决策、因地制宜、适度超前的原则。

（3）管廊工程规划应合理确定管廊建设区域和时序，划定管廊空间位置、配套设施用地等三维控制线，纳入城市黄线管理。

（4）管廊建设区域内的所有管线应在管廊内规划布局。

（5）管廊工程规划应统筹兼顾城市新区和老旧城区。新区管廊工程规划应与新区规划同步编制，老旧城区管廊工程规划应结合旧城改造、棚户区改造、道路改造、河道改造、管线改造、轨道交通建设、人防建设和地下综合体建设等编制。

（6）管廊工程规划期限应与城市总体规划一致，并考虑长远发展需要，预留远景发展空间。建设目标和重点任务应纳入国民经济和社会发展规划。

（7）管廊工程规划应坚持因地制宜、远近结合、统一规划、统筹建设的原则。

（8）管廊工程规划原则上五年进行一次修订，或根据城市规划和重要地下管线规划的修改及时调整。调整程序按编制管廊工程规划程序执行。

3.4　综合管廊的规划内容及要点

3.4.1　综合管廊规划应包括的主要内容

1. 规划可行性分析

根据城市经济、人口、用地、地下空间、管线、地质、气象、水文等情况，分析管廊建设的必要性和可行性。

2. 规划目标和规模

明确规划总目标和规模、分期建设目标和建设规模。

3. 建设区域

敷设两类及以上管线的区域可划为管廊建设区域。

高强度开发和管线密集地区应划为管廊建设区域。主要是：

（1）城市中心区、商业中心、城市地下空间高强度成片集中开发区、重要广场，高铁、机场、港口等重大基础设施所在区域。

（2）交通流量大、地下管线密集的城市主要道路以及景观道路。

（3）配合轨道交通、地下道路、城市地下综合体等建设工程地段和其他不宜开挖路面的路段等。

4. 系统布局

根据城市功能分区、空间布局、土地使用、开发建设等，结合道路布局，确定管廊的系统布局和类型等。

5. 入廊管线分析

根据管廊建设区域内有关道路、给水、排水、电力、通信、广电、燃气、供热等工程规划和新（改、扩）建计划，以及轨道交通、人防建设规划等，确定入廊管线，分析项目同步实施的可行性，确定管线入廊的时序。

6. 管廊断面选型

根据入廊管线种类及规模、建设方式、预留空间等，确定管廊分舱、断面形式及控制尺寸。

7. 三维控制线划定

管廊三维控制线应明确管廊的规划平面位置和竖向规划控制要求，引导管廊工程设计。

8. 重要节点控制

明确管廊与道路、轨道交通、地下通道、人防工程及其他设施之间的间距控制要求。

9. 配套设施

合理确定控制中心、变电所、投料口、通风口、人员出入口等配套设施规模、用地和建设标准，并与周边环境相协调。

10. 附属设施

明确消防、通风、供电、照明、监控和报警、排水、标识等相关附属设施的配置原则和要求。

11. 安全防灾

明确综合管廊抗震、防火、防洪等安全防灾的原则、标准和基本措施。

12. 建设时序

根据城市发展需要，合理安排管廊建设的年份、位置、长度等。

13. 投资估算

测算规划期内的管廊建设资金规模，近期管廊建设投资估算。

14. 保障措施

提出组织、政策、资金、技术、管理等措施和建议。

3.4.2 综合管廊规划主要编制成果

1. 文本

一般规划文本应包括以下规划内容：

（1）总则

（2）规划编制依据

（3）规划可行性分析

（4）规划目标和规模

（5）建设区域

（6）系统布局

（7）入廊管线分析

（8）管廊断面选型

（9）三维控制线划定

（10）重要节点控制

（11）配套设施

（12）附属设施
（13）安全防灾
（14）建设时序
（15）投资估算
（16）保障措施
（17）附表

2. 图样

一般包括下述图样：

（1）城市区位图
（2）城市总体规划图
（3）管廊建设区域范围图
（4）管廊建设区域现状图
（5）管廊系统规划图
（6）管廊分期建设规划图
（7）管线入廊时序图
（8）管廊断面示意图
（9）三维控制线划定图
（10）重要节点竖向控制图和三维示意图
（11）配套设施用地图
（12）附属设施示意图

3. 附件

包括规划说明书、专题研究报告、基础资料汇编等。

3.5　我国城市综合管廊规划典型案例

3.5.1　武汉市综合管廊专项规划

1. 规划范围

本次规划以全市域城镇建设用地为研究范围，以主城区、开发区及新城区（含前川、邾城）为规划范围。

2. 规划期限

本次规划期限为 2016～2030 年，近期至 2020 年，中期至 2030 年，远景至 2049 年。

3. 入廊管线

根据武汉市管线种类和分布情况，综合考虑技术、经济、安全以及维护管理、城市和综合管廊运行安全等因素，可纳入综合管廊的管线有：给水、电力、通信、热力、污水、燃气等管线，并根据区域发展需求预留未来新增管线空间，其中污水管、燃气中压管应根据具体需求经过经济比较、技术论证后纳入综合管廊。考虑高压燃气管、工业管道、石油管道等管线专业要求较高，建议不纳入综合管廊。

4. 规划布局

以重点功能区、新城核心区为主形成综合管廊系统布局，中期规划综合管廊规模566.5km。

（1）主城区

汉口地区：结合高压电力线路路由、黄孝河第二排水通道、给水厂区域连通需求，形成以“机场河-黄孝河-和谐大道、解放大道-谌家矶中路”为2大主线的管廊系统，规划综合管廊长度59.5km。

汉阳地区：结合锅顶山变高压电力线路和琴断口至沌口给水厂间的连通需求，形成“龙阳湖东路-琴台大道-芳草中路”环状综合管廊系统，规划综合管廊长度29.9km。

武昌地区：武昌北部区域结合徐东、和平、建三路等变电站的高压电力隧道和青山热电厂至武昌热电厂间供热主通道的建设需求，沿北环铁路控制廊道形成主线管廊；武昌南部区域以结合500kV电力线路进城通道，沿关山大道、长江大道、平安路形成主线管廊，规划综合管廊长度79.0km。

规划综合管廊总长168.4km。

（2）开发区

东湖新技术开发区：在东湖新技术开发区以光谷中心城为综合管廊重点建设区域，规划综合管廊总长60.7km。

经济技术开发区：在经济技术开发区以纱帽新城为综合管廊重点建设区域，规划综合管廊总长24.0km。

（3）新城区

新洲区：在新洲区以阳逻新城中心、邾城“问津新城”为综合管廊重点建设区域，规划综合管廊总长75.5km。

黄陂区：在黄陂区以航空城、前川新城为综合管廊重点建设区域，规划综合管廊总长87.7km。

东西湖区：在东西湖区以吴家山新城为综合管廊重点建设区域，规划综合管廊总长64.1km。

蔡甸区：在蔡甸区以中法生态新城为综合管廊重点建设区域，规划综合管廊总长35.0km。

江夏区：在江夏区以纸坊、金口新城为综合管廊重点建设区域，规划综合管廊总长51.1km。

5. 规划图

（1）综合管廊系统示意图如图3.5-1所示。

（2）武汉市综合管廊分期建设规划图如图3.5-2所示。

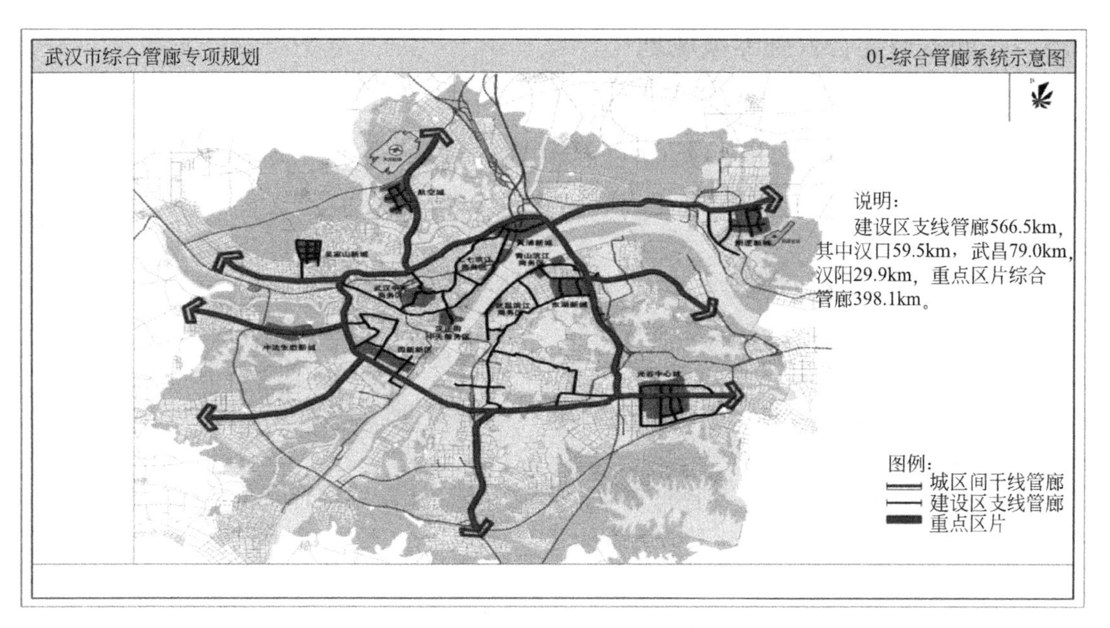

图 3.5-1　武汉综合管廊系统示意图

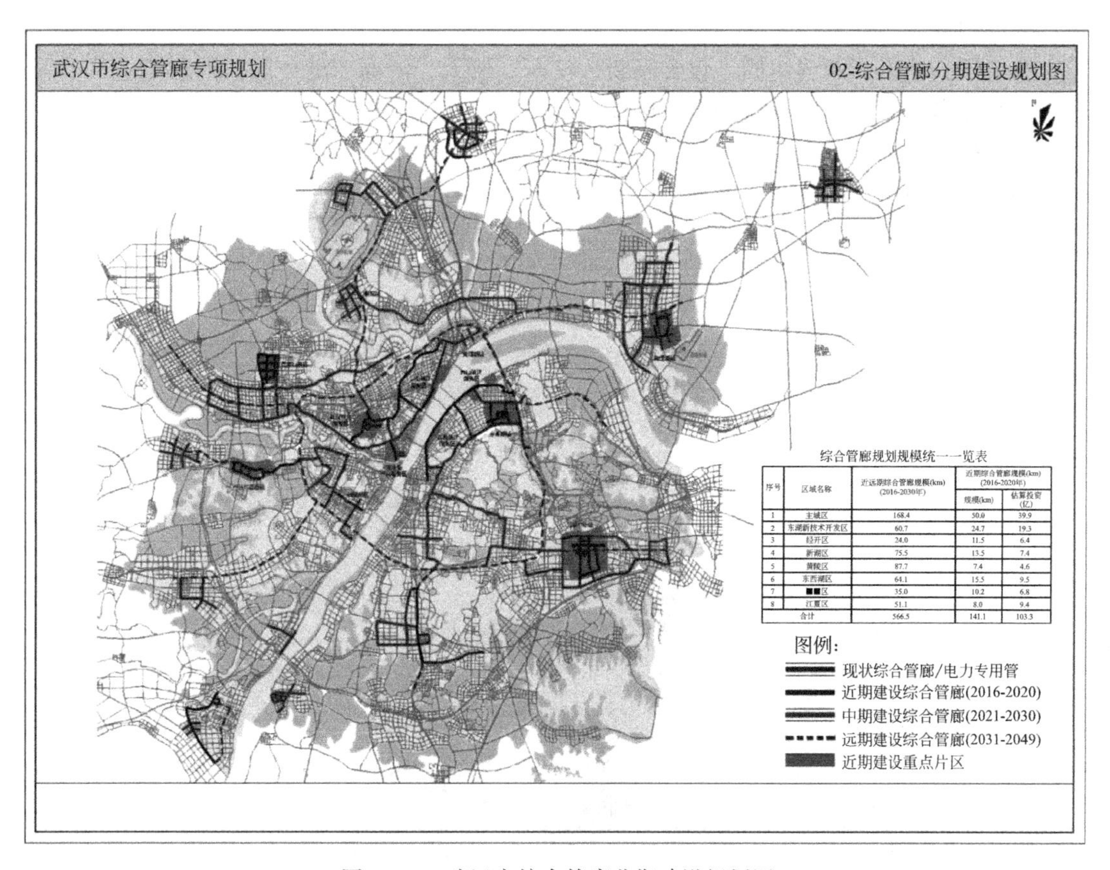

综合管廊规划规模统一一览表

序号	区域名称	近远期综合管廊规模(km)(2016-2030年)	近期综合管廊规模(km)(2016-2020年)	
			规模(km)	估算投资(亿)
1	主城区	168.4	50.0	39.9
2	东湖新技术开发区	60.7	24.7	19.3
3	经开区	24.0	11.5	6.4
4	新洲区	75.5	13.5	7.4
5	黄陂区	87.7	7.4	4.6
6	东西湖区	64.1	15.5	9.5
7	■■区	35.0	10.2	6.8
8	江夏区	51.1	8.0	9.4
合计		566.5	141.1	103.3

图 3.5-2　武汉市综合管廊分期建设规划图

3.5.2 西安市综合管廊专项规划

1. 规划范围

规划区域为西安市中心城区及部分外围新城、产业区（常宁组团、沣东新城、渭北工业区、国际港务区），总长 350.5km。

2. 规划期限

近期 2016～2020 年，规划建设总长度 130.5km，远期 2021～2030 年，规划建设总长度 220km。

3. 入廊管线

给水、再生水、电力、电信、热力、天然气，有条件时入廊管线：重力流管道。

4. 规划布局

根据《西安市城市地下综合管廊规划》确定西安市干支线综合管廊远期形成“一环、六放射、多组团”的干支线地下综合管廊体系，规划总里程约 350.5km，约占城市主干路网的 20%。

一环：结合地铁八号线规划建设形成环线。

六放射：依托主干环，在昆明路、朱宏路、北辰大道、咸宁路、雁塔南路、太白路形成六条放射线。

多组团：主要指新建组团，包含高新、沣东、航天、浐灞、港务区、渭北工业区和常宁组团，在各区重要道路设置综合管廊体系。

5. 规划图

西安市综合管廊系统示意图如图 3.5-3 所示。

图 3.5-3 西安市综合管廊系统示意图

3.5.3　兰州市综合管廊专项规划

1. 规划范围

兰州市中心城区：中心城区规划范围北至铁路货运北环线，南至南绕城高速公路，东至兰州高新区榆中园区东部边界，西至京藏高速公路。

兰州市远郊县区（城区）：包括榆中县、永登县、皋兰县、红古区。

根据《兰州市地下综合管廊建设实施方案》，兰州新区综合管廊规划建设由兰州新区管委会负责。

2. 规划期限

规划期限 2016～2020 年，远景展望 2021～2030 年。

3. 入廊管线

给水、电力（包括 110kV、10kV）、通信（电信、网络、有线等）、热力管线入廊，预留中水。

重力流污水、雨水会导致管廊宽度埋深显著增加，除近期管廊示范路段外，雨污水管道暂不考虑入廊，远期有条件路段可进入综合管廊。

谨慎考虑天然气管线入廊，近期示范路段入廊，积累建设运营管理经验。远期选择道路下管位布局较为紧张的区域入廊。

4. 规划布局

（1）中心城区综合管廊系统布局

兰州市中心城区综合管廊总体呈“三横——多片”、以线带面的网状管廊布局结构。

规划于东西向主干路北滨河路、南滨河路西—S183—南滨河路东—雁北路、西固路—西津路—庆阳路—东岗路布置三条东西向干线综合管廊，为兰州市综合管廊“三横”；城关、七里河、西固、安宁分别以网状形式规划“多片”支线综合管廊及缆线管廊。

兰州市中心城区规划综合管廊总长度 380km。

（2）榆中县综合管廊系统布局

榆中县中心城区北片区（夏官营）、南片区（榆中县城）分别规划综合管廊网状布局。

北片区（夏官营），规划“四横三纵”综合管廊。“四横”为夏纬四路、夏纬七路、夏纬十路、夏纬十一路；“三纵”为夏经三路、夏经五路（盆地大道）、夏经八路。

南片区（榆中县城），规划“三横三纵”综合管廊。“三横”为纬五路（盆地大道）、纬十一路（太白路）、纬十六路；“三纵”为经五路（栖云路）、经十一南路、经十六路（环城东路）。

规划榆中县综合管廊总长约 42.8km。

（3）永登县综合管廊系统布局

永登县县城规划“两纵四横”综合管廊。“两纵”为滨河路、工业大道，为南北向干线综合管廊；“四横”为汪家湾路、北灵观路、纬五路、纬十一路，为支线综合管廊。

规划永登县综合管廊总长约 21.2km。

（4）皋兰县综合管廊系统布局

皋兰县城皋营路、名蕃大道规划干线综合管廊，纬十七路规划支线综合管廊。

规划皋兰县综合管廊总长约 10.5km。

（5）红古区综合管廊系统布局

红古区规划“四横三纵”干支结合综合管廊布局。“四横”为红古路、平安路、大通路、滨河路，“三纵”为红山路、花庄路、中和路。

红山路、平安路规划干支型综合管廊，红古路、大通路、滨河路、花庄路、中和路（电信路）规划支线综合管廊。

规划红古区综合管廊总长约18.2km。

5. 规划图

（1）兰州市中心城区综合管廊系统规划图如图3.5-4所示。

图3.5-4　兰州市中心城区综合管廊系统规划图

（2）兰州市三县一区综合管廊总体规划图

兰州市三县一区（榆中县、永登县、皋兰县、红古区）综合管廊工程总长92.74km，如图3.5-5～图3.5-9所示。

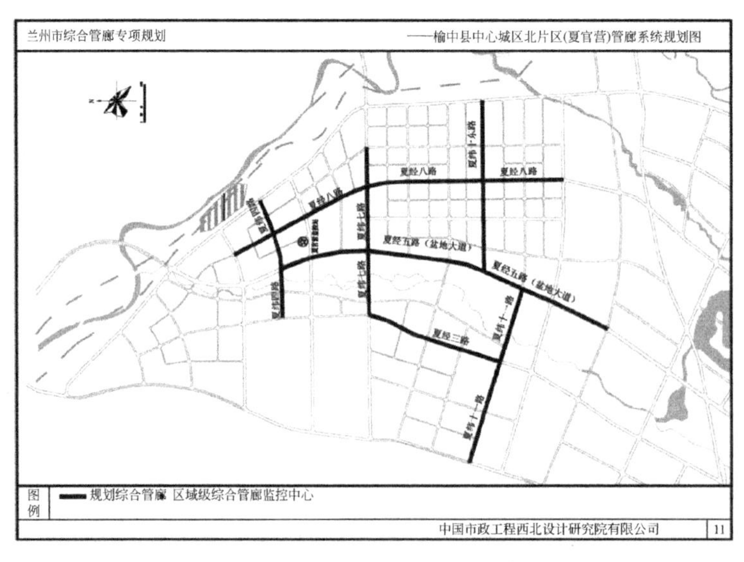

图3.5-5　榆中县北片区综合管廊总体规划图

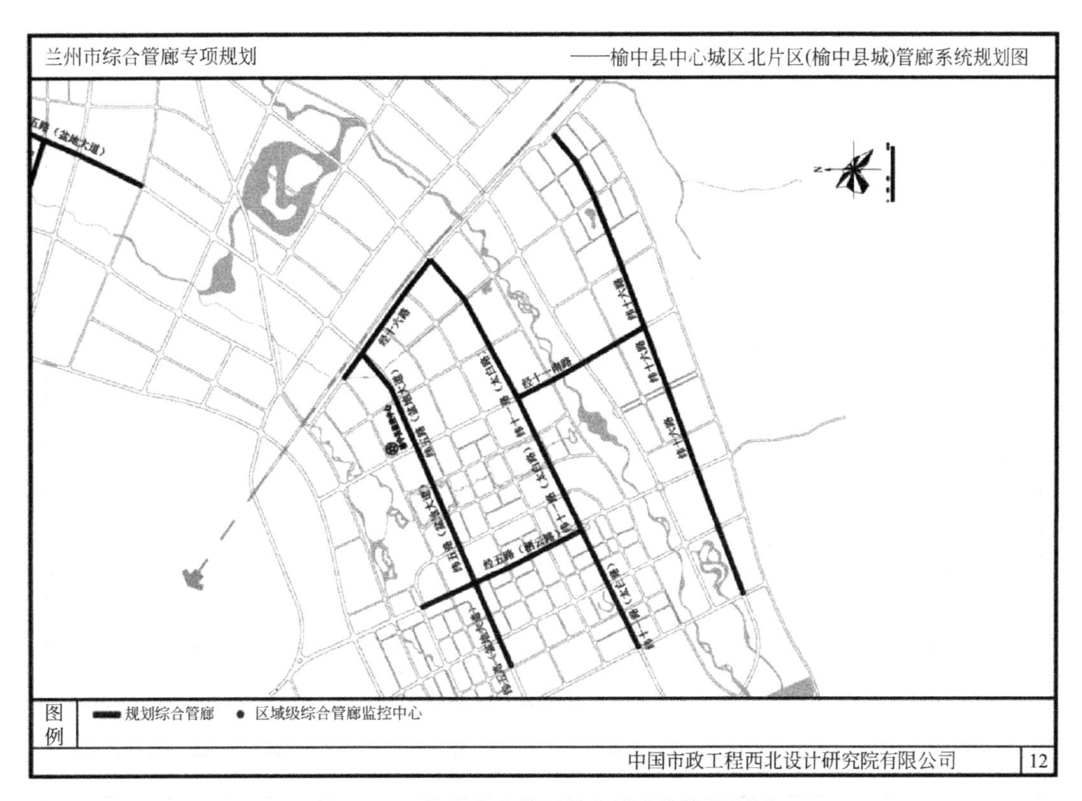

图 3.5-6　榆中县南片区综合管廊总体规划图

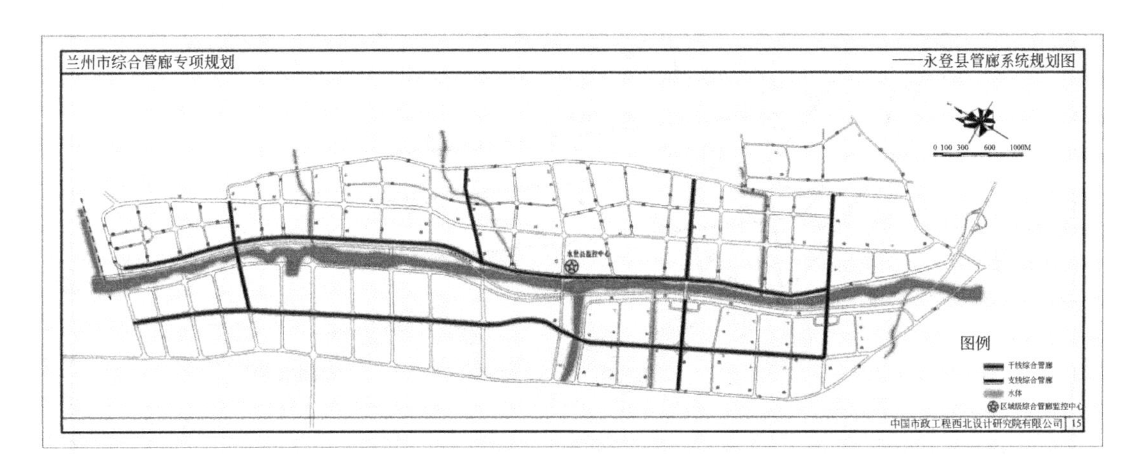

图 3.5-7　永登县综合管廊总体规划图

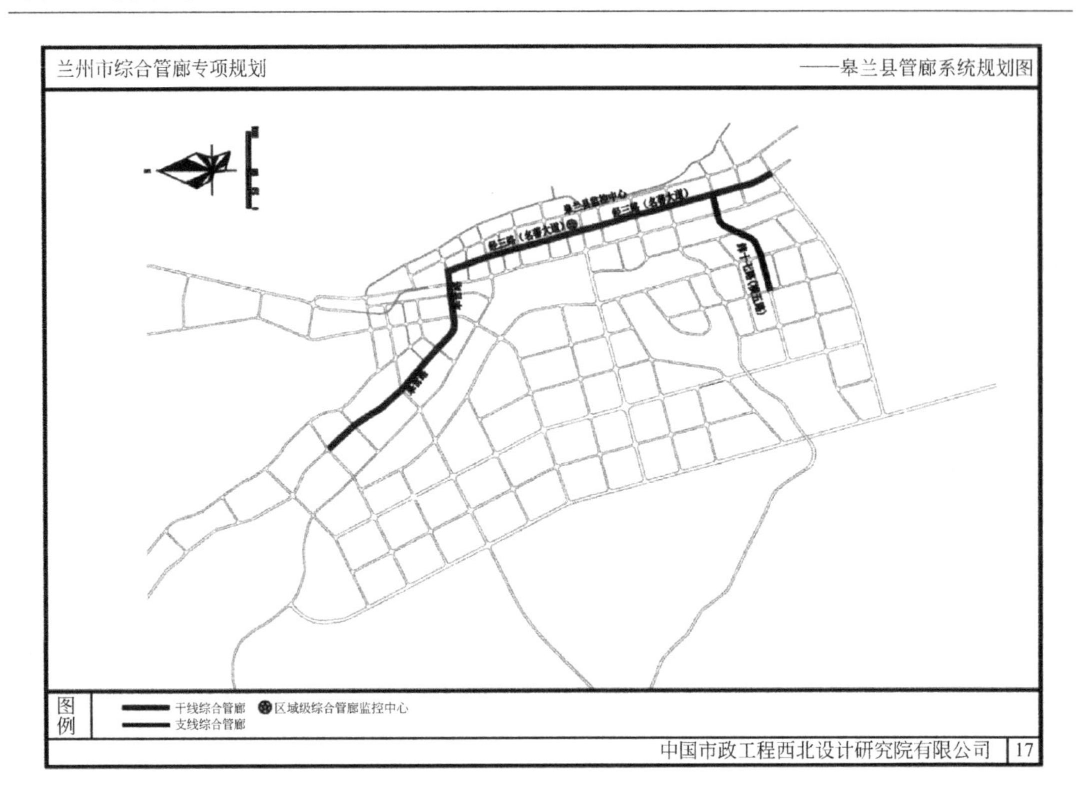

图 3.5-8　皋兰县综合管廊总体规划图

图 3.5-9　红古区综合管廊总体规划图

3.5.4　乌鲁木齐市综合管廊专项规划

1. 规划范围

规划范围包括乌鲁木齐市中心城区及周边的甘泉堡、南旅基地、达坂城。规划期 2020 年管廊规划总计约 186km，其中综合管廊规划总计约 119km，缆线管廊规划总计约 67km。至远景 2030 年中心城区管廊规划总计约 518km，其中综合管廊规划总计约 286km，缆线管廊规划总计约 232km。

2. 规划期限

规划年限 2016～2020 年，远景展望 2021～2030 年。

3. 入廊管线

全市范围内，规划建设有综合管廊的路段，给水、中水、污水、电力（10kV、35kV、110kV、220kV）、通信、热力、天然气管道均入廊，雨水管道不做要求，根据雨水系统及道路坡向，有条件路段可纳入综合管廊。

4. 规划图

乌鲁木齐市中心城区管廊系统规划图如图 3.5-10 所示。

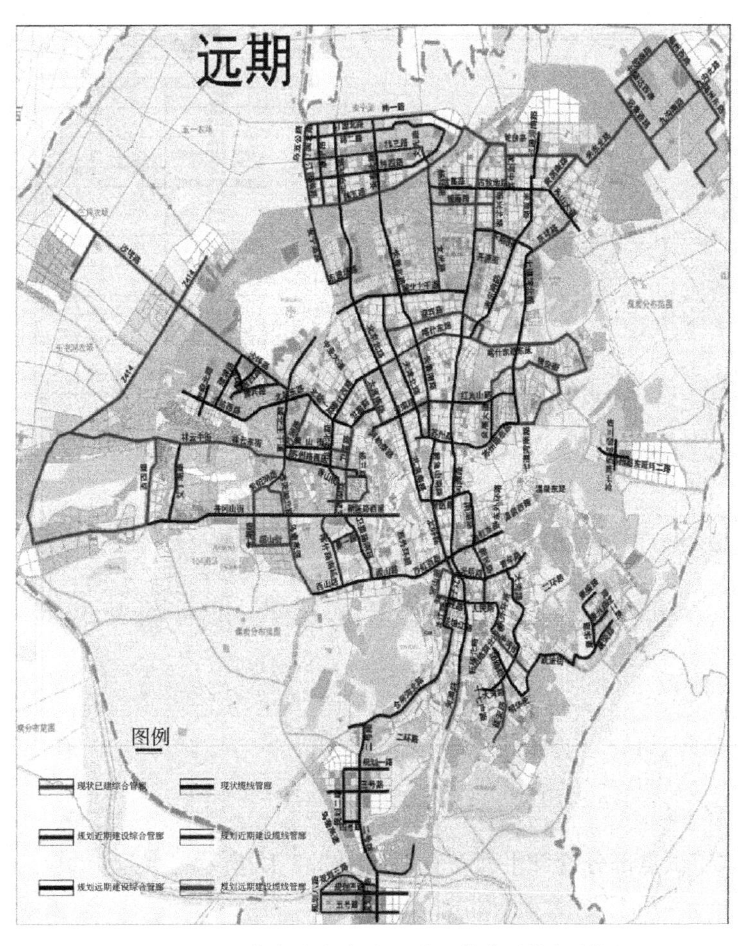

图 3.5-10　乌鲁木齐市中心城区管廊系统规划图

3.5.5　六盘水市综合管廊专项规划

1. 规划范围

规划范围为《六盘水市城市总体规划》确定的约 120km^2 建设用地，规划管廊总规模约 109km。

2. 规划期限

规划期限为 2015～2030 年，其中：近期 2015～2020 年；远期 2021～2030 年。

3. 入廊管线

本次规划的入廊管线包括供水、电力、通信、广电、再生水、热力和燃气管线。由于六盘水为山地城市，中心城区地形坡度大，雨水排水条件较好，仅对个别路段考虑雨水管线入廊。同时，六盘水正在实施水城河综合治理，沿水城河敷设有污水截污干管，污水管道在个别路段考虑纳入综合管廊。

4. 规划图

(1) 六盘水市管廊系统规划图如图 3.5-11 所示。

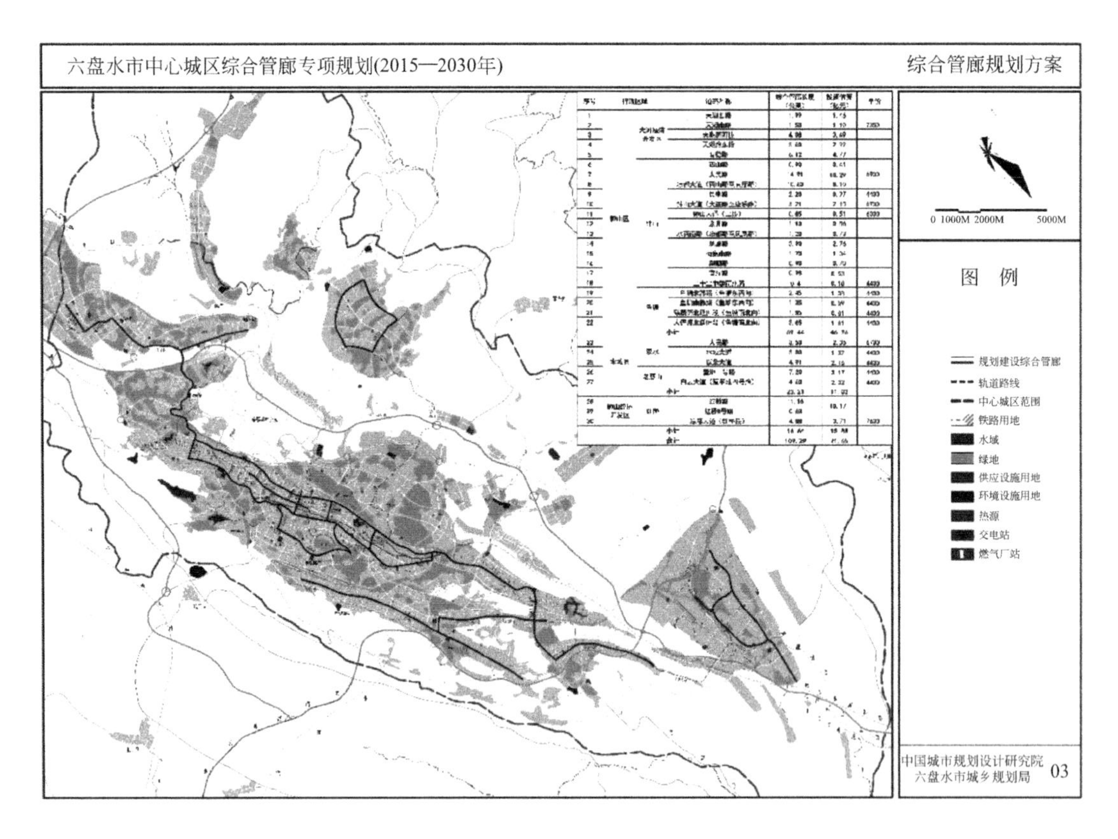

图 3.5-11　六盘水市管廊系统规划图

(2) 六盘水市试点部分管廊平面布置图如图 3.5-12 所示。

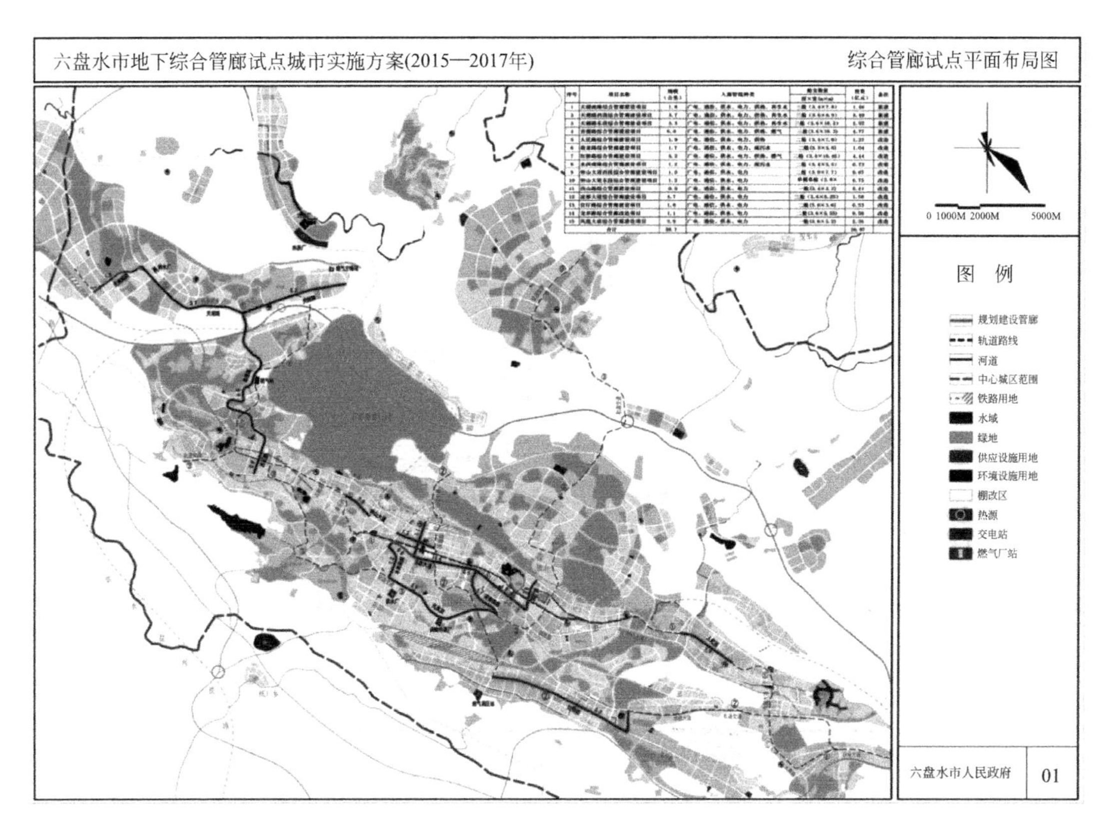

图 3.5-12　六盘水市试点部分管廊平面布置图

3.5.6　太原市综合管廊专项规划

1. 规划范围

本规划范围与总体规划确定的太原市中心城区规划范围一致，东起东山煤矿，西至官地矿，北起中北大学、江阳化工厂，南至太原与清徐交界、太中银铁路，面积约 695km^2。其中建设用地 360km^2。太原市规划综合管廊约 169km，其中：干线管廊约 67km，支线管廊约 85km，缆线管廊约 17km。

2. 规划期限

本规划期限与《太原市城市总体规划（2011～2020）》保持一致，为 2015 年～2020 年；同时，本规划将 2020 年以后作为远期。

3. 入廊管线

给水管、再生水管、电力电缆、通信光缆、热力管等纳入综合管廊；雨水、污水等重力流管道和燃气管基本不拟纳入综合管廊。有条件或确有需求时可以结合各方面的实际情况，将雨水、污水、燃气管部分或全部纳入管廊。

4. 规划图

（1）太原市综合管廊系统规划图如图 3.5-13 所示。

（2）太原市综合管廊建设区域范围图如图 3.5-14 所示。

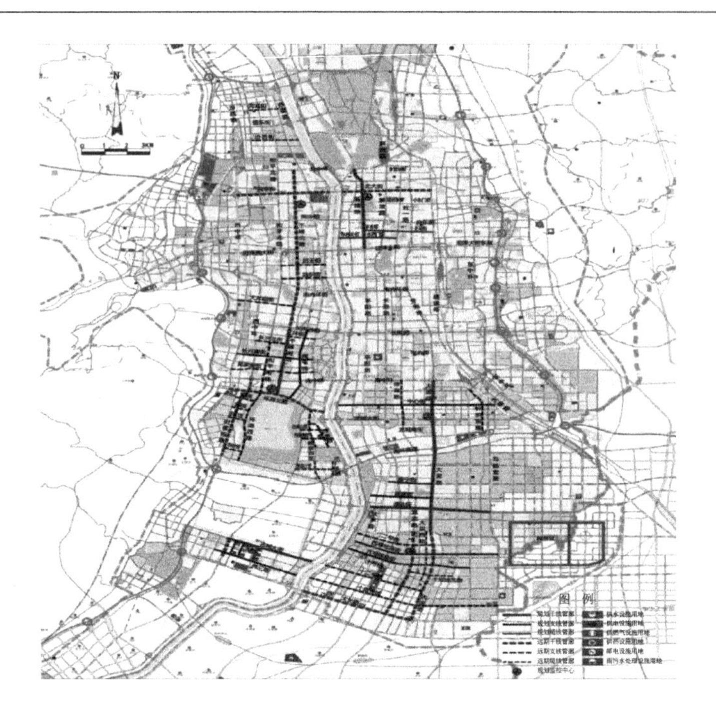

图 3.5-13　太原市综合管廊系统规划图

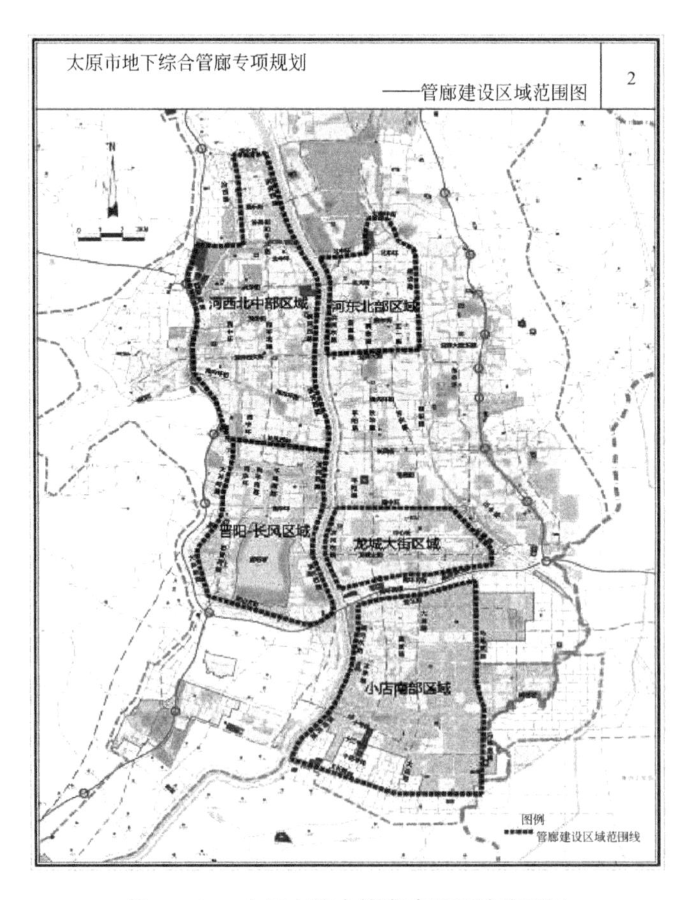

图 3.5-14　太原市综合管廊建设区域范围图

3.5.7　贵州贵安新区综合管廊专项规划

1. 规划范围

本次规划范围为贵安新区直管区，面积 470km^2，含中心区、马场、大学城等片区，城市建设用地面积近 120km^2。规划期内建设综合管廊 93.7km。2016～2020 年，拟开工管廊 69.7km；2021～2030 年，拟开工管廊 24.0km；远景 2030 年之后，预计新建 18.3km；至 2030 年，建成综合管廊 93.7km。

2. 规划期限

近期 2016～2020 年；远期 2021～2030 年。

3. 入廊管线

给水、电力、通信、直饮水、再生水、垃圾真空收集（站前区域及大学城）、热力（站前区域）、雨污水（示范性）、燃气（示范性）等。

4. 规划图

（1）贵安新区综合管廊系统规划图如图 3.5-15 所示。

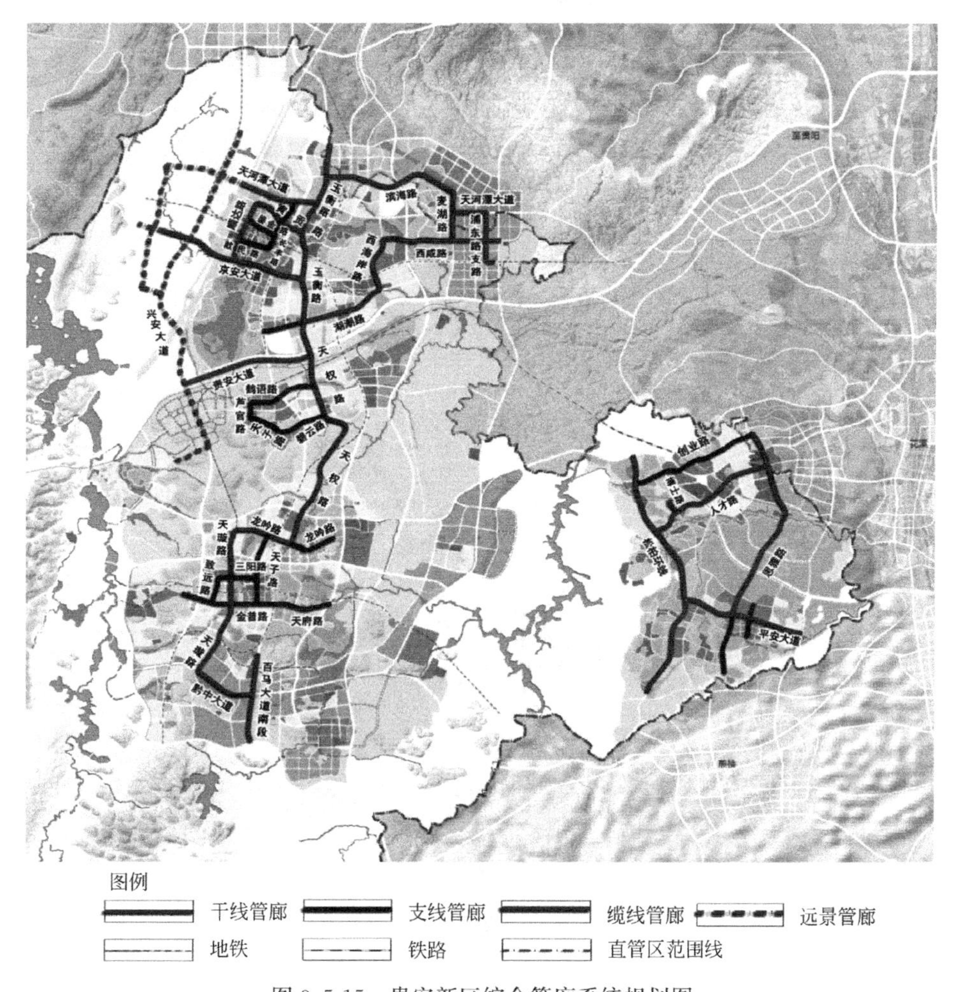

图 3.5-15　贵安新区综合管廊系统规划图

（2）贵安新区中心区综合管廊系统规划图如图 3.5-16 所示。

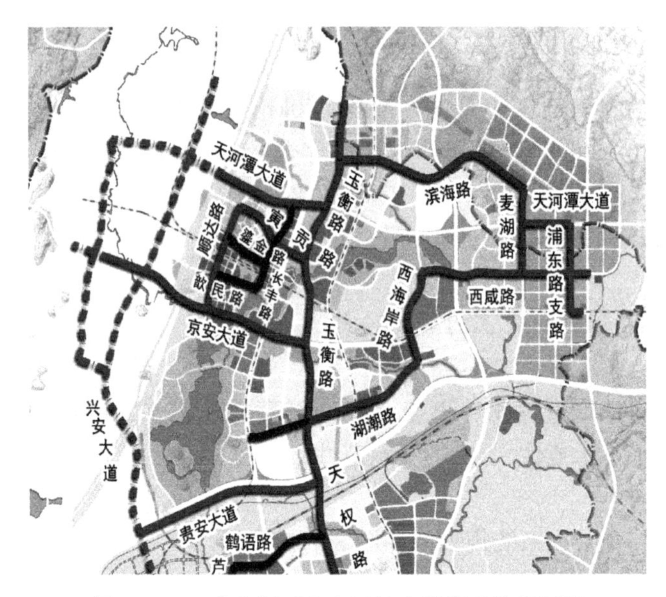

图 3.5-16　贵安新区中心区综合管廊系统规划图

（3）贵安新区马场综合管廊系统规划图如图 3.5-17 所示。

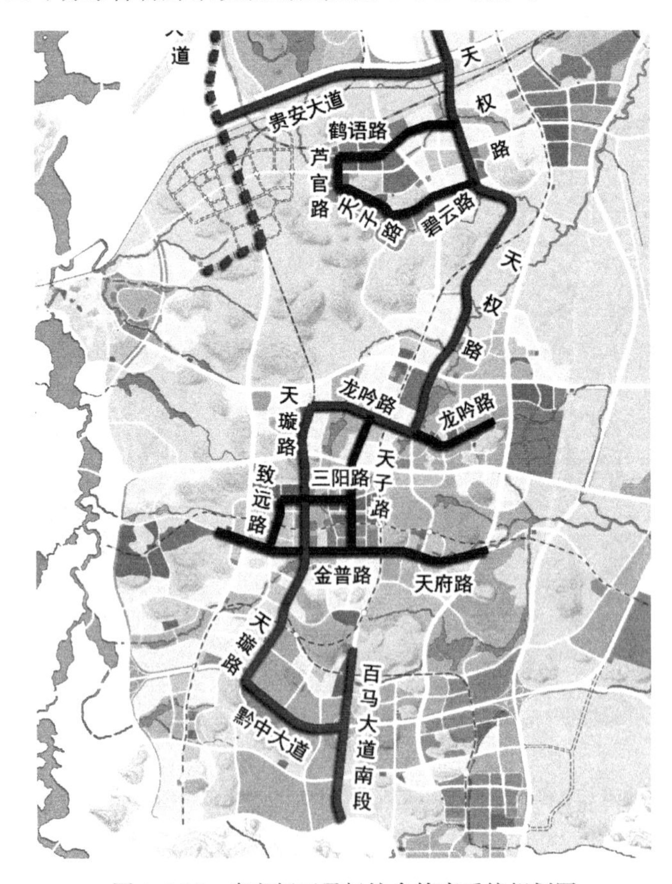

图 3.5-17　贵安新区马场综合管廊系统规划图

（4）贵安新区大学城综合管廊系统规划图如图 3.5-18 所示。

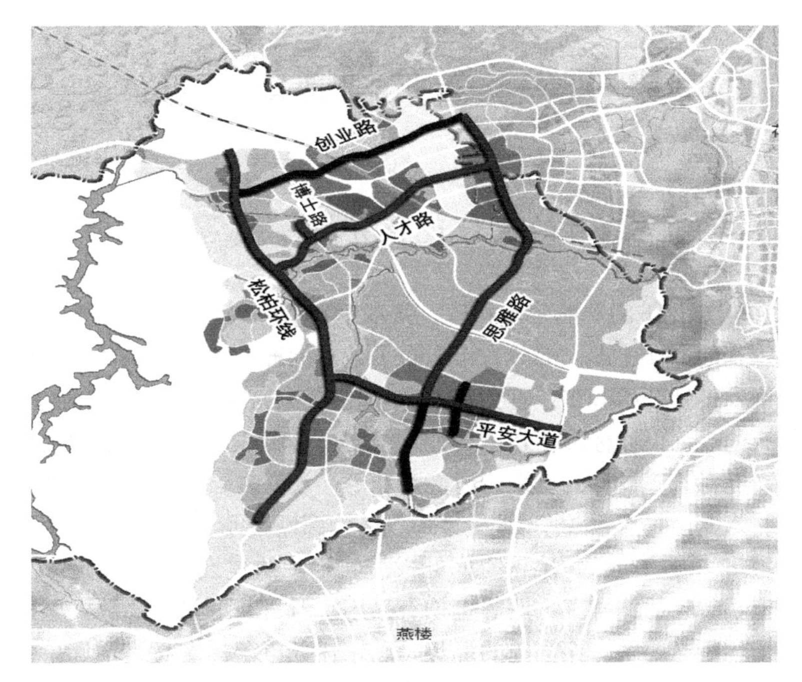

图 3.5-18　贵安新区大学城综合管廊系统规划图

第4章 综合管廊的设计

4.1 我国城市综合管廊的设计现状分析

1958年天安门广场下的单舱管廊布置，基本没有消防等附属设施。20世纪90年代开始探索现代化管廊的设计建设。部分省市出台了地方标准，到2012年国家发布规范标准，国内的综合管廊的设计开始起步。直到2015年国家政策密集出台，2015版国家规范发布，提高了综合管廊的规划设计标准，强调各种管线均可入廊。国家政策强力出台，试点城市建设如火如荼。针对管廊设计的培训研讨、观摩等会议繁多。管廊的设计理念及研究工作也突飞猛进，技术上已可实现全管线入廊。常见管廊断面形式1～5舱，附属设施完善。同时结合智慧城市、海绵城市、地下空间开发、轨道交通建设等项目均有设计实施案例，明挖现浇、预制拼装、盾构施工方法等也均有采用。但目前，仅有少数大型设计研究企业技术水平达到上述标准要求。而当前的形势是国家任务重、标准高，设计单位、设计人员还无法满足国家管廊建设发展的需求，需更广泛地普及综合管廊设计技术和经验。

4.2 综合管廊的设计依据

综合管廊的设计依据主要有国家政策、地方规划、国家规范规程等。

4.2.1 相关国家政策依据

(1)《关于加强城市基础设施建设的意见》(国发〔2013〕36号)。

(2)《关于加强城市地下管线建设管理的指导意见》(国办发〔2014〕27号)。

(3)《关于开展中央财政支持地下综合管廊试点工作的通知》(财建〔2014〕839号)。

(4)《关于推进城市地下综合管廊建设的指导意见》(国办发〔2015〕61号)。

(5)《城市地下综合管廊建设专项债券发行指引》(发改办财金〔2015〕755号)。

(6)《关于城市地下综合管廊实行有偿使用制度的指导意见》(发改价格〔2015〕2754号)。

(7)《中共中央国务院关于进一步加强城市规划建设管理工作的若干意见》(2016.02)。

(8) 住房城乡建设部 国家能源局关于推进电力管线纳入城市地下综合管廊的意见(建城〔2016〕98号)。

(9) 住房城乡建设部关于提高城市排水防涝能力推进城市地下综合管廊建设的通知(建城〔2016〕174号)。

4.2.2 相关规划及文件

(1) 城市总体规划。

（2）国民经济和社会发展规划。
（3）土地利用规划。
（4）城市综合管廊专项规划。
（5）城市基础设施发展规划。
（6）城市交通发展规划。
（7）城市地下空间专项规划（包括轨道交通等）。
（8）各市政管线专项规划。
（9）城市市政管线综合规划（管网普查资料）。
（10）区域控制性详细规划。
（11）城市重大发展战略。
（12）城市重大建设项目。
（13）场地地形图及地勘。

4.2.3　规范规程类依据

1. 总体设计规范

《城市综合管廊工程技术规范》　GB 50838—2015
《城市综合管廊工程投资估算指标（试行）》　ZYA1-12（10）—2015
《城市工程管线综合规划规范》　GB 50289—2016
《城市抗震防灾规划标准》　GB 50413—2007
《电力电缆隧道设计规程》　DL/T 5484—2013
《电力工程电缆设计规范》　GB 50217—2018
《城市电力电缆线路设计技术规定》　DL/T 5221—2016
《通信管道与通道工程设计规范》　GB 50373—2006
《城镇燃气设计规范》　GB 50028—2006
《城镇供热管网设计规范》　CJJ 34—2010
《光缆进线室设计规定》　YD/T 5151—2007

2. 结构设计规范

《工程结构可靠性设计统一标准》　GB 50153—2008
《建筑结构可靠度设计统一标准》　GB 50068—2001
《建筑工程抗震设防分类标准》　GB 50223—2008
《建筑结构荷载规范》　GB 50009—2012
《建筑地基基础设计规范》　GB 50007—2011
《建筑地基处理技术规范》　JGJ 79—2012
《建筑桩基技术规范》　JGJ 94—2008
《混凝土结构设计规范》　GB 50010—2010
《建筑抗震设计规范》　GB 50011—2010
《构筑物抗震设计规范》　GB 50191—2012
《砌体结构设计规范》　GB 50003—2011
《给水排水工程构筑物结构设计规范》　GB 50069—2002

《建筑基坑支护技术规程》 JGJ 120—2012
《地下工程防水技术规范》 GB 50108—2008
《地下防水工程质量验收规范》 GN 50208—2002
《钢结构设计标准》 GB 50017—2017
《湿陷性黄土地区建筑规范》 GB 50025—2004
《湿陷性黄土地区建筑基坑工程技术安全技术规程》 JGJ 167—2009
《盐渍土地区建筑技术规范》 GB/T 50942—2014
《工业建筑防腐蚀设计规范》 GB 50046—2008
《混凝土结构耐久性设计规范》 GB 50476—2008
《岩土工程勘察规范》 GB 50021—2001（2009 年版）
《建筑基坑工程监测技术规范》 GB 50497—2009
《锚杆喷射混凝土支护技术规范》 GB 50086—2001
《岩土锚杆（索）技术规程》 CECS 22—2005
《建筑边坡工程技术规范》 GB 50330—2013
《工程建设标准强制性条文》 房屋建筑部分 2013 年版
《建筑抗震设计规程》 DB62/T25-3055—2011
《混凝土结构耐久性设计规范》 DB62/T25-3073—2013
《建筑机电工程抗震设计规范》 GB 50981—2014

3. 消防设计规范

《建筑设计防火规范》 GB 50016—2014
《火力发电厂与变电站设计防火规范》 GB 50229—2006
《建筑灭火器配置设计规范》 GB 50140—2005
《消防给水及消火栓系统技术规范》 GB 50974—2014
《自动喷水灭火系统设计规范》 GB 50084—2017
《水喷雾灭火系统技术规范》 GB 50219—2014
《细水雾灭火系统技术规范》 GB 50898—2013
《泡沫灭火系统设计规范》 GB 50151—2010
《气体灭火系统设计规范》 GB 50370—2005
《二氧化碳灭火系统设计规范》 GB 50193—1993（2010 年版）
《干粉灭火系统设计规范》 GB 50347—2004
《气溶胶灭火系统技术规范》 Q/SY1112—2012
《火灾自动报警系统设计规范》 GB 50116—2013

4. 暖通通风设计规范

《工业建筑采暖通风与空气调节设计规范》 GB 50019—2015
《公共建筑节能设计标准》 GB 50189—2015
《民用建筑供暖通风与空气调节设计规范》 GB 50736—2012
《供热计量技术规程》 JGJ 173—2009
《通风与空调工程施工质量验收规范》 GB 50243—2002
《建筑给水排水及采暖工程施工质量验收规范》 GB 50242—2002

《设备及管道绝热技术通则》　GB/T 4272—2008
《工业设备及管道绝热工程设计规范》　GB 50264—2013

5. 电气设计规范

《供配电系统设计规范》　GB 50052—2009
《低压配电设计规范》　GB 50054—2011
《20kV及以下变电所设计规范》　GB 50053—2013
《民用建筑电气设计规范》　JGJ/T 16—2008
《电力工程电缆设计标准》　GB 50217—2018
《建筑物防雷设计规范》　GB 50057—2010
《建筑物电子信息系统防雷技术规范》　GB 50343—2012
《建筑照明设计标准》　GB 50034—2013
《火灾自动报警系统设计规范》　GB 50116—2013
《交流电气装置的接地设计规范》　GB/T 50065—2011
《电气装置安装工程电缆线路施工及验收规范》　GB 50168—2006
《电气装置安装工程接地装置施工及验收规范》　GB 50169—2016
《通用用电设备配电设计规范》　GB 50055—2011
《3～110kV高压配电装置设计规范》　GB 50060—2008
《电力装置的继电保护和自动装置设计规范》　GB/T 50062—2008
《交流电气装置的接地设计规范》　GB 50065—2011
《爆炸危险环境电力装置设计规范》　GB 50058—2014

6. 监控报警设计规范

《视频安防监控系统工程设计规范》　GB 50395—2007
《出入口控制系统工程设计规范》　GB 50396—2007
《安全防范工程技术规范》　GB 50348—2004
《综合布线工程设计规范》　GB 50311—2016
《入侵报警系统工程设计规范》　GB 50394—2007
《消防控制室通用技术要求》　GB 25506—2010
《数据中心设计规范》　GB 50174—2017
《建筑物电子信息系统防雷技术规范》　GB 50343—2012
《石油化工可天然气体和有毒气体检测报警设计规范》　GB 50493—2009

7. 给排水设计规范

《城镇给水排水技术规范》　GB 50788—2012
《室外给水设计规范》　GB 50013—2006
《室外排水设计规范》　GB 50014—2006（2016年版）
《建筑给水排水设计规范》　GB 50015—2003（2009年版）
《现场设备、工业管道焊接工程施工规范》　GB 50236—2011
《工业金属管道设计规范》　GB 50316—2000（2008版）
《工业金属管道工程施工规范》　GB 50235—2011

8. 标识系统设计规范

《安全标志及其使用导则》 GB 2894—2008
《消防安全标志设置要求》 GB 15630—1995
《消防安全标志第 1 部分：标志》 GB 13495.1—2015
《工业管道的基本识别色、识别符号和安全标识》 GB 7231—2003
《城镇燃气标志标准》 CJJ/T 153—2010
《城镇供热系统标志标准》 CJJ/T 220—2014

9. 运行维护规范

《城镇供水管网运行、维护及安全技术规程》 CJJ 207—2013
《城镇供水管网抢修技术规程》 CJJ/T 226—2014
《城镇排水管道维护安全技术规程》 CJJ 6—2009
《电力电缆线路运行规程》 DL/T 1253—2013
《城镇燃气设施运行、维护和抢修安全技术规程》 CJJ 51—2016
《城镇供热系统运行维护技术规程》 CJJ 88—2014
《城镇供热管网维修技术规程》 CECS 121—2017
《城镇供热系统抢修技术规程》 CJJ 203—2013

10. 相关设备要求

《阻燃及耐火电缆塑料绝缘阻燃及耐火电缆分级和要求第 1 部分阻燃电缆》 GA 306.1—2007
《阻燃及耐火电缆塑料绝缘阻燃及耐火电缆分级和要求第 2 部分耐火电缆》 GA306.2—2007
《钢制电缆桥架工程设计规程》 T/CECS31—2017
《可天然气体报警控制器》 GB 16808—2008
《防火封堵材料》 GB 23864—2009
《铝合金电缆桥架技术规程》 CECS 106—2000
《气体消防设施选型配置设计规程》 CECS 292—2011

11. 其他标准

《市政公用工程设计文件编制深度规定》
《建筑工程设计文件编制深度规定》
《工程建设标准强制性条文》
其他有关国家规范及行业规程、标准。

4.3 综合管廊的设计原则

（1）在总体规划、综合管廊专项规划等相关规划指导下，根据城市及区域总体布局，结合地形条件和环境要求，统一规划设计，充分发挥综合管廊工程的社会效益、经济效益和环境效益。

（2）安全、合理、经济，并为远期发展留有余地。充分发挥综合管廊的综合效益的原则；工程建设做到技术先进、安全可靠、适用耐久、经济合理、便于施工和维护；体现增强城市防灾减灾能力，保障城市运行安全的原则。综合管廊建设应遵循“规划先行、适度超前、统筹兼顾”的原则。

（3）综合管廊工程设计应包含总体设计、结构设计、附属设施设计等。纳入综合管廊的管线应进行专项管线设计。综合管廊的土建结构及附属配套工程设施应配合道路工程一次建设到位，所纳入的各类公用管线可根据地块发展需要逐步敷设。

（4）综合管廊的设计与各类工程管线统筹协调，且与地下交通、地下商业开发、地下人防设施、环境景观等相关基础设施、建设项目协调。与片区其他管廊建设的统筹协调。

（5）断面形式根据纳入管线的种类及规模、建设方式、预留方式等确定，科学、规范、优化布置各类市政公用管线，并满足安装、检修、维护作业所需的空间要求。确保各类市政公用管线安全、有序、高效、节能地建设和运行，实现综合管廊资源共享。

（6）管廊设计应采取相应工程措施，确保纳入综合管廊的工程管线的安全可靠。

（7）综合管廊工程设计需有利于工程建成后的日常管理维护，并须符合“建管并举”的现代城市建设和管理理念。

（8）采用便于施工、经济合理、安全可靠的结构形式和地基处理方案。

（9）采取有效措施，减少工程建设和运行对环境的负面影响。

4.4　综合管廊的设计要点

综合管廊设计包括总体、结构、附属设施等。

4.4.1　总体设计

1. 总体设计要点

（1）总体设计应符合规划的要求，管廊的分类或形式应根据规划及功能确定。

（2）总体设计应根据规划要求，确定路径，明确与道路、穿越河道、地下构建筑物等的相互关系。

（3）总体设计应确定管廊的断面形式、分室状况、断面大小、附属设施等要素。

（4）各类孔口等附属设施平面布置应根据管廊的分类形式、规范要求、周边环境条件等综合考虑确定。

（5）总体设计应在各管线设计技术基础上实现管廊与内部管线设计的协调统一。

2. 平面设计要点

（1）综合管廊平面中心线宜与道路、铁路、轨道交通、公路中心线平行。如需转折则平面线形的转折角必须符合各类管线平面弯折的转弯半径要求。

（2）综合管廊穿越城市快速路、主干路、铁路、轨道交通、公路时，宜垂直穿越；受条件限制时可斜向穿越，最小交叉角不宜小于 60°。

（3）综合管廊管线分支口应满足管线进出及预留数量、安装敷设作业空间的要求。相应的分支配套设施应同步设计。

3. 纵断面设计要点

综合管廊的埋深对综合管廊的工程造价影响较大，因此，在满足外部条件下，尽量采用浅埋方式敷设。

综合管廊的埋深主要考虑如下因素：

（1）地下设施竖向规划、行车荷载及设计冻深。综合管廊的覆土厚度首先应该根据设置位置、地下设施规划及建设情况、道路施工、行车荷载以及区域冻深情况等因素综合考虑。

（2）绿化种植。管廊如果布置在绿化带下，需考虑覆土深度能满足绿化种植的要求。一般的灌木种植需要的覆土深度为0.5～1.0m。为了景观需要，往往也需要种植一些较为高大的树木，这时需要的覆土深度往往需要2m以上。国内有运行几十年的混凝土管道，在管道修复时发现大树的根系已经长入到管道中，对管道造成了很大的破坏，所以在管廊覆土深度的选择上，要充分考虑绿化种植因素。

（3）管廊节点设计。综合管廊标准断面的埋深还影响到管廊节点的布置，因为综合管廊有投料、通风、逃生、管线分支口等各种节点，这些节点中往往会布置一定的设备，需要一定的安装空间。像管线接出口需要接入接出一定的管线，这些管线都有一定的空间需要。如果标准断面的埋深定的过低，会导致这些节点设置的时候管廊需要局部加深，对整个管廊纵向设计造成不小的麻烦，同时会增加工程投资。故在标准断面的埋深上要综合考虑不同埋深的经济性。同时还要考虑设备层顶板距路面一定的埋深，管廊的结构不得侵占路面结构层。

（4）其他管线支管埋深。综合管廊的设计原则是保障城市重要工程管线的安全运行，并不是将地下所有管线均纳入综合管廊内部，道路下方还存在其他浅埋敷设的工程管线，如雨污水预留管、路灯支线、给水支管、消防水支管等，综合管廊的覆土应充分考虑上述支管在与综合管廊交叉时可以顺利通行。

（5）结构抗浮。结构抗浮主要是靠结构自重，一般不考虑管廊内的管线重量。同时考虑管廊上侧覆土重量，在需要的时候也可以把管廊的底板外挑以增加覆土重量或者采用加抗浮锚杆的做法。管廊的断面越大，需要的覆土高度也越大。

4. 横断面廊位设计要点

综合管廊在道路横断面下布置位置主要考虑以下因素：

（1）地下空间利用情况、地下管线情况；

（2）管廊附属节点地面部分尺寸大小，应尽量与景观结合，布置在绿化带内；

（3）两厢用地布局与用户点位置；

（4）道路横断面布局。

综合管廊一般布置在绿化带、人行道下，在老城区改造道路工程也有布置在非机动车道下或机动车道下的情况。

将综合管廊布置在绿化带下，可以减少对道路施工的影响，有利于处理各种露出地面的口部，对道路交通及景观影响较小，宜首选将综合管廊放在绿化带下方。

综合管廊布置在人行道上对道路的施工影响面也比较小，同时对管廊地基土的承载力和回填土的密实度要求相对也比较低，对节约投资也是非常有利。另外布置在人行道上的管廊对管廊顶层回填土的要求也比较低，不需要考虑重型压路机碾压路基对管廊带来的不利影响。但是要考虑综合管廊许多节点要露出地面，可能会挤占部分行人空间，而且会影响道路景观。

综合管廊布置在非机动车道和机动车道下对道路的施工影响面比较大，对道路的施工工期影响比较大。同时对管廊的地基土的承载力和回填土的密实度要求相对也比较高，会增加一定的投资。另外布置在非机动车道和机动车道下的管廊对管廊顶层回填土的要求较高，需要考虑重型压路机碾压路基对管廊带来的不利影响。尤其重要的是，综合管廊许多节点要露出地面，这就需要设计管廊节点的时候人为的改变管廊一般路线，把节点设置到绿化带或人行道下，同时要减少节点设置的数量，以减少管廊平面曲线过多的调整，对管廊节点设置提出了更高的要求，甚至部分路段会影响到综合管廊的服务性。

5. 节点设计要点

为保证综合管廊内管线的安全、可靠运行，综合管廊内需设置大量附属设施，如风机、分变电所等，综合管廊需设置专门的节点供上述设施设备使用，同时为保证管廊内管线安装、更换、引出的要求，也需要设置专用节点。综合管廊工程的节点一般有通风口、吊装口、管线分支口、交叉口、端部井、逃生口、人员出入口和分变电所等。

（1）综合管廊节点设计一般性要点

1）根据综合管廊的每个舱室应设置人员出入口、逃生口、吊装口、进风口、排风口、管线分支口等。

2）综合管廊的人员出入口、逃生口、吊装口、进风口、排风口等露出地面的构筑物应满足城市防洪要求，并采取措施防止地面水倒灌及小动物进入。

3）人员出入口宜同逃生口、吊装口、进风口结合设置，且不应少于 2 个。

4）逃生口设置应符合下列规定：

（a）敷设有电力电缆的综合管廊舱室内，逃生口间距不宜大于 200m；

（b）天然气舱室逃生口间距不宜大于 200m；

（c）敷设有热力管道的综合管廊舱室内，逃生口间距不应大于 400m，当管道输送介质为蒸汽时，间距不应大于 100m；

（d）其他舱室逃生口间距不宜大于 400m；

（e）逃生口内径净直径不应小于 800mm。

5）综合管廊的吊装口最大间距不宜超过 400m。吊装口净尺寸应满足管线、设备、人员进出的最小允许限界要求。

6）综合管廊的进排风口净尺寸应满足通风设备进出的最小要求。

7）天然气管道舱排风口与其他舱室排风口、进风口、人员出入口以及周边建构筑物口部距离应不小于 10m。天然气管道舱各类孔口不得与其他舱室联通，并应设置明显的安全警示标示。

8）露出地面的各类孔口盖板应设有在内部使用时易于人力开启、在外部使用时非专业人员难以开启的安全装置。

6. 综合管廊交叉节点处理

在综合管廊与综合管廊的交叉点，一般有以下两种处理方法：其一是将综合管廊在此布置为上下两层，解决管线交叉处理。其二是将综合管廊在平面展开，管线从一个层面实现交叉。一般多采用上下两层交叉处理。

7. 综合管廊出线口

综合管廊根据管线引出的需求应设置引出口，管廊内部的线通过节点引向道路两侧管线工作井内，地块所需管线由道路边的工作井引出，工作井为管线专项设计内容（图 4.4-1）。

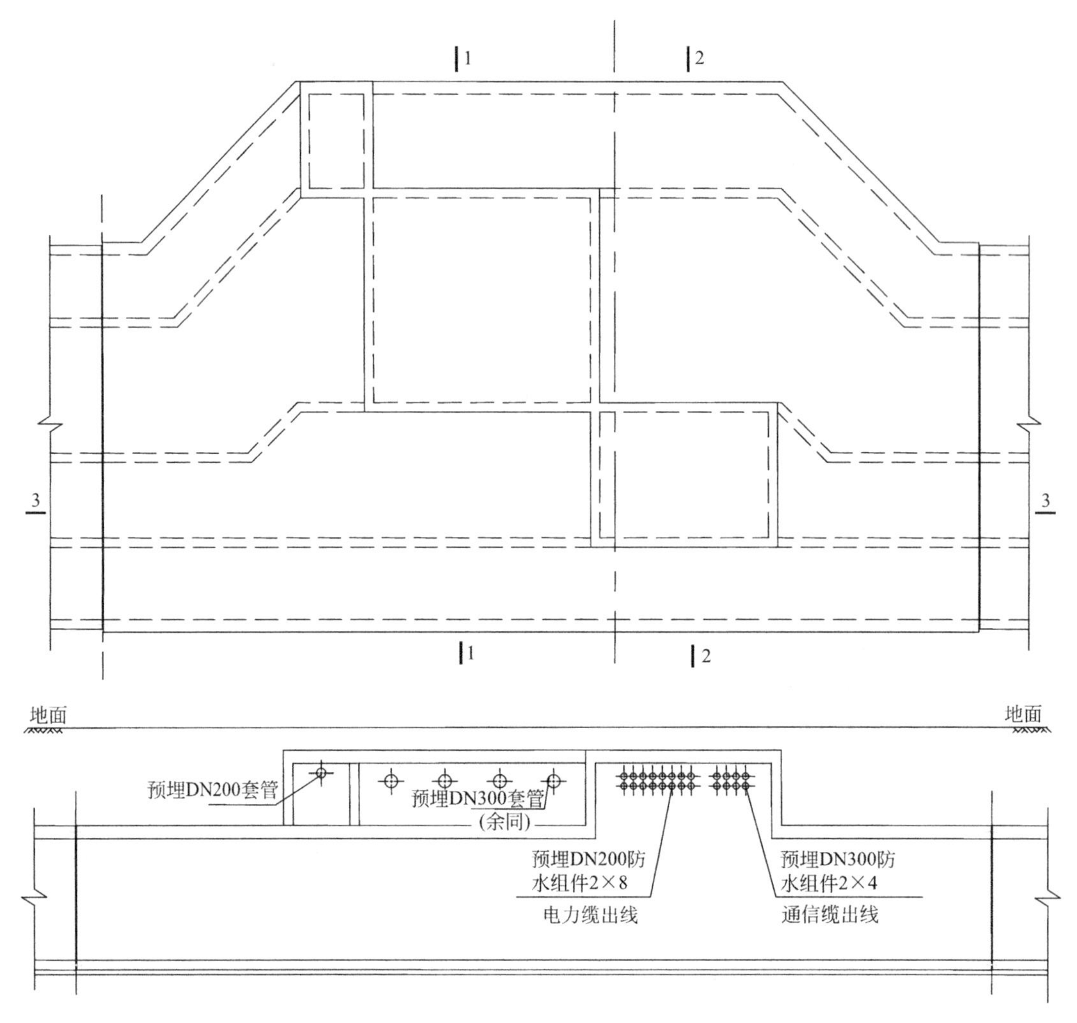

图 4.4-1　综合管廊出线口示意图

各种入廊管线的引出口数量及位置应根据管线专项设计的要求确定。管线引出口的空间设计应满足相关管线行业规范的要求，转弯半径及其他附属设施安装中电力缆线应满足相关管线行业规范的要求，其中电力电缆弯转半径应不小于 20d（图 4.4-2）。

8. 人员进出逃生口

地下综合管廊，根据使用需求的不同，按照一定间距设置人员出入口，主要包括日常维护人员出入口和事故紧急人员出入口两种类型。

综合管廊分段需设置人员出入口，以满足管廊内部的日常巡检、维修、抢险需求。日常人员出入口一般设置在变配电所、控制中心与综合管廊连接位置，或管廊起终点位置。自出入口可以进入综合管廊除天然气的各舱室，各舱室连接通道之间采用防火门进行分割。

逃生口设置依据不同舱室单独设置，敷设热力管道的舱室，逃生口间距不应大于 400m。当热力管道采用蒸汽介质时，逃生口间距不应大于 100m。敷设电力电缆的舱室，逃生口间距不宜大于 200m。逃生口尺寸不应小于 1m×1m，逃生口设置时可结合吊装口

图 4.4-2　正在建设的综合管廊出线口

等合并设置（图 4.4-3）。

9. 吊装口设计

综合管廊内的管线铺装是在综合管廊本体土建完成之后进行，所以必须预留材料吊装口，同时材料吊装口也是今后综合管廊内管线维修、更新的投放口。综合管廊吊装口的最大间距不宜超过 400m（图 4.4-4、图 4.4-5）。

10. 通风口设计

地下综合管廊一般采用机械及自然通风。管廊沿线，隔断交替设置进风口、排风口。进风口、出风口处均安装风机。通风口的设置除能满足管廊内部通排风需求之外，还需与周边建筑景观协调一致。

天然气管道舱室的排风口与其他舱室排风口、进风口、人员出入口以及周边建筑物口部距离不应小于 10m（图 4.4-6、图 4.4-7）。

11. 各种口部的优化合并设计

（1）通风口、吊装口及逃生口合并建造设计

1）通风口、吊装口及逃生口的功能。综合管廊通风口主要功能为保障综合管廊通风风机及其附属设施的安装及运行。

综合管廊吊装口主要功能为实现管线及附属设备的投放。

逃生口主要为在发生紧急或意外情况时，供人员逃生的功能。

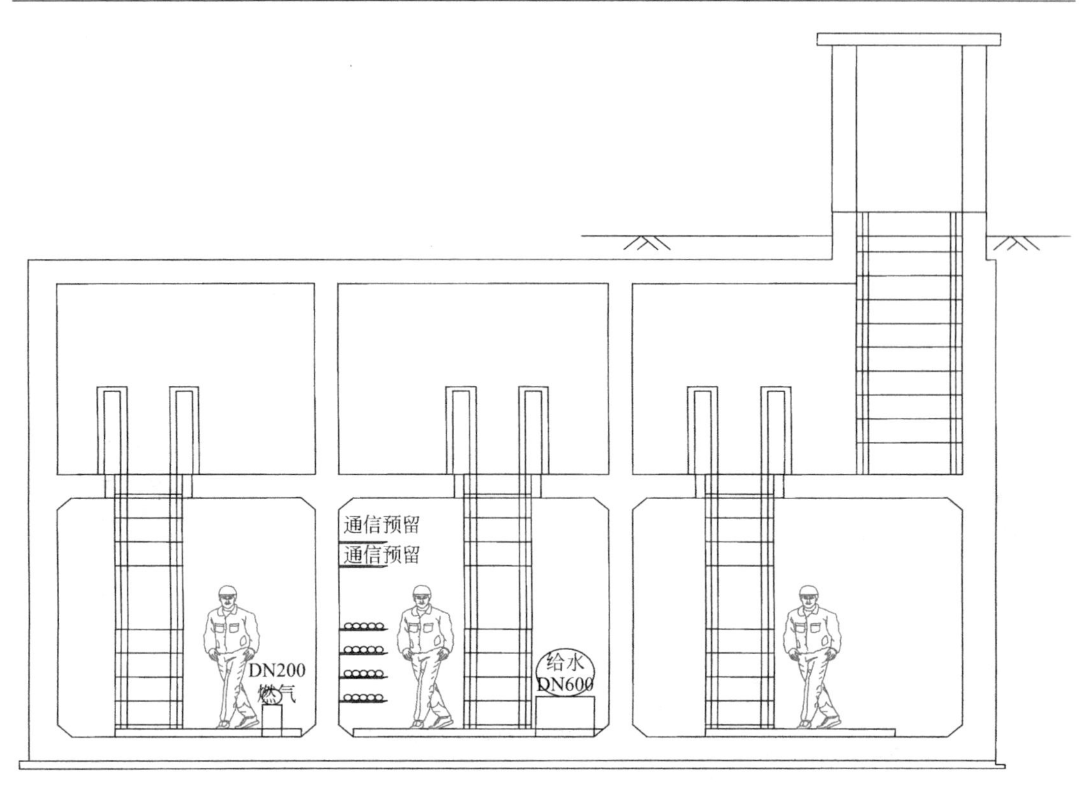

图 4.4-3　人员出入口剖面图

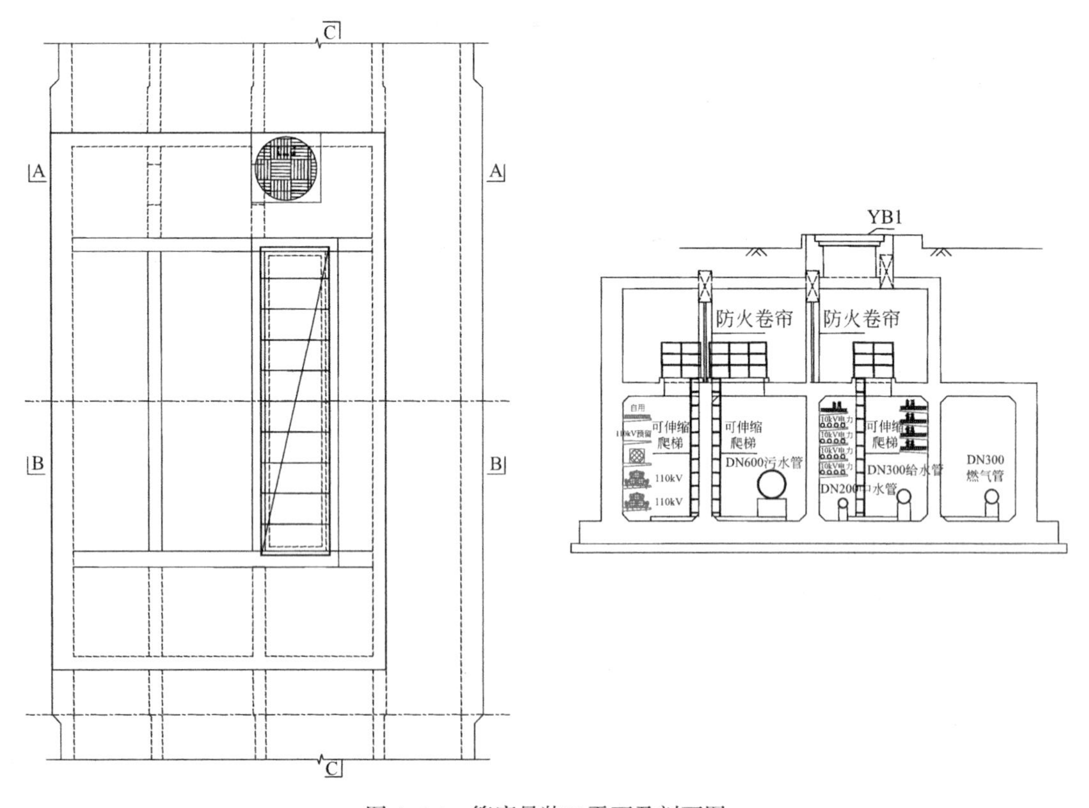

图 4.4-4　管廊吊装口平面及剖面图

图 4.4-5　正在建设的管廊吊装口

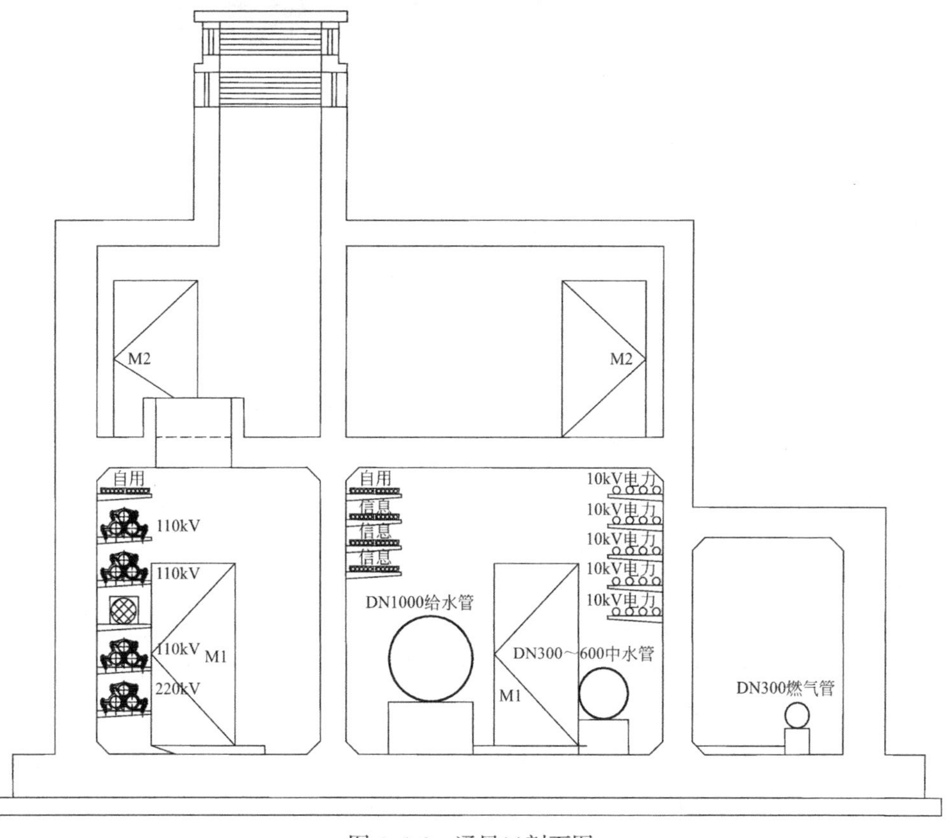

图 4.4-6　通风口剖面图

图 4.4-7　正在建设的通风口

2）通风口、吊装口及逃生口合并建造设计的理念。通风口的设置间距为约 200m 一处，吊装口最大间距不宜超过 400m，逃生口间距不宜大于 200m。

在满足通风功能、投料功能和逃生功能的前提下，为尽量不影响周边景观效果，同时减少管廊非标准段长度，提高标准段长度，为管廊预制拼装施工创造条件，设计可将通风口、吊装口及逃生口进行合并建造设计。

综合舱和天然气舱每个防火区间单独设置通风区间，各舱室相邻通风区间的排风口与排风口合并建造，进风口与进风口合并建造，以减少通风口对城市景观的影响。为满足挡水需要，通风口下沿高出地坪不低于 0.5m。

为方便投料吊装，综合舱和天然气舱的吊装口分别垂直开在检修通道的正上方，以提高投料吊装的便捷性。局部受绿化带变窄的限制，顶板的吊装口、通风口无法开在检修通道正上方，可通过转换层实现投料与通风功能。

根据规范要求人员逃生口尺寸不应小于 1m×1m，当为圆形时，内径不应小于 1m，逃生口设置爬梯，上覆专用防盗井盖，其功能应满足人员在内部使用时便于人力开启，且在外部使用时非专业人员难以开启。

逃生口井盖采用密闭设置，防止地面积水流入管廊内部。逃生井盖设置锁闭装置，内部可直接打开，外部需采用专门工具开启。逃生井盖设置井盖标签，一旦井盖被盗，井盖标签弹出地面，带反光显示的警示柱能提示行人避免跌入井内。

（2）分变电所、人员出入口结合地下通道建造设计

人员出入口是为满足检修、维护人员及参观人员进出综合管廊而设置的通道。

分变电所设置的间距一般为 1～2km，设置在综合管廊设备夹层。

分变电所是为满足综合管廊内部动力照明等负荷用电需求而设立。分变电所主要设备包括变压器、低压柜等。在满足各节点功能的前提下，为尽量节约地下空间，可将人员出入口、分变电所结合地下通道建造设计。

4.4.2　结构设计要点

（1）综合管廊工程的结构设计使用年限应为 100 年。

（2）综合管廊工程抗震设防分类标准应按照乙类建筑物进行抗震设计。

（3）综合管廊的结构安全等级应为一级，结构中各类构件的安全等级宜与整个结构的安全等级相同。

（4）防水等级标准应为不小于二级。

（5）根据不同地段的工程地质和水文地质条件，并结合周围地面建筑物和构筑物、管线和道路交通状况，通过对技术、经济、环保及使用功能等方面的综合比较，合理选择施工方法和结构形式。设计时应尽量考虑减少施工中和建成后对环境造成的不利影响。

（6）围护结构设计中应根据基坑的安全等级和允许变形的控制标准，严格控制基坑开挖引起的地面沉降量和水平位移。应对周围建筑物、构筑物、地下管线可能产生的危害加以预测，并提出安全、经济、技术合理的基坑支护措施。

（7）结构构件应力求简单、施工简便、经济合理、技术成熟可靠，尽量减少对周边环境的影响。

具体设计时还应注意：

1）结构安全等级应为一级，结构中各类构件的安全等级与整个结构的安全等级相同。

2）钢筋混凝土结构构件的裂缝控制等级应为三级，结构构件的最大裂缝宽度限值不大于 0.2mm，且不得贯通。

3）对埋设在地表水或地下水以下的综合管廊，应根据设计条件计算结构的抗浮稳定。

4）预制综合管廊纵向节段的长度应根据节段吊装、运输等过程的限制条件综合确定。

5）综合管廊结构应根据设计使用年限和环境类别进行耐久性设计，并应符合国家现行标准《混凝土结构耐久性设计规范》GB/T 50476—2008 的有关规定。

6）综合管廊结构应在纵向设置变形缝，变形缝的设置应符合下列规定：

① 现浇混凝土综合管廊结构变形缝的最大间距应为 30m，预制装配式综合管廊结构变形缝的最大间距应为 40m；

② 在地基土有显著变化或承受的荷载差别较大的部位，应设置变形缝；

③ 变形缝宽不宜小于 30mm；

④ 变形缝应设置橡胶止水带、填缝材料和嵌缝材料的止水构造。

7）混凝土综合管廊结构与土接触面厚度不宜小于250mm，隔墙等构件的厚度不宜小于200mm。

8）混凝土综合管廊结构中最外层钢筋的混凝土保护层厚度，结构迎水面应不小于50mm，在结构其他部位根据环境条件和耐久性要求，应符合国家现行标准《混凝土结构设计规范》GB 50010—2010的有关规定。

9）综合管廊各部位的金属预埋件，其锚筋面积和构造要求应按现行国家标准《混凝土结构设计规范》GB 50010—2010的有关规定确定，预埋件的外露部分，应采取防腐保护措施。

4.4.3 附属设施设计要点

1. 消防系统

（1）综合管廊的承重结构体的燃烧性能应为不燃烧体，耐火极限不应低于2.0h。

（2）综合管廊内装修材料除嵌缝材料外，应采用不燃材料。

（3）综合管廊的防火墙燃烧性能应为不燃烧体，耐火极限不应低于3.0h。

（4）综合管廊内每隔不应大于200m应设置防火墙、甲级防火门、阻火包等进行防火分隔。

（5）综合管廊的交叉口部位应设置防火墙、甲级防火门进行防火分隔。

（6）在综合管廊的人员出入口处，应设置手提式灭火器、黄沙箱等一般灭火器材。

（7）自动灭火系统方案比选。在消防设计中，含有电力电缆的管廊舱室设置固定式自动灭火系统，通常可采用以下灭火措施：超细干粉灭火、气体灭火、S型气溶胶、高倍数泡沫灭火、水喷雾灭火等，近年来，在水喷雾灭火的基础上，又发展了细水雾灭火系统，可供电力管廊电气、固体等火灾的灭火。采用二氧化碳等气体灭火或泡沫灭火，设备比较复杂，并需占用较多空间来存储二氧化碳或泡沫液，管理维护工作量较大。

S型气溶胶灭火速度快，全方位灭火，不受火源位置影响：通过自动灭火控制器自动灭火，无需人员值守；运行储存于常压状态，无需敷设管网，简便易行，安装维修简单；但气溶胶微粒不会自动挥发至大气中，且容易粘附在设备表面。胶体微粒易导致光路堵塞、鼓面、盘面划破以及接插件磨损等。气溶胶微粒中的金属盐类和金属氧化物等均有一定的导电性，容易引起电器设备短路。喷射后防护区内的能见度极低（约小于1.0m），直接影响人员逃生。超细干粉灭火系统设备较简单、管理维护较方便、灭火范围广、效率高，适用于有电缆的管廊。

总体来说，S型气溶胶、超细干粉系统对于综合管廊电缆舱室较为适用，其比较表见表4.4-1。

S型气溶胶、超细干粉系统比较表 **表4.4-1**

比较内容	超细干粉灭火系统	气溶胶灭火系统
灭火效率	高	低(单位用量多)
灭火时间	瞬间灭火≥1s	缓慢释放,时间长
环境要求	对空间封闭性无过高要求	对空间密封要求高

续表

比较内容	超细干粉灭火系统	气溶胶灭火系统
保护方式	可以全淹没保护，也可以局部应用保护	只能全淹没保护
防爆等级	产品本质安全无压力，不会爆炸	灭火剂自身先点燃后喷射，具有燃爆隐患
使用场所	有人或无人场所皆可	只能使用于无人场所
使用范围	保护范围广泛，尤其适合大空间	只适用于小空间；单个保护空间严格限制在 600m³ 以内；详见气体灭火系统设计规范 GB 50370-2005 中的 1.0.2；3.1.14；3.1.15（城市综合管廊单个防火分区基本在 1600m³ 以上）
启动方式	具备单独启动，区域组网联动启动和报警系统联动启动	必须联动启动，启动电流大，需另加外置电源
使用寿命	10 年	5 年
维护保养	免维护	每年 1～2 次
工程造价	低	中

2. 通风系统

（1）综合管廊宜采用自然通风和机械通风相结合的通风方式。

（2）综合管廊通风口的通风面积应根据综合管廊截面尺寸、区间的换气次数经计算确定。

（3）综合管廊通风口处的风速不宜超过 5m/s，综合管廊内部风速不宜超过 1.5m/s。

（4）综合管廊通风口的间距应根据国家相关规范合理设置，并加设能防止小动物进入廊内的金属网格，网孔净尺寸不应大于 10mm×10mm。

（5）综合管廊的机械风机应符合节能环保要求。

（6）综合管廊内机械通风系统应可实现与监控系统的连锁控制，满足管廊及人员安全的需要。

（7）综合管廊内应设置机械排烟系统，排烟时补风量不应小于 50%排烟量，并在火灾发生时自动或手动启动。

3. 排水系统

（1）综合管廊内应设置自动排水系统。主要满足排出综合管廊的渗水、管道检修放空水的要求。

（2）综合管廊的排水区间应根据道路的纵坡确定，排水区间不宜大于 200m，应在排水区间的最低点设置集水坑，并设置自动水位排水泵。

（3）综合管廊的底板宜设置排水明沟，并通过排水沟将地面积水汇入集水坑内，排水明沟的坡度不宜小于 0.5%。

（4）综合管廊的排水应就近接入城市排水系统，并应在排水管的上端设置逆止阀。

4. 供电系统

（1）综合管廊的供配电系统接线方案、电源供电电压、供电点、供电回路数、容量等应依据管廊建设规模、周边电源情况、管廊运行管理模式等情况，经技术经济比较后确定。

（2）综合管廊附属设备中消防设备、监控设备、应急照明、机械通风、排水等用电设备按二级负荷供电，其余用电设备可按三级负荷供电。

（3）综合管廊附属设备配电系统应符合下列要求。

1）综合管廊内的低压配电系统宜采用交流220/380V三相五线TN-S系统，并宜三相负荷平衡；

2）综合管廊应以防火分区作为配电单元，各配电单元电源进线截面应满足该配电单元内设备同时投入使用时的用电需要；

3）设备受电端的电压偏差：动力设备不宜超过供电标称电压的±5%，照明设备不宜超过+5%、−10%；

4）当电源总进线处功率因数不满足当地供电部门要求时，应采取无功功率补偿措施；

5）应在各供电单元总进线处设置电能计量测量装置。

（4）综合管廊内供配电设备应符合下列要求。

1）供配电设备防护等级应适应地下环境的使用要求，必须设置漏电保护装置；

2）供配电设备应安装在便于维护和操作的地方，不应安装在低洼、可能受积水浸入的地方；

3）电源总配电箱宜安装在管廊进出口处。

（5）综合管廊内应有交流220/380V带剩余电流动作保护装置的检修电源箱，电源箱沿线间距不宜大于60m。检修电源箱容量不宜小于15kW，应防水防潮，保护等级不低于IP54。

（6）一般设备供电电缆宜采用阻燃电缆，火灾时需继续工作的消防设备应采用耐火电缆。

（7）在综合管廊每段防火分区各人员进出口处均应设置本防火分区通风设备、照明灯具的控制按钮。

（8）管廊内通风设备、窗孔应在火警信号发出时自动关闭。

（9）综合管廊内的接地系统应形成环形接地网，接地电阻允许最大值不宜大于1Ω。

（10）综合管廊的接地网宜使用热镀锌扁钢，在现场应采用电焊搭接，不得采用螺栓搭接的方法。

（11）综合管廊内的金属构件、电缆金属保护皮、金属管道以及电气设备金属外壳均应与接地网连通。

（12）综合管廊内敷设有系统接地的高压电网电力电缆时，综合管廊接地网还应满足当地电力公司有关接地连接技术要求和故障时热稳定的要求。

5. 照明系统

（1）综合管廊内应设正常照明和应急照明，且应符合照度、间距及应急时间要求。

（2）综合管廊照明宜采用节能型光源，灯具应防水防潮，防护等级不宜低于IP54，照明灯具应设置漏电保护措施。

6. 仪表及综合监控系统

（1）综合管廊的监控系统应保证能准确、及时地探测廊内火情，监测可燃气体、有害气体、空气质量、温度等，并应及时将信息传递至监控中心。

（2）综合管廊的监控系统宜对廊内的机械风机、排水泵、消防设施进行监测和控制。控制方式可采用就地联动控制、远程控制等控制方式。

（3）综合管廊内应设置固定式通信系统，电话应与控制中心连通，信号应与通信网络连通。在综合管廊人员出入口或每个防火分区内应设置一个通信点。

（4）综合管廊应合理设置应急通信系统，应采用先进适用的现代监测技术，加强对非法侵入、火情、温度、水位、含氧量、通风、排水等设备的状态监控。通信和监测系统工作电源不应与照明等电源共用。

7. 标识系统

（1）在综合管廊的主要出入口处应设置综合管廊介绍牌，对综合管廊建设时间、规模、容纳的管线等情况进行简介。

（2）纳入综合管廊的管线，应采用符合管线管理单位要求的标志、标识进行区分，标志铭牌应设置于醒目位置，间隔距离应不大于100m。标志铭牌应标明管线的产权单位名称、紧急联系电话。

（3）在综合管廊的设备旁边，应设置设备铭牌，铭牌内应注明设备的名称、基本数据、使用方式及其紧急联系电话。

（4）在综合管廊内，应设置"禁烟"、"注意碰头"、"注意脚下"、"禁止触摸"等警示、警告标识。

8. 监控中心

综合管廊应设置监控中心，宜与邻近公共建筑合建，总监控中心宜设置于干线综合管廊沿线。

4.5 综合管廊的断面设计

根据入廊管线种类及规模、建设方式、预留空间等，控制管廊断面的参数主要有以下三项：

（1）基本断面形式；

（2）断面分舱；

（3）断面空间控制。

4.5.1 管廊基本断面形式

根据综合管廊的施工方式，综合管廊断面形式可采用以下类型：

（1）采用明挖现浇施工时宜采用矩形断面。

根据国内外相关工程来看，通常采用矩形断面。采用这种断面的优点在于施工方便，综合管廊的内部空间得以充分利用。

（2）采用明挖预制装配施工时宜采用矩形断面或圆形断面。

明挖预制拼装法是一种较为先进的施工法，在发达国家较为常用。采用这种施工方法要求有较大规模的预制厂和大吨位的运输及起吊设备，同时施工技术要求高，工程造价相对较高，但工期较现浇施工有较大减少（约为现浇法的1/3），施工作业面也相对较小，对于敷设于老城区现状道路上的综合管廊施工，可以考虑采用预制拼装法。

（3）采用非开挖技术施工（如盾构法）时宜采用圆形断面。

穿越铁路等需采用非开挖方式避开障碍时，或综合管廊的埋设深度较深，也有采用盾构或顶管的施工方法，因此，该部分一般是圆形断面。

鉴于本规划基本上沿规划道路或配合现状道路拓宽敷设管廊，施工宜采用明挖为主，因此本次综合管廊的断面形式采用矩形断面。

（4）断面布置形式规整，利于管理的模块化施工，可有效提高施工的进度控制和质量控制。

4.5.2 管廊断面分舱

1. 分舱原则

管线分舱以管线自身敷设环境要求为基础，在满足管线功能要求的条件下可根据规划管线数量、管径等条件合理分舱。

（1）天然气管道独立舱室敷设；

（2）热力管道采用蒸汽介质时独立舱室敷设；

（3）热力管道与电力电缆不同舱敷设；

（4）电力与通信管线可兼容于同一舱室，但需注意电磁干扰的问题；

（5）给水管线与污水管线可收容于综合管廊同一舱内，给水管需设置在污水管上；

（6）通信管道可与给水、排水同设于一个舱室。

2. 分舱方案

综合管廊的断面舱室数量确定主要考虑如下因素：综合管廊内的管线种类及相容要求、数量；管线的安全距离；管线的敷设、维护操作空间；人员通行的空间。

根据容纳管线种类、数量、分支等情况综合确定以下四种规划管廊断面分舱方式。（天然气单独设置舱室，满足国家规范要求；污水管道形式单独设舱，减少对其他管线影响，交叉处理较易，利于维护检修；将相互影响较小的10kV电力、通信、给水、中水设置在同一舱室，减少了舱室数量，节约了空间和工程造价。）

（1）四舱管廊，其中天然气管舱和热力管舱单独设舱，其余根据管线情况合理设舱；分舱方案见表4.5-1。

四舱管廊方案 **表4.5-1**

舱室编号	舱室名称	纳入管线种类
1	热力舱	热力管线
2	天然气舱	天然气管线
3	舱室一	根据管线情况布置管线
4	舱室二	根据管线情况布置管线

（2）三舱管廊，根据道路敷设管线种类和管径不同，采用两种布设方式：

1）天然气管舱单独设舱，其余根据管线情况合理分舱；

2）电力管线单独设舱；分舱方案见表 4.5-2、表 4.5-3。

三舱管廊方案　　**表 4.5-2**

舱室编号	舱室名称	纳入管线种类
1	天然气舱	天然气管线
2	舱室一	根据管线情况布置管线
3	舱室二	根据管线情况布置管线

三舱管廊方案　　**表 4.5-3**

舱室编号	舱室名称	纳入管线种类
1	电力舱	电力管线
2	舱室一	根据管线情况布置管线
3	舱室二	根据管线情况布置管线

（3）两舱管廊，根据道路敷设管线种类和管径不同，采用电力管线单独设舱，其余根据管线情况设舱；分舱方案见表 4.5-4。

两舱管廊方案　　**表 4.5-4**

舱室编号	舱室名称	纳入管线种类
1	电力舱	电力管线
2	舱室一	根据管线情况布置管线

（4）单舱管廊，根据道路敷设管线种类和管径不同，采用电力管线单独设舱；单舱方案见表 4.5-5。

单舱管廊方案　　**表 4.5-5**

舱室编号	舱室名称	纳入管线种类
1	电力舱	电力管线、通信线缆

3. 管廊空间控制

地下综合管廊内空间布置需符合《城市工程管线综合规划规范》GB 50289—2016 要求，管线之间控制参数包含管线之间控制参数、管线与舱室之间控制参数、舱室内控控制参数。主要有：

（1）管廊内管线与管线、管线与支架、管线与结构墙板之间的距离在满足规范最小间距的要求下，适当考虑施工、安装过程中的操作空间要求。

（2）在管线规划的基础上，充分考虑未来管线扩容的可能性，设置了预留管位。

（3）内部净高。综合管廊内部净高不宜小于 2.4m。

（4）检修通道。两侧设置支架或管道时，人行通道最小净宽不宜小于 1.0m；单侧设置支架或管道时，人行通道最小净宽不宜小于 0.9m。配备检修车的综合管廊检修通道宽度不小于 2.2m。

（5）管线之间控制参数。管线之间间隙需满足安装、检修、更换最小间距、各种管线之间最小间距要求、各种管线之间最小间距，并适当留意未来发展空间；检修通道净宽考虑最大尺寸管线外径+0.4m，通常为1.2m。

电力电缆的支架间距应符合现行国家标准《电力工程电缆设计规范》GB 50217—2018的有关规定。高压电力电缆支架间距550mm；低压电力电缆支架间距300mm。

通信线缆的桥架间距应符合现行行业标准《光缆进线室设计规范》YD/T5151—2007的有关规定。通信电缆支架间距350mm。

（6）管线与舱室之间控制参数。舱室内控制参数需满足《城市综合管廊工程技术规》GB 50538—2015管廊最小高度、管廊检修通道最小间距要求，并满足规划管线及未来发展预留管线安装、检修、更换等需要最小空间要求。综合管廊管道安装净距，不宜小于表4.5-6。

综合管廊的管道安装净距（单位：mm）　　表4.5-6

<table>
<tr><th rowspan="2">DN</th><th colspan="3">铸铁管、螺栓连接钢管</th><th colspan="3">焊接钢管、塑料管</th></tr>
<tr><th>a</th><th>b1</th><th>b2</th><th>a</th><th>b1</th><th>b2</th></tr>
<tr><td>DN</td><td>400</td><td>400</td><td rowspan="5">800</td><td rowspan="3">500</td><td rowspan="2">500</td><td rowspan="5">800</td></tr>
<tr><td>400≤DN<800</td><td rowspan="2">500</td><td rowspan="2">500</td></tr>
<tr><td>800≤DN<1000</td><td>500</td></tr>
<tr><td>1000≤DN<1500</td><td>600</td><td>600</td><td>600</td><td>600</td></tr>
<tr><td>DN≥1500</td><td>700</td><td>700</td><td>700</td><td>700</td></tr>
</table>

图4.5-1为单舱至五舱的典型断面布置。

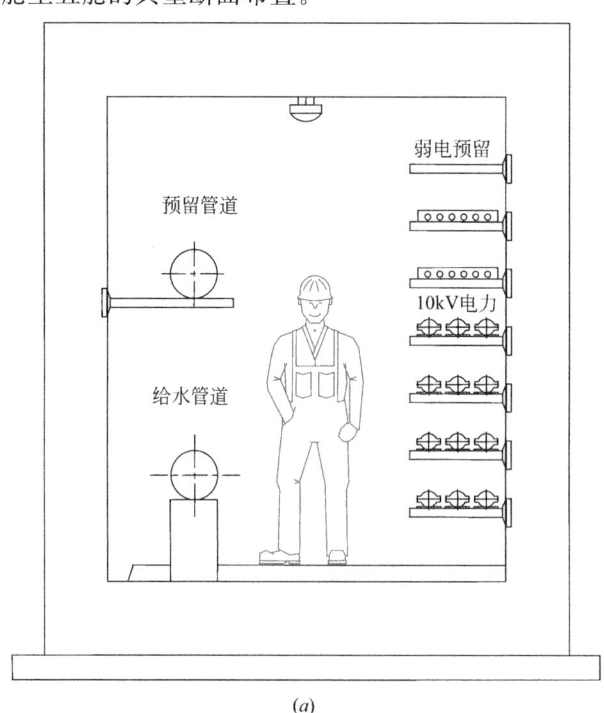

(*a*)

图4.5-1　单舱至五舱典型断面布置图（一）

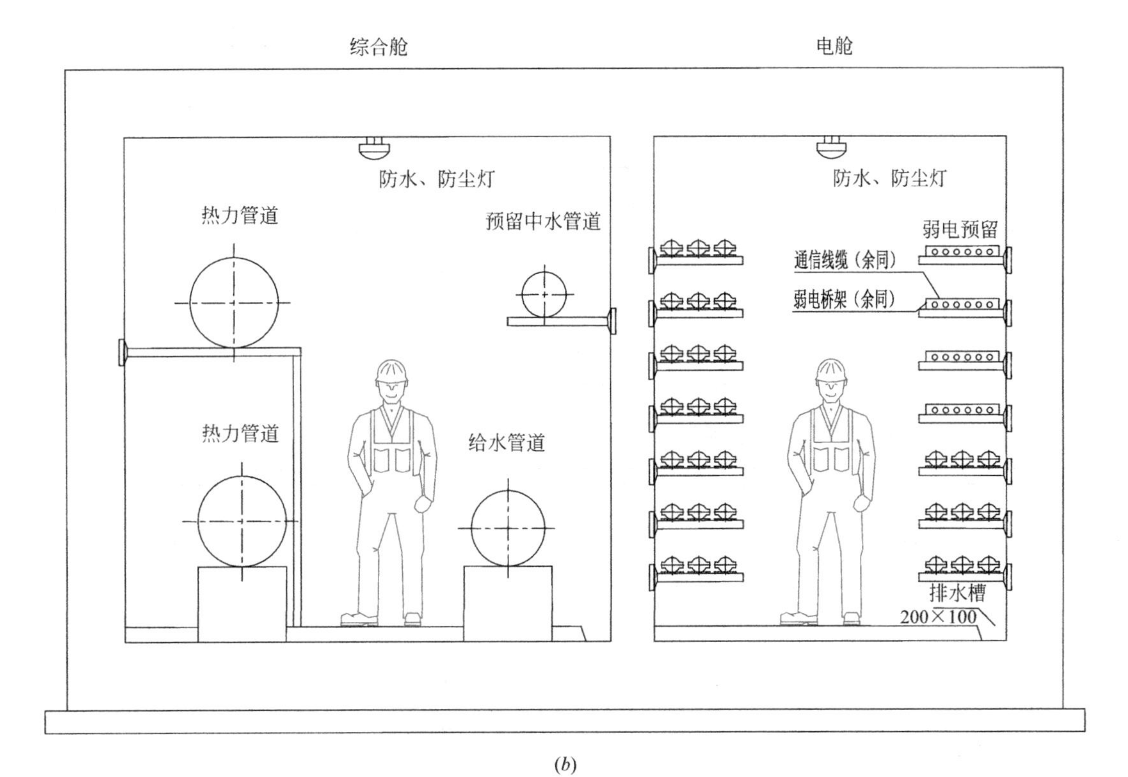

(b)

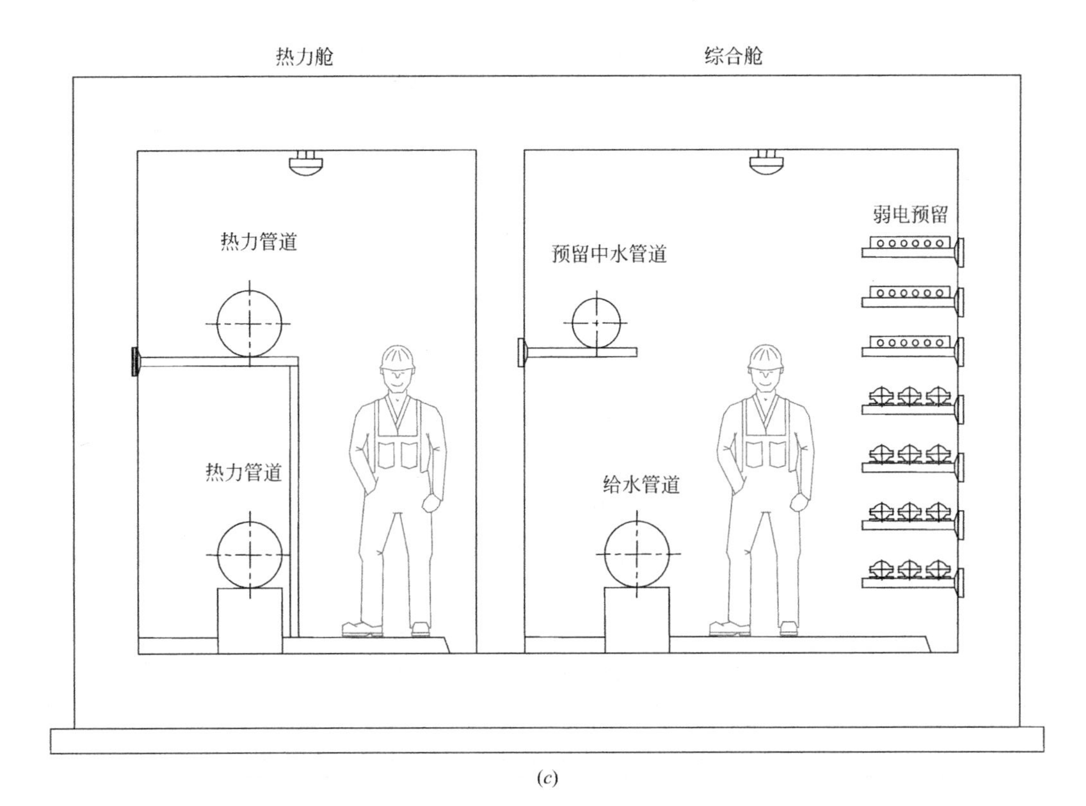

(c)

图 4.5-1　单舱至五舱典型断面布置图（二）

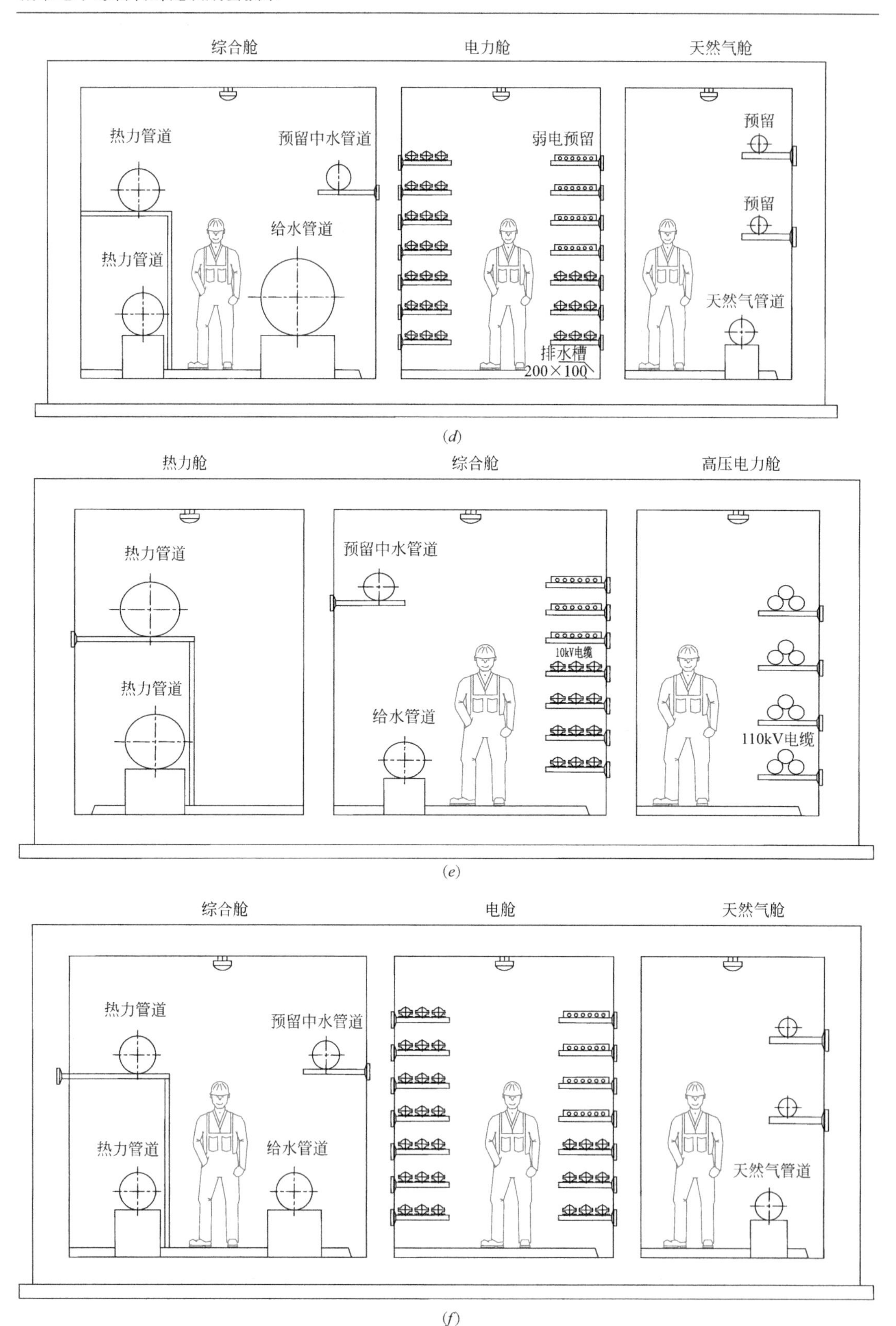

图 4.5-1 单舱至五舱典型断面布置图（三）

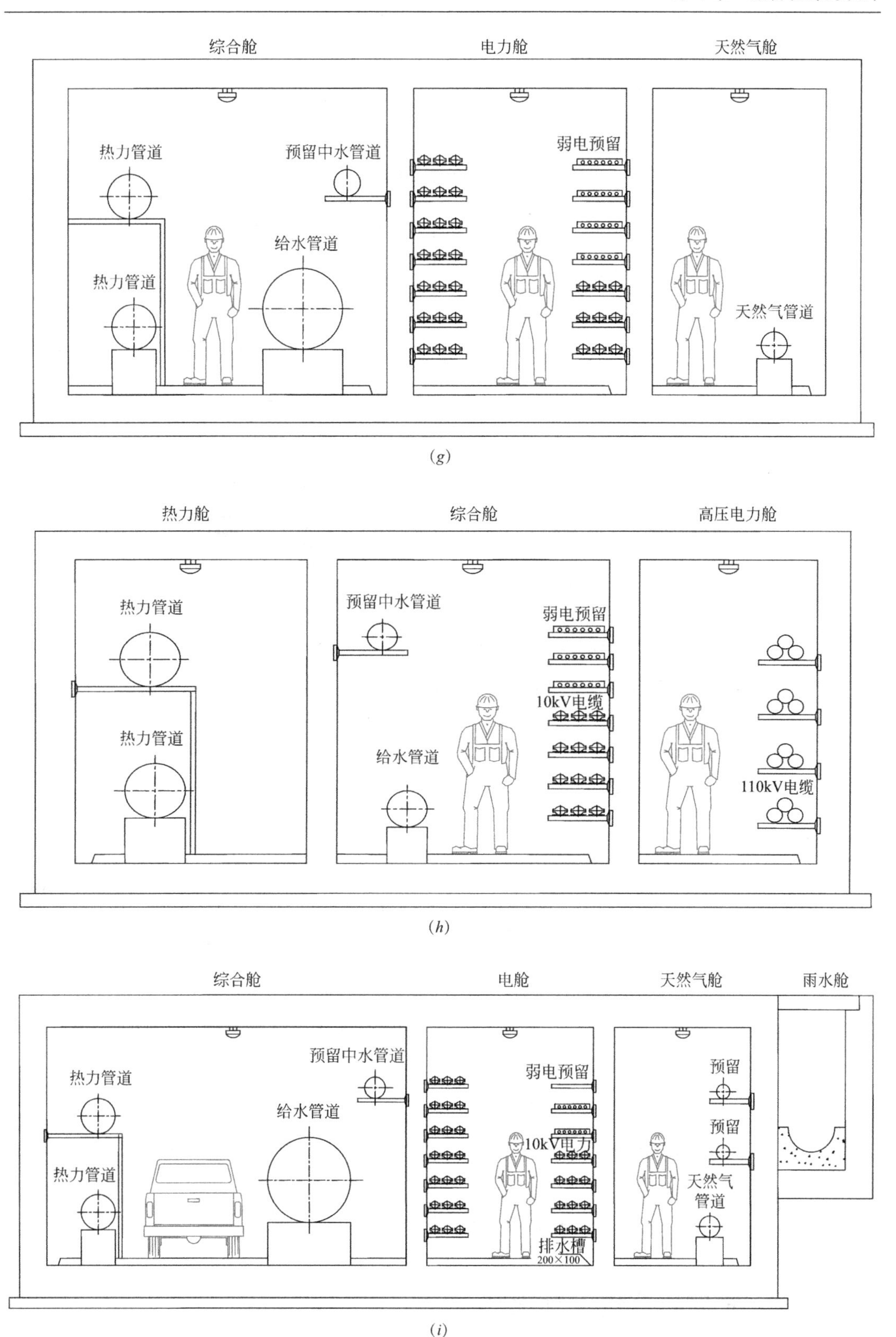

图 4.5-1　单舱至五舱典型断面布置图（四）

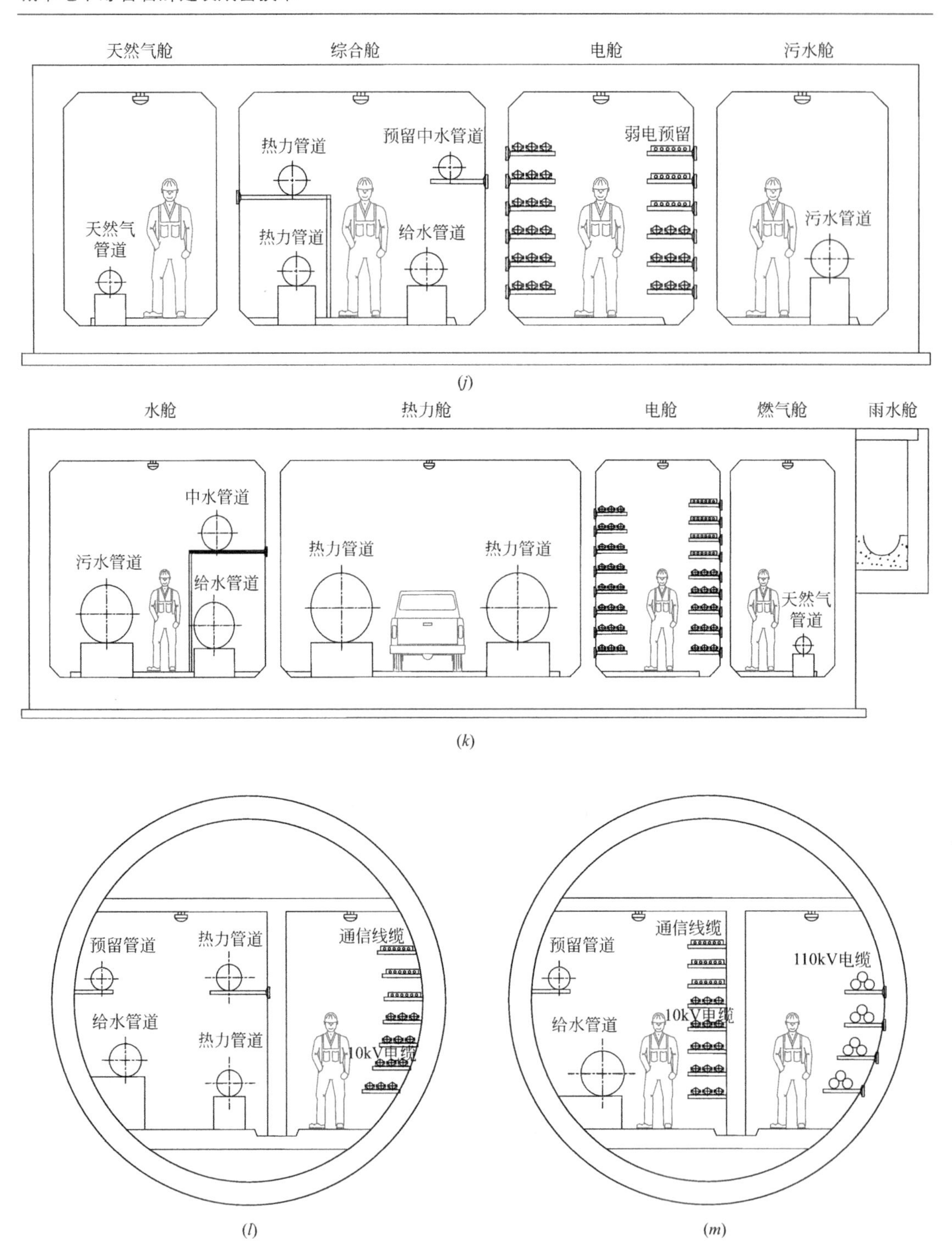

图 4.5-1　单舱至五舱典型断面布置图（五）

4.6　综合管廊的管线入廊设计

根据《城市综合管廊工程技术规范》GB 50838—2015 城市工程管线：给水、雨水、污水、再生水、电力、通信、天然气、热力等市政公用管线可纳入综合管廊。天然气管道高压不纳入地下综合管廊，热力蒸汽工业管线不纳入地下综合管廊。根据工程特点对相应的管线是否入廊进行分析。

1. 电力管线

随着城市经济综合实力的提升及对城市环境整治的严格要求，目前在国内许多大中城市都建有不同规模的电力隧道和电缆沟。电力电缆具有不易受管廊纵断面、横断面变化限制的优点，电力管线从技术和维护角度而言纳入地下综合管廊已经没有障碍。

2. 给水管道

给水（生活给水、消防给水）、再生水管是压力管道，管道布置较为灵活，且日常维修概率较高。管道入廊后可以克服因管道漏水、管道爆裂及管道维修等因素引起的交通影响，可为管道升级和扩容提供方便。给水管道适合纳入管廊。

3. 通信管线

根据通信专业的规划，通信管线包括电信管线、有线电视管线、信息网络管线等。

目前国内通信管线敷设方式主要采用架空或直埋两种。架空敷设方式造价较低，但影响城市景观，而且安全性能较差，正逐步被埋地敷设方式所代替。通信管道纳入管廊为后期维护更换提供便利，为未来发展预留空间。通信管道敷设方式灵活，适合纳入管廊。

4. 天然气管线

虽然根据国内外相关设计规范的规定，燃气管道可进入地下综合管廊；国内外部分敷设有燃气管道的地下综合管廊工程，经过几十年的运行，也并没有出现安全方面的事故。但因为燃气具有的易燃易爆这一危险特性，所以在国内人们仍然对燃气管进入地下综合管廊有安全方面的担忧。

对燃气管线是否纳入地下综合管廊应进行分析：

（1）燃气管道事故的特性

敷设在城市道路下的燃气管道有发生燃气泄漏和爆炸等事故，造成事故的原因主要有如下方面：

1）燃气管道埋深较浅被压坏，导致燃气管道泄漏。

2）由于部分道路地质条件较差，造成道路部分不均匀沉降，导致燃气管道断裂发生泄漏。

3）由于道路开挖施工不当，造成燃气管道被挖断，导致燃气管道断裂泄漏。

4）埋地燃气管道受到土壤的腐蚀，造成管道泄漏。

5）管道阀门处易受到阀门两端管道不均匀沉降，发生变形，造成管道泄漏。

6）由于燃气管道泄漏后集聚达到一定的浓度，遇到明火后发生爆炸。

（2）燃气管道进入地下综合管廊的优缺点

从燃气及燃气管道本身的特性出发，结合燃气管道事故发生的一般原因及特点，燃气管道纳入地下综合管廊，其优点主要表现在以下方面：

1）燃气管道不易被压坏。

2）燃气管道不会受到地质条件的限制。

3）燃气管道不会受到土壤的腐蚀，使用寿命延长。

4）燃气管道、阀门等易于安装检修。

5）燃气管道不会由于道路施工不当而造成管道破坏。

6）减少了道路开挖修复工作量，同时减少对周围环境的影响。

如将燃气管道纳入地下综合管廊，其缺点主要表现在以下方面：

1）管道一旦发生泄漏，易对人身安全带来影响。

2）燃气管道发生泄漏后，达到一定浓度后，如遇明火，易造成爆炸等事故。

3）为了使燃气管道能正常安全运行，需配置一定的仪表设备对燃气管道进行监测，对运行管理要求较高。

（3）国内外工程实例

在很多国内外工程实例中，均有将燃气管道纳入其中的情况，且运行至今，并未有较大或较严重的安全事故发生。具体案例详见表 4.6-1。

纳入燃气管线的地下综合管廊案例一览表 **表 4.6-1**

国家及地区	案例情况
英国	1861 年，伦敦开始兴建城市地下市政综合管廊，迄今伦敦市区城市地下市政综合管廊已超过 22 条。容纳管线：高压电缆、电信电缆、给水管线、排水管线、燃气管线等，并且配置了引向用户的支管。断面尺寸：宽为 3.66m，高为 2.29m 的半圆形断面
德国	1893 年，汉堡市开始城市地下市政综合管廊，容纳管线：电力电缆、电信电缆、给水管线、燃气管线、热力管线等；1959 年，白鲁他市修建的城市地下市政综合管廊，容纳管线：给水管线、燃气管线；断面尺寸：净宽为 3.4m，高度为 1.8～2.3m。1964 年，前东德在苏尔市及哈利市开始建设城市地下市政综合管廊的试点计划，到 1970 年，共完成 15km 以上的城市地下市政综合管廊，同时也拟在全国推广城市地下市政综合管廊网络系统的计划，容纳管线：电力电缆、通信电缆、路灯用电缆、燃气管线、给水管线、雨污水管线、工业用水管线等
美国	1901 年，纽约开始兴建城市地下市政综合管廊；容纳管线：电力电缆、燃气管线、给水管线等
瑞士	苏黎世城市地下市政综合管廊，容纳管线：电力管线、警用电缆、控制电缆、邮电电缆、燃气管线、给水管线、排水管线等；日内瓦和 Winterthur 也建有城市地下市政综合管廊
北京中关村	2002 年建设，容纳管线：高压电缆、电信电缆、给水管线、冷冻水管线、中水管线、燃气管线等。断面尺寸：宽为 13.4m，高为 2.2m，全长 1.9km
上海张杨路	1993 年建设，容纳管线：高压电缆、电信电缆、给水管线、燃气管线等。断面尺寸：宽为 5.9m，高为 2.6m，全长 11.25m
上海松江新城	2003 年建设，容纳管线：高压电缆、电信电缆、给水管线、燃气管线等
深圳大梅沙至盐田	2001 年建设，容纳管线：高压电缆、给水管线、污水压力管线、高压输气管线等。断面尺寸：宽为 2.85m，高为 2.4m

根据《城市综合管廊工程技术规范》GB 50838—2015 天然气管道应在独立的舱室内敷设。由于燃气管道纳入综合管廊时，严格要求分舱独立敷设，同时对于通风及检测的要求也大大提高，这样会增加工程的直接投资和维护管理成本。但是，燃气管道进入地下综合管廊不会受到土壤的腐蚀，使用寿命延长；管道易于安装检修，管道维修及扩建避免开挖修复道路，减少对周围环境的影响。从维护检修角度考虑，天然气管敷设于地下综合管廊内有明显的优势；从安全因素来考虑，通过采用单独燃气舱的技术措施，可以解决天然气管道的安全问题。

5. 热力管道

热力管道的运行季节性较强，运行过程中管道温差变化幅度较大，管线出现故障的几率较高，管道维修比较频繁。因此，将热力管道放进地下综合管廊，有利于监控检查、提前发现问题，且维护施工方便。国外大多数情况下将供热管道集中放置在地下综合管廊内。热力管道采用压力输送，敷设方式灵活，适合入综合管廊。

6. 排水管线

(1) 排水管线布置在地下综合管廊内的特点分析

排水管线分为雨水管线和污水管线两种。在一般情况下两者均为重力流，管线需按一定坡度埋设，满足流速要求。采用分流制排水的工程，雨水管线基本就近排入水体。

地下综合管廊的敷设一般依道路坡度顺势敷设，排水管线纳入地下综合管廊，地下综合管廊建设需要考虑污水排水管线敷设坡度要求。当综合管廊坡向（即道路坡向）与排水管道坡向反坡时，由于雨水、污水管是重力流管线随着流向埋深越来越深，若放于地下综合管廊内，会相应增加地下综合管廊埋深，提高地下综合管廊投资。当综合管廊坡向（即道路坡向）与排水方向反坡或局部段反坡，且坡度满足排水管道要求时，排水管道敷设不会增加综合管廊的埋深，排水管道入廊方便排水管道的检修维护和将来管道扩建，避免因管道维护和扩建对道路影响。

(2) 排水管线入廊技术分析

排水管道入廊在节约地下空间、监测渗漏破损、维护修补及远期扩容等方面具有一定的优势，但在管道清疏管理方面国内尚无先例，缺乏成熟的经验，因此，排水管道是否纳入综合管廊，应经技术经济及综合效益分析后确定（表 4.6-2）。

排水管入廊优缺点对比　　　　表 4.6-2

比较项目	方案 1:排水管不入廊	方案 2:排水管入廊
技术限制	无技术难度	需考虑排水管道的埋深及坡向与综合管廊的竖向设计相吻合
占用地下空间	管廊外还需开挖埋设市政雨水、污水管道,占用平面地下空间	不许另埋设市政雨水、污水管道,节省平面地下空间
对路面的影响	地面检查井盖多,不仅影响道路景观,且影响路面行车	路面检查井盖减少,道路景观较好,对路面行车影响小
管道清疏管理	管道清疏维护在地面完成,影响道路交通	管道清疏维护基本在管廊内完成,对道路交通影响较小,但由于国内尚无先例,因此尚缺少成熟的经验
管道破损渗漏监测	埋地排水管出现变形破损造成渗漏时很难及时检测发现,时间长后不仅污染土壤,且出现水土流失现象,进而造成路面下陷等问题	能对排水管道的破损及变形进行及时监测,出现渗漏时可用管廊内排水井收集后直接外排,不会对土壤及路面造成影响
管道修补维护	埋地排水管揣出现损坏需修复时,需重新开挖路面,实施难度和费用均很高	直接在管廊内完成,实施容易,且对地面交通无影响
未来远期更新或扩容	随着城市的发展和未来新的雨污水概念普及,当未来远期需更新或扩容时比较困难	由于管道更换容易,未来更新扩容容易

通过以上对比可以看出，将雨污水管道纳入综合管廊，在对城市的影响、管道的维护管理以及未来远期更新扩容等方面看有比较明显的优势，但将排水纳入管廊对排水及管廊的竖向均有一定要求，应在满足排水条件下入廊。

4.7 综合管廊的特殊节点设计

4.7.1 监控中心及人员出入口与管廊的连接通道节点

监控中心是整个管廊系统监控和管理的中枢，其作用主要是采集处理综合管廊内各系统的运行数据并提出监控方案，下发控制指令、信息给相应的监控设备，负责整个综合管廊的运行管理及监控。监控中心和管廊之间的连接通道，既是管廊内各种监控信号缆线和电力缆线的通道，也是巡视和参观人员进出管廊的主要通道（图 4.7-1）。

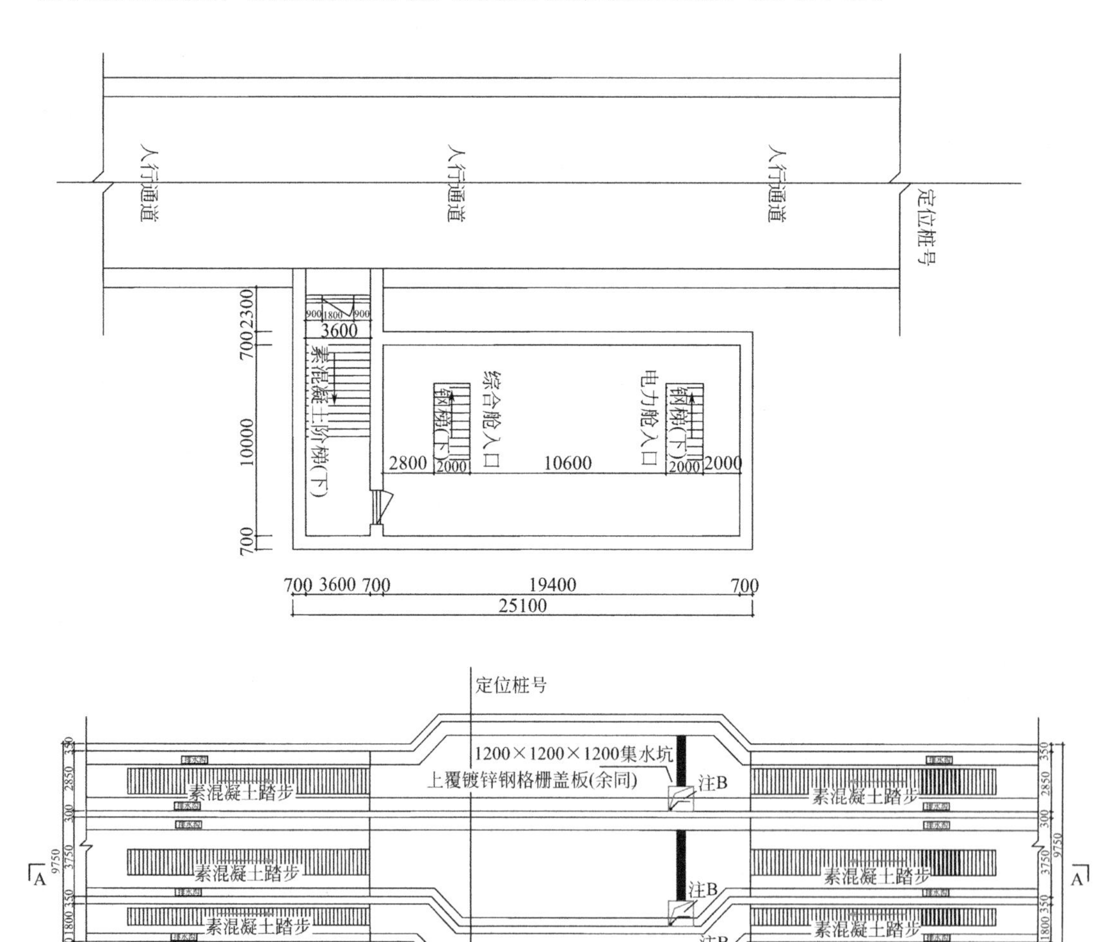

图 4.7-1 监控中心及人员出入口与管廊的连接通道节点图（一）

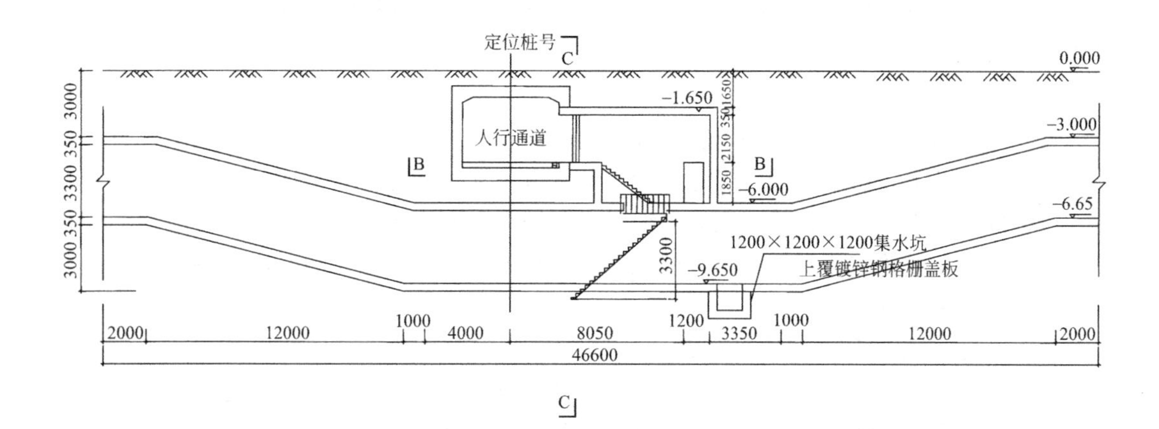

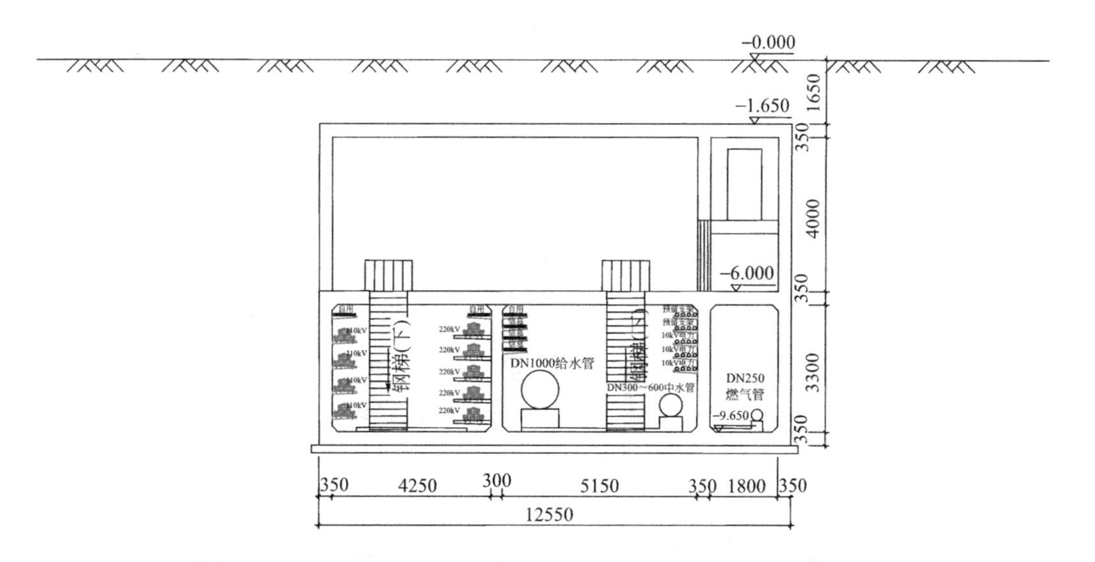

图 4.7-1　监控中心及人员出入口与管廊的连接通道节点图（二）

连接通道的设计一般遵循如下原则：

（1）为便于监控线缆和电力线缆布置，连接通道宜布置在管廊平面的中部位置。

（2）连接通道断面尺寸与进入监控中心的线缆数量、种类和通行楼梯有关，作为日常维护和参观的主要出入口，考虑双向通行，楼梯宽度宜>1.5m。

（3）常见的连接通道有上人式和下人式两种，可根据连接处管廊覆土情况选择通道形式。若覆土较深宜选择上人式；若覆土较浅宜选择下人式。

（4）在连廊和管廊之间应设置与管廊同等级防火门，以保证管廊防火分区的独立和密闭。

（5）由于连接通道的接入，为了不影响管廊内的管线的敷设和人员的通行，综合管廊断面应适当加宽。

4.7.2　管廊交叉口节点

交叉口节点设计的基本思路是将管廊加高，把通信、给水管等上跨，在标准断面下设电力夹层，电力电缆通过下穿孔引入下层电力夹层。考虑日常巡视和维护的便利，工作人员直接在管廊内通行。

1. 对单舱-多舱管廊之间交叉节点

首先考虑双舱中的综合舱和单舱管廊之间衔接，一般也是通过加高加宽且直接跨过电舱，将给水管等上跨预留综合管廊综合舱人员通道，管廊电舱不与其连通，电舱可直接通行。在标准断面下设电力夹层，电力电缆通过下穿孔引入下层电力夹层，并将电缆下穿孔与钢梯合建。不同舱室之间防火分区彼此隔绝，在夹层应设置防火门以保证各舱室防火分区的独立性和完整性（图 4.7-2、图 4.7-3）。

2. 对多舱-多舱管廊之间交叉节点

（1）关于人员通行问题。其一，两管廊内部自身人员通行问题，基本的思路是下方管廊从上方管廊下方穿行，共用顶板（底板），且下方管廊底部加深 0.8m，局部加宽、加

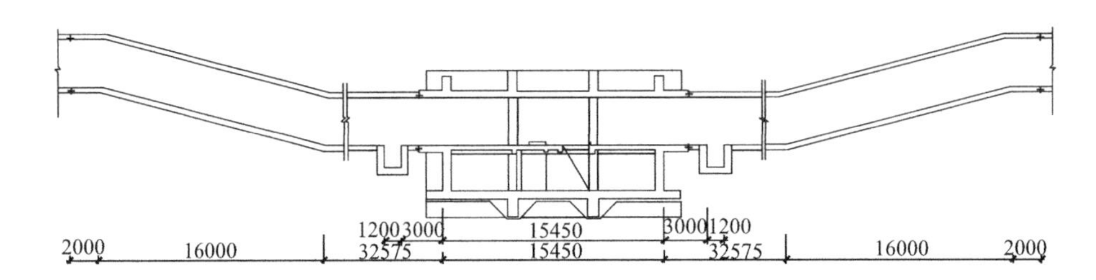

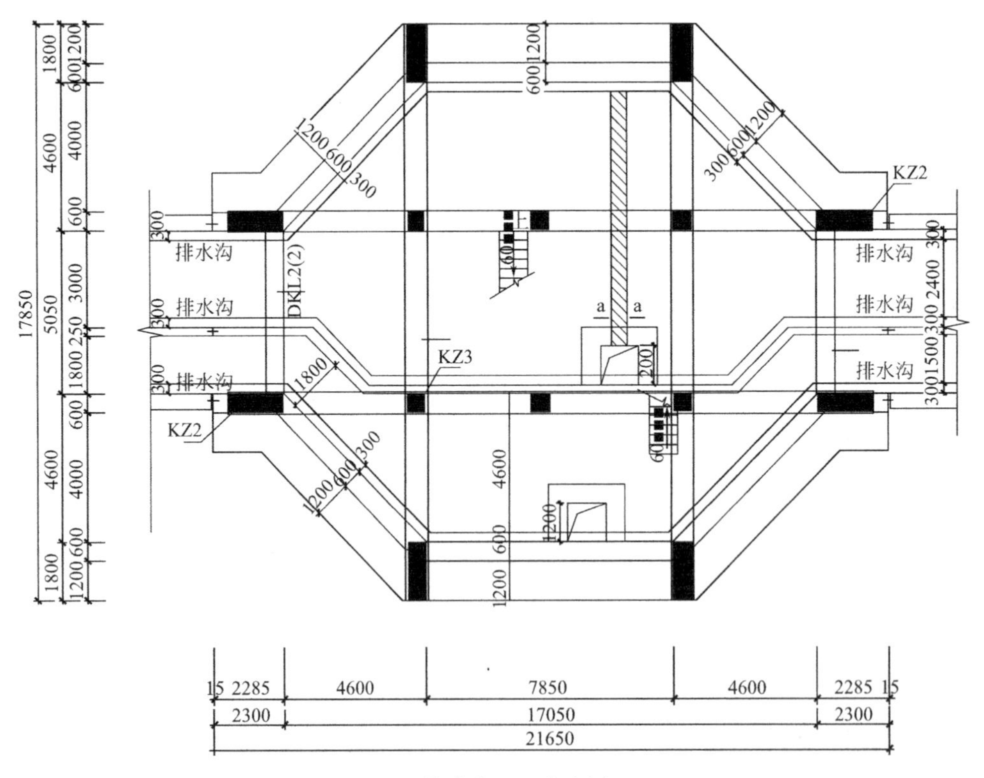

图 4.7-2　管廊交叉口节点图（一）

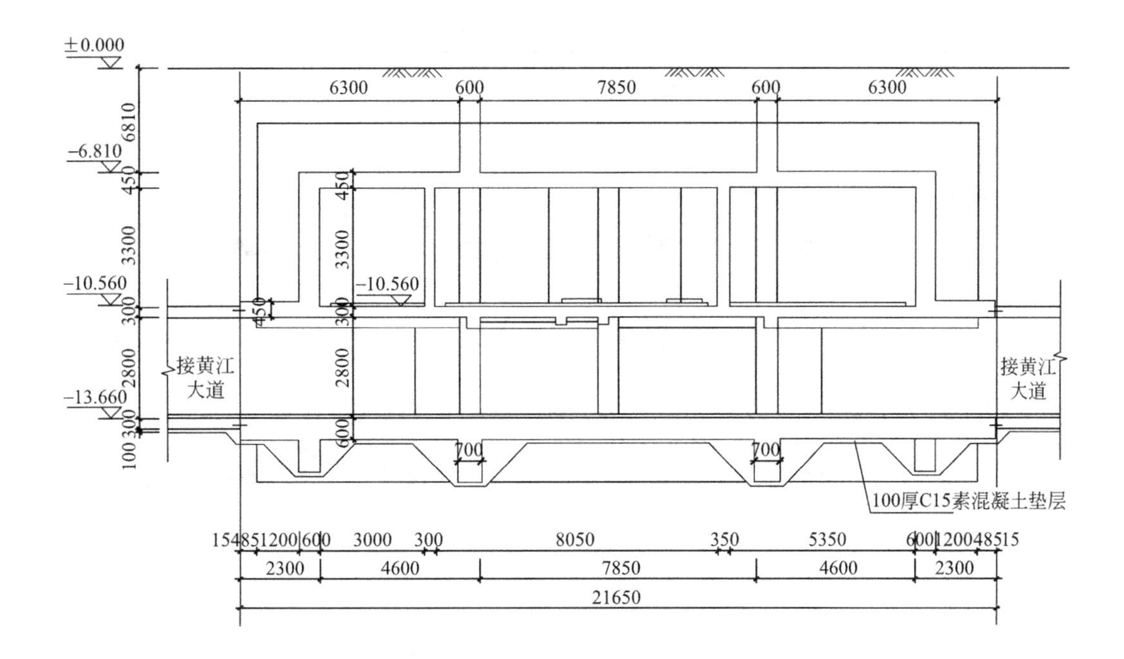

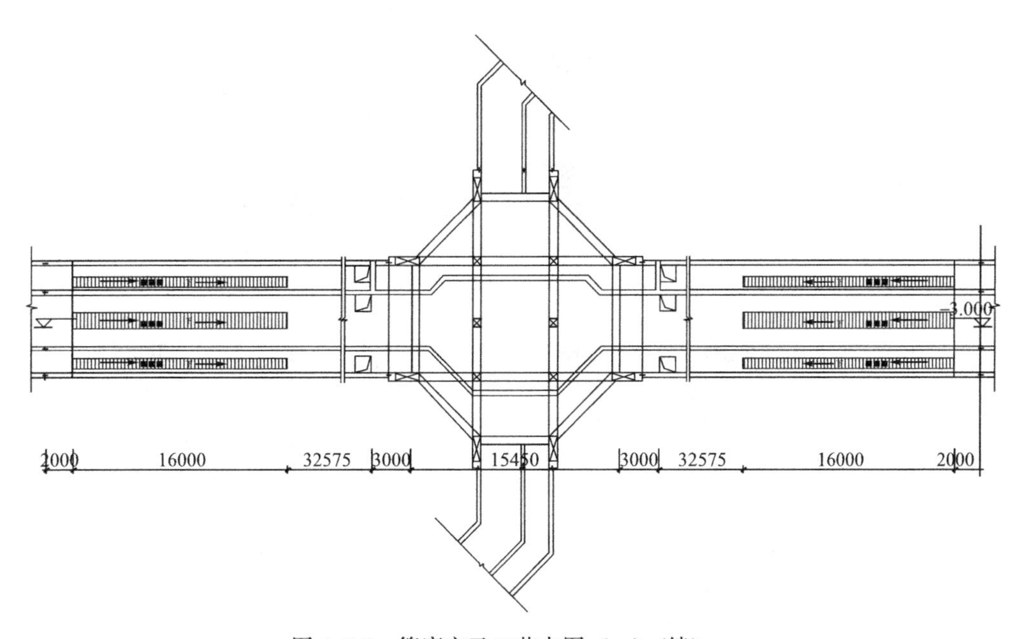

图 4.7-2　管廊交叉口节点图（一）（续）

高，保证了人员在各管廊自身中通行；其二，热力舱之间（热力舱和水信舱之间不通行）的通行问题，通过在上、下方管廊的热力舱之间设通行孔和钢爬梯解决；其三，综合舱之间的通行问题，通过在综合舱之间设置钢爬梯和四通平台解决。

（2）关于同类管道之间的衔接问题。其一，E 型管廊热力舱内 DN400 热力管道穿过共用中间隔板开孔与 D 型管廊内 DN600 热力管道连接（连接处设三通和 U 型弯，以减少管道由于热胀冷缩对管道本身的影响）；其二，E 型管廊水信舱内 DN300 给水管和电信线缆均在节点上层，穿过 D 型管廊的顶板与 D 型管廊内 DN600 给水管和电信线缆连接。

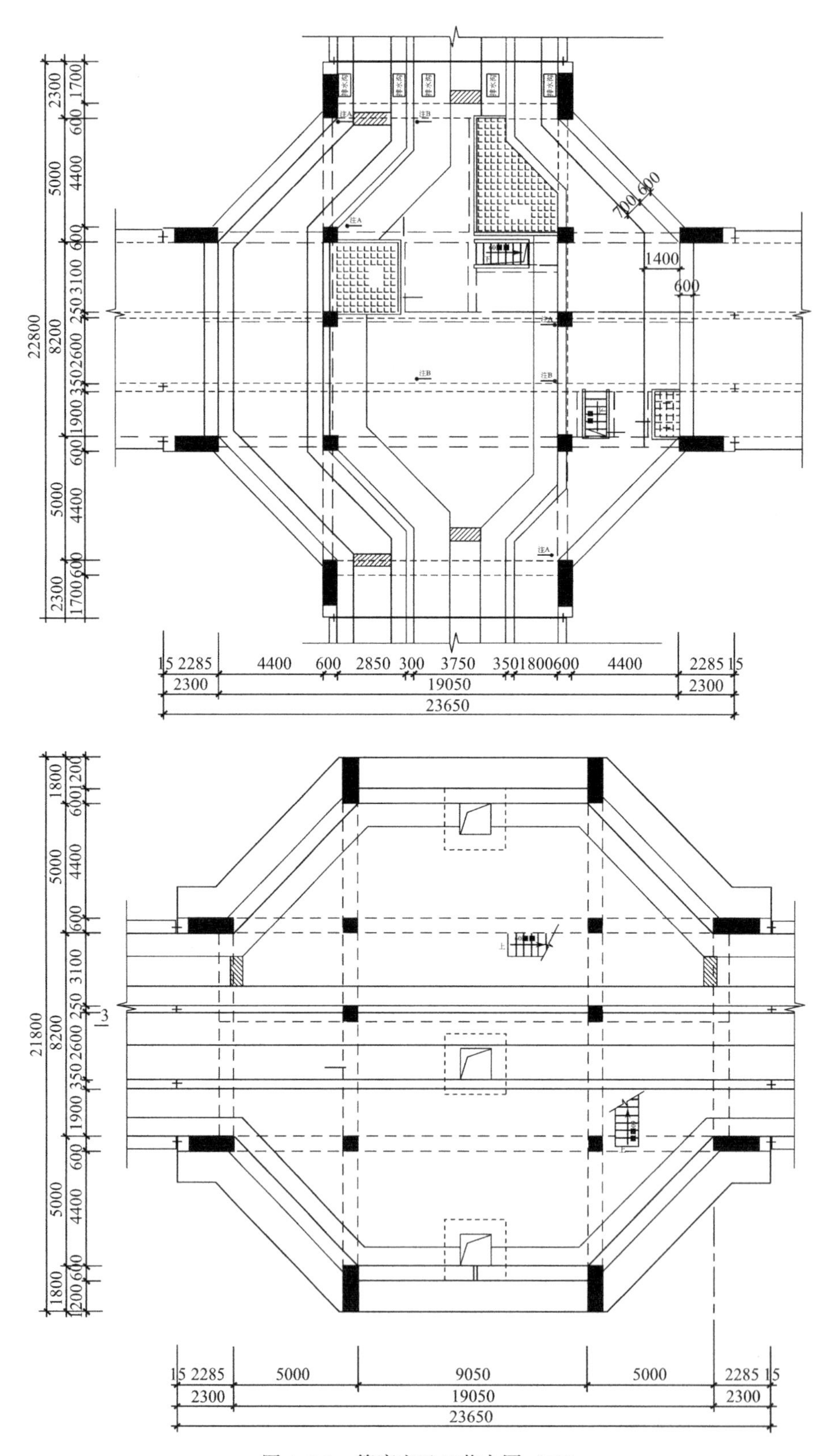

图 4.7-3　管廊交叉口节点图（二）

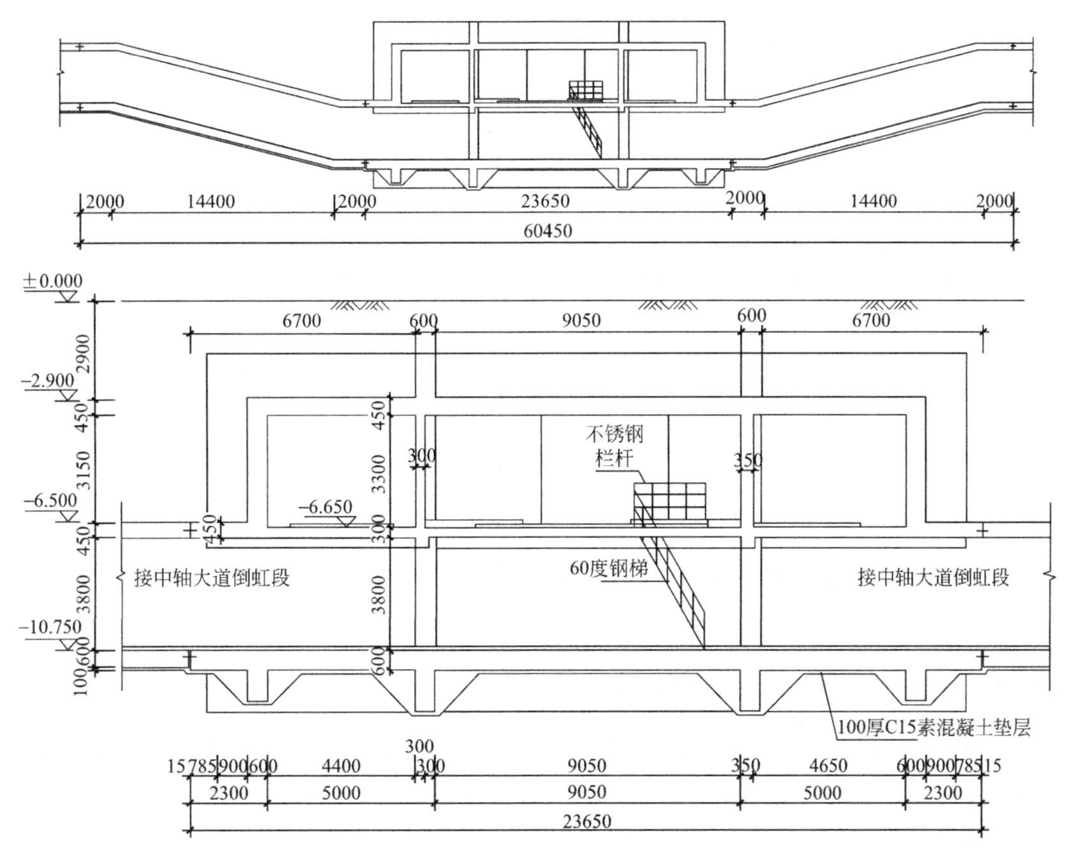

图 4.7-3　管廊交叉口节点图（二）（续）

4.7.3　端部井

端部出线时一般需放大截面，平面及立面均需加宽加高以满足管线出线与直埋管衔接的需求。图 4.7-4 为两舱断面的端部井。

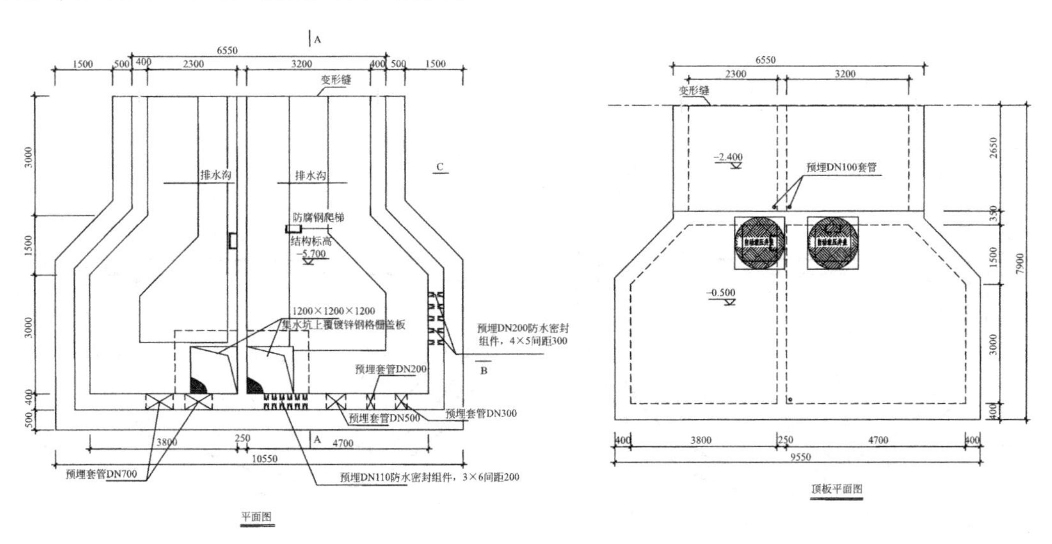

图 4.7-4　管廊端部井节点图（一）

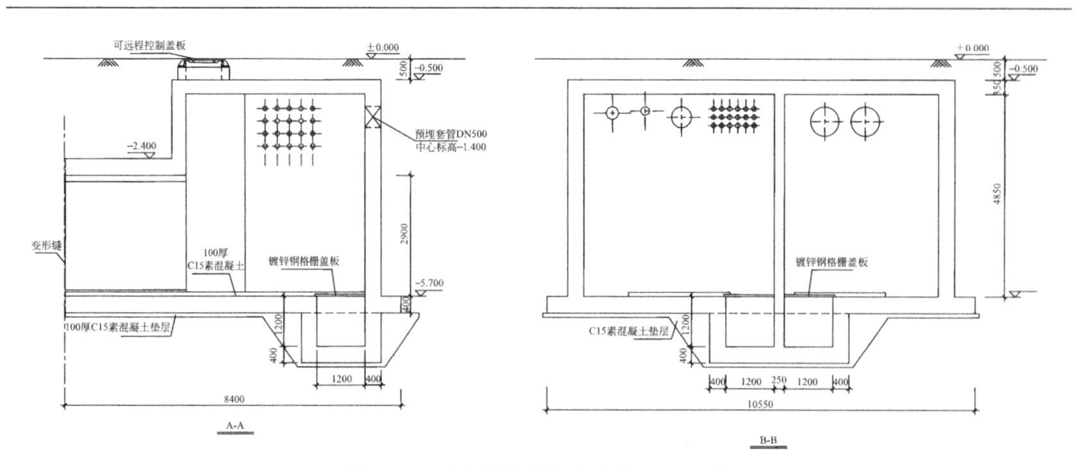

图 4.7-4　管廊端部井节点图（二）续

4.8　我国城市综合管廊设计典型案例

4.8.1　沈阳市城市地下综合管廊（南运河段）

工程横跨沈阳市和平、沈河、大东三个区，西起南京南街，东至善邻路。该管廊沿砂阳路、文艺路、东滨河路、小河沿路和长安路敷设，途经南湖公园、鲁迅公园、青年公园、万柳塘公园和万泉公园这五大公园，长度 12.828km。双线单圆盾构法施工，单圆直径 5.4m。主要收容给水、中水、供热、电力、通信、中压天然气六种管线，并保留部分增容空间。工程建设期 3 年，计划在 2017 年年底前建成并投入运营使用。特许经营期 27 年。总投资应控制在 288092 万元以内，项目公司拟由政府出资 25463 万元（项目资本金 40%），社会资本出资 38194 万元（项目资本金 60%）出资构成（图 4.8-1）。

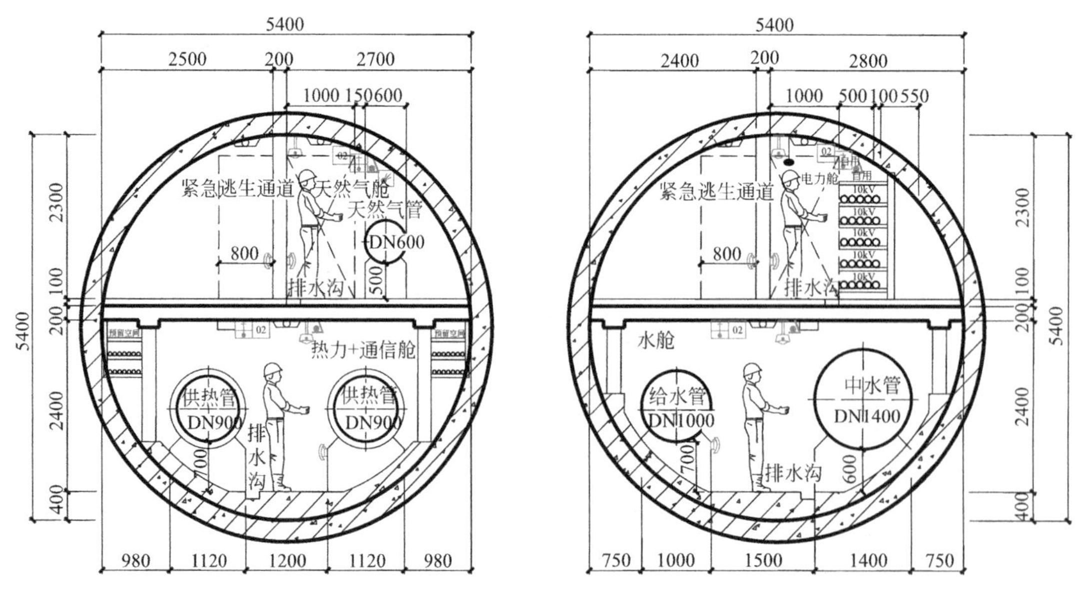

图 4.8-1　沈阳市城市地下综合管廊断面布置图

4.8.2　珠海横琴新区综合管廊

横琴新区综合管廊沿横琴新区快速路呈“日”型布设，覆盖全区，综合管廊全长 33.4km，设总监控中心 1 座；纳入地下综合管廊的管线为：电力、通信、给水、中水、供冷及垃圾真空系统等 6 种。综合管廊分单舱、双舱、三舱三种断面，其横断面尺寸为 $B \times H \approx 9.3\text{m} \times 3.2\text{m}$、$8.7\text{m} \times 3.2\text{m}$、$7.2\text{m} \times 3.2\text{m}$、$5.5\text{m} \times 2.9\text{m}$、$4.0\text{m} \times 2.9\text{m}$ 共 5 种。综合管廊敷设在道路的绿化带下，覆土约 2.0m，埋深约 5.5 米，局部交汇段、穿越排洪渠及过渡段埋深约 8～13m。排水管线、燃气、供热未纳入。另有承担横琴新区输电功能的电力隧道全长 10km。项目总投资约 20 亿元（图 4.8-2～图 4.8-4）。

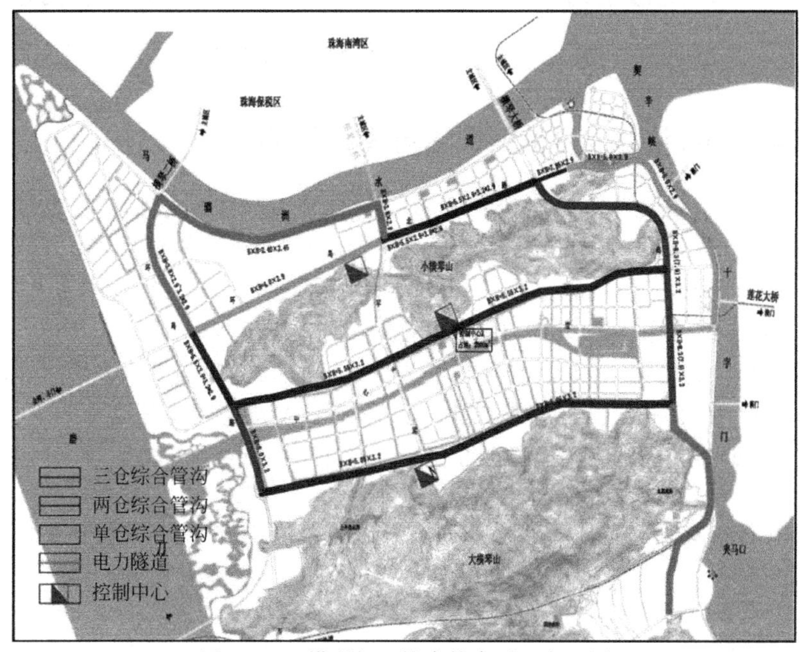

图 4.8-2　横琴新区综合管廊平面布置图

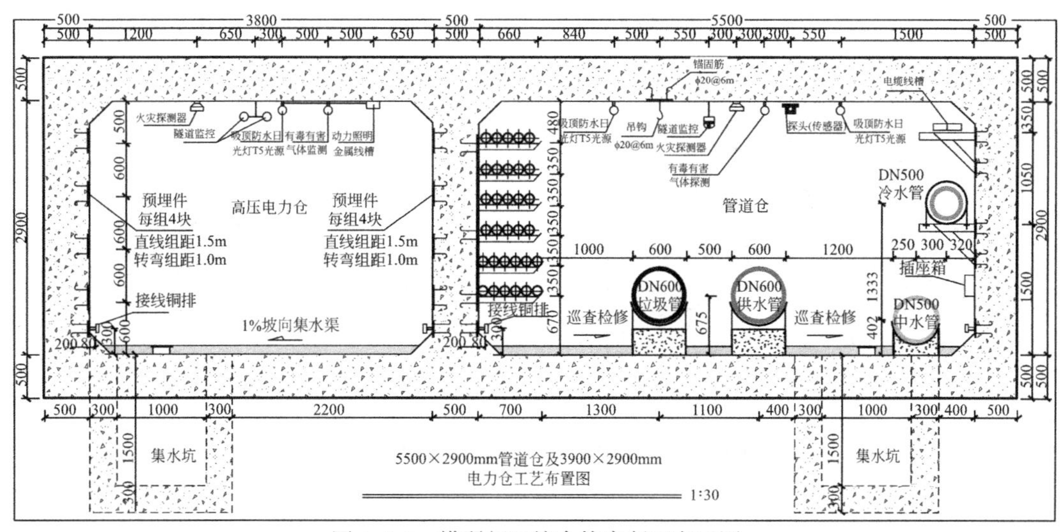

图 4.8-3　横琴新区综合管廊断面布置图

图 4.8-4　横琴新区综合管廊内部实景

4.8.3　国家郑州经济开发区滨河国际新城综合管廊工程

该管廊为河南省第一条综合管廊，纳入综合管廊管线主要为电力、电信、给水、中水、供热管线等。按其综合管廊分布位置，其截面尺寸分为两种规格：6.55m×3.80m（经南九路）和6.35m×3.50m（经开第十二大街、经南十二路、经开第十八大街）。工程分为四个部分：①经开第十二大街（潮河环路～经南九路），长度为715m；②经南九路（经开第十二大街～经开第十八大街），长度为2005m；③经开第十八大街（经南九路～经南十二路），长度为895m；④经南十二路（经开第十八大街～经开第十二大街），长度为1965m；合计长度为5580m，总投资2.6亿元（图4.8-5～图4.8-7）。

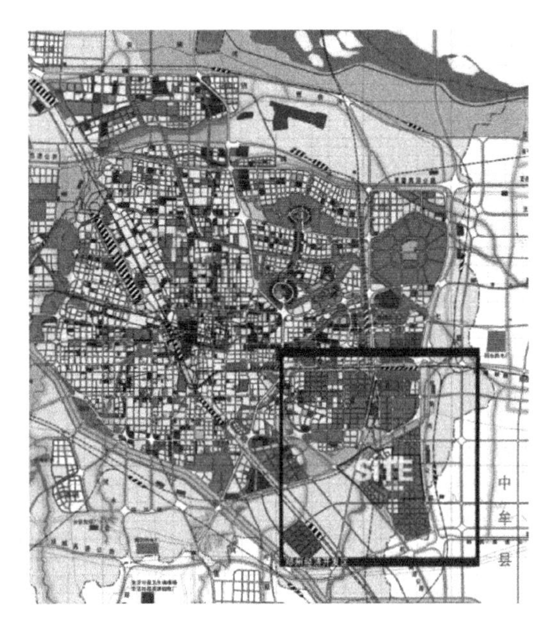

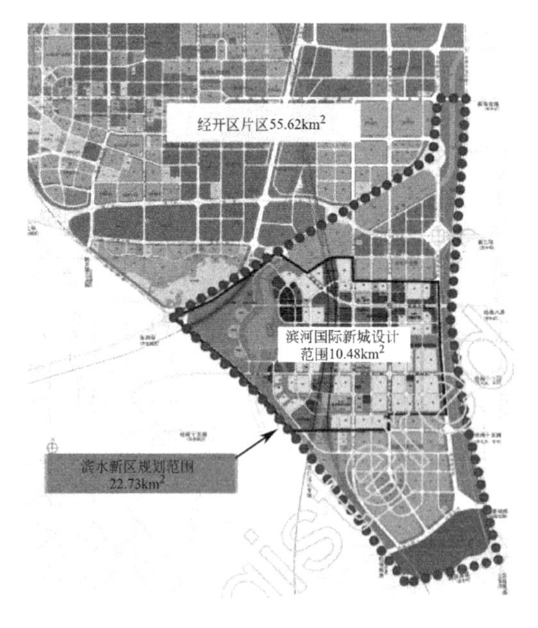

图 4.8-5　滨河国际新城综合管廊平面布置图

图 4.8-6　滨河国际新城综合管廊施工现场

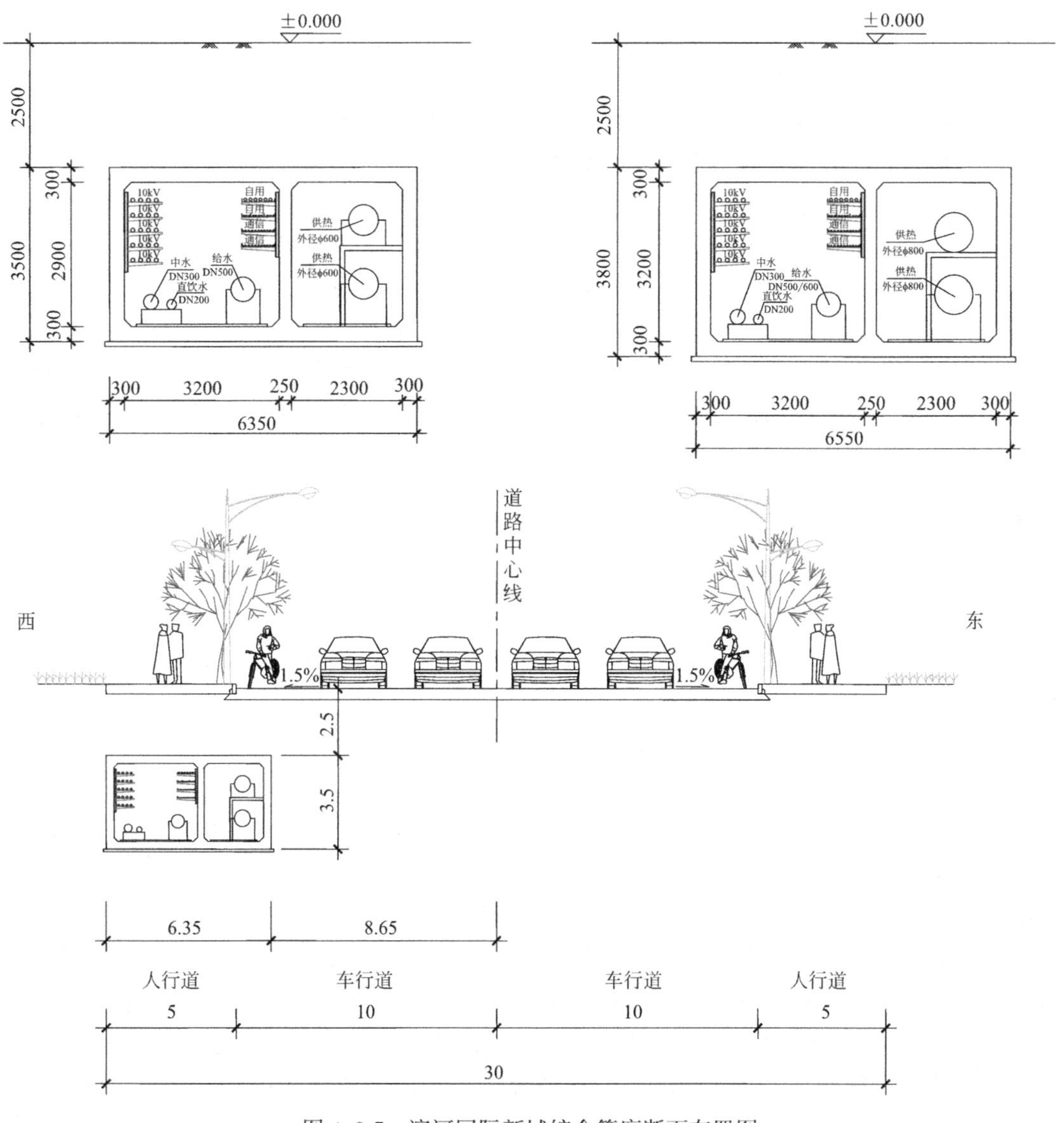

图 4.8-7　滨河国际新城综合管廊断面布置图

第 5 章　综合管廊的明挖施工技术

5.1　明挖施工技术概述

5.1.1　明挖沟槽支护形式发展

改革开放以来，随着城市化和地下空间开发利用的发展，我国明挖沟槽施工发展很快。二十多年来我国沟槽工程设计和施工水平有了很大的提高，在发展过程中也有许多问题值得我们思考。一方面，沟槽工程领域的工程事故率较高，不少地区在发展初期大约有三分之一的深沟槽工程发生不同程度的事故，即使在比较成熟阶段一个地区也常有沟槽工程事故发生。另一方面，由于围护设计不合理，造成工程费用偏大也是常有的。

综合管廊明挖沟槽其支护形式随着工程建设规模不断增大，支护形式也将会发展为多种形式。目前最常用的有原状土放坡开挖无支护、土钉墙支护技术及钢板桩施工技术。将来随着工程的不断增多，适用于城市建筑密集区的基坑支护技术：锚索支护施工技术、灌注桩施工技术、地下连续墙施工技术、水泥搅拌桩施工技术、SMW 施工技术、双排桩施工技术和微型钢管桩施工技术等也都有可能使用到综合管廊的建设中来。但对于目前来讲，综合管廊大部分还都是规划建设在新建城区，再加上综合管廊沟槽相对较浅，除了风险较大的工程外，造价较高的支护形式还很少应用。

5.1.2　明挖综合管廊结构施工发展

1958 年天安门广场下的单舱管廊是国内建设最早的综合管廊，其结构施工主要采混凝土现浇施工。直至今日，在建的国内大部分明挖综合管廊工程大都采用满堂红脚手架现浇施工方法。满堂红脚手架现浇施工技术在国内已应用了很多年，技术上十分成熟。鉴于综合管廊工程特点，目前国内很多研究机构和施工单位正着手研发滑模现浇施工技术。国内三亚管廊及西宁市地下综合管廊工程 I 标段目前已经初步使用了整体滑动模架技术。由于综合管廊地板、侧墙、顶板满足滑模现浇条件，滑动模板施工将是保证施工质量、降低工程成本有效的技术方法之一。

近年来，随着国内绿色建造施工及工业化呼声的不断升高，学习应用综合管廊预制拼装技术也越来越多。目前国内综合管廊预制拼装技术发展很快，预制拼装的形式发展也越来越多样化。国内以湖南省湘潭市霞光东路管廊工程综合管廊开展了分块预制拼装技术应用，其他的节段预制拼装技术、叠合板拼装综合管廊技术、U 型槽加盖板综合管廊拼装技术以及倒 U 型槽的拼装技术等也都开展了研究和应用。目前国内预制拼装技术主要的问题就是接头防水问题，柔性接头防水以及叠合墙防水如何满足 100 年的设计使用年限要求，将是摆在工程技术人员和材料研发人员面前的一个难题。但不可否认，城市综合管廊使用预制拼装技术有其独特优势，不但可以大大地缩短工期、降低施工成本，而且可以大大地提高施工的质量，具有良好的社会效益。对于拼装的防水应采用防—排—截—堵相结合的技术措施，保证管廊内部的环境。

5.2　明挖基槽施工技术

5.2.1　明挖基槽降、排水施工

该部分内容参照基坑工程的降水、排水设计。综合管廊基坑边坡降水、排水设计可分为井点降水法、集水坑降水法。

1. 井点降水法

井点降水法就是在基坑开挖前，预先在基坑四周埋设一定数量的滤水管（井），利用抽水设备从中抽水，使地下水位降到坑底以下；在基坑开挖过程中仍不断抽水，使所挖的土始终保持干燥状态，从根本上防止流砂发生。

井点降水法有轻型井点、喷射井点、管井井点、深井井点及电渗井点等，可根据土的渗透系数、降低水位的深度、工程特点及设备条件综合选用。各井点降水法的适用范围见表 5.2-1。

各种井点的适用范围　　**表 5.2-1**

井点类别	土的渗透系数(m/d)	降低水位深度(m)
单层轻型井点	0.1～50	3～6
多层轻型井点	0.1～50	6～12
电渗井点	<0.1	根据选用的井点确定
管井井点	20～200	>10
喷射井点	0.1～2	8～20
深井井点	10～250	>15

2. 集水坑降水法

集水坑降水法是在基坑开挖过程中，在坑底设置集水坑，并沿坑底的周围或中央开挖排水沟，使水流入集水坑中，然后用水泵抽水，抽出的水应及时引开，防止倒流。该方法是综合管廊施工时常用的施工方法（图 5.2-1）。

（1）集水坑的设置

集水坑应设置在基础范围以外，地下水流的上游。根据地下水量大小、基坑平面形状及水泵能力，应每隔 20～40m 设置一个集水坑。

集水坑的直径或宽度一般为 0.7～0.8m，深度随着挖土的加深而加深，要保持低于挖土面 0.8～1.0m，井壁可用竹、木等简易加固。当基坑挖至设计标高后，井底应保持低于坑底 1～2m，并铺设 0.3m 碎石滤水层，以免在抽水时间较长时将泥砂抽出，同时防止井底的土被搅动。

采用集水坑降水时，应根据现场土质条件保持开挖边坡的稳定。边坡坡面上如有局部渗出地下水时，应在渗水处设置过滤层，防止土粒流失，并设置排水沟，将水引出坡面。

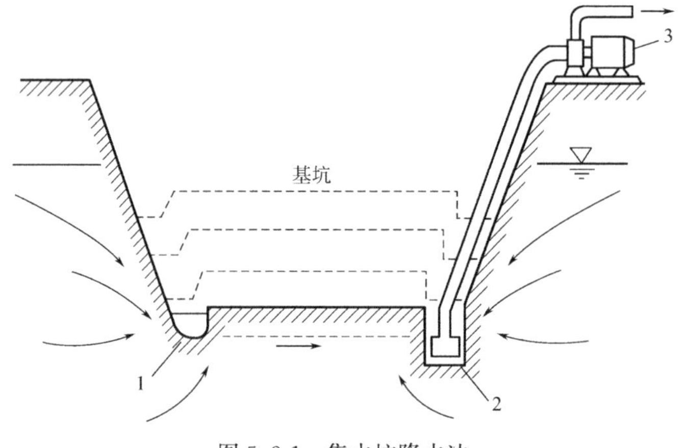

图 5.2-1　集水坑降水法

1—排水沟；2—集水井；3—离心泵

(2) 水泵选用

建筑工程中用于排水的水泵主要有离心泵、潜水泵和软轴水泵等。离心水泵主要性能指标包括流量、总扬程、吸水扬程和功率等（图 5.2-2）。常用性能参数见表 5.2-2。

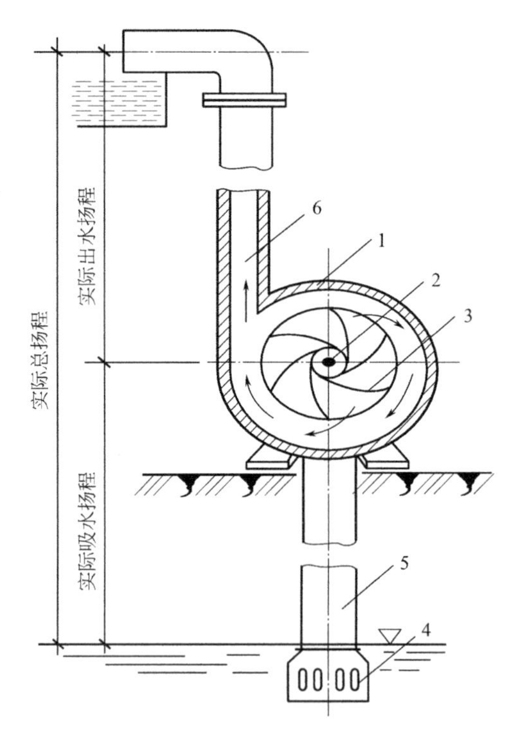

图 5.2-2　离心泵工作简图

1—泵壳；2—泵轴；3—叶轮；4—滤网；5—吸水管；6—出水管

潜水泵由立式水泵和电动机组合而成，水泵装在电动机上端，叶轮可制成离心式或螺旋桨式，电动机设有密封装置。潜水泵工作时是全浸入水中。使用潜水泵时，为了防止电机烧坏，不得脱水运转或陷入泥中；也不得排灌含泥量较高的水或泥浆水，以免泵叶轮被杂物堵塞。

常用离心泵性能　　　　表 5.2-2

型号		流量/(m^3/h)	总扬程(m)	最大吸水扬程(m)	电动机功率(kW)
B	BA				
B17	BA-6	6～14	20.3～14	6.6～6.0	1.7
2B19	2BA-9	11～25	21～16	8.0～6.0	2.8
2B31	2BA-6	10～30	34.5～24	8.7～5.7	4.5
3B19	3BA-13	32.4～52.2	21.5～15.6	6.5～5.0	4.5
3B33	3BA-9	30～55	35.5～28.8	7.0～3.0	7
4B20	4BA-18	65～110	22.6～17.1	5	10

注：2B19 表示进水口直径为 2 英寸，总扬程为 19m（最佳工作时）的单级离心泵。B 型是 BA 的改进型，性能基本相同。

5.2.2　放坡开挖施工技术

参见《建筑基坑支护技术规程》JGJ 120—2012，《建筑边坡工程技术规范》GB 50330—2013 及相关技术规范，放坡开挖施工主要技术如下：

1. 基坑开挖方式

当施工现场有足够的放坡场地、周边环境风险小、地下水位埋深较深等情况时，可采用放坡开挖的形式。该方法主要适合地下水位以上的黏性土、砂土、碎石土及回填土质量较好的人工填土等地层。常见的综合管廊放坡明挖施工方法如云南保山中心城市青堡路 A2 标综合管廊工程，如图 5.2-3 所示。图中的边坡及防护按照工程所在地的地质情况参见规范设计的要求确定。

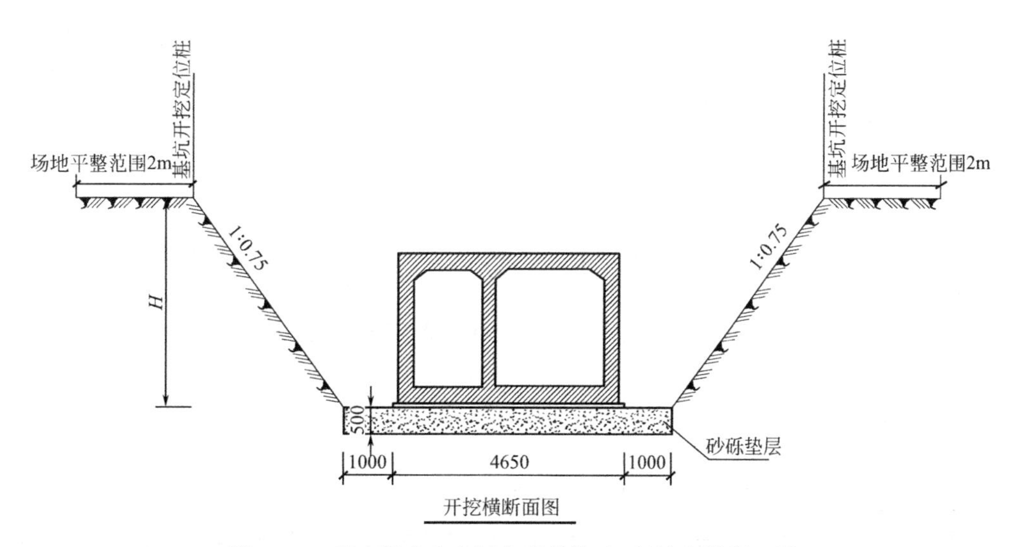

图 5.2-3　云南保山中心城市青堡路 A2 标综合管廊工程

2. 基坑开挖施工工艺

根据本项目地质勘察报告及综合管廊设计图样，基坑开挖分两次进行。第一次开挖综合管廊主体基坑，第二次开挖综合管廊特殊段集水坑。采用机械结合人工开挖。

具体开挖施工如下：

（1）基坑开挖采用长臂挖掘机开挖，机械站立在基槽2m外以减轻土侧压力，所有开挖的土方外运至弃土场，运距为1～2km，做到随挖随外运，禁止堆放基槽两侧。

（2）每次基坑开挖过程中对开挖边坡进行校核，保证基坑开挖过程中不超挖也不欠挖，以防止开挖放坡过缓形成浪费或者开挖放坡过陡造成边坡坍塌。

（3）基坑开挖至距基底10cm应立即停止开挖，改为用人工进行清理，禁止出现超挖现象，保证基底以下土体稳定。

（4）基坑内积水要求及时排出，每隔10m设置一个集水坑，以保证土体稳定性。

（5）在基坑两侧安装安全爬梯，供施工人员上下基坑；人工开挖时要求观测员全程观测，基坑两边各安排一个安全员进行来回巡查，确保基坑内作业人员安全。

（6）基底开挖至设计标高时应按要求及时回填砂砾石，间隔时间不超过12h。

（7）基坑开挖技术指标见表5.2-3。

基坑开挖控制指标表 **表5.2-3**

序号	项目		偏差(mm)
1	基底高程	土方	0 −20
		石方	+50 −200
2	轴线偏位		50
3	基坑尺寸		不小于设计规定

3. 支护

本综合管廊开挖边坡均为1∶0.75，边坡放坡较平缓，故在综合管廊基坑开挖时基本不需要做开挖边坡支护措施，若遇到特殊地段边坡按设计坡比开挖后还出现坍塌或存在安全隐患的情况则采用以下几种支护方式对开挖边坡进行处理。

（1）喷浆支护

采用标号为M10号水泥浆对边坡进行均匀喷洒，提高开挖边坡的整体稳定性。若边坡极为松散喷洒材料可改为C20混凝土，厚度为30mm，其配合比为水泥∶砂∶细石∶水＝1∶2∶2∶0.45；水泥为普通硅酸盐42.5级，碎石最大粒径不超过15mm，砂为中粗黄砂。喷射顺序是由上而下，喷头与受喷面距离控制在1m左右，喷射方向垂直于受喷面。

（2）沙包支护

1）准备工作

基坑开挖至设计标高后，先检查基坑底部的尺寸，基坑长、宽以及预留的工作面、水沟、土袋堆垒宽度是否满足要求，检查基坑边坡坡度是否达到放坡系数要求。检查上部边坡有无裂缝，如有则将有裂痕处土方挖除，及时消除安全隐患。

2）土袋制作及堆放方式

土袋制作采用450mm×800mm普通编织袋，袋内装砂质土，个别部位装河砂，以确保土袋自重有效抵挡边坡土方的侧压力。堆放前应先将边坡稍作人工修整，堆放底部第一排土袋时应先将基础挖下 0.2m 左右，基底应平整，确保底部土袋受力平稳，如基础土质较差时底部应打木桩、设挡土板，以防止底部土袋在侧压力作用下发生位移。

基坑支护土袋堆垒方法为底部 3m 高范围内水平双排错层堆垒，3m 以上水平单排错层堆垒。

土袋堆放时，同一排应同时往上堆，堆放时应做到上下排错位、左右搭接，堆垒密实，以确保土袋受力的整体性，堆放的土袋袋口应向内（朝向边坡），且应紧贴边坡，空隙用土塞填密实，土袋外侧应平整、坡度统一且应符合规范要求。

3）安全措施

堆放土袋时，应确保土袋的堆砌质量，表面平整、堆垒密实、坡度统一，施工过程加强边坡的稳定性监测，防止边坡变形导致支护结构坍塌。

因地下部分工作量大，工期长，为保证土袋支护结构及边坡的稳定，以及施工防暴雨、强降雨冲刷边坡导致边坡失稳，对边坡还应采用防水雨布遮盖，确保安全施工。

4. 地基处理

地基处理结构为换填 0.5m 天然砂砾石，C15 素混凝土 10cm，基坑内部根据实际开挖情况可设置集水坑及纵向排水盲沟。基坑挖到距基底 10cm 后采用人工开挖。天然砂砾石换填分 2 层施工，每层 25cm，压实方式采用人工配合 20t 振动压路机压实，压实度为 94%。C15 混凝土垫层采用商品混凝土浇筑，要求振捣密实。

5.2.3　拉森钢板桩施工技术

拉森钢板桩围堰施工适用于浅水低桩承台并且水深 4m 以上，河床覆盖层较厚的砂类土、碎石土和半干土，钢板桩围堰作为封水、挡土结构，在浅水区基础工程，黏土、风化岩层等基础工程中应用较多。由钢板桩构筑成的顶管工作坑有两种：一种是用普通的槽钢筑成的，另一种是用拉森钢板桩筑成的。槽钢工作坑其每根槽钢间咬口的止水性能差，如果在地下水丰富的地方使用，必须与井点降水配合。槽钢工作坑不能承受较大的推力，因此适用于埋深较浅的小口径顶管。拉森钢板桩工作坑不仅其每根拉森钢板桩间咬口的止水性能好，而且其能承受较大的推力。图 5.2-4 是拉森钢板桩工作坑施工现场的照片。拉森钢板桩施工关键技术如下：

1. 钢板桩施工的一般要求

（1）板桩的设置位置要符合设计要求，便于基础施工，即在基础最凸出的边缘外留有施工作业面。

（2）基坑护壁板桩的平面布置形状应尽量平直整齐，避免不规则的转角，以便标准板桩的利用和支撑设置，各周边尺寸尽量符合板桩模数。

（3）整个基础施工期间，在挖土、吊运、浇筑混凝土等施工作业中，严禁碰撞支撑，禁止任意拆除支撑，禁止在支撑上任意切割、电焊，也不应在支撑上搁置重物。

2. 板桩施工的顺序

板桩准备→围檩支架安装→板桩打设→偏差纠正→拔桩。

3. 板桩的检验、吊装、堆放

（1）板桩的检验

图 5.2-4　拉森钢板桩工作坑的施工现场

对板桩，一般有材质检验和外观检验，以便对不合要求的板桩进行矫正，以减少打桩过程中的困难。

外观检验：包括表面缺陷、长度、宽度、厚度、高度、端头矩形比、平直度和锁口形状等内容。

（2）板桩吊运

装卸板桩宜采用两点吊。吊运时，每次起吊的板桩根数不宜过多，注意保护锁口免受损伤。吊运方式有成捆起吊和单根起吊。成捆起吊通常采用钢索捆扎，而单根吊运常用专用的吊具。

（3）板桩堆放

板桩堆放的地点，要选择在不会因压重而发生较大沉陷变形的平坦而坚固的场地上，并便于运往打桩施工现场。堆放时应注意：

1）堆放的顺序、位置、方向和平面布置等应考虑到以后的施工方便；

2）板桩要按型号、规格、长度分别堆放，并在堆放处设置标牌说明；

3）板桩应分层堆放，每层堆放数量一般不超过 5 根，各层间要垫枕木，垫木间距。一般为 3～4m，且上、下层垫木应在同一垂直线上，堆放的总高度不宜超过 2m。

4. 导架的安装

在板桩施工中，为保证沉桩轴线位置的正确和桩的竖直，控制桩的打入精度，防止板桩的屈曲变形和提高桩的贯入能力，一般都需要设置一定刚度的、坚固的导架，亦称“施工围檩”。

导架采用单层、双面形式，通常由导梁和围檩桩等组成，围檩桩的间距一般为 2.5～3.5m，双面围檩之间的间距不宜过大，一般略比板桩墙厚度大 8～15mm。

安装导架时应注意以下几点：

（1）采用经纬仪和水平仪控制和调整导梁的位置。

（2）导梁的高度要适宜，要有利于控制板桩的施工高度和提高施工工效。

（3）导梁不能随着板桩的打设而产生下沉和变形。

（4）导梁的位置应尽量垂直，并不能与板桩碰撞。

5. 板桩施打

（1）板桩用吊机带振锤施打，施打前一定要熟悉地下管线、构筑物的情况，认真放出准确的支护桩中线。

（2）打桩前，对板桩逐根检查，剔除连接锁口锈蚀、变形严重的普通板桩，不合格者待修整后才可使用。

（3）打桩前，在板桩的锁口内涂油脂，以方便打入拔出。

（4）在插打过程中随时测量监控每块桩的斜度不超过 2%，当偏斜过大不能用拉齐方法调正时，拔起重打。

（5）板桩施打采用屏风式打入法施工。屏风式打入法不易使板桩发生屈曲、扭转、倾斜和墙面凹凸，打入精度高，易于实现封闭合拢。施工时，将 10～20 根板桩成排插入导架内，使它呈屏风状，然后再施打。通常将屏风墙两端的一组板桩打至设计标高或一定深度，并严格控制垂直度，用电焊固定在围檩上，然后在中间按顺序分 1/3 或 1/2 板桩高度打入。

屏风式打入法的施工顺序有正向顺序、逆向顺序、往复顺序、中分顺序、中和顺序和复合顺序。施打顺序对板桩垂直度、位移、轴线方向的伸缩、板桩墙的凹凸及打桩效率有直接影响。因此，施打顺序是板桩施工工艺的关键之一。其选择原则是：当屏风墙两端已打设的板桩呈逆向倾斜时，应采用正向顺序施打；反之，用逆向顺序施打；当屏风墙两端板桩保持垂直状况时，可采用往复顺序施打；当板桩墙长度很长时，可用复合顺序施打。

板桩打设的公差标准见表 5.2-4。

板桩打设的公差标准　　　　**表 5.2-4**

项目	允许公差
板桩轴线偏差	±10cm
桩顶标高	±10cm
板桩垂直度	1%

（6）密扣且保证开挖后入土不小于 2m，保证板桩顺利合拢；特别是工作井的四个角要使用转角板桩，若没有此类板桩，则用旧轮胎或烂布塞缝等辅助措施密封。

（7）打入桩后，及时进行桩体的闭水性检查，对漏水处进行焊接修补，每天派专人进行检查桩体。

6. 板桩的拔除

基坑回填后，要拔除板桩，以便重复使用。拔除板桩前，应仔细研究拔桩方法、顺序和拔桩时间及土孔处理。否则，由于拔桩的振动影响，以及拔桩带土过多会引起地面沉降和位移，会给已施工的地下结构带来危害，并影响临近原有建筑物、构筑物或地下管线的安全。

（1）拔桩方法

本工程拔桩采用振动锤拔桩，利用振动锤产生的强迫振动，扰动土质，破坏板桩周围土的黏聚力以克服拔桩阻力，依靠附加起吊力的作用将桩拔除。

（2）拔桩时应注意事项

1）拔桩起点和顺序：对封闭式板桩墙，拔桩起点应离开角桩 5 根以上。可根据沉桩时的情况确定拔桩起点，必要时也可用跳拔的方法。拔桩的顺序最好与打桩时相反。

2）振打与振拔：拔桩时，可先用振动锤将板桩锁口振活以减小土的粘附，然后边振边拔。对较难拔除的板桩可先用柴油锤将桩振下 100～300mm，再与振动锤交替振打、振拔。

3）起重机应随振动锤的启动而逐渐加荷，起吊力一般略小于减振器弹簧的压缩极限。

4）供振动锤使用的电源为振动锤本身额定功率的 1.2～2.0 倍。

5）对引拔阻力较大的板桩，采用间歇振动的方法，每次振动 15min，振动锤连续不超过 1.5h。

7. 板桩土孔处理

对拔桩后留下的桩孔，必须及时回填处理。回填的方法采用填入法，填入法所用材料为砂。

5.3 明挖主体结构施工技术的发展

5.3.1 明挖综合管廊主体结构施工简介

1. 满堂红支架现浇

满堂脚手架又称作满堂红脚手架，是一种搭建脚手架的施工工艺。由立杆、横杆、斜撑、剪刀撑等组成。满堂脚手架相对其他脚手架系统密度大。满堂脚手架相对于其他的脚手架更加稳固。满堂脚手架主要用于单层厂房、展览大厅、体育馆等层高、开间较大的建筑顶部的装饰施工。目前国内综合管廊建设主要采用现场搭设脚手架，支模板现浇混凝土施工方式（图 5.3-1）。

2. 滑模现浇

滑模是模板缓慢移动结构成型，一般是固定尺寸的定型模板，有牵引设备牵引移动。滑模技术最突出的特点就是取消了固定模板，变固定死模板为滑移式活动钢模，从而不需要准备大量的固定模板架设技术，仅采用拉线、激光、声呐、超声波等作为结构高程、位置、方向的参照系。可一次连续施工完成条带状结构或构件。由于综合管廊地板、侧墙、顶板满足滑模现浇的条件，且随着综合管廊工程大规模的开发，滑动模板施工必将是保证施工质量、降低工程成本有效的技术方法之一（图 5.3-2）。

3. 明挖综合管廊结构预制拼装

综合管廊预制拼装施工是预先预制管廊节段或者分块预制，吊装运输至现场，然后现

图 5.3-1　满堂红支架现浇综合管廊施工

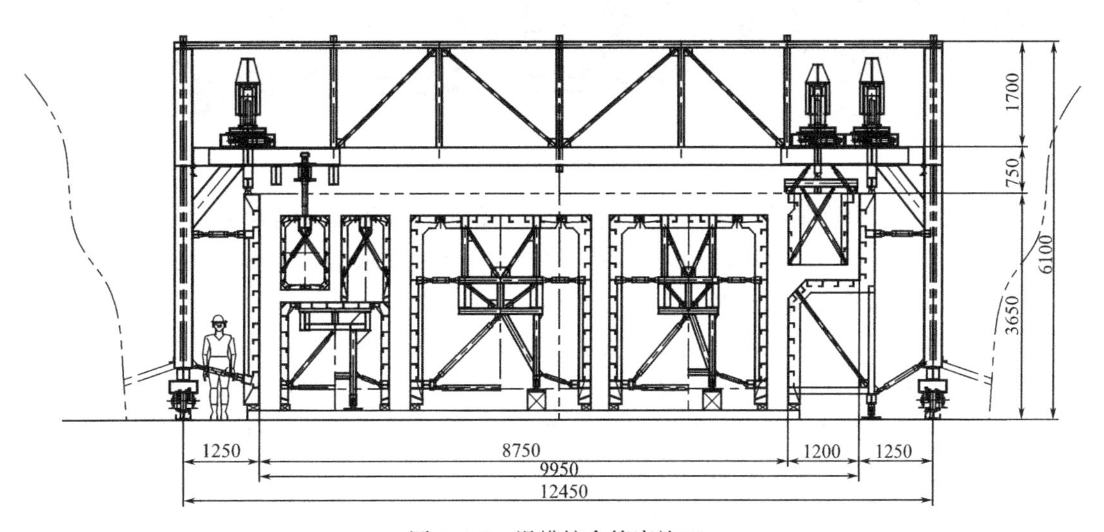

图 5.3-2　滑模综合管廊施工

场拼装的施工形式。预制分为现场预制和工厂预制。预制拼装接头分为柔性接头、留后浇带现场浇筑接头等形式。

（1）综合管廊节段预制拼装

综合管廊节段预制拼装是指综合管廊沿纵向进行分块，先预制成管廊节，运输至现场进行拼装的施工形式。接头防水主要采用膨胀橡胶止水带，纵向采用螺栓拉紧，管节的外侧粘贴防水材料。目前，日本预制综合管廊技术相对比较成熟，基本上全部采用预制拼装施工。但日本综合管廊建设 30 年前已基本完成，且日本综合管廊设计使用年限是 50 年，因此，对预制拼装的柔性接头防水耐久性要求很高。当前日本已建设综合管廊正处在全面的大修阶段（图 5.3-3）。

目前，我国的综合管沟工程普遍采用明挖现浇混凝土施工工艺，与当前普遍采用的明挖现浇的综合管廊相比，明挖综合管廊预制拼装施工在保证施工质量，提高施工速度方面

图 5.3-3 节段预制拼装综合管廊

有其优越性。当前存在的技术难点是预制拼装接头的防水还需要进行深入的研究，按照日本的防水技术，还不能满足国内 100 年设计使用的耐久性要求。

(2) 综合管廊分块预制拼装

对于某些综合管廊工程断面较大，为了提高施工速度采取预制拼装施工时，由于管节的分块重量过大或者尺寸过大，不易进行吊装、运输及现场拼装时，可以考虑将管廊按照底板、侧壁、中板及顶板分别预制，将分块运至施工现场进行组装。目前国内湖南省湘潭市霞光东路管廊工程采用了该施工技术。该技术可大大缩短施工的工期及工程成本，但拼装技术对拼装缝的防水性能有很高的要求。对于综合管廊设计使用年限为 100 年要求来说，目前耐久性对该施工技术接头的防水性能存在严峻的考验，还需要对接头接缝的防水材料进行深入的研究（图 5.3-4）。

(3) 叠合整体式预制拼装

为了充分利用预制及现浇的优点，目前国内已经开始应用双层叠合墙结合现浇的城市地下综合管廊。该施工技术主要采用工厂或预制厂预制双层叠合墙，运至施工现场拼装后，现浇混凝土墙心，形成整体综合管廊结构。施工中由于采用预制双层叠合墙，易于保证叠合墙的施工质量，同时由于施工中减少了模板支架的使用量，减少了支模人工成本及时间，理论上可以降低施工成本，缩短工期。但目前由于叠合墙工程预制及现场施工未能完全实现流水化作业及大批量生产，成本降低效果还未能完全显现。该施工技术也是目前国内综合管廊重点研究施工技术。研究的内容包含拼接技术，结构的强度，接头防水性能等方面。由于该综合管廊具有较好的防水效果，因此具有较好的市场前景（图 5.3-5）。

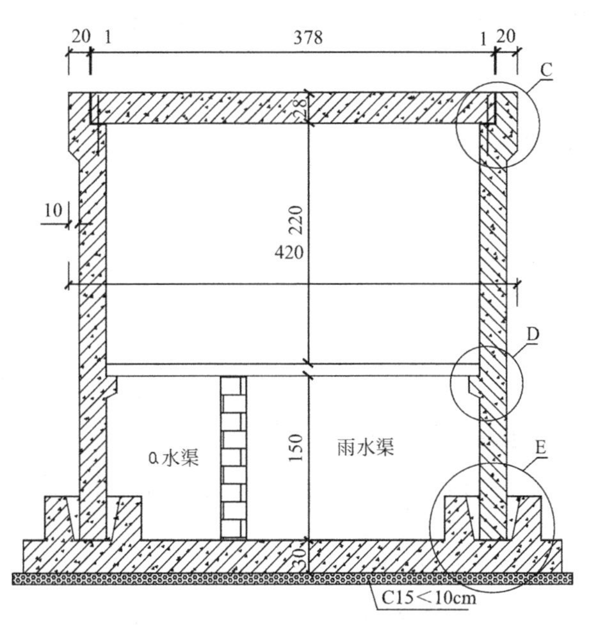

图 5.3-4 分块预制拼装综合管廊

图 5.3-5 双层叠合墙综合管廊施工

5.3.2 各施工工艺优缺点分析

经过初步考察各种综合管廊的施工工法，综合管廊主体结构施工对比见表 5.3-1。

综合管廊主体结构施工工艺比较 **表 5.3-1**

施工方法	强度	防水性能	施工难易	工期	成本
满堂红支架现浇	高	好控制	较繁琐	较长	高
滑模现浇	高	好控制	较简单	较短	较高
节段预制拼装	高	难控制	简单	短	较低
分块预制拼装	高	最难控制	简单	短	较低
叠合整体式预制拼装	有损失	较好	简单	一般	较低

注：当预制拼装达到批量化生产时，将会大大降低生产成本，缩短施工工期。

但目前存在的问题是预制拼装的防水还需要进一步的研究，以保证防水性能满足100年的设计使用要求。

5.4 满堂红脚手架现浇技术

5.4.1 技术概述

满堂脚手架又叫做满堂红脚手架，即在现浇结构下部均匀布设脚手架支撑架体，作为上部现浇混凝土结构的临时支撑系统，满堂红脚手架的架体形式主要分为以下三种：

（1）碗扣式钢管脚手架，即采用钢管、上碗扣、下碗扣、连接销、限位销、可调顶托、底托搭设而成的满堂架体支撑系统。

（2）扣件式钢管脚手架，即采用钢管、扣件、连接销、可调顶托、底托搭设而成的满堂架体支撑系统。

（3）承插型盘扣式钢管脚手架，即采用钢管、盘销节点、连接盘立杆连接套管、扣接头、扣接头插销、搭设成满堂架体支撑系统。

满堂红脚手架相对于其他脚手架系统密度更大，整体性能更加稳定，是现代十分重要的一种现浇混凝土结构的临时支撑系统。

5.4.2 适用性分析

满堂红脚手架是现代一种常规的支撑系统，以其良好的稳定性、安全性、经济性具有操作简单、拆装方便、安全可靠、周转率高、造价低等优点，广泛适用于各个地区综合管廊现浇结构。

不同形式的支撑架体因其自身的特点不同，功能也略有不同，通常我们会相互搭配使用，充分利用各个形式架体的优点，最终达到满足安全、质量要求，提高工程建设速度，降低工程成本，提高企业的综合效益，不同形式的支撑体系对比分析详见表5.4-1。

不同形式支撑体系对比分析　　表5.4-1

序号	比较项目	承插型盘扣式钢管脚手架	碗扣式钢管脚手架	扣件式钢管脚手架
1	适用范围	各个地区综合管廊工程，由于盘扣间距较为固定，架体顶端有时需配合使用扣件式钢管脚手架，层高较高和异形结构不宜应用	各个地区综合管廊工程，由于碗扣间距较为固定，架体顶端有时需配合使用扣件式钢管脚手架，层高较高、异形结构不宜应用	各个地区综合管廊工程，搭设不受层高限制，适用于各种异形结构
2	安全对比	稳定性较好，但随层高的增加稳定性逐渐降低	工艺成熟、稳定性较好，但随层高的增加稳定性逐渐降低	工艺成熟、稳定性较高
3	进度对比	安拆速度非常快	安拆速度较快	安拆速度一般
4	经济对比	租赁费用相对略高	租赁费用略低	租赁费用略低
5	人工对比	工艺成熟，操作简单，安拆迅速，人工投入最少	工艺成熟，操作简单，安拆迅速，人工投入较少	工艺成熟，操作简单，安拆相对较慢，人工投入最多
6	材料对比	各个杆件、盘扣、连接稍均与一体焊接而成，不会造成零星构件丢失，定期对架体进行防锈处理即可	各个杆件、碗扣件均于一体焊接而成，不会造成零星构件丢失，定期对架体做防锈处理即可	由扣件、钢管单独构件搭设成整体，扣件数量较多，安拆过程中容易丢失，容易锈蚀，维修保养费用较高

5.4.3　技术要点或工艺流程

1. 碗扣式钢管脚手架

（1）构、配件材料、制作要求

1）碗扣式脚手架用钢管应采用符合现行国家标准《直缝电焊钢管》GB/T 13793—2016 或《低压流体输送用焊接钢管》GB/T 3091—2015 中的 Q235A 级普通钢管，其材质性能应符合现行国家标准《碳素结构钢》GB/T 700—2006 的规定。

2）碗扣架用钢管规格为 ϕ48×3.5mm，钢管壁厚不得小于 0.025～3.5mm。

3）上碗扣、可调底座及可调托撑螺母应采用可锻铸铁或铸钢制造，其材料机械性能应符合《可锻铸铁件》GB 9440—2010 中 KTH330—08 及《一般工程用铸造碳钢件》GB 11352—2009 中 ZG270—500 的规定。

4）下碗扣、横杆接头、斜杆接头应采用碳素铸钢制造，其材料机械性能应符合《一般工程用铸造碳钢件》GB 11352—2009 中 ZG230—450 的规定。

5）采用钢板热冲压整体成形的下碗扣，钢板应符合《碳素结构钢》GB 700—2006 标准中 Q235A 级钢的要求，板材厚度不得小于 6mm。并经 600～650℃的时效处理。严禁利用废旧锈蚀钢板改制。

6）立杆连接外套管壁厚不得小于 0.025～3.5mm，内径不大于 50mm，外套管长度不得小于 160mm，外伸长度不小于 110mm。

7）杆件的焊接应在专用工装上进行，各焊接部位应牢固可靠，焊缝高度不小于 3.5mm，其组焊的形位公差应符合表 5.4-2 的要求。

杆件组焊形位公差要求　　**表 5.4-2**

序号	项目	允许偏差(mm)
1	杆件管口平面与钢管轴线垂直度	0.5
2	立杆下碗扣间距	±1
3	下碗扣碗口平面与钢管轴线垂直度	≤1
4	接头的接触弧面与横杆轴心垂直度	≤1
5	横杆两接头接触弧面的轴心线平行度	≤1

8）立杆上的上碗扣应能上下串动和灵活转动，不得有卡滞现象；杆件最上端应有防止上碗扣脱落的措施。

9）立杆与立杆连接的连接孔处应能插入 ϕ12mm 连接销。

10）在碗扣节点上同时安装 1～4 个横杆，上碗扣均应能锁紧。

11）构配件外观质量要求

① 钢管应无裂纹、凹陷、锈蚀，不得采用接长钢管；

② 铸造件表面应光整，不得有砂眼、缩孔、裂纹、浇冒口残余等缺陷，表面粘砂应清除干净；

③ 冲压件不得有毛刺、裂纹、氧化皮等缺陷；

④ 各焊缝应饱满，焊药清除干净，不得有未焊透、夹砂、咬肉、裂纹等缺陷；

⑤ 构配件防锈漆涂层均匀、牢固；

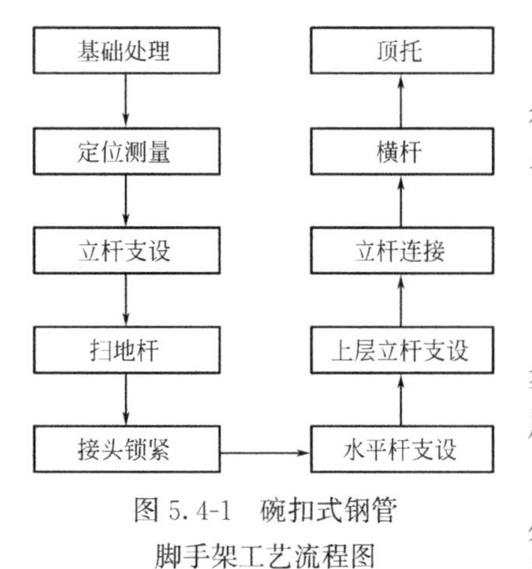

图 5.4-1 碗扣式钢管脚手架工艺流程图

⑥ 主要构、配件上的生产厂标识应清晰。

12）可调底座及可调托撑丝杆与螺母捏合长度不得少于 4～5 扣，插入立杆内的长度不得小于 150mm。

（2）工艺流程如图 5.4-1 所示。

（3）模板支撑架构造要求

1）模板支撑架应根据施工荷载组配横杆及选择步距，根据支撑高度选择组配立杆，可调托撑及可调底座。

2）模板支撑架高度超过 4m 时，应在四周拐角处设置专用斜杆或四面设置八字斜杆，并在每排每列设置一组通高十字撑或专用斜杆。

3）模板支撑架高宽比不得超过 3，否则应扩大下部架体尺寸，或者按有关规定验算，采取设置缆风绳等加固措施。

4）房屋建筑模板支撑架可采用立杆支撑楼板，横杆支撑梁的梁板合支方法。当梁的荷载超过横杆的设计承载力时，可采取独立支撑的方法，并与楼板支撑连成一体。

5）人行通道应符合下列规定：模板支撑架人行通道设置时，应在通道上部架设专用横梁，横梁结构应经过设计计算确定。通道两侧支撑横梁的立杆根据计算应加密，通道周围脚手架应组成一体，通道宽 4.8m。

洞口顶部必须设置封闭的覆盖物，两侧设置安全网。

（4）架体的搭设与拆除

1）施工准备

① 脚手架施工前必须制订施工设计或专项方案，保证其技术可靠和使用安全。经技术审查批准后方可实施。

② 脚手架搭设前工程技术负责人应按脚手架施工设计或专项方案的要求对搭设和使用人员进行技术交底。

③ 对进入现场的脚手架构配件，使用前应对其质量进行复检。

④ 构配件应按品种、规格分类放置在堆料区内或码放在专用架上，清点好数量备用。脚手架堆放场地排水应畅通，不得有积水。

⑤ 连墙件如采用预埋方式，应提前与设计协商，并保证预埋件在混凝土浇筑前埋入。

⑥ 脚手架搭设场地必须平整，坚实，排水措施得当。

2）地基与基础处理

① 脚手架地基基础必须按施工设计进行施工，按地基承载力要求进行验收。

② 地基高低差较大时，利用立杆 0.6m 节点位差调节。

③ 土壤地基上的立杆必须采用可调底座。

④ 脚手架基础经验收合格后，应按施工设计或专项方案的要求放线定位。

3）模板支撑架的搭设与拆除

① 模板支撑架搭设应与模板施工相配合，利用可调底座或可调托撑调整底模标高。

② 按施工方案弹线定位，放置可调底座后分别按先立杆后横杆再斜杆的搭设顺序

进行。

③ 建筑楼板多层连续施工时，应保证上下层支撑立杆在同一轴线上。

④ 搭设在结构的楼板、挑台上时，应对楼板或挑台等结构承载力进进行验算。

⑤ 模板支撑架拆除应符合《混凝土结构工程施工质量验收规范》GB 50204—2015 中混凝土强度的有关规定。

⑥ 架体拆除时应按施工方案设计的拆除顺序进行。

（5）结构设计计算

1）基本设计规定

① 结构设计依据《建筑结构可靠度设计统一标准》GB 50068—2001、《建筑结构荷载规范》GB 5009—2012 和《钢结构设计标准》GB 50017—2017 及《冷弯薄壁型钢结构技术规范》GB 50018—2002 等国家标准的规定。采用概率理论为基础的极限状态设计法，以分项系数的设计表达式进行设计。

② 脚手架的结构设计应保证整体结构形成几何不变体系，以“结构计算简图”为依据进行结构计算。脚手架立杆、横杆、斜杆组成的节点视为“铰接”。

③ 脚手架立杆、横杆构成网格几何不变体系条件应保证（满足）网格的每层有一根斜杆。

④ 模板支撑架（满堂架）几何不变条件应保证（是）沿立杆轴线（包括平面 x、y 两个方向）的每行每列网格结构竖向每层有一根斜杆，也可采用侧面增加链杆与结构柱、墙相连或采用格构柱法。

2）模板支撑架计算

① 单肢立杆承载力的计算

a. 单肢立杆轴向力计算式（5.4-1）：

$$N=[1.2Q_1+1.4(Q_3+Q_4)]\cdot Lx\cdot Ly+1.2Q_2V \tag{5.4-1}$$

式中　Lx、Ly——单肢立杆纵向及横向间距（m）；

V——Lx、Ly 段的混凝土体积（m^3）。

b. 单肢立杆承载力计算式（5.4-2）：

$$N\leqslant \varphi Af \tag{5.4-2}$$

式中　A——立杆横截面积；

φ——轴心受压杆件稳定系数；

f——钢材强度设计值。

② 横杆承载力及挠度计算

a. 当横杆支撑梁时，横杆弯矩按下式计算：

应对横杆进行抗弯强度计算，可将作用在横杆上的均布荷载转化为两集中荷载 P。横杆弯矩按式（5.4-3）计算：

$$M=P_c\cdot C \tag{5.4-3}$$

式中　M——横杆弯矩（kN·m）；

P_c——梁混凝土重量及模板重量的 1/2；

C——梁边至立杆之间距离。

b. 横杆抗弯强度按式（5.4-4）计算：

$$M/W \leqslant f \quad (5.4\text{-}4)$$

式中 W——钢管的截面模量。

c. 横杆的挠度应符合式（5.4-5）规定：

$$V_{max} = (P_c \times C/24E_1) \times (3L^{2-}4C^2) \leqslant [V] \quad (5.4\text{-}5)$$

式中 V_{max}——横杆的最大挠度；

$[V]$——容许挠度，应按设计要求确定。

碗扣节点承载力按式（5.4-6）验算：

$$P_c \leqslant Q_b \quad (5.4\text{-}6)$$

式中 Q_b——下碗扣抗剪强度设计值，取 60kN。

③ 当模板支撑架高度大于 8m 并有风荷载作用时，应对斜杆内力进行计算，并验算连接扣件的抗滑能力。

a. 当对架体内力计算时将风荷载化解为每一节点的集中荷载 W；

b. W 在立杆及斜杆中产生的内力 Wv、Ws 按式（5.4-7）、式（5.4-8）计算：

$$W\text{v} = h_{\text{W}}/a \quad (5.4\text{-}7)$$

$$W\text{s} = (h_2 + a_2)w/a \quad (5.4\text{-}8)$$

c. 自上而下叠加斜杆最大内力为$\sum_1^n W\text{s}$，验算斜杆两端连接扣件抗滑强度：

$$\sum_1^n W\text{s} \leqslant Q_c \quad (5.4\text{-}9)$$

式中 Q_c——扣件抗滑强度，取 8kN。

d. 当下部无密目安全网时，只需计算顶端模板的风荷载。

④ 高度大于 8m 的模板支撑架并有风荷载作用时，应验算迎风立杆所产生的拉力。

不得超过立杆轴向力荷载，即 $P - \sum W\text{v} \geqslant 0$，否则应采取措施保证架体整体稳定。相应风荷载在另一侧立杆中产生的压力，应叠加到立杆轴向力中并验算其强度。

⑤ 当采用缆风绳维持架体整体稳定时，缆风绳的初始拉力在立杆中的数值应叠加到立杆轴力中；缆风绳的拉设与拆除应对称，否则应计算其偏心作用。

⑥ 不足之处详见《建筑施工碗扣式脚手架安全技术规范》JGJ 166－2016。该脚手架施工图如图 5.4-2 所示。

图 5.4-2 碗扣式钢管脚手架施工图

2. 扣件式钢管脚手架

(1) 构配件

1) 钢管

① 脚手架钢管应采用现行国家标准《直缝电焊钢管》GB/T 13793或《低压流体输送用焊接钢管》GB/T 3092中规定的Q235普通钢管，钢管的钢材质量应符合现行国家标准《碳素结构钢》GB/T 700的规定。

② 脚手架钢管宜采用ϕ48.3×3.6钢管。每根钢管的最大质量不应大于25kg。

2) 扣件

① 扣件应采用可锻铸铁或铸钢制作，其质量和性能应符合现行国家标准《钢管脚手架扣件》GB 15831的规定，采用其他材料制作的扣件，应经试验证明其质量符合该标准的规定后方可使用。

② 扣件在螺栓拧紧扭力矩达到65N·m时，不得发生破坏。

3) 脚手板

① 脚手板可采用钢、木、竹材料制作，单块脚手板的质量不宜大于30kg。

② 冲压钢脚手板的材质应符号现行国家标准《碳素结构钢》GB/T 700的规定。

③ 木脚手板材质应符合现行国家标准《木结构设计规范》GB 50005中Ⅱa级材质的规定。脚手板厚度不应小于50mm，两端宜各设直径不小于4mm的镀锌钢丝箍两道。

④ 竹脚手板宜采用由毛竹或楠竹制作的竹串片板、竹笆板；竹串片脚手板应符合现行行业标准《建筑施工脚手架安全技术规范》JGJ 164的相关规定。

4) 可调托撑

① 可调托撑螺杆外径不得小于36mm，走私与螺距应符合现行国家标准《梯形螺纹第3部分：基本尺寸》GB/T 5796.3的规定。

② 可调托撑的螺杆与支架托板焊接应牢固，焊缝高度不得小于6mm；可调托撑螺杆与螺母旋合长度不得少于5扣，螺母厚度不得小于30mm。

③ 可调托撑受压承载力设计值不应小于40kN，支托板厚不应小于5mm。

(2) 工艺流程

同碗扣式钢管脚手架工艺流程，如图5.4-1所示。

(3) 构造要求

1) 满堂支撑架

① 满堂支撑架步距与立杆间距不宜超过《建筑施工扣件式钢管脚手架安全技术规范》JGJ 130—2011附录C表C-2～表C-5规定的上限值，立杆伸出顶层水平杆中心线至支撑点的长度a不应超过0.5m。满堂支撑架搭设高度不宜超过30m。

② 满堂支撑架立杆、水平杆的构造要求应符合《建筑施工扣件式钢管脚手架安全技术规范》JGJ 130—2011第6.8.3条的规定。

③ 满堂支撑架应根据架体的类型设置剪刀撑，并应符合下列规定：

a. 普通型

(a) 在架体外侧周边及内部纵、横向每5～8m，应由底至顶设置连续竖向剪刀撑，剪刀撑宽度应为5～8m。

（b）在竖向剪刀撑顶部交点平面应设置连续水平剪刀撑。当支撑高度超过 8m，或施工总荷载大于 15kN/m²，或集中线荷载大于 20kN/m 的支撑架，扫地杆的设置层应设置水平剪刀撑。水平剪刀撑至架体底平面距离与水平剪刀撑间距不宜超过 8m。

b. 加强型

（a）当立杆纵、横间距为 0.9m×0.9m～1.2m×1.2m 时，在架体外侧周边及内部纵、横向每 4 跨（且不大于 5m），应由底至顶设置连续竖向剪刀撑，剪刀撑宽度应为 4 跨。

（b）当立杆纵、横间距为 0.6m×0.6m～0.9m×0.9m（含 0.6m×0.6m，0.9m×0.9m）时，在架体外侧周边及内部纵、横向每 5 跨（且不小于 3m），应由底至顶设置连续竖向剪刀撑，剪刀撑宽度应为 5 跨。

（c）当立杆纵、横间距为 0.4m×0.4m～0.6m×0.6m（含 0.4m×0.4m）时，在架体外侧周边及内部纵、横向每 3～3.2m 应由底至顶设置连续竖向剪刀撑，剪刀撑宽度应为 3～3.2m。

（d）在竖向剪刀撑顶部交点平面应设置水平剪刀撑。扫地杆的设置层水平剪刀撑的设置应符合《建筑施工扣件式钢管脚手架安全技术规范》JGJ 130—2011 6.9.3 条第 1 款第 2 项的规定，水平剪刀撑至架体底平面距离与水平剪刀撑间距不宜超过 6m，剪刀撑宽度应为 3～5m。

（e）竖向剪刀撑斜杆与地面的倾角应为 45°～60°，水平剪刀撑与支架纵（或横）向夹角应为 45°～60°，剪刀撑斜杆的接长应符合《建筑施工扣件式钢管脚手架安全技术规范》JGJ 130—2011 第 6.3.6 条的规定。

（f）剪刀撑的固定应符合《建筑施工扣件式钢管脚手架安全技术规范》JGJ 130—2011 第 6.8.5 条的规定。

（g）满堂支撑架的可调底座、可调托撑螺杆伸出长度不宜超过 300mm，插入立杆内的长度不得小于 150mm。

（h）当满堂支撑架高宽比不满足《建筑施工扣件式钢管脚手架安全技术规范》JGJ 130—2011 附录 C 表 C-2～表 C-5 的规定（高宽比大于 2 或 2.5）时，满堂支撑架应在支架四周和中部与结构柱进行刚性连接，连墙件水平间距应为 6～9m，竖向间距应为 2～3m。在无结构柱部位应采取预埋钢管等措施与建筑结构进行刚性连接，在有空间部位，满堂支撑架宜超出顶部加载区投影范围向外延伸布置 2～3 跨。支撑架高宽比不应大于 3。

（4）脚手架的搭设与拆除

1）施工准备

① 脚手架搭设前，应按专项施工方案向施工人员进行交底。

② 应按《建筑施工扣件式钢管脚手架安全技术规范》JGJ 130—2011 规定和脚手架专项施工方案要求对钢管、扣件、脚手板、可调托撑等进行检查验收，不合格产品不得使用。

③ 经检验合格的构配件应按品种、规格分类，堆放整齐、平稳，堆放场地不得有积水。

④ 应清除搭设场地杂物，平整搭设场地，并使排水畅通。

2）地基与基础

① 脚手架地基与基础的施工，必须根据脚手架所受荷载、搭设高度、搭设场地土质情况与现行国家标准《建筑地基工程施工质量验收规范》GB 50202 的有关规定进行。

② 压实填土地基应符合现行国家标准《建筑地基基础设计规范》GB 50007 的相关规定；灰土地基应符合现行国家标准《建筑地基工程施工质量验收规范》GB 50202 的相关规定。

③ 立杆垫板或底座底面标高宜高于自然地坪 50～100mm。

④ 脚手架基础经验收合格后，应按施工组织设计或专项施工方案的要求放线定位。

3）搭设

① 每搭完一步脚手架后，应按《建筑施工扣件式钢管脚手架安全技术规范》JGJ 130—2011 表 8.2.4 的规定校正步距、纵距、横距及立杆的垂直度。

② 底座安放应符合下列规定

a. 底座、垫板均应准确地放在定位线上；

b. 垫板宜采用长度不少于 2 跨、厚度不小于 50mm、宽度不小于 200mm 的木垫板。

③ 立杆搭设应符合下列规定

a. 相邻立杆的对接连接应符合《建筑施工扣件式钢管脚手架安全技术规范》JGJ 130—2011 第 6.3.6 条的规定；

b. 脚手架开始搭设立杆时，应每隔 6 跨设置一根斜撑，直至全部安装稳定后，方可根据情况拆除。

④ 脚手架纵向水平杆的搭设应符合下列规定

a. 脚手架纵向水平杆应随立杆按步搭设，并应采用直角扣件与立杆固定；

b. 纵向水平杆的搭设应符合《建筑施工扣件式钢管脚手架安全技术规范》JGJ 130—2011 第 6.2.1 条的规定；

c. 在封闭型脚手架的同一步中，纵向水平杆应四周交圈设置，并应用直角扣件与内外角部立杆固定。

⑤ 脚手架横向水平杆搭设应符合下列规定：搭设横向水平杆应符合《建筑施工扣件式钢管脚手架安全技术规范》JGJ 130—2011 第 6.2.2 条的构造规定。

⑥ 脚手架纵向、横向扫地杆搭设应符合《建筑施工扣件式钢管脚手架安全技术规范》JGJ 130—2011 第 6.3.2 条、第 6.3.3 条的规定。

⑦ 扣件安装应符合下列规定

a. 扣件规格必须与钢管外径相同；

b. 螺栓拧紧扭力矩不应小于 40N・m，且不应大于 65N・m；

c. 在主节点处固定横向水平杆、纵向水平杆、剪刀撑、横向斜撑等用的直角扣件、旋转扣件的中心点的相互距离不应大于 150mm；

d. 对接扣件开口应朝上或朝内；

e. 各杆件端头伸出扣件盖板边缘长度不应小于 100mm。

4）拆除

① 脚手架拆除应按专项方案施工，拆除前应做好下列准备工作：

a. 应全面检查脚手架的扣件连接、连墙件、支撑体系等是否符合构造要求；

b. 应根据检查结果补充完善施工脚手架专项方案中的拆除顺序和措施，经审批后方可实施；

c. 拆除前应对施工人员进行交底；

d. 应清除脚手架上杂物及地面障碍物。

② 架体拆除作业应设专人指挥，当有多人同时操作时，应明确分工、统一行动，且应具有足够的操作面。

③ 卸料时各构配件严禁抛掷至地面。

④ 运至地面的构配件应按《建筑施工扣件脚手架安全技术规范》JGJ 130—2011 的规定及时检查、整修与保养，并应按品种、规格分别存放。

（5）满堂支撑架计算

1）满堂支撑架顶部施工层荷载应通过可调托撑传递给立杆。

2）满堂支撑架根据剪刀撑的设置不同分为普通型构造与加强型构造，其构造设置应符合《建筑施工扣件脚手架安全技术规范》JGJ 130—2011 第 6.9.3 条规定，两种类型满堂支撑架立杆的计算长度应符合《建筑施工扣件式钢管脚手架安全技术规范》JGJ 130—2011 第 5.4.6 条规定。

3）立杆的稳定性应按《建筑施工扣件式钢管脚手架安全技术规范》JGJ 130—2011 式（5.2.6-1）、式（5.2.6-2）计算。由风荷载产生的立杆段弯矩 M_w，可按《建筑施工扣件式钢管脚手架安全技术规范》JGJ 130—2011 式（5.2.9）计算。

4）计算立杆段的轴向力设计值 N，应按下列公式计算：

不组合风荷载时：$$N=1.2\sum N_{Gk}+1.4\sum N_{Qk}$$

组合风荷载时：$$N=1.2\sum N_{Gk}+0.9\times1.4\sum N_{Qk}$$

式中 $\sum N_{Gk}$——永久荷载对立杆产生的轴向力标准值总和（kN）；

$\sum N_{Qk}$——可变荷载对立杆产生的轴向力标准值总和（kN）。

5）立杆稳定性计算部位的确定应符合下列规定：

① 当满堂支撑架采用相同的步距、立杆纵距、立杆横距时，应计算底层与顶层立杆段；

② 应符合《建筑施工扣件式钢管脚手架安全技术规范》JGJ 130—2011 第 5.3.3 条第 2 款、第 3 款的规定。

6）满堂支撑架立杆的计算长度应按下式计算，取整体稳定计算结果最不利值：

顶部立杆段：$$l_0-k\mu_1(h+2a)$$

非顶部立杆段：$$l_0-k\mu_2 h$$

式中 k——满堂支撑架立杆计算长度附加系数，应按表 5.4-3 采用；

h——步距；

a——立杆伸出顶层水平杆中心线至支撑点的长度；应不大于 0.5m。当 $0.2\text{m}<a<0.5\text{m}$ 时，承载力可按线性插入值；

μ_1、μ_2——考虑满堂支撑架整体稳定因素的单什计算长度系数，普通型构造应按《建筑施工扣件式钢管脚手架安全技术规范》JGJ 130—2011 附录 C 表 C-2、表 C-4 采用；加强型构造应按《建筑施工扣件式钢管脚手架安全技术规范》JGJ 130—2011 附录 C 表 C-3、表 C-5 采用。

满堂支撑架立杆计算长度附加系数 **表 5.4-3**

高度 H(m)	$H\leqslant8$	$8<H\leqslant10$	$10<H\leqslant20$	$20<H\leqslant30$
	1.155	1.185	1.217	1.291

注：当验算立杆允许长细比时，取 $\mu=1$。

7）当满堂支撑架小于 4 跨时，宜设置连墙件将架体与建筑结构刚性连接。

当架体未设置连墙件与建筑结构刚性连接，立杆计算长度系数 μ 按《建筑施工扣件式钢管脚手架安全技术规范》JGJ 130—2011 附录 C 表 C-2～表 C-5 采用时，应符合下列规定：

① 支撑架高度不应超过一个建筑楼层高度，且不应超过 5.2m；

② 架体上永久与可变荷载（不含风荷载）总和标准值不应 7.5kN/m^2；

③ 架体上永久荷载与可变荷载（不含风荷载）总和的均布线荷载标准值不应大于 7kN/m。

（6）不足之处详见《建筑施工扣件式钢管脚手架安全技术规范》JGJ 130—2011，其施工现场图如图 5.4-3 所示。

图 5.4-3　扣件式钢管脚手架施工图

3. 承插型盘扣式钢管脚手架

（1）制作质量要求

1）杆件焊接制作应在专用工艺装备上进行，各焊接部位应牢固可靠。焊丝宜采用符合现行国家标准中，气体保护电弧焊用碳钢、低合金钢焊丝的要求，有效焊缝高度不应小于 3.5mm。

2）铸钢或钢板热锻制作的连接盘的厚度不应小于 8mm，允许尺寸偏差应为 ±0.5mm；钢板冲压制作的连接盘厚度不应小于 10mm，允许尺寸偏差应为±0.5mm。

3）铸钢制作的杆端扣接头应与立杆钢管外表面形成良好的弧面接触，并应有不小于 500mm^2 的接触面积。

4）楔形插销的斜度应确保楔形插销楔入连接盘后能自锁。铸钢、钢板热锻或钢板冲压制作的插销厚度不应小于 8mm，允许尺寸偏差应为±0.1mm。

5）立杆连接套管可采用铸钢套管或无缝钢管套管。采用铸钢套管形式的立杆连接套长度不应小于 90mm，可插入长度不应小于 75mm；采用无缝钢管套管形式的立杆连接套长度不应小于 160mm，可插入长度不应小于 110mm。套管内径与立杆钢管外径间隙不应大于 2mm。

6）立杆与立杆连接套管应设置固定立杆连接件的防拔出销孔，销孔孔径不应大于14mm，允许尺寸偏差应为±0.1mm；立杆连接件直径宜为12mm，允许尺寸偏差应为±0.1mm。

7）连接盘与立杆焊接固定时，连接盘盘心与立杆轴心的不同轴度不应大于0.3mm；以单侧边连接盘外边缘处为测点，盘面与立杆纵轴线正交的垂直度偏差不应大于0.3mm。

8）可调底座和可调托座的丝杆宜采用梯形牙，A型立杆宜配置ϕ48丝杆和调节手柄，丝杆外径不应小于46mm；B型立杆宜配置ϕ38丝杆和调节手柄，丝杆外径不应小于36mm。

9）可调底座的底板和可调托座托板宜采用Q235钢板制作，厚度不应小于5mm，允许尺寸偏差应为±0.2mm，承力面钢板长度和宽度均不应小于150mm；承力面钢板与丝杆应采用环焊，并应设置加劲片或加劲拱度；可调托座托板应设置开口挡板，挡板高度不应小于40mm。

10）可调底座及可调托座丝杆与螺母旋合长度不得小于5扣，螺母厚度不得小于30mm，可调托座和可调底座插入立杆内的长度应符合规范规定。

11）构配件外观质量应符合下列要求：

① 钢管应无裂纹、凹陷、锈蚀，不得采用对接焊接钢管；

② 钢管应平直，直线度允许偏差应为管长的1/500，两端面应平整，不得有斜口、毛刺；

③ 铸件表面应光滑，不得有砂眼、缩孔、裂纹、浇冒口残余等缺陷，表面粘砂应清除干净；

④ 冲压件不得有毛刺、裂纹、氧化皮等缺陷；

⑤ 各焊缝有效高度应符合规定，焊缝应饱满，焊药应清除干净，不得有未焊透、夹渣、咬肉、裂纹等缺陷；

⑥ 可调底座和可调托座表面宜浸漆或冷镀锌，涂层应均匀、牢固；架体杆件及其他构配件表面应热镀锌，表面应光滑，在连接处钢管应无裂纹、凹陷、锈蚀，不得采用对接焊接钢管；

⑦ 主要构配件上的生产厂标识应清晰。

（2）承插型盘扣式钢管脚手架工艺流程

同碗扣式钢管脚手架工艺流程，如图5.4-1所示。

（3）构造要求

1）模板支架搭设高度不宜超过24m；当超过24m时，应另行专门设计。

2）模板支架应根据施工方案计算出立杆的排架尺寸选用定长的水平杆，并应根据支撑高度的组合套插的立杆段、可调托座或底座。

3）模板支架的斜杆或剪刀撑设置应符合下列要求：

① 当搭设高度不超过8m的满堂模板支架时，步距不宜超过1.5m，支架架体四周外立面向内第一跨每层均应设置竖向斜杆，架体整体底层及顶层应设置竖向斜杆，并应在架体内部区域每隔5跨由底至顶纵、横均设置竖向斜杆或采用扣件钢管搭设的剪刀撑。当满堂支架的架体高度不超过4个步距时，可不设置顶层水平斜杆；当架体高度超过4个步距时，应设置顶层水平斜杆或扣件钢管水平剪刀撑。

② 当搭设高度超过 8m 的模板支架时，竖向斜杆应满布设置，水平杆的步距不得大于 1.5m，沿高度每隔 4～6 个标准步距应设置水平层斜杆或扣件钢管剪刀撑。周边有结构物时，宜与周边结构形成可靠拉结。

③ 当模板支架搭设成无侧向拉结的独立塔状支架时，架体每个侧面每个步距均应设置竖向斜杆。当有防扭转要求时，在顶层及每隔 3～4 个步距应增设水平斜杆或钢管水平剪刀撑。

④ 对长条型的高支模架，架体总高度与架体的宽度之比不宜大于 3。

⑤ 模板支架可调托座伸出顶层水平杆或双槽钢托梁的悬臂长度严禁超过 650mm，丝杠外露长度严禁超过 400mm，可调托座插入立杆或双槽钢托梁长度不得小于 150mm。

⑥ 高大模板支架最顶层的水平杆步距应比标准步距缩小一个盘扣间距。

⑦ 模板支架可调底座调节丝杠外露长度不应大于 300mm，作为扫地杆的最底层水平杆离地高度不应大于 550mm，当单支立杆荷载设计值不大于 40kN 时，底层的水平杆步距可按标准步距设置，且应设置竖向斜杆，当单支立杆荷载设计值大于 40kN 时，底层的水平杆应比标准步距缩小一个盘扣间距，且应设置竖向斜杆。

⑧ 模板支架宜与周围已建成的结构进行可靠连接。

⑨ 当模板支架体内设置与单支水平杆件同宽的人型通道时，可间隔抽出第一层水平杆和斜杆形成施工人员进出通道，与通道正交的两侧立杆间应设置竖向斜杆；当模板支架体内设置与单支立杆不同宽的人行通道时，应在通道上方架设支撑横梁，横梁应按跨度和荷载确定。通道两侧支撑梁的立杆间距应根据计算设置，通道周围的模板支架应连成整体。洞口顶部应铺设封闭的防护板，两侧应设置安全网。

（4）模板支架的搭设与拆除

1）施工准备

① 模板支架及脚手架施工前应根据施工对象情况、地基承载力、搭设高度，按《建筑施工承插型盘扣式钢管支架安全技术规程》JGJ 231—2010 的基本要求编制专项施工方案并应经审核批准后实施。

② 搭设操作人员必须经过专业技术培训和专业考试合格后，持证上岗。模板支架及脚手架搭设前，施工管理人员应按照专项施工方案的要求对操作人员进行技术和安全作业交底。

③ 进入施工现场的钢管支架及构配件质量应在使用前复检。

④ 经验收合格的构配件应按照品种、规格分类码放，并应标挂数量、规格铭牌备用。构配堆放场地应排水畅通、无积水。

⑤ 当采用预埋方式设置脚手架连墙件时，应提前与相关部门协商，并应按设计要求预埋。

⑥ 模板支架及脚手架搭设场地必须平整、坚实、有排水措施。

2）施工方案

① 专项施工方案应包括下列内容：

a. 工程概况、设计依据、搭设条件、搭设方案设计；

b. 搭设施工图样包括下列内容：

（a）架体的平面、立面、剖面图和节点构造详图；

(b) 脚手架连墙件的布置及构造图；

(c) 脚手架转角、门洞口的构造图；

(d) 脚手架斜梯布置及构造图，结构设计方案。

c. 基础做法及要求；

d. 架体搭设及拆除的程序和方法；

e. 季节性施工措施；

f. 质量保证措施；

g. 架体搭设、使用、拆除的安全措施；

h. 设计计算书；

i. 应急预案。

② 架体的构造应符合《建筑施工承插型盘扣式钢管支架安全技术规程》JGJ 231—2010 第 6.1 节、6.2 节的有关规定。

3) 地基与基础

① 模板支架与脚手架基础应按专项施工方案进行施工，并应按照基础承载力要求进行验收。

② 土层地基上的立杆应采用可调底座和垫板，垫板的长度不宜少于 2 跨。

③ 当地基高差较大时，可利用立杆 0.5m 节点位差配合可调底座进行调整。

④ 模板支架及脚手架应在地基基础验收合格后搭设。

4) 模板支架搭设与拆除

① 模板支架立杆搭设位置应按照专项施工方案放线确定。

② 模板支架搭设应根据立杆放置可调底座，应按先立杆后水平杆再斜杆的顺序搭设，形成基本的架体单元，应以此拓展搭设整体支架体系。

③ 可调底座和土层基础上垫板应准确放置在定位线上，保持水平。垫板应平整、无翘曲，不得采用已开裂的垫板。

④ 立杆应通过立杆连接套管连接，在同一水平高度内相邻立杆连接套管接头的位置宜错开，且错开高度不宜小于 500mm。

⑤ 水平杆扣接头与连接盘的插销应用铁锤击紧至规定插入深度的刻度线。

⑥ 没搭设完一步支模架后，应立即矫正水平杆步距，立杆的纵、横距，立杆的垂直偏差和水平杆的水平偏差。立杆的垂直偏差不应大于模板支架总高度的 1/500，且不得大于 50mm。

⑦ 在多层结构上连续设置模板支架时，应保证上下层支撑立杆在同一轴线上。

⑧ 混凝土浇筑前施工管理人员应组织对搭设的支架进行验收，并应确认符合专项施工方案要求后浇筑混凝土。

⑨ 拆除作业应按先搭后拆，后搭先拆的原则，从顶层开始，逐层向下进行，严禁上下层同时拆除，严禁抛掷。

⑩ 分段、分立面拆除时，应确定分界处的技术处理方案，并应保证分段后架体稳定。

(5) 设计计算

1) 一般规定

① 结构设计应依据《建筑结构可靠度设计统一标准》GB 50068—2001、《建筑结构荷

载规范》GB 50009—2012、《钢结构设计标准》GB 50017—2017 及《冷弯薄壁型钢结构技术规范》GB 50018—2002 等现行国家标准的规定，采用概率极限状态设计法，以分项系数的设计表达式进行设计。

② 模板支撑架应进行下列设计计算

a. 模板支架稳定性计算；

b. 独立模板支架超出规定高宽比的抗倾覆验算；

c. 纵横水平杆及竖向斜杆的承载力计算；

d. 通过立杆连接盘传力的连接盘抗剪承载力验算；

e. 立杆地基承载力计算。

③ 脚手架应进行下列设计计算

a. 纵横水平杆、水平钢龙骨等受力构件的承载力和刚度、套式节点的抗剪承载力计算；

b. 立杆的稳定性计算；

c. 连墙件的强度、稳定性和连接强度计算；

d. 立杆地基承载力计算。

④ 承插型盘扣式扣件钢管支架的架体结构设计应保证整体结构形成几何不变体系。

⑤ 当模版支架搭设成双向均有竖向斜杆的独立方塔架形式时，可按照带有斜腹杆格构柱结构形式进行计算分析。

⑥ 模板支架应通过立杆顶部插入可调托座传递水平模板上的各项荷载，水平杆的布局应根据模板支架设计计算确定。

⑦ 模板支架立杆应为轴心受压形式，顶部模板支撑应按荷载设计要求选用。混凝土梁下及板下的支撑杆件应用水平杆件连成一体。

⑧ 当杆件变形量有控制要求时，应按正常使用极限状态验算起变形量。受弯构件的挠度不应超过表 5.4-4 规定的内容计算。

受弯构件的容许挠度　　　表 5.4-4

构件类别	容许挠度(v)
受弯构件	l/150 和 10mm

注：l 为受弯构件跨度。

⑨ 模板支架立杆长细比不得大于 150，其他杆件中的受压杆件长细比不得大于 230，受拉杆件长细比不得大于 350。

2）地基承载力计算

① 立杆底部的地基承载力应满足下列公式的要求：

$$P_k \leqslant f_g$$

$$P_k = N_k / A_g$$

式中　P_k——相应于荷载效应标准组合时，立杆基础底面处的水平压力（kPa）；

N_k——立杆传至基础顶面的轴向力标准组合值（kN）；

A_g——可调底座板对应的基础底面面积（m^2）；

f_g——地基承载力特征值（kPa），应按现行国家标准《建筑地基基础设计规范》GB 50007—2011 的规定确定。

② 当支架搭设在结构楼面上时，应对支撑架体的楼面结构下方设置附加支撑等加固措施。

3）模板支架计算

① 支架立杆轴向力设计值应按照下列公式计算

a. 不组合风荷载时：

$$N=1.2\sum N_{GK}+1.4\sum N_{QK}$$

组合风荷载时：

$$N=1.2\sum N_{GK}+0.9\times 1.4\sum N_{QK}$$

式中 N——立杆轴向力设计值（kN）；

$\sum N_{GK}$——模板及架体自重、新浇筑混凝土自重与钢筋自重标准值产生的轴向力总和（kN）；

$\sum N_{QK}$——施工人员及施工设备荷载标准值、振捣混凝土时产生的荷载标准值与风荷载标准值产生的轴向力总和（kN）；

b. 模板支架立杆计算长度应按下列公式计算，并应取其中较大值；

$$l_0=\eta h$$

$$l_0=h'+2a$$

式中 l_0——架体单立杆计算长度（m）；

h——模板支撑架立杆中间层水平杆最大竖向步距（m）；

h'——模板支撑架立杆顶层，或者底层水平杆竖向步距（m），宜比最大步距减少一个盘扣的距离；

a——模板支撑架可调托座支撑点至顶层水平杆顶的距离（m），其值不应大于0.7m；

η——模板支撑架立杆计算长度修正系数，水平杆步距为0.5～1m时，可取1.6，当步距为1.5m时，取1.2。

② 立杆稳定性应按下列公式计算：

不组合风荷载时：

$$N/\varphi A\leqslant f$$

组合风荷载时：

$$N/\varphi A+M_W/W\leqslant f$$

式中 M_W——计算立杆段由风荷载设计值产生的弯矩（kN·m），可按《建筑施工承插型盘扣式钢管支架安全技术规程》JGJ231—2010式（5.4.2-2）计算；

f——钢材的抗拉、抗压和抗弯强度设计值（N/mm^2），按《建筑施工承插型盘扣式钢管支架安全技术规程》JGJ 231—2010附表C-1采用；

φ——轴心受压构件的稳定系数，应根据长细比l_0/i按《建筑施工承插型盘扣式钢管支架安全技术规程》JGJ 231—2010附录D取值；

W——立杆截面模量（cm^3），按《建筑施工承插型盘扣式钢管支架安全技术规程》JGJ 231—2010附录C表C-2取值；

A——立杆截面积（cm^2），按《建筑施工承插型盘扣式钢管支架安全技术规程》JGJ 231—2010附录C表C-2取值。

4）盘扣节点连接盘的抗剪承载力应按下列公式计算：

$$F_R \leqslant Q_b$$

式中　F_R——作用在盘扣节点连接盘上的竖向集中力设计值（kN）；

Q_b——盘扣节点连接盘抗剪承载力设计值（kN），可取 40kN。

5）高度在 8m 以上，高宽比大于 3，四周无拉结的高大模板支架的独立架体，整体抗倾覆稳定性应按下式计算：

$$M_R \geqslant M_T$$

式中　M_R——设计荷载下模板支架抗倾覆力矩（kN·m）；

M_T——设计荷载下模板支架倾覆力矩（kN·m）。

6）不足之处详见《建筑施工承插型盘扣式钢管支架安全技术规程》JGJ 231—2010，施工现场如图 5.4-4 所示。

图 5.4-4　承插型盘扣式钢管脚手架施工图

5.4.4　工程案例

郑州经济技术开发区综合管廊工程、包头北梁综合管廊工程、六盘水综合管廊工程。

郑州经济技术开发区综合管廊工程项目位于河南省郑州市区东南部，规划面积约 22.73km²。本工程郑州经济技术开发区滨河国际新城综合管廊工程项目，由中国市政工程西北设计研究院有限公司设计，中国建筑第七工程局有限公司承建。本工程施工范围为：东起四港联动路，西至南四环、机场高速，北起经南八路、潮河环路、经南八北一路，南至经南十五路、经南十四路，规划总用地面积为 1047.74hm²。综合管廊布置在经开十二大街、经南九路、经开十八大街、经南十二路。总长 5.555km，断面尺寸主要以 6.55m×3.8m 和 6.35m×3.5m 为主，总延米为：3.633km，端井、管线引出口、通风口、投料口、跨越地铁车站等特殊现浇段总长度为 1.922km。本工程基础底面土方开挖的一般开挖深度约为 6～10m（图 5.4-5）。

图 5.4-5　郑州经济技术开发区综合管廊工程

5.5　整体移动模架技术

5.5.1　技术概述

整体移动模架技术常见在隧道与桥梁中应用，隧道中常用整体移动模架即模板台车做混凝土衬砌，在桥梁中的应用主要用于市政、公路、铁路等桥梁中梁体的建造。对于综合管廊，采用的整体移动模架技术类似于隧道的模板台车和桥梁的下行式移动模架，如图5.5-1～图5.5-3所示。

图 5.5-1　三亚管廊简易整体移动模架

5.5.2　适用性分析

（1）适用于相同断面或断面变化较小的可对整体模架进行简易改装的综合管廊项目。

（2）整体移动模架可采用墙板合一方式，也可采用墙板分离的方式进行混凝土浇筑。

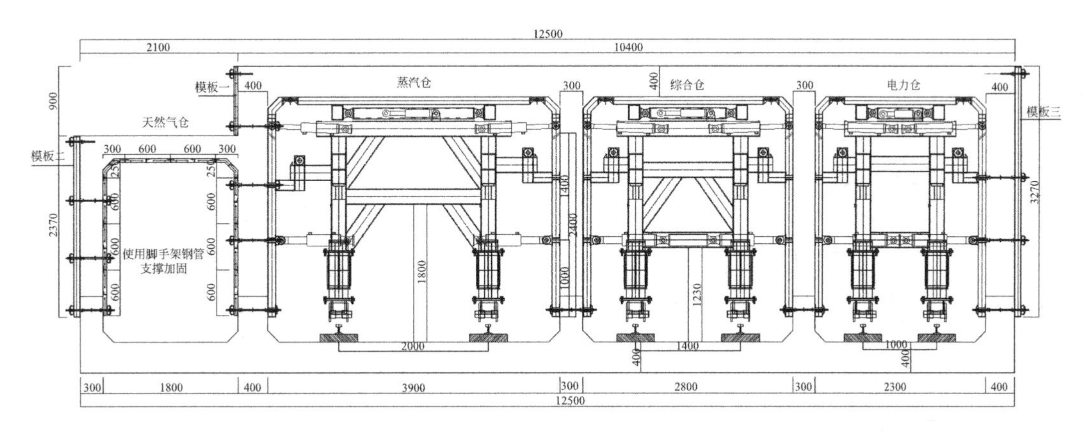

图 5.5-2　十堰综合管廊拟采用的模板台车设计图

图 5.5-3　日本滑模双舱台车

(3) 整体移动模架采用墙板合一方式时，墙体钢筋可以实现超前绑扎，但顶板则存在无法或很难进行钢筋超前绑扎，一般要整体移动模架就位后才能进行顶板钢筋绑扎，影响施工效率。

(4) 整体移动模架采用墙板分离方式时，墙体先浇筑，板后浇筑，则墙体可以实现钢筋超前绑扎，墙体施工较快，顶板后浇筑时模架只有竖向受力，可采用早拆体系施工。

5.5.3　技术要点或工艺流程

1. 墙板合一式

其工艺流程如图 5.5-4 所示。

2. 墙板分离式

其工艺流程如图 5.5-5 所示。

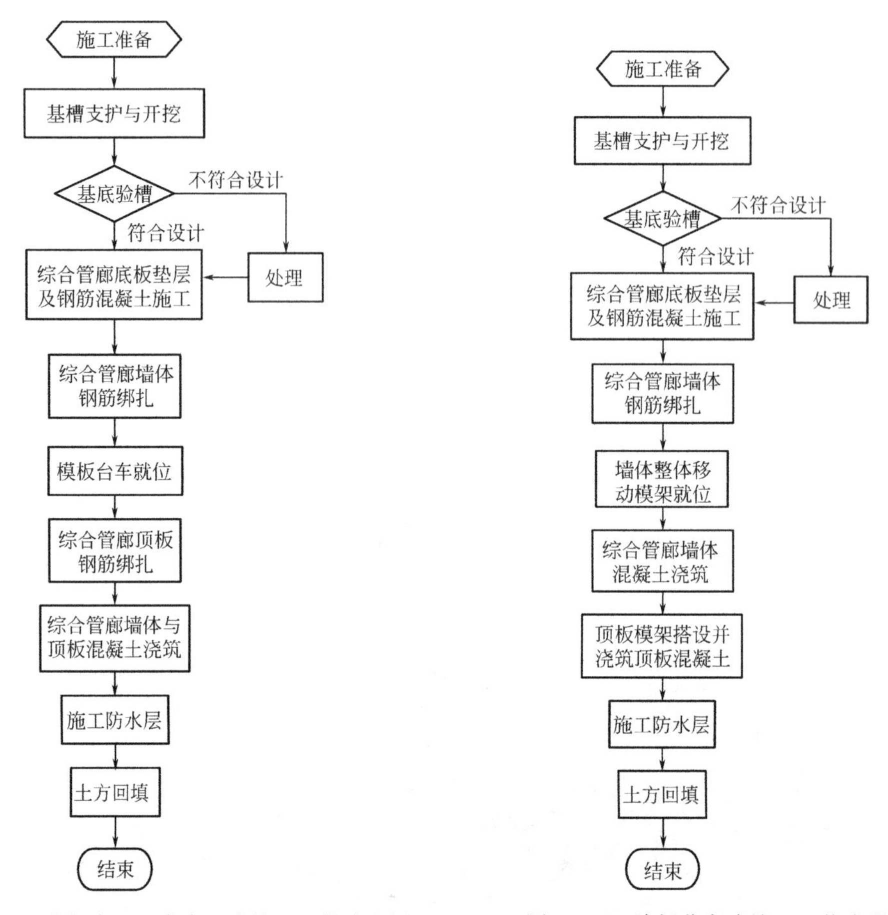

图 5.5-4 墙板合一（台车）式施工工艺流程图　　图 5.5-5 墙板分离式施工工艺流程图

5.5.4 工程案例

1. 工程概况

西宁市地下综合管廊工程Ⅰ标段分为西川新城片区和大学城片区。西川新城片区包含五号楼、五四西路，全长约 6.04km。大学城片区包括学院路和高教路，全长约 3.90km。如图 5.5-6 和图 5.5-7 所示。

管廊断面为三舱结构，如图 5.5-8 所示。

综合管廊典型标准断面根据右图从左到右的顺依次分为：燃气舱、电力舱、综合舱、雨水舱、污水舱。综合管廊标准断面宽度在 8.75～13.6m，高度在 3.4～5.15m。综合管廊主要功能包括：电力电缆、通信、给水管、中水管、热力管、雨水、污水箱涵、燃气管等管线地下综合布置，实现所有管线全部入廊。

结合海绵城市理念对雨水收集，重复利用雨水，雨污水根据道路坡度趋势，采用重力排水；管廊最大坡度 17.25%（交叉口靠前位置），最小坡度 0.3%。管廊位于绿化带或人行道以下 2.5m 位置，设计上管廊标准段每隔 20～30m 为一个伸缩缝（中间采用橡胶止水带）。管廊端部设置端头井，两条管廊交叉部位设置双层交叉口。其他非标段设置见表 5.5-1 所示。

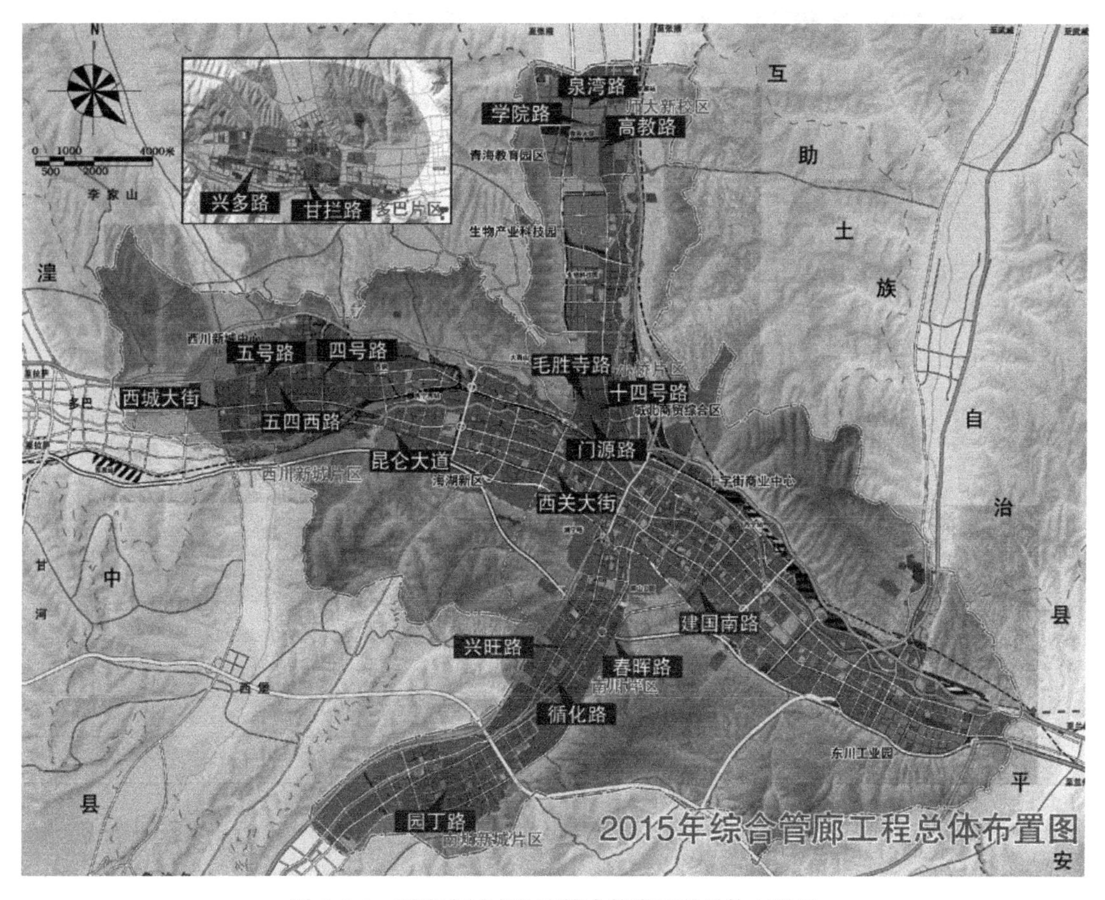

图 5.5-6　西宁市城市地下综合管廊工程总体布置图

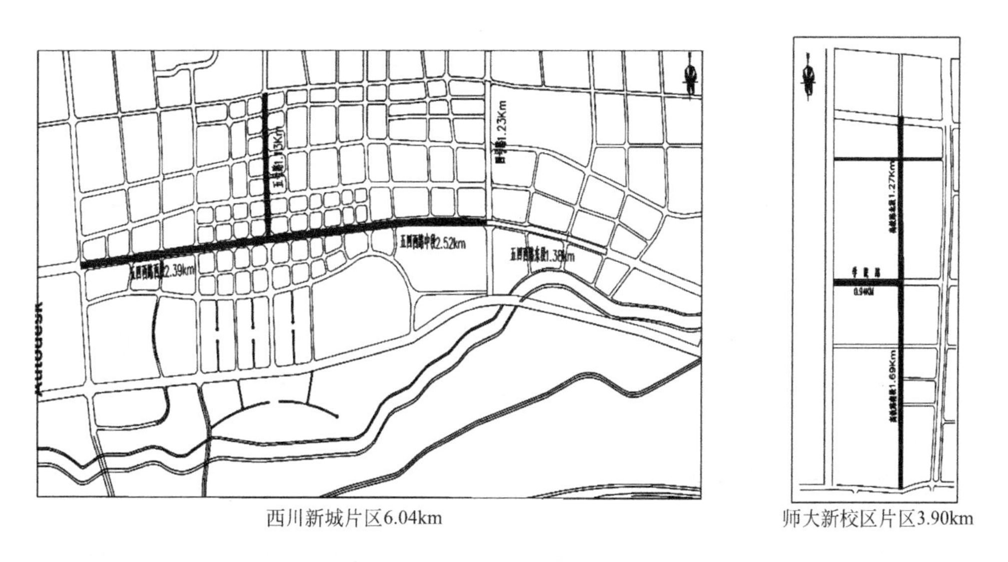

图 5.5-7　西宁市城市地下综合管廊建设工程Ⅰ标段平面布置图

图 5.5-8　西宁市城市地下综合管廊建设工程Ⅰ标段断面图

西宁市城市地下综合管廊非标段设置情况表　　表 5.5-1

管廊非标段部位	设置情况
雨水、污水井	每隔 80m 左右设置
综合舱室管线接出口	每隔 100m 左右设置
燃气井	每隔 300m 左右设置
投料口	每隔 400m 左右设置
通风、排风口	每隔 400m 左右设置
人员出入口	每隔 700m 左右设置
过路支廊	每隔 200m/600m 设置
防火墙	每隔 200m 左右设置

2. 管廊施工顺序

综合管廊混凝土浇筑共分为三次，底板及导墙一次、墙体浇筑一次（内墙一次浇筑到顶板底，外墙浇筑至距顶板 150mm）、顶板及剩余外墙顶部最后浇筑，与顶板交接部位外墙止水钢板设置在顶板以下 150mm 位置，污水舱和雨水舱墙体中间采用 20mm×30mm 橡胶止水条，如图 5.5-9 所示。

3. 整体移动模架工艺流程

（1）模板滑移施工工艺

底板及导墙施工→壁板、污水舱、燃气舱钢筋绑扎→模板拼装及滑移体系安装→模板与滑移体系组装→壁板模板加固→壁板混凝土浇筑→模板拆除→滑移至下一段施工→顶板施工。

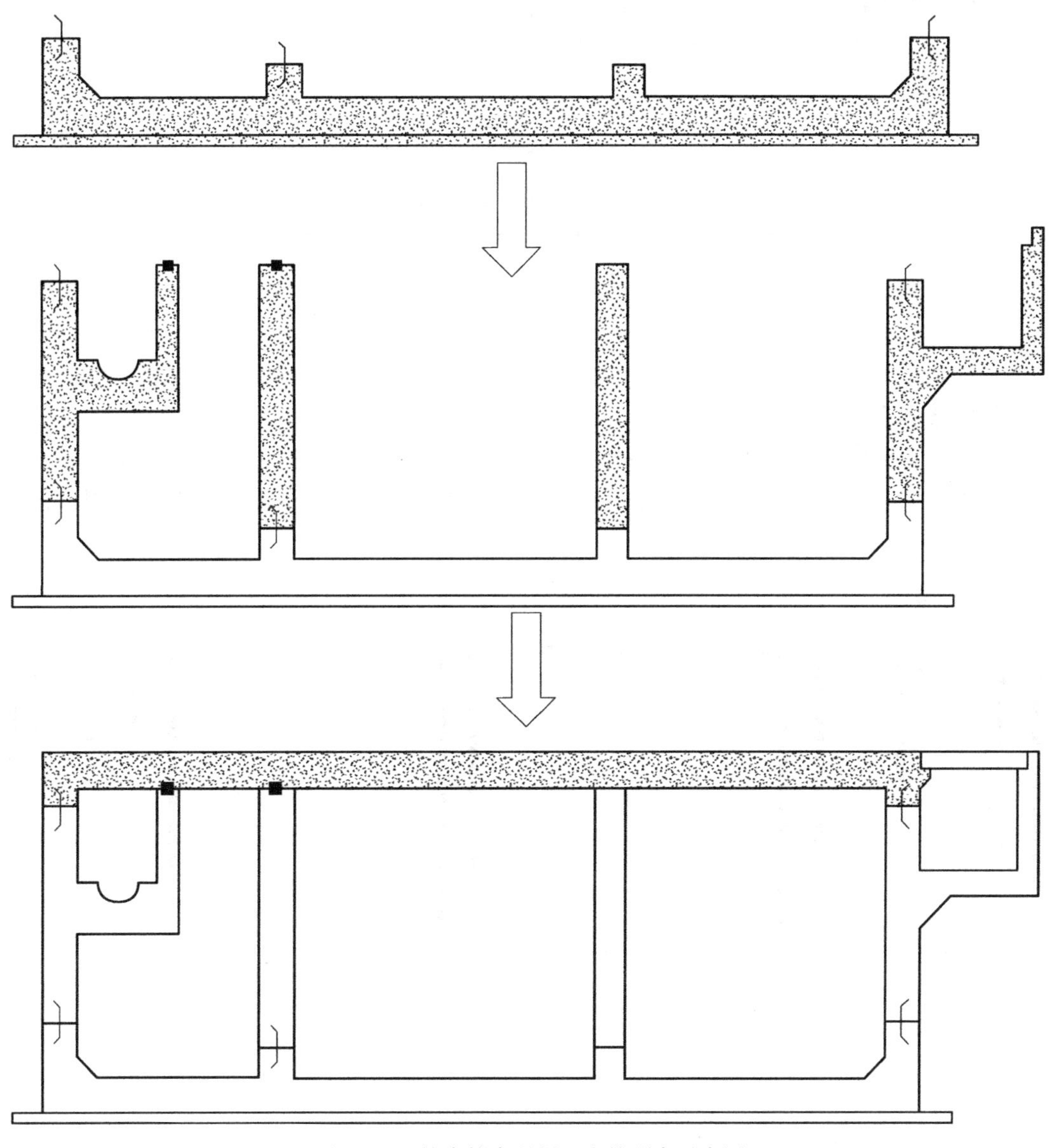

图 5.5-9　综合管廊混凝土浇筑顺序示意图

(2) 操作要点

1) 底板及导墙施工

在土方开挖、垫层施工、防水及保护层施工完成后进行底板钢筋绑扎及导墙插筋施工、底板及导墙铝合金模板支设施工、底板及导墙混凝土浇筑施工。

2) 壁板、污水舱、燃气舱钢筋绑扎

底板及导墙施工完成后采用铝合金模板快拆体系进行污水舱与燃气舱底板模板支设，随后进行壁板、污水舱、燃气舱钢筋绑扎。

3) 模板拼装及滑移体系安装

在土方开挖、垫层施工、防水及保护层施工、底板及导墙施工、壁板、污水舱、燃气舱钢筋绑扎等一系列工作完成以后，就开始铝合金模板拼装及滑移体系安装。为了滑模组装工作的顺利进行，必须保证至少有两段工作面。铝合金模板拼装与滑移体系安装同时进行，铝合金模板拼装段及滑移体系安装段如图 5.5-10 所示。

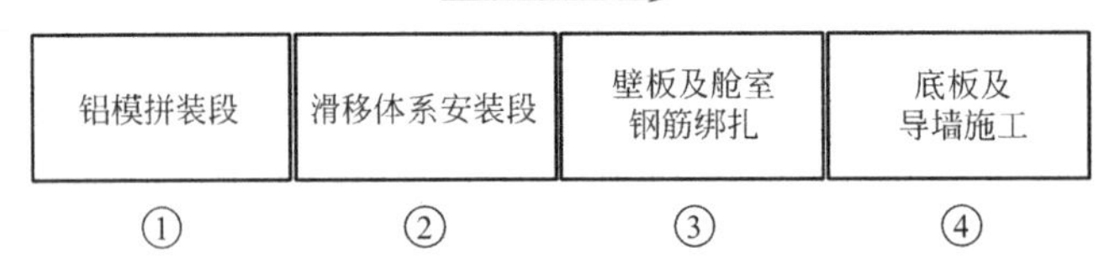

图 5.5-10　铝合金模板拼装段及滑移体系安装段

管廊施工方向即滑模施工方向为①→②→③→④，在①段进行铝合金模板拼装，在②段进行滑移体系安装。

壁板铝合金模板拼装严格按照铝合金模板配模图进行施工，施工地点在①段。

壁板竖向铝合金模板随滑移体系进行滑移，具体铝合金模板滑移范围在图中用蓝色粗线标出，如图 5.5-11 所示。

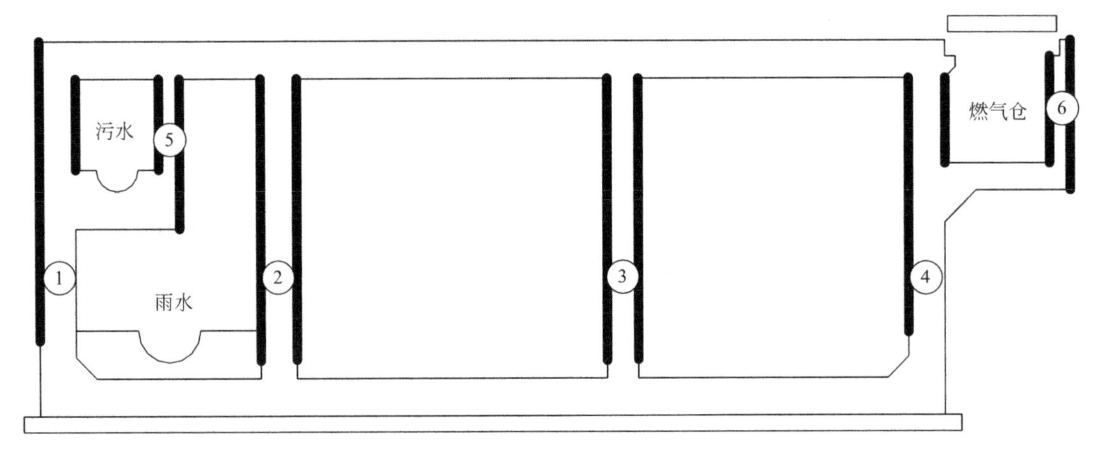

图 5.5-11　模板滑移范围

①②④⑤⑥号墙采用止水螺杆，③号墙采用普通螺杆。

铝合金模板的标准宽度为 0.4m，每 12～13 块铝合金模板可拼装成 4.8～5.2m 的 5 块整板铝合金模板。每块整板铝合金模板中的铝模与铝模使用插销进行连接，然后再用钩头螺栓将背楞与铝合金模板进行连接加固，背楞竖向间距为 600mm。整板铝合金模板之间使用中间位置的背楞在相邻两块整板铝合金模板之间贯通连接，以保证铝合金模板的整体性。

当整板铝合金模板拼装完成以后，就进行壁板两侧铝合金模板拼装工作，壁板两侧铝合金模板拼装采用三节式止水螺杆。首先将带有止水片的中间一节止水螺杆与另一节止水螺杆拧紧相连穿过壁板一侧的铝合金模板预留眼孔，随后一人在已穿止水螺杆的铝合金模板一侧手持止水螺杆进行对眼，另外一人手持第三节止水螺杆在壁板另外一侧将止水螺杆位置对准之后进行止水螺杆拧紧加固工作。最后通过钩头螺栓将背楞与铝合金模板进行连接加固。

壁板铝合金模板拼装流程如图 5.5-12 所示。

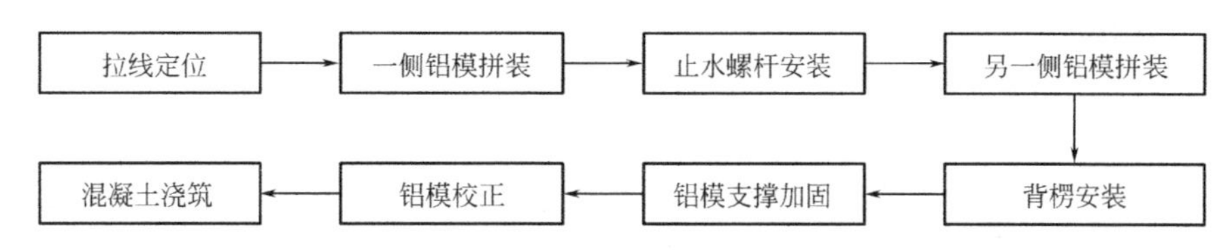

图 5.5-12　壁板铝合金模板拼装流程图

壁板铝合金模板拼装和滑移体系如图 5.5-13 和图 5.5-14 所示。

图 5.5-13　壁板模板拼装

图 5.5-14　滑移体系

4）壁板混凝土浇筑

当铝合金模板全部加固完成以后进行混凝土浇筑，浇筑混凝土时，施工人员直接在滑模体系操作平台上施工作业。

在操作平台上对应壁板的位置预留有混凝土浇筑口，方便施工人员进行施工。施工人员在滑移体系操作平台上进行施工时既方便，又安全。

5）模板拆除

当混凝土达到拆模强度时进行铝合金模板拆除作业。模板拆除时只拆除止水螺杆（止水螺杆只需拧出两头的两节即可），保留钩头螺栓，以保证铝合金模板和背楞仍连为一体，使4.8～5.2m的整板铝合金模板不受破坏。随后使用手动葫芦将壁板竖向铝合金模板吊起一定的距离，通过滑移体系上的滑梁将铝合金模板滑离壁板，为下一步滑移做好准备。如图5.5-15所示。

图5.5-15　铝模拆除

6）滑移至下一段施工

当壁板混凝土强度达到拆模强度时即可进行铝合金模板拆除，拆除止水螺杆后，滑移体系便可带着铝合金模板便由①段向②段滑移，但是在滑移体系带着铝合金模板由①段向②段滑移前，必须保证②段的所有壁板钢筋（包括污水舱、燃气舱）全部绑扎完成。如图5.5-16、图5.5-17所示。

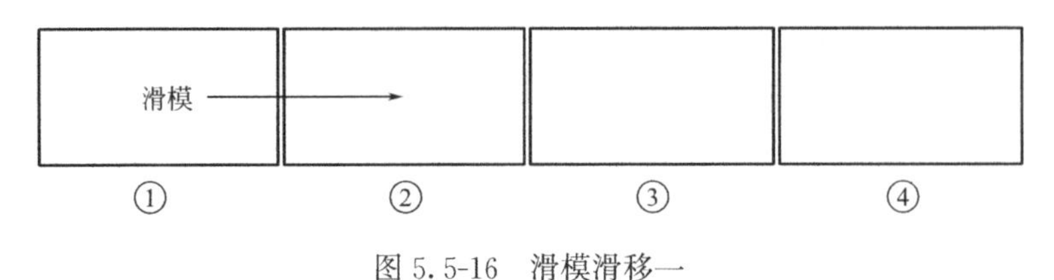

图5.5-16　滑模滑移一

图 5.5-17　滑模滑移二

待滑移体系带着铝合金模板由①段滑移到②段后，便进行铝合金模板清模、铝合金模板涂刷脱模剂、铝合金模板合模、铝合金模板加固、混凝土浇筑等后续工作。

① 铝合金模板清模

铝合金模板清模工作由施工人员站在滑移体系操作平台上进行，施工人员手持特制长柄铲刀，通过操作平台上的预留洞口清理铝合金模板上部的浮浆、混凝土渣等；铝合金模板下部的浮浆、混凝土渣等，施工人员站在舱内进行清理工作。

② 铝合金模板涂刷脱模剂

铝合金模板涂刷脱模剂工作由施工人员站在滑移体系操作平台上进行，施工人员手持滚刷，通过操作平台上的预留洞口进行铝合金模板上部的脱模剂涂刷；铝合金模板下部的脱模剂涂刷作业，由施工人员站在舱内进行施工。

③ 铝合金模板合模、铝合金模板加固、混凝土浇筑等后续工作。

铝合金模板合模、铝合金模板加固、混凝土浇筑等后续工作与第一段操作方法相同。

7）顶板施工

在已完成壁板混凝土浇筑部位，进行顶板模板搭设，顶板模板采用模板早拆体系。金模板支设完成以后进行混凝土浇筑。在混凝土强度达到拆模强度时，将模板拆除，只留下晚拆头和支撑杆。

5.6　半预制技术

5.6.1　技术概述

综合管廊半预制技术（例如 U 型槽＋预制顶板，倒 U 型槽卡扣形式等）是综合钢筋混凝土结构现浇工艺优势与预制工艺优势而提出的一种新技术，综合管廊的底板和侧墙采用现浇施工、顶板采用预制结构吊装就位成型的一种新工艺技术。半预制技术既解决了综合管廊整节段预制吊装重量大、运输难度高及场地限制等问题，又克服了现浇施工工期长、质量难以控制和模板支撑架消耗量大的问题，而且保留了现浇施工工艺良好的结构整体性。

5.6.2 适用性分析

半预制技术适用于施工工期短、现场条件差、不利于大型吊装和运输设备开展作业的综合管廊建造项目。

5.6.3 技术要点或工艺流程

1. 技术要点

(1) 设计

1) 路面车辆活荷载对管廊顶部预制顶板的压力按照30°角进行分布；填土内摩擦角为35°，土密度18kN/m^2。

2) 预制顶板采用两跨连续板计算图进行设计，按承载能力极限状态和正常使用极限状态分别进行计算和验算。

3) 预制顶板垂直管廊轴线方向底层、顶层均设置受力主筋，平行轴线方向底层、顶层均设置分布钢筋，各种钢筋均匀布置。

4) 综合管廊底地基承载力较低时，必须对地基进行加固处理。

5) 预制顶板的吊装设施应根据具体情况经分析计算确定。

(2) 施工

1) 预制顶板脱模、运输及吊装时，混凝土强度应符合设计要求；当设计无要求时，不应低于设计强度的75%。预制顶板堆放时应在板块端部采用两点搁支，不得将顶底面倒置；堆放场地应平整坚实，并有良好的排水措施。

2) 预制顶板安装前，应复验合格；安装后，必须清扫冲洗，充分湿润后再在盖板与现浇侧墙间、盖板与盖板间的缝内按设计要求填塞填充物，进行外层防水层施工后方可进行下一步施工工序。

3) 综合管廊的沉降缝沿长度方向最大每隔30m设置一道，沉降缝必须贯穿整个断面(包括基础)，缝宽不宜小于30mm，沉降缝的设置应与管廊轴线方向垂直。

4) 沉降缝应设置橡胶止水带、填缝材料和嵌缝材料的防水构造措施。

5) 地基土质变化较大或承受荷载变化较大的部位应设置沉降缝。

6) 冬期进行混凝土施工时，应采取防冻措施。

7) 回填土应在预制顶板安装完毕后进行，应严格按水平分层填筑碾压，并在管廊两侧对称进行。

8) 施工中管廊顶部1.0m范围内回填材料应采用人工分层夯实，严禁采用振动式碾压设备对综合管廊范围内的填土进行碾压。

2. 半预制工艺

首先在现场或工厂预制综合管廊顶板，顶板分块大小根据吊装设备的吊装能力与现场情况确定，以保证施工安全、方便、快捷。顶板的设计还要要考虑拼缝和防水的需要，顶板两侧要预留后浇带钢筋；综合管廊的底板及侧墙采用传统现浇工艺，分段长度跟现浇工艺的分缝长度一致，现浇底板和侧墙完成并强度达到要求后，吊运安装管廊顶板，浇筑后浇带混凝土，使管廊形成闭合的整体结构，之后进行顶板拼缝处理和防水及保护层施工，其工艺流程如图 5.6-1 所示。

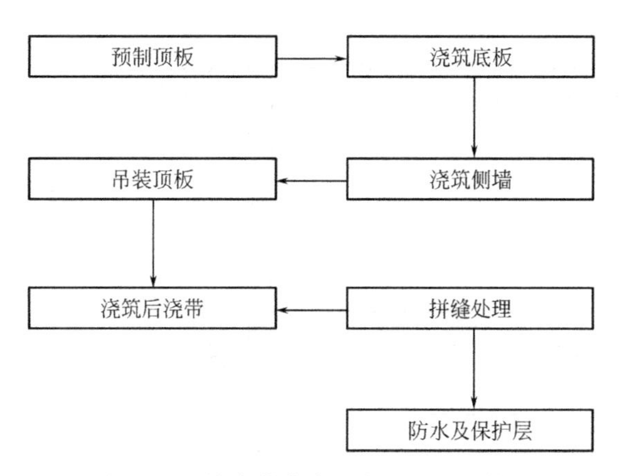

图 5.6-1　综合管廊半预制工艺流程简图

5.6.4　工程案例

包头市新都区综合管廊工程总长 4.964km，由纬五路（1.4km）、经十二路（0.7km）、经三路（1.84km）、纬七东路（0.52km）和纬九东路（0.6km）5 部分组成。综合管廊采用双舱断面，标准断面宽 7.25m，高 3.5m（图 5.6-2）。该综合管廊将给水、中水、热力、电力电缆、通信光纤等管线统一规划埋设于道路下方，避免了道路重复开挖，方便维护人员检查和维修。为了深入研究综合管廊的半预制技术，选取纬五路（1.4km）综合管廊中的 6m 长作为试验段进行示范，试验段的断面如图 5.6-3 所示。

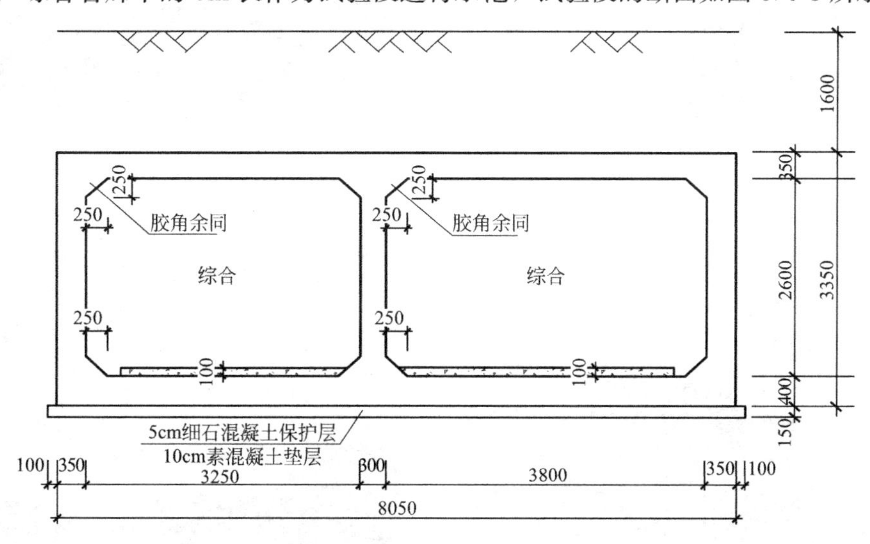

图 5.6-2　综合管廊标准断面图

试验段分 4 块预制顶板，每块板宽 1.5m 重 5.6t。预制顶板纵向采用企口接缝，接缝处设置膨胀止水条，后再进行灌浆处理。预制顶板两侧与现浇段相接处预留安装钢边止水

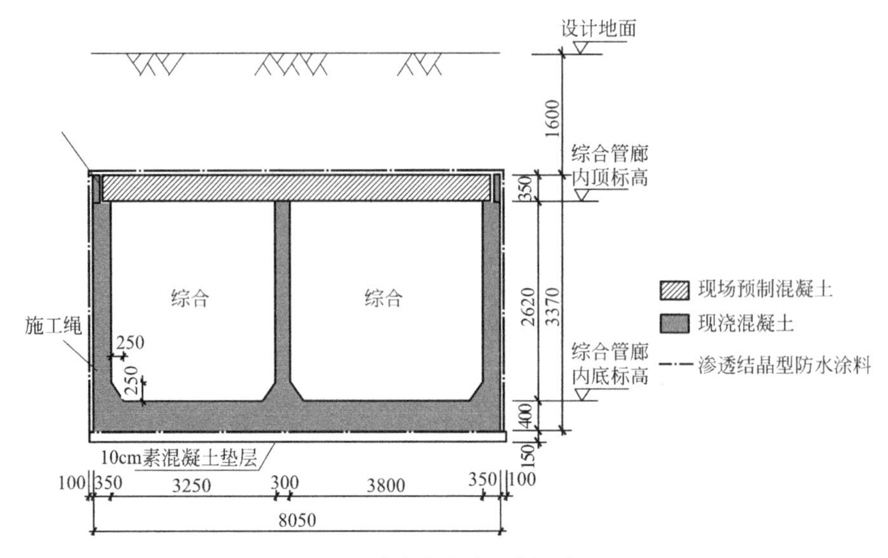

图 5.6-3　综合管廊半预制段断面图

带的后浇缝，以保证现浇顶板与预制顶板连接处的防水性能，具体施工过程如图 5.6-4 所示。

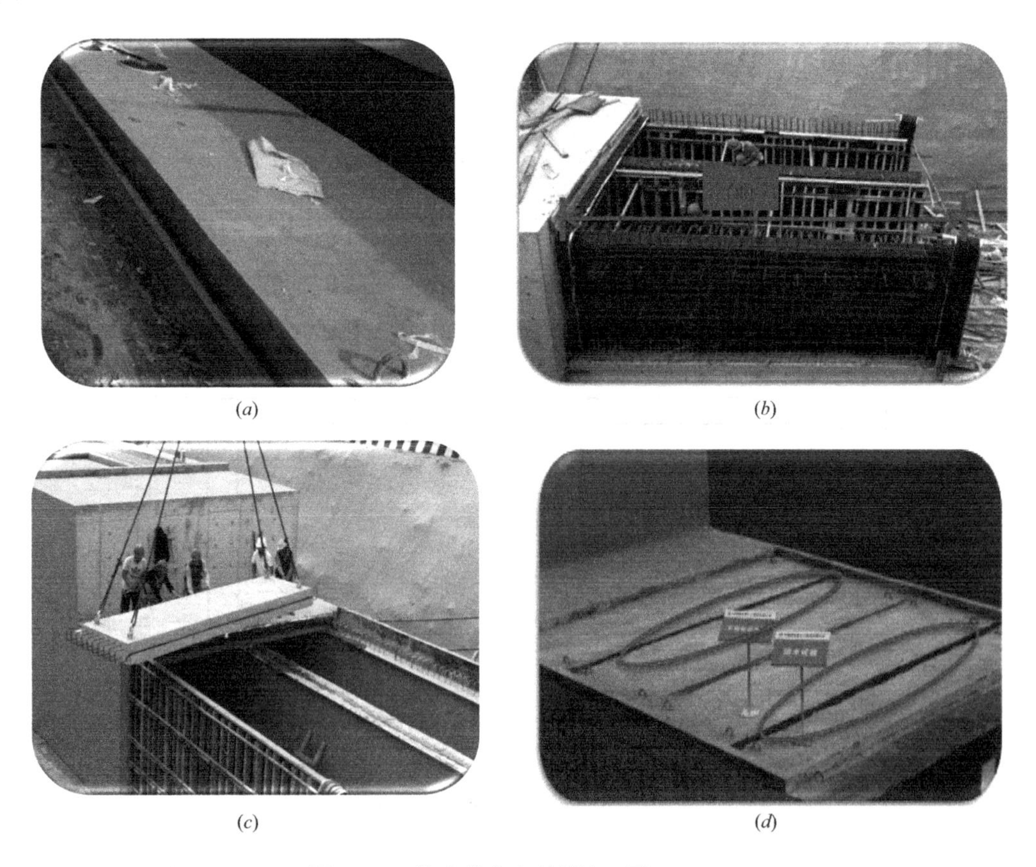

图 5.6-4　综合管廊半预制施工图（一）

(a) 顶板预制；(b) 管廊底板侧墙现浇；(c) 预制顶板安装；(d) 预制顶板拼缝处理；

(e)

(f)

图 5.6-4　综合管廊半预制施工图（二）

（e）预制顶板后浇带；（f）防水试验

5.7　预制节段拼装技术

5.7.1　技术概述

预制拼装结构即将管廊结构拆分为若干预制管片，在预制工厂浇筑成型后，运至现场拼装。通过特殊的拼缝接头构造，使管廊形成整体，达到结构强度和防水性能等要求。预制拼装结构为工厂制作，浇筑质量好，采用高强混凝土可以节省混凝土、钢筋等材料。基坑暴露时间短，预先制作好以后，能有效缩短工期。

预制管节采用承插式接口形式，承插口之间设置 2 道胶圈实现密封，首先在工作面设置三元乙丙弹性橡胶密封圈，作为主阻水胶圈；为了增加防水保险系数，在断面增设了遇水膨胀弹性橡胶密封圈；构件吊装就位之后，构件之间通过钢绞线进行约束锁紧，使预制管节之间实现柔性连接，可以适应回填方地段的不均匀沉降。通过这种“构件间有约束锁紧装置与工作面压缩胶圈密封”的组合连接，可以确保预制管节之间的有效连接，再结合表面的防水涂料和管廊外表面的防水卷材，可以达到良好的防水效果。

5.7.2　适用性分析

综合管廊现场浇筑法施工作业时间长、湿作业工作量大、需较长的混凝土养护时间，开槽后较长时间不能回填，不利于城市道路缩短施工工期、快速放行的要求。与现浇相比，预制拼装法则可大大缩短施工工期。预制拼装结构整体性较现浇结构相对不足、运输量大、截面变化不宜太多。

大型管廊体积质量大，运输安装需要大型运输和吊装设备，增加工程支出费用，这是影响预制装配化管廊应用的主要难点，如不能降低自重，一会增加大型管廊施工难度；二会加大工程成本，不利于预制装配化管廊的推广应用。因此预制截断拼装技术适用于截面尺寸适中的单舱或双舱综合管廊，三舱及以上的大尺寸截面大吨位综合管廊不宜整体预制。

整体式预制综合管廊因其形状简单，空间大，因而可以按地下空间要求改变宽和高，布置管线面积利用充分，但大尺寸管廊只适用于开槽明挖施工工法，限制了其使用范围。当前地下综合管廊大多需建在城市主干道下，大开槽施工对城市和居民生活影响太大；对新建道路影响较小，可结合道路一起施工，因此整体式预制综合管廊明挖技术适宜于新建道路下的综合管廊建设。

5.7.3 技术要点或工艺流程

1. 管节安装工艺流程图

管节安装工艺流程如图 5.7-1 所示。

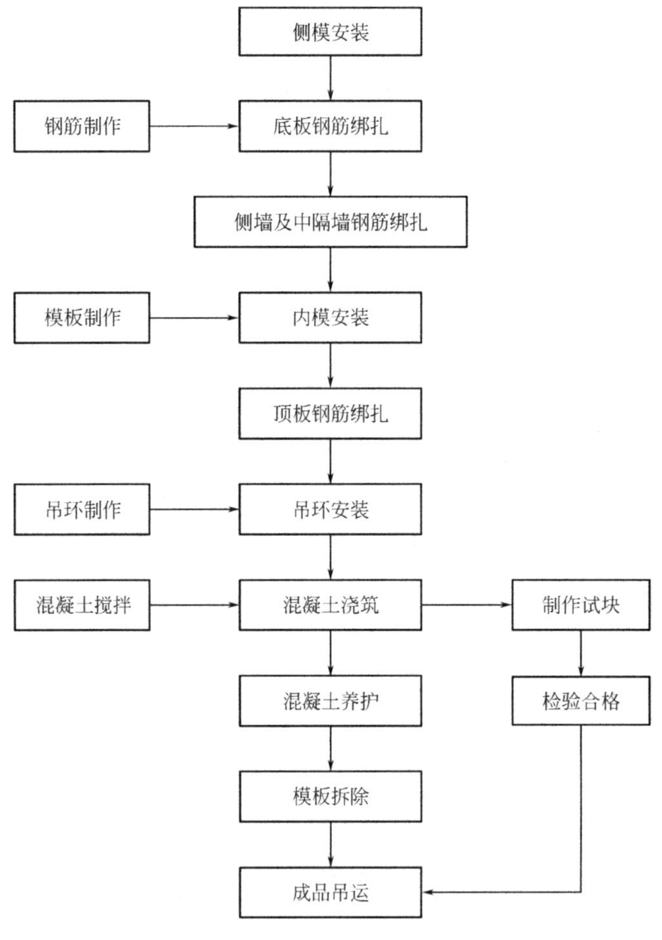

图 5.7-1　管节安装工艺流程

2. 预制拼装施工工序

管廊预制拼装施工工序主要包括：管廊预制→管廊吊装和运输→基坑开挖与垫层施工→垫层防水→管廊吊装→止水条安装→钢绞线张拉→外包防水施工→土方回填→道路恢复→内部机电安装。

预制拼装施工工序三维效果图如图 5.7-2 所示。

第一步：预制厂内预制管廊

第二步：管廊预制件存放

第三步：管廊预制件运输

第四步：混凝土垫层施工

第五步：垫层防水施工

第六步：管廊构件吊装

第七步：橡胶止水条施工

第八步：管廊连接钢铰线张拉

图5.7-2 施工工序三维效果图（一）

第九步：管廊外包防水施工

第十步：回填土施工

第十一步：道路恢复

第十二步：管廊内部安装

图 5.7-2　施工工序三维效果图（二）

3. 管廊吊装

（1）管槽底硬化管槽开挖到一定深度后，对槽底进行硬化，保证硬化后的槽底标高与管廊底标高一致。

（2）测量定点。管廊吊装前，测量人员需准确定位出管廊吊放控制点，吊装过程中全程盯控校核管廊吊放位置。

（3）管廊起吊、下放准备就绪后使用履带式起重机起吊管廊，旋转起重机至指定位置上方，下放管廊，平稳放置在管槽底部。

（4）管廊接口使用起重机调整管廊与上一段管廊的接口，保证管廊的横断面与已完成管廊横断面基本重合。

（5）高强螺栓连接管廊接口对接整齐后，在设计位置采用高强螺栓与已完成管廊进行连接。吊装示意图如图 5.7-3 所示。

4. 管廊拼接

管节对接及拼装全程由专职信号指挥工负责指挥。

施工流程：基槽共同验收→测量放线→垫层找平→构件就位→微调。

（1）组织建设单位、监理单位、勘查单位、设计单位、质量监督站，对基槽进行共同验收；

（2）提前进行测量放线，在防水保护层上用墨线弹出管廊中心线以及两侧边线；

（3）根据场地平整度情况，在防水保护层上铺一层 5～10mm 厚的黄砂（粒径 0.35～0.5mm），用以找平和减小张拉时地面对构件的摩擦力。

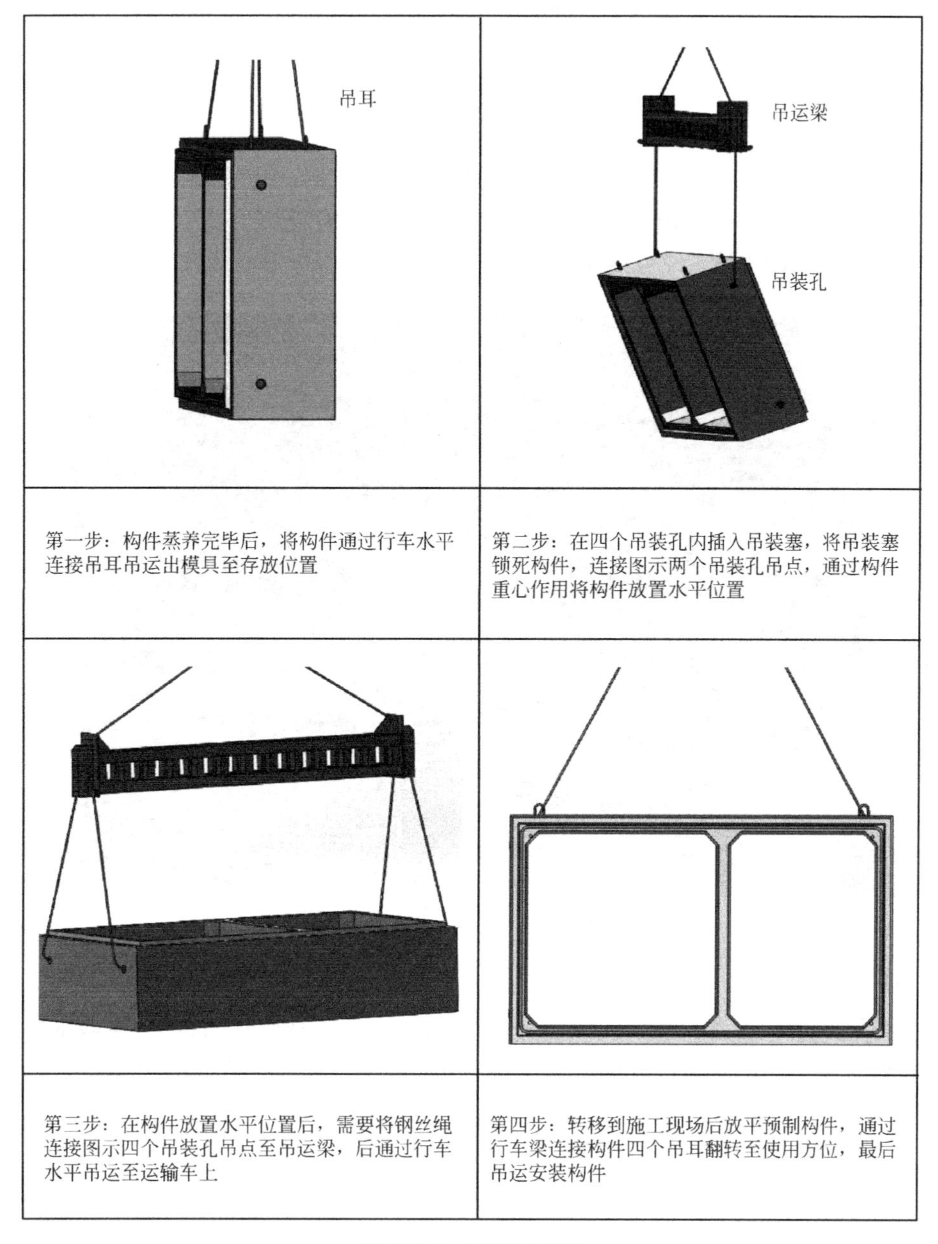

图 5.7-3　吊装示意图

（4）专职信号指挥员与起重机司机配合，对构件进行微调。

5. 管节张拉锁紧

（1）管节对接后，检查轴线标高及拼缝距离的均匀性。满足要求后，组织施工人员对两节管进行预应力钢绞线张拉。

（2）通过 4 个张拉孔，根据管节之间的缝隙大小，对不同的手孔分别进行张拉，张拉力的大小依次按 10MPa、20MPa、35MPa 逐渐增加，直到张拉到位。张拉顺序可先采用对角线手控张拉，再根据四周管节缝隙大小进行定点张拉，在张拉过程中，起重机指挥工人与油泵操作工人要密切配合，统一步调。

（3）若管节间的间距无法满足要求，必须分开重新张拉，并分析原因，采取有效的解决措施，直到间距满足要求为止。

（4）预应力筋张拉锚固后，实际张拉的预应力值与工程设计规定检验值符合规范要求。

（5）锚具的封闭保护应符合设计要求。当设计无要求时，应符合现行国家标准《混凝土结构工程施工质量验收规范》GB 50204—2015 的有关规定。

管节张拉示意图如图 5.7-4 所示。

图 5.7-4 管节张拉示意图

6. 现场水压试验

管节之间采用两道橡胶制成的致密封圈，一道三元乙丙密封橡胶，一道遇水膨胀密封橡胶，以确保管节间的水密性。同时每个预制管节设置 6 个压浆孔，每环选一处进行闭水试验。密封橡胶尺寸如图 5.7-5 所示。

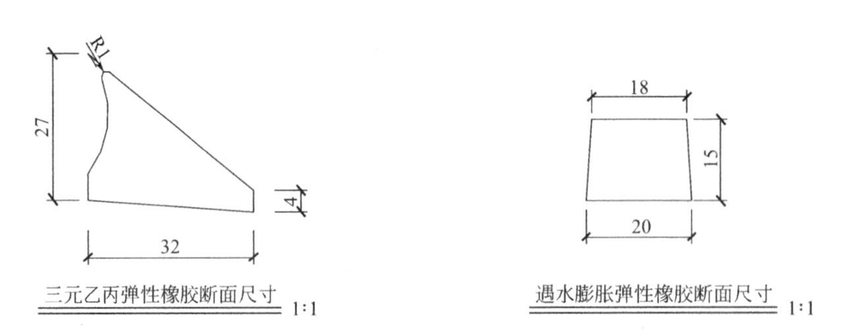

图 5.7-5 密封橡胶尺寸

根据设计要求，需对管节拼缝处进行内水压试验，保证在设计压力值 0.08MPa 下密封胶圈无漏水，拼缝大样图如图 5.7-6 所示。

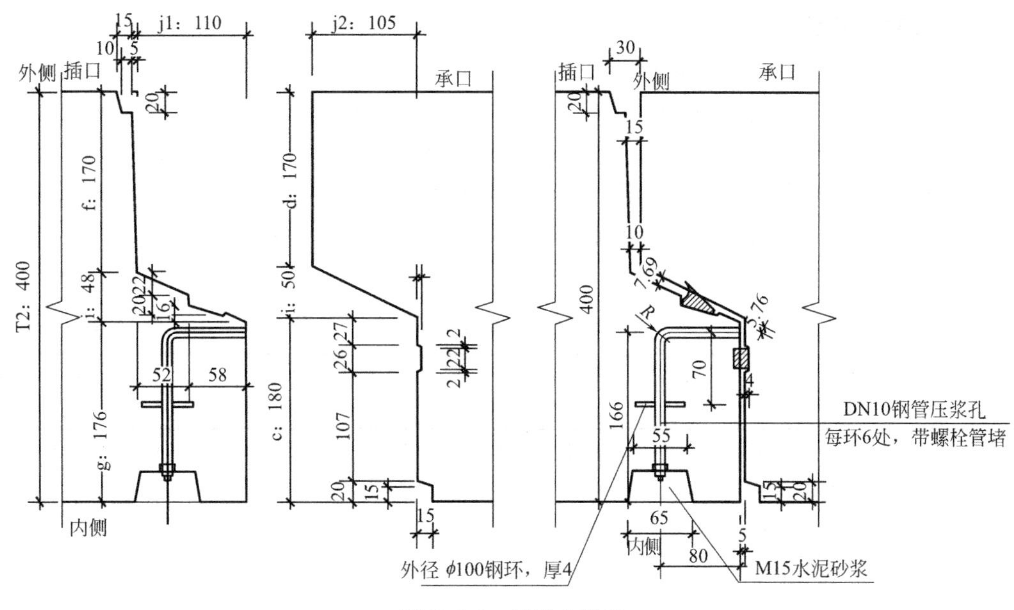

图 5.7-6 拼缝大样图

5.7.4 工程案例

1. 工程概况

湖北省十堰市地下综合管廊试点城市建设工程项目共分为28条路段，其中5条为本次调整后的新增管廊段，管廊总长61.63km。28条路段中，断面尺寸过大（发展大道中、东段）及断面特殊且路段长度短（风神大道东段、凤凰路）的4条道路采用现浇施工方式，其余24条路段的管廊标准段采用预制拼装方式施工。每条路段中，管廊标准段所占的比例约50%～70%。如图5.7-7所示。

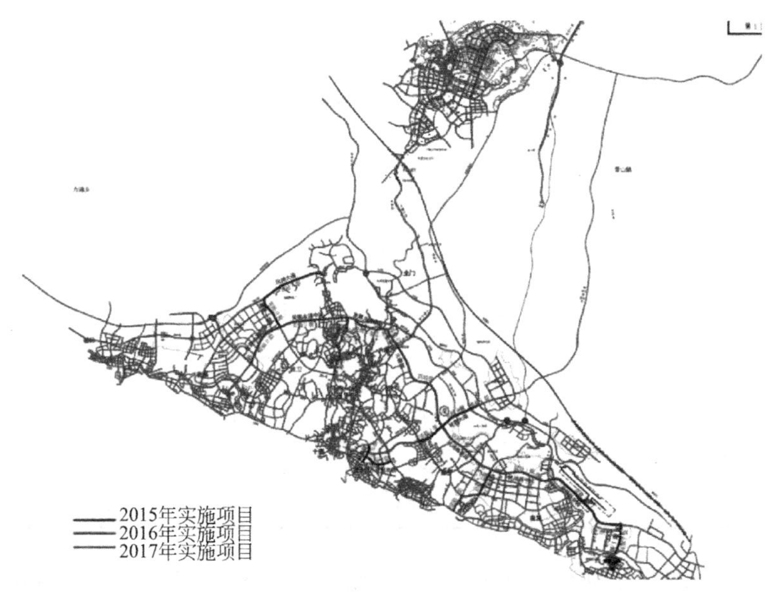

图 5.7-7 十堰城市综合管廊PPP项目总平图

2. 舱型和相关数据

项目设计时综合管廊断面未考虑预制拼装因素，断面完全按入廊管线种类、数量、尺寸量身定做，初始 23 条路段，共有 21 种断面形式，每种断面形式的路段长度从 417～5156m 不等，模具投入大，管廊建设成本高。经过优化调整后，预制管廊断面类型减少为 5 种，其中火箭路四舱改为双舱双拼，安阳路四舱改为三舱拼单舱，其余路段综合管廊的断面尺寸归类合并，现有断面类型单舱 1 种，双舱 3 种，三舱 1 种，预制综合管廊舱型统计见表 5.7-1。

预制综合管廊舱型统计表 **表 5.7-1**

断面类型	道路名称	原断面尺寸	优化调整后断面尺寸	归并后舱型	重量(t/m)
双舱	风神大道西段	(4+4)×3.4	(3+3.5)×3.2	双舱Ⅰ型	21.4
	建设一路	(2.4+2.7)×3.2			
	发展大道西段	(2.9+3.2)×3.2			
	北京北路	(2.7+2.7)×2.9			
	沧浪大道	(2.7+3.0)×3.3			
	大岭路	2.6×2.8			
	公园路	(2.1+3.2)×3.2			
	机场路西段	(2.4+3.9)×3.2	(2.5+3.7)×3.2	双舱Ⅱ型	20.7
	机场路中段	(2.3+3.7)×3.2			
	机场路东段	(2.3+3.45)×2.8			
	林荫大道中段	(2.25+3.4)×3.3			
	龙门五路东段	(2.3+3.45)×3.0			
	龙门五路西段	(2.3+3.45)×3.0			
	林荫大道南段	(2.7+2.9)×3.2	(2.6+2.9)×3.2	双舱Ⅲ型	16.9
	神鹰一路	(1.9+2.45)×2.5			
	林荫大道北段	2.25×3.35			
	重庆路小学规划路	(2.1+1.7)×2.4			
	江苏路延长线	新增路段			
	北环路一期	新增路段			
	林荫大道一号线	新增路段			
	发展大道周边连接线	新增路段			
	郧十一级路至高铁站连接线	新增路段			
四舱	火箭路	(1.9+2.6+2.3+2.6)×2.9	(2.5+3.7)×3.2	双舱Ⅱ型	20.7
			(2.6+2.9)×3.2	双舱Ⅲ型	16.9
	沧浪大道辅路	1.8×2.4 (2.6+5.3+1.95)×3.8	1.8×2.4	单舱	7.1
			(2.6+5.3+1.95)×3.8	三舱	52.9

预制综合管廊中断面为双舱Ⅰ型的总长约 15.32km，双舱Ⅱ型 22km，双舱Ⅲ型 19.8km，单舱和三舱的管廊长度较短，均为 1.3km。

3. 预制管廊厂概况

（1）预制厂规模

十堰地下城市综合管廊厂由中建科技武汉有限公司投资建设，是十堰地下城市综合管廊 PPP 项目的配套预制厂，占地 150 亩，总投资 3000 余万元，设计最大年产能 40 万 m^3，分两期建设；目前已建设完成一期，年最大产能 20 万 m^3，含 2 条预制管节生产线、1 条钢筋笼生产线；配套主要机械设备包括 4 台 60t 门式起重机、1 座 120 型搅拌站、1 台 4t 蒸汽锅炉以及钢筋加工焊接设备等。我们将根据十堰管廊的建设需求，适时建设二期 2 条预制管廊生产线及配套设备。

（2）预制厂实施

预制厂的建设经历了可行性研究、厂区建设、投产运营三个阶段，2016 年一季度完成可行性研究，4 月份完成厂区建设，5 月份正式投产运营，目前已顺利生产完成首件预制管节（2016 年 3 月 22 日拿地，3 月 25 日进场施工，4 月 26 日入驻办公，35d 完成厂区建设；2016 年 5 月 1 日开始预制管节生产）。

4. 预制管廊施工

（1）预制管节规格

此预制管节是为十堰沧浪大道标准段配套生产，为预制双舱管节，断面外尺寸 4m×7.95m，双舱内净高 3.2m，宽度分别为 3.9m 和 3m，断面面积约 22m^2，分别为综合舱和电力舱；单节长度 1.5m，单节重量 36t，是十堰预制管廊中断面尺寸最大、单节重量最大的预制管节。

（2）预制管节施工安装工效

预制管节安装的工效为 1.5h/节，单日按 12h 工作时间考虑，可安装 8 节，长度 12m，相当于管廊每小时完成 1m，与现浇施工相比，可大大缩短工期，相同长度管廊的施工周期，只有现浇施工的五分之一。

5. 施工照片

施工照片如图 5.7-8、图 5.7-9 所示。

图 5.7-8　十堰城市综合管廊预制管节

图 5.7-9　预制管节吊装

5.8　分块预制拼装施工技术

5.8.1　技术概述

分块预制拼装管廊施工，具有施工速度快、节省劳动力、低碳环保等优点，未来将成为管廊建设发展的重要趋势。分块预制技术，避免了整体预制的构件自重大、占地大、结构形式单一的缺点。分块预制技术简单的理解由盾构隧道施工管片分块拼装施工原理而来，将管廊的各个结构通过计算机放样、结构模拟验算、施工安全模拟验算等对整体结构合理分块，采取工厂预制 PC 结构现场拼装施工技术。目前该施工技术存在的问题就是拼接接头防水问题。

5.8.2　适用性分析

适用于明挖施工、工期要求较紧、工程结构尺寸大的综合管廊工程。

5.8.3　施工工艺流程及操作要点

1. 施工工艺流程

测量定位→基底垫层施工→吊放预制 PC 底板构件→搭设预制 PC 构件搁置架→吊放墙体 PC 构件→吊放 PC 叠合板→基底填充注浆→锲槽注浆→壁后混凝土回填→顶板涂料防水施工→下一个节段的循环。

2. 施工技术准备

（1）根据业主提供的水准点和坐标了解现场水准和高程引测点，制订测量方案，把水准点和坐标引测至施工现场，设置施工控制轴线网和临时水准点，建立坐标控制网，并进行技术复核。

（2）组织公司有关技术人员及拟委派的项目部技术人员熟悉工程图样和技术规范，明确施工技术要求和质量标准，提出有利于工程质量和施工的合理化建议，供建设单位和设计单位参考。

（3）收集各项与工程施工有关的技术资料，组织相关人员进行分析，针对工程的特点，对主要分部分项工程编制施工方案和施工指导书，对各工种班组长进行施工前的技术交底。

（4）组织人员勘察施工现场，详细了解周围环境情况，进一步优化施工方案，以节约成本和保证施工质量。

（5）收到施工图后，立即组织施工技术人员认真学习施工图样和与之相关的规范规程，领会设计意图，做好图样会审和施工前的各项技术准备工作。

（6）针对工程特点编制详细的施工组织设计，合理安排施工顺序，优化施工方案，并采取有效的保证质量、安全文明施工措施。

（7）预制构件装配施工，必须由多工种专业技术人员承担，提前进行基础知识和实务施工操作培训，以达到上岗要求。

（8）做好零配件、预埋件分块及加工制作计划，编制好成品、半成品等的用量计划。

（9）试验计量、试验、检测器具、测量仪器工具提前进行检测合格后方可进场备用。

（10）根据相关规范规程和标准提前对图样进行深入的会审分析，对墙板柱和叠合梁板进行合理的分割，既要满足吊装要求，同时又要易于拼装，最关键的是分割，竖向施工缝一定选择在非主要受力部位，实在不能满足上述条件的要设置现浇节点。

3. 预制构件吊装

（1）分块拼装主要分为底板拼装、侧墙拼装和顶板拼装 3 个部分。根据预制拼装的施工工序和管廊的结构特点，施工过程中首先需要指定合理的吊运方案，可以根据现场情况设置门式起重机拼装速度较快，并且底板拼装进度可以与基坑同步，先于侧墙和顶板施工。

（2）合理设置吊点，保证构件在吊装过程中的受力模式与设计工况一致，防止由于吊点受力不均导致的混凝土表面开裂的问题。

（3）吊装的流程一般可以按同一类型的构件，以顺时针或逆时针方向依次进行，这样对作业安全有利。现场吊装先粗放、后精调，充分利用和发挥垂直吊运工效，缩短吊装工期。

（4）经现场施工实践，墙和板之间水平或转角连接，设置上、中、下三点连接，可避免连接点变形、跑位。可以在构件上预埋接驳器，用铁件连接。

（5）根据构件平面布置图及吊装顺序平面图，对竖向构件顺序就位。吊装前应放置垫片，垫片厚度根据测定的标高进行计算。吊装时应根据定位线对构件位置采用撬棍、撑顶等形式进行调整，以保证构件位置的准确。构件就位后应立即安装斜向支撑，应将螺丝收紧拧牢后方可松吊钩。使用2m靠尺通过斜撑的调节撑出或收紧对构件垂直度进行校正，满足相应规定要求。

（6）据构件平面布置图及吊装顺序图吊装叠合梁板等构件。吊装构件前应根据所测标高控制线，对竖向构件底部搁置位置进行测量，对偏差部位进行局部切割或修补。水平构件吊装前安装垂直支撑。支撑距构件端部应≤600mm，支撑间距应≤2m，对跨度≥4m的预制楼板，中部应采用支撑调节起拱，起拱高度（1～3)‰L（L 为板净跨）。垂直支撑下部应设置不小于200mm×200mm的垫板。

（7）梁吊装顺序应遵循先主梁后次梁、先低后高（梁底标高）的原则。

（8）合理的拼装工艺是保证实现预期结构形式、提高施工效率的重要部分。

4. 注浆技术

（1）基层处理准备。拼缝处混凝土基面凿毛、清理及注浆管口清理；在灌浆前4～24h期间，对混凝土基础面浇水湿润，但不得有积水。

（2）支模。构件安装调整达到技术要求后，对构件水平及垂直拼缝（一般≤20mm）进行封堵，可采用挤塑聚苯板或模板等对构件的拼缝处进行封堵，应采用海绵胶、双面胶条、撑杆等保证封堵密实牢靠，避免漏浆。

（3）使用方法

1）搅拌量：一般每次一袋（25kg装），规定用水量2.75～3.5kg，即水、料比为11%～14%，以满足流动度为标准。

2）程序：在搅拌桶内加入规定量的水，然后将一袋料倒入桶内搅拌40～60s，搅拌时间从开始投料到搅拌结束一般控制在60s之内。

3）搅拌注意事项：搅拌时，叶片应沿桶周边上下左右缓慢移动，以使桶底和桶壁粘附的料得以充分拌和，搅拌叶片不得提至浆料液面之上，以免空气带入。搅拌地点宜靠近灌浆地点，灌浆料应随拌随用。

4）灌注：用料斗或者灌浆机，从一侧往预制构件的上排灌浆孔或拼缝中注入，通过高低压力差使下排孔中灌浆充分密实。必要时采用竹片导流。一块构件中的灌浆孔或单独的拼缝应一次连续灌满。灌浆料拌制完毕后应在40min内用完。

5. 养护

灌浆后24h内不得使设备和灌浆层振动、碰撞，灌浆孔灌注完成后应及时将沿孔壁淌出的灌浆料清理干净，并在灌浆料终凝前（2～4h）将灌浆孔压实抹平，终凝后应覆盖湿润的布袋或草袋，并洒水养护，每天4～6次，养护温度在5℃以上为宜，时间一般为7d。

6. 成品保护

在灌浆完成后及时在灌浆表面撒一层干灌浆料，并用水泥砂浆封堵灌浆孔，达到保护目的。

5.8.4 工程案例

霞光东路综合管廊工程，如图5.8-1、图5.8-2所示。

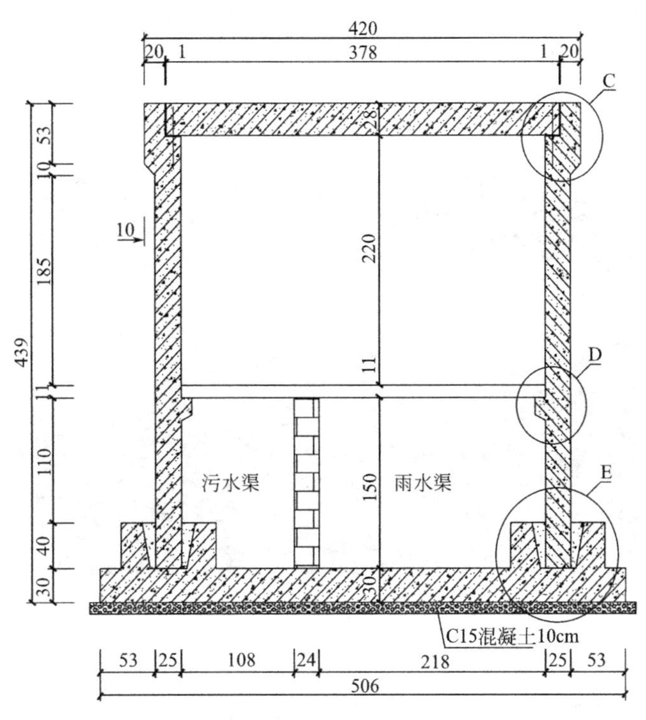

图 5.8-1　霞光路综合管廊断面图

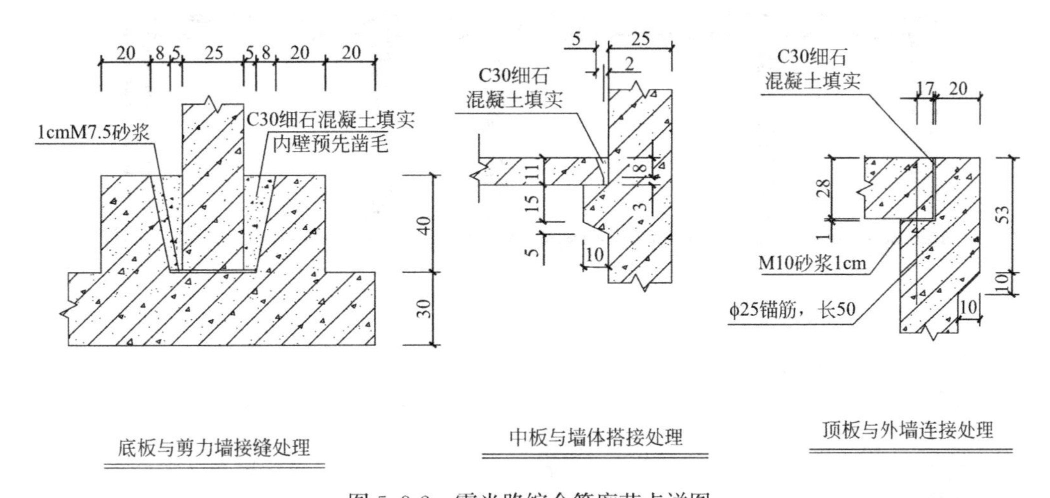

图 5.8-2　霞光路综合管廊节点详图

5.9　叠合整体式预制拼装技术

5.9.1　技术概述

目前国内已经开始应用双层叠合墙结合现浇的城市地下综合管廊，该施工技术充分利用预制与现浇的优点，采用工厂或预制场预制双层叠合墙，运至施工现场拼装，现浇混凝土心墙，形成整体综合管廊结构，如图 5.9-1 所示。目前双层叠合墙综合管廊施工技术主要有两种形式，一种是底板、侧墙及顶板均采用预制叠合墙拼装的综合管廊；另一种形式是采用底板现浇，墙体和顶板采用叠合墙板的形式。这两种施工工艺各有利弊，其关键技术均采用了预制叠合墙施工工艺。

图 5.9-1　综合管廊叠合墙施工

双层叠合墙综合管廊技术施工中只需要少量斜撑，不需要架立模板支架，当大批量工业化生产时，可大大降低施工成本。由于现场拼装快捷，不要架设模板支架，可大大缩短工期（图 5.9-2、图 5.9-3）。

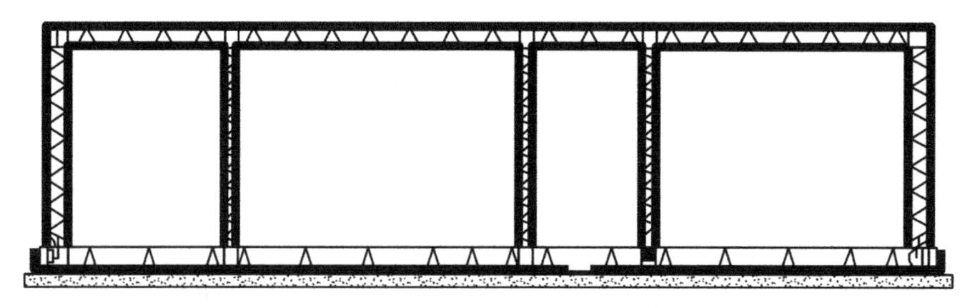

图 5.9-2　底板、侧墙、顶板全部叠合墙综合管廊

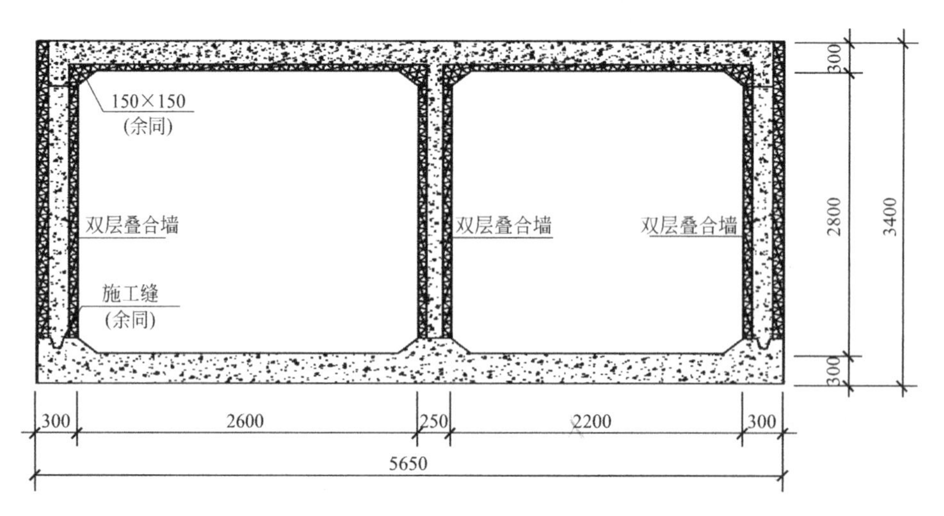

图 5.9-3　底板现浇，侧墙、顶板叠合墙综合管廊

由于叠合整体式结构接头部位中间部分均为现浇混凝土构成，故自身具备良好的自防水能力，且本预制装配体系能采用与现浇整体式结构相同的全外包防水模式，从而形成以外包防水与结构自防水双重防水的效果，能更好地满足地下工程的防水要求。

5.9.2　适用性分析

预制叠合墙综合管廊主要适用于明挖沟槽施工的综合管廊。当地层含水量较大，对双层叠合墙综合管廊拼装接头防水心墙现浇质量有很高的要求。由于叠合墙板相对现浇施工，整体强度有所降低，当地面及周边荷载较大，综合管廊结构将承受较大的荷载时，可采取加强配筋，加强叠合墙综合管廊施工质量管理等措施，保证综合管廊结构安全性。

预制叠合墙综合管廊与传统装配预制相比具有以下优点：

1）采用叠合板和叠合墙技术可使侧墙、中板或顶板形成一个整体，有利于保证整体强度和结构防水效果；

2）避免了使用灌浆套筒和灌浆作业，降低了施工控制难度，并降低了施工成本；

3）构件吊重大大降低，施工难度降低。

预制叠合墙综合管廊与常规全现浇相比具有以下优点：

1）采用叠合板和叠合墙技术取消了模板和脚手架以及现场钢筋作业，减少了现场用工量，缩短了工期，降低了成本；

2）改观了结构侧墙和顶板的外观质量，可以免装修；

3）可以将安装工程的预留预埋提前预制在叠合墙和叠合板上，减少了后期安装时的开槽工程量，加快了设备安装的进度，并加强了环境保护；

4）减少了现场现浇混凝土工程量，有利于文明施工和环境保护。

5.9.3　技术要点或工艺流程

双层叠合墙主要应用于房屋建筑工程，城市地下综合管廊主要借鉴房屋建筑工程双层叠合墙的施工工艺，优化接缝的防水，主要的工艺流程如图 5.9-4 所示。

5.9.4　工程案例

中国建筑股份有限公司技术中心联合中建科技武汉有限公司在湖北省十堰综合管廊项目开展双层叠合墙综合管廊工程应用，如图 5.9-5 所示。该工程主要采用了底板现浇，侧墙及顶板采用预制叠合墙的施工形式。下面对该案例的关键施工技术进行详细的介绍。其主要施工技术如下：

1. 图样深化

预制构件加工现场预制。在构件加工前，须由项目部技术人员对构件图样根据现场情况进行深化，将原有设计图样深化为施工图样。该施工图样中需标明吊点位置尺寸、斜撑位置尺寸等施工配套接驳器。

2. 预制构件模板体系

本工程预制构件模板采用定型钢模板并配合振动台，由于叠合板的内外板尺寸有 450mm 的高差，所以叠合板的模板制作可以采用螺栓连接可调节角钢对不同尺寸进行调整，顶板也可以采用同一模板，同样采用螺栓连接可调节角钢的形式。不同尺寸构件模板

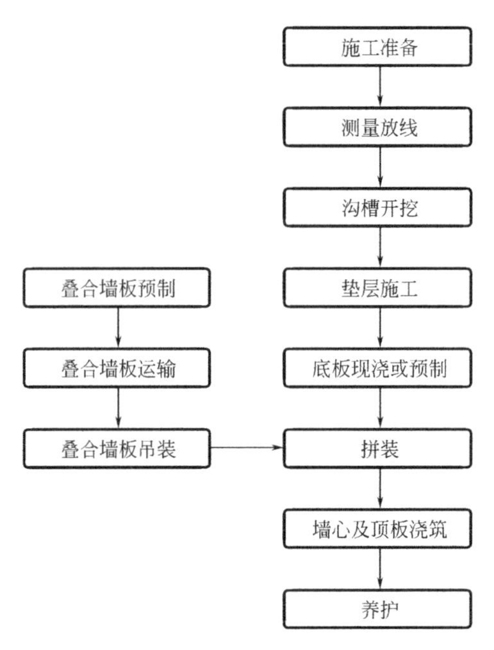

图 5.9-4 双层叠合墙综合管廊主要施工工艺流程图

图 5.9-5 武汉十堰综合管廊预制叠合墙

模具组模方法按照构件图尺寸制作，组模后，对模具进行验收，浇筑混凝土时，应对模具看模监护。

模具的安装固定要求平直紧密、不倾斜，并且尺寸符合构件精度要求。

在模板底面应根据要求进行弹线定位固定，并确认扭曲、翘曲、接缝均在允许范围内。模板表面均匀涂刷脱模剂。

钢模板尺寸精度要求见表5.9-1。

钢模板尺寸精度要求 **表5.9-1**

测定部位	允许偏差(mm)	检验方法
边长	±2	钢尺四边测量
板厚	0～+1	钢尺测量
扭曲	2	四角用2根细线交叉固定,钢尺测中心点高度
翘曲	3	四角固定细线,钢尺测细线到模板边距离,取最大值
表面凹凸	2	靠尺和塞尺检查
弯曲	2	四角用两根细线交叉固定,钢尺测细线到模板边距离
对角线误差	2	细线测两根对角线尺寸,取差值
预埋件	±2	钢尺检查

在板块加工期间，派专人对构件加工过程尺寸、预埋件进行复合，构件养护完成后对预制构件进行验收，确保板材出厂的质量。

3. 混凝土浇筑

混凝土的铺设放料，高度要在50cm以下。构件混凝土的铺设要尽量控制投料量的精确性，投料量以预算方量严格控制。

浇筑前应对模具、支架、已安装的钢筋和埋件进行检查。

混凝土用ϕ50振捣棒振捣，注意振捣过程中避免碰到模具和固定埋件，外框部位用小型试块振动器（或20mm钢筋）快插慢拔振捣。

双层叠合侧墙加工采用特制振动台，2.95m×3m，双层叠合墙一侧浇筑好达到吊运强度以后，进行翻转，放置在浇筑好混凝土的振动台上，位置放置准确以后开启振动台，利用振动台使混凝土振捣密实。达到养护强度以后方可吊运。

混凝土表面要求用抹刀进行抹平，预埋件周围不能被混凝土覆盖，埋件内设置泡沫棒保护螺牙丝扣。

4. 混凝土养护

构件采用低温蒸汽养护。蒸汽养护在原生产模位上进行，采用表面遮盖油布做蒸养罩，内通蒸汽。蒸汽养护按照静停—升温—恒温—降温四个阶段进行。静停2h；升温2～3h（升温速度控制在15℃/h）；恒温7h（恒温时段温度保持在55±2℃）；降温3h（降温速度控制在10℃/h）。

5. 构件运输及堆放

构件在现场预制，所以构件的运输不使用运输车辆，预制好以后放在指定堆放场，指定堆放点设置专用支架用于支撑板材。构件堆放时，须以内板为支撑点，构件放置于支架上时应对称靠放，内板朝外，倾斜度保持在75°～80°，防止倾覆，并保证构件二次吊装不被破坏。

6. 吊装准备

（1）预制构件的验收

预制构件使用时须对每块构件进场验收，主要针对构件外观和规格尺寸。

构件外观要求：外观质量上不能有严重的缺陷，且不应有露筋和影响结构使用性能的蜂窝、麻面和裂缝等现象。

规格尺寸要求和检验方法见表5.9-2。

规格尺寸要求及检验方法　　**表5.9-2**

项次	项目			允许偏差（mm）	检验方法
1	规格尺寸	高度		±5	用尺量两侧边
		宽度		±5	用尺量两横端边
		厚度		±5	用尺量两端部
		对角线差		10	用尺量测两对角线
		窗洞口	规格尺寸	±5	用尺量
			对角线差	5	
			洞口尺寸	10	
			洞口垂直度	5	
2	外形	侧向弯曲		1/1000	拉线和用尺检查侧向弯曲最大处
		扭曲		1/1000	用尺和目测检查
		表面平整		5	用2m直尺和楔形塞尺检查
3	预留部件	预埋件	中心线位置	10	用尺量纵、横两个方向中心线
			与混凝土表面平整	5	用尺量
		安装门窗预埋洞	中心线位置	15	用尺量纵、横两个方向中心线
			深度	+10、0	用尺量
4	主筋保护层厚度			+10、−5	用测定仪或其他量具检查
5	翘曲			1/1000	调平尺在两端测量

（2）构件编号及施工控制线

每块预制构件验收通过后，统一按照板下口往上1500弹出水平控制墨线；按照左侧板边往右500弹出竖向控制墨线。并在构件中部显著位置标注编号。

（3）构件吊装

1）起吊工具形式

构件吊装机械主要汽车起重机，并确保全覆盖。吊点采用预制板内预埋吊钩（环）的形式，吊钩根据构件重量设计，见图5.9-6。

2）吊装顺序

构件吊装采用左右对称吊装的形式，两侧墙体吊装完毕以后吊装中隔墙，然后吊装顶板，逐块吊装，不得混淆吊装顺序。

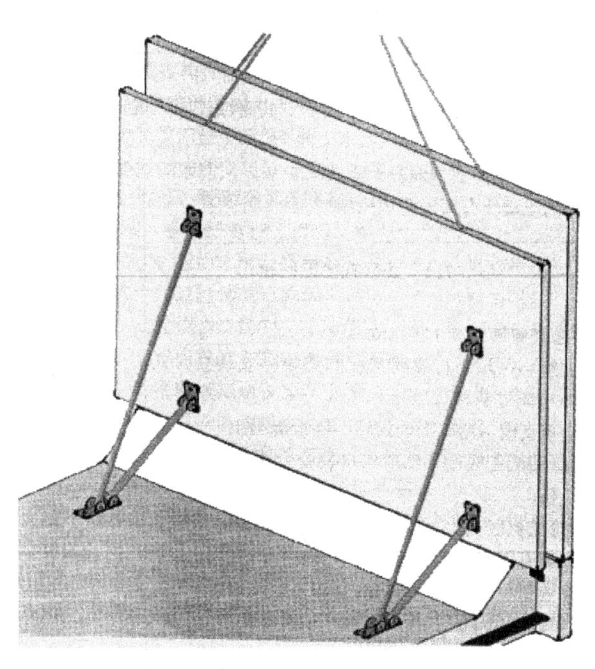

图 5.9-6　吊装示意图

3）吊装安全技术措施

构件吊装前，设置控制线，并根据预制板面上的吊耳水平高度，确保吊装过程中构件在同一水平面上。构件起吊时，先行试吊，试吊高度不得大于 1m，试吊过程中检测吊钩与构件、吊钩与钢丝绳、钢丝绳与铁扁担之间连接是否可靠。确认各项连接满足要求后方可正式起吊。构件吊装至底板时，操作人员应站在管廊内侧，确保安全。

4）吊运注意事项

吊运构件时，下方严禁站人，必须待吊物降落离地 1m 以内，方准靠近，就位固定后，方可摘钩。

构件吊装应逐块安装，起吊钢丝绳长短一致，两端严禁一高一低。

遇到雨、雪、雾天气或风力大于 6 级别时严禁吊装作业。

7. 构件调节及就位

构件安装初步就位后，对构件进行微调，确保预制构件调整后标高一致、进出一致、板缝间隙一致，并确保垂直度。根据相关工程经验并结合工程实际，每块预制构件采用 2 根可调节水平拉杆、2 根可调节斜拉杆。

（1）构件左右位置调节

待预制构件高度放置合适后，进行板块水平位置微调，微调采用液压千斤顶，以每块预制构件板底∟80×50×5 角钢为顶升支点进行左右调节。

构件水平位置复核：通过钢尺测量构件边与水平控制线间底距离来进行复核。每块板块吊装完成后须复核。

（2）构件进出调节

构件进出调节采用可调节水平拉杆，每一块预制构件左右各设置 1 道可调节水平拉杆，如图 5.9-7 所示，拉杆后端均牢靠固定在底板上。拉杆顶部设有可调螺纹装置，通过

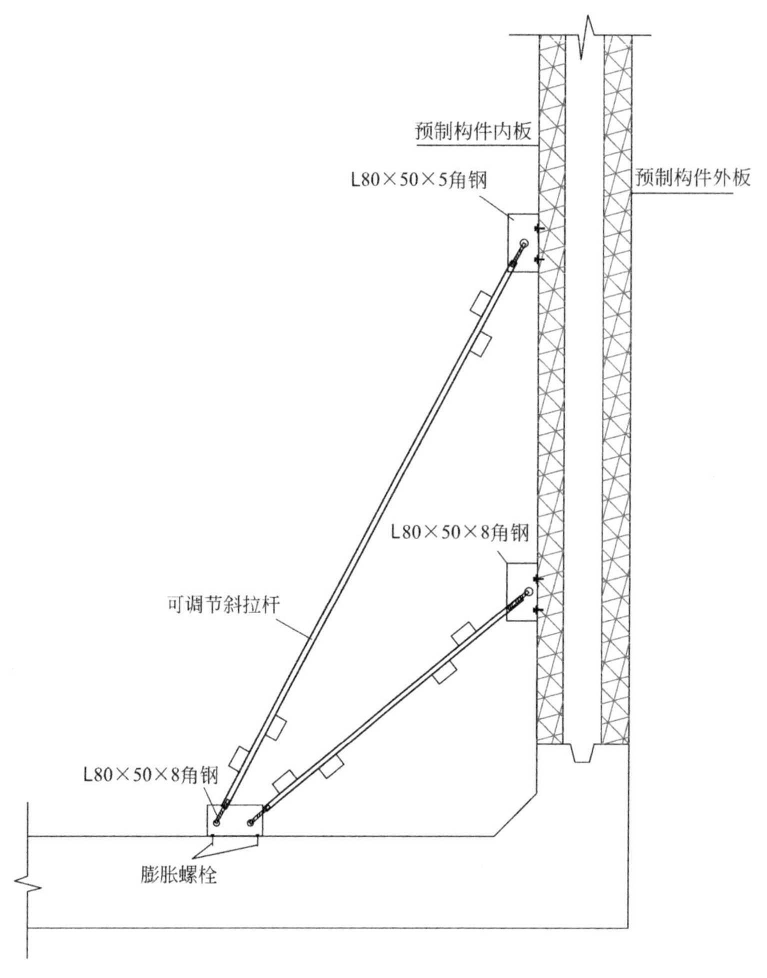

图 5.9-7　湖北十堰管廊斜撑固定图

旋转杆件，可以对预制构件底部形成推拉作用，起到板块进出调节的作用。

构件进出量通过钢卷尺来进行复核，每块板块吊装完成后须复核。

（3）构件垂直度调节

构件垂直度调节采用可调节斜拉杆，每一块预制构件左右各设置 1 道可调节斜拉杆，如图 5.9-8 所示，拉杆后端均牢靠固定在底板上。拉杆顶部设有可调螺纹装置，通过旋转杆件，可以对预制构件顶部形成推拉作用，起到板块垂直度调节的作用。

构件垂直度通过垂准仪来进行复核，每块板块吊装完成后须复核。

（4）构件吊装验收标准

吊装调节完毕后，须进行验收。

验收项目及标准见表 5.9-3。

8. 现浇顶板及墙中混凝土施工

预制外墙构件调节完毕后，方可进行结构顶板及墙中混凝土的施工。

本工程中内外墙预制板，同时作为内外墙现浇结构的内外模板，且内板厚度仅为 60mm，为了减小在混凝土浇捣过程中对于墙板可能产生的变形，在浇捣过程中，必须确

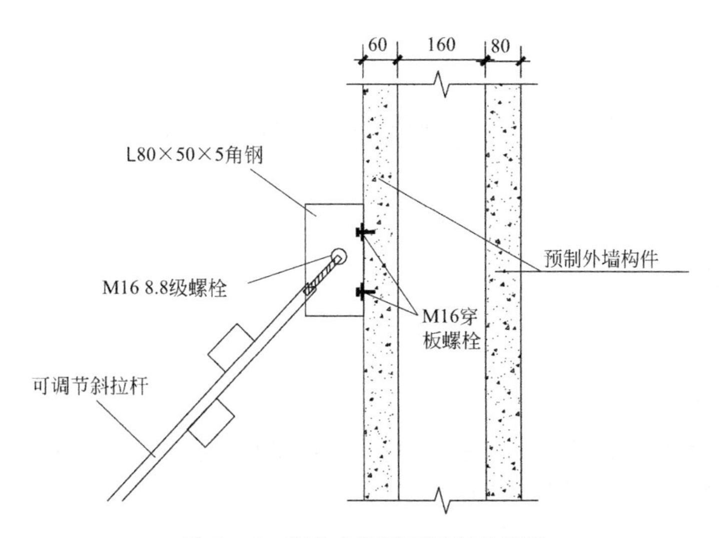

图 5.9-8　湖北十堰管廊固定示意图

保混凝土浇捣速度，并派专人监测，发现问题及时调整混凝土浇捣流程。

验收项目及标准　　**表 5.9-3**

项目	允许偏差(mm)	检验方法
轴线位置	5	钢尺检查
底模上表面标高	±5	精密水准仪
每块外墙板垂直度	5	2m 靠尺检查
相邻两板高低差	2	2m 靠尺和塞尺检查
外墙板外表面平整度	3	2m 靠尺和塞尺检查
外墙板单边尺寸偏差	±3	钢尺量一端及中部，取其中较大值
水平拉杆位置偏差	±20	钢尺检查
斜拉杆位置偏差	±20	钢尺检查

9. 成品保护

预制构件在卸车及吊装过程中注意对成品的保护，重点对预制构件上下部位的保护。

（1）构件现场堆放时，应置于专用堆放架，并在堆放架上设置橡胶垫保护。吊运过程中，应避免碰撞。

（2）现场吊装中，严禁吊钩撞击构件，控制吊钩下落的高度和速度。

第6章　综合管廊的暗挖施工技术

6.1　暗挖施工技术概述

6.1.1　技术简介

暗挖法是指不挖开地面，采用在地下挖洞方式施工的方法。对于城市综合管廊建设而言，在地面无明挖施工条件时（如老城区、交通要道、场地狭窄、穿江过河、穿越铁路公路等），通常会考虑采用暗挖法施工。

暗挖法修建城市综合管廊有以下特点：

（1）优点：对周边环境影响小，如拆迁占地少，少扰民，不影响原有道路交通；对地质条件的适应性较强，通过选择合适工法，通常均可用暗挖法修建。

（2）缺点：工作条件较差、工作面少而狭窄、工作环境较差；造价较高，施工进度较慢。

城市综合管廊暗挖法：
- 顶管法
- 盾构法
- 浅埋暗挖法
- 钻爆法

图6.1-1　城市综合管廊暗挖法分类

城市综合管廊采用的暗挖法主要有顶管法（包括箱涵顶推、全断面置换等）、盾构法（包括TBM）、浅埋暗挖法、钻爆法等。综合管廊暗挖法分类如图6.1-1所示。

6.1.2　综合管廊暗挖技术发展现状与趋势

目前国内综合管廊大部分规划建设在新城区，常用明挖现浇施工技术。但随着国内综合管廊建设规模的不断增大，下穿障碍物施工案例将会越来越多。目前国内综合管廊项目已采用的暗挖施工技术主要有：顶管法（包含矩形顶管机）和盾构法等施工工法。有可能采用的暗挖施工技术有浅埋暗挖法。

顶管法施工是继盾构施工之后发展起来的地下管道施工方法，最早于1896年美国北太平洋铁路铺设工程中应用，已有百年历史。20世纪60年代在世界各国推广应用，近20年，日本研究开发了土压平衡、水压平衡顶管机等先进顶管机头和工法。当前，顶管的发展趋势主要有长大距离顶管、大直径顶管、微型管顶管、曲线顶管、自动控制等。目前国内包头综合管廊项目首次将矩形顶管技术应用到综合管廊下穿道路工程中来，极大地推动了顶管技术在综合管廊方面的应用发展。顶管技术将成为综合管廊暗挖技术中重要的施工工法之一。

盾构法是暗挖法施工中的一种全机械化施工方法。它是将盾构机械在地中推进，通过盾构外壳和管片支承四周围岩防止发生往隧道内坍塌。同时在开挖面前方用切削装置进行土体开挖，通过出土机械运出洞外，靠千斤顶在后部加压顶进，并拼装预制混凝土管片，形成隧道结构的一种机械化施工方法。目前盾构法在国内综合管廊施工中已开始应用。盾构法具有明显的优点：

（1）在盾构的掩护下进行开挖和衬砌作业，有足够的施工安全性；

（2）地下施工不影响地面交通，在河底下施工不影响河道通航；

（3）施工操作不受气候条件的影响；

（4）产生的振动、噪声等环境危害较小；

（5）对地面建筑物及地下管线的影响较小。

为适应地下工程的发展，盾构的发展趋势主要为微型和超大型化、形式多样化、高度自动化以及高适应性。随着综合管廊建设数量的不断增多，盾构法将会是今后综合管廊暗挖施工重要的工法之一。

目前暗挖法中比较适用于综合管廊的工法还有浅埋暗挖法。相对于其他施工方法，浅埋暗挖法虽然具有诸多优点，但其缺点是明显的，例如造价高，施工速度较慢，施工工艺受施工队伍的技术水平限制，结构防水也存在一些问题等。但浅埋暗挖法施工灵活，不受暗挖隧道长短的限制，限制变形辅助技术措施完善等优点，这些优点都能满足综合管廊在特殊工程地质条件下的施工，因此在某些特殊的综合管廊工程，浅埋暗挖法施工技术具有其独特的优越性。

6.2　顶管施工技术

6.2.1　顶管施工原理及分类

作为一种现代化的非开挖施工方法，顶管施工以环境破坏小，综合成本低，施工时间短，社会效益显著等特点，在穿越公路、铁道、河川及地面建构筑物等施工条件下，具有极大的优势，与定向钻、盾构共同作为当今三大非开挖技术，得到了越来越广泛的应用。随着综合管廊建设在我国的兴起，顶管施工技术作为综合管廊穿越各种城市障碍物的有效手段之一，势必得到更加广泛发展与应用。

顶管施工的基本原理就是依靠位于工作井内的主顶油缸及管涵中继间等的推力，把顶管机从工作井内穿过障碍物下的土层，一直推进到接收井内。与此同时，紧随其后的预制管节按照顶管机的推进轴线一节节的埋设就位。从顶管施工的构成要素来看，一个完整的顶管施工体系需要包括以下十六部分：工作坑和接收坑、洞口止水圈、掘进机、主顶装置、顶铁、基坑导轨、后座墙、顶进用管及接口、出土装置、地面起吊设备、测量装置、注浆系统、中继、辅助施工、供电及照明、通风与换气，如图6.2-1所示。

从不同角度，顶管施工的分类亦各不相同。最简单的分类方法就是根据顶管的直径大小，从小到大可分为微型、小口径、中口径及大口径四类；从顶进距离大小可以分为普通顶管和长距离顶管；从顶进姿态不同又可分为直线顶管和曲线顶管；以顶管工具管的作业形式来分，可以分为手掘式、半机械式、机械式顶管施工，目前来看，机械式顶管的应用越来越普遍，根据掘进机械不同，可进一步分为泥水式、土压式及气压式三种最常见形式。本节将重点介绍这三种掘进机的工作原理。

顶管施工首先要做的第一步就是设备的选型，而设备选型的关键是适应性问题。针对不同的地质条件、不同的施工条件和不同的周边环境等要求，必须选用与之适应的掘进方

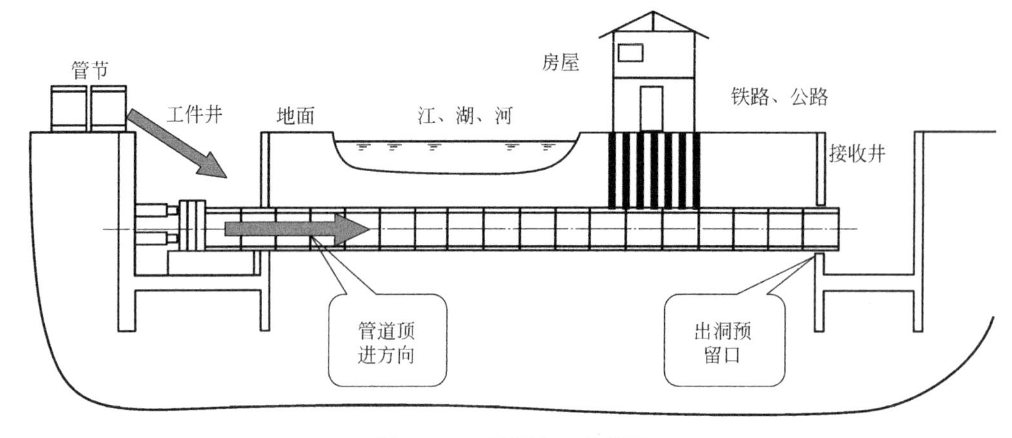

图 6.2-1　顶管施工示意图

式，才能保证工程的顺利实施。本节将重点介绍泥水式、土压式及气压式三种掘进机的工作原理。

1. 泥水式顶管掘进机

在泥水式顶管施工中，通过进排泥管路的正常工作，既可以使泥水仓中充满一定压力的泥水，以此平衡挖掘面上的水土压力，又可以使挖掘面上形成一层不透水的泥膜，以阻止泥水向挖掘面的渗透。这就是泥水平衡式顶管机最基本的原理。一个完整的泥水式平衡顶管系统包含八个部分：掘进机、进排泥管路、泥水处理装置、主顶油泵、激光经纬仪、行车、配电间及洞口止水圈，其构造如图 6.2-2 所示。

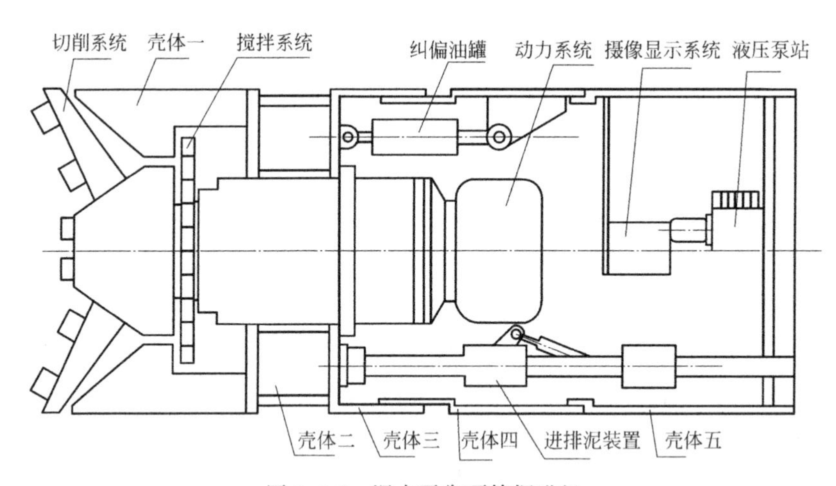

图 6.2-2　泥水平衡顶管掘进机

泥水式顶管掘进机适用范围较广，能够适应地下水压力很高及变化范围较大的地质条件。在顶进过程中，针对不同的土质条件，通过调节泥水的相对密度，可以有效地保持挖掘面的稳定及减少对周围土体的扰动，进而最大限度地减少顶管施工引起的地面沉降。在施工中，泥水管理是非常重要的一环，尤其在砂砾层等渗透系数较大的地质条件下，稍有不慎，就可能使挖掘面失稳，机头被埋。所以在顶进过程中，要随时注意挖掘面的稳定情况，经常检查进排泥泵的流量、压力以及泥水的浓度和相对密度的指标是否正常。

2. 土压式顶管掘进机

土压平衡式顶管施工过程中，利用土仓的压力和螺旋输送机排土来平衡掘进面的水土压力，其包含两方面内容：一是土仓压力与掘进面上的水土压力处于一种平衡状态，二是螺旋输送机的出土量与掘进机进尺所占土的体积也处于一种平衡状态。土压式顶管掘进机主要有两种分类方法：一种是根据土压仓内土的类型可分为泥土式、泥浆式和混合式三种；另一种是根据掘进机刀盘形式分为有面板刀盘和无面盘刀盘两种。一个完整的土压式顶管系统由六部分组成：掘进机、排土机构、输土系统、土质改良系统、操纵控制系统和主顶系统，其构造如图 6.2-3 所示。

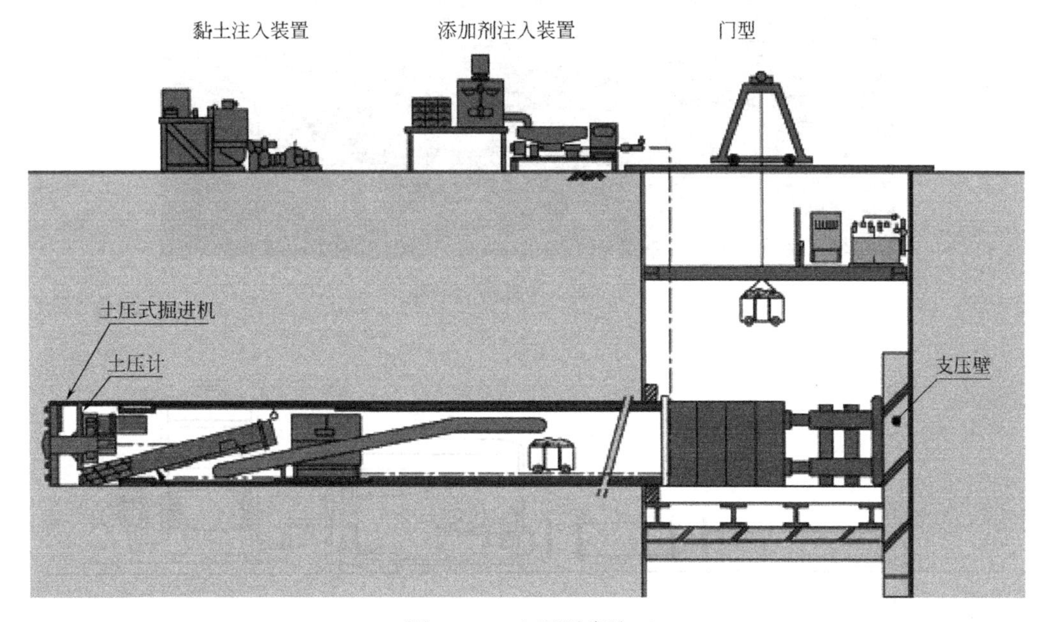

图 6.2-3　土压平衡施工

土压平衡掘进施工技术的一大特点是可以通过添加剂对土仓内的土体进行改良。通过设置在面板上的注浆孔，把含有黏土及添加剂的浆液注入到面板前，与刀盘切削下来的土体搅拌充分，以此来改善土质的塑性、流动性及止水性。尤其是在砾砂层等流动性较差的地质下施工时，必须使用添加剂对土体进行改良。由中国建筑第六工程局施工的包头市新都市区综合管廊项目，管廊就位于砾砂层中，在采用土压平衡顶管机施工过程中，使用添加剂及黏土对土质进行改良，取得了较好的应用效果，如图 6.2-4 所示。

3. 气压式顶管掘进机

气压式顶管施工主要是通过向仓内注入一定压力的压缩空气来平衡掘进面水土压力，且疏干地下水，以实现挖掘面土体稳定的一种施工方法，其构造如图 6.2-5 所示。根据气压分布范围可以分为全气压顶管施工和局部气压顶管施工两类。全气压顶管施工时，整个管道内都充满一定压力的压缩空气，所有工作人员都要求带压作业，局部气压顶管施工仅在挖掘面上保持一定压力的压缩空气，且使用机械进行掘进挖土，工作人员不带压作业。

相比泥水、土压等掘进形式，气压顶管施工对地质条件及周边环境有着非常高的要求。对于渗透系数较大的土层，如砾砂层，容易发生漏气致使掘进面发生失稳。另外，由于气压对地下水的疏干作用，使土体固结压密产生沉降。

图 6.2-4　土体改良效果

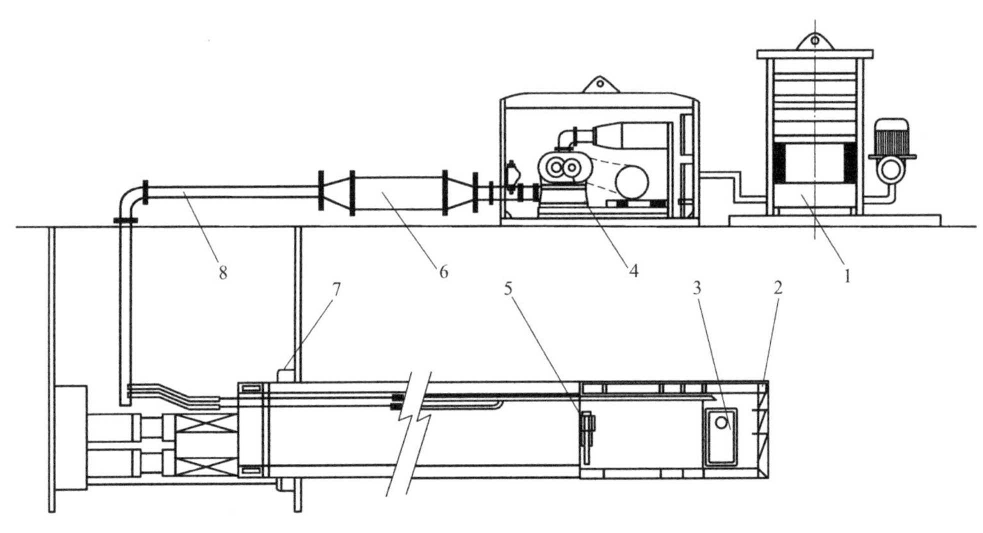

图 6.2-5　全气压顶管施工

1—冷却塔；2—网格工具管；3—第一道气闸门；4—空压机；5—第二道气闸门；
6—空气滤清器；7—防漏气装置；8—送气管

6.2.2　顶管管材及管接口形式

顶管管材分类方法较多，常用的分类方法有三种：按其材质可分为钢筋混凝土管、钢管、铸铁管、硬塑料管等；按管材的生产工艺可分为离心管、立式振捣管及悬辊管三种；按管材的接口形式，可分为企口管、T 型套环管以及 F 型接口管三大类。钢筋混凝土管是顶管工程中使用最多的管材，其接口形式对其防水性能有着至关重要的影响，故本小节主要介绍混凝土管节间的接口形式。

1. 企口管

企口管又称丹麦管，通过钢模立式振捣半干性混凝土制作而成。其自动化程度较高，钢筋笼采用机器加工制作，精度较高。通常采用 C50 标号混凝土制作，通常适用于覆土厚度 0.7～6m 的地下工程管道工程中。

企口管的接口形式如图 6.2-6 所示，通常采用“q”型橡胶止水圈，该止水圈安装方便，止水可靠，作为顶管使用时，需用多层胶合板或木板制成垫圈，垫于管内口处。相比其他接口形式的管材，企口管最大允许偏角较小，偏角稍有增加，最大许用推力将大幅下降，故一般不适用于曲线顶管。

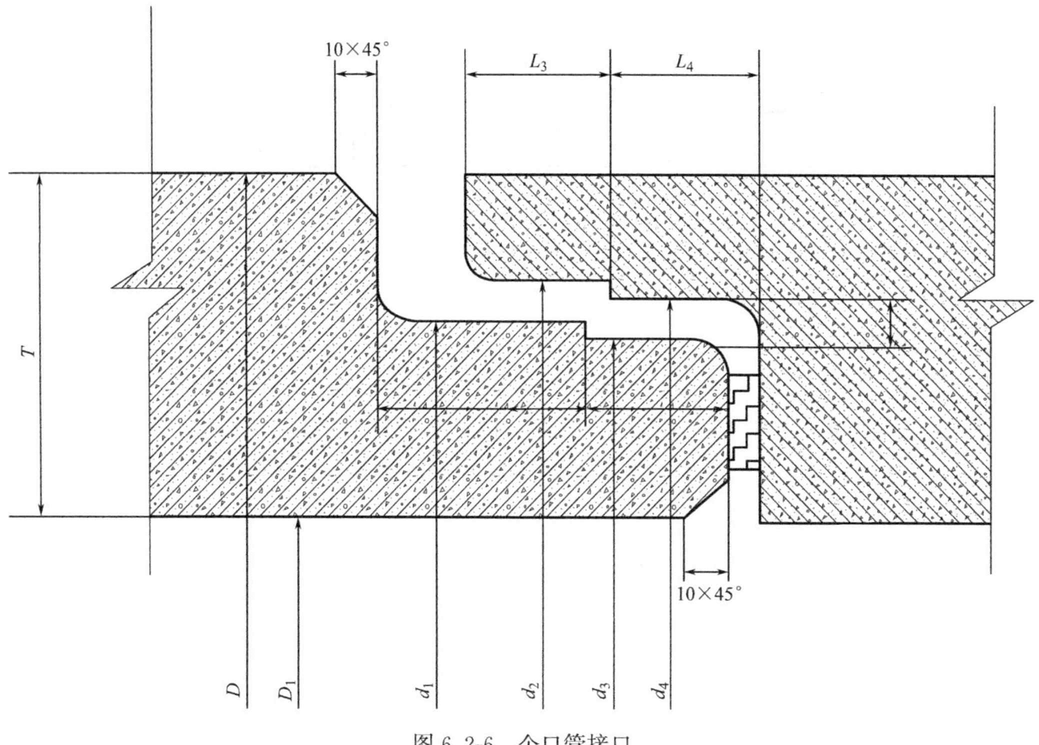

图 6.2-6　企口管接口

2. T 型套环管接口

T 型套环管亦称平口式管，其结构形式是以一个 T 型钢套环将相邻管节连接在一起，如图 6.2-7 所示。管节间的止水装置通常采用齿形橡胶圈或鹰嘴形橡胶圈，先将其粘结于

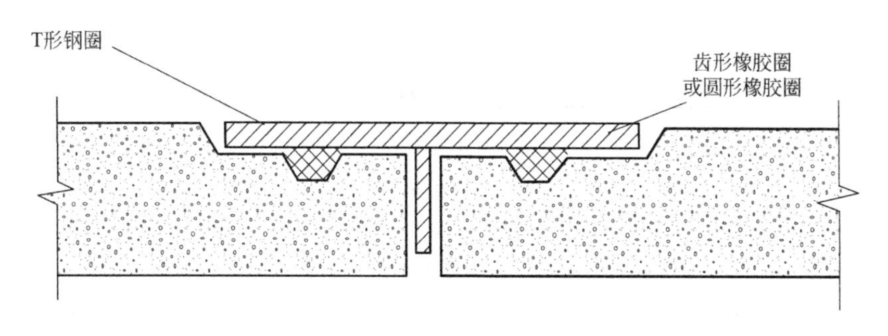

图 6.2-7　T 型套环管接口

管节的槽口内，T 型钢套环沿橡胶圈斜面滑入。

齿形橡胶圈在工程实际中，存在着弹性不足的问题，在曲线半径较小的顶管工程中，会出现接口渗漏现象。针对这种不足，近来出现的鹰嘴型橡胶圈弹性好，可有效克服曲线顶进时接口的张开，应用越来越广泛，如图 6.2-8 所示。

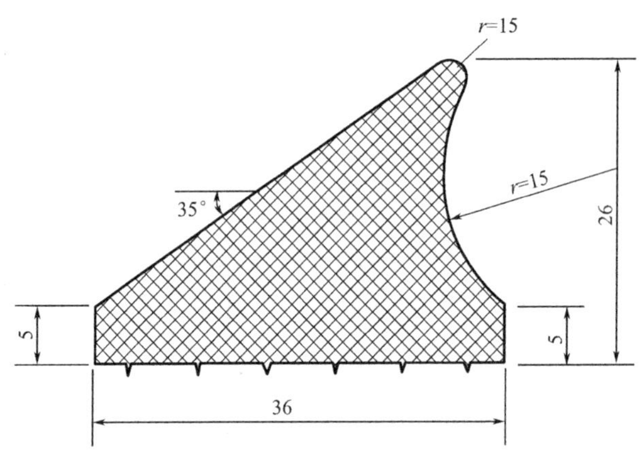

图 6.2-8　鹰嘴型止水圈断面

3. F 型管接口

F 型管接口形式是在 T 型接口形式的基础上发展而来，是对 T 型接口的进一步发展，把 T 型钢套环前面一半埋入混凝土管节中去，就是 F 型接口形式，如图 6.2-9 所示。为了防止钢套环与混凝土管节接触面出现渗漏点，在其结合处埋设有遇水膨胀止水橡胶圈。

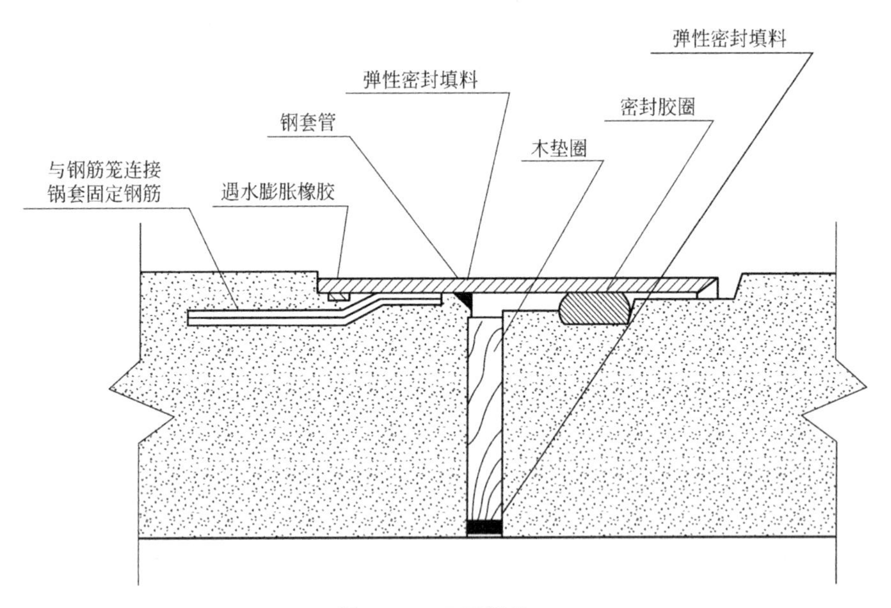

图 6.2-9　F 型管接口

F 型接口最大允许张角较大，最大可达 3°，非常适用于曲线顶管。另外，相比其他接口形式，F 型接口大大增加了管节间的接触面积，即增加了最大允许顶力的范围，故也适用于长距离顶管。

6.2.3 竖井施工

顶管工程的竖井包含工作井与接收井两部分。工作井主要用途包括：供顶管机头安装、安放顶进所需设备、承受主顶油缸的反作用力；接收井的主要作用为供顶管掘进机进坑及拆卸。两种竖井的用途不同决定了其构筑成本亦不同，一般工作井比接收井要求更为坚固、可靠、基坑尺寸也较大。

工作井及接收井的选取原则，主要包括位置的选择与围护结构的选择。在选址上，要求竖井尽可能地避开架空电线、河塘、房屋及地下管线等不利于后期施工作业的环境。若工作井周围有架空线，则后期施工时管节下放、吊运出土等作业将受到极大限制，易引发触电事故及造成停电事故，不利于安全施工；在临近河塘的地方则非常不利于基坑的围护结构，尤其工作井的后靠土体需要承受全部的主顶油缸反力，容易对基坑造成安全隐患；若距离房屋及地下管线较近，施工中采取措施对其进行保护则会增加施工成本。

从围护结构形式来说，竖井按构筑方法来分包括：放坡开挖竖井、拉森钢板桩竖井、钻孔灌注桩竖井以及混凝土沉井等围护结构的竖井。

1. 放坡开挖竖井

只有在所顶管节直径较小、顶进距离较短且地质条件很好的情况下才使用放坡开挖形式的竖井，此时仅需在工作井浇筑后靠墙以承受主顶油缸的反力。放坡开挖显然是最为经济的方式，但因其所需条件较多，一般很少采用。

2. 拉森钢板桩竖井

拉森钢板桩竖井属于传统的板式支护结构，可以兼顾挡土和止水，打拔速度快并可回收重复利用，是相当经济的支护形式。由于拉森钢板桩属于柔性支护体系，桩顶位移较大且桩体能承受的弯矩有限，所以一般在土质情况较好，基坑深度不大的情况下使用。与常规基坑相比，竖井需进行大量的吊装工作，如掘进机、管节等的下放，所需空间较大，故一般要避免采用对撑，尽可能在基坑四个角部布置 45°斜撑来满足内支撑体系的受力要求。

钢板桩施工的关键在于选择正确的打拔方式。其中沉桩机械及工艺的选择受许多因素的影响，如地质条件、周边环境、锤击能量等，需结合当地施工经验综合考量后确定。常规的打桩机械包括：冲击式打桩机械、振动打桩机械、压桩机械等。冲击式打桩机械通常锤击力大，机动性较好，施工快捷，但容易产生振动和噪声，在城市中施工往往使用受限。振动打桩施工速度较快；如需拔桩时，效果更好；相对冲击打桩机施工的噪声小；在施工净空受限时可以使用；不易损坏桩顶；操作简单；无柴油或蒸汽锤施工所产生的烟雾。相比上述两种打桩机械，压桩机彻底克服了打桩时产生噪声、振动、损坏桩头等问题，适用于城市居民聚集区等对环境要求较高的作业环境。

由于拉森钢板桩属于柔性支护，主顶油缸反力不可直接作用于钢板桩上，一般需在工作坑后方浇筑一块厚度为 1m 左右的混凝土后靠墙，后靠墙高度一般须大于掘进机外径两倍左右，且必须与底板固结。一般情况下，接收井受力较为简单，使用拉森钢板桩作为围护结构较为经济安全。

3. 钻孔灌注桩竖井

钻孔灌注桩作为竖井的围护结构，其刚度较大，受力性能较好，适用于距离房屋、道路及管线较近处的工作井及接收井，可有效减少围护结构自身变形所引起周边环境的沉降。但钻孔灌注桩一般造价较高，工期较长，且施工会对周边环境造成一定的污染，一般在对环境要求较高的地方不宜采用。钻孔灌注桩不具有止水作用，一般还需在桩间做旋喷桩等止水措施。

钻孔灌注桩根据成孔方式不同分为干作业成孔施工和湿作业成孔施工两类。钻孔灌注桩干作业成孔施工主要有螺旋钻孔机成孔、机动洛阳挖孔机成孔及选挖机成孔等方法。钻孔灌注桩湿作业成孔主要有冲击成孔、潜水电钻机成孔、工程地质回旋钻机成孔及旋挖钻机成孔等方式。

钻孔灌注桩作为一种较强的围护体系，一般在管廊覆土深度大，地质条件较差时或对周边沉降控制较严时可以采用的一种竖井施工方式。

4. 混凝土沉井竖井

沉井作为一种整体性好，刚度大，变形小的支护结构，对邻近建筑物或地下管线产生的影响较小，且在地面制作而成，质量易于控制，此外，其无需内支撑体系，内部空间可充分利用。在竖井施工时，尤其遇到软土且地下水丰富的地质条件，工作井应首先考虑使用沉井作为围护结构。

沉井的施工较为简单，在排水和不排水情况下均能施工，且机械化作业程度高。基本工序也较为简单，首先在工作井和接收井位置地面上直接沉井结构首节，底节下侧的内侧井壁做成由内向外的刃脚，制作完成后，挖掘井内土体，使之不断下沉至设计标高。在制作井壁过程中，要预先留有掘进机进出洞的洞口。下沉时，若沉井自重无法克服井壁与土的摩阻力，需要采取辅助减阻措施，常用的有排水下沉、吸泥不排水下沉、泥浆润滑套、空气幕助沉等方法。

城市综合管廊一般覆土较浅，且工作井、接收井一般都选址于后期作为检查井、联络段等永久结构的位置，这些永久结构一般本身墙壁较厚可作为围护结构，故直接制作永久结构的墙壁作为沉井下沉，可不必再制作基坑围护结构，较为经济合理。

6.2.4 顶管施工常用技术

目前在顶管施工技术方面，圆形顶管无论在理论研究或工程实践中，已经获得了大量的成果与应用，而矩形箱涵顶进技术在我国尚处于推广发展阶段。当然，圆形顶管技术与矩形箱涵顶管有着大量可相互借鉴的施工技术，然而在综合管廊大断面浅覆土顶进施工中，由于理论尚不完善，仍存在许多需要重点考虑的施工技术，主要有：长距离顶进施工技术，曲线顶管施工技术、线位纠偏技术等。

1. 长距离顶进施工技术

一般认为，连续顶进 100m 以上的顶管施工就属于长距离顶进。相比一般距离的顶管施工，顶进距离的增加会产生许多制约因素，造成施工困难，主要有顶进力的制约，后靠墙所能承受顶进力大小的制约、排土方式的制约、管道通风的制约等。

顶进力大小是否满足是制约长距离顶进最为重要的因素。顶管顶力首先必须克服管节外壁与土层之间的摩阻力以及掘进机前进的刀盘断面阻力，但并非随着顶进距离的增大，顶进油缸的推力可以同比例增大。管节的抗压强度能否满足也是必须考虑的因素，常用的混凝土管抗压强度为 13～17.5MPa，如果顶推力超过混凝土管抗压强度，那么显然不适用。后靠墙所能承受的顶力大小与工作坑及后靠墙的结构形式有关。沉井结构由于整体性好，两侧有土的摩阻力和主动土压力的约束，且刃脚与底板连接较好，可承受较大的主顶油缸反力。如果是钢板桩围护形式的工作井，需浇筑一个较厚的混凝土墙作为后靠壁，该墙的配筋可根据油缸反力产生的最大弯矩计算确定。此外，由于后靠壁最终将大部分力传递于后靠土体上，故后靠土体的稳定性也必须通过验算，必要时可对后靠土体进行加固。排土方式的制约主要是指长距离顶进时，出土速度太慢影响顶进速度，须采用沙土泵或加设中间泵等方式提高出土效率。管道通风的制约主要是指管内出现缺氧以及土层中一些有害气体的散发对作业人员的健康造成影响，长距离顶进施工时必须采用鼓风、抽风或鼓风与抽风相结合的形式进行通风作业。

针对各种长距离顶进施工的制约因素，目前首要的任务仍是解决顶进力过大的问题，常用的方法有注浆减阻与中继间的使用。

（1）注浆减阻技术

大量的工程实践已经表明，注浆减阻可以有效地减少管节外壁与周围土体的摩阻力，尤其当注入的浆液在管节周围形成一个比较完整的泥浆套，减阻效果非常显著，见表 6.2-1。

润滑浆与摩擦系数的关系　　　　**表 6.2-1**

施工场所	工法	管径	土质	无润滑浆时μ_1	有润滑浆时μ_2	μ_1/μ_2
1	泥水	ϕ900	砂土	0.69(tan34.6°)	0.12(tan6.8°)	5.8
2	手掘	ϕ1800	粗砂	0.94(tan43.2°)	0.06(tan3.4°)	16
3	泥水	ϕ800	粗砂	0.24(tan13.5°)	0.03(tan1.7°)	8
4	泥水	ϕ800	粉砂	0.37(tan20.0°)	0.015(tan0.9°)	25

工程实践中，由于管节构造形式的差异、施工工艺的不同、土体性质的不同、甚至不同的覆土厚度都会导致注浆工艺的不同。注浆效果的好坏是注浆材料的选取、注浆压力的大小、注浆孔的布置形式以及注浆泵的选用等因素共同作用的结果。其中，最重要的是选取合适的注浆材料与配比。常用的注浆材料有两种：膨润土和人工合成高分子材料。

膨润土浆液又称触变泥浆，触变性主要是指其静止时呈胶凝状态，而遇到搅拌振动时呈胶状液态，并具有支撑和润滑作用。膨润土包括钙基膨润土和钠基膨润土两类，钠基膨润土相比钙基膨润土，其触变以后的流动性和静止时的胶凝性都更好，故应优先选用钠基膨润土作为顶管施工用减阻材料。除了膨润土和水外，触变泥浆配比中还应加入一定量的苛性钠或碳酸钠，纯碱作为分散剂可使泥浆保持较好的和易性及稠度，常见的配合比参见表 6.2-2。

触变泥浆配合比　　　　**表 6.2-2**

配方号	干膨润土重量比(%)	水重量比(%)	加碱按土重量的百分比计
1	20	80	4
2	25	75	4
3	14	86	2

目前国内外研究出许多高分子化学减阻材料，其中日本研发出一种 IMG 高分子减阻

材料，该材料专供长距离顶管使用，效果极佳。高分子材料吸水以后体积可迅速膨胀，直径较大，即使在渗透系数较大的土中也不易扩散，并具有一定的弹性，相当于管节周围被无数滚珠所包围，且加水搅拌即可制成，操作简单。

（2）中继间的使用

当注浆减阻无法满足顶进距离的要求时，就必须采用中继间以实现分段顶进，使每段的管道顶力均降到允许顶力范围之内。中继间技术，既将管道分成数个推进区间。顶进时，先由各区段的中继间按先后顺序各推进一小段距离后，最后由主顶油缸将最后一个区间的管节顶入。中继间的主体结构由四大部分构成：短冲程千斤顶组，液压、电器与操纵系统，壳体和止水密封圈及千斤顶紧固件、承压法兰盘，如图 6.2-10 所示。理论上，只要增加中继间的数量，顶进长度将不再受允许最大顶力的限制，顶进长度便可相应增加。

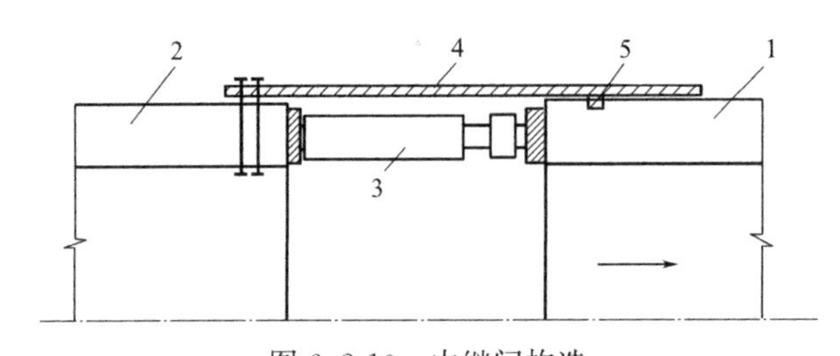

图 6.2-10　中继间构造

1—前管；2—后管；3—千斤顶；4—中继间外套；5—密封环

2. 曲线顶管施工技术

曲线顶进技术是目前顶管工程中较为前沿的技术，主要有两种曲线顶进形式：普通的曲线顶管与预调式曲线顶管。普通曲线顶管的实质就是以多段线代替曲线，在顶进过程中，按照设计的曲线要求方向，通过人为造成的轴线偏差形成一段段折线来代替设计所需的曲线。预调式曲线顶管技术就是按照设计要求调整每一个管口的张角，当所顶管节达到计算数据的要求后，再向前推进。

（1）普通曲线顶管施工技术

普通曲线顶管根据人为造成轴线偏差的方式不同，主要分为两种方法：楔形垫块法和蚯蚓式曲线顶进法。按照设计的张口要求，采用硬质木料加工成楔形套环或垫块置于管节接头处，使管节间形成一定张角，这便是楔形垫块法的基本原理。在曲线顶进段，先利用纠偏千斤顶将机头顶出曲线形状，再后续管节之间依次插入楔形垫块并逐节顶入，最终形成曲线段。蚯蚓式顶进工法则是在每节管子的接头部位设计特制的耐压充气胶囊，并以 3 节管子为一组同时充气或排气。在曲线段顶进时，当气囊排气后依次在管节之间的间隙内放入硬质木楔，然后再充气顶进，促使气囊前的管段改变方向，从而达到曲线顶进的目的。

（2）预调式曲线顶管施工技术

预调式曲线顶管则是通过安装在每一个管节接口中的间隙调制器来调整管节间的张角，使之达到设计要求后再进行顶进的施工方法。预调式曲线顶管的每一个管节都设有专门的间隙调制器及可调接口，见图 6.2-11。

相比普通曲线顶管技术，预调式曲线顶管更为先进，主要表现在以下几个方面，其形成的曲线精度很高，非普通曲线顶管的以直代曲，基本可达到与设计曲线一致的曲率半

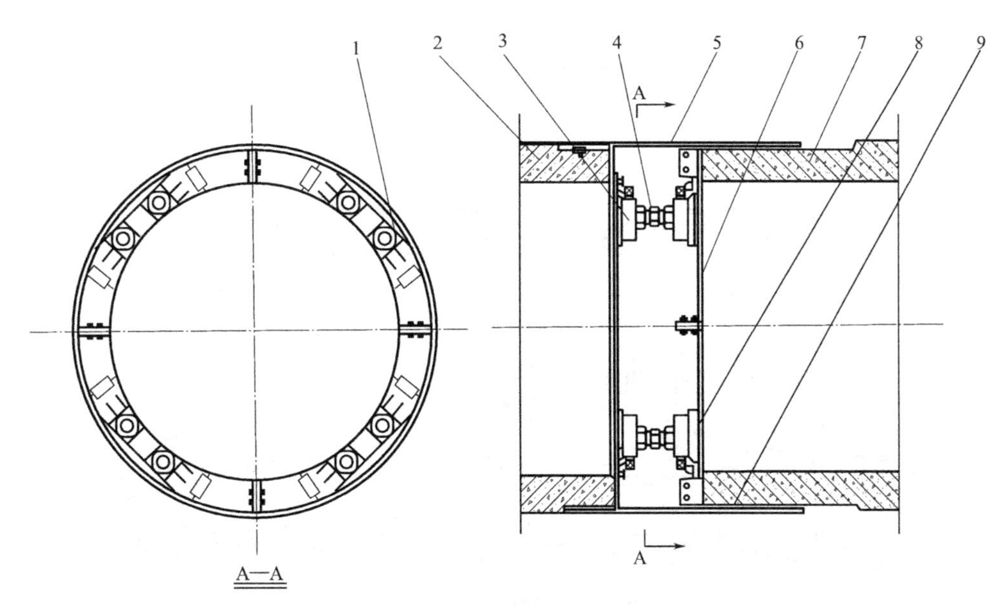

图 6.2-11 间隙调制器构造

1—压板；2—前管；3—顶靴；4—螺旋千斤顶；5—钢套环；6—法兰；7—后管；8—衬垫；9—密封圈

径；可进行复杂曲线的施工，不需普通曲线顶管所需的辅助措施，经济性较好；相比普通曲线顶进，可实现更小的曲率半径的顶进施工。

3. 线位纠偏技术

无论是圆形顶管还是矩形顶管，在顶进施工过程中，由于设备操作、地质变化等原因，管道轴线偏差是经常出现的问题。顶进轴线偏差主要包括两方面：顶进高程发生变化与顶进轴线弯曲，二者产生的原因不同。当土体强度不够，掘进机机头将逐渐下沉，使后续管节逐渐偏离预定轨迹随机头向下偏移。当顶进力过大或顶进较快时，会发生掘进机刀盘推土，导致前方土体隆起，机头亦向上逐渐偏移。当顶进过程中，掘进机前土体强度不均匀，或顶进力分布不均匀时，机头会向土体强度低或顶进力小的一侧发生偏移。

在顶进过程中，每一个管节顶进结束后都必须对顶管机进行一次姿态测量，随时发现并纠正偏转。纠偏方法中，一般主要采用顶管机机头后的纠偏油缸系统进行纠偏，其构造如图 6.2-12 所示。如果设备自身的纠偏系统无法达到纠偏目的时，可采用一些辅助纠偏措施。其中包括注浆纠偏，既在机头发生偏转的一侧注入一定浓度的泥浆以增加该侧的土体强度，使机头脱离偏转放向；挖土纠偏，通过在不同部位增减挖土量来实现纠偏目的；强制纠偏法，强制改变切削刀盘的旋转方向或在管内需要纠偏的部位增加配重。

此外，顶进线位纠偏在大量工程实践中，形成了许多经验性的原则，包括：勤纠微纠，勤纠指顶进过程中要勤测量，勤纠偏，一旦偏移量累积到一定程度将会给纠偏带来困难；微纠是指每次纠偏幅度不宜过大，否则易造成管节间出现张角，影响防水效果。动态纠偏，纠偏应尽量在顶进过程中进行，避免在静止状态下进行。实践表明，动态下的纠偏力要比静态纠偏力小一半以上。

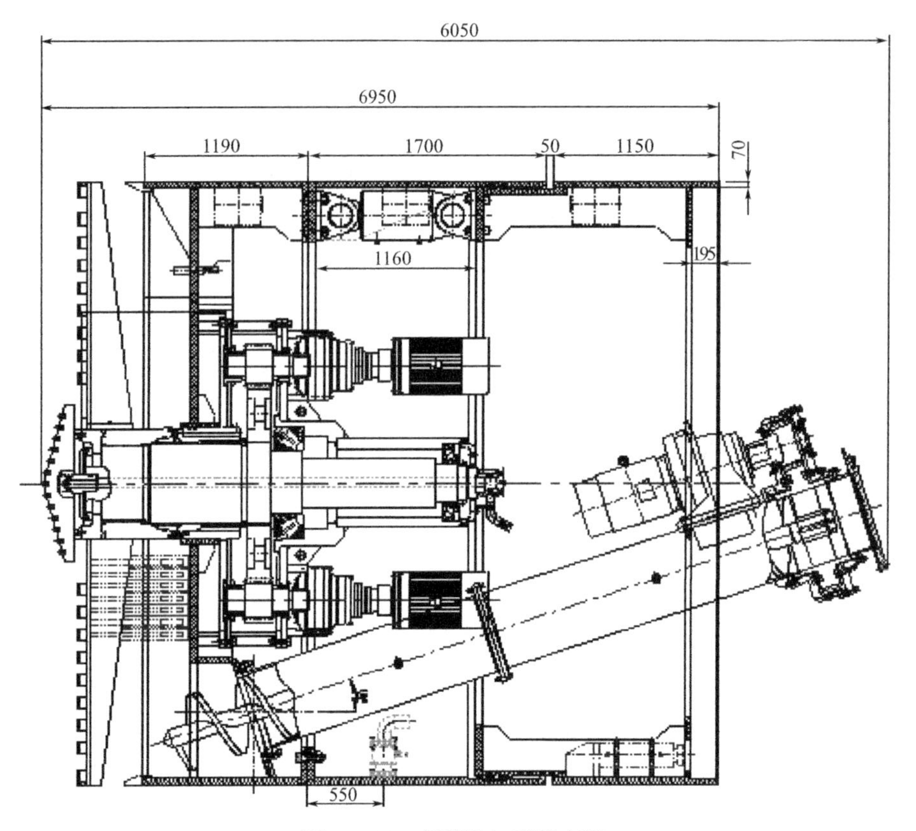

图 6.2-12　纠偏油缸系统布置

6.2.5　工程案例

1. 工程概况

包头新都市区项目综合管廊经十二路、经三路顶管工程，截面尺寸为 7m（长）× 4.3m（高），壁厚 50cm，每节管节长 1.5m，重 42t。经三路地下综合管廊顶进长度为 85.6m，经十二路综合管廊顶进长度为 88.5m。经三路最大顶力为 2308t，经十二路最大顶力为 2400t（图 6.2-13）。

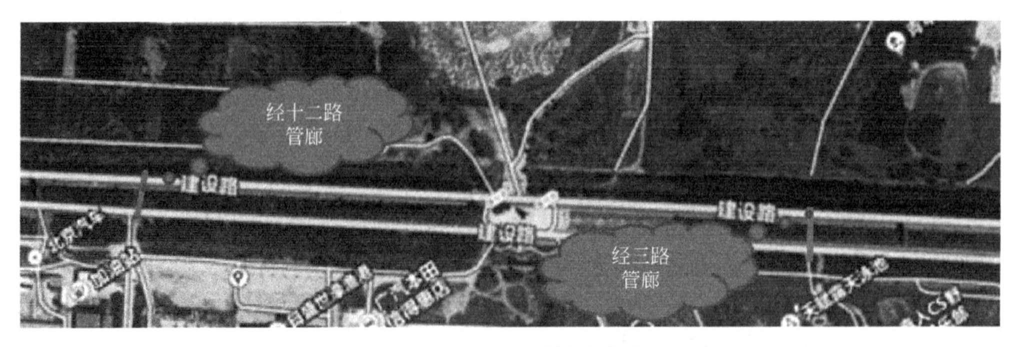

图 6.2-13　经十二路、经三路综合管廊平面位置图

2. 工程地质条件

（1）地形地貌

拟建矩形通道沿线地势平坦，地表为填土，钻孔高程在 1050.66～1053.10m 之间。场地所处的地貌单元为大青山山前冲洪积扇边缘。

（2）地质构造

拟建场地位于白彦花构造凹陷盆地，属于阴山纬向构造带与鄂尔多斯断块之间的构造凹陷盆地，始于燕山运动，形成于喜山运动后。盆地内堆积了巨厚的第三、四系堆积物，地壳运动以垂直运动为主的新构造运动发育，具有孕震构造。

（3）地层岩性特征

本次勘察查明，在 30m 钻探深度范围内，除表层有 0.70～1.60m 厚的填土外，其余地层均为自然形成。根据成因及岩性的不同，场地地层可分为以下六个单元层，现分别描述如下：

1）第①单元层填土（Q4ml）：褐色，稍湿，稍密状态；以粉土为主，含少量砾砂、碎石块；层厚变化在 0.70～1.60m 之间，层底标高变化在 1049.46～1051.54m 之间。

2）第②单元层粉砂（Q4al＋pl）：黄褐，稍湿，稍密状态；砂质一般，手搓有砂感，干强度低，夹粉土薄层。该层分布连续，发育稳定。层厚变化在 1.60～2.70m 之间，层底标高变化一般在 1047.26～1049.84m 之间。

3）第③单元层砾砂（Q4al＋pl）：黄褐，稍湿，中密～密实状态；砂质纯净，级配一般，颗粒不均匀，含圆砾，角砾；主要成分为石英和长石。该层分布连续，发育稳定。层厚变化在 3.30～8.40m 之间，层底标高变化在 1039.46～1044.14m 之间。

4）第④单元层粉砂（Q4al＋pl）：褐黄色，湿～饱和，中密状态；砂质一般，颗粒不均匀，局部夹粉土薄层。主要成分为石英、长石和云母。该层分布连续，发育稳定。层厚变化在 2.50～8.50m 之间，层底标高变化在 1035.50～1038.30m 之间。

5）第⑤单元层粉质黏土（Q4al＋pl）：黄绿色，湿，可塑性状态；土质较均匀，无摇振反应，切口稍有光泽，干强度、韧性中等，局部夹薄层粉砂。该层分布连续，发育稳定。层厚变化在 2.70～5.20m 之间，层底标高变化在 1031.73～1034.50m 之间。

6）第⑥单元层粉质黏土（Q3al＋pl）：灰蓝色，湿，可塑状态；土质均匀，无摇振反应，切口稍有光泽，干强度、韧性中等。本次勘探深度 30m 范围内未揭穿此层。

（4）水文地质条件

勘察期间，沿线地形起伏较为平坦，场地内地下水初见水位位于地表下 9.10～10.50m 之间（标高在 1041.03～1042.64m），地下水类型属潜水。地下水受周边农田灌溉、大气降水影响较大，年水位变化幅度在 0.50～1.00m；结合本工程及当地地区经验资料，抗浮水位可按 1043.64m 考虑。

（5）气象特征

包头市为干旱半干旱大陆性气候，具有干燥少雨、昼夜温差大，冬季严寒，夏季干热，冬春两季多风沙，蒸发强烈等特点。冬春两季多见 5～6 级大风，全年主导风向为 NNW、NW，历年平均风速 3.4m/s，最大风速 23.3m/s，多年平均大风天日数 46.9d，风压 0.36kN/m^2；全年无霜期约 138d，7、8、9 月份为雨季，多年平均降水量为 308.9mm，最大为 678.4mm，最小为 131.5mm，年平均蒸发量为 2125.8mm；多年平均 6.5℃，最高气温 39.2℃（1999 年 7 月 24 日），最低气温－31.4℃（1971 年 1 月 27 日）；冬季最大积雪厚度 240mm，常年基本雪压 1.40g/cm^2；最大冻土深度 1.75m（1957 年），多年标准冻深约 1.60m。如图 6.2-14 所示。

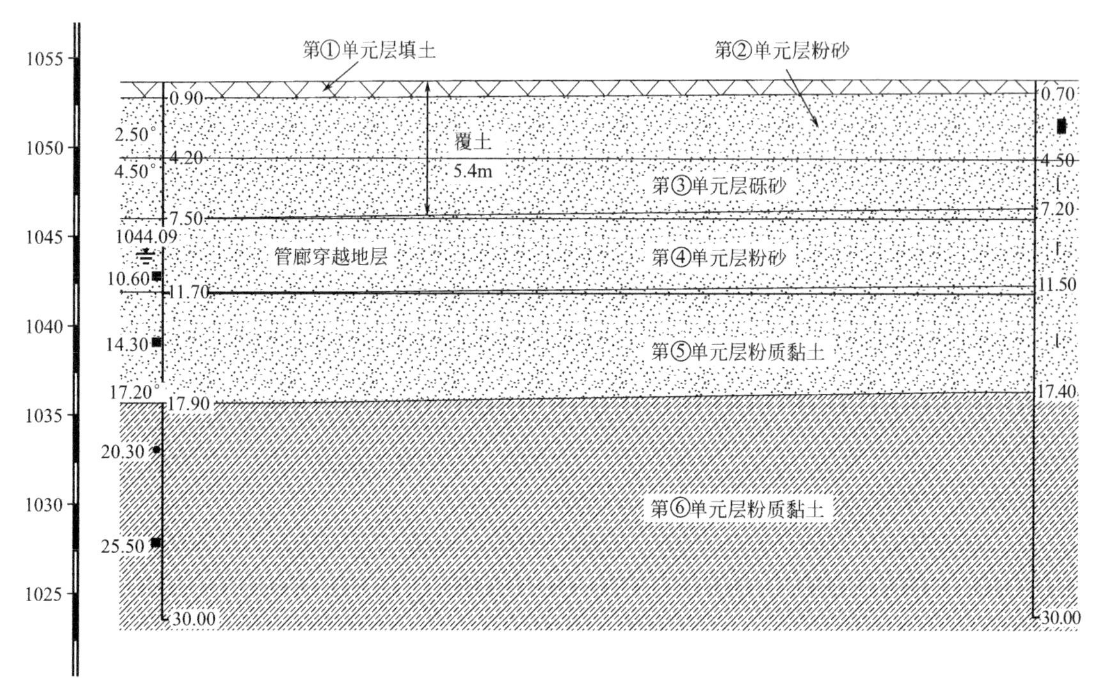

图 6.2-14　土层断面示意图

3. 顶管机介绍

工程采用 7020mm×4320mm×4850mm（长×高×宽）土压平衡式顶管机，可在≤12m 地下地层施工，整机重约 145t。主要由图 6.2-15 所示的处于中间的大刀盘和四个角上的四个小刀盘组成。该矩形断面顶管机的切削面积占 90%以上，盲区（刀盘无法切削的断面位置）很小，最大盲区集中在顶管机边缘。所在盲区的刃口上设有铲齿，对于土体可有效地铲销。

（1）机型特点

本工程采用的五刀盘式土压平衡顶管机专门针对包头当地大粒径砂砾地质条件设计。该掘进机切口部位，具有独立模块单元和分解功能。该掘进机正常施工能将地面沉降控制在＋1～－3cm 之间。该掘进机正常施工时平均速度可为 3m/d。该掘进经正常施工时，具备防止产生背土的功能。该掘进机正常施工时，具备防止掘进侧向滚动的功能。该掘进机施工时采用螺旋输送泵的施工方法运输土仓内渣土。

（2）机械主要参数

该顶管机总推力 3200t，中心大刀盘，直径 4320mm，刀盘转速 1.17rpm。小刀盘直径 2140，刀盘转速 1.67rpm。螺旋输送机转速：16.5rpm 螺旋输送机排土量 69.7m^3/h。

图6.2-15　五刀盘式土压平衡矩形顶管机

交接油缸：150tf×16p＝31.5MPa，L＝250mm，螺旋机油缸：6.2tf×4p＝31.5MPa，L＝375mm。大刀盘转矩1568kN·m，小刀盘转矩1324kN·m。如图6.2-16所示。

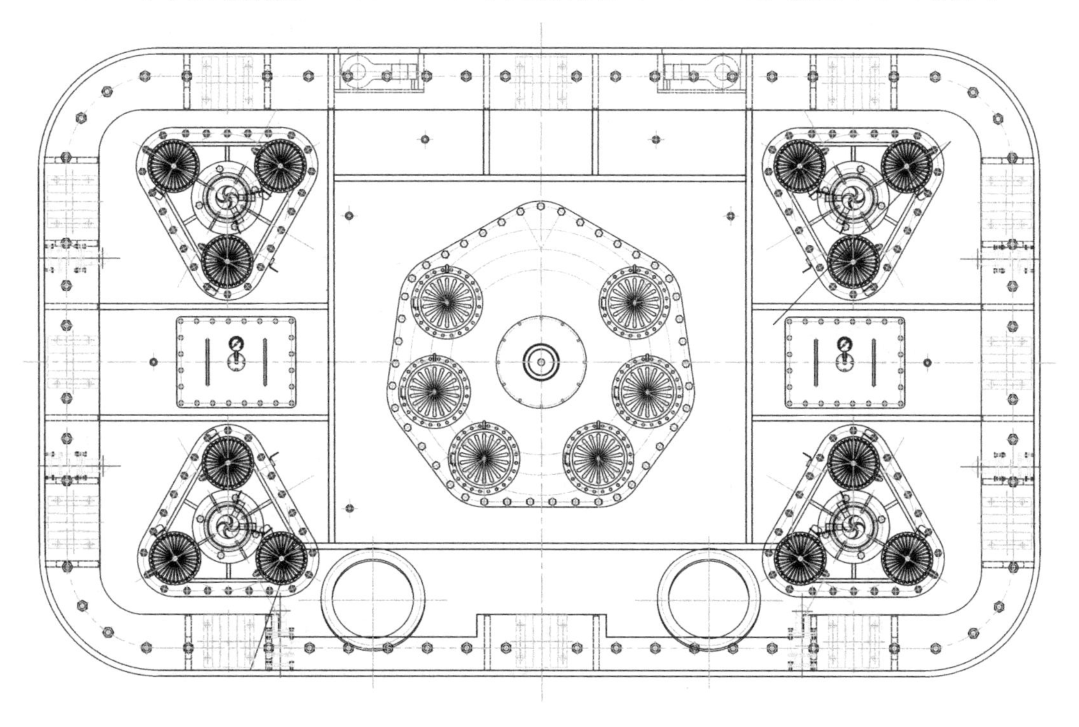

图6.2-16　矩形顶管机内部示意图

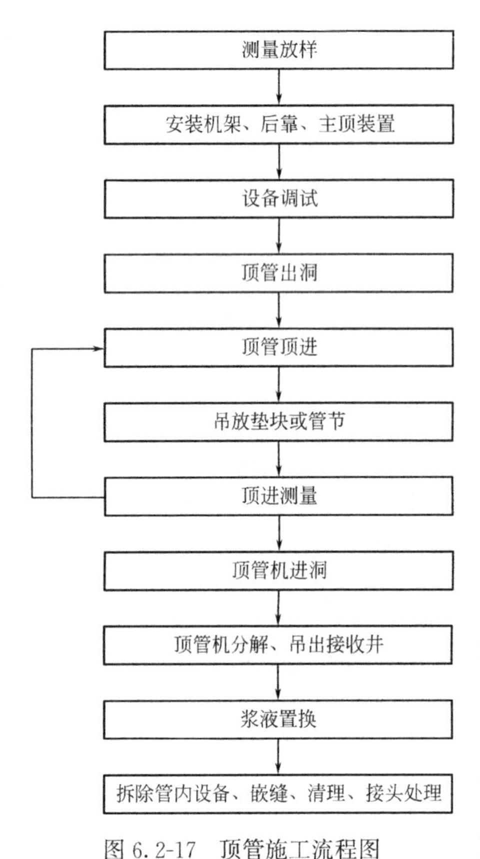

图 6.2-17　顶管施工流程图

4. 顶管施工流程

顶管施工流程如图 6.2-17 所示。

5. 主要工艺

（1）洞门止水装置安装

发射机及后靠顶力系统安装到位后，为防止顶管机进出预留洞导致泥水流失，并确保在顶进过程中压注的触变泥浆不流失，必须在工作井与接收预留洞上安装洞口止水装置。该装置采用安装洞口密封压板及帘布橡胶板的措施，如图 6.2-18 所示。

（2）止退装置

由于矩形顶管掘进机的断面较大，前端阻力大，实际施工中，即使管节顶进了较长距离，而每次拼装管节或加垫块时，主顶油缸一回缩，机头和管节仍会一起后退 20～30cm。当顶管机和管节往后退时，机头和前方土体间的土压平衡受到破坏，土体面得不到稳定支撑，易引起机头前方的土体坍塌，若不采取一定的措施，路面和管线的沉降量将难以得到控制。在发射架前基座的两侧和安装 1 套止退装置，当油缸行程推完，需要加垫块或管节时，将销子插入管节的吊装孔，再放进钢垫块和钢板在销座和基座的后支柱间。管节的后退力通过销子、销座、垫块传递到止退装置的后支柱上。止退装置和基座焊接在一起，把管节稳住（根据包头施工检验，需加工止退钢结构装置重量为 2t）。为了减少管节的后退力，在管节上插入销子，在止退前应将正面土压力释放到 0.09MPa，如图 6.2-19 所示。

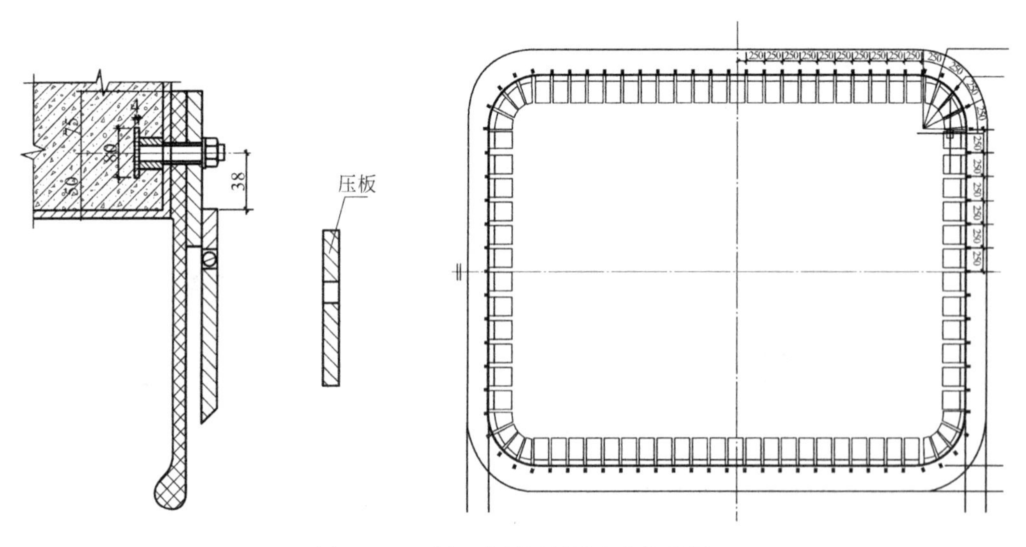

图 6.2-18　洞口密封压板及帘布橡胶板

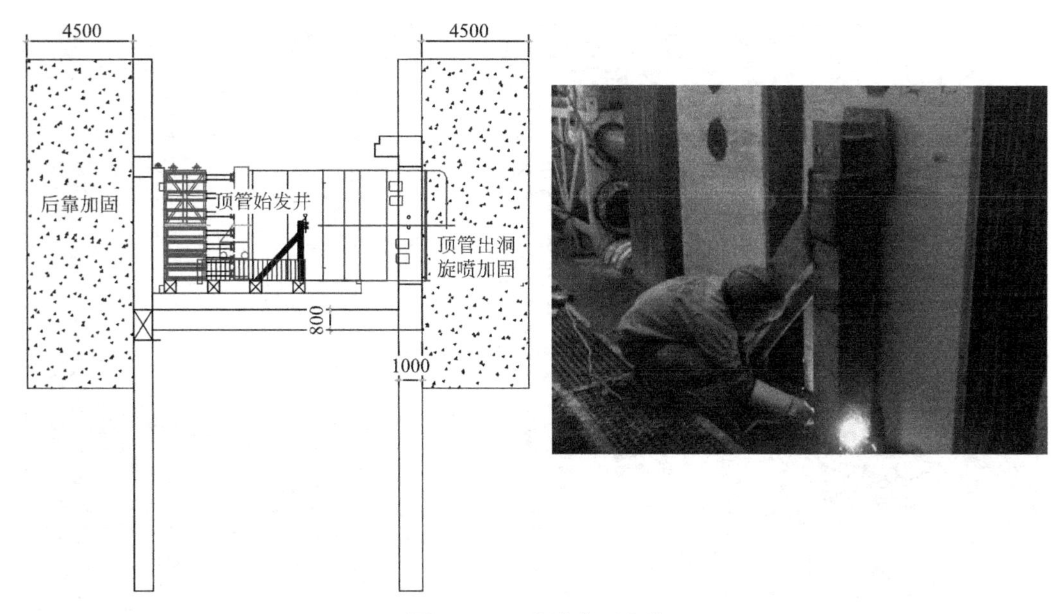

图 6.2-19　止退装置安装

(3) 管节注浆减摩

为减少土体与管壁间的摩阻力，提高工程质量，加快施工进度，在顶管顶进的同时，向管道外壁压注一定量的润滑泥浆，变固态摩擦为固液摩擦，以达到减小总顶力的效果。掘进机头部配置 8 个注浆口，管节处配置相应的 10 个补浆孔进行补浆减阻（考虑施工中设备及人员的操作方便，原管节中间底部的一个补浆孔取消）。顶进时压浆孔要及时有效的跟踪压浆，补压浆的次数和压浆量应根据施工时的具体情况来确定。

触变泥浆由膨润土、水和掺合剂按一定比例混合而成，触变泥浆的拌制要严格按照操作规程进行，施工期间要求泥浆不失水、不沉淀、不固结，既要有一定的黏度，也要有良好的流动性。压浆是通过注浆泵将泥浆压至机体及管壁外。施工中，在压浆口装有压力表，便于观察、控制和调节压浆的压力，目标控制值为 0.3MPa。

触变泥浆的用量主要取决于管道周围空隙的大小及周围土质的特性，由于泥浆的流失及地下水等作用，泥浆的实际用量要比理论大得多。为了保证注浆效果，注浆量应取理论值的 5～8 倍（考虑包头市地层主要以砾砂层为主，其注浆时扩散效果好）。但在施工中还要根据土质的情况、顶进状况、地面沉降的要求等作适当调整，如图 6.2-20 所示。

1) 注浆孔及压浆管路布置

压浆系统分为二个独立系统，一路为了改良土体的流塑性，对机头内挤螺旋机内的土体进行注浆；另一路则是为了形成减摩浆浆套，而对管节外进行注浆。

2) 压浆设备及压浆工艺

采用泥浆搅拌机进行制浆，按配比表配置泥浆，泥浆要充分搅拌均匀。压浆泵采用 HENY 泵，将其固定在始发井口，拌浆机出料后先注入储浆桶，储浆桶中的浆液拌制后需经过一定时间方可通过 HENY 泵送至井下。

3) 注浆施工要点

注浆设置专人负责，保证触变泥浆的稳定，在施工期间不失水，不固结，不沉淀。严

图 6.2-20　管节注浆

格按注浆操作规程施工，在顶进时触变泥浆，充填顶进时所形成的建筑空隙，在管节四周形成一泥浆套，减少顶进阻力和地表沉降。注浆时应遵循“先注后定、随顶随压、及时补浆”的原则。

4）压浆量的计算（每节管节）

为了保证注浆效果，注浆量应取理论值的5～8倍（考虑包头市地层主要以砂砾层为主，其注浆时扩散效果好）$V=(7.02\times4.32-7\times4.3)\times1.5\times(500\sim800\%)=1.725\sim2.76\text{m}^3$。

5）渣土改良

根据施工现场实际情况，顶管掘进段主要穿越③层砾砂层，④层粉砂。穿越土层多为③层砾砂层，施工过程中需对仓内注入黏土并加入改良后的浆液对渣土进行改良，使渣土具有较好的塑性，流动性和止水性。

渣土改良分为泡沫改良和膨润土改良，设备设计了膨润土浆液注入口，同时每个刀盘设计了单管单泵的泡沫改良系统。

渣土主要使用膨润土进行改良，膨润土改良采用一级钠基膨润土，该膨润土具有起浆快、造浆高、滤失低、润滑好等特点。根据现场试验渣土改良浆液配比（质量比）为膨润土∶水=1∶4（实际采用1∶3和1∶5的配合比进行施工，视等情况采用1∶4），注浆量为改良土体30%～50%，注浆压力0.2～0.4MPa，如图6.2-21所示。

6）顶管进洞

当顶管机将要出洞前，开始凿除接收井钻孔灌注桩，第一次凿除保留钻孔灌注桩10cm左右时，顶管停止顶进，开始割除剩余钢筋。顶管应迅速、连续顶进管节，尽快缩短顶管机进洞时间。进洞后，马上用钢板将管节与洞圈焊成一个整体，并用水硬性浆液填充管节和洞圈的间隙，减少水土流失，如图6.2-22所示。

图 6.2-21　渣土改良

图 6.2-22　顶管机出洞

7）首尾三环注浆

顶管进洞后，立即安排进、出洞口的封堵工作，将洞门与管节间的间隙封闭严密后，进行首尾三环的填充注浆。注浆采用双液浆，保证注入量充足，并控制好注浆压力。待填充区域的强度达到 100％后，方可进行洞门施工，如图 6.2-23 所示。

8）置换浆液

顶管结束后，选用 1∶1 的水泥浆液，通过注浆孔置换管道外壁浆液，根据不同的水

图 6.2-23　洞门封堵

压力确定注浆压力，加固管廊外土体，消除对管廊今后使用过程中产生不均匀沉降的影响。

6.3 盾构施工技术

6.3.1 盾构原理及分类

1. 盾构起源及发展

根据《盾构法隧道施工及验收规范》GB 50446—2017 定义：盾构是盾构掘进机的简称，是在钢壳体保护下完成隧道掘进、拼装作业，由主机和后配套组成的机电一体化设备。

盾构法是盾构掘进机进行施工的一种全机械化施工方法。它的工作原理是将盾构机械在地中推进，通过盾构外壳和管片支承四周围岩防止发生往隧道内坍塌。同时在开挖面前方用切削装置进行土体开挖，通过不同的方式将其运出洞外。靠千斤顶在后部加压顶进，并拼装预制混凝土管片，从而形成隧道结构。

盾构发明于 19 世纪初期，首先应用于开挖英国伦敦泰晤士河水底隧道。1818 年，法国的布鲁诺尔（M. I. Brunel）从蛀虫钻孔得到启示，最早提出了用盾构法建设隧道的设想，并在英国取得专利。布鲁诺尔构想的盾构机机械内部结构由不同的单元格组成，每一个单元格可容纳一个工人独立工作并对工人起到保护作用（图 6.3-1）。

1825 年，他第一次在伦敦泰晤士河下开始用一个断面高 6.8m、宽 11.4m，并由 12 个邻接的框架组成的矩形盾构修建隧道。第一台用于隧道施工的盾构机，其每一个框架分

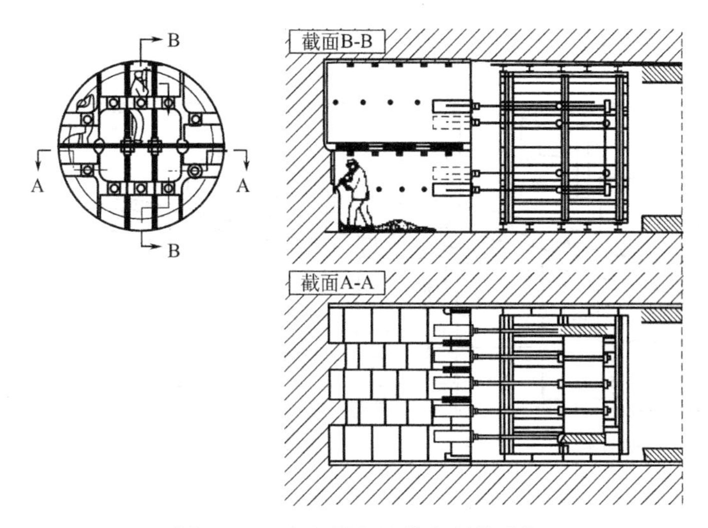

图6.3-1 布鲁诺尔注册专利的盾构

成3个舱，每一个舱里有一个工人，共有36个工人。泰晤士河下的隧道工程施工期间遇到了许多困难，在经历了五次以上的特大洪水后，直到1843年，经过18年施工，才完成了全长458m的世界第一条盾构法隧道。

1830年，英国的罗德发明"气压法"辅助解决隧道涌水问题。

1865年，英国的布朗首次采用圆形盾构和铸铁管片，1869年用圆形盾构在泰晤士河下修建外径2.2m的隧道。

1866年，莫尔顿申请"盾构"专利。盾构最初称为小筒（cell）或圆筒（cylinder），在莫尔顿专利中第一次使用了"盾构"（shield）这一术语。

1874年，工程师格瑞海德发现在强渗水性的地层中很难用压缩空气支撑隧道工作面，因此开发了用液体支撑隧道工作面的盾构，通过液体流，以泥浆的形式出土。

1876年英国人约翰·荻克英森·布伦敦和姬奥基·布伦敦申请第一个机械化盾构专利。这台盾构有一个由几块板构成的半球形的旋转刀盘，开挖的土料落入径向装在刀盘上的料斗中，料斗将渣料转运至胶带输送机上，再将它转运到后面从盾构中运出，这一构想后来被用于修建地铁隧道工程。

1886年，格瑞海德在伦敦地下施工中将压缩空气方法与盾构掘进相组合使用，在压缩空气条件下施工，标志着在承压水地层中掘进隧道的一个重大进步，20世纪初，大多数隧道都是采用格瑞海德盾构法修建的。

1917年，日本引进盾构施工技术，是欧美国家以外第一个引进盾构的国家。

1963年，土压平衡盾构首先由日本Sato Kogyo公司（佐藤工业）开发出来。图6.3-2为当时设计的土压平衡盾构示意图。

1974年第一台土压平衡盾构在东京被采用。该盾构由日本制造商IHI（石川岛播磨）设计，其外径3.72m，掘进了1900m的主管线。

在这之后，很多厂商以土压盾构、压力保持盾构、软泥盾构、土壤压力盾构、泥压盾构等名称生产了"土压平衡盾构"。所有这些名称的盾构都有同一种工法，国际上称为"土压平衡系统"（EPBS）。

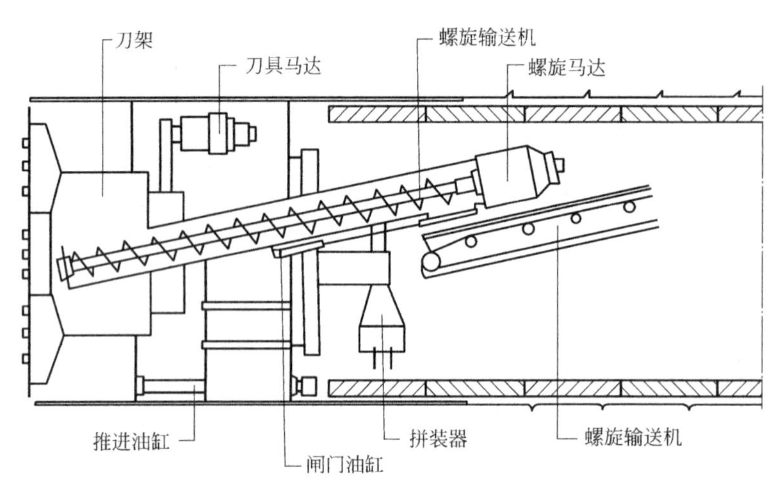

图 6.3-2　土压平衡盾构

1989 年，日本最引人注目的泥水盾构隧道工程开工。东京湾海底隧道长 10km，是世界最长公路专用海底隧道，用八台直径 14.14m 泥水加压式盾构施工。

1992 年，日本研制成世界上第一台三圆泥水加压式盾构（由 3 个直径 7.8m 的刀头构成，总长 17.3m），并成功地用于大阪市地铁 7 号线“商务公园站”车站工程施工。

我国盾构法隧道始于 1962 年 2 月，上海市城建局隧道处开始的塘桥试验隧道工程。采用直径 4.16m 的一台普通敞胸盾构在两种有代表性的地层下进行掘进试验，用降水或气压来稳定粉砂层及软黏土地层。选用由螺栓连接的单层钢筋混凝土管片作为隧道衬砌，环氧煤焦油作为接缝防水材料。试验获得成功，采集了大量盾构法隧道数据资料。

2. 盾构分类

(1) 按掘削地层分类

按掘削地层分为：硬岩盾构（TBM）、软岩盾构、软土盾构、硬岩软土盾构（图 6.3-3）。

(2) 按盾构机横截面形状分类

按盾构机横截面形状分为半圆形、圆形、椭圆形、马蹄形、双圆搭接形、三圆搭接形、矩形等（图 6.3-4）。

(3) 按盾构机横截面的形状分类

超小型盾构 $\phi<1$m；

小型盾构 3.5m$\geqslant\phi\geqslant$1m；

中型盾构 6m$\geqslant\phi\geqslant$3.5m；

大型盾构 14m$\geqslant\phi\geqslant$6m；

超大型盾构 18m$\geqslant\phi\geqslant$14m；

特大型盾构 $\phi>18$m。

(4) 按掘削面的敞开程度分类

全部敞开式：无盖敞开式、有盖敞开式；

部分敞开式：网格式；

封闭式：中心支承式、中间支承式、周边支承式。

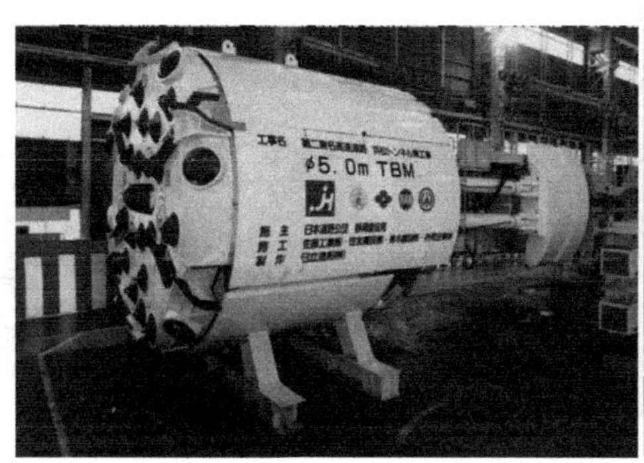

(*a*)

(*b*)

图 6.3-3　不同类型的盾构机

（*a*）TBM 双护盾；（*b*）软土盾构复合盾构

图 6.3-4　不同断面形式盾构机

（5）按掘土出土器械的机械化程度分类

包括人工挖掘式、半机械掘削式、机械掘削式（图 6.3-5）。

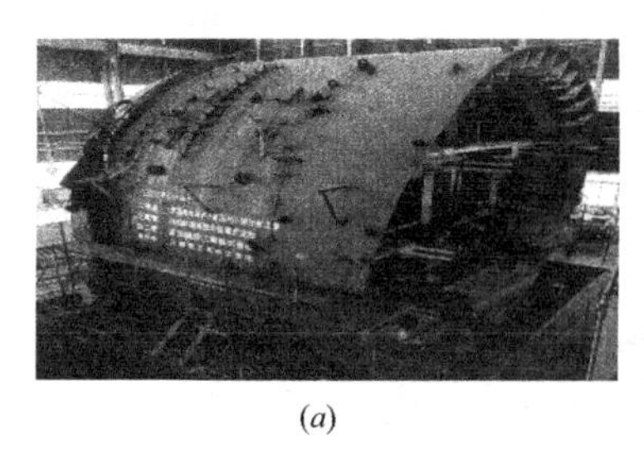
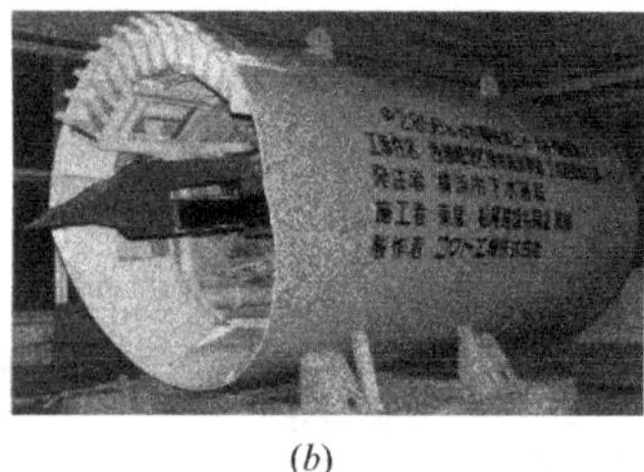
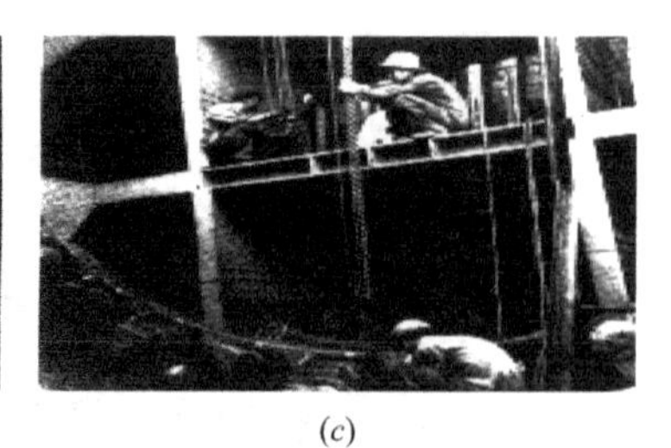

(*a*)　(*b*)　(*c*)

图 6.3-5　不同掘进方式盾构机

（*a*）手掘式盾构；（*b*）半机械式；（*c*）盾构网格式盾构

（6）按掘削面的加压平衡方式分类

包括外加支承式、气压式、泥水式、土压式。

（7）按刀盘运动形式分类

- 转动掘削式
  - 圆形转动掘削式
    - 中心支承式
    - 中间支承式
    - 周边支承式
  - 行星游动掘削式
  - 扇形转动掘削式
- 多轴摇动掘削式
  - 矩形多轴摇动掘削式
  - 圆形多轴摇动掘削式
  - 其他断面形状多轴摇动掘削式
- 摆动掘削式
  - 横向摆动掘削式（矩形）
  - 纵向摆动掘削式（矩形）

（8）按盾构机特殊构造分类

1）中折盾构；

2）球体盾构；

3）异径母子盾构；

4）重心靠前盾构；

5）特殊构造的盾构；

6）现场换刀盾构；

7）可直接掘削前障碍物盾构；

8）机体可分可合盾构；

9）固体回收盾构；

10）倾斜中空轴全断面机内注浆盾构；

11）倾斜中空轴全断面机内注浆＋活动前檐盾构。

（9）按盾构机的功能、用途分类

- 直角弯隧道盾构
- 偏心急弯曲线盾构
- 大坡度盾构
- 地中对接盾构
  - CID 工法
  - MSD 工法
- 侧接盾构
- 站盾构分岔盾构
- 路线可变扭曲盾构
- 竖向掘削盾构
  - 上掘盾构
  - 下掘盾构
- 扩掘盾构
- 变径盾构
- 大深度盾构
- 长距离盾构
- 高速掘进盾构

（10）按盾构隧道衬砌施工方法分类

- 衬砌施工方法不同的盾构方法
  - 二次衬砌法（管片为一次衬砌，另行浇注二次衬砌）
  - 一次衬砌法（仅保留管片一次衬砌，略去二次衬砌）
- 包缠保护膜盾构工法（为提高隧道衬砌的止水性和耐久性，在盾构机内对管片外侧进行包缠保护膜施工）
- 现场浇注混凝土衬砌法（ECL 工法）
  - 盾尾内空架设钢筋浇注混凝土做衬法
  - PC-ECL 工法
- 边掘进边组装管片盾构工法

（11）综合分类

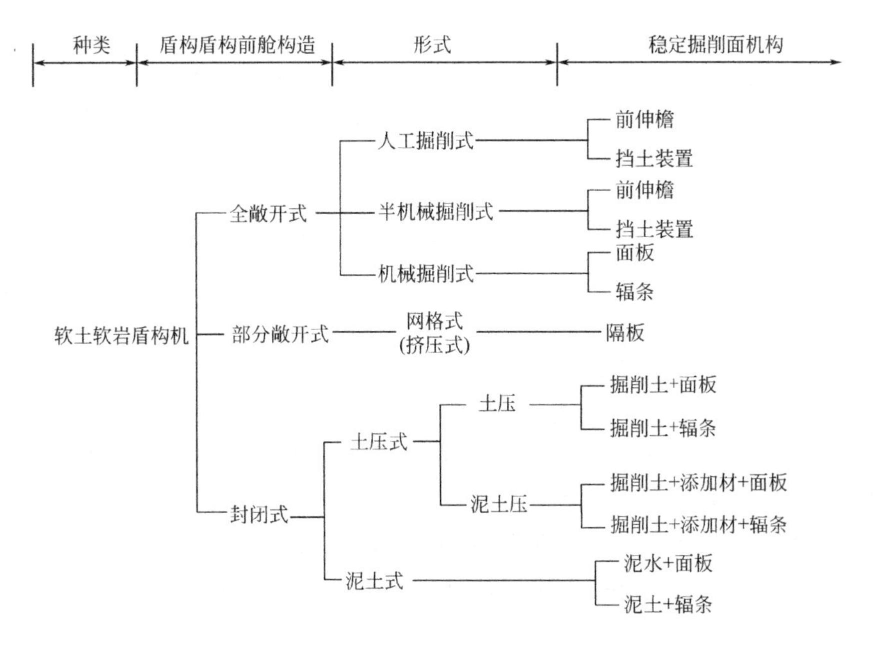

3. 土压平衡盾构与泥水平衡盾构

按盾构掘削面的加压平衡方式，盾构法目前较常见的有土压平衡盾构施工和泥水平衡盾构施工。

(1) 土压平衡盾构

1) 基本工作原理

土压平衡盾构推进时，液压电动机驱动刀盘旋转，同时启动盾构机推进油缸，将盾构机向前推进，随着推进油缸的向前推进，刀盘持续旋转，被切削下来的渣土充满泥土仓，此时开动螺旋输送机将切削下来的渣土排送到皮带输送机上，后由皮带输送机运输至渣土车的土箱中，再通过盾构井口垂直运至地面（图 6.3-6）。

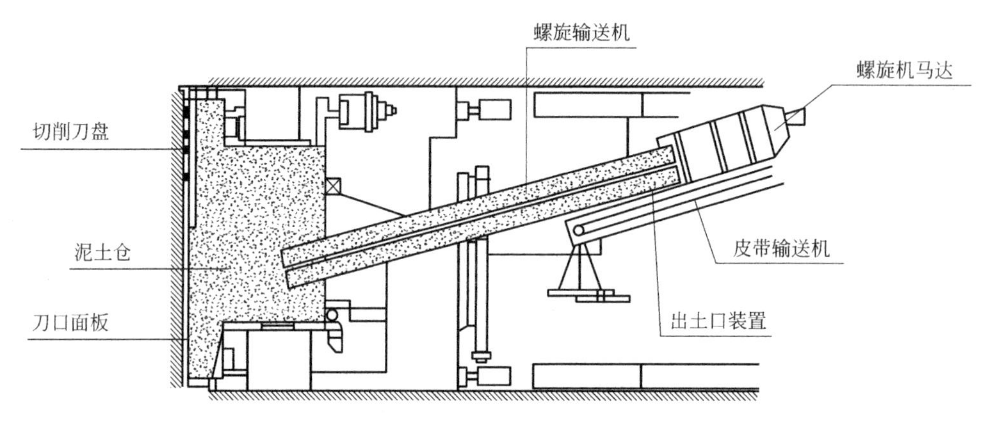

图 6.3-6 土压平衡盾构基本结构

2) 开挖面稳定机理

土压盾构稳定掘削面的机理，因工程地质条件的不同而不同。通常可分为黏性土和砂质土两类，这里分别进行叙述。

① 黏性土层掘削面的稳定机理

因刀盘掘削下来的土体的粘结性受到破坏，故变得松散易于流动。即使黏聚力大的土层，渣土的塑流性也会增大，故可通过调节螺旋输送机转速和出土口处的滑动闸门对排土量进行控制。对塑流性大的松软土体也可采用专用土砂泵、管道排土。

地层含砂量超过一定限度时，土体塑流性明显变差，土舱内的土体发生堆积、压密、固结，致使渣土难于排送，盾构推进被迫停止。解决这个问题的措施是向土舱内注水、空气、膨润土或泥浆等注入材，并作连续搅拌，以便提高土体的塑流性，确保渣土的顺利排放。

② 砂质土层掘削面的稳定机理

就砂、砂砾的砂质土地层而言，因土颗粒间的摩擦角大故摩擦阻力大，渗透系数大。当地下水位较高、水压较大时，靠掘削土压和排土机构的调节作用很难平衡掘削面上的土压和水压。再加上掘削土体自身的流动性差，所以在无其他措施的情况下，掘削面稳定极其困难。为此人们开发了向掘削面压注水、空气、膨润土、黏土、泥水或泥浆等添加材，不断搅拌，改变掘削土的成分比例，以此确保掘削土的流动性、止水性，使掘削面稳定。

3) 土压平衡盾构分类

按稳定掘削面机构划分的土压平衡盾构大致有如下几种，见表 6.3-1。

土压盾构的种类　　表 6.3-1

盾构名称	稳定掘削面的措施	适用土质
削土加压式盾构	①面板一次挡土 ②充满土舱内的掘削土的被动土压稳定掘削面 ③螺旋输出机排土滑动闸门的控制作用	冲积黏土：粉土、黏土、砂质粉土、砂质黏土、夹砂粉质黏土
加水式土压盾构	①面板一次挡土 ②向排槽内加水，与掘削面水压平衡，增土体的流动性 ③滞留于土舱内掘削土通过螺旋传送机滑动闸门作用挡土	含水砂砾层 亚黏土层
高浓度泥水加压式土压盾构	①面板一次挡土 ②高浓度泥水加压平衡，并确保土体流动 ③转斗排土器的泥水压的保持调节作用	松软渗透系数大的含水砂层，砂砾层，易坍层
加泥土压盾构	①向土舱内注入泥土、泥浆或高浓度泥浆，经搅拌后塑流性提高，且不渗水稳定掘削面 ②检测土舱内压控制推进量，确保掘削面稳定	软弱黏土层，易坍的含水砂层及混有卵石的砂砾层

（2）泥水平衡盾构

1）基本工作原理

泥水式盾构机是通过有一定压力的泥浆来支撑稳固开挖面；由旋转刀盘、悬臂刀头或水力射流等进行土体开挖；开挖下来的土料与泥水混合以泥水状态由泥浆泵进行输运。

2）开挖面稳定机理

以泥水压力来抵抗开挖面的土压力和水压力以保持开挖面的稳定，同时，控制开挖面变形和地基沉降；在开挖面形成弱透水性泥膜，保持泥水压力有效作用于开挖面。

在开挖面，随着加压后的泥水不断渗入土体，泥水中的砂土颗粒填入土体孔隙中，可形成渗透系数非常小的泥膜（膨润土悬浮液支撑时形成一滤饼层）。而且，由于泥膜形成后减小了开挖面的压力损失，泥水压力可有效地作用于开挖面，从而可防止开挖面的变形和崩塌，并确保开挖面的稳定。

3）适用范围

由于泥水平衡盾构具有在易发生流砂的地层中能稳定开挖面，泥水传递速度快而且均匀，开挖面平衡土压力的控制精度高，对开挖面周边土体的干扰少，地面沉降量控制精度高，用泥浆管路可连续出渣，施工进度快，刀盘、刀具磨损小，适合长距离施工等优点。因此，泥水平衡盾构适用于含水率较高、软弱的淤泥质黏土层、松散的砂土层、沙砾层、卵石层和硬土的互层等地层。特别适用于地层含水量大、上方有水体的越江隧道和海底隧道，以及超大直径盾构和对地面变形要求特别高的地区施工。

4. 异形盾构

随着盾构技术的不断发展，除了最常见的圆形盾构外，为了适应不同隧道的截面要求，还发展出半圆形、圆形、椭圆形、马蹄形、双圆搭接形、三圆搭接形、矩形等异形盾构。下面根据我国异形盾构的实践情况，介绍几种可能应用于综合管廊的异形盾构。

（1）双圆盾构

双圆盾构技术作为异形盾构法的一种，原则上是把原来的土压平衡或泥水压平衡盾构机进行复式组合（纵向或者横向组合），并且在两圆形断面结合部位使用V型海鸥管片进行连接，从而一次性进行两条隧道掘进的隧道施工方法。因此，如果从掘进原理和开挖面稳定机理来看，双圆盾构法掘进和单圆盾构法掘进是没有差别的（图6.3-7）。但是，由于双圆盾构机体形的变化以及配置设备的不同，造成了两者施工方式上的差异，具体表现在以下几个方面：

图6.3-7 双圆盾构掘进机

① 土压力控制

双圆盾构机掘进时，两个刀盘是以某一固定的相位差进行同步转动的，这可以使两刀盘相互不接触，同时使土仓中的泥土可以被均匀充分地搅拌填充。但由于两刀盘接触的土质条件不一样，以及刀盘所处的地面超载不一样，而两台螺旋输送机的转速控制以及螺旋机的开口率的控制是独立的，这就有可能造成盾构正面土压力、推进速度、出土速率之间的关系不匹配，从而造成盾构水平面上的“蛇行”和高程上的偏转，进而带来额外的地层损失，使地表沉陷加剧。因此，可以讲双圆盾构机掘进过程中的土压力控制更加复杂。

② 姿态控制

普通的单圆盾构掘进时，盾构机的姿态控制主要利用盾构千斤顶产生的纠偏力矩来完成，而且盾构机的旋转基本上不会影响隧道的掘进以及建成后的使用功能，同时对盾构机的旋转可以通过刀盘的合理反转得到有效的解决。对于双圆盾构机来讲，虽然姿态控制和纠偏的原理与单圆盾构相同，但由于横向尺寸的显著增大，因此在同样的纠偏角度下所造成的额外超挖或者欠挖均要大于单圆盾构，由此造成的地表沉陷也较大。同时，由于两刀盘接触的土质和承受的附加荷载不一样，极易造成盾构机的旋转，这将严重影响盾构的正常掘进，并严重影响建成隧道的使用功能。因此，对双圆盾构机而言，姿态控制的难度更大。

③ 同步注浆

同步注浆的不同主要表现在注浆物理形式的变化以及浆液的变化上。双圆盾构机普遍采用的是两点注浆形式，使用的是双液浆；而普通单圆盾构采用的是六点注浆形式，使用的是惰性浆。这一形式的变化导致了以下问题：注入的浆液是否能够很好的填充盾构机周围的建筑空隙，尤其是在使用了缓凝或速凝的双浆液时，如何合理的分配上下两根注浆管的浆液量以确保地表沉陷的控制，如何分开控制上下两管的注入压力和注入流量，以确保注入效果。双浆液的使用，主要在于如何控制好两液的混合时间差，一方面要保证浆液混合后在有效的时间内凝固，另一方面又要保证注浆完成后盾构机尾刷通过时不被损害以及注浆管的顺利畅通。

④ 管片拼装

双圆盾构法隧道的管片和普通的单圆盾构法隧道的管片比较起来，主要是增加了两圆形之间连接部位的海鸥管片和中间的立柱管片。在实际拼装过程中，上下部位海鸥管片和中间立柱的就位是一个非常困难的操作过程，经常出现管片被局部压碎的现象。同时，保持两圆的真圆度也较难，由此产生额外的管片椭圆变形，造成管片受力的不均以及额外的地表沉陷。

(2) 矩形盾构

相比传统圆形盾构及常见的矩形顶管，如图 6.3-8 所示，矩形盾构具有以下优点：

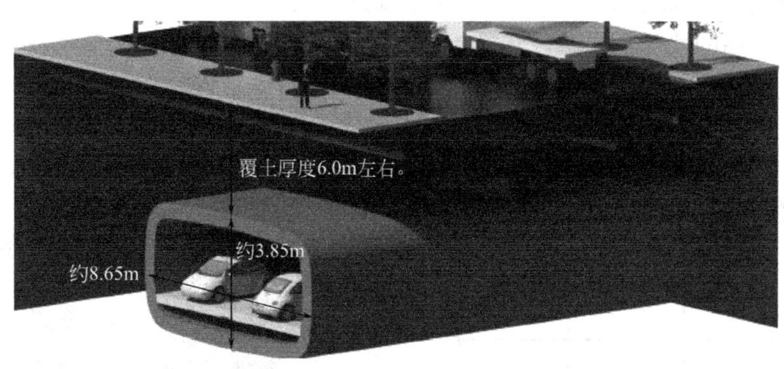

图 6.3-8　国内第一条矩形盾构

1）相比圆形盾构具有空间利用优势，有效使用面积节约了20%以上，甚至可达到45%。

2）相比圆形盾构施工深度优势，可实现浅覆土施工。

3）相对于矩形顶管法，可长距离、曲线顶进，拼装运输容易。

6.3.2 盾构施工技术

1. 洞门凿除与始发设施的安装

（1）洞门凿除

在盾构始发或到达前将洞门端头围护结构进行凿除。洞门围护结构的形式若为钻孔桩，凿除洞门通常采用人工风镐的方法。

洞门开凿过程中，为保证始发井或吊出井围护结构的稳定，凿洞分两阶段进行。第一阶段在端头井土体加固检验合格后开始凿除，盾构始发设施下井前完成。第二阶段在盾构机组装调试好和其他始发准备完成后快速进行。

开凿前，搭设双排脚手架，由上往下分层凿除，洞门凿除的顺序如图6.3-9所示。首先将开挖面桩钢筋凿出裸露并用氧焊切割掉，其次继续凿至迎土面钢筋外露为止。当盾构机刀盘抵达混凝土桩前约0.3～0.5m时停止掘进，最后再将余下的第二排钢筋割掉，打穿剩余部分连续墙的墙身及护壁，并检查确定无钢筋。

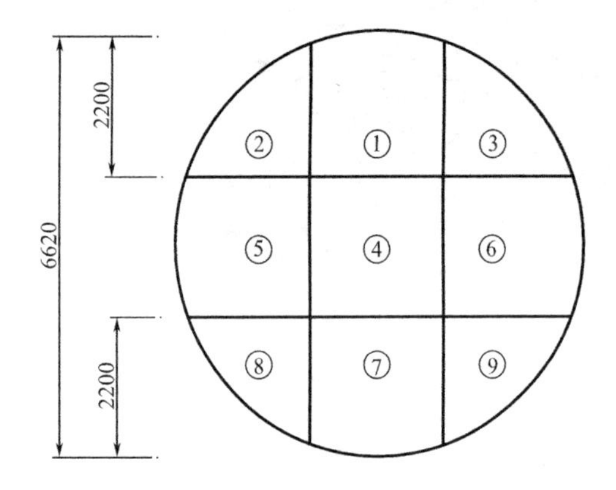

说明：洞门凿除顺序严格按照图示分块进行。

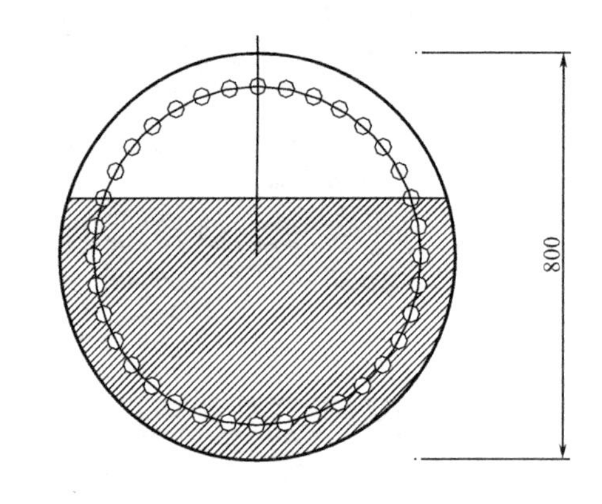

说明：1. 阴影部分为第一次凿除部位，保留外排钢筋和保护层。2. 剩余部分为第二次凿除部位。

图6.3-9 洞门凿除的顺序示意图

（2）洞门凿除过程的应急措施

1）发现有异常情况后，迅速用木板和钢管撑住，防止连续墙外土体坍塌然后尽快从围护墙外进行注浆加固。

2）若土体压力较大时，迅速用预先制作好的钢筋网片与围护结构的钢筋焊接一起后用木板和钢管支撑稳定。然后在围护结构外围进行注浆加固，同时在洞门里面进行注浆加固。

（3）始发设施的安装

1）始发台安装

在洞门第一阶段凿除完成，清理基坑后始发托架依据隧道设计轴线安装定位好。考虑始发托架在盾构始发时要承受纵向、横向的推力以及抵抗盾构旋转的扭矩，所以在盾构始发之前，对始发托架两侧用 H 型钢进行加固。

2）反力架安装

在盾构主机与后配套连接之前，开始进行反力架的安装。反力架端面应与始发台水平轴垂直。反力架与车站结构上预埋的钢板焊接牢固，保证反力架脚板安全稳定。反力架的形式如图 6.3-10 所示。

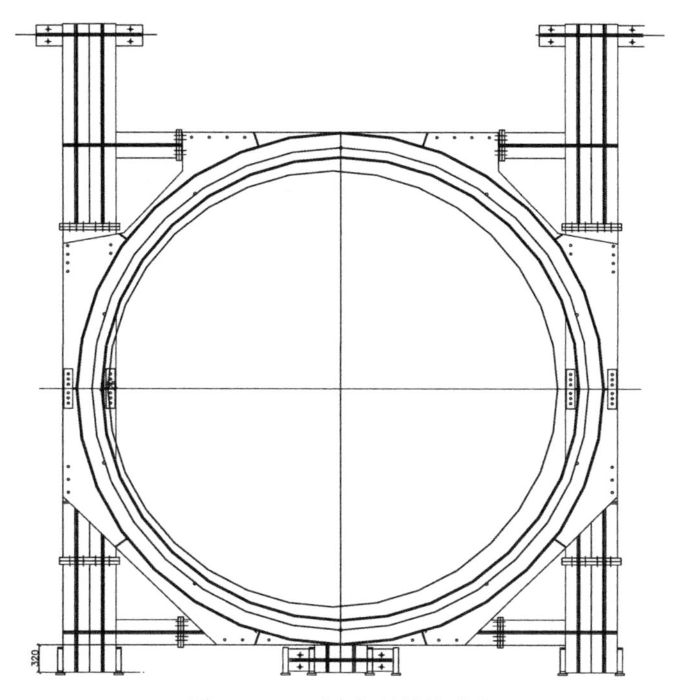

图 6.3-10　反力架的结构形式

3）洞门密封

洞口密封采用折叶式密封压板如图 6.3-11 所示，其密封原理如图 6.3-12 所示。

其施工分两步进行，第一步在始发端墙施工工程中，做好始发洞门预埋件的埋设工作。预埋件必须与端墙结构钢筋连接在一起；第二步在盾构正式始发之前，清理完洞口的渣土，完成洞口密封压板及橡胶帘布板的安装。

2. 盾构机下井组装与调试

（1）组装及吊装设备

盾构机的组装场地分成三个区：后续台车存放区、主机存放区、起重机存放区；盾构机按后配套拖车、主机依次进场组装。吊装设备为：根据现场条件配备汽车起重机液压千斤顶，小型泵站一台，以及相应的吊具、机具、工具。

盾构机组装、调试程序如图 6.3-13 所示。

（2）盾构组装措施

1）盾构组装前必须制订详细的组装方案与计划，同时组织有经验的经过技术培训的人员组成组装班组。

2）组装前应对始发基座进行精确定位。

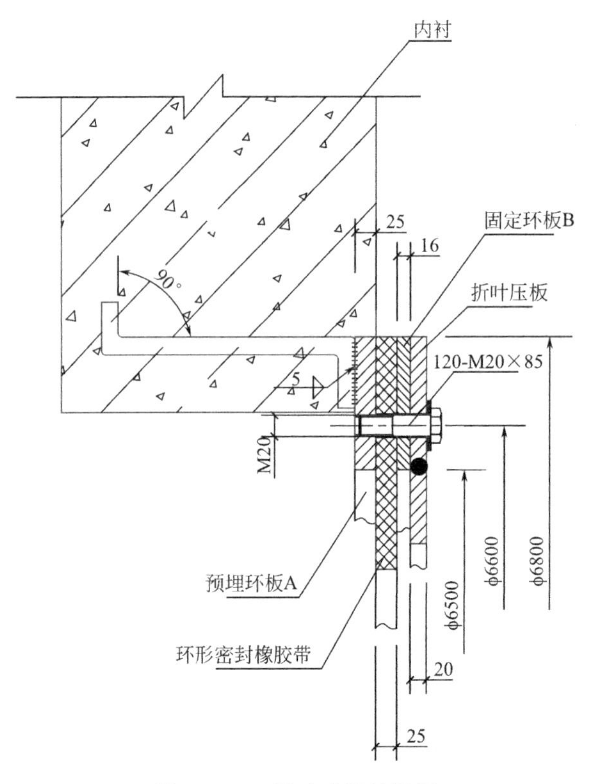

图 6.3-11　折叶式密封压板

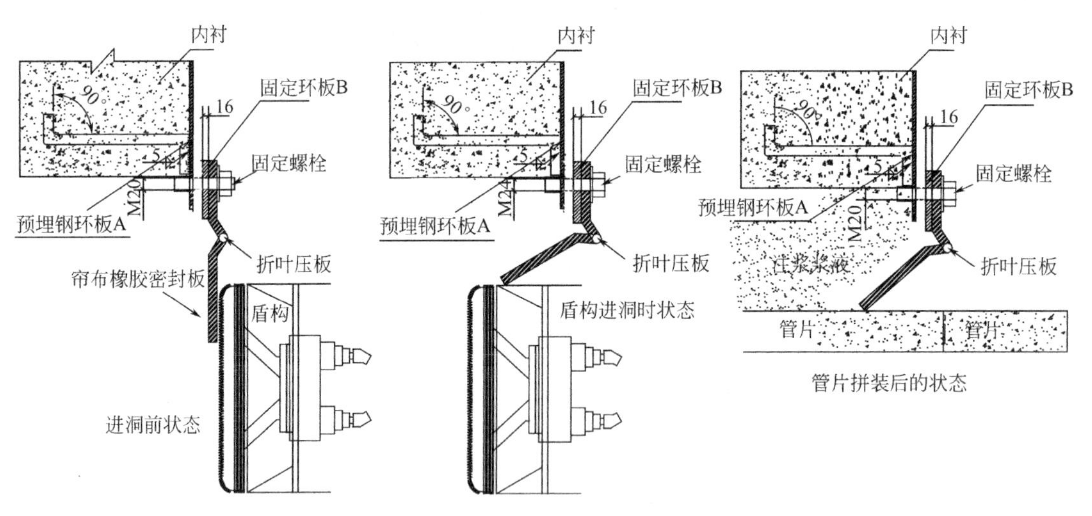

图 6.3-12　始发洞口密封原理图

3）履带起重机工作区应铺设钢板，防止地层不均匀沉陷。

4）大件组装时应对始发井端头墙进行严密的观测，掌握其变形与受力状态。

5）大件吊装时必须有 100t 以上的起重机辅助翻转。

（3）盾构组装安全技术措施

1）盾构机的市内运输委托给专业的大件运输公司运输。

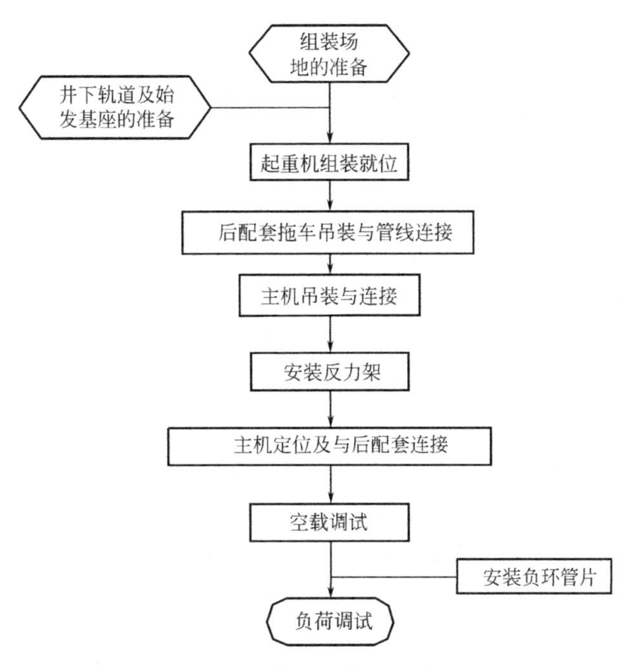

图 6.3-13　盾构机组装、调试程序图

2）盾构机吊装由具有资历的专业队伍负责起吊。

3）组建组装作业班进行盾构机组装，指定生产副经理负责组织，协调盾构机组装工作。

4）每班作业前按起重作业安全操作规程及盾构机制造商的组装技术要求进行班前交底，完全按有关规定执行。

5）项目部安质部等具体负责大件运输和现场吊装、组装的秩序维护，确保安全。

（4）盾构机调试

1）空载调试。盾构机组装和连接完毕后，即可进行空载调试。主要调试内容为：液压系统、润滑系统、冷却系统、配电系统、注浆系统以及各种仪表的校正，着重观测刀盘转动和端面跳动是否符合要求。

2）负荷调试。空载调试证明盾构机具有工作能力后即可进行负荷调试。负荷调试的主要目的是检查各种管线及密封的负载能力；使盾构机的各个工作系统和辅助系统达到满足正常生产要求的工作状态。通常试掘进时间即为对设备负载调试时间。负荷调试时将采取严格的技术和管理措施保证工程安全、工程质量和隧道线型。

3. 正常掘进与主要施工工艺

（1）掘进模式的选择

复合式土压平衡盾构机具有敞开式、半敞开式及土压平衡三种掘进模式。为了获得理想的掘进效果，必须根据不同的地质条件选择不同的掘进模式。根据隧道地质情况及周边环境条件，为保证开挖面的稳定、有效的控制地表沉降和确保沿线构造物的安全，选择采用模式掘进。通过试验段的掘进选定六个施工管理指标来进行掘进控制管理：①土仓压力；②推进速度；③总推力；④排土量；⑤刀盘转速和扭矩；⑥注浆压力和注浆量，其中土仓压力是主要的管理指标。

（2）土压平衡模式的实现

土压平衡模式掘进时，是将刀具切削下来的土体充满土仓，由盾构机的推进、挤压而建立起压力，利用这种泥土压与作业面地层的土压与水压平衡。同时利用螺旋输送机进行与盾构推进量相应的排土作业，始终维持开挖土量与排土量的平衡，以保持开挖面土体的稳定。

（3）土压平衡模式下土仓压力的控制方法

土仓压力控制采取以下两种操作模式：

1）通过螺旋输送机来控制排土量的模式。即通过土压传感器检测，改变螺旋输送机的转速控制排土量，以维持开挖面土压稳定的控制模式。此时盾构的推进速度人工事先给定。

2）通过推进速度来控制进土量的模式。即通过土压传感器检测来控制盾构千斤顶的推进速度，以维持开挖面土压稳定的控制模式。此时螺旋输送机的转速人工事先给定。

掘进过程中根据需要可以不断转化控制模式，以保证开挖面的稳定。

（4）掘进中排土量的控制

排土量的控制是盾构在土压平衡模式下工作的关键技术之一。根据对渣土的观察和监测的数据，要及时调整掘进参数，不能出现出渣量与理论值出入较大的情况，一旦出现，立即分析原因并采取措施。

理论上螺旋输送机的排土量 Q_S 是由螺旋输送机的转速来决定的，掘进的速度和 P 值设定后，盾构机可自动设置理论转速 N。Q_S 根据渣土车的体积刻度来确定。Q_S 应与掘进速度决定的理论渣土量 Q_0 相当，即：

$$Q_0 = A \times V \times n_0$$

式中 A——切削断面面积；

n_0——松散系数；

V——推进速度。

通常理论排土率用 $K = Q_S / Q_0$ 表示。

理论上 K 值应取 1 或接近 1，这时渣土具有低的透水性且处于好的塑流状态。事实上，地层的土质不一定都具有这种性质，这时螺旋输送机的实际出土量与理论出土量不符，当渣土处于干硬状态时，因摩擦力大，渣土在螺旋输送机中输送遇到的阻力也大，同时容易造成固结堵塞现象，实际排土量将小于理论排土量，则必须依靠增大转速来增大实际排土量，以使之接近 Q_0，这时 $Q_0 < Q_S$，$K > 1$。当渣土柔软而富有流动性时，在土仓内高压力作用下，渣土自身有一个向外流动的能力，从而渣土的实际排土量大于螺旋输送机转速决定的理论排土量，这时 $Q_0 > Q_S$，$K < 1$。此时必须依靠降低螺旋输送机转速来降低实际出土量。当渣土的流动性非常好时，由于螺旋输送机对渣土的摩阻力减少，有时会产生渣土喷涌现象，这时转速很小就能满足出土要求。

渣土的出土量必须与掘进的挖掘量相匹配，以获得稳定而合适的支撑压力值，使掘进机的工作处于最佳状态。当通过调节螺旋输送机转速仍达不到理想的出土状态时，可以通过改良渣土的可塑状态来调整。

（5）不同地层条件下，盾构机掘进的主要技术措施

盾构机掘进的主要技术措施见表6.3-2。

盾构机掘进的主要技术措施 **表6.3-2**

地层情况	盾构掘进技术措施
人工填土层黏性土及粉土层（粉质黏土、黏质粉土）	1.采用土压平衡模式； 2.以齿刀、刮刀为主切削土层，以低转速、大扭矩推进； 3.土仓内土压力值 P 略大于静水压力和地层土压力之和 P_0，即 $P=1.3P_0$； 4.向土仓和刀盘注入泡沫和水改善土体的流动性，防止泥土在土仓内粘结； 5.向螺旋输送机内注入水或泥浆改善土体的流动性，利于出土
圆砾土层、砂卵石地层	1.采用土压平衡模式； 2.由于盾构机该地层掘进时，土仓内不易形成连续的土压平衡，为此采取向刀盘面、土仓和螺旋输送机内注入泡沫和高浓度的膨润土来改良渣土，维持土仓内土压平衡； 3.为增大膨润土的黏度，膨润土在地面泥浆池内经过12h膨化后，黏度达到24s的泥浆方可运进洞泵送到盾构机的膨润土罐内使用； 4.调整盾构机的掘进参数，严格控制出土量，适当少于理论出土量，保持土体的密实，以便土仓内建立土压平衡； 5.定期使螺旋输送机的正反来回转，保证螺旋输送机内畅通不发生堵塞
中砂、粉质黏土、砂卵石互层	1.采用土压平衡模式； 2.针对该地层变化较大，盾构需要稳定均衡施工，避免出现突变时来不及调整； 3.调整盾构机的掘进参数，严格控制出土量，适当少于理论出土量，保持土体的密实，以便土仓内建立土压平衡； 4.采取向刀盘面、土仓和螺旋输送机内注入泡沫和高浓度的膨润土来改良渣土，维持土仓内土压平衡； 5.定期使螺旋输送机的正反来回转，保证螺旋输送机内畅通不发生堵塞
基岩层、全风化、强风化岩层	1.采用土压平衡模式； 2.以齿刀、刮刀为主切削土层，以低转速、大扭矩推进； 3.土仓内土压力值控制在0.6～0.7bar； 4.向土仓和刀盘注入泡沫和水改善土体的流动性，防止泥土在土仓内粘结
灰岩层、微风化砾岩	1.采用土压平衡模式； 2.在掘进时，采取小推力、高转速，以滚刀破岩为主的掘进模式； 3.通过该地层要向土仓内注入泡沫，减小刀盘的扭矩，减少刀具的磨损量

4.渣土改良和管理

在盾构施工中尤其在复杂地层及特殊地层盾构施工中，为了保持开挖面的稳定，根据围岩条件适当注入添加剂，确保渣土的流动性和止水性，同时要慎重对土仓压力和排土量进行管理。

（1）渣土改良的目的

1）使渣土具有良好的土压平衡效果，利于稳定开挖面，控制地表沉降；

2）提高渣土的不透水性，使渣土具有较好的止水性，从而控制地下水流失；

3）提高渣土的流动性，利于螺旋输送机排土；

4）防止开挖的渣土粘结刀盘而产生泥饼；

5）防止螺旋输送机排土时出现喷涌现象；

6）降低刀盘扭矩和螺旋输送机的扭矩，同时减少对刀具和螺旋输送机的磨损，从而提高盾构机的掘进效率。

（2）改良的方法与添加剂

渣土改良就是通过盾构机配置的专用装置向刀盘面、土仓内或螺旋输送机内注入泡沫或膨润土，利用刀盘的旋转搅拌、土仓搅拌装置搅拌或螺旋输送机旋转搅拌使添加剂与土渣混合，其主要目的就是要使盾构切削下来的渣土具有好的流塑性、合适的稠度、较低的透水性和较小的摩阻力，以满足在不同地质条件下盾构掘进可达到理想的工作状况。

（3）渣土改良的主要技术措施

根据本工程的地质条件和盾构施工的经验，采取如下主要技术措施。

1）在富水断层带和其他含水地层采用土压平衡模式掘进时，拟向刀盘面、土仓内和螺旋输送机内注入膨润土泥浆，并增加对螺旋输送机内注入的膨润土泥浆量，以利于螺旋输送机形成土塞效应，防止喷涌。

2）在砂卵土地层中掘进时，由于掘进对地层的扰动，不易形成连续的土压，为此采取向刀盘面、土仓和螺旋输送机内注入泡沫和浓度高的膨润土泥浆来改良渣土，维持土仓内土压平衡。

5. 掘进过程中姿态控制

由于隧道曲线和坡度变化以及操作等因素的影响，盾构推进不可能完全按照设计的隧道轴线前进，会产生一定的偏差。当这种偏差超过一定界限时就会使隧道衬砌侵限、盾尾间隙变小，导致管片局部受力恶化，并造成地应力损失增大而使地表沉降加大，因此盾构施工中必须采取有效技术措施控制掘进方向，及时有效纠正掘进偏差。

（1）盾构掘进方向控制

结合本标段盾构区间曲线半径小的特点，采取以下方法控制盾构掘进方向：

1）采用 SLS-T 隧道自动导向系统和人工测量辅助进行盾构姿态监测

该系统配置了导向、自动定位、掘进程序软件和显示器等，能够全天候在盾构机主控室动态显示盾构机当前位置与隧道设计轴线的偏差以及趋势。据此调整控制盾构机掘进方向，使其始终保持在允许的偏差范围内。

随着盾构推进导向系统后视基准点需要前移，必须通过人工测量来进行精确定位。为保证推进方向的准确可靠，拟每周进行两次人工测量，以校核自动导向系统的测量数据并复核盾构机的位置、姿态，确保盾构掘进方向的正确。

2）采用分区操作盾构机推进油缸控制盾构掘进方向

根据线路条件所做的分段轴线拟合控制计划、导向系统反映的盾构姿态信息，结合隧道地层情况，通过分区操作盾构机的推进油缸来控制掘进方向。

推进油缸按上、下、左、右分成四个组，每组油缸都有一个带行程测量和推力计算的推进油缸，根据需要调节各组油缸的推进力，控制掘进方向。

在上坡段掘进时，适当加大盾构机下部油缸的推力；在下坡段掘进时则适当加大上部油缸的推力；在左转弯曲线段掘进时，则适当加大右侧油缸推力；在右转弯曲线掘进时，则适当加大左侧油缸的推力；在直线平坡段掘进时，则应尽量使所有油缸的推力保持一致。

（2）盾构掘进姿态调整与纠偏

在实际施工中，由于管片选型错误、盾构机司机操作失误等原因盾构机推进方向可能会偏离设计轴线并超过管理警戒值；在稳定地层中掘进，因地层提供的滚动阻力小，可能会产生盾体滚动偏差；在线路变坡段或急弯段掘进过程中，有可能产生较大的偏差，这时就要及时调整盾构机姿态、纠正偏差。

1）参照上述方法分区操作推进油缸来调整盾构机姿态，纠正偏差，将盾构机的方向控制调整到符合要求的范围内。

2）在急弯和变坡段，必要时可利用盾构机的超挖刀进行局部超挖和在轴线允许偏差范围内提前进入曲线段掘进来纠偏。

3）当滚动超限时，就及时采用盾构刀盘反转的方法纠正滚动偏差。

6. 管片拼装

管片选型确定后，管片安装的好坏直接关系到隧道的外观和防水效果。一般情况下，管片安装采取自下而上的原则，具体的安装顺序由封顶块的位置确定。

（1）管片安装程序

管片安装工艺流程图如图 6.3-14 所示。

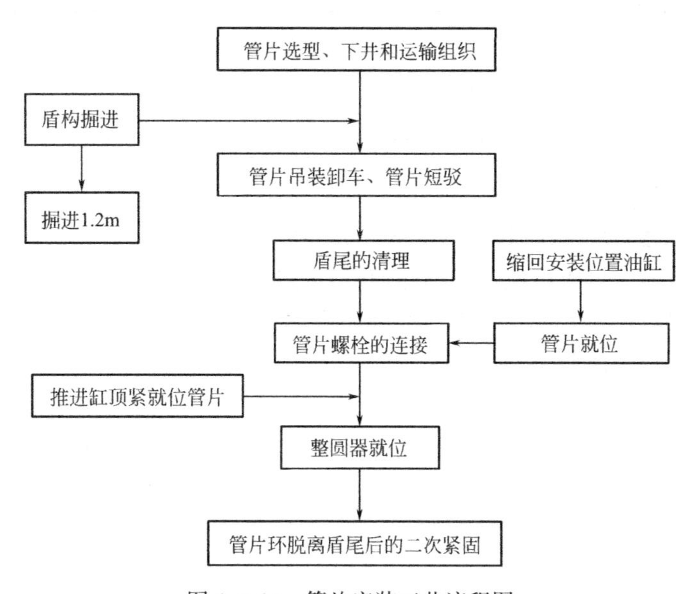

图 6.3-14　管片安装工艺流程图

（2）管片安装方法

管片由管片车运到隧道内后，由专人对管片类型、外观质量和止水条粘结情况等项目进行最后一次检查，检查合格后才可卸下。管片经管片起重机按安装顺序放到管片输送平台上，掘进结束后，再由管片输送器送到管片安装器工作范围内等待安装。

1）管片选型以满足隧道线型为前提，重点考虑管片安装后盾尾间隙要满足下一掘进循环限值，确保有足够的盾尾间隙，以防盾尾直接接触管片。

2）管片安装必须从隧道底部开始，然后依次安装相邻块，最后安装封顶块。安装第一块管片时，用水平尺与上一环管片精确找平。

3）安装邻接块时，为保证封顶块的安装净空，安装第五块管片时一定要测量两邻接块前后两端的距离（分别大于 C 块的宽度，且误差小于＋10mm），并保持两相邻块的内表面处在同一圆弧面上。

4）封顶块安装前，对止水条进行润滑处理，安装时先径向插入 2/3，调整位置后缓慢纵向顶推。

5）管片块安装到位后，应及时伸出相应位置的推进油缸顶紧管片，其顶推力应大于稳定管片所需力，然后方可移开管片安装机。

6）管片安装完后应及时整圆，并在管片脱离盾尾后要对管片连接螺栓进行二次紧固。

（3）管片拼装质量控制

1）成环环面控制。环面不平整度应小于 4mm，相邻环高差控制在 5mm 以内。

2）安装成环后，在纵向螺栓拧紧前，进行衬砌环椭圆度测量。当椭圆度测量，当椭圆度大于 30mm 时，应做调整。

管片拼装允许误差见表 6.3-3。

管片拼装允许误差 **表 6.3-3**

项目	允许偏差	备注
相邻环的错台	≤5.0mm	内表面测定
纵缝相邻块间隙	1.5mm-2.5mm-0	
对应的环向螺栓孔的不同轴度	≤1.0mm	

7. 盾构同步注浆

当盾片脱离盾尾后，在土体与管片之间会形成一道宽度为 140mm 左右的环行空隙。同步注浆的目的是为了尽快填充环形间隙使管片尽早支撑地层，防止地面变形过大而危及周围环境安全，同时作为管片外防水和结构加强层。

（1）注浆材料及配比设计

1）注浆材料

采用水泥砂浆作为同步注浆材料，该浆材具有结石率高、结石体强度高、耐久性好和能防止地下水浸析的特点。水泥采用 42.5 抗硫酸盐水泥，以提高注浆结石体的耐腐蚀性，使管片处在耐腐蚀注浆结石体的包裹内，减弱地下水对管片混凝土的腐蚀。

2）浆液配比及主要物理力学指标

根据盾构施工经验，同步注浆拟采用表 6.3-4 所示的配比。在施工中，根据地层条件、地下水情况及周边条件等，通过现场试验优化确定。同步注浆浆液的主要物理力学性能应满足表 6.3-4 指标。

同步注浆材料配比和性能指标表 **表 6.3-4**

水泥(kg)	粉煤灰(kg)	膨润土(kg)	砂(kg)	水(kg)	外加剂
80～140	381～241	60～50	710～934	460～470	按需要根据试验加入

① 胶凝时间：一般为 3～10h，根据地层条件和掘进速度，通过现场试验加入促凝剂及变更配比来调整胶凝时间。对于强透水地层和需要注浆提供较高的早期强度的地段，可通过现场试验进一步调整配比和加入早强剂，进一步缩短胶凝时间。

② 固结体强度：一天不小于 0.2MPa，28d 不小于 2.5MPa。

③ 浆液结石率：＞95%，即固结收缩率＜5%。

④ 浆液稠度：8～12cm。

⑤ 浆液稳定性：倾析率（静置沉淀后上浮水体积与总体积之比）小于5%。

（2）同步注浆主要技术参数

1）注浆压力

注浆压力略大于该地层位置的静止水土压力，同时避免浆液进入盾构机的土仓中。

最初的注浆压力是根据理论的静止水土压力确定的，在实际掘进中将不断优化。如果注浆压力过大，会导致地面隆起和管片变形，还易漏浆。如果注浆压力过小，则浆液填充速度赶不上空隙形成速度，又会引起地面沉陷。一般而言，注浆压力取1.1～1.2倍的静止水土压力，最大不超过3.0～4.0bar。

由于从盾尾圆周上的四个点同时注浆，考虑到水土压力的差别和防止管片大幅度下沉和浮起的需要，各点的注浆压力将不同，并保持合适的压差，以达到最佳效果。在最初的压力设定时，下部每孔的压力比上部每孔的压力略大0.5～1.0bar。

2）注浆量

根据刀盘开挖直径和管片外径，可以按下式计算出一环管片的注浆量。

$$V=(\pi(D_1^2-D_2{}^2)/4)LK$$

式中　V——一环注浆量（m^3）；

L——环宽（m）；

D_1——开挖直径（m）；

D_2——管片外径（m）；

K——扩大系数取1.5～2。

3）注浆时间和速度

在不同的地层中根据需不同凝结时间的浆液及掘进速度来具体控制注浆时间的长短，做到“掘进、注浆同步，不注浆、不掘进”，通过控制同步注浆压力和注浆量双重标准来确定注浆时间。注浆量和注浆压力达到设定值后才停止注浆，否则仍需补浆。同步注浆速度与掘进速度匹配，按盾构完成一环掘进的时间内完成当环注浆量来确定其平均注浆速度。

4）注浆结束标准及注浆效果检查

采用注浆压力和注浆量双指标控制标准，即当注浆压力达到设定值，注浆量达到设计值的85%以上时，即可认为达到了质量要求。注浆效果检查主要采用分析法，即根据压力-注浆量-时间曲线，结合管片、地表及周围建筑物量测结果进行综合评价。对拱顶部分采用超声波探测法通过频谱分析进行检查，对未满足要求的部位，进行补充注浆。

壁后注浆装置由注浆泵、清洗泵、储浆槽、管路、阀件等组成，安装在第一节台车上。当盾构掘进时，注浆泵将储浆槽中的浆液泵出，通过两条独立的输浆管道，通到盾尾壳体内的两根同步注浆管，对管片外表面的环行空隙中进行同步注浆，在每条输浆管道上都有一个压力传感器，在每个注浆点都有监控设备监视每环的注浆量和注浆压力；而且每条注浆管道上设有两个调整阀，当压力达到最大时，其中一个阀就会使注浆泵关闭，而当压力达到最小时，另外一个阀就会使注浆泵打开，继续注浆。

盾尾密封采用三道钢丝刷加注盾尾油脂密封，确保周边地基的土砂和地下水、衬背注浆材料、开挖面的水和泥土从外壳内表面和管片外周部之间缝隙不会流入盾构里，确保壁后注浆的顺利进行。

注浆量和注浆压力的大小可以实现自动控制和手动控制，手动控制可对每一条管道进行单个控制，而自动控制可实现对所有管道的同时控制。注浆工艺流程及管理程序如图 6.3-15 所示。

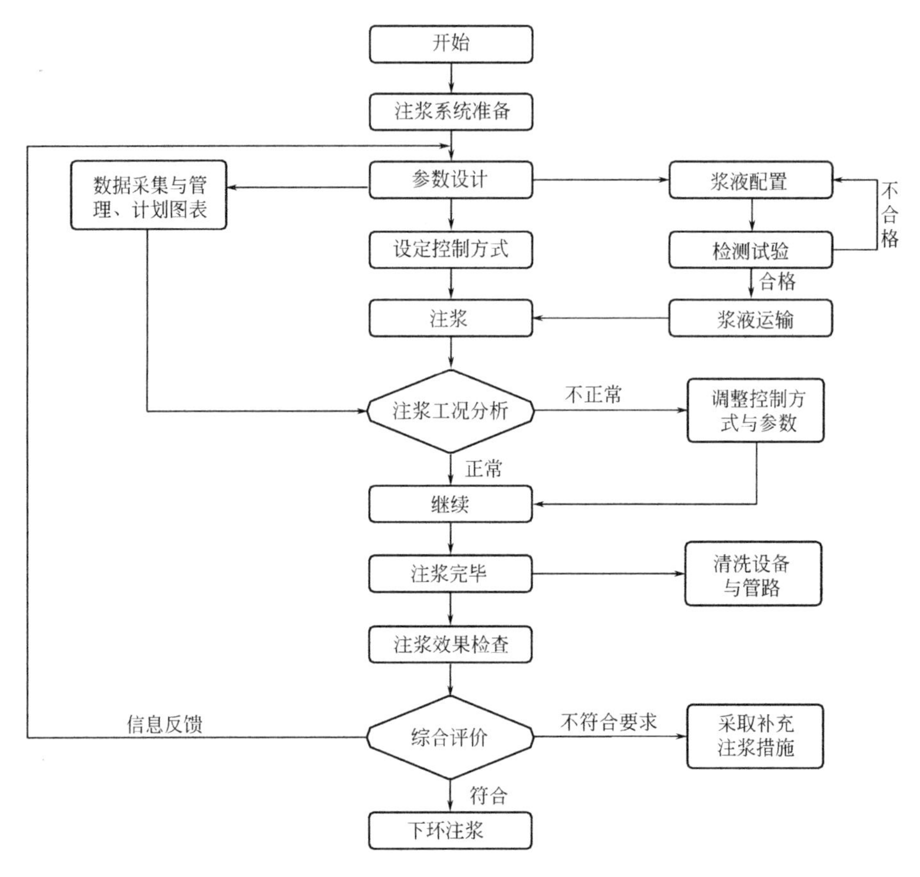

图 6.3-15　管片衬砌背后同步注浆工艺流程及管理程序

8. 隧道通风、循环水、照明

根据盾构施工的特点，在隧道内布置“三管、三线一走道”，三管即 φ150 的冷却水管、φ100 的排污管和 φ1000 的通风管。三线即 10kV 高压电缆、380/220V 动力照明线和 43kg 的运输轨线。

（1）隧道通风

1）隧道内通风环境要求

根据盾构施工特点，在施工中采用压入式通风来解决防尘、降温及人员、设备所需要新鲜空气。隧道内通风环境要求见表 6.3-5。

2）隧道通风设置

① 配备 1 台 2×37kW 轴流风机和直径 φ1000mm 拉链式软风管进行压入式通风，风机设在始发井隧道结构内，通风量采用最小断面风速法进行计算。

隧道内通风环境要求　　**表 6.3-5**

<table>
<tr><th>序号</th><th>项目</th><th colspan="2">要求</th></tr>
<tr><td>1</td><td>通风模式</td><td colspan="2">机械通风</td></tr>
<tr><td>2</td><td>新鲜空气量</td><td colspan="2">每人每分钟供应 3m³</td></tr>
<tr><td rowspan="6">3</td><td rowspan="6">作业环境的卫生标准</td><td colspan="2">1.隧道中氧气含量按体积不小于 20%
2.粉尘最高容许浓度，每立方米空气中粉尘(含有 10%以上的游离二氧化硅)为 2mg</td></tr>
<tr><td rowspan="5">3.有害气体最高容许浓度</td><td>①一氧化硅最高容许浓度为 30mg/m³</td></tr>
<tr><td>②二氧化碳按体积不得大于 0.5%</td></tr>
<tr><td>③氮氧化物(换算成二氧化碳)为 5mg/m³ 以下</td></tr>
<tr><td>④隧道内气温不得超过 30℃</td></tr>
<tr><td>⑤噪声不得大于 90dB</td></tr>
</table>

工作面需要的风量：

$$Q_{需} \geqslant V_{min}S = 0.25 \times 28 \times 60 = 420\text{m}^3/\text{min}$$

其中：V_{min} 最小断面风速取 0.25m/s，S 为开挖断面面积约为 28m²。

通风机的风量考虑通风管的漏风，风机风量为：

$$Q_{机} = (Q_{需} + Q_{漏})\eta = (420 + 420 \times 2.5\% \times L/100) \times 1.5 = 945\text{m}^3/\text{min}$$

其中：L 为掘进长度，取 2000m 计算，每 100m 漏风率取 2.5%，η 为风机储备系数。

② 风管直径 ϕ1000，洞外采用铁皮风筒，入口段 200m 采用加强型软管，洞内采用软风管。

③ 风管采用储存筒盛装，一次装一节（100m）运入洞内，安装在后配套尾部，随盾构机的掘进延伸。

④ 风管用铁皮卡连接，洞外采用门式支架架设，洞内借助管片连接螺栓吊挂风管，焊接吊环间距 5m，其间用 ϕ6mm 盘条连接。

3）隧道给水排水

① 对反坡段排水及开挖面渗漏水，在开挖面附近设小集水坑，利用盾构机自身排水设备加装 ϕ150mm 钢管排水管接力直接抽至洞外沉淀池。

② 顺坡段废水自然汇入集水池，再用水泵抽至地面沉淀池。

③ 为防止富水区突然涌水，以及反坡段的施工作业水、渗漏水危及设备，在盾构机下部一侧增设二台备用排水泵，当积水量超过盾构机自身排水能力时，启动该泵排水，出水管与原排水管连通。

④ 为满足供水要求，在供水管中间增设管道增压泵。为满足隧道清理用水等，可每隔 60m 在水管上安装水阀，并连接水管以备清洗管片和冲刷运输掉渣等。

（2）隧道照明

为满足长距离供电照明的需要，在隧道每 500m 设一低压变压器。10kV 高压电缆采用侧壁悬挂式，悬挂方式和位置严格按照国家相关规范进行。

1）照明线路在隧道井口正一环处，设置一台双电源自动切换箱。从地面变电所接入分别来自二路不同受电系统，来保证隧道照明的不间断（电力电缆采用 VV223×252＋2×

162 接入)。

2) 配线方式，采用 BV3×162+2×102 五线制（即 L1-L1，N，PE)。

3) 电箱配置，每百米配置一台分段配电箱，供照明安装和动力用电使用。

4) 灯具安装，每 6 环设置电支架 1 只和安装防水型 40W 荧光灯一只，配置 10A 插入式熔断器保护，分别三相电源跳接。

5) 单条区间隧道贯通后，在该区间 1/2 距离处断开线路，从另一端头井接入电源，以提高线路容量。

9. 盾构换刀

通常盾构机换刀会根据现场的工程地质条件及工程概况采用以下三种方案进行比选。

(1) 方案一：利用中间风井换刀

盾构经过中间风井时，我们会对刀盘刀具进行全面检查，对磨损严重的刀具进行主动更换，以确保下一阶段盾构掘进顺利进行。

(2) 方案二：隧道内常压换刀

盾构经过中间风井后，我们将结合盾构掘进参数（如刀盘扭矩、推力、刀具磨损探测传感器显示、推力大小、推进速度等)、出土情况（可以判断掌子面处地下水大小）和地面情况以及地质条件，选择刀盘前方为全断面岩层时进行第二次主动刀具检查和更换，以确保下一阶段盾构掘进顺利进行。由于刀盘所处位置岩层比较稳定，地下水较少，具备常压换刀的条件，因此我们计划在隧道内采用常压换刀的方案。在换刀前做好充分的准备工作，制订换刀的专项方案和应急预案，确保换刀期间的人员和设备安全。

为避免新更换刀具与开挖面岩石相接触处阻力过大，导致重新启动后刀盘无法转动，换刀前，将盾构铰接千斤顶全部伸出，进行开仓常压换刀作业；换刀结束后，及时向开挖面注入泥浆，土仓内重新建立土压后，将铰接千斤顶收回，重新转动刀盘，继续盾构施工。

(3) 方案三：隧道内带压换刀

当盾构掘进中，出现不可预知的情况，需要被动换刀时，我们利用盾构机配备的人闸系统在隧道内进行带压换刀。在换刀前做好充分的准备工作，制订换刀的专项方案和应急预案，确保换刀期间的人员和设备安全。

10. 盾构到达

(1) 盾构到达施工流程

盾构机到达施工是指从盾构机到达下一站接收井之前 50m 到盾构机贯通区间隧道进入车站接收井被推上盾构接收基座的整个施工过程。其工作内容包括：盾构机定位及接收洞门位置复核测量、地层加固、洞门处理、安装洞门圈密封设备、安装接收基座等，到达施工流程图如图 6.3-16 所示。

(2) 盾构到达的准备工作

1) 盾构机定位及接收洞门位置复核测量

在盾构推进至盾构到达范围时，对盾构机的位置进行准确的测量，明确成洞隧道中心轴线与隧道设计中心轴线的关系，同时应对接收洞门位置进行复核测量，确定盾构机的贯通姿态及掘进纠偏计划。在考虑盾构机的贯通姿态时注意两点：一是盾构机贯通时的中心轴线与隧道设计轴线的偏差，二是接收洞门位置的偏差。综合这些因素在隧道设计中心轴

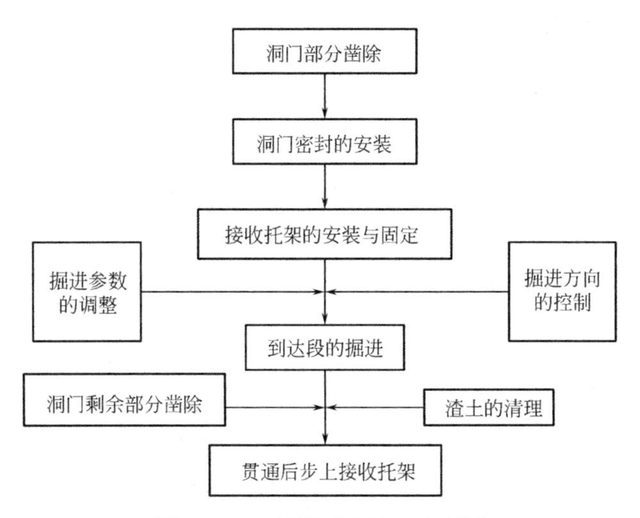

图 6.3-16　盾构到达施工流程图

线的基础上进行适当调整。纠偏要逐步完成，每一环纠偏量不能过大。

2）进洞段的土体加固

到达前一个月进行端头加固，并检查加固效果满足盾构机到站掘进要求，具体详见盾构机进出洞端头土体加固。

3）洞门破除

及时对到达洞门位置及轮廓进行复核测量，不满足要求时及时对洞门轮廓进行必要的修整。合理安排到达洞门凿除计划，确保洞门凿除后不暴露太久，并针对洞门凿除施工制订专项施工方案。破除的方法与工艺见洞门破除及始发设施的安装内容。

待盾构机进入加固范围时快速将洞门围护结构剩余部分破除，确保钢筋割除干净。

4）洞门圈的安装

为防止盾构机进洞时推出的渣土损坏帘布橡胶板，洞门防水装置在洞门第一次破除，渣土被完全清理干净后安装。安装方法同于始发洞门。

5）接收基座的安装

接收基座的中心轴线应与隧道设计轴线一致，同时还需要兼顾盾构机出洞姿态。接收基座的轨面标高除适应于线路情况外，适当降低 20mm，以便盾构机顺利上托架。为保证盾构刀盘贯通后拼装管片有足够的反力，将接收基座以盾构进洞方向＋5‰的坡度进行安装。要特别注意对接收基座的加固，尤其是纵向的加固，保证盾构机能顺利到达接收基座上。

（3）盾构到达施工

1）根据盾构机的贯通姿态及掘进纠偏计划进行推进，纠偏要逐步完成，每一环纠偏量不能过大。

2）在盾构机距离端头墙 50m 时，选择合理的掘进参数，逐渐放慢掘进速度，控制在 20mm/min 以下，推力逐渐降低，缓慢均匀地切削洞口土体，以确保到达端墙的稳定和防止地层坍塌。

3）盾构进入到达段后，加强地表沉降监测，及时反馈信息以指导盾构机掘进。

4）盾构机刀盘距离贯通里程小于10m时，在掘进过程中，专人负责观测出洞洞口的变化情况，始终保持与盾构机司机联系，及时调整掘进参数。

5）在拼装的管片进入加固范围后，浆液改为快硬性浆液，提前在加固范围内将泥水堵住在加固区外。

6）当管片最后一环管片拼装完成后，通过管片的二次注浆孔，注入双液浆进行封堵。注浆过程中要密切关注洞门的情况，一旦发现有漏浆的现象立即停止注浆并进行处理。

7）当盾构前体盾壳被推出洞门时通过压板卡环上的钢丝绳调整折叶压板使其尽量压紧帘布橡胶板，以防止洞门泥土及浆液漏出。在管片拖出盾尾时再次拉紧钢丝绳，使压板能压紧橡胶帘布，让帘布一直发挥密封作用。其示意如图6.3-17所示。

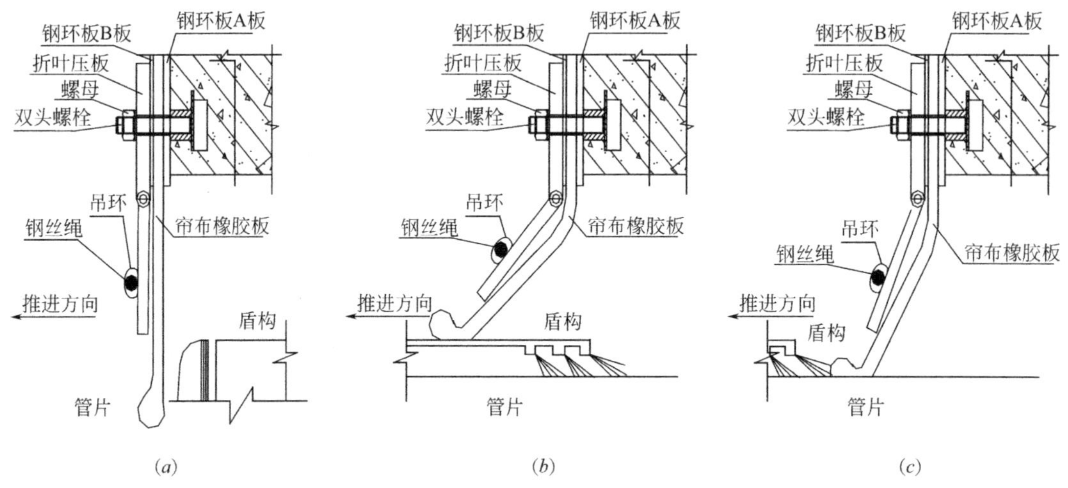

图6-3-17　密封橡胶帘布示意图

(a) 盾头未到前；(b) 盾尾未出前；(c) 盾尾出来后

8）由于盾构到站时推力较小，致洞门附近的管片环与环之间连接不够紧密，因此应做好后20环管片的螺栓紧固和复紧工作，并用槽钢沿隧道纵向拉紧后20环管片，使后20环管片连成整体，防止管片松弛而影响密封防水效果。

11. 盾构机解体、退场方案

(1) 盾构机的解体拆卸

盾构机的解体吊装出井与下井采用相同的起吊方法。根据工期安排，两台盾构机分先后到站，先到达的盾构机先拆卸吊装、退场转场，后到达的盾构机的拆卸吊装、退场转场同前一台。

(2) 盾构机拆卸总体思路

1）隧道贯通后，盾构机在接收基座协助下移位至工作井，即进行拆卸。

2）拆卸顺序与组装顺序相反，后装的先拆，先装的后拆。

3）采用450t起重机和200t汽车起重机配合吊装的方案。

4）拆卸之前对整机各部、各系统管路、电路与组件进行详细标识。

5）拆卸以拆卸作业指导书为依据有序进行。

(3) 拆卸原则

1）拆卸方案以厂商原始技术资料为依据。

2）在不影响起吊、包装、运输及保证设备不致变形的情况下，尽可能不拆得太零散。

3）拆卸方案围绕二次组装来制订。

4）拆卸方案与拆卸记录资料妥善保存，作为二次组拼的依据。

（4）拆卸顺序

盾构机拆卸顺序示意图如图 6.3-18 所示。

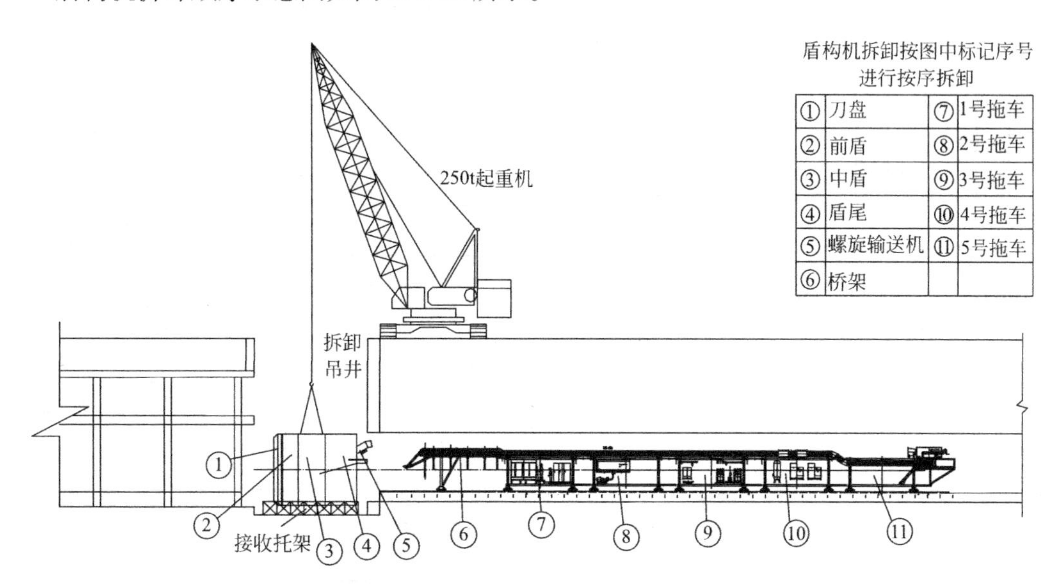

图 6.3-18　盾构机拆卸顺序示意图

1）先清除刀盘泥渣。

2）断开盾构机风、水、电供应系统。

3）管线与小型组件拆除。

4）盾构主机吊出工作井，运往指定地点再组装或拆卸、解体、检修、包装。

5）后配套系统分节吊出。

6）零部件清理、喷漆、包装、储存。

其中拆卸工作注意事项：

① 在隧道贯通前，需全面仔细复查、补全盾构机、电、液各部件的标识。

② 拆卸专用拖车、牵引车连接装置准备完好。

③ 检查各种管接头、堵头短缺数量、规格并补齐加工。

④ 贯通前进行主机、后配套及其辅助设备的带负荷性能测试，以全面鉴定各机构、设备的性能状态，为拆卸后及时维护、修理和制订配件计划提供依据。

⑤ 无论何种零部件储存前均需检查标识。

⑥ 零件入库存放前检查零件性能状态。

（5）盾构机拆卸流程

盾构机拆卸流程如图 6.3-19 所示。

（6）盾构机解体后在施工场地堆放

考虑施工场地较狭小，盾构解体按拆卸一批运出一批的方法。

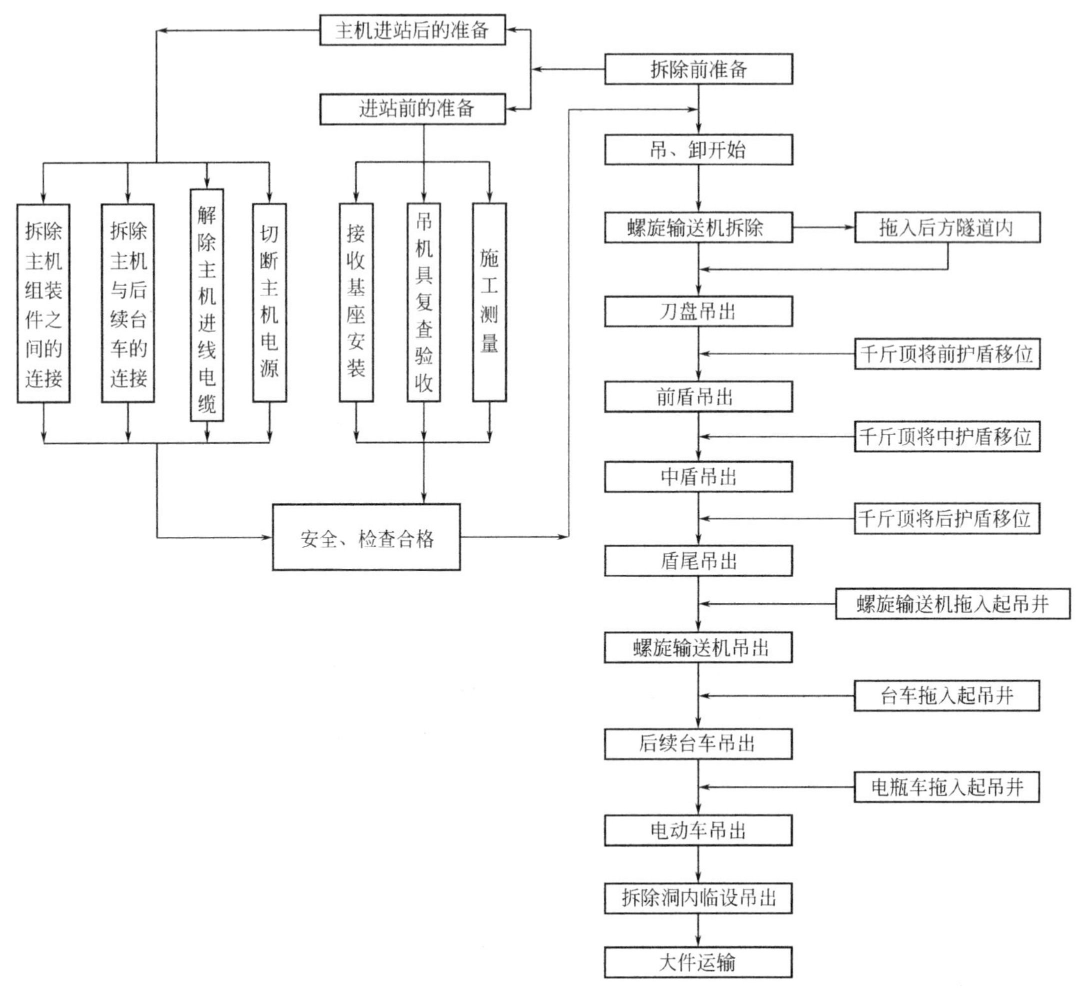

图 6.3-19　盾构机拆卸流程图

12. 盾构隧道的防水

盾构隧道的防水以管片结构自防水为根本、接缝防水为重点，确保隧道整体防水，同时遵循“以防为主、以堵为辅、多道防线、综合治理”的原则，制订防水施工措施。

(1) 管片的自防水

管片混凝土采用高抗渗高强度（C50）等级的混凝土，抗渗等级大于等于 P10。为达到管片混凝土的自防水，管片的生产主抓三个方面：混凝土密实度、抗裂性能和制作精度。

1) 选用符合国家标准的各种原材料，并通过现场检验满足要求。

2) 选择合理的防水混凝土配比，使混凝土自身的收缩及空隙率降至最低。

3) 选择高精度模板、钢模刚度足以控制施工过程中的各种变形。

4) 制作工艺和方法标准化、规范化，并加强生产过程中的质量监督和计量装置的检验校核。

5) 加强对振捣质量的管理。

6）管片蒸养后，继续水中养护，水养时间为14d、28d后方可使用。

7）对每个成品管片进行质量检验和制作精度校验。

8）按每两环抽取一块管片进行抽样检漏，抽样不合格的管片严禁出厂。

9）管片出厂前必须通过各道验收程序，包括各道生产工序的检查、抗渗试验、抗压抗渗报告和三环水平拼装验收等，验收合格后在管片内弧面加盖验收合格章和生产日期。

10）加强管片堆放、运输中的管理检查，防止管片产生附加应力而开裂或在运输中碰掉边角，确保管片完好。对运输到现场的管片进行验收，确认没有缺角掉边及不满足养护周期等问题，并分类堆放。

（2）管片接缝的防水

为了防止管片的接缝部位漏水，满足防水构造的要求，在管片的环缝、纵缝面设有一道弹性密封垫槽及嵌缝槽。采用多孔型三元乙丙弹性橡胶止水条，在千斤顶推力和螺栓拧紧力的作用下，使得管片间的三元乙丙弹性橡胶止水条的缝隙被压缩，来起防水的作用。接缝的防水是隧道防水的重点。

1）防水机理

在千斤顶推力和螺栓拧紧力的作用下，使得管片间的密封材料的缝隙被压缩至0mm。

2）止水条的安装工艺

① 确保管片表面平滑，侧面无孔洞和缺边，管片和止水条干燥，没有灰尘和油脂。

② 将止水条套在管片上，检查型号及位置是否正确，并让其悬挂于管片上。

③ 用稀释液清洗止水条和管片，把沟槽侧面和底面清洗干净。

④ 待稀释液挥发后，开始涂胶水（胶水须搅拌均匀，并经常搅动），胶水100%覆盖止水条和管片的底部和侧面。先涂止水条，后涂管片，涂胶时止水带与混凝土面均涂满，涂胶量约200g/m^2。

⑤ 胶水溶剂挥发以后，将止水条装入槽内，粘结顺序为先短边后长边、从中间到角部。粘贴时注意四个角的密封垫位置不得有“耸肩”或“塌肩”现象，整个密封垫表面应在同一平面上，谨防歪斜或扭曲。

⑥ 最后用锤击打止水条，使其与管片粘结牢固。

⑦ 止水条粘贴12h后，管片方可拼装。

3）其他措施

嵌缝密封防水。

① 嵌缝的形式

嵌缝作业应在盾构千斤顶顶力影响范围外进行，综合考虑隧道稳定性，掘进等作业的影响，安排在工作面后100m左右范围内进行。本区间隧道嵌缝除变形缝、盾构进出洞各20环、联络通道前后各5环要求作整环嵌缝，其他仅在拱顶45°、拱底86°进行嵌缝（图6.3-20）。嵌缝的形式有以下几种：

a.单组分（挤出型）水膨胀聚氨酯密封胶外封氯丁胶乳水泥：在非整环嵌缝的拱底86°范围内的所有环缝和纵缝填充。

b.氯丁胶乳水泥：在非整环嵌缝的拱顶45°范围的环缝和整环嵌缝的上半环范围（即拱底86°以外部分）的所有环缝和纵缝中填充。

c.氯丁胶乳水泥：在整环嵌缝的拱底86°范围内的所有环缝和纵缝中填充。

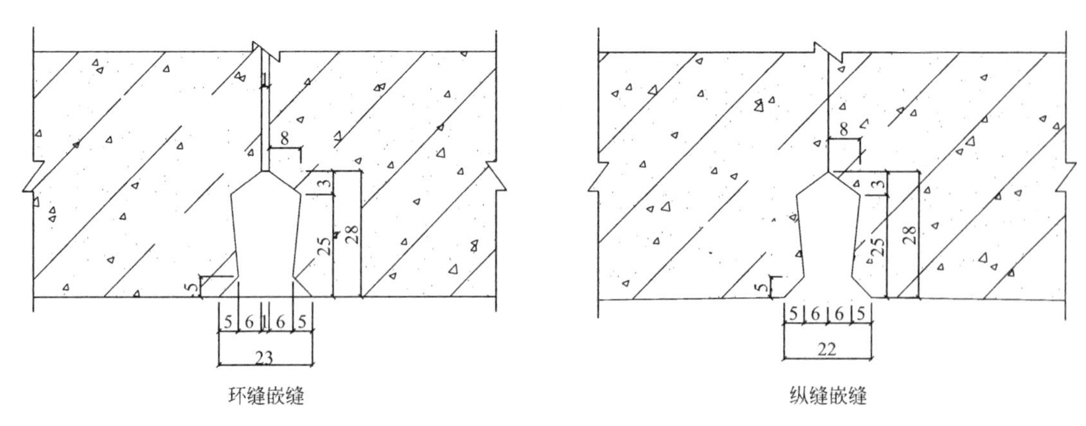

图 6.3-20 嵌缝的形式图

d. 对于衬砌接缝存在高差，采用单组分（挤出型）水膨胀聚氨酯密封胶外封单组分高膜量聚氨酯密封胶，最后用氯丁胶乳快硬水泥抹平。

② 嵌缝施工

a. 先检查嵌缝槽有无冒水、滴漏、慢渗现象。若管片接缝有渗漏水，先进行注浆堵漏处理。在无明显渗漏基础上，再进行嵌缝施工。

b. 清理嵌缝内泥污等。

c. 粘贴牛皮纸防污条，防污条在密封材料刮平后立即揭去（图 6.3-21）。

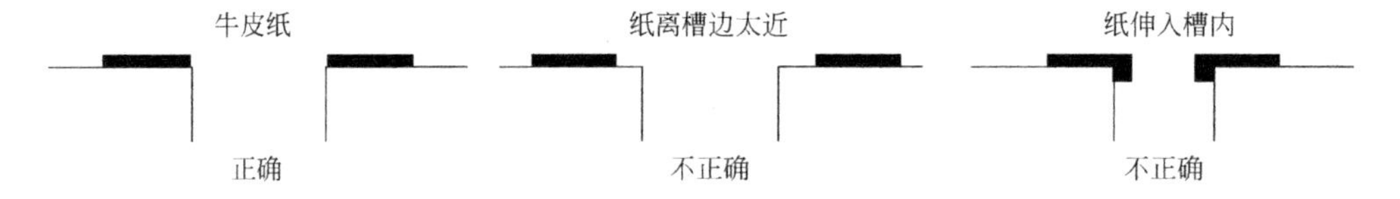

图 6.3-21 牛皮纸防污条粘贴位置示意图

d. 刷涂底料，如刷涂后 24h 没有填密封材料，需再刷一次。

e. 现场拌合密封材料，每次拌合最多 2～3kg，混合时间约为 10min。

f. 用嵌缝枪进行嵌缝处理。

g. 用密封膏嵌填后，在密封膏未干前，用腻子刀将多余的密封材料刮去，并对有厚薄的部位进行调整，刮平时，顺一个方向刮，不能来回多次抹压，刮刀要倾斜，使刀的背面轻轻在密封膏表面滑动，形成光滑表面。

h. 嵌填完毕后养护 2～3 次，施工现场需清扫时，必须待密封材料表面干燥后进行，以防止污染或碰损。

i. 嵌填质量要求及检查方法见表 6.3-6。

嵌填质量要求及检查方法 **表 6.3-6**

质量要求	检查方法
填充饱满、无气孔、表面干燥迅速	目测
接缝粘接牢固	嵌填 15d 后用手指压接缝周边

③ 接缝螺栓孔防水

管片螺孔位于接缝面，密封防水也是重要环节，其采用水膨胀垫圈加强防水。施工中应避免螺栓位置偏于一边的现象。由于螺栓垫圈会发生蠕变而松弛，在施工中需要对螺栓进行二次拧紧。防水结构如图 6.3-22 所示。

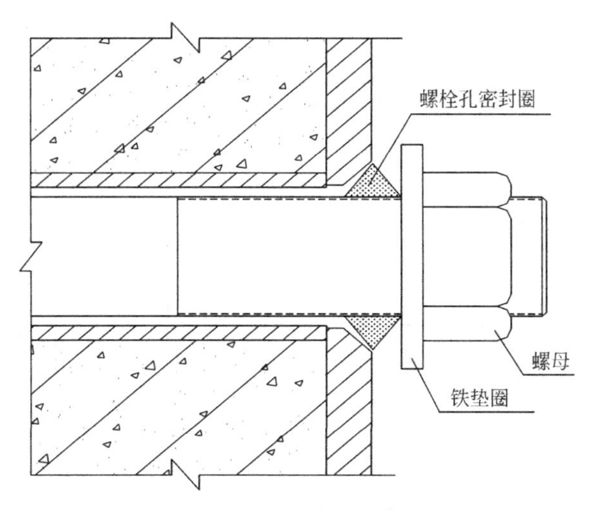

图 6.3-22　纵环向螺栓孔防水结构图

④ 吊装孔的防水措施

原则上不通过管片吊装孔注浆，所以避免了吊装孔漏水这一问题。由于管片接缝漏水或土体加固要通过吊装孔进行二次注浆，需做好二次注浆的收尾工作。等双液浆凝固后将活动端头部分拆除，清理吊装孔内残余物，填入腻子型膨胀止水密封材料，然后用防水砂浆封固孔口，盖上螺旋盖，预防从吊装孔漏水。

⑤ 管片与地层空隙防水措施

盾构推进后，盾尾空隙在围岩坍落前及时进行注浆，不但可防止地面沉降，而且有利于隧道衬砌的防水，选择合适的浆液、注浆参数、注浆工艺，可形成稳定的管片外围防水层，将管片包围起来，形成一个保护圈。同时二次注浆也可加强保护圈，有利于隧道防水。

13. 盾构小半径施工

目前，我国正处于大规模建设时期，基础设施，尤其是交通设施建设如火如荼。在城市中，以地铁为龙头的地下空间综合利用和建设，受既有建（构）筑物和有限空间的限制，出现了大量复杂线型（如小半径、大纵坡）或复合近接（小净距、下穿铁路、立交、叠交）的隧道工程。

小半径曲线盾构施工时盾构对外侧地层是挤压的状态，因盾尾空隙的发生会使地层向隧道内侧位移，回填压注压力也会使隧道产生位移，同时由于在小曲线地段盾构，是用管片和地层反力掘进的，因此推进力的反力会使隧道向曲线外侧位移，如果隧道的纵向刚度和地层的刚度过小，可能引起管片和其外地层发生过大位移，以及使土压超过土体的被动压力而过大扰动。因此小半径曲线地段的轴线控制难度较大，同时管片向外侧扭曲而挤压地层使地层和管片结构均受到复杂的影响。

（1）施工工艺

1）工艺流程图

工艺流程如图 6.3-23 所示。

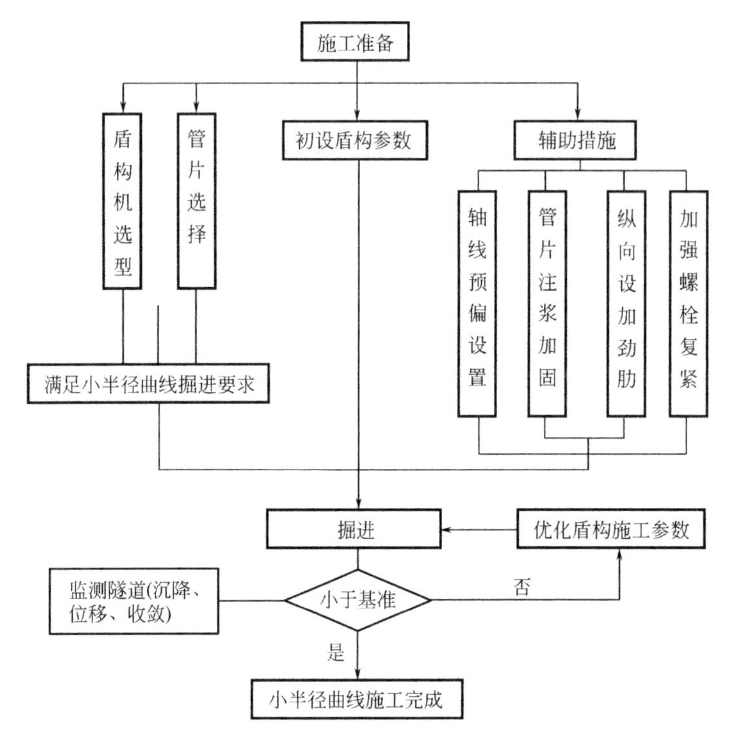

图 6.3-23　小半径曲线施工工艺流程图

2）盾构机的适用性

采用铰接式盾构进行施工。由于盾构增加了铰接部分，使盾构切口至支撑环，支撑环至盾尾都形成活体，增加了盾构的灵敏度，对隧道的轴线控制更加方便以及管片外弧碎裂和管片渗水等情况得以大大改善。

① 适当的超挖量

盾构大刀盘上安装有仿形刀，具有一定的超挖范围。在曲线施工时可根据推进轴线情况进行部分超挖，超挖量越大，曲线施工越容易。但另一方面，超挖会使同步注浆浆液因土体的松动绕入开挖面，加上曲线推进时反力下降的因素，会产生隧道变形增大的问题。因此，超挖量最好控制在超挖范围的最小限度内。

② 铰接角度满足要求

盾构机增加铰接部分，使盾构切口至支撑环，支撑环至盾尾都形成活体，增加了盾构的灵敏度，可以在推进时减少超挖量的同时产生推进分力，确保曲线施工的推进轴线控制。管片外弧碎裂和管片渗水等情况得以大大改善。铰接角度 $\alpha=(L_1+L_2)\times180/\pi\times R$，其中 L_1、L_2 分别为铰接盾构的前体和后体，R 为曲线半径，α 为盾构机在小半径曲线上的铰接角度，此角度应小于盾构机自身的最大铰接角度。通过固定铰接千斤顶行程差来固定盾构机的铰接角度，从而使盾构机适应相应的曲线半径。铰接千斤顶行程差（mm）＝千斤顶最大行程差×［左右铰接角度（deg）］/最大左右铰接角度（deg）。

3）管片的适用性

对于小半径曲线地段，根据上海地铁类似工程的施工经验，采用宽 1.0m 管片。管片宽度采用 1.0m 比 1.2m 更有利于线路曲线的拟合，管片拼装更容易，也有利于减少管片的碎裂和隧道的整体防水。

对小半径曲线地段的管片楔形量检算：

以管片外径 6.2m，曲线半径 $R=230$m 圆曲线段进行检算。

$L_1/R_1=L_2/R_2$　即　$L_1/233.1=L_2/226.9$　得 $L_1=1.027325L_2$；

内、外弧长差值为：$\Delta L=L_1-L_2=0.027325L_2$；

当管片宽度为 1.0m 时，$L_2\approx1.0$m 时，$\Delta L=27.32$mm；

设计楔形量 $\Delta L'=32.34\text{mm}>\Delta L=27.32$mm；

小半径圆曲线段设计管片排版采用 6 环 1.0m 宽楔形＋1 环 1.2m 宽直线环；

$7.2\Delta L=196.70$mm，$6\Delta L'=194.04$mm，$7.2\Delta L-6\Delta L'=2.66$mm

由以上计算可知，6 环 1.0m 宽楔形＋1 环 1.2m 宽直线环的排版方式很好的拟合了 $R=230$m 小半径圆曲线。

4）隧道辅助措施

① 隧道管片壁后注浆加固

隧道每掘进完成 2 环，及时通过管片的预埋注浆孔对土体进行复合早凝浆液二次压注加固，范围为管片壁后 2m。

② 隧道内设纵向加强肋

针对小半径曲线上隧道纵向位移较大，在隧道靠近开挖面后 50～60m 范围内管片设置加强肋以增强隧道纵向刚度，控制其纵向位移。加强肋采用双拼［22a 槽钢用钢板焊接成型，用螺栓将其与管片的预留注浆孔进行连接，从而将隧道纵向连接起来，以加强隧道纵向刚度。加劲肋部位及构造详见加强肋构造图。

③ 加强螺栓复紧

每环推进结束后，须拧紧当前环管片的连接螺栓，并在下环推进时进行复紧，克服作用于管片推力产生的垂直分力，减少成环隧道浮动。每掘进完成 3 环，对 10 环以内的管片连接螺栓复拧一次。

5）推进轴线预偏设置

在盾构掘进过程中，要加强对推进轴线的控制。曲线推进时盾构应处于曲线的切线上，因此推进的关键是确保对盾构机姿态的控制。

由于盾构掘进过程的同步注浆及跟踪补注的双液浆效果不能根本上保证管片后土体的承载强度，管片在承受侧向压力后，将向弧线外侧偏移。为了确保隧道轴线最终偏差控制在规范允许的范围内，盾构掘进时给隧道预留一定的偏移量。根据理论计算和上海相关施工实践经验的综合分析，同时需考虑掘进区域所处的地层情况，在小半经曲线隧道掘进过程中，将设置预偏量 20～40mm。如图 6.3-24 所示，施工中通过对小半径段隧道偏移监测，适当调整预偏量。

6）盾构施工参数选择

① 严格控制盾构的推进速度

推进时速度应控制在 1～2cm/min。即避免因推力过大而引起的侧向压力的增大，又

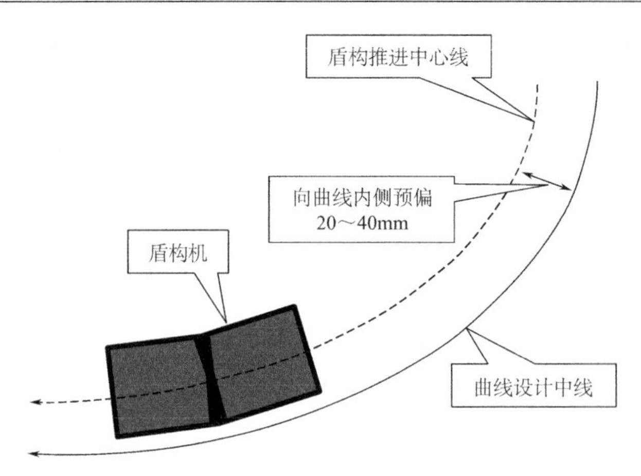

图 6.3-24　小半径转弯预偏示意图

减小盾构推进过程中对周围土体的扰动。

② 严格控制盾构正面平衡压力

盾构在穿越过程中须严格控制切口平衡土压力，使得盾构切口处的地层有微小的隆起量（0.5～1mm）来平衡盾构背土时的地层沉降量。同时也必须严格控制与切口平衡压力有关的施工参数，如出土量、推进速度、总推力、实际土压力围绕设定土压力波动的差值等。防止过量超挖、欠挖，尽量减少平衡压力的波动。其波动值控制在 0.02MPa 以内。

③ 严格控制同步注浆量和浆液质量

由于曲线段推进增加了曲线推进引起的地层损失量及纠偏次数的增加导致了对土体的扰动的增加，因此在曲线段推进时应严格控制同步注浆量和浆液质量，在施工过程中采用推进和注浆联动的方式，确保每环注浆总量到位，确保盾构推进每一箱土过程中，浆液均匀合理地压注，确保浆液的配比符合质量标准。通过同步注浆及时充填建筑空隙，减少施工过程中的土体变形。注浆未达到要求时盾构暂停推进，以防止土体变形。

每环的压浆量一般为建筑空隙的 200%～250%，为 2.7～3.2m^3/环，采用可硬性浆液，浆液稠度 9～11cm，泵送出口处的压力不大于 0.5MPa 左右。具体压浆量和压浆点视压浆时的压力值和地层变形监测数据选定。根据施工中的变形监测情况，随时调整注浆参数，从而有效地控制轴线。

7）土体损失及二次注浆

由于设计轴线为小半径的圆滑曲线，而盾构是一条直线，故在实际推进过程中，实际掘进轴线必然为一段段折线，且曲线外侧出土量又大。这样必然造成曲线外侧土体的损失，并存在施工空隙。因此在曲线段推进过程中进行同步注浆时须加强对曲线段外侧的压浆量，以填补施工空隙。每拼装两环即对后面两环管片进行复合早凝浆液二次压注，以加固隧道外侧土体，保证盾构顺利沿设计轴线推进。浆液配比采用水泥：氯化钙：水玻璃＝30：1：1，水灰比为 0.6。二次注浆压力控制在 0.3MPa 以下；注浆流量控制在 10～15L/min，注浆量约 0.5m^3/环。

8）严格控制盾构纠偏量

盾构的曲线推进实际上是处于曲线的切线上，推进的关键是确保对盾构头部的控制，由于曲线推进盾构环环都在纠偏，须做到勤测勤纠，而每次的纠偏量应尽量小，确保楔形块的环面始终处于曲率半径的径向竖直面内。除了采用楔型管片，为控制管片的位移量，管片纠偏在适当时候采用楔形低压棉胶板，从而达到有效控制轴线和地层变形的目的。盾构推进的纠偏量控制在 2～3mm/m。

针对每环的纠偏量，通过计算得出盾构机左右千斤顶的行程差，通过利用盾构机千斤顶的行程差来控制其纠偏量。同时，分析管片的选型，针对不同的管片需有不同的千斤顶行程差。

9）盾尾与管片间的间隙控制

小曲率半径段内的管片拼装至关重要，而影响管片拼装质量的一个关键问题是管片与盾尾间的间隙。合理的周边间隙可以便于管片拼装，也便于盾构进行纠偏。

① 施工中随时关注盾尾与管片间的间隙，一旦发现单边间隙偏小时，及时通过盾构推进方向进行调整，使得四周间隙基本相同。

② 在管片拼装时，应根据盾尾与管片间的间隙进行合理调整，使管片与盾尾间隙得以调整，便于下环管片的拼装，也便于在下环管片推进过程中盾构能够有足够的间隙进行纠偏。

③ 根据盾尾与管片间的间隙，合理选择楔型管片。小曲率半径段时，盾构机的盾尾与管片间间隙的变化主要体现在水平轴线两侧，管片转弯正常跟随盾构机，当盾构机转弯过快时，隧道外侧的盾尾间隙就相对较小；当管片因楔子量等原因超前于盾构机转弯时，隧道内侧的盾尾间隙就相对较小。因此，当无法通过盾构推进和管片拼装来调整盾尾间隙时，可考虑采用楔型管片和直线型管片互换的方式来调整盾尾间隙（可结合管片选型软件指导）。

6.3.3　盾构施工技术应用案例

1. 工程概况

沈阳市城市地下综合管廊（南运河段起点位于南运河文体西路桥北侧绿化带，终点位于善邻路），沿砂阳路、文艺路、东滨河路、小河沿路和长安路敷设，途径南湖公园、鲁迅公园、青年公园、万柳塘公园和万泉公园，干线管廊全长约 12.8km。综合管廊主要采用盾构和明挖工法相结合，综合管廊主体隧道采用双线单圆盾构形式施工。管廊结构为内直径 D=5.4m 的盾构隧道，管廊内设置天然气舱、热力+通信舱、水舱和电力舱。盾构井和工艺井均采用明（盖）挖法施工。工程划分为 6 个盾构区段，采用 12 台盾构机同时掘进施工（图 6.3-25）。

2. 结构概况

盾构隧道管片采用错缝拼装，环宽 1200mm，环向分 6 块，即 3 块标准块（中心角 67.5°），2 块邻接块（中心角 67.5°），1 块封顶块（中心角 22.5°）。管片之间采用弯螺栓连接，环向每接缝设 2 个螺栓，纵向共设 16 个螺栓（封顶块 1 个，其他 3 个）。管片厚度为 300mm，管片环与环之间采用错缝拼装；管片间采用弯曲螺栓连接，在管片环面外侧设有弹性密封垫槽。环缝和纵缝均采用环向螺栓连接；管片强度等级为 C50，防水等级为 P10；盾构隧道的防水等级为二级标准，以管片混凝土自身防水，管片接缝防水，隧道与其他结构接头防水为重点，盾构隧道管片采用弹性密封垫和嵌缝两道防水并结合管片背后注浆的方式对隧道进行防水。

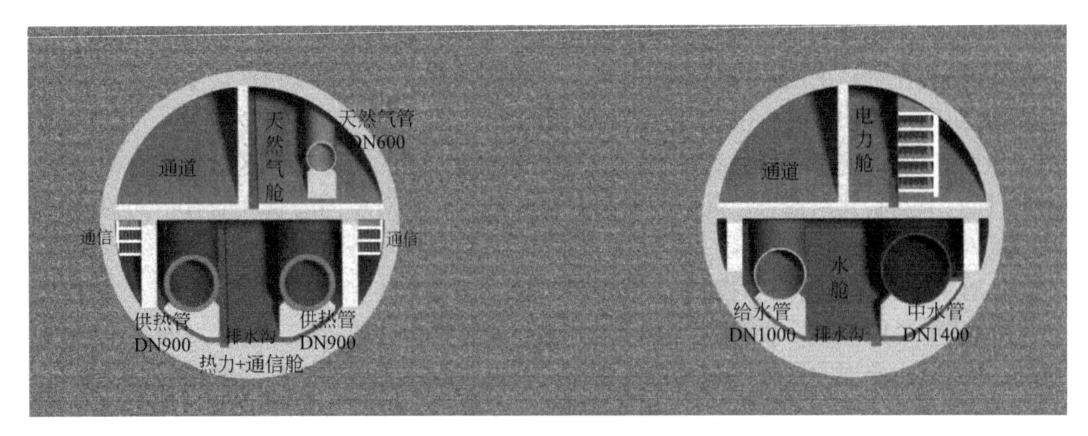

图 6.3-25　管廊功能示意图

3. 施工关键技术

（1）盾构区间下（侧）穿建（构）筑物施工措施

工程多次下（侧）穿多栋建筑物、桥梁，下穿南北二干线公路隧道，下（侧）穿星光集团铁路专线，上跨运营地铁 2 号线，上跨在建地铁 10 号线等，均有可能造成建构筑物及路面产生变形，影响正常使用。施工中必须及时调整掘进参数，加强监测，严格控制结构沉降和不均匀沉降对建（构）筑物影响。

针对建筑物（构筑物）的特点，采取积极的保护方法进行保护。在施工前对地质和环境做更深入的调查，根据经验和理论预测沉降量，在施工开始后，通过施工监测取得对地质更确切的认识和对施工工艺的检验和改进，优化施工参数，指导推进，提出减少沉降的施工技术措施，可靠地把影响范围减少到最低程度。

1）对穿越建（构）筑物地段进行详细补充调查

对盾构穿越建筑物、桥梁的地段进行详细补充调查，以力求确切了解土质特性、地下水情况和桥体结构及基础特点，明确地面沉降及建（构）筑物的沉降和倾斜控制要求，明确盾构隧道与房屋基础、桥体桩基的确切位置关系，如盾构隧道结构距离桥梁桩基基础小于 6m 时，采用盾构机自带超前加固系统对桩侧土进行超前加固处理。

2）加强施工监测

本工程在穿越房屋及桥体前对监测点进行加密，采用地面沉降观测、分层沉降观测、连通管观测三种方法对土体、基础及建筑物（构筑物）进行监测。这三种观测方法准确，能真实反映地面变形。监测数据及时进行反馈，根据反馈的监测数据进行施工参数的调整。

3）优化施工参数

① 合理设置土压力值，防止超挖和欠挖

为确保建（构）筑物基础的稳定，在盾构机进入基础前 30m，利用布设的沉降点，精确测定地层的变形与盾构机密封仓土压力设定值、盾构掘进速度、刀盘转速的实际值，并采用数理统计的原理，找出上述参数之间的关联，科学合理地设置土压力值及相宜的推进速度等参数，防止超挖和欠挖。

在盾构穿越过程中控制切口土压力，同时控制与切口土压力有关的施工参数，如推进速度、总推力、出土量等，减少土压力的波动。

② 少纠偏，特别是大量值的纠偏

在盾构机穿越前，对控制网及井下、隧道内的测量控制点进行复测。在确认无误的情况下，盾构机根据测得的姿态，将轴线误差调整到小于 10mm，以准确的姿态进行穿越基础的推进。

在侧穿和下穿基础的推进过程中，每 50cm 测量一次盾构机的姿态偏差，盾构司机根据偏差及时调整盾构机的推进方向，尽可能减少纠偏，特别是要杜绝大量值纠偏，从而保证盾构机平稳地穿越。

③ 降低推进速度，减小盾构对土体的挤压

盾构机离桥基础 10m 时，降低推进速度，减小盾构对正面土体的挤压。穿越的整个施工期间对土压力设定值进行有效的调整及控制，盾构推进速度在 10mm/min 内。

④ 同步注浆采用可硬性浆液

采用可硬性浆液进行同步注浆，浆液 24h 强度达 0.1MPa。通过同步注浆控制地层变形，及时稳定管片，改善管片受力条件，有利于推进方向的控制。

⑤ 据合理布置的监测控制点，保证同步注浆量

盾构机推进后，在盾尾部分，将出现的环状空隙，及时充分地加以注浆回填，以保证地面的稳定。

在穿越基础期间，加强对盾构尾部地面的测量，及时调整同步注浆量，确保地面不下沉，也不出现过大的隆起。同时加强对浆液性能的测定，保证浆液的泌水率＜3%，浆液 1d 的强度≥0.1MPa，28d 的强度≥1.0MPa。

注浆压力略大于该处水土压力之和，尽量做到填补空隙而不造成对土体的劈裂。

⑥ 盾构穿越后的补压浆及必要的跟踪注浆

在盾构穿越后，对基础的沉降点进行持续地观察，尤其是穿越后的一个月内。将根据土体重新固结引起的沉降量，在隧道内进行后期补压浆，注浆按“少量多次”的原则，必要时从地面钻孔或预埋花管进行跟踪注浆，以确保基础的安全稳固。

(2) 盾构区间下穿南运河、人工湖施工措施

本工程多次穿越南运河及人工湖，河底距离隧道顶净距 7.1～11m，经分析，本次穿越施工风险有：

1) 盾构穿越河流时，土压控制不当，则拱顶软弱的淤泥质黏土可能被击穿，造成土仓泥浆沿地层裂隙上窜，污染河水。

2) 盾构穿越河流时，受较大的地下水压力影响，管片可能发生上浮，造成隧道轴线偏差较大。

3) 同步注浆施工可能会受较大的地下水压力影响，产生返浆情况，影响注浆质量，从而造成地面沉降。

针对本次下穿的施工环境，采取积极响应的施工措施，下穿前对工程环境进一步的复核，根据以往的施工经验，采取如下措施：

1) 下穿河道时，盾构机姿态的控制非常重要，姿态控制得好，可以减少超挖及纠偏，从而减少对软弱土体的扰动，避免河床开裂渗水。由于区间穿越地层为黏土及淤泥，开挖容易造成盾构机“抬头、低头”以及偏移轴线等问题。如果盾构机偏离了设定掘进线路，

纠偏难度较大。调整千斤顶推力太大，稍不留意，会引起纠偏过猛从而导致盾构机“蛇形前进”。因此要控制好各组推进油缸的行程，保持盾构机的正确姿态，使盾构机安全快速地通过运河。

2）土压平衡模式掘进参数中的关键是土仓内的土压值的确定。

过河段所要建立的土压需要克服上部土体坍塌状况下的压力和周围水压。原地层受挤压、剪切、扭曲等复杂的应力路径平衡状态受到破坏。因此，土压力值可能会出现较大的波动，盾构开挖面主动土压力、水压力和渣土仓土压力应始终满足以下需求，土体在开挖过程中才能保持稳定。

在开挖面能自稳，且地下水小于1Bar时，采用敞开模式开挖，一般情况下式中 $P_i <$ 1.0Bar；当开挖面基本能自稳，或地下水压力大于1.2Bar时，采用气压模式开挖；当开挖面不能自稳，或地下水压力大于2.0Bar，采用土压平衡模式。

根据水深及上覆土层的厚度，设定土仓压力，其波动值控制在±0.02MPa以内，建立土压平衡，维持掌子面稳定性，以避免掌子面发生破裂，裂隙穿透隔水层造成河水倒灌事故，必要时可充填土仓防止地下水灌入；穿越河道中段，推进速度应适当提高，减少设备停机时间，一方面可以减少盾构机停止，减小受土体开挖卸荷作用影响，土体随时间变化造成盾构上抬顶破顶部隔水层的概率；另一方面减少随时空效应掌子面变形，裂隙增多，土仓内水量增大的问题。

3）盾构穿越土层富含黏性土，土压平衡盾构掘进时易出现结泥饼现象。盾构过河时，在刀盘及土舱部位容易聚积泥饼，从而增加盾构掘进的荷载，增大了出现喷涌的可能性，继而导致出土困难，掘进缓慢等。为预防结泥饼所采取的措施包括：

① 掘进时喷注泡沫剂，改善土体的和易性，预防黏土结块。

② 刀盘背面和土舱胸板上增设空心搅动棒，增加搅拌强度和范围，并且空心棒内预留注水孔，以便清洗刀盘和土舱。

4）当掌子面因扰动造成渗水量加大，水压力增高时，正常的螺旋排土器排土方式将难以将土体中的水体按照输送水土一体的方式一起排出盾构机。这时，当高压水体穿越压力舱和排土器形成集中渗流带动土颗粒一起运动至螺旋排土器出口的一瞬间，由于前方是凌空的隧道内部，处于无压状态，渗流水便在忽然增大的压力下带动正常输送的砂土喷涌而出形成喷涌，导致盾构机无法正常掘进。为预防、遏制喷涌现象的发生，主要采取以下对策：

① 关闭螺旋输送器继续掘进，让切削下的土体挤出土舱内的水体。但要预防土舱内压力过高而造成盾构机前方地面隆起、冒浆以及击穿盾尾密封等事故的发生。

② 提前采用气压平衡模式掘进，期间要预防发生漏气事件。

③ 加入高浓度泡沫，改善渣土的和易性，使渣土颗粒和泡沫充分混合。

④ 优化螺旋输送机，降低富水区盾构掘进发生吐塞风险。

⑤ 在螺旋输送器合适的位置安装泥水管道及相关设备，改善水土平衡和出土模式。

⑥ 选择合适的刀盘开口率和刀具，使切削进舱的颗粒适中、均匀。

5）考虑到盾构四周软土高变形性，在管片拼装完成后同步注浆应及时，并且控制好注浆压力，避免土层变形过大造成河床变形以及河水渗漏。注浆压力应根据隧道埋深而定，但不超过0.3MPa。考虑到掘进过程中河床下地层由于扰动容易造成严重渗漏水，水量大，浆液易被稀释，黏滞力变差，初凝时间延长，且高水压下水流速高，浆液容易流失，更容易引起管片上浮；同时，管片后部的水向土仓流动，造成上下部的压力差加大，采用水泥-水玻璃双液浆同步注浆，并加大注浆量，以达到及时形成凝胶体止水的作用。

6）盾构穿越施工时，必须进行“持续注浆”，即：除同步注浆和二次注浆外，盾尾与二次注浆之间的管片（一般为5～8环），在不能实现二次注浆之前必须进行间歇注浆。必须保证从同步注浆开始，盾尾以后的所有管片都能实现及时注浆，以控制地表沉降。

7）盾构穿越施工时，每环纠偏量不得大于4mm，防止铰结漏水。使用优质盾尾油脂，防止盾尾漏浆。

8）严密组织施工，加强施工过程控制管理，做好盾构机及其有关设备的维修保养，做到连续掘进、及时、足量注浆，快速完成过河段施工。

9）盾构穿越施工时，必须加大监测频率，根据监测数据及时调整土仓压力、注浆压力及注浆量。

(3) 盾构防止喷涌施工措施

盾构机在富水地层进行施工时，由于开挖面土体充水裂隙，含水量丰富，而且已成型的盾构隧道同步注浆量没有完全充实衬背空隙，以致留下流水通道，开挖面土体裂隙的水不断地流入泥土仓，土仓内不停地积水。当螺旋输送机工作时，首先吸入土仓内的水，其次从其出土闸门迅速喷出，形成“喷涌”。土仓内的水被暂时吸干后，螺旋输送机才能出渣排土，很快泥土仓内又积水较多，螺旋输送机又必须先吸水后出土。从而形成喷涌的恶性循环。喷涌造成使盾体内堆积大量泥沙和水流，甚至会将管片输送机完全淹没，无法正常掘进，导致盾构机推进缓慢；同时大量泥沙的喷出导致地层超挖而地面沉降。

防止喷涌主要参考以下措施：

1）在富水地层施工前，在盾构机刀盘面和轮缘上，设置多个独立操作渣土改良注射口，并在刀盘室内装有渣土改良注射口和土压传感器，改良土体，防止喷涌或超排。

2）在富水地层施工前，对盾构机螺旋输送机的出渣口进行改造，以达保压的目的，防止螺旋机喷涌和超排。

3）当遇到此情况时，关闭螺旋输送机，停止出土，适当向前掘进，使土仓内建立平衡，通过刀盘的转动，将土仓内的土体搅拌均匀；接着将螺旋输送机后门慢慢打开，开门度约为20%，流出的渣土随传送带带走；然后边掘边出土，始终保持土仓内压力稳定。同时要防止土仓压力过高，以免造成盾构机前方隆起、冒浆以及击穿盾尾密封等现象的发生。

4）向刀盘前掌子面注入膨润土（膨润土以悬浮液的形式加入，其体积使用量为25%～40%），在刀盘前形成一层厚厚的泥膜，阻止地下水的涌入。

5）向土仓内加入高浓度泥浆或泡沫，改善泥土仓内土体的和易性，使土体中的颗粒、泥浆成为一整体，使土体具有良好的可塑性、止水性及流动性，便于螺旋输送机顺利出土。

6）通过管片吊装孔采用双液浆进行二次注浆，形成止水环，尽快封堵隧道背后汇水通道，阻断来自盾尾后方的水流。

7）尽量保持连续掘进，避免开挖面前方土体内部形成流水通道。

8）必要时，可租用保压泵在富水地层进行施工。

(4) 盾构管廊二次结构施工方案

在联络通道及工艺井施工完成后，先对盾构隧道进行素混凝土回填，在加工场集中加工钢筋，将加工好的钢筋运至工作面绑扎柱、中板、中隔墙钢筋。结构混凝土采用商品混凝土。中隔板采用模板台车，中隔墙、柱采用定型钢模。在施工前，对模板、支撑体系均应进行检算，其强度和刚度稳定性均满足要求方可进行施工。盾构管廊二次结构断面图如图 6.3-26 所示。

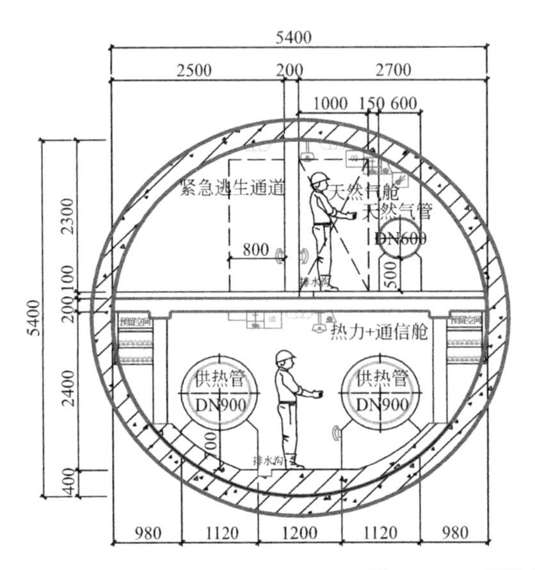

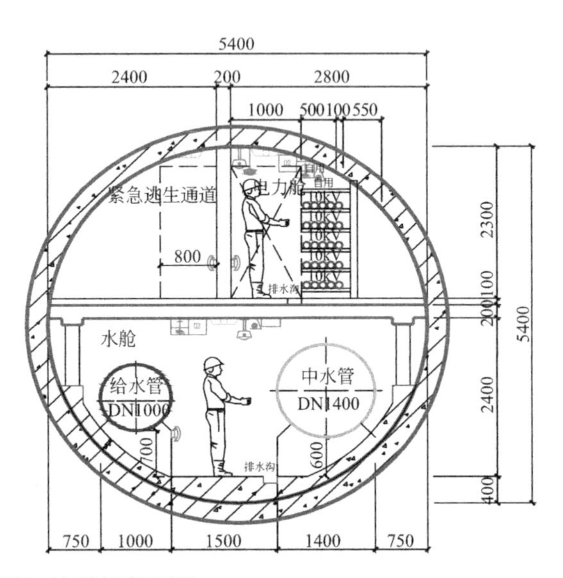

图 6.3-26 盾构管廊二次结构断面图

二次结构施工示意图及工艺流程如图 6.3-27、图 6.3-28 所示。

图 6.3-27 二次结构施工示意图

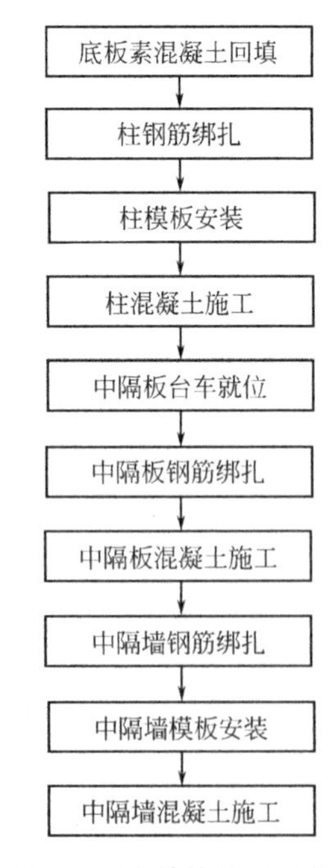

图 6.3-28 二次结构施工工艺流程图

6.4　浅埋暗挖法施工技术

当综合管廊下穿越铁路、道路、河流或建筑物等各种障碍物，原则上可采用浅埋暗挖法施工。浅埋暗挖法在施工技术上已经比较成熟，但施工成本和工期较长，因此在综合管廊施工中应用的还不是很多。浅埋暗挖法是在距离地表较近的地下进行各种类型地下洞室暗挖施工的一种方法。在城镇软弱围岩地层中，在浅埋条件下修建地下工程，以改造地质条件为前提，以控制地表沉降为重点，以格栅（或其他钢结构）和喷锚作为初期支护手段，按照十八字原则进行施工。

由于目前综合管廊采用浅埋暗挖法的施工案例很少，而且浅埋暗挖法施工成本较高，综合管廊在某些特定的情况下才有可能用到。由于目前浅埋暗挖法施工方法众多，本书主要对不同工法的适用情况做系统的介绍，对于每种工法详细的施工技术将不再赘述，读者可参见地铁隧道施工工法相关的文献进行了解。

6.4.1　浅埋暗挖法施工基本原理与原则

1. 浅埋暗挖法基本原理

浅埋暗挖法沿用了新奥法的基本原理：采用复合衬砌，初期支护承担全部基本荷载，二衬作为安全储备，初支、二衬共同承担特殊荷载；采用多种辅助工法，超前支护，改善加固围岩，调动部分围岩自承能力；采用不同开挖方法及时支护封闭成环，使其与围岩共同作用形成联合支护体系；采用信息化设计与施工。

浅埋暗挖法大多用于第四纪软弱地层的地下工程，围岩自承能力很差，为控制地表沉降，初期支护刚度要大、要及时。尽量增大支护的承载，减少围岩的自承载。要做到这点，必须遵守十八字方针，初支必须从上向下施工，初支基本稳定后才能做二衬，且必须从下到上施工。浅埋地下工程基本概念如下：

（1）浅埋隧道定义

铁路隧道对于单线或双线隧道洞顶埋深小于 VI 级围岩 35～40m、V 级围岩 18～25m、IV 级围岩 10～14m、III 级围岩 5～7m，为浅埋隧道。城市地铁覆跨比 H/D 在 0.6～1.5 时为浅埋，H/D 小于 0.6 时为超浅埋。

（2）浅埋隧道特点

最大的特点是埋深浅，施工过程中由于地层损失而引起地面移动明显，对周边环境的影响较大。因此对开挖、支护、衬砌、排水、注浆等方法提出更高要求，施工难度增加。

（3）浅埋地下工程的施工方法

主要包括：明挖法（盖挖法）、盾构法、浅埋暗挖法。浅埋地下工程施工方法比较见表 6.4-1。

2. 浅埋暗挖法施工原则

（1）根据地层情况、地面建筑物特点及机械配备情况，选择对地层扰动小、经济、快速的开挖方法。若断面大或地层较差，可采用经济合理的辅助工法和相应的分部正台阶开挖法；若断面小或地层较好，可用全断面开挖法。

浅埋地下工程施工方法比较 **表 6.4-1**

方法	明(盖)挖法	盾构法	暗挖法
地质	各种地层均可	各种地层均可	有水地层需特殊处理
占用场地	占用街道路面较大	占用街道路面较小	不占用街道路面
断面变化	适用于不同断面	不适用于不同断面	适用于不同断面
深度	浅	需要一定深度	需要深度比盾构小
防水	较易	较难	有一定难度
地面下沉	小	较小	较小
交通影响	影响很大	竖井影响大	影响不大
地下管线	需拆迁和防护	不需拆迁和防护	不需拆迁和防护
震动噪声	大	小	小
地面拆迁	大	较大	小
水处理	降水、疏干	堵、降水结合	堵、降或堵排结合
进度	拆迁干扰大，总工期较短	前期工程复杂，总工期正常	开工快，总工期正常
造价	大	中	小

（2）应重视辅助工法的选择，当地层较差、开挖面不能自稳时，采取辅助施工措施后，仍应优先采用大断面开挖法。

（3）应选择能适应不同地层和不同断面的开挖、通风、喷锚、装运、防水、二衬作业的配套机具，为快速施工创造条件，设备投入量一般不少于工程造价的10%。

（4）施工过程的监控量测与反馈非常重要，必须作为重要工序。

（5）工序安排要突出及时性，地层差时，应严格执行十八字方针。

（6）提高职工素质，组织综合工班进行作业，以提高质量和速度。

（7）应加强通风，洞内外都要处理好施工、人员、环境三者的关系。

（8）应采用网络技术进行工序时间调整。

浅埋暗挖各施工方法的比较见表6.4-2。

浅埋暗挖各施工方法的比较 **表 6.4-2**

施工方法	适用条件	沉降	工期	防水	拆初支	造价
全断面法	地层好、跨度≤8m	一般	最短	好	无	低
正台阶法	地层较差、跨度≤12m	一般	短	好	无	低
上半断面临时封闭正台阶法	地层差、跨度≤12m	一般	短	好	小	低
正台阶环形开挖法	地层差、跨度≤12m	一般	短	好	无	低
单侧壁导坑正台阶法	地层差、跨度≤14m	较大	较短	好	小	低
中隔壁法(CD法)	地层差、跨度≤18m	较大	较短	好	小	偏高
交叉中隔壁法(CRD法)	地层差、跨度≤20m	较小	长	好	大	高
双侧壁导坑法(眼镜法)	小跨度，可扩大成大跨	大	长	差	大	高
中洞法	小跨度，可扩大成大跨	小	长	差	大	较高
侧洞法	小跨度，可扩大成大跨	大	长	差	大	高
柱洞法	多层多跨	大	长	差	大	高
盖挖逆筑法	多跨	小	短	好	小	低

6.4.2　浅埋暗挖法施工方法

1. 全断面开挖作业

（1）施工顺序

全断面开挖法施工操作比较简单，主要工序：使用移动式钻孔台车，首先全断面一次钻孔，并进行装药连线，然后将钻孔台车退后 50m 以外的安全地点，再起爆，一次爆破成型，出碴后钻孔台车再推移到开挖面就位，开始下一个钻爆作业循环，同时，施作初期支护，铺防水隔离层（或不铺），进行二次模筑衬砌。该流程突出两点：增加机械手进行复喷作业，先初喷后复喷，以利于稳定地层和加快施工进度；铺底混凝土必须提前施作，且不滞后 200m，地层较差时铺底应紧跟，这是确保施工安全和质量的重要做法。

（2）适用范围

全断面法主要适用于 I～II 级围岩，当断面在 50m^2 以下，隧道又处于 IV 级围岩地层时，为了减少对地层的扰动次数，在采取局部注浆等辅助施工措施加固地层后，也可采用全断面法施工，但在第四纪地层中采用此施工方法时，断面一般均在 20m^2 以下，且施工中仍须特别注意，山岭隧道及小断面城市地下电力、热力、电信等管道工程施工多用此法。

（3）优缺点

全断面开挖法有较大的作业空间，有利于采用大型配套机械化作业，提高施工速度，且工序少，便于施工组织和管理。但由于开挖面较大，围岩稳定性降低，且每个循环工作量较大。每次深孔爆破引起的振动较大，因此要求进行精心的钻爆设计，并严格控制爆破作业。

2. 台阶法开挖

台阶法施工就是将结构断面分成两个或几个部分，即分成上下两个断面或几个工作面，分步开挖，根据地层条件和机械配备情况，台阶法又可分为正台阶法、中隔墙台阶法等。该法在浅埋暗挖法中应用最广，可根据工程实际地层条件和机械条件，选择合适的台阶方式。正台阶法开挖优点很多，能较早地使支护闭合，有利于控制其结构变形及由此引起的地面沉降。上台阶长度（L）一般控制在 1～1.5 倍洞径（D），根据地层情况，可选择两步或多步开挖。

（1）上下两部分步开挖法（图 6.4-1）

若地层较好（Ⅲ—Ⅳ级），可将断面分成上下两个台阶开挖，上台阶长度一般控制在 1～1.5 倍洞径（D）以内，但必须在地层失去自稳能力之前尽快开挖下台阶，支护形成封闭结构；若地层较差，为了稳定工作面，也可辅以小导管超前支护等措施。

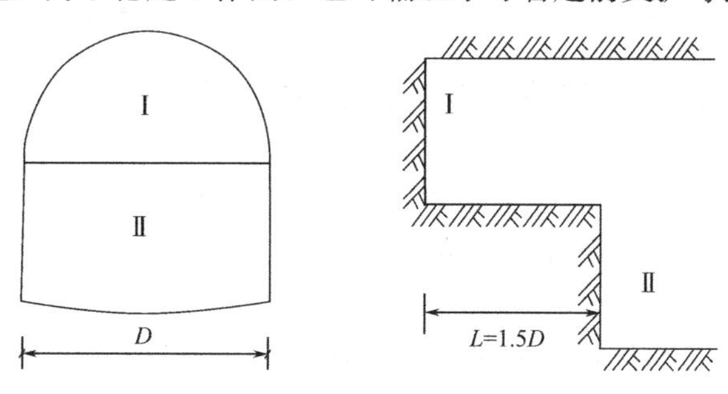

图 6.4-1　上下两部分步开挖示意图

（2）多部分步开挖留核心土（图 6.4-2）

该法适用于较差的地层，围岩级别为Ⅴ、Ⅵ级，上台阶取 1 倍洞径左右环形开挖，留核心土，用系统小导管超前支护预注浆稳定工作面；用网构钢拱架做初期支护；拱脚、墙脚设置锁脚锚杆。从断面开挖到初期支护仰拱封闭不能超过 10d，以确保地面沉陷控制在 50mm 以内。

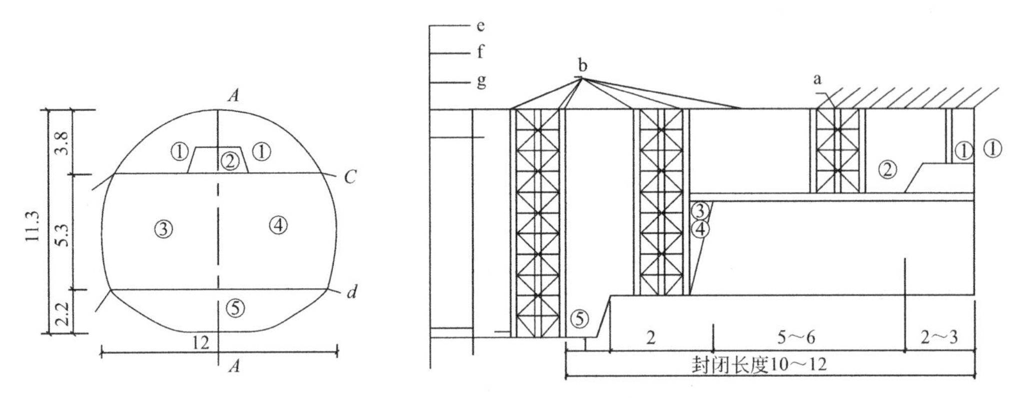

图 6.4-2 多部分步开挖留核心土示意图（单位：m）

3. 单侧壁导坑超前导坑法开挖

主要适用于地层较差、断面较大，采用台阶法开挖有困难的地层采用该法可变大跨断面为小跨断面。大跨断面多不小于 10m，可采用单侧壁导坑法，将导坑跨度定为 3～4m，这样就可将大跨度变为 3～4m 跨和 6～10m 跨，这种施工方法简单可靠。采用该法开挖时，单侧壁导坑超前的距离一般在 2 倍洞径以上，为了稳定工作面，经常和超前小导管注浆等辅助施工措施配合使用，一般采用人工开挖，人工和机械混合出渣。

单侧壁导坑超前导坑法开挖示意如图 6.4-3 所示。

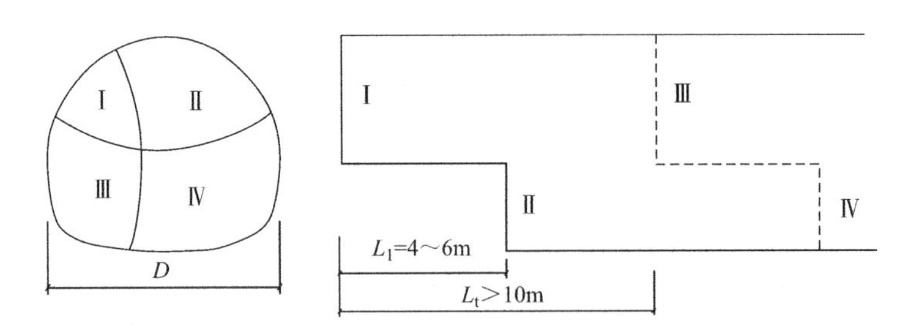

图 6.4-3 单侧壁导坑超前导坑法开挖示意图

4. 中隔墙法（CD 工法）和交叉中隔墙法（CRD 工法）开挖

基本概念

CD 法（CenrerDiaphragm）主要适用于地层较差和不稳定岩体，且地面沉降要求严格的地下工程施工。当 CD 法仍不能满足要求时，可在 CD 工法的基础上加设临时仰拱，即 CRD 法（CorssDiaphargm）。

CD 法首次在德国慕尼黑地铁工程的实践中获得了成功，CRD 法是日本吸取欧洲 CD 法的经验，将原 CD 工法先开挖中壁一侧改为两侧交叉开挖、步步封闭成环改进发展的一种工法，其最大特点是将大断面施工化成小段面施工，各个局部封闭成环的时间短，控制早期沉降好，每个步序受力体系完整（图 6.4-4）。

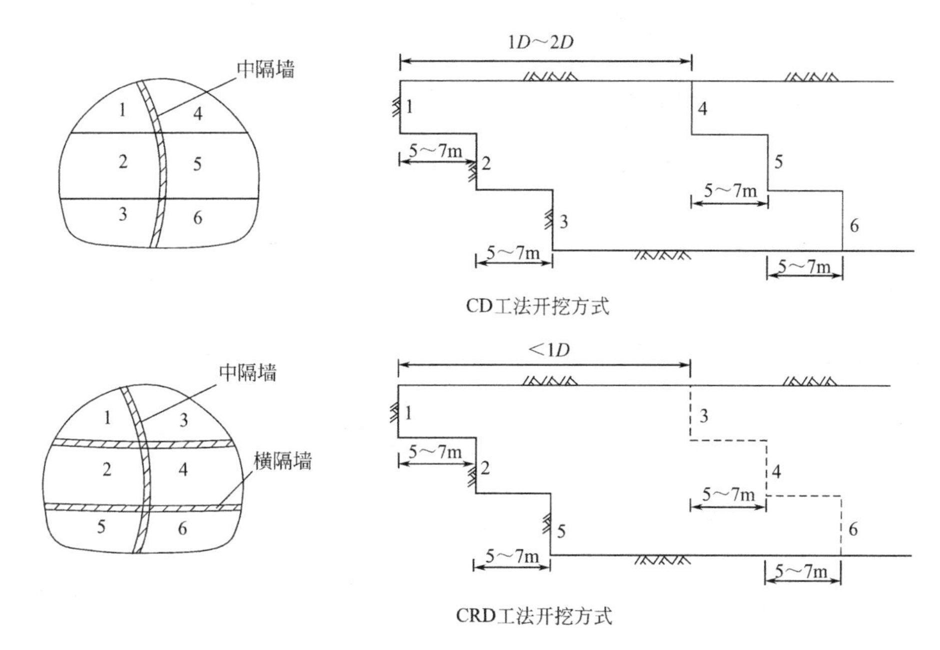

图 6.4-4　CD 工法和 CRD 工法开挖方式

5. 双侧壁导坑法开挖

（1）基本概念

双侧壁导坑法也称眼镜工法，也是变大跨度为小跨度的施工方法，其实质是将大跨度（>20m）分成三个小跨度进行作业，主要适用于地层较差断面、很大单侧壁导坑超前台阶法无法满足要求的三线或多线大断面铁路隧道及地铁工程。该法工序较复杂，导坑的支护拆除困难，有可能由于测量误差而引起钢架连接困难，从而加大了下沉值，而且成本较高，进度较慢。20 世纪 70 年代至 80 年代初国内外多用此法，目前使用较少。

（2）施工顺序及工艺

双侧壁导坑法施工顺序及工艺如图 6.4-5 所示。

6. 双 CD 法

双 CD 法与双侧壁导坑法相似，其主要区别在于双 CD 法将两侧导坑内侧的弧形侧壁的屈度减小或变为直墙，其示意图如图 6.4-6 所示。双 CD 法较好地克服了双侧壁导坑法的以下缺点：

（1）两侧壁导坑内侧壁弯度大给上结点施工造成困难。

（2）中部跨度加大。而且双 CD 法能承受较大的垂直荷载，便于调整施工顺序。

7. 特大断面施工方法

在修筑地下发电厂、地下仓库、地下商业街及地铁车站时，经常出现地下大空间的施工问题。这些建筑物若在埋深较浅、软弱不稳定的Ⅲ～Ⅴ级围岩中，一般用浅埋暗挖法施工。

当地质条件差、断面特大时，一般设计成多跨结构，跨与跨之间有梁、柱连接。比如

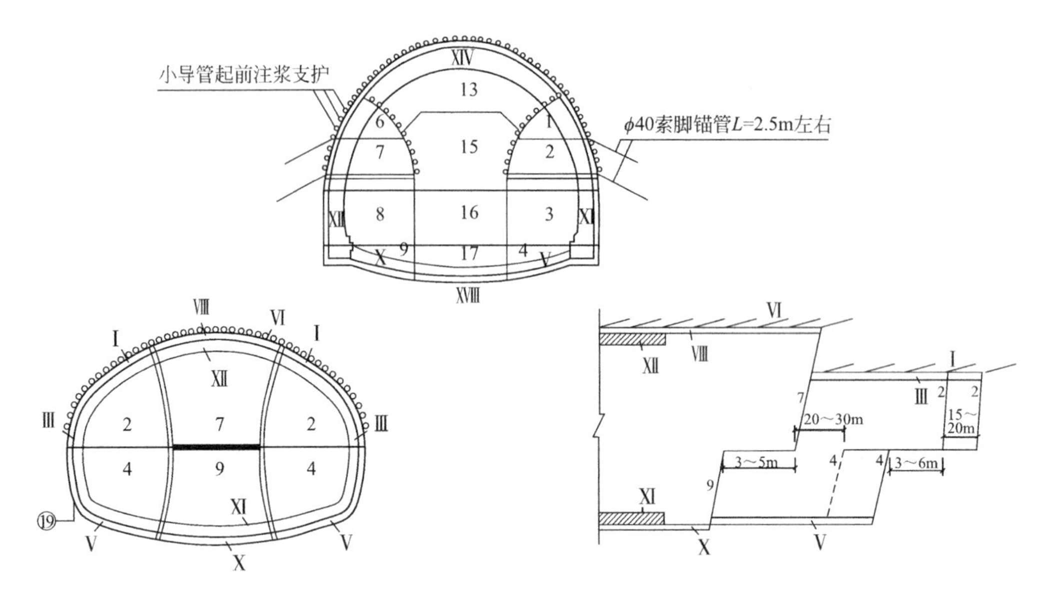

图 6.4-5　双侧壁导坑法施工顺序及工艺示意图

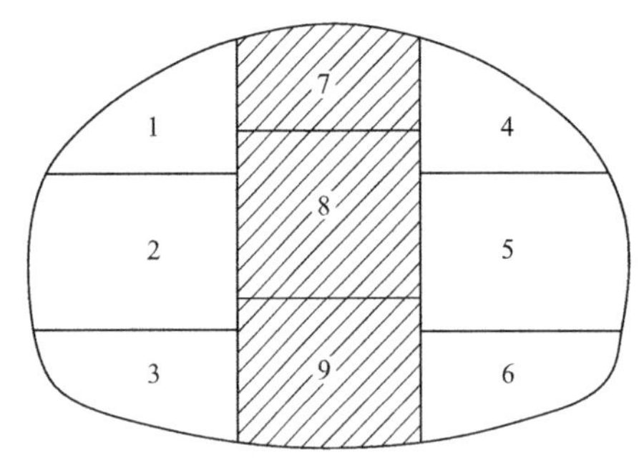

图 6.4-6　双 CD 法开挖顺序示意图

常见的三跨两柱的大型地铁站、地下商业街、地下停车场等，一般采用中洞法、侧洞法、柱洞法及洞桩墙法（地下盖挖法）等方法施工，其核心思想是变大断面为中小断面，提高施工安全度。

（1）中洞法施工

中洞法施工就是先开挖中间部分（中洞），中洞内施作梁、柱结构上。由于中洞的跨度较大，施工中一般采用 CD 法、CRD 法或眼睛法等进行施作。中洞法施工工序复杂，但两侧洞对称施工，比较容易解决侧压力从中洞初期支护转移到梁柱上时产生的不平衡侧压力问题，施工引起的地面沉降较易控制。该工法多在无水、地层相对较好时应用。该工法空间大，施工方便，混凝土质量也能得到保证。当施工队伍水平较高时，多采用该工法施工。采用该工法施工，地面沉降均匀，两侧洞的沉降曲线不会在中洞施工的沉降曲线最大点叠加，应为优选方案（图 6.4-7）。

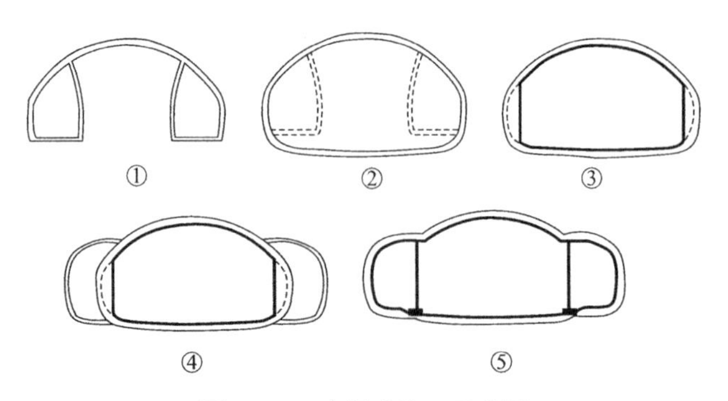

图 6.4-7　中洞法施工示意图

（2）柱洞法施工

施工中，先在立柱位置施作一个小导洞，可用台阶法开挖。当小导洞做好后，在洞内再做底梁、立柱和顶梁，形成一个细而高的纵向结构。该工法的关键是如何确保两侧开挖后初期支护同步作用在顶纵梁上，而且柱子左右水平力要同时加上且保持相等，这是很困难的力的平衡和力的转换交织在一起的问题。在第④步增设强有力的临时水平支撑是解决问题的一个办法，但工程量大，不易控制。另一个办法是在第②步的空间用片石（间层用素混凝土或三合土）回填密实，使立柱在承受不平衡水平力时，依靠回填物给予支持，这样左边和右边施工就可以不同步地将水平荷载转移到立柱纵梁上。这样做虽能确保立柱的质量，但造价较高（图 6.4-8）。

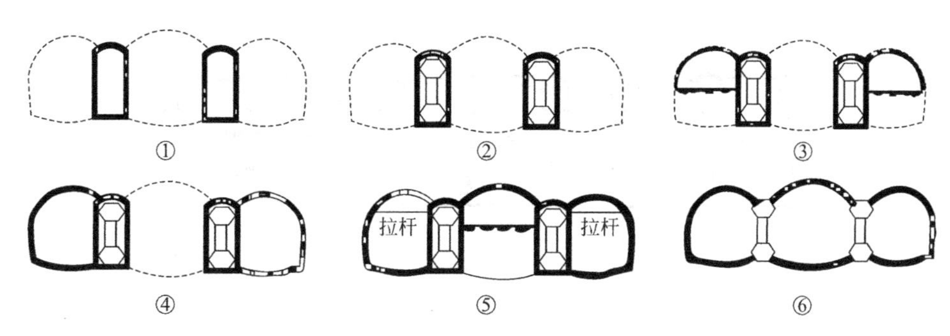

图 6.4-8　柱洞法施工示意图

（3）侧洞法施工

侧洞法施工就是先开挖两侧部分（侧洞），在侧洞内做梁、柱结构，然后再开挖中间部分（中洞），并逐渐将中洞顶部荷载通过侧洞初期支护转移到梁、柱上。这种施工方法，在处理中洞顶部荷载转移时，相对于中洞法要困难一些。

两侧洞施工时，中洞上方土体经受多次扰动，形成危及中洞的上小下大的梯形、三角形。该土体直接压在中洞上，中洞施工若不够谨慎就可能发生坍塌。采用该工法施工引起的地面沉降较大，而中洞法则不会出现这种情况（图 6.4-9）。

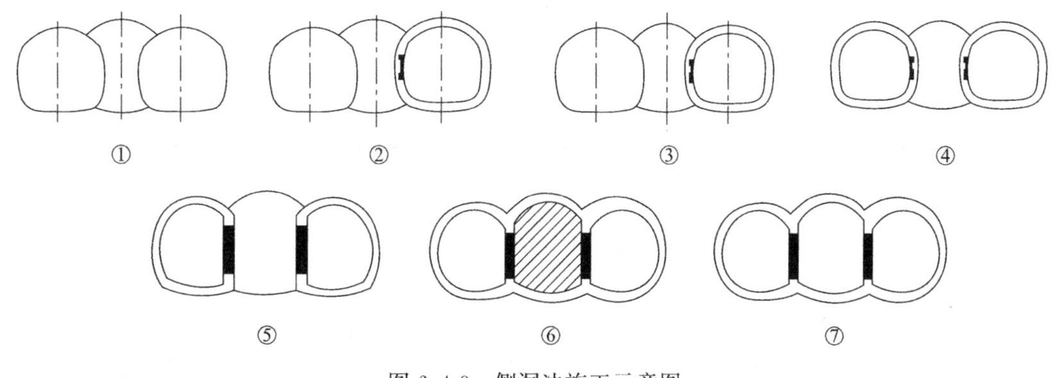

图 6.4-9　侧洞法施工示意图

（4）桩柱法

桩柱法就是先开挖，在洞内制作挖孔桩。梁柱完成后，再施作顶部结构，然后在其保护下施工，实际上就是将盖挖法施工的挖孔桩梁柱等转入地下进行，因此也称作地下式盖挖法。该工法施工工序较多，且由于地下工作环境很差，施工质量较难保证。扣拱时由于跨度较大，安全性稍差。在地层较好、无水时，可采用桩柱法。该工法是为较低施工水平准备的低水平施工法，洞内挖孔对环境破坏很大，是一种不宜过多提倡的方法（图 6.4-10）。

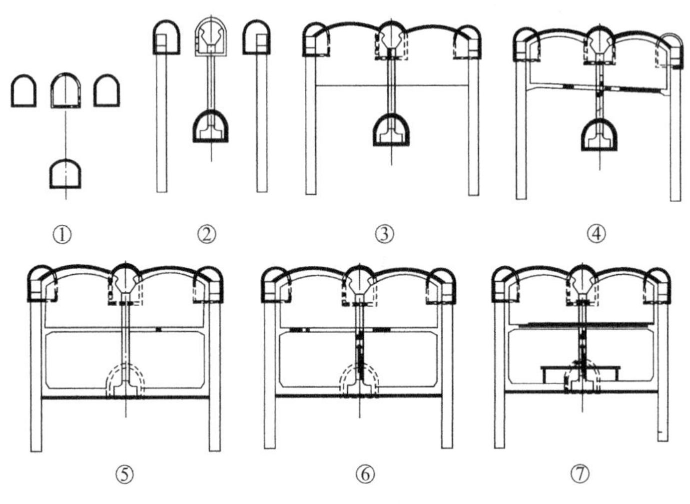

图 6.4-10　桩柱法施工示意图

（5）各种开挖方式的比较

各种开挖方式的比较见表 6.4-3。

开挖方式比较　　**表 6.4-3**

施工方法	中洞法	侧洞法	柱洞法
地面沉降	较大	较大	大
施工安全	中等	较高	中等
断面利用率	中等	中等	中等
施工环境	较好	较好	隧道洞内稍差
受力条件	较好	较好	较差
废弃工程量	中等	较大	较小
造价	中等	高	较低

8. 浅埋暗挖法施工要点

（1）首先系统采用小导管超前支护技术，靠近工作面架设的第一排钢拱架是不受力的。

（2）设计采用 8 字形格栅拱架，做到在 x，y 两个方向实现等强度、等刚度、等稳定度，取代工字钢，并进行了系统室内外加载破坏试验，网格拱架喷射混凝土提高 10 倍承载力，工字钢则提高 4 倍。

（3）开挖方法采用正台阶环形开挖留核心土，第一个台阶取 2.5m 高，合理的初期支护必须从上向下施作，一次支护稳定后方可施作二次模筑衬砌。

（4）采用监控量测技术控制地表下沉和防塌方是最可靠的方法。

(5) 突出快速施工，考虑时空效应，做到四个及时：及时支护、及时量测、及时反馈、及时修正。

(6) 采用复合式衬砌结构，一次支护由喷射混凝土、钢筋网、网构钢拱架组成。钢拱架联结处设索脚锚管和钢拱架焊接，取消系统锚杆，形成一次支护。

(7) 浅埋暗挖法 18 字方针是施工的原则和要点的精辟总结，即："管超前、严注浆、短进尺、强支护、早封闭、勤量测"。

(8) 必须遵循信息化反馈设计、信息化施工、信息化动态原理。

(9) 拓宽浅埋暗挖法在有水、不稳定地层中应用时，要采用以注浆堵水为主，以降水为辅的原则。采用劈裂注浆加固和堵住 80%的水源，降掉 20%的少量裂隙水，以达到减少地表下沉的目的。

(10) 选择适宜的辅助施工工法。常用的有：环形开挖留核心土、喷射混凝土封闭开挖工作面、超前锚杆或超前小导管支护、超前小导管周边注浆支护、设置上台阶临时仰拱、跟踪注浆加固地层、水平旋喷超前支护、洞内真空泵降水、洞内超前降排水、洞外深井泵降水、地面高压旋喷加固、先注浆后冻结法等。

(11) 大跨施工应选择变大跨为小跨的施工方法，如 CD 法、双 CD 法、柱洞法、中洞法、侧洞法等。

(12) 长管棚的直径要和地层刚度相匹配，当超过 150mm 时，对控制地表下沉作用很小。

(13) 隧道宜近不宜联，双联拱、多联拱结构尽量少用。

6.4.3 工程实例

北京昌平未来科技城综合管廊位于昌平区鲁疃西路，采用四舱结构，其中穿越环境风险源段长 200m，采用三线浅埋暗挖法施工，其断面图如图 6.4-11 所示。

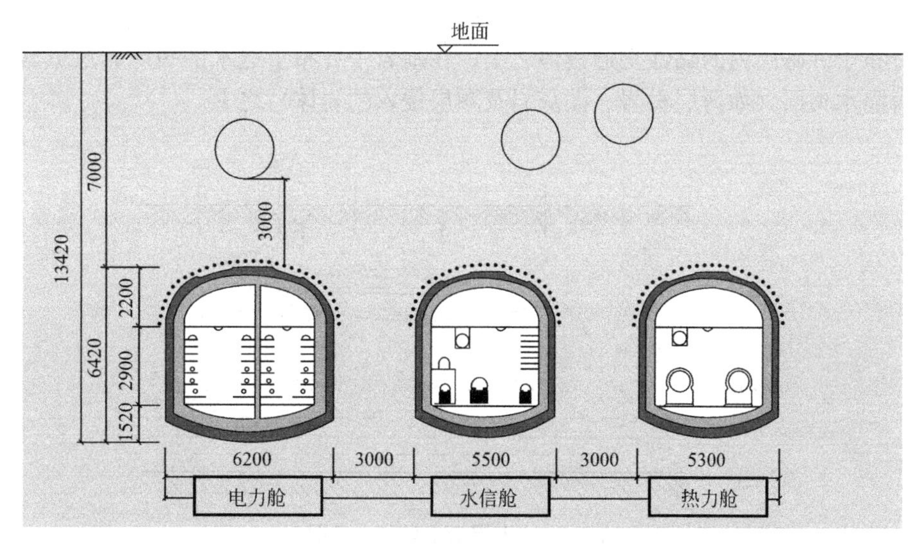

图 6.4-11　北京昌平未来科技城综合管廊浅埋暗挖段断面示意图

第7章 综合管廊的防水设计与施工

7.1 综合管廊防水设计概述

随着国家对综合管廊工程建设的日益重视，社会资本在综合管廊建设上的集中，国内综合管廊建设呈现一股高潮。同时，我们也认识到，各专业管线及100年寿命周期对综合管廊工程质量提出较高要求，其中如何保证管廊结构防水，从而能够提供设备运营环境，提高结构耐久性，是综合管廊相关技术中显得尤为重要。

7.1.1 地下水对综合管廊影响

1. 地下水类型

地下水的分类方法很多，但归纳起来有两种：一种是根据地下水的某一因素或某一特征进行分类；另一种是根据地下水的若干特征综合考虑进行分类。如按地下水的来源、水温、化学成分等特征分类属于前一种分类法。

对于地下工程综合管廊，我们可以考虑按地下水的埋藏条件［指含水岩层在地质剖面中所处的部位及受隔水层（弱透水层）限制的情况］进行分类，通常分为包气带水、潜水和承压水，其中包气带水中具有典型特征的是上层滞水。

（1）上层滞水

上层滞水是包气带中局部隔水层之上具有自由水面的重力水（图7.1-1），它是大气降水或地表水下渗时，受包气带中局部隔水层的阻托滞留聚集而成的。在松散沉积物中，上层滞水分布于砂砾层内的黏性土透镜体之上；在基岩中分布于透水的裂隙岩层或岩溶岩层内的相对隔水夹层（如薄层页岩、泥灰岩及顺层侵入的岩体）之上。

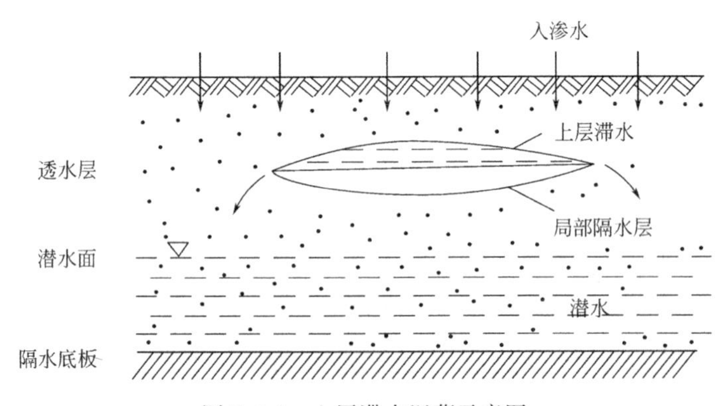

图7.1-1 上层滞水埋藏示意图

上层滞水型地下水距地表一般不超过1～2m，分布范围有限，补给区与分布区一致，其水量极不稳定，通常是雨季出现，旱季消失，故在旱季勘测时较难发现。由于其接近地表，在建设综合管廊时要特别注意其影响，当开挖基坑时，则要采取措施，防止其涌入基坑内，如果廊位处于上层滞水范围内，则应在设计防水层时着重考虑由于水位反复变化可能对防水层及结构的影响。

（2）潜水

饱水带中第一个具有自由表面的含水层中的水称作潜水。潜水没有隔水顶板，或只有局部的隔水顶板。潜水的表面为自由水面，称作潜水面；从潜水面到隔水底板的距离为潜水含水层的厚度。潜水面到地面的距离为潜水埋藏深度。潜水含水层厚度与潜水面潜藏深度随潜水面的升降而发生相应的变化（图 7.1-2）。

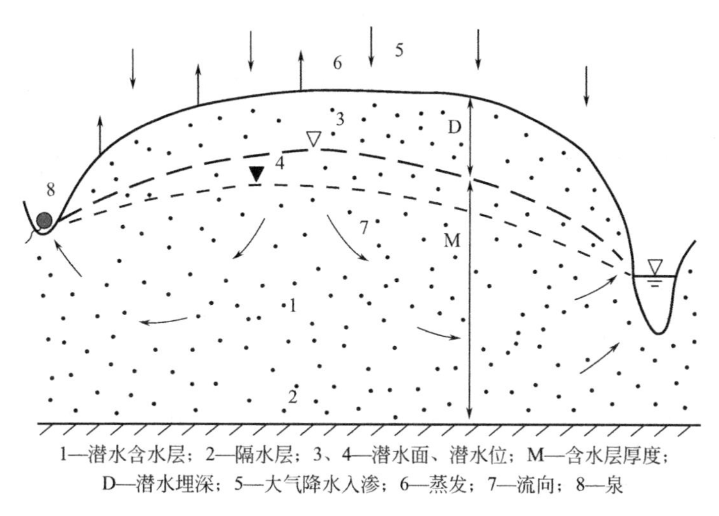

1—潜水含水层；2—隔水层；3、4—潜水面、潜水位；M—含水层厚度；
D—潜水埋深；5—大气降水入渗；6—蒸发；7—流向；8—泉

图 7.1-2　潜水埋藏示意图

由于潜水含水层上面不存在完整的隔水或弱透水顶板，与包气带直接连通，因而在潜水的全部分布范围都可以通过包气带接受大气降水、地表水的补给。潜水在重力作用下由水位高的地方向水位低的地方径流。潜水的排泄，除了流入其他含水层以外，泄入大气圈与地表水圈的方式有两类：一类是径流到地形低洼处，以泉、泄流等形式向地表或地表水体排泄，这便是径流排泄；另一类是通过土面蒸发或植物蒸腾的形式进入大气，这便是蒸发排泄。

潜水与大气圈及地表水圈联系密切，气象、水文因素的变动，对它影响显著。丰水季节或年份，潜水接受的补给量大于排泄量，潜水面上升，含水层厚度增大，埋藏深度变小。干旱季节排泄量大于补给量，潜水面下降，含水层厚度变小，埋藏深度变大。潜水的动态有明显的季节变化特点，因而潜水会在一定程度上受到地面物体的污染和影响，在环境恶劣地区建设综合管廊时我们应充分考虑周边环境因素。

（3）承压水

充满于两个隔水层（弱透水层）之间的含水层中的水，叫作承压水。承压含水层上部的隔水层（弱透水层）称作隔水顶板，下部的隔水层（弱透水层）称作隔水底板。隔水顶底板之间的距离为承压含水层厚度，如图 7.1-3 所示。

承压水一般埋藏较深，上覆隔水顶板与外界联系较差，因此具有如下特征：

1）承压水最重要的特征是没有自由水面，并承受大气压强以外的附加压强，这就是

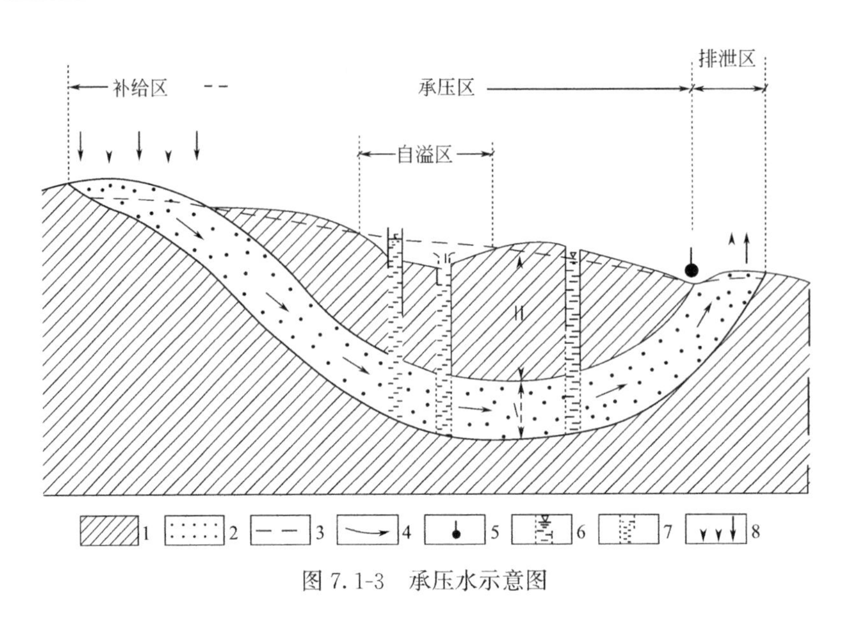

图 7.1-3　承压水示意图

作用于隔水顶板以水柱高度表示的承压水头。

2）由于隔水顶板的存在，承压含水层的分布区与补给区不一致，常常是补给区远小于分布区。

3）承压水的承压区不可能自其上部的地表直接获得补给，所以大气圈中各种气象要素的变化对其影响较小，其动态一般较潜水稳定。

4）承压水较不易受地面污染。

5）在管廊建设中承压水的水头压力能引起基坑突涌等现象，从而破坏基坑的稳定性。

6）综合管廊施工工法多种多样，结构形式亦很丰富，承压水不仅对明挖及暗挖工法带来较大的安全隐患，同时对管廊结构主体及细部构造处的防水提出较高要求。

2. 地下水作用

（1）化学侵蚀作用

地下水的补给来源主要是大气降水与地表水。具有一定化学成分的大气降水、地表水进入岩石圈成为地下水后，在与混凝土接触中，其化学成分不断演化，这是由地下水化学成分形成作用引起的。这些形成作用包括溶滤作用、浓缩作用、脱硫酸作用、脱碳酸作用、阳离子的交替吸附作用、混合作用以及人类活动在地下水化学成分形成中的作用，进而表现为酸、盐及有害气体对管廊主体及围护结构的损坏，一般以不致密的混凝土、不坚固的石材或金属衬砌的综合管廊最易受到侵蚀的影响。地下水对混凝土的侵蚀程度取决于地下水的侵蚀性、水泥的特性、混凝土的强度和密实性。《岩土工程勘察规范》GB 50021—2001（2009 年版）根据地下水环境进行了场地环境类别划分，环境类型分类见表 7.1-1。同时，该规范也指出了地下水对建筑材料腐蚀性评价标准，详见表 7.1-1、表 7.1-2、表 7.1-3 和表 7.1-4。

我们从《混凝土结构耐久性设计规范》GB/T 50457—2008 中也可以看到该规范也是按照上面三个表的腐蚀性评价标准对不同环境作用等级加以划分的。而腐蚀等级为微腐蚀性时，就作一般环境类别对待了。

环境类型分类　　表 7.1-1

环境类型	场地环境地质条件
Ⅰ	高寒区、干旱区直接临水；高寒区、干旱区强透水层中的地下水
Ⅱ	高寒区、干旱区弱透水层中的地下水；各气候区湿、很湿的弱透水层湿润区直接临水；湿润区强透水层中的地下水
Ⅲ	各气候区稍湿的弱透水层；各气候区地下水位以上的强透水层

注：1. 高寒区是指海拔高度等于或大于3000m的地区；干旱区是指海拔高度小于3000m，干旱度指数 K 值等于或大于1.5的地区；湿润区是指干燥度指数 K 值小于1.5的地区；
2. 强透水层是指碎石土和砂土；弱透水层是指粉土和黏性土；
3. 含水量 ω＜3%的土层，可视为干燥土层，不具有腐蚀环境条件；
4. 当混凝土结构一边接触地面水或地下水，一边暴露在大气中，水可以通过渗透或毛细作用在暴露大气中一边蒸发时，应定为Ⅰ类；
5. 当有地区经验时，环境类型可根据地区经验划分；当同一场地出现两种环境类型时，应根据具体情况选定。

按环境类型水和土对混凝土结构的腐蚀性评价　　表 7.1-2

腐蚀等级	腐蚀介质	环境类型		
		Ⅰ	Ⅱ	Ⅲ
微	硫酸盐含量	＜200	＜300	＜500
弱	SO42-	200～500	300～1500	500～3000
中	(mg/L)	500～1500	1500～3000	3000～6000
强	—	＞1500	＞3000	＞6000
微	镁盐含量	＜1000	＜2000	＜3000
弱	Mg2＋	1000～2000	2000～3000	3000～4000
中	(mg/L)	2000～3000	3000～4000	4000～5000
强	—	＞3000	＞4000	＞5000
微	铵盐含量	＜100	＜500	＜800
弱	NH4＋	100～500	500～800	800～1000
中	(mg/L)	500～800	800～1000	1000～1500
强	—	＞800	＞1000	＞1500
微	苛性碱含量	＜35000	＜43000	＜57000
弱	OH^-	35000～43000	43000～57000	57000～70000
中	(mg/L)	43000～57000	57000～70000	70000～100000
强	—	＞57000	＞70000	＞100000
微	总矿化	＜10000	＜20000	＜50000
弱	(mg/L)	10000～20000	20000～50000	50000～60000
中	—	20000～50000	50000～60000	60000～70000
强	—	＞50000	＞60000	＞70000

注：1. 表中的数值适用于有干湿交替作用的情况，Ⅰ、Ⅱ类腐蚀环境无干湿交替作用时，表中硫酸盐含量数值应乘以1.3的系数；
2. 表中数值适用于水的腐蚀性评价，对土的腐蚀性评价，应乘以1.5的系数；单位以mg/kg表示；
3. 表中苛性碱（OH^-）含量（mg/L）应为NaOH和KOH中的OH^-含量（mg/L）。

按地层渗透性水和土对混凝土结构的腐蚀性评价　　表 7.1-3

腐蚀等级	pH 值		侵蚀性 CO_2(mg/L)		HCO_3^-(mg/L)
	A	B	A	B	A
微	>6.5	>5.0	<15	<30	>1.0
弱	6.5～5.0	5.0～4.0	15～30	30～60	0.5～1.0
中	5.0～4.0	4.0～3.5	30～60	60～100	<0.5
强	<4.0	<3.5	>60	—	—

注：1. 表中 A 是指直接临水或强透水层中的地下水；B 是指弱透水层中的地下水。强透水层是指碎石土或砂土；弱透水层是指粉土和黏性土；
2. HCO_3^- 含量是指水的矿化度低于 0.1g/L 的软水时，该类水质 HCO_3^- 的腐蚀性；
3. 土的腐蚀性评价只考虑 pH 值指标；评价其腐蚀性时，A 是指强透水土层；B 是指弱透水土层。

对钢筋混凝土结构中钢筋腐蚀性评价　　表 7.1-4

腐蚀等级	水中的 Cl^- 含量(mg/L)		土中的 Cl^- 含量(mg/L)	
	长期浸水	干湿交替	A	B
微	<10000	<100	<400	<250
弱	10000～20000	100～500	400～750	250～500
中	—	500～5000	750～7500	500～5000
强	—	>5000	>7500	>5000

注：A 是指地下水位以上的碎石土、砂土，稍湿的粉土，坚硬、硬塑的黏性土；B 是指湿、很湿的粉土，可塑、软塑、流塑的黏性土。

(2) 冻融作用

冻土一般分为两层，上层为夏融冬冻的活动层，下层为常年不化的永冻层。严寒地区的综合管廊工程其围护结构含水时，特别是砖砌体、不致密的混凝土经过多次冻融循环是很容易被破坏的。综合管廊处于冰冻线以上时，土壤含水，冻结时不仅土中水变成冰，体积增大，而且水分往往因冻结作用而迁移和重新分布，形成冰夹层或冰堆，从而使地基冻胀。冻胀可导致综合管廊工程不均匀地抬起。当冰冻层或冻堆融化时又不均匀地下沉，年复一年的使管廊结构产生变形，轻者出现裂缝，重者危及使用。防止冻融作用的发生，管廊结构应尽量构筑在冰冻线以下，必须在冰冻线以上构筑的管廊结构应有反冻胀措施，施工时应避开寒冷的季节。

同时，在低温作用下，防水材料的柔韧性能指标会降低，胶粘剂的物理参数会裂化，而综合管廊结构纵向长度远远大于横向断面尺寸，冻融作用更为明显，从而对防水材料的耐冻性提出更高要求。

(3) 渗流作用

地下水是在空隙介质的空隙中运动。空隙介质是指由固体骨架和相互沟通的孔隙（溶隙、裂隙）两部分组成的整体。地下水受重力作用在空隙介质中的运动称为渗透。地下水在空隙介质中的实际运动极其复杂，这是由空隙介质结构的复杂性所决定的。尤其是地下水埋的越深，地下水位越高，其渗透压也就越大，地下水的渗透作用也就越严重。地下工程的渗漏水在大多数情况下都是由渗透作用所引起的。

在地下水位以下进行综合管廊施工时，基坑开挖、盾构或顶管顶进、浅埋暗挖过程中等都存在地下水渗入基坑或洞内的可能，施工中必须采取降低地下水位、防止地面水回流进入基坑、防止地下水突涌等措施排出渗入基坑或洞内的地下水。在一般情况下是不允许带水作业的，带水作业的工程一般其工程质量都较差，渗漏水严重。防止在施工时出现地下水渗流和涌水可采用预加固、预降水、截水设施等措施。

在管廊永久结构下如果存在地下水渗流现象，需在设计时充分考虑，避免后期再运营期间由于地下水渗流引起的土体损失，从而引起管廊结构变形，减少工程寿命。

（4）毛细作用

毛细作用是指浸润液体在细管里升高的现象和不浸润液体在细管里降低的现象，叫做毛细现象，能够产生明显毛细现象的裂缝就叫做毛细裂缝。在管廊结构中，由于混凝土在浇筑过程中难免会出现微小裂缝，甚至肉眼难以识别，从而在结构体中形成很多毛细裂缝，这些毛细裂缝遇水后，只要彼此有附着水（水可以润湿管壁），水就会沿着这些毛细裂缝上升，直至水的质量超过它的表面张力时才会停止上升。毛细裂缝越细小，上升水的质量越不宜超过表面张力，因此水位也升得越高，对结构及廊内管线影响越大。

（5）浮托作用

当管廊基础底面位于地下水位以下时，地下水对基础底面产生静水压力，即产生浮托力。通常地下水位的变化幅度沿管廊线路及季节时间有很大差异，最低水位和最高水位甚至可差数米，影响地下水位变化的因素很多，有天然因素（气候条件、地质条件、地形条件、区域条件等）和人为因素（如大量进行工程降水、管线渗漏、水利基础设施修建等），这些都通过水位的变化引起对管廊结构浮托力的变化，而管廊结构作为中空、长细比特别大的地下构筑物对浮托力的变化更为敏感，我们在进行管廊结构设计及防水设计时要充分考虑由于浮托力变化引起的管廊变形。通常，地下水位变化会引起以下变化：

1）地下工程位于地下水位之中，势必受到向上的浮力，尤其是地下水位骤然上升，其浮力明显增大，这使地下工程地基失稳，甚至引起地表塌陷，危及管廊及地上建筑物的安全。

2）地下水位骤然下降时，会使地基有效应力增加，引起管廊下地基变形，从而带动管廊结构变形。

7.1.2 综合管廊防水技术

目前综合管廊相关规范及标准相对缺乏，没有成熟系统的防水设计、施工、检测验收、渗漏处理等技术，本章节是基于目前中建系统内建设的600余公里各种形式的综合管廊工程，从工程设计、施工及后期试运营期间已经遇到、可能遇到的综合管廊防水问题为出发点，总结并研究综合管廊防水技术。综合管廊目前现有的工法主要有明挖现浇技术、明挖预制技术、盾构顶进技术、顶管技术、浅埋暗挖技术等，针对不同的工法，综合管廊应进行不同的防水设计，采取不同的防水施工技术、检测验收技术，针对后期遇到的不同质量问题，采取有针对性的堵漏技术。我们希望通过研究能为国内综合管廊防水设计、施工和防水材料的选择提供实践依据，对我国综合管廊防水技术的发展起到积极的推进作用，使得综合管廊防水施工质量验收有章可循、有论可依。

1.综合管廊防水形式

综合管廊防水形式，大体上可以分为水密型防水、泄水型防水、混合型防水三种形式。水密型防水是指从管道整体结构、材料着手，采用有效措施不允许地下水进入管道内部，拒水于管道之外的一种防水形式；泄水型防水又称引流自排型防水，是指从疏水、泄水着手，将管道内渗入的地下水有意识地疏导在管道外的排水系统，使渗入管道内的地下水不施虐于管道本身的一种防水形式；混合型防水是指将水密型防水与泄水型防水形式结合于一体，即在同一工程中既有泄水一面，又有水密一面的一种防水形式。从表现形式上可分为刚性防水、柔性防水，刚性防水将由普通级配混凝土（或砂浆）向补偿收缩混凝土（或砂浆）和聚合物混凝土（或砂浆）方向发展。积极应用聚合物水泥防水砂浆、提倡钢纤维、聚丙烯纤维抗裂防水砂浆，研究应用沸石类硅质防水剂砂浆。柔性防水是指通过柔性防水材料（如卷材防水、涂膜防水）来阻断水的通道，以达到工程结构防水目的或增加抗渗能力。多采用防水卷材与管道表面防水混凝土粘结共同构成复合防水体系，采用的柔性防水材料有 SCB120 聚乙烯丙纶复合防水卷材。详细防水形式如图 7.1-4 所示。

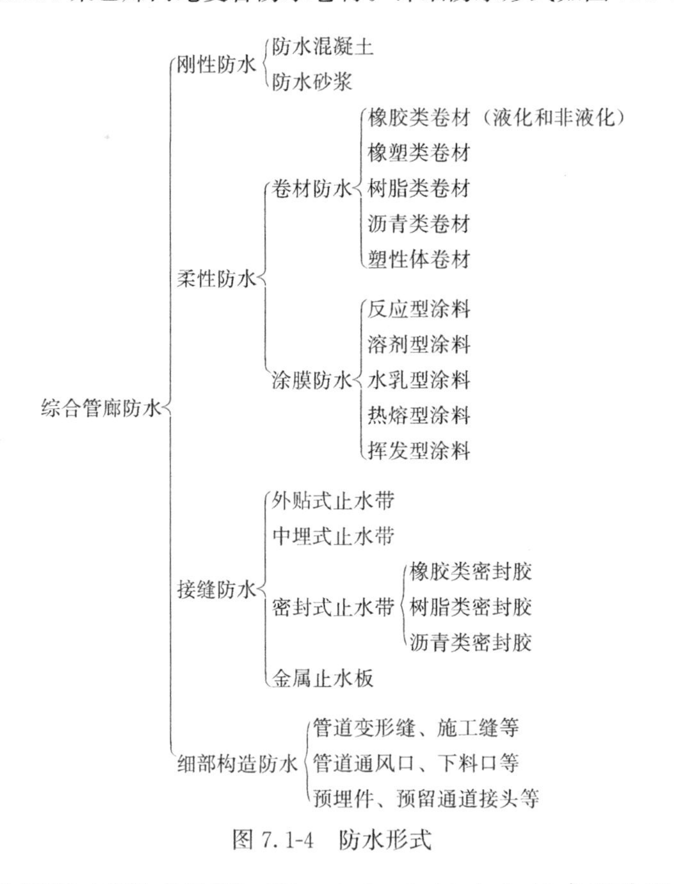

图 7.1-4　防水形式

在《城市综合管廊工程技术规范》GB 50838—2015 中 8.18 条明确指出综合管廊应根据气候条件、水文地质状况、结构特点、施工方法和使用条件等因素进行防水设计，防水等级标准应为二级，并应满足结构的安全、耐久性和使用要求。综合管廊的变形缝、施工缝和预制构件接缝等部位应加强防水和防火措施。

2. 综合管廊常用防水材料

从 2009 年我国主要建筑防水材料用量来看，主要采用高聚物改性沥青防水卷材、合成高分子防水卷材、防水涂料、自粘卷材、玻纤维青瓦以及其他新型防水材料。目前，国际上防水材料的主要品种，国内基本上都可以生产，而且产品的质量得到提高和产量逐年递增，其主要技术性能指标均已经达到国际同类产品的先进水平，完全可以满足我国各种不同防水等级和设防要求的防水工程使用。

目前，美国的防水设计，对于地下与地上区别开，地下用的防水材料叫地下防水材料，聚合物改性沥青油毡（SBS、APP）因吸水效应用于地下较少，宜用改性沥青无胎自粘油毡；地下要多用气密性和吸水性均比 EPDM 好得多的丁基橡胶片材；PVC 片材用于地下时，要加抗菌、抗碱剂等助剂；渗透结晶型防水涂料应用较好；膨润土防水与渗透结晶配合使用；德国地下防水工程（表 7.1-5，表 7.1-6）含在建筑结构防水工程中，并单独设隧道防水工程。目前在日本防水市场上，防水材料品种繁多、性能各异，因而防水工法也多种多样，仅在国土交通省公共建筑工程标准规范中就介绍了 21 种标准的防水做法，包括 12 种沥青防水层、2 种改性沥青防水层、5 种卷材防水、2 种涂膜防水、2 种橡胶沥青系涂膜防水，而在 JAS S8 规范中防水施工的做法更是多达 30 种，与世界上其他国家的情况大体相似，除了传统的沥青类防水卷材以及近些年开发的改性沥青卷材外，还有许多种高分子卷材，包括硫化和非硫化橡胶、PVC、EVA、TPE 等，涂膜类防水材料有聚氨酯、FRP、丙烯酸、合成橡胶和橡胶沥青涂料，金属防水主要是不锈钢板材和铝合金板材。

德国防水设计体系　　　　**表 7.1-5**

建筑结构类型	水的类型	使用部位	水的作用类型	选用施工规范
地下水位以上的、与地面接触的墙面及地板(楼板)	空隙水 粘附水 渗透水	强渗透性地面(>10^{-4}m/s)	潮湿地面的渗透水无积聚的渗透水作用	DIN 18195—4
		弱渗透性地面(<10^{-4}m/s)有排水		
		弱渗透性地面(<10^{-4}m/s)无排水	有积聚的渗透水作用	DIN 18195—6 第 9 章
地下或空旷地带(包括屋面)的潮湿空间的墙面及地板	降水 渗透水	房屋建筑中的露台、房屋建筑中的潮湿房间(有排水)	无压力水作用 一般的作用应力	DIN 18195—5 第 8.2 章
	积聚水	上人屋面、花园式(重型)屋顶花园、房屋建筑中的潮湿房间(无排水)、游泳池等	无压力水作用 高的作用应力	DIN 18195—5 第 8.3 章
	用水	非上人屋面、简单式种植屋面	无压力水作用	DIN 18531
地下水位以下的墙面及地板	地下水 水头水	所有地下结构	外部水压力	DIN 18195—6 第 8 章
蓄水池	用水	空旷地带、建筑物中	内部水压力	DIN 18195—7

说明：划分依据主要根据水的作用类型——有无水压力、作用应力大小等。除了非上人屋面及简单的种植屋面防水工程遵循 DIN 18531 施工技术规范以外，其他建筑结构的防水工程均属于 DIN 18195 中不同章节的施工技术规范的规定范围。强调：对于地下水位以下的结构防水工程，还要根据地下水位的高低（0～4m，4～9m，9m 以下）遵循相应的规定。在此文第 4 部分 DIN 18195—6 中有详细的描述。

我国防水材料已经形成包括 SBS、APP 改性沥青防水卷材、高分子防水卷材、防水涂料、密封材料、刚性防水和堵漏材料、瓦类材料等新型材料为主的功能齐全的完整防水系列。城市综合管廊应运用高聚物改性沥青卷材防水，积极发展和应用合成高分子卷材防水，开发密封材料、刚性防水材料和管道工程专用的注浆堵漏材料及其施工技术。下面介绍常用的管道工程防水材料：

德国建筑结构及屋面防水工程的划分及相应遵循的工程规范　　表 7.1-6

DIN 18195 Bb1—2006	建筑物的防水性.密封剂定位控制一致性的例子	Water-proofing of buildings-Examples of positioning of sealants in accordance
DIN 18195—1—2000	建筑物的防水性.第1部分:原理、定义及防水层类型的属性	Water-proofing of buildings-part 1: Principles, definitions, attribution of waterproofing types
DIN 18195—10—2004	建筑物的防水性.第10部分:防护层和防护措施	Water-proofing of buildings-part 10: Protective layers and protective measures
DIN 18195—2—2000	建筑物的防水性.第2部分:材料	Water-proofing of building-Part 2:Materials
DIN 18195—3—2000	建筑物的防水性.第3部分:地面的要求和材料的工作特性	Water-proofing of building-Part 3: Requirements to the ground and wording properties of materials
DIN 18195—4—2000	建筑物的防水性.第4部分:防地面潮气(毛细水、存留水)和地板下及墙上非累积渗漏水的防水层的设计和施工	Water-proofing of building-Part 4: Water-proofing against ground moisture (capillary water, retained water) and non-accumulating seepage water under floor slabs and on walls, design and execution
DIN 18195—5—2000	建筑物的防水性.第5部分:对地板和潮湿区域非压力水的防水层.设计与施工	Water-proofing of building-Part 5: Water-proofing against non-pressing water on floors and in wet areas; design and execution
DIN 18195—6—2000	建筑物的防水性.第6部分:防外挤压水和累积渗漏的防水层.设计与施工	Water-proofing of building-Part 6: Water-proofing against outside pressing water and accumulating seepage water; design and execution
DIN 18195—7—1989	建筑物和构件的防水.防止护墙板因水压原因漏水:设计与工艺	Waterproofing of building and structures; waterproofing sheeting subjected to hydro static pressure from the inside; design and workmanship
DIN 18195—8—2004	建筑物的防水性.第8部分:活动连接接头的防水性	Water-proofing of building-Part 8: Water-proofing over joints for movements
DIN 18195—9—2004	建筑物的防水性.第9部分:渗透、转换、连接和端接	Water-proofing of building-Part 9: Penetrations, transitions, connections and endings

(1) 防水卷材

限制使用纸胎油毡，广泛使用弹性体（SBS）、塑性体（APP）改性沥青防水卷材、三元乙丙（EPDM）和聚氯乙烯（PVC）高分子防水卷材。研制使用聚烯烃（TPO）复合防水卷材，淘汰再生胶防水卷材。

(2) 防水涂料

防水涂料应具有良好的温度适应性，施工简便；固化后形成的防水薄膜具有一定的延伸性、弹塑性、抗开裂、抗渗性及耐候性，能够起到防水、防渗作用。常用的防水涂料有非离子型乳化沥青防水涂料、膨润土乳化沥青防水涂料、沥青酚醛防水涂料、高聚物改性沥青防水涂料、合成高分子防水涂料等。

(3) 注浆材料

管道工程在接口处等细部结构防水应采用环氧注浆材料，特别是低黏度潮湿固化环氧注浆材料能够起到结构补强作用，防水堵漏采用聚氨酯注浆材料。针对不同用途的管道情况推荐采用复合注浆工艺。限制使用有毒、有污染的注浆材料。

(4) 密封材料

管道工程在施工时产生的变形缝和施工缝应采用密封材料来防水。防水密封材料为单组分丁基橡胶建筑防水密封胶，它不含芳香烃有毒溶剂，属于环保产品。对于管道工程提倡使用聚硫、硅酮、聚氨酯等高档密封材料，并且研究密封材料对应的专用底涂料，以提高密封材料的粘合力、耐水和耐久性。

(5) 刚性防水

刚性防水将由普通级混凝土（或砂浆）向补偿收缩混凝土（或砂浆）和聚合物混凝土（或砂浆）方向发展。积极应用聚合物水泥防水砂浆，提倡钢纤维、聚丙烯纤维抗裂防水砂浆，研究应用沸石类硅质防水剂砂浆，大力推广应用干粉砂浆（粘结、填缝等专用砂浆）。

(6) 防水保温材料

巩固挤塑型聚苯板与砂浆保温系统，积极推广应用喷涂聚氨酯硬泡整体现场成型的保温材料。限制使用膨胀蛭石及膨胀珍珠岩等吸水率高的保温材料。禁止使用松散材料的保温层。

(7) 特种防水材料

积极应用天然纳米防水材料——膨润土防渗水材料，具体品种有膨润土止水带、膨润土防水板和膨润土防水毯。研究应用金属防水材料，探索应用文物保护用修旧如旧的专用防水涂料和混凝土保护用防水涂料。

防水材料在使用过程受环境影响比较大，所受作用复杂，因此要求防水材料能够在一定时间内阻止地下水对管道的渗透。防水材料因具备以下性能要求：

1) 物理性质

与各种物理过程（水、热作用）有关的性质。如抗渗性、温度稳定性等。

2) 力学性能

材料应具有一定的抗拉伸（抗压、抗折）强度和抗变形能力，以抵御使用过程结构变形和施工过程受力后适应变形的能力。如抗撕裂强度、抗疲劳能力、抗穿刺能力、粘结强度等。

3) 耐久性

防水材料在自然大气环境作用下，能抵御紫外线、臭氧、酸雨及风雨冲刷下的性能稳定和材料存储期间材料性能的稳定性。如刚性材料为耐冻融、耐风化；柔性材料为耐紫外线、耐臭氧、耐酸雨、耐干湿、耐冻融、耐介质腐蚀等耐老化性能。

4) 良好的施工性能

防水材料要施工方便，技术易被掌握，较少受操作工人技术水平、气候条件、环境条件的影响，如自粘卷材。

5) 环保性

在防水材料生产和使用过程中，不污染环境和不损害人身健康。

防水材料所具有的各种性质，主要取决于材料的组成和结构状态，同时还受到环境条件的影响。不同部位的防水工程，不同的防水做法，对防水材料的功能要求也各有侧重点。针对受地下水的不断侵蚀，且水压较大及管道结构可能产生变形等情况，综合管廊工程用防水材料必须具备优质的抗渗能力和延伸率，具有良好的整体不透水性。

3. 综合管廊防水设计基本原则

《城市综合管廊工程技术规范》GB 50838—2015 第 8.1.8 条规定综合管廊应根据气候条件、水文地质状况、结构特点、施工方法和使用条件等因素进行防水设计，防水等级标准应为二级，第 9.1.5 条规定综合管廊防水工程的施工及验收应按现行国家标准《地下防水工程质量验收规范》GB 50208—2011 的相关规定执行。

《地下工程防水技术规范》GB 50108—2008 第 1.0.3 条规定地下工程防水的设计和施工应遵循“防、排、截、堵相结合，刚柔相济，因地制宜，综合治理”的原则，综合管廊防水设计也遵循此原则。

(1) 综合管廊应进行防水设计，并应做到定级准确、方案可靠、施工简便、耐久适用、经济合理。

(2) 综合管廊防水方案应根据工程规划、结构设计、材料选择、结构耐久性和施工工艺等确定。

(3) 综合管廊的防水设计，应根据地表水、地下水、毛细管水等的作用，以及由于人为因素引起的附近水文地质改变的影响确定，宜采用全封闭、部分封闭的防排水设计；附建式的通风口、下料口、进出线口等防水设防高度，应高出室外地坪高程 500mm 以上。

(4) 综合管廊迎水面主体结构应采用防水混凝土，并应根据防水等级的要求采取其他防水措施。

(5) 综合管廊的变形缝（诱导缝）、施工缝、后浇带、穿墙管（盒）、预埋件、预留通道接头、桩头等细部构造，应加强防水措施。

(6) 综合管廊的排水管沟、地漏、出入口、窗井、风井等，应采取防倒灌措施；寒冷及严寒地区的排水沟应采取防冻措施。

(7) 综合管廊的防水设计，应根据工程的特点和需要搜集下列资料：

1) 最高地下水位的高程、出现的年代，近几年的实际水位高程和随季节变化情况；

2) 地下水类型、补给来源、水质、流量、流向、压力；

3) 工程地质构造，包括岩层走向、倾角、节理及裂隙，含水地层的特性、分布情况和渗透系数、溶洞及陷穴、填土区、湿陷性土和膨胀土层等情况；

4) 历年气温变化情况、降水量、地层冻结深度；

5) 区域地形、地貌、天然水流、水库、废弃坑井以及地表水、洪水和给水排水系统资料；

6) 工程所在区域的地震烈度、地热，含瓦斯等有害物质的资料；

7) 施工技术水平和材料来源。

(8) 地下工程防水设计，应包括下列内容：

1) 防水等级和设防要求；

2) 防水混凝土的抗渗等级和其他技术指标、质量保证措施；

3) 其他防水层选用的材料及其技术指标、质量保证措施；

4) 工程细部构造的防水措施，选用的材料及其技术指标、质量保证措施；

5) 工程的防排水系统、地面挡水、截水系统及工程各种洞口的防倒灌措施。

4. 综合管廊防水设计、等级及设防要求

地下工程防水等级分为四级，综合管廊防水等级为二级以上，其中设备集中区采用一级。综合管廊防水标准等级详见表7.1-7，不同防水等级适应综合管廊不同部位和范围，应根据综合管廊部位重要性和使用对防水的要求按表7.1-7选定。对于不同等级的防水标准应按表7.1-7进行设防。

地下工程防水标准　　表7.1-7

防水等级	防水标准
一级	不允许渗水，结构表面无湿渍
二级	不允许漏水，结构表面可有少量湿渍； 工业与民用建筑：湿渍总面积不大于总防水面积的1%，单个湿渍面积不大于0.1m^2，任意100m^2防水面积不超过一处； 其他地下工程：湿渍总面积不大于防水面积的6%，单个湿渍面积不大于0.2m^2，任意100m^2防水面积不超过4处

（1）处于侵蚀性介质中的管廊工程，应采用耐侵蚀的防水混凝土、防水砂浆、防水卷材或防水涂料等防水材料；

（2）处于冻融侵蚀环境中的管廊工程，其混凝土抗冻融循环不得少于300次；

（3）结构刚度较差或受振动作用的管廊工程，宜采用延伸率较大的卷材、涂料等柔性防水材料；

（4）具有自流排水条件的管廊工程，应设自流排水系统；无自流排水条件的管廊工程，应设机械排水系统。

5. 综合管廊防水设计阶段程序与深度

目前由于综合管廊防水设计缺少相关文献，我们总结了在建管廊工程防水设计的程序和各阶段应达到的深度，供读者参考：

（1）各阶段防水设计程序

1）设计工作所需要的基础资料

① 地质资料（包括工程地点的四季气温变化、水文地质是否有腐蚀性介质等内容）；

② 综合管廊的埋深（包括地下水位的最高与最低值）；

③ 综合管廊的构造形式、围护结构形式等内容。

以上资料取得方应是甲方委托的勘察单位及总体设计院。

2）专业间互提资料

① 明挖工法综合管廊：管廊接缝（施工缝、变形缝等）防水构造形式；

② 盾构或顶管法综合管廊：预制件密封垫沟槽构造尺寸、预制件嵌缝槽构造尺寸。

3）专业内部设计流程

接受由项目负责人分发的任务单、设计计划、设计大纲，对将要设计的工程有一整体的了解。根据设计大纲及设计文件明确设计原则与技术要求。

设计人进行基础资料收集，完成后结合掌握的设计规范，明确设计依据，确立防水设计原则及应包含的防水设计内容。

(2) 各设计阶段文件组成内容及深度要求

一旦任务确定下达，设计是关键，设计有不同阶段，而不同阶段设计的重点是不同的，它包括项目调研阶段、初步可行性研究阶段、正式可行性研究阶段、初步设计阶段和施工图设计阶段等，要明确分清各阶段的重点、目的，才能正确、有效地、有层次、有步骤地完成设计。

下面具体从各个阶段进行阐述：

1) 项目调研阶段

项目筹建单位或项目法人根据国民经济的发展、国家和地方中长期规划、产业政策、生产力布局、国内外市场、所在地的内外部条件，就某一具体新建、扩建项目提出的项目建议，是对拟建项目提出的框架性的总体设想。它要从宏观上论述项目设立的必要性和可能性，把项目投资的设想变为概略的投资建议。研究内容包括进行市场调研，对项目建设的必要性和可行性进行研究，对项目产品的市场、项目建设内容、生产技术和设备及重要技术经济指标等分析，并对主要原材料的需求量、投资估算、投资方式、资金来源、经济效益等进行初步估算。因此此阶段对防水方案不做初步研究，多进行工程类比，取投资标准。

2) 初步可行性研究阶段

对于大型建设项目，往往在可行性研究之前进行预可研，该阶段的设计文件主要是简略阐述设计原则、设计等级标准、设计采用的规范、总体防水、耐久性设计技术要求等。

3) 可行性研究阶段

在通过初步可行性研究阶段之后，可以进行正式可行性研究，该阶段设计文件含深入阐述设计原则、设计等级标准（包括具体定性与定量指标)、设计采用的规范、具体防水、耐久性设计技术要求（包括防水材料的详细分类、主要防水材料的性能指标要求、施工要点）。

4) 初步设计阶段

可研完成并经政府发改部门批准后，即可进行初步设计，该阶段设计文件主要含详细阐述设计原则、设计等级标准（包括具体定性与定量指标)、设计采用的规范、具体防水、耐久性设计技术要求（包括防水材料的具体样式、主要防水材料的性能指标要求、施工要点)。具体设计图样含总体防水构造图、主要接缝防水构造图、一般细部构造防水设计图、主要防水材料的性能指标要求等。

5) 施工图设计阶段

初步设计经政府发改部门审批后即可进行施工图设计，该阶段将包含详细的施工图和预算文件，具体为：总体防水设计说明、混凝土结构自防水设计与接缝防水设计说明、附加防水层设计说明、防水总体构造图、主要接缝防水构造图、重要防水节点详图、附加防水层节点详图、主要防水材料性能指标一览表等。

(3) 设计出图程序

勘察单位勘察并提供基础资料—设计人收集资料并进行设计—校对人校对—审核人进行审核—审定人审定—会签—送出（此程序仅为设计内部流程，不涵盖政府审批、甲方管理、强审单位强审等程序）。

7.2　明挖现浇综合管廊防水设计

7.2.1　明挖现浇综合管廊主体防水设计

1. 城市综合管廊主体防水措施

综合管廊的结构耐久性要求在 100 年以上，综合管廊防水等级为二级以上，其中设备集中区采用一级。根据城市综合管廊的设防要求，主体结构可以按表 7.2-1 采用适宜的措施。

明挖现浇法综合管廊主体结构防水措施　　表 7.2-1

防水措施		防水混凝土	防水卷材	防水涂料	膨润土防水材料	防水砂浆
防水等级	一级	应选	应选一至两种			
	二级	应选	应选一种			

2. 混凝土结构自防水

综合管廊的现浇混凝土主体采用防水混凝土进行自防水，防水混凝土是通过一定的措施以提高自身密实性，抑制或减少内部孔隙的生成，堵塞渗水通道，并以自身厚度及憎水性来达到自防水的一种混凝土，根据其不同的组成，可以划分为普通防水混凝土、外加剂防水混凝土以及膨胀水泥防水混凝土，各自的特点及适用范围可见表 7.2-2。

防水混凝土类型　　表 7.2-2

种类		最高抗渗压力（MPa）	特点	适用范围
普通防水混凝土		3	施工简便	适用于一般工业和民用建筑及公共建筑的地下防水工程
外加剂防水混凝土	引气剂防水混凝土	2.2	抗冻性好	适用于北方地区抗冻性要求较高的防水工程及一般防水工程
	减水剂防水混凝土	2.2	拌合物流动性好	适于钢筋密集或捣固困难的薄壁型防水构筑物，以及对混凝土凝结时间和流动性有特殊要求的防水工程
	三乙醇胺防水混凝土	3.8	早期强度高、抗渗等级高	适用于工期紧迫，要求早强及抗渗性较高的防水工程
	氯化铁防水混凝土	3.8	早期抗渗性好，密实性好，抗渗等级高	适用于水中结构的无筋、少筋厚大的防水混凝土工程及一般地下防水工程
膨胀水泥防水混凝土	膨胀水泥防水混凝土	3.6	密实性好、抗渗等级高、抗裂性好	适用于地下工程和主要工程的后浇梁、梁柱接头等
	膨胀剂防水混凝土	3		适用于一般地下防水工程

综合管廊结构构件的裂缝控制等级为三级，最大裂缝宽度控制限制不得大于 0.2mm，且不能贯通。为控制混凝土结构产生贯通裂缝，在保证结构安全耐久的前提下，应采用补偿收缩混凝土进行结构自防水，以减少干缩和温差收缩，并在管廊的顶板、底板和侧墙外侧辅以施做全外包防水层。

防水混凝土除满足强度要求外，还应满足抗渗等级要求，其抗渗等级（表 7.2-3）根据素混凝土室内试验测得，综合管廊主体结构主体的防水混凝土抗渗等级不应低于 P6，重要工程及重点部位应根据计算确定。在满足抗渗等级要求的同时，也应满足抗压、抗冻和抗侵蚀性等耐久性要求。

明挖现浇法综合管廊主体抗渗等级要求 **表 7.2-3**

结构埋置深度 h(m)	设计抗渗等级
$h<10$	P6
$10\leqslant h<20$	P8
$20\leqslant h<30$	P10
$h\geqslant 30$	P12

防水混凝土的质量与模板材料、现场浇筑工艺、环境温度与养护时间、养护方式等密切相关。在施工过程中，基坑内的杂物、积水必须清除干净，必要时设集水坑排水。地下水位应降至工程底部最低高程 500mm 以下，严防地下水及地面水流入造成积水，影响混凝土的正常硬化，在主体混凝土结构施工前必须做好基础垫层混凝土，主体结构底板的混凝土垫层强度等级不应小于 C15，厚度不应小于 100mm，在软弱土层中不应小于 150mm。

模板要求拼缝必须严密，支撑牢固，保证不漏浆，凹凸面符合要求。浇筑混凝土前应将模板内的杂物清理干净，用水将模板淋湿透，做好施工组织计划，合理调配混凝土及保持浇筑的连续性，对于综合管廊可以按变形缝的位置划分不同区段进行间隔施工。较厚的底板、所有侧墙应分层浇筑，层厚 300～400mm，循序渐进，上下层浇筑的时间间隔不应超过 2h，浇筑混凝土的落高不得超过 1.5m，否则应使用流槽或漏斗管。为了减少初期开裂和收缩开裂，夏季尽可能采用夜间浇筑，对顶板采用跳槽施工法，并控制连续浇筑量。冬季应防止温差变化对新浇混凝土变形的影响，顶板、侧墙开口部位及出入口可采取披挂草袋、挡风被等方式进行处理。

防水混凝土应采用机械振捣，浇捣混凝土过程中，必须保证钢筋的混凝土保护层厚度，保证钢筋位置及板的平整度。应严格控制水灰比，保证每一振点的振捣延续时间，应使混凝土表面呈现浮浆和不再沉落，避免漏振、欠振和超振。

防水混凝土结构内部的各种钢筋或绑扎钢丝，不得接触模板。在浇筑侧墙时，混凝土应尽可能不采用对拉螺栓，在对拉螺栓穿过混凝土结构时，必须采用焊接钢板止水环，钢板与螺栓必须满焊，拆模时拧去螺栓，清理干净后，用防水水泥砂浆抹平，并在迎水面封头处涂有聚合物改性水泥基涂料。防水混凝土浇筑后严禁打洞，所有预埋件、预留孔都应事先埋设。

防水混凝土初凝后应立即采用蓄水养护，时间不少于 14d，或者采用板面盖湿草包养护，结构侧墙拆模后以每小时一次的频度淋水，并在墙面遮盖潮湿土工布。

防水混凝土拆模时，强度必须超过设计强度等级的 70%，混凝土表面温度与环境温度之差不得超过 15℃。拆模后应及时回填土，并严格控制回填土的含水率及压实度指标。

3. 外包防水层防水

综合管廊防水等级的要求，在以结构自防水为根本的基础上，应辅以防水层加强防水，最终达到综合管廊的整体防水要求。

防水等级为一级或二级时，综合管廊主体结构应设置外包柔性防水层，当防水等级为二级时，高聚物改性沥青防水卷材层厚度宜采用 6mm，合成高分子橡胶卷材层厚度宜采用 1.5mm，塑料类防水卷材层厚度不小于 1.2mm，聚氨酯涂层成膜厚度宜为 2mm；当防水等级为一级时，各外包防水层应适当加厚：高聚物改性沥青防水卷材层宜采用 8mm，合成高分子橡胶卷材层宜采用 2.4mm，塑料类防水卷材层不小于 1.5mm，聚氨酯涂层成膜宜为 3mm。

当外包柔性防水层选用防水卷材时，应铺设在混凝土主体结构的迎水面上，阴阳角处做成圆弧或 45°折角，在转角或阴阳角等特殊部位应增加设置 1～2 层相同的卷材，且宽度不宜小于 500mm，如图 7.2-1 所示。

图 7.2-1　阴角、阳角防水层铺设图

在铺设防水卷材时应注意以下几点：

（1）卷材铺设前，应将结构表面的砂浆疙瘩等异物铲除，并把尘土杂物清扫干净，图 7.2-2 为不合格的结构表面。

图 7.2-2　不合格的结构表面

（2）铺设卷材应先铺平面，后铺立面，交接处应交叉搭接，清理干净，如有局部损伤，应及时进行修补。

防水卷材层的基面应平整清洁、干燥牢固，图 7.2-3 为不合格的基面。

图 7.2-3　在不合格的基面施工防水层

在管廊纵向区段之间有错台处，铺卷材之前应用砂浆将错台抹成倒角。

施工中所采用的防水卷材材料性能、施工技术及验收需符合《地下工程防水技术规范》GB 50108—2008 以及《地下工程防水质量验收规范》GB 50208—2011 的要求。

防水涂料分为有机防水涂料和无机防水涂料，有机防水涂料包括水乳型、反应型、聚合物水泥等防水涂料，宜用于结构主体的迎水面；无机防水材料包括水泥基防水涂料、水泥基渗透结晶型防水涂料，宜用于结构主体的背水面。当采用无机防水涂料时，水泥基防水涂料厚度宜为 1.5～2.0mm，水泥基渗透结晶型防水涂料厚度不应小于 0.8mm；当采用有机防水涂料时，可以根据材料的性能确定其厚度，一般宜取为 1.2～2.0mm。

4. 综合管廊主体结构防水实例

图 7.2-4、图 7.2-5 为海棠湾海榆东线市政道路（藤桥西河段至海岸大道路口段）改造工程中综合管廊主体结构防水示意图。工程主体结构混凝土设计强度为 C35，抗渗等级 P6（局部为 P8），底板下素混凝土垫层强度等级为 C20。程顶板、底板和侧墙以混凝土自防水结合 2mm 厚自粘高分子湿铺防水卷材（P 类）防水层，并在混凝土的内侧涂刷水泥基渗透结晶型防水材料，利用其渗透性和长期活性的功能，封闭墙板的渗透裂缝，进行内面的防水处理。

7.2.2　明挖现浇综合管廊变形缝防水设计

1. 变形缝防水措施概述

变形缝是沉降缝与伸缩缝的总称，是城市综合管廊防水的薄弱环节，易发生渗漏，如处理不当会直接影响综合管廊的正常使用和使用寿命。从防水构造上，变形缝需要满足以下几个条件：

（1）密封防水，且能够承受一定的水压力；

（2）能够适应结构的变形，在一定的外力作用下不致发生破坏；

（3）和主体结构的防水层四面相互衔接，形成一个完整的防水系统；

（4）施工方便，并具有足够的耐久性。

根据城市综合管廊的设防要求，明挖现浇法变形缝可以按表 7.2-4 采用适宜的防水措施。

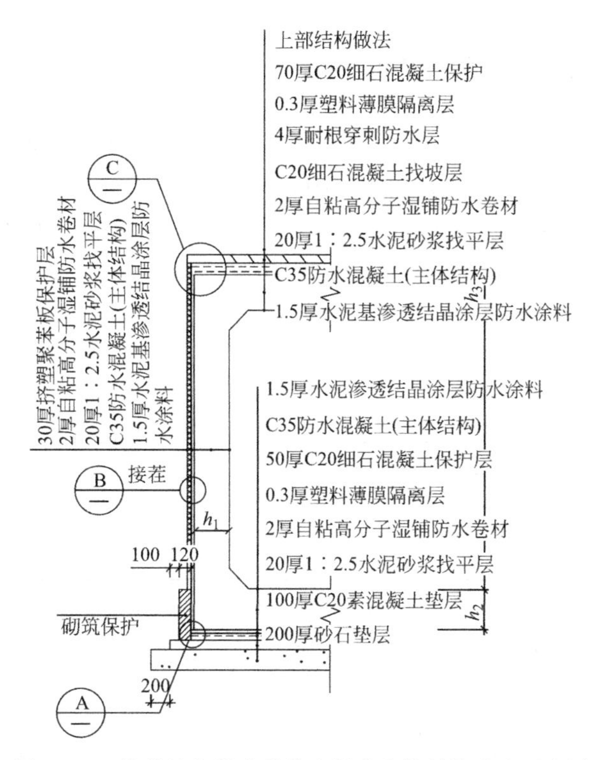

图7.2-4 海棠湾海榆东线综合管廊主体结构防水示意图

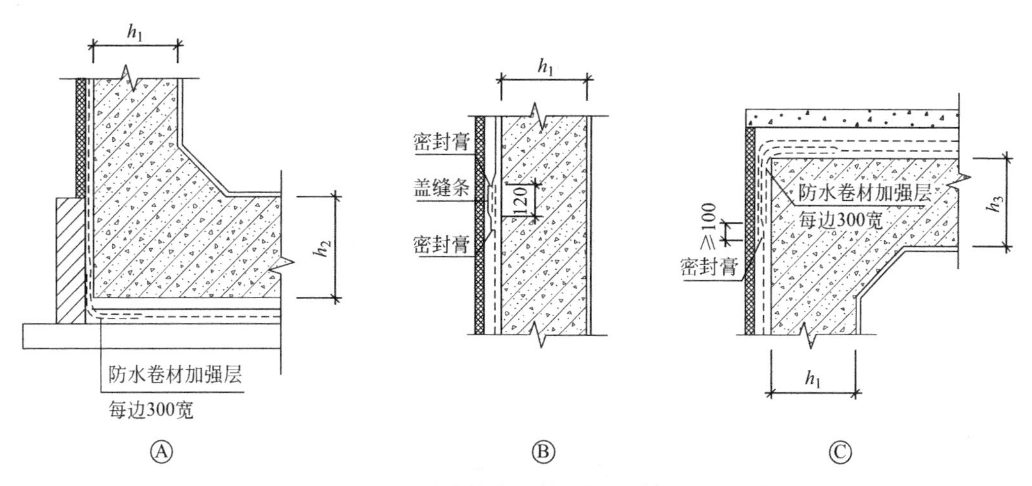

图7.2-5 综合管廊主体结构防水示意图

明挖现浇法综合管廊变形缝防水措施 表7.2-4

防水措施		中埋式止水带	外贴式止水带	可卸式止水带	防水密封材料	外贴防水卷材	外涂防水涂料
防水等级	一级	应选	应选一至两种				
	二级	应选	应选一至两种				

2. 止水带

止水带通常可分为刚性止水带和柔性止水带两类，刚性止水带由刚性材料制造，柔性止水带一般可选择的材料有橡胶、PVC、橡胶材料，目前应用比较多的为橡胶材料止水带。

目前中埋式止水带以橡胶止水带居多，其常用形式如图 7.2-6 所示，中埋式止水带带宽 b 根据混凝土板厚与预估变形量确定，“中孔”为圆形，上下侧为平面，可搁置填缝板，a 为缝宽。止水带上的大小齿除起到与混凝土的咬合外，还发挥不同的止水功效，止水带齿端两带沿边沿应留有小孔，作固定、绑吊钢筋用。

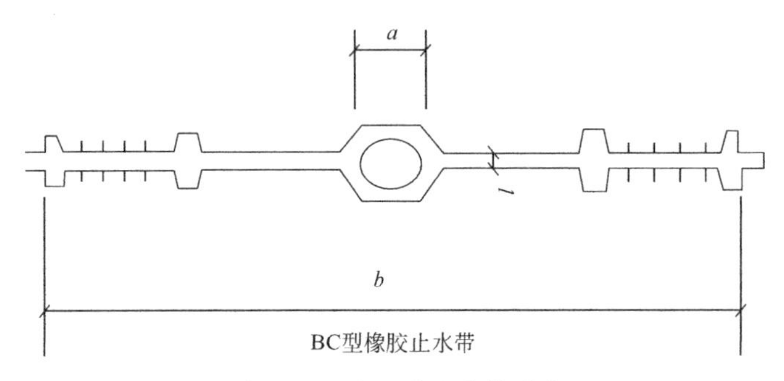

图 7.2-6　中埋式止水带形式

中埋式止水带的施工要求如下：

（1）止水带埋设位置应准确，其中间空心圆环应与沉降缝及结构厚度中心线重合；

（2）止水带应固定，顶板、底板内止水带应采用盆式安装方法，止水带两翼与水平方向的夹角控制在 15°～20°之间；

（3）止水带在浇筑混凝土前必须用专用钢筋套或扁钢固定，当用钢筋套时，在边缘处用镀锌铁丝绑牢，当采用扁钢固定时，止水带端部应先用扁钢夹紧，并将扁钢与钢筋内钢筋焊牢；

（4）止水带的接茬不得甩在结构转角处，应设在较高部位，接头宜采用热压焊接；

（5）转角处应做成圆弧形，橡胶材料止水带转角半径不小于 200mm，并随着止水带的宽度增加而增加；

（6）止水带严禁在太阳下暴晒，露在外面的止水带应采用覆盖措施，避免紫外线辐射引起橡胶老化。

图 7.2-7 为现场的中埋式止水带施工图。

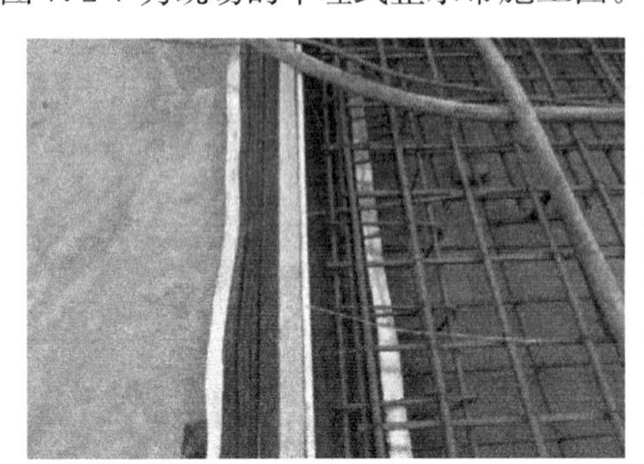

图 7.2-7　中埋式止水带施工图

可卸式止水带施工要求如下：

（1）所需配件须一次配齐。

（2）转角处做成45°折角，并应增加紧固件数量。

（3）在满足制造、运输以及安装要求的前提下，止水带应尽量在工程中连成整体，止水带的各种交叉连接节点应在工厂中做成配件，以在施工现场的连接只在直线段进行，连接后接头厚度应与母材厚度基本相同，强度不低于母材的90%，图7.2-8为止水带的接头形式，图7.2-9为未使用预制接头的十字交叉部位。

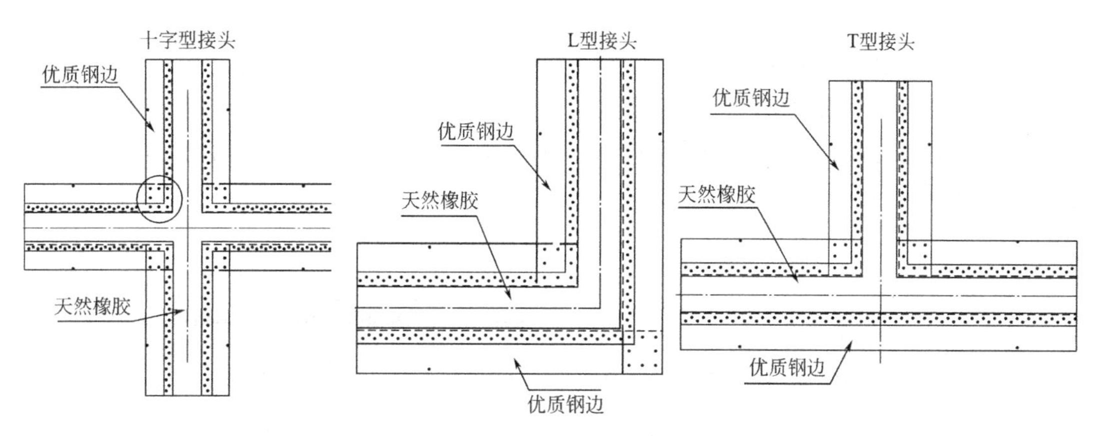

图7.2-8　止水带的接头形式

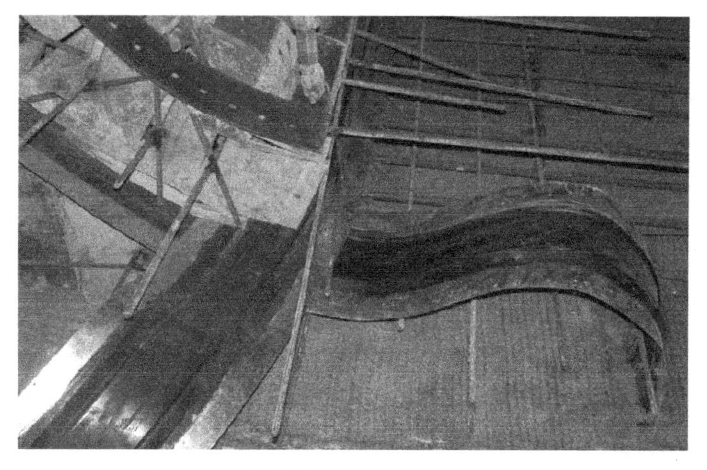

图7.2-9　未使用预制接头的十字交叉部位

3. 嵌缝密封防水

变形缝嵌缝密封防水是变形缝防水的一项措施，变形缝嵌缝密封应兜绕成环，构成封闭的防水线。嵌缝密封胶大多采用高分子密封胶，比如聚氨酯、聚硫、改性环氧等，嵌缝密封胶的嵌入深度与宽度之比一般取为2∶3。密封胶与混凝土表面应留有一定的距离：低温嵌缝时宜为5mm，高温嵌缝时宜为10mm。在综合管廊的施工过程中，在顶板、底板和侧墙背水面变形缝口可以双组份聚硫密封胶、聚氨酯密封胶填塞密封加强防水。密封胶只应保证和其两侧的混凝土有良好的粘结，而不宜与其下部的填缝板粘结在一起。

嵌填密封施工步骤应符合以下要求：

（1）清理基层，使其洁净、干燥、坚实；

（2）填塞背衬材料；

（3）涂刷密封胶底涂料；

（4）填塞密封胶，以嵌缝枪注入嵌填为好；

（5）在一些外露的面，在嵌缝槽两侧可增贴定位胶纸，防止嵌缝胶玷污混凝土面。

变形缝间的填缝板（又称为衬垫板）材质选择时应综合考虑以下因素：变形缝处的相对变形量、承受水压力的大小、接触的介质、使用的环境条件、构筑物表面装修要求、混凝土断面的尺寸等，目前在城市综合管廊项目中填缝板最多采用的是聚乙烯泡沫塑料板。在安装填缝板时，应采取可靠的固定措施，防止其在浇筑混凝土时发生移位，填缝板应在第一侧混凝土浇筑前安装在模板内侧而非第一侧混凝土浇筑之后粘贴在混凝土上，图 7.2-10 为综合管廊不同部位变形缝构造图。

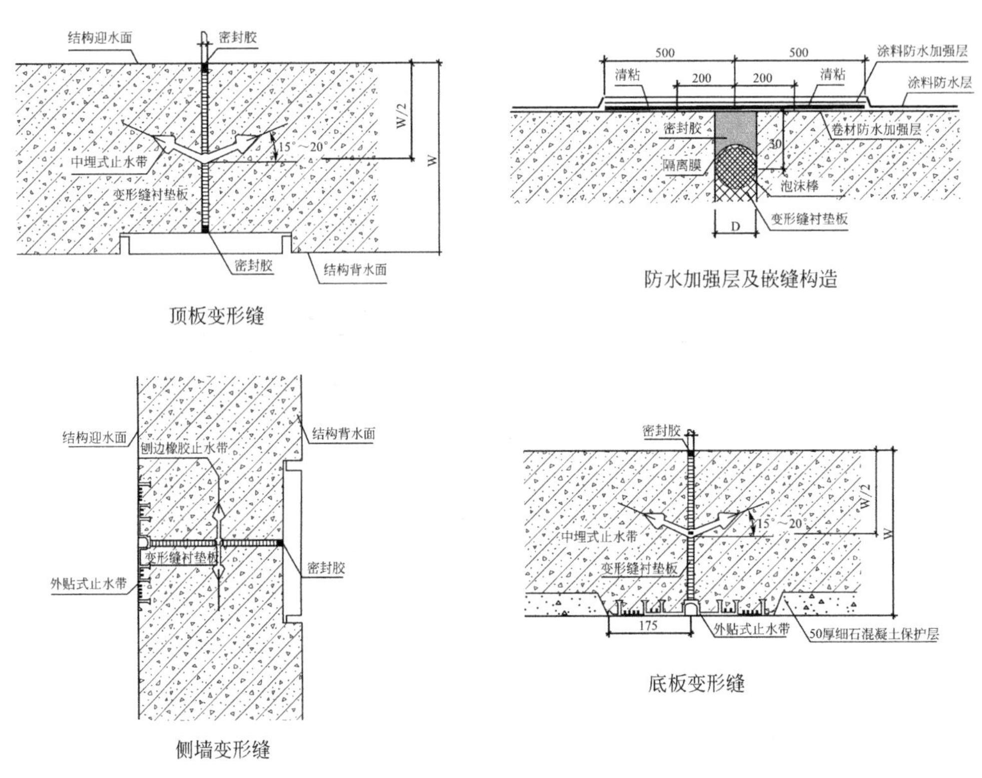

图 7.2-10　综合管廊不同部位变形缝构造图

4. 变形缝防水实例

图 7.2-11、图 7.2-12 为海棠湾海榆东线市政道路（藤桥西河段至海岸大道路口段）改造工程中综合管廊变形缝示意图及详图。在管廊迎水面变形缝外侧设 300mm 宽外贴式橡胶止水带，结构中部设 350mm 宽中埋式橡胶止水带，置于顶板、底板和侧墙中间。顶板、底板和侧墙背水面缝口设嵌缝槽，以双组分聚硫密封膏填塞密封加强防水，变形缝间填缝材料采用聚乙烯泡沫塑料板。

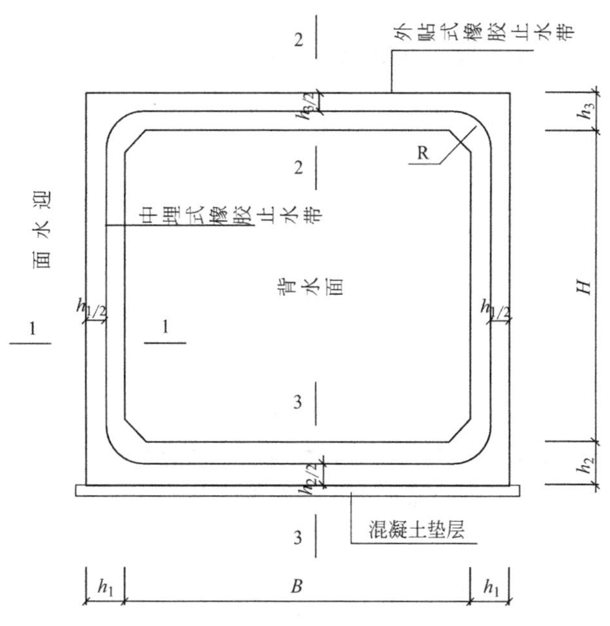

图 7.2-11　综合管廊止水带位置示意图

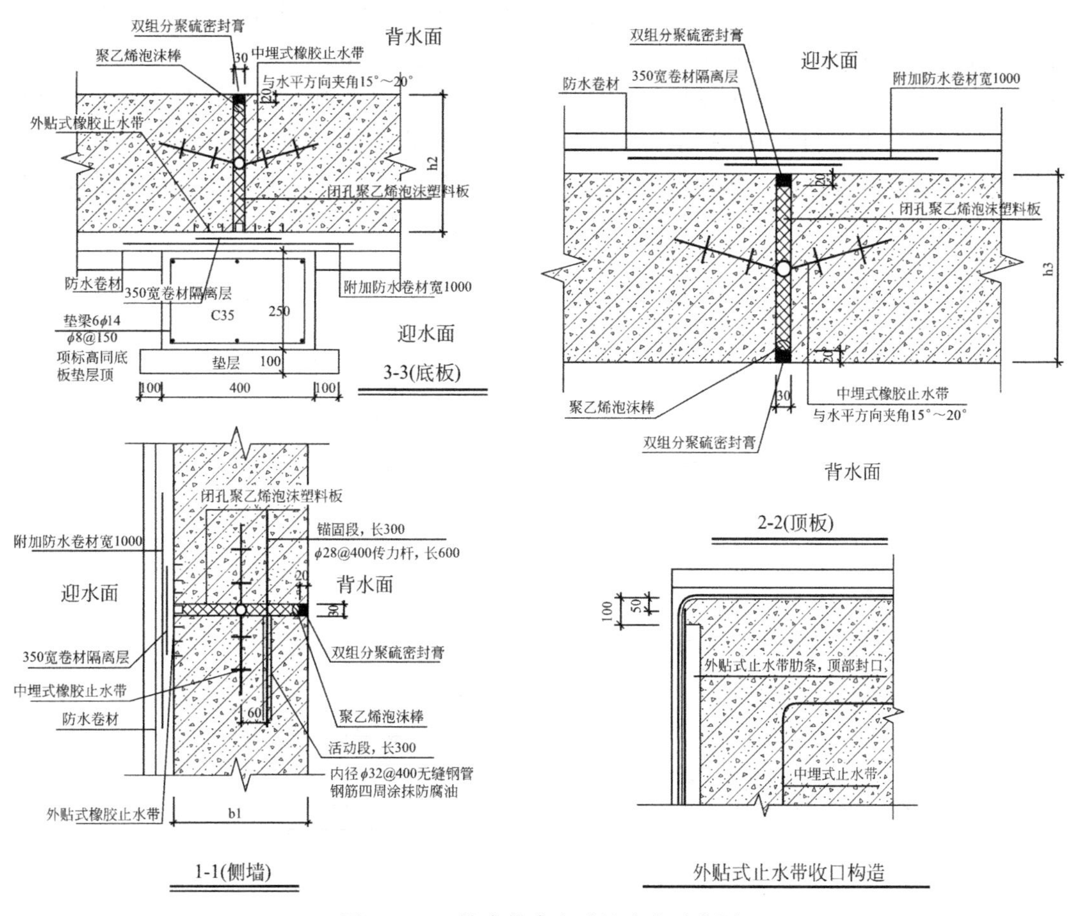

图 7.2-12　综合管廊变形缝防水示意图

7.2.3 明挖现浇综合管廊施工缝防水设计

在混凝土浇筑过程中，因设计要求或施工需要分段浇筑，而在先、后浇筑的混凝土之间所形成的接缝成为施工缝，施工缝是混凝土结构中最薄弱的位置。施工缝应设置在构件受力较小且便于施工的截面处。除设计要求的施工缝外，不得以施工理由擅自增设施工缝。

出于城市综合管廊施工缝防水要求的考虑，施工缝应严格按照有关规范、构造要求施工。施工缝浇筑混凝土前应将表面清理干净，可采用高压水进行冲刷，然后涂刷混凝土界面处理剂再浇筑混凝土，混凝土应细致捣实，使新旧混凝土紧密结合。

目前常用的施工缝防水方法有中埋式止水带、外贴防水卷材、外涂防水涂料、止水钢板、膨胀橡胶止水条、密封胶嵌缝、水泥基渗透结晶型防水材料、预埋注浆管等方法。当施工缝采用中埋式止水带时，应确保止水带位置准确并保持牢靠；当采用膨胀橡胶止水条防水时，一般为 SPJ 型膨胀橡胶止水条，其采用亲水性聚氨酯和橡胶为原料，使用时应将胶条安装在预留槽内并保持牢固；当采用止水钢板时，止水钢板一般做电镀锌或热浸锌防腐处理，埋设位置应准确并固定牢靠，接缝应平整、密封、无渗水，并与两侧钢筋拉结牢固。实践证明综合管廊侧墙水平施工缝采用止水钢板效果比较好。

图 7.2-13 为海棠湾海榆东线市政道路（藤桥西河段至海岸大道路口段）改造工程中综合管廊施工缝详图。侧墙施工缝距离底板及顶板均为 500mm，采用中埋式镀锌钢板止水带与在迎水面增加一道防水卷材加强层组合防水，施工时将施工缝处的先浇混凝土浮浆凿除，并用高压水冲刷干净，扫水泥砂浆两遍；止水钢板取 3mm 厚，接缝应平整、密封、无渗水，并辅以在迎水面一侧铺设 400mm 防水卷材加强防水。对于中隔墙和中层楼板施工缝，在扫水泥砂浆两遍之后，可采用遇水膨胀橡胶止水条加强防水处理。

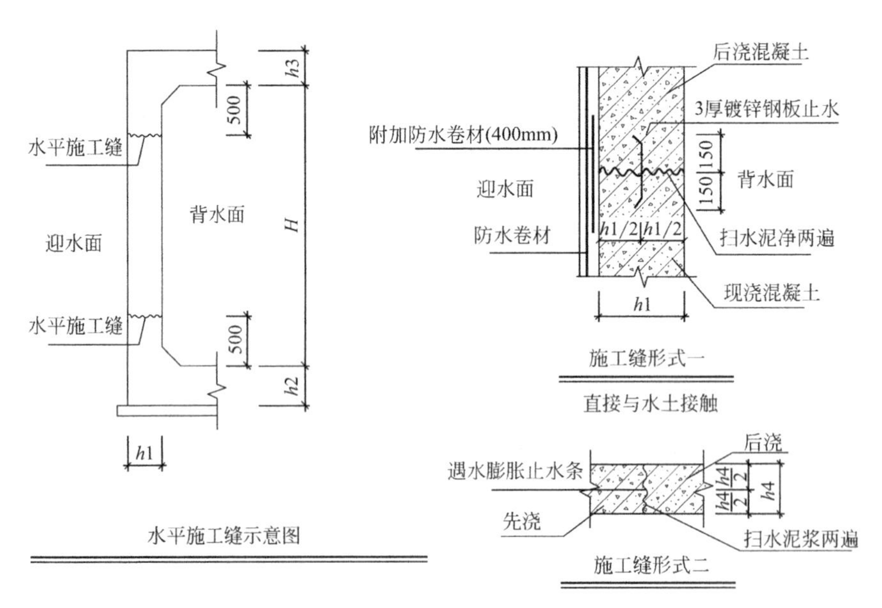

图 7.2-13 综合管廊施工缝防水示意图

7.2.4　明挖现浇综合管廊细部构造防水设计

1. 后浇带

后浇带是一种刚性接缝，适用于不允许留设变形缝的工程部位。后浇带的防水处理应满足以下几点要求：

（1）后浇带应设在受力和变形较小的部位，宽度宜为700～1000mm，间距宜为30～60m；

（2）后浇带可做成平直缝或阶梯缝，结构主筋不宜在缝中断开，如遇必须断开的情况，主筋搭接长度应大于45倍主筋直径，并加设附加钢筋；

（3）后浇带混凝土施工前，后浇带部位和外贴式止水带应加以保护以防止杂物落入、外贴式止水带被破坏；

（4）后浇带需超前止水时，后浇带部位的混凝土应局部加厚，且等级应比两侧的混凝土高一个等级，并应掺入微膨胀剂，其掺量不宜大于12%，混凝土浇筑42d后才能焊接钢筋；

（5）后浇带的接缝处理应符合几点规定：水平施工缝浇筑混凝土前应将浮浆凿除，先铺净浆，再铺水泥砂浆或涂刷混凝土界面处理剂，及时浇筑混凝土；垂直施工缝浇筑混凝土前将表面清理干净，再涂刷水泥净浆或混凝土界面处理剂，及时浇筑混凝土；选用的遇水膨胀止水条应具有缓胀性能，安装在缝表面或预留槽内，并确保牢固；如采用中埋式止水带，则应确保其位置准确且牢固。

2. 穿墙管

当管线穿过综合管廊的结构主体时，管道与混凝土的接缝部分成为防水薄弱层，须采取一定的措施进行防水处理，以保证结构的安全。穿墙管的防水处理应满足以下几点要求：

（1）穿墙管应在混凝土浇筑之前进行埋设，且穿墙管之间的间距应大于300mm，穿墙管与内墙角、凹凸部位的距离应大于250mm；

（2）管道伸缩较小或者结构变形较小时，穿墙管主管可以直接埋入混凝土内并预留凹槽，槽内用密缝材料填实；管道伸缩较大或者结构变形较大时，应采用套管式防水法，套管应加焊止水环，止水环与套管应满焊密实，并做防腐处理，套管与穿墙管之间用橡胶圈填塞紧密，迎水面用密实材料填实，图7.2-14为穿墙管防水构造图；

（3）穿墙管线较多时，应尽可能进行集中处理，采用穿墙盒法，穿墙盒的封口钢板应与墙上的预埋角钢焊接严实，并从预留浇注孔中注入聚合物水泥砂浆、改性沥青等密封材料。

3. 预埋件

在综合管廊结构中设置预埋件时，这些部位的混凝土结构厚度变小，防水能力减弱，须采取一定的措施进行防水处理，总体上需满足以下几点要求：

（1）预留孔内的防水层宜与孔外的结构防水层保持连续；

（2）穿透防水层的预埋螺栓等铁件，可沿铁件四周剔成一定尺寸的凹槽，用素灰将凹槽嵌填密实，随后与其他部位一起抹上防水层，也可以对预埋件预先进行防水处理的工艺进行处理；穿透防水层的木砖结构，可以先在预埋木砖的位置处预留一定尺寸的凹槽，槽

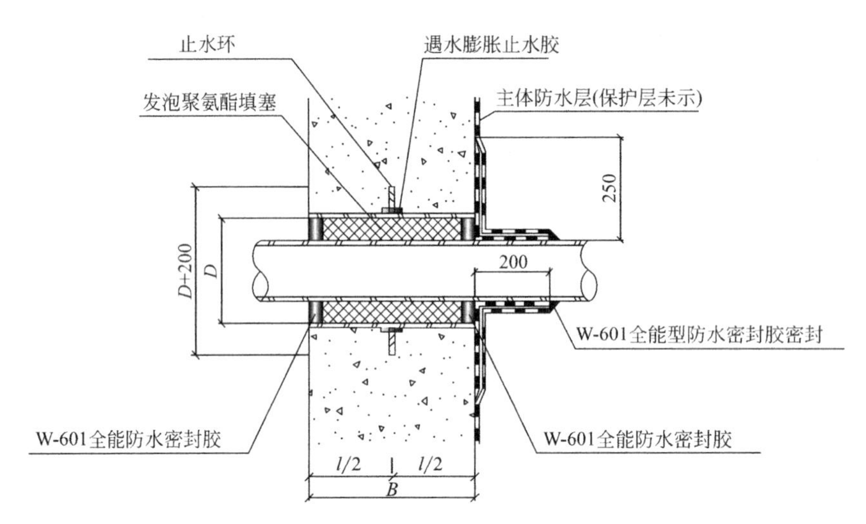

图 7.2-14　穿墙管防水构造图

内首先随外部结构一起做好防水层，然后将木砖稳固在凹槽内，在预制块表面做好防水层。

防止预埋件受振松动，预埋件与混凝土间不应产生孔隙。

4. 孔口、窗井、坑、池

(1) 综合管廊通向地面的各种孔口高出地面不应低于 500mm，并须设置防雨措施，防止地面水倒灌；

(2) 孔口防水材料一般采用沥青防水卷材或高分子防水卷材，沥青防水卷材与墙体交接处用沥青玛蹄脂封口，高分子防水卷材与墙体交接处用聚氨酯封口；

(3) 预留通道先浇混凝土、中埋式止水带、预埋件等且应及时保护，确保混凝土端部和中埋式止水带清洁、预埋件不锈蚀；

(4) 窗井的底部在最高水位以上时，其底板和侧墙应做防水处理并与主体结构断开；窗井或其一部分在最高水位以下时，窗井与主题结构应连成整体，且防水层也应连成整体，并在窗井内设集水井；

(5) 窗井内底板，应比窗下缘低 300mm，窗井墙高出地面不应小于 500mm，窗井外地面应做散水，与墙面间应用密封材料嵌填密实；通风口与窗井基本采用同样的处理方法，其下缘距离室外地面高度不小于 500mm；

(6) 坑、池等宜用防水混凝土整体浇筑，内设其他形式防水层，如果受到振动作用，则应设置柔性防水层；底板以下的坑、池局部底板必须相应降低，并使防水层保持连续。

7.3　明挖预制拼装综合管廊防水设计

目前我国的综合管廊工程处于起步阶段，一般采用明挖现浇混凝土施工工艺，但随着建设规模的加大，机械化程度日益增高，运输设备的进步，越来越多的建设企业尝试采用明挖预制拼装工法。

明挖预制拼装工法相对于传统明挖现浇工法，具有很多优点：

（1）与现浇相比，预制拼装工法可大大缩短施工工期；

（2）现场作业环境有序，利于管理；

（3）工厂预制，混凝土质量更容易控制，混凝土抗渗性能远远优于现场浇筑工法；

（4）现浇工法中的橡胶止水带耐压性差，施工中影响因素多；预制拼装管廊采用橡胶圈连接，可抵抗1～2MPa的抗渗要求；

（5）预制拼装综合管廊对地层的适应能力更强。

但同时，我们必须认识到预制拼装综合管廊也存在以下不足：

（1）大型管廊体积重大，运输安装需要大型运输和吊装设备，如何摊销工程成本是个关键问题；

（2）预制拼装管廊接口多，对接口的设计、制作、施工提出更高要求。

本节我们主要从防水角度出发，对预制管廊接口的防水设计进行研究。

7.3.1　预制拼装综合管廊存在形式

我们可以从预制管廊组装形式、断面形式、预制构件形式几个方面进行阐述管廊从工厂预制到现场建成所存在的形态（图7.3-1～图7.3-6）。

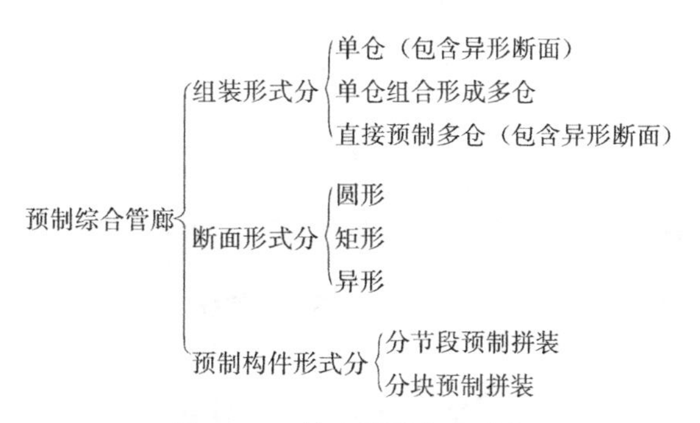

图7.3-1　综合管廊存在形态

浑南新城单舱预制综合管廊

某电力走廊

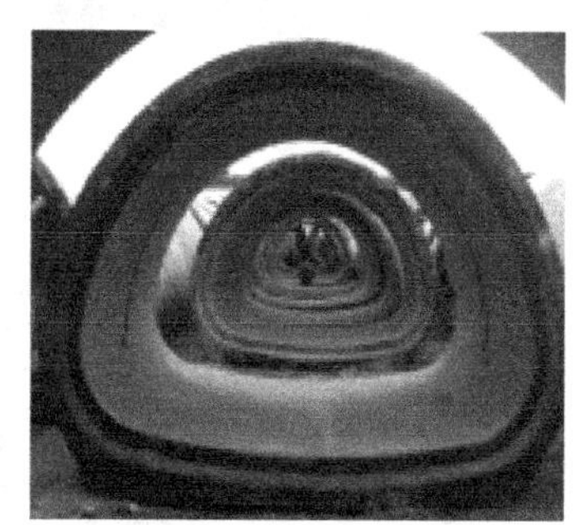

某异形管廊

图7.3-2　不同截面预制综合管廊

7.3.2　预制拼装综合管廊防水设计

1. 整体预制拼装式综合管廊防水设计

整体预制拼装式综合管廊接头可以采用刚性接头，也可以采用柔性接头，鉴于管廊防

错位的双舱箱涵　　　　错位单舱现场施工

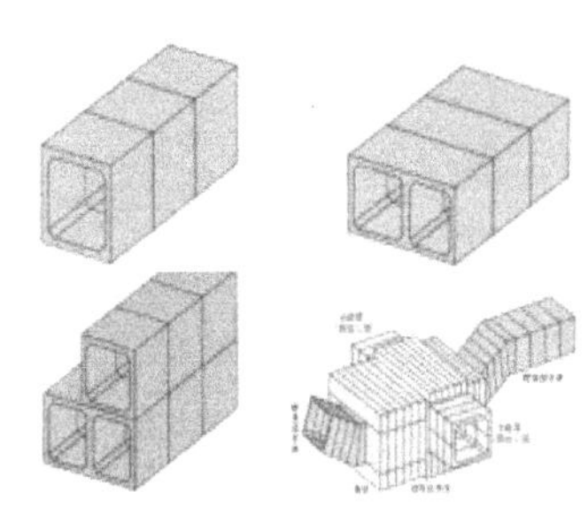

日本组合形式管廊三个单舱箱涵并排连接　　　　立式箱涵

图 7.3-3　不同组合形态的预制综合管廊

图 7.3-4　整体预制多舱综合管廊

水要求较高，柔性接头质量较易控制，我们多采用柔性接头，柔性接头管按接头形式分为钢承口管、企口管、双插口管和钢承插口管，柔性接头钢承口管形式分为 A 型、B 型、C 型，刚性接头管接头形式为企口管，其中钢承口以方便施工、防水质量容易控制等优势，

图 7.3-5　半体预制综合管廊

图 7.3-6　叠合分片预制综合管廊

适用较多。下面以我公司承建的十堰市地下综合管廊为例进行说明。

十堰市地下综合管廊 PPP 项目为全国首批 10 个城市地下综合管廊试点项目之一，计划投资额 40.63 亿元（含工程费用、征地、拆迁费用、预备费等），由十堰市管线处与中国建筑股份有限公司共同出资组建项目公司负责项目的投资、建设和运营。项目于 2015 年 12 月开工建设，计划建设期 24 个月，运营期 30 年。

采用双舱形式，如图 7.3-7 所示，断面尺寸为（3.9＋3.0）m×3.2m，管节长度为 1.5m，管节壁厚为 400mm，管节总重约 40t，相邻管节采用预应力钢索锁紧。

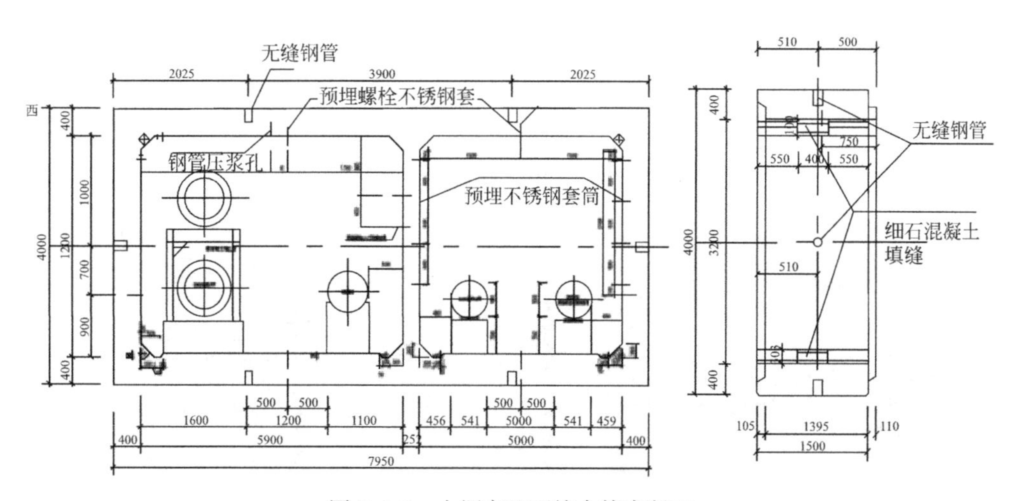

图 7.3-7　十堰市地下综合管廊断面

管廊接口采用承插式接口，如图 7.3-8 所示，插口深度约 105mm，接口防水采用 2 道防水橡胶，一道为楔形橡胶圈，一道为遇水膨胀橡胶条，外侧采用卷材防水，并在两道防水橡胶中空位置处预留注浆孔，用于后期抗渗检测及问题处理，如图 7.3-9、图 7.3-10 为十堰市预制综合管廊防水细部图。

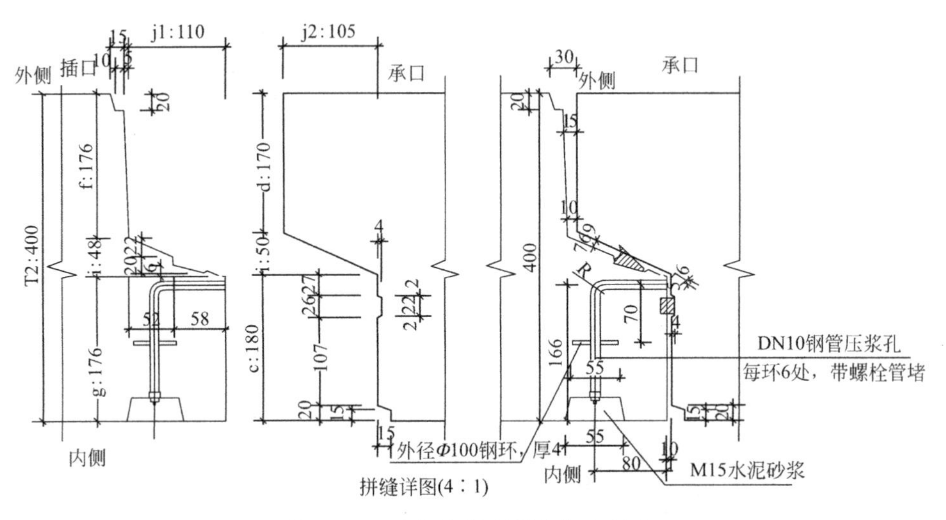

图 7.3-8　十堰市预制管廊接头形式

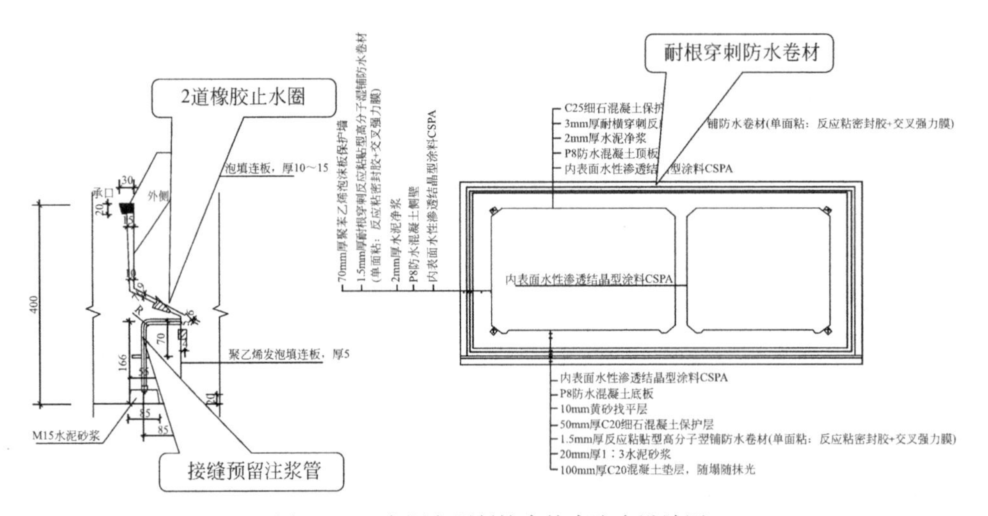

图 7.3-9　十堰市预制综合管廊防水设计图

图 7.3-10　十堰市预制综合管廊防水细部图

若管廊采用钢承插口时，防水设计一般如图7.3-11所示，有单橡胶圈和双橡胶圈两种类型，橡胶圈断面常有楔形、方形等，如图7.3-12所示。橡胶圈物理指标（硬度、伸长率、拉伸强度、热空气老化、压缩永久变形、防霉等级等参数）满足《城市综合管廊工程技术规范》GB 50838—2015中8.2.16的规定。

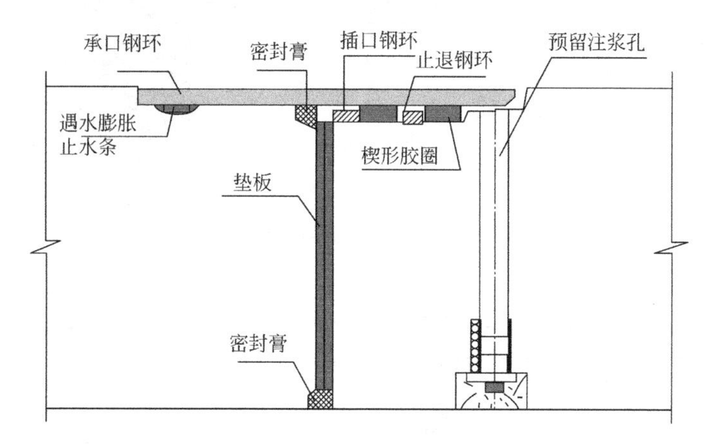

图7.3-11　预制综合管廊钢承插口防水构造图

图7.3-12　各种断面形式的密封橡胶圈

有时在管节端面之间也采用端面密封材料，并用管涵间锚固涨紧，满足界面应力达到1.5MPa。端面密封材料常采用遇水膨胀橡胶，遇水膨胀橡胶满足《城市综合管廊技术规范》GB 50838—2015中8.2.17的规定。

2. 分片预制拼装式综合管廊防水设计

装配式建筑可以实现建筑部件化、建筑工业化和产业化。所生产的产品可以根据建筑需要，在工厂加工制作成整体墙板、梁、柱、叠合楼板等构件，并可在构件内预埋各种管线，达到快速绿色建造。

在地下综合管廊建设领域，我们针对管廊部件化做了很多尝试，并进行多次工程实践，如图7.3-13～图7.3-15所示。

一种是针对某单舱管廊，底板现浇，两块侧墙下半部分预制，侧墙上半部分与顶板共同预制，最后分块装配。在所有端面连接位置均设有高强螺栓进行紧固，连接端面预留两道嵌缝槽，槽内安装遇水膨胀橡胶条。纵向连接采用平口柔性接头或者企口柔性接头，端面贴有遇水膨胀橡胶片，并预留嵌缝槽，槽内安装遇水膨胀橡胶圈或者弹性密封圈，现场安装如图7.3-13所示，左图为侧墙与底板连接端面位于底板平面内，右图为底板现浇至

图 7.3-13　上半部分预制拼装综合管廊

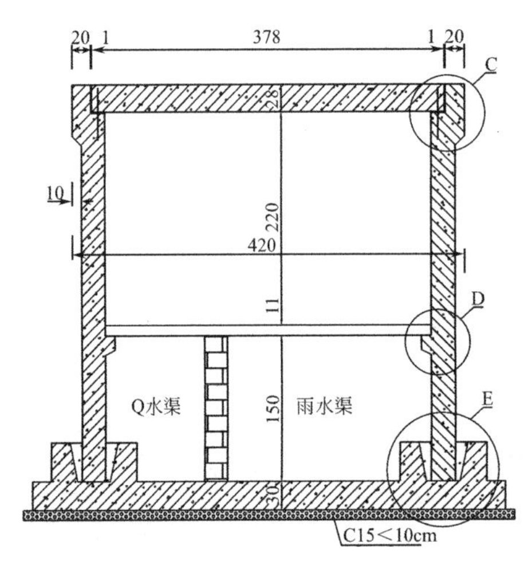

图 7.3-14　分块预制拼装

图 7.3-15　西宁叠合施工预制综合管廊

底板以上 50cm，满足人防规范。

某双舱管廊，底板现浇并预留杯口台座，侧墙整体预制，上部做扩大端头，顶板整块预制，最后分块装配，如图 7.3-14 所示，先将侧墙吊至杯口台座内，定位固定后，后浇混凝土，振捣密实，强度达到 70%后，进行顶板吊装就位，就位之前在墙顶预留好的槽口安装楔形弹性密封条，就位后灌浆密实，纵向接缝做法同上。

西宁地下综合管廊某区段试用了叠合板工法，如图 7.3-15 所示，底板现场浇筑好，并预留好中埋式橡胶止水带，侧墙采用叠合板工艺（具体工艺见前文施工技术），侧墙和顶板连接位置由于钢筋纵横交错，无法安装止水带，故采用遇水膨胀橡胶条，缝处外设加强层防水卷材。

包头某地下双舱综合管廊采用底板、侧墙现场浇筑，顶板预制，如图 7.3-16 所示，现浇部分防水做法同上节所述，顶板与侧墙连接处及预制板与板之间采用预留嵌缝槽，放置遇水膨胀橡胶条进行防水。

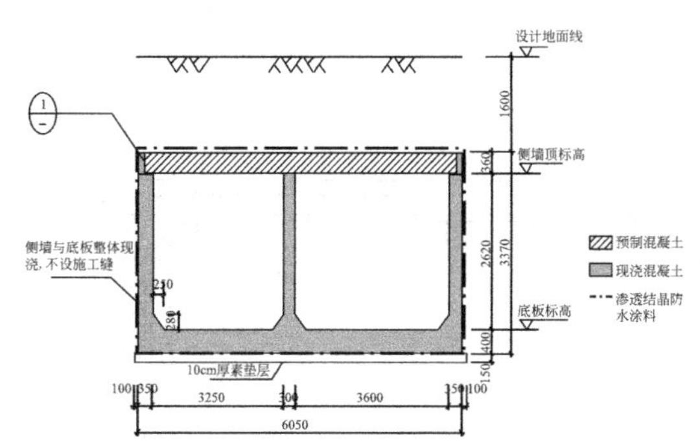

图 7.3-16　包头半预制综合管廊

7.4　预制顶推综合管廊防水设计

如前文所述，当综合管廊工程建设在老城区，或者由于各种各样的原因，需要采取暗挖顶进技术穿越地面建筑物（构筑物）时，需要对顶进工法下的管廊结构防水进行重点设计与研究。暗挖顶进工法主要包括顶管工法和盾构工法，用于综合管廊工程时除传统圆形断面外，我们在矩形断面方面也做了尝试，而用于综合管廊预制顶推技术的管节或管片多采用混凝土材料，少数可能为钢制，本节重点总结预制混凝土管节/片防水相关技术。

顶管工法综合管廊管节由于起重量的限制，往往每 1.5～2.5m 便需要设置一道接缝，包头市新都市中心区综合管廊工程（二期）经三路工程在穿越建设路时采用 7020mm×4320mm×4850mm（宽×高×长）土压平衡式矩形顶管设备进行顶推，管廊顶进长度为 88.5m，覆土深度 5m，位于③层砾砂土层中，每节管节长度 1.5m，单节起重量达 47t。

盾构工法是一种使用机械暗挖隧道的施工方法，主要用于断面和功能较单一的区间隧道的施工。此法是在盾构机钢壳体的保护下，依靠其前部的刀盘或挖掘机开挖土层，并在盾构壳体内完成出渣，管片拼装，推进等作业。盾构法施工技术日趋成熟，已逐步成为城市管廊区间隧道的主要施工方法。在北京、上海、广州、沈阳、南京等地的隧道工程中大规模、成功地使用了盾构技术。我公司在沈阳城市综合管廊工程（南运河段）成功运用了盾构工法，采用双线单圆 6m 盾构。

预制顶推工法具有进度快，作业安全，噪声小，管片、管节精度高，廊体质量可靠，地表沉降小，占地少，不影响城市交通等优点。

但由于综合管廊预制顶推工法在施工期间不降水，尤其是在地下水发育、围岩稳定性差的地层，我们需要对施工过程防水及管廊主体防水进行重点设计和控制。

7.4.1 顶管工法施工防水技术

进出工作井是预制顶推工法最为重要的工序之一，为避免地下水和泥土大量涌入工作井，需要布置出井及进井防水措施。目前出井防水装置多采用密封压板及帘布橡胶板的措施，如图 7.4-1 所示。当设备顶至洞口时，首先接触到带铰轴的密封压板，密封压板转动驱使帘布橡胶板被动变形，从而实现设备与洞口密封，并且在顶进一定距离后，需注入减阻泥浆，此时洞口该措施可有效阻止减阻泥浆外泄及地层中水体外泄，确保地层稳定，防止水土流失，确保工程安全。图 7.4-2 为实体工程照片。

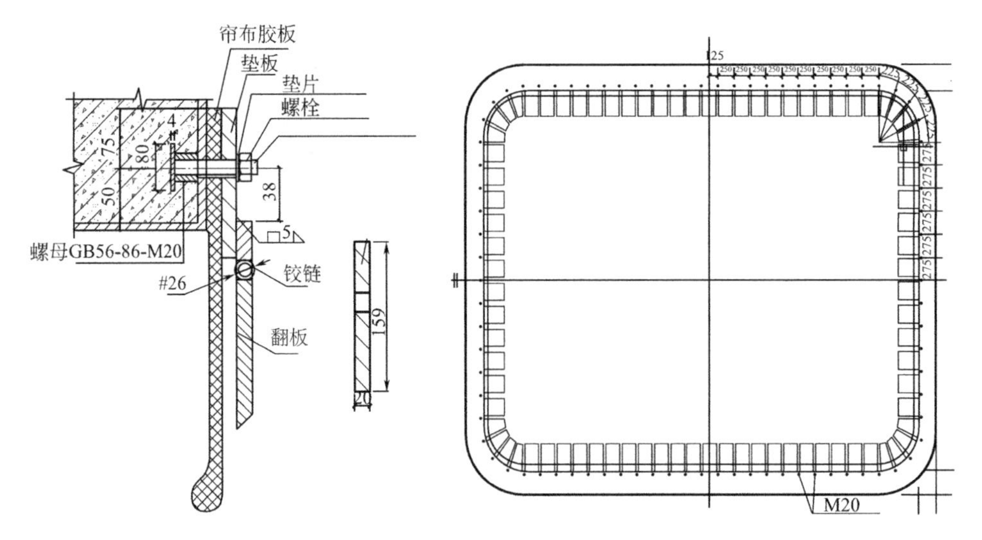

图 7.4-1　始发顶进防水构造图

图 7.4-2　始发顶进现场图

设备进井时，由于工作井洞圈与设备之间存在孔隙，设备进井前，必须采取措施减小或消除孔隙。通常做法是在破除洞门口，在洞圈范围内沿环向焊接钢板，纵向一般设置 2～3 道，底部钢板高度为 10cm，顶部钢板为 20～30cm，钢板间距 15～20cm，钢板缝隙间填塞高密度海绵，如图 7.4-3、图 7.4-4 所示。在存在高风险地区（地质环境复杂、水位较高等）建议采取二次接收工艺，即在上述措施完成第一次接收后，及时进行后续管节拼装，待设备尾部距结构内壁 20cm 左右期间，焊接一整圆弧型钢板，用聚氨酯材料进行封堵后，再进行洞圈封堵注浆。

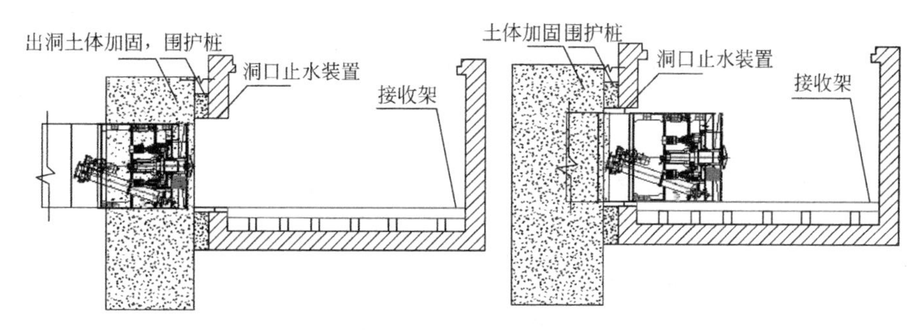

图 7.4-3　端头加固与设备关系图

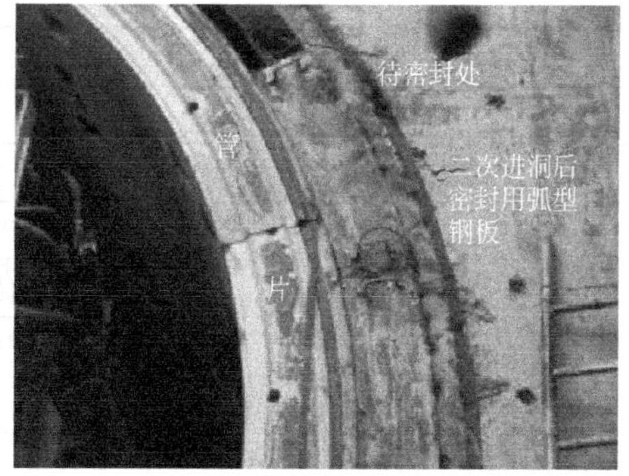

图 7.4-4　顶进接收防水设置现场图

洞圈封堵完成后，利用管节注浆孔进行壁后泥浆置换，采用水泥砂浆加固减阻泥浆，减少后期由于减阻泥浆中水分损失所引起的地面沉降。

另外对于地质条件较好时，可以考虑在设备机头处于加固区但未到达围护桩之前，通过管节注浆孔及设备注浆孔注入双液浆或其他速凝水泥浆，同时设备后续范围不再进行超挖，从而沿设备环向形成一段渗透系数较小的加固圈，防止后续减阻泥浆在接收时渗漏入井，造成安全事故，但如果地下水位较高，加固区与洞门很难形成有效阻水帷幕时，不可使用此工法。

7.4.2　顶管工法管道及接口防水设计

1. 一般要求

目前管廊结构主要为钢筋混凝土管，钢筋混凝土接口有平口、企口、承口形式，相应使用的止水材料样式随接口形式不同而不同，常有齿形、q 形等样式，同时《给水排水工程顶管技术规程》CECS 246—2008 中规定：

（1）用于顶进工法的钢筋混凝土管节混凝土强度等级不宜低于 C50，抗渗等级不应低于 P8；

（2）当地下水或管内贮水对混凝土和钢筋具有腐蚀性时，应对钢筋混凝土管内外壁做相应的防腐处理口；

（3）混凝土骨料的碱含量最大限值应符合规范和设计要求；

（4）采用外加剂时应符合现行国家标准《混凝土外加剂应用技术规范》GB 50119—2013 的规定；

（5）钢筋应选用 HPB235、HRB335 和 HRB400 钢筋，宜优先选用变形钢筋；

（6）混凝土及钢筋的力学性能指标，应按现行国家标准《混凝土结构设计规范》GB 50010—2010 的规定采用；

（7）同时也应满足《城市综合管廊工程技术规范》GB 50838—2015 中 8.2 节关于材料的要求，特别是弹性橡胶密封垫及遇水膨胀橡胶密封垫的主要物理性能指标，弹性橡胶密封垫见表 7.4-1，遇水膨胀橡胶密封垫见表 7.4-2。

弹性橡胶密封垫物理指标 **表 7.4-1**

序号	项目			指标	
				氯丁橡胶	三元乙丙橡胶
1	硬度(邵氏,度)			(45±5)～(65±5)	(55±5)～(70±5)
2	伸长率(%)			≥350	≥330
3	拉伸强度(MPa)			≥10.5	≥9.5
4	热空气老化	(70℃×96h)	硬度变化值(邵氏)	≥+8	≥+6
			扯伸强度变化率(%)	≥−20	≥−15
			扯断伸长率变化率(%)	≥−30	≥−30
5	压缩永久变化(70℃×24h)(%)			≤35	≤28
6	防霉等级			达到或优于 2 级	

注：以上指标均为成品切片测试的数据，若只能以胶料制成试样测试，则其伸长率、拉伸强度的性能数据应达到本规定的 120%。

遇水膨胀橡胶密封垫物理指标 **表 7.4-2**

序号	项目		指标			
			PZ-150	PZ-250	PZ-450	PZ-600
1	硬度(邵氏 A)(度*)		42±7	42±7	45±7	48±7
2	拉伸强度(MPa)		≥3.5	≥3.5	≥3.5	≥3
3	扯断伸长率(%)		≥450	≥450	≥350	≥350
4	体积膨胀倍率(%)		≥150	≥250	≥400	≥600
5	反复浸水试验	拉伸强度(MPa)	≥3	≥3	≥2	≥2
		扯断伸长率(%)	≥350	≥350	≥250	≥250
		体积膨胀倍率(%)	≥150	≥250	≥500	≥500
6	低温弯折−20℃×2h		无裂纹	无裂纹	无裂纹	无裂纹
7	防霉等级		达到或优于 2 级			

注：1. *硬度为推荐项目。

2. 成品切片测试应达到标准的 80%。

3. 接头部位的拉伸强度不低于上表标准性能的 50%。

2. 接口密封形式

钢筋混凝土接头按照刚度大小分为刚性接头和柔性接头，在工作状态下，相邻管端不具备角变位和轴向线位移功能的接头。如采用石棉水泥、膨胀水泥砂浆等填料的插入式接头，水泥砂浆抹带、现浇混凝土套环接头等为刚性接头；在工作状态下，相邻管端允许有一定量的相对角变位和轴向线位移的接头，如采用弹性密封圈或弹性填料的插入式接头等为柔性接头。柔性接头管按接头形式分为钢承口管、企口管、双插口管和钢承插口管，柔性接头钢承口管形式分为 A 型、B 型、C 型，刚性接头管接头形式为企口管，其中钢承口以方便施工、防水质量容易控制等优势，适用较多，下面以包头纬三路下穿建设路顶推综合管廊为例进行介绍。

柔性接头钢承口管形式分为 A 型、B 型、C 型，接头形式分别如图 7.4-5～图 7.4-7 所示。

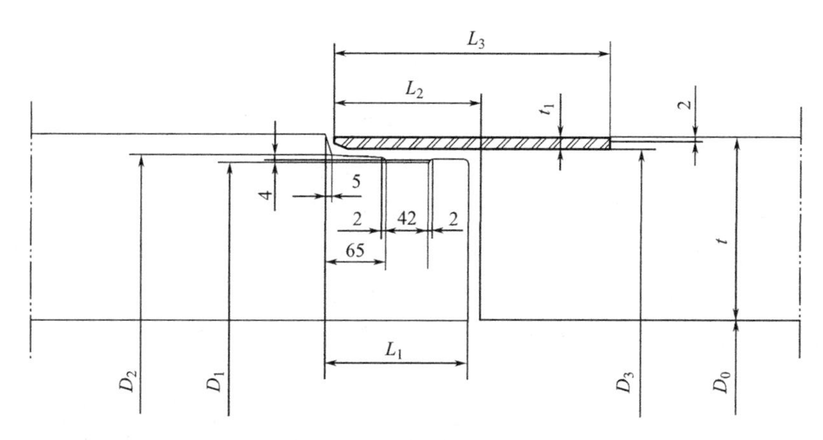

图 7.4-5　钢承口 A 型图

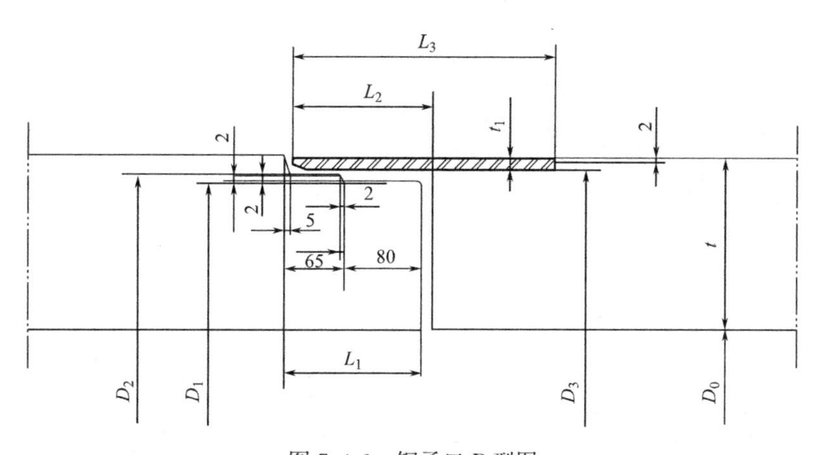

图 7.4-6　钢承口 B 型图

包头纬三路下穿建设路顶推工法管廊采用 B 型，管节止水圈材质为氯丁橡胶与水膨胀橡胶复合体，用粘结剂粘贴于管节基面上，粘贴前必须进行基面处理，清理基面的杂质，保证粘贴的效果。管节下井拼装时，在止水圈斜面上和钢套环斜口上均匀涂刷一层硅油，接口插入后，用探棒插入钢套环空隙中，沿周边检查止水圈定位是否准确，发现有翻转、位移等现象，应拔出重新粘接和插入。施工时如若发现止水条有质量问题，立即上报技术部门，整改后方可继续使用。

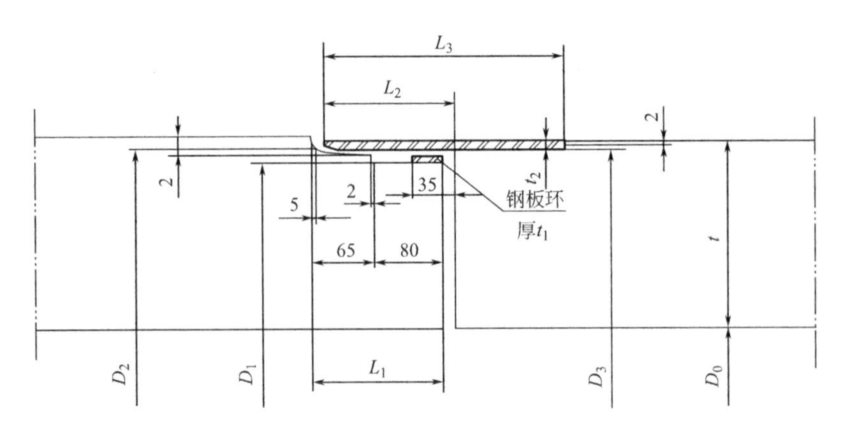

图 7.4-7 钢承口 C 型图

管节与管节之间采用中等硬度的木制材料作为衬垫，以缓冲混凝土之间的应力，板接口处以企口方式相接，板厚为 15mm。粘贴前注意清理管节的基面，管节下井或拼装时发现有脱落的立即进行返工，确保整个环面衬垫的平整性、完好性。

管节与钢套环间形成的嵌缝槽采用聚氨酯密封胶嵌注；在钢套环上的两圆筋之间嵌入遇水膨胀橡胶条，从而构成一封闭环；这部分工作在管节厂预先完成。

顶进结束后，管节下部的嵌缝槽采用高模量聚氨酯嵌填（图 7.4-8）。

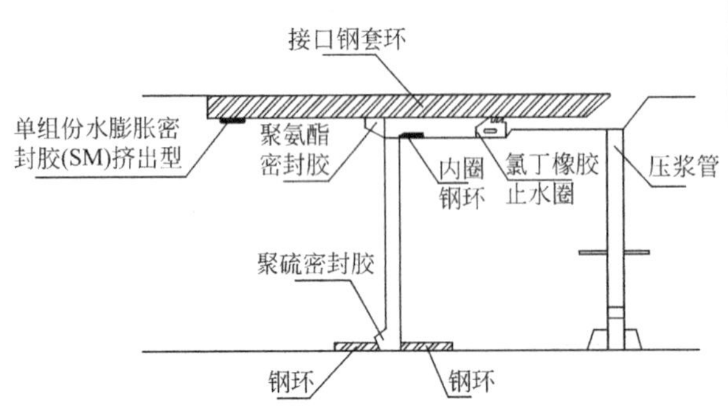

图 7.4-8 预制顶推管节防水细部现场图

7.4.3　盾构工法防水技术

1. 一般要求

盾构法施工的隧道，宜采用钢筋混凝土管片、复合管片等装配式衬砌或现浇混凝土衬砌。衬砌管片应采用防水混凝土制作。当隧道处于侵蚀性介质的地层时，应采取相应的耐侵蚀混凝土或外涂耐侵蚀的外防水涂层的措施。当处于严重腐蚀地层时，可同时采取耐侵蚀混凝土和外涂耐侵蚀的外防水涂层措施。

不同防水等级盾构隧道衬砌防水措施见表7.4-3。

不同防水等级盾构隧道衬砌防水措施　　表7.4-3

防水措施/选择/防水等级	高精度管片	接缝防水				混凝土内衬或其他内衬	外防水涂料
		密封垫	嵌缝	注入密封剂	螺栓密封圈		
一级	必选	必选	全隧道或部分区段应选	可选	必选	宜选	对混凝土有中等以上腐蚀的地层应选，在非腐蚀地层宜选
二级	必选	必选	部分区段宜选	必选	必选	局部宜选	对混凝土有中等以上腐蚀的地层应选

管片防水混凝土的抗渗等级不得小于P8，管片应进行混凝土氯离子扩散系数或混凝土渗透系数的检测，并宜进行管片的单块抗渗检漏。

管片应至少设置一道密封垫沟槽。接缝密封垫宜选择具有合理构造形式、良好弹性或遇水膨胀性、耐久性、耐水性的橡胶类材料，其外形应与沟槽相匹配。弹性橡胶密封垫材料、遇水膨胀橡胶密封垫胶料的物理性能见表7.4-4及表7.4-5。

氯丁橡胶与三元乙丙物理指标　　表7.4-4

序号	项目			指标	
				氯丁橡胶	三元乙丙胶
1	硬度(邵尔A,度)			45±5-60±5	45±5-70±5
2	伸长率(%)			≥350	≥330
3	拉伸强度(MPa)			≥10.5	≥9.5
4	热空气老化	70℃×96h	硬度(邵尔A,度)	≤+8	≤+6
			拉伸强度变化率(%)	≥−20	≥−15
			扯断伸长率变化率(%)	≥−30	≥−30
5	压缩永久变形(70℃×24h)(%)			≤35	≤28
6	防霉等级			达到与优于2级	达到与优于2级

管片接缝密封垫应被完全压入密封垫沟槽内，密封垫沟槽的截面面积应大于或等于密封垫的截面面积，其关系宜符合：$A=(1\sim1.15)A_0$，式中A为密封垫沟槽截面积，A_0为密封垫截面积。

三种遇水膨胀橡胶密封垫物理指标　　表 7.4-5

序号	项目		性能要求		
			PZ-150	PZ-250	PZ-400
1	硬度(邵尔 A,度)		42±7	42±7	45±7
2	拉伸强度(MPa)		≥3.5	≥3.5	≥3
3	拉伸强度变化率(%)		≥450	≥450	≥350
4	体积膨胀倍率(%)		≥150	≥250	≥400
5	反复浸水试验	拉伸强度(MPa)	≥3	≥3	≥2
		扯断伸长率变化率(%)	≥350	≥350	≥250
		体积膨胀倍率(%)	≥150	≥250	≥300
6	低温弯折(-20℃×2h)		无裂纹		
7	防霉等级		达到与优于 2 级		

管片接缝密封垫应满足在计算的接缝最大张开量和估算的错位量下、埋深水头的 2～3 倍水压下不渗漏的技术要求；重要工程中选用的接缝密封垫，应进行一字缝或十字缝水密性的试验检测。

螺孔防水应符合下列规定：

(1) 管片肋腔的螺孔口应设置锥形倒角的螺孔密封圈沟槽；

(2) 螺孔密封圈的外形应与沟槽相匹配，并应有利于压密止水或膨胀止水。在满足止水的要求下，螺孔密封圈的断面宜小。

螺孔密封圈应为合成橡胶或遇水膨胀橡胶制品。

嵌缝防水应符合下列规定：

(1) 在管片内侧环纵向边沿设置嵌缝槽，其深宽比不应小于 2.5，槽深宜为 25～55mm，单面槽宽宜为 5～10mm；嵌缝槽断面构造形状应符合图 7.4-9 的规定。

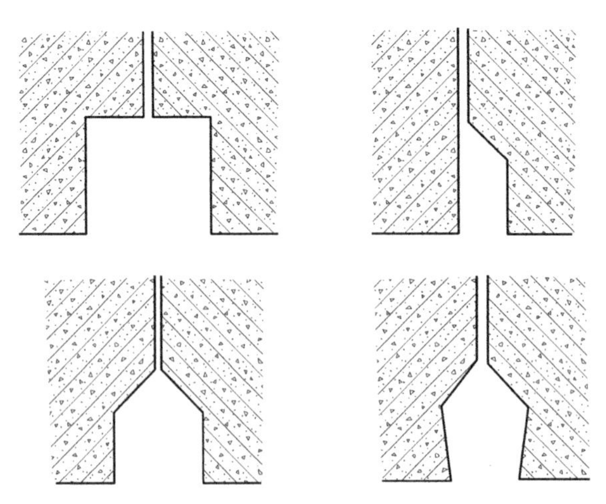

图 7.4-9　集中嵌缝槽形式

(2) 嵌缝材料应有良好的不透水性、潮湿基面粘结性、耐久性、弹性和抗下坠性。

(3) 应根据隧道使用功能和规范中的防水等级要求，确定嵌缝作业区的范围与嵌填嵌缝槽的部位，并采取嵌缝堵水或引排水措施。

（4）嵌缝防水施工应在盾构千斤顶顶力影响范围外进行。同时，应根据盾构施工方法、隧道的稳定性确定嵌缝作业开始的时间。

（5）嵌缝作业应在接缝堵漏和无明显渗水后进行，嵌缝槽表面混凝土如有缺损，应采用聚合物水泥砂浆或特种水泥修补，强度应达到或超过混凝土本体的强度。嵌缝材料嵌填时，应先刷涂基层处理剂，嵌填应密实、平整。

管片外防水涂料宜采用环氧或改性环氧涂料等封闭型材料、水泥基渗透结晶型或硅氧烷类等渗透自愈型材料，并应符合下列规定：

（1）耐化学腐蚀性、抗微生物侵蚀性、耐水性、耐磨性应良好，且应无毒或低毒；

（2）在管片外弧面混凝土裂缝宽度达到 0.3mm 时，应仍能在最大埋深处水压下不渗漏；

（3）应具有防杂散电流的功能，体积电阻率应高。

2. 衬砌接缝防水设计

盾构工法管廊结构是由设备在内部进行管片拼装而成的，所以廊体在环向和纵向均存在拼缝，而衬砌环宽和弧长越大，拼缝越少，潜在渗漏隐患越少，渗漏概率越小。

我国在经历了单一嵌缝密封，到粘结密封，再到塑性＋弹塑性防水材料应用，再后到密封复合丁基橡胶类防水材料应用，最后到框型弹性橡胶密封防水垫的普遍推广，我国衬砌接缝防水技术取得飞速的发展。

下面以沈阳市城市综合管廊工程（南运河段）进行阐述：

盾构区间管廊的建筑限界为 5200mm，另外考虑盾构隧道施工时将要发生的施工误差、结构变形、隧道沉降以测量误差等，在隧道周边预留 100mm 的余量，即隧道管片内净空理论值为 $D=5200+100+100=5400$mm。管片形式采用预制装配式钢筋混凝土平板型单层衬砌。管片分 6 片（3 块标准块、2 块邻接块、1 块封顶块），环宽 1200mm，管片之间采用螺栓连接，环向每逢设置 2 个螺栓，纵向共设置 16 个螺栓，管片厚度 300mm，管片环与环之间采用错缝拼装，如图 7.4-10 所示。管片端面采用平面式，仅在设置防水胶条处留有沟槽。管片强度等级为 C50，抗渗等级 P10。为满足防水构造要求，在管片的接缝设有密封垫槽及嵌缝槽，如图 7.4-11～图 7.4-13 所示。

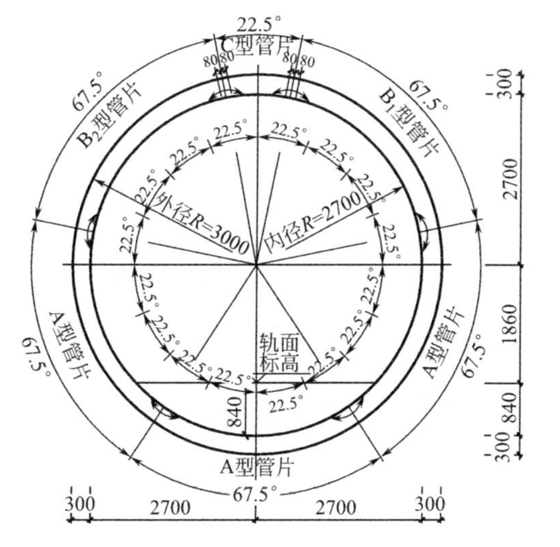

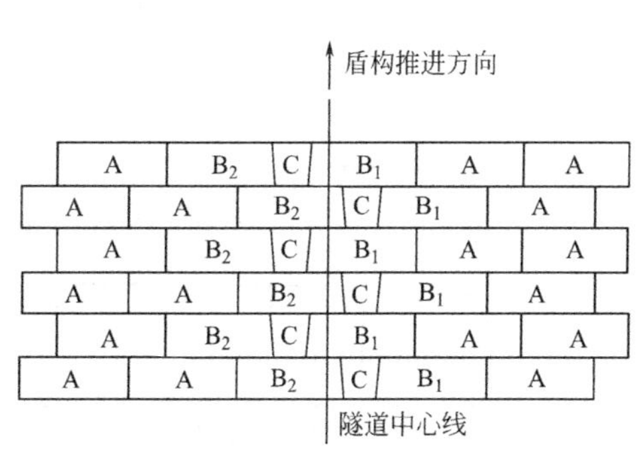

图 7.4-10　管片排版图

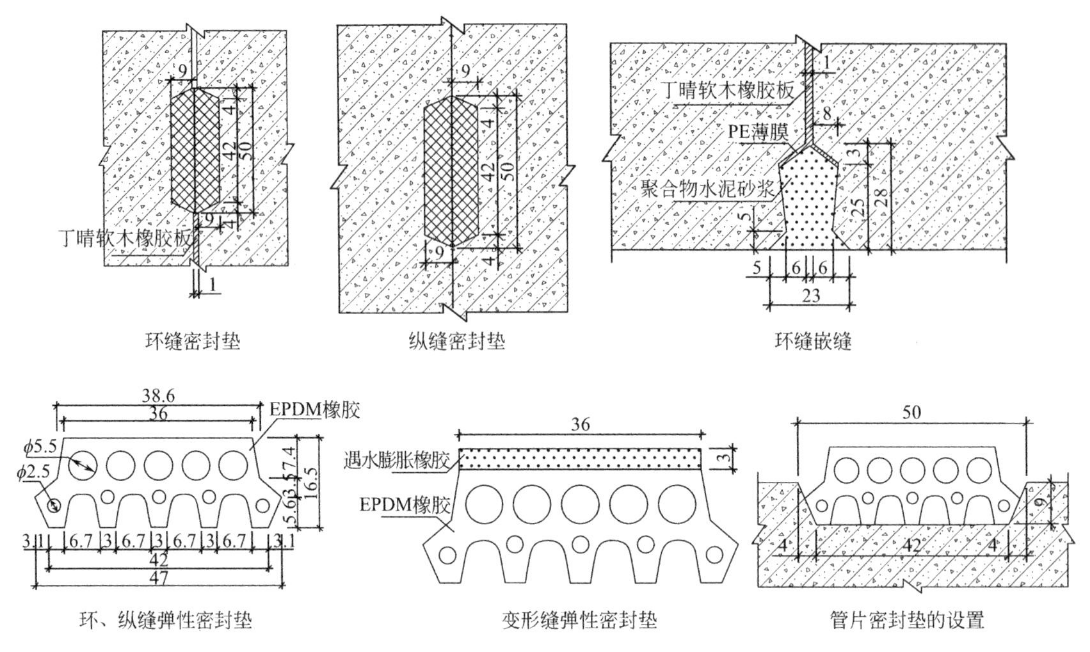

图 7.4-11　管节环、纵向防水设计

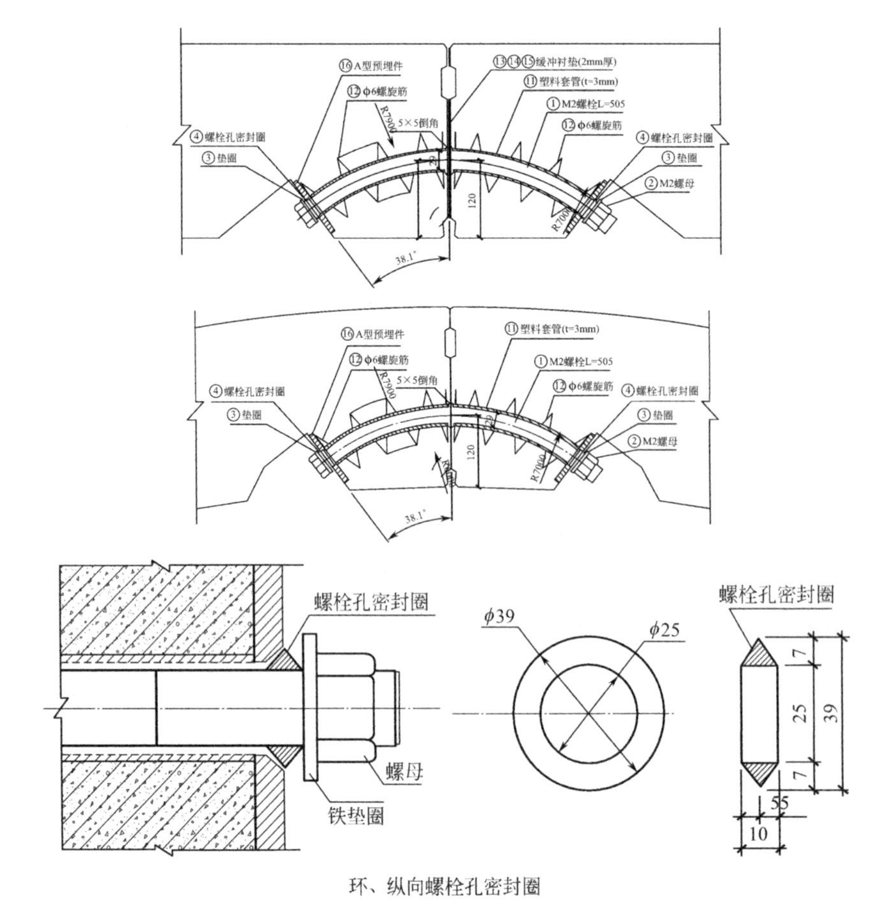

图 7.4-12　环、纵向螺栓防水及注浆管防水细部图（一）

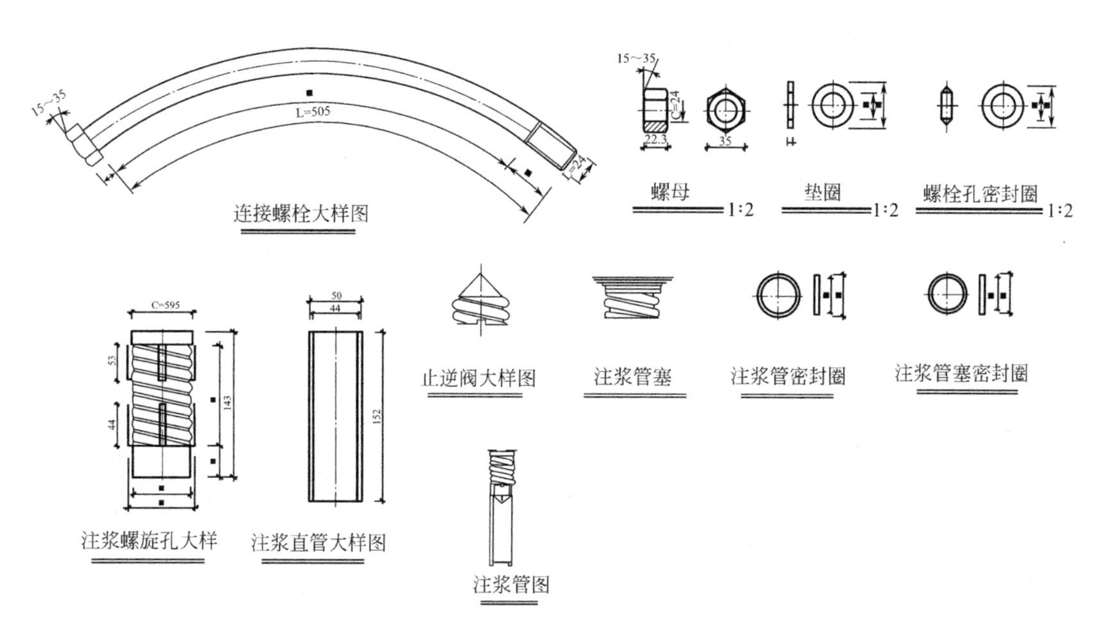

图 7.4-12　环、纵向螺栓防水及注浆管防水细部图（二）

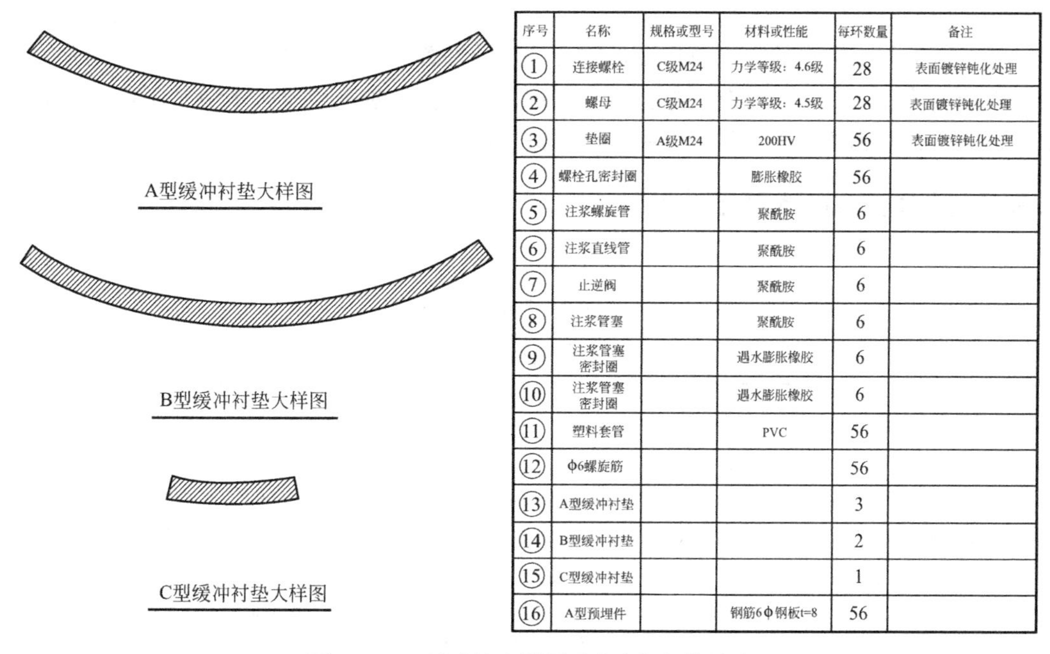

序号	名称	规格或型号	材料或性能	每环数量	备注
①	连接螺栓	C级M24	力学等级：4.6级	28	表面镀锌钝化处理
②	螺母	C级M24	力学等级：4.5级	28	表面镀锌钝化处理
③	垫圈	A级M24	200HV	56	表面镀锌钝化处理
④	螺栓孔密封圈		膨胀橡胶	56	
⑤	注浆螺旋管		聚酰胺	6	
⑥	注浆直线管		聚酰胺	6	
⑦	止逆阀		聚酰胺	6	
⑧	注浆管塞		聚酰胺	6	
⑨	注浆管塞密封圈		遇水膨胀橡胶	6	
⑩	注浆管塞密封圈		遇水膨胀橡胶	6	
⑪	塑料套管		PVC	56	
⑫	φ6螺旋筋			56	
⑬	A型缓冲衬垫			3	
⑭	B型缓冲衬垫			2	
⑮	C型缓冲衬垫			1	
⑯	A型预埋件		钢筋6φ钢板t=8	56	

图 7.4-13　缓冲垫大样图及防水细部统计表

混凝土材料及耐久性设计：

对于一类、二 a 类环境中，设计使用年限为 100 年的混凝土应满足：

（1）大体积浇筑混凝土避免采用高水化热水泥，混凝土优先采用双掺（高效减水剂和优质粉煤灰或磨细矿渣），结构混凝土宜采用高性能补偿收缩防水混凝土。

（2）严格控制水泥用量：胶凝材最小用量不小于 320kg/m^3，胶凝材料最大用量不大于 450kg/m^3。

（3）限制水灰比：水灰比的最大限值为 0.45。

（4）混凝土中的最大氯离子含量为 0.06%。

（5）宜采用非碱活性骨料，当使用碱活性骨料时，混凝土中最大碱含量为 3.0kg/m^3。

（6）严格控制入模温度：夏季<30℃，冬季不宜低于−5℃。

（7）混凝土抗渗等级：不小于 P8。

（8）掺加优质引气剂，减少混凝土泌水性，提高混凝土的抗渗性能，但应控制参量，避免混凝土强度下降超限。

EPDM 橡胶弹性密封垫的安装要求：

（1）橡胶弹性密封垫采用单组分阻燃型氯丁-酚醛胶粘剂粘贴在管片四周的预留凹槽内。

（2）粘贴面应保持干燥、干净、坚实、平整。

（3）粘贴时用刷子将氯丁胶均匀涂刷在两个粘贴面上，第一遍涂刷后待表面初干，再涂刷第二遍，约 15min 左右使溶剂挥发至用手轻触胶膜稍粘而不沾手时，将两个粘贴面合在一起压实即可。

（4）环向丁腈软木橡胶的厚度为 2mm，经压缩后为 1mm。

7.5 综合管廊防水施工技术及质量把控

随着地下管廊工程的大规模建设，综合管廊的埋置深度越来越深，管廊所处的水文地质条件和环境条件越来越复杂，综合管廊工程渗漏水把控越来越难，本节从不同工法角度出发，对综合管廊防水施工质量控制与检测进行阐述。

7.5.1 综合管廊防水施工技术

1. 要求

（1）防水等级应满足二级以上，具体标准如表 7.5-1。

综合管廊防水等级 **表 7.5-1**

防水等级	防水标准
一级	不允许渗水，结构表面无湿渍
二级	不允许漏水，结构表面可有少量湿渍； 工业与民用建筑：湿渍总面积不大于总防水面积的 1%，单个湿渍面积不大于 0.1m^2，任意 100m^2 防水面积不超过一处； 其他地下工程：湿渍总面积不大于防水面积的 6%，单个湿渍面积不大于 0.2m^2，任意 100m^2 防水面积不超过 4 处

（2）综合管廊防水工程必须由持有资质等级证书的防水专业队伍进行施工，主要施工人员应持有专业岗位证书。

（3）综合管廊防水工程施工前，应通过图样会审，掌握结构主体及细部构造的防水要求，施工单位应编制防水工程专项施工方案，经监理单位或建设单位审查批准后执行。

（4）地下工程所使用防水材料的品种、规格、性能等必须符合现行国家或行业产品标准和设计要求。

（5）防水材料必须经具备相应资质的检测单位进行抽样检验，并出具产品性能检测报告。

（6）防水材料的进场验收应符合下列规定：

1）对材料的外观、品种、规格、包装、尺寸和数量等进行检查验收，并经监理单位或建设单位代表检查确认，形成相应验收记录；

2）对材料的质量证明文件进行检查，并经监理单位或建设单位代表检查确认，纳入工程技术档案；

3）材料进场后应按本规范附录 A 和附录 B 的规定抽样检验，检验应执行见证取样送检制度，并出具材料进场检验报告；

4）材料的物理性能检验项目全部指标达到标准规定时，即为合格；若有一项指标不符合标准规定，应在受检产品中重新取样进行该项指标复验，复验结果符合标准规定，则判定该批材料为合格。

（7）地下工程使用的防水材料及其配套材料，应符合现行行业标准《建筑防水涂料中有害物质限量》JC1066—2008 的规定，不得对周围环境造成污染。

（8）地下防水工程的施工，应建立各道工序的自检、交接检和专职人员检查的制度，并有完整的检查记录；工程隐蔽前，应由施工单位通知有关单位进行验收，并形成隐蔽工程验收记录；未经监理单位或建设单位代表对上道工序的检查确认，不得进行下道工序的施工。

（9）地下防水工程施工期间，必须保持地下水位稳定在工程底部最低高程 500mm 以下，必要时应采取降水措施。对采用明沟排水的基坑，应保持基坑干燥。

（10）地下防水工程不得在雨天、雪天和 5 级风及其以上时施工；防水材料施工环境气温条件宜符合表 7.5-2 的规定：

防水材料施工环境气温条件　　表 7.5-2

防水材料	施工环境气温条件
高聚物改性沥青防水卷材	冷粘法、自粘法不低于 5℃，热熔法不低于－10℃
合成高分子防水卷材	冷粘法、自粘法不低于 5℃，焊接法不低于－10℃
有机防水卷材	溶剂型－5～35℃，反映型、水乳型 5～35℃
无机防水涂料	5～35℃
防水混凝土、防水砂浆	5～35℃
膨润土防水材料	不低于－20℃

（11）综合管廊的防水工程是一个子分部工程，其分项工程的划分应符合表 7.5-3 的要求：

综合管廊防水工程的分项工程　　表 7.5-3

子分部工程		分项工程
综合管廊防水工程	主体结构防水	防水混凝土、水泥砂浆防水层、卷材防水层、涂料防水层、塑料防水板防水层、金属板防水层、膨润土防水材料防水层
	细部构造防水	施工缝、变形缝、后浇带、穿墙管、埋设件、预留通道接头、桩头、孔口、坑、池
	特殊施工法结构防水	锚喷支护、地下连续墙、盾构隧道、沉井、逆筑结构
	排水	渗排水、盲沟排水、隧道排水、坑道排水、塑料排水板排水
	注浆	预注浆、后注浆、结构裂缝注浆

（12）综合管廊的分项工程检验批和抽样检验数量应符合下列规定：

1）主体结构防水工程和细部构造防水工程应按结构层、变形缝或后浇带等施工段划分检验批；

2）特殊施工法结构防水工程应按隧道区间、变形缝等施工段划分检验批；

3）排水工程和注浆工程应各为一个检验批；

4）细部构造应为全数检查。

（13）综合管廊应按设计的防水等级标准进行验收。

2. 主体结构防水施工技术

（1）防水混凝土的选择

1）防水混凝土耐侵蚀性要求应符合现行国家标准《工业建筑防腐蚀设计规范》GB 50046 和《混凝土结构耐久性设计规范》GB 50476 的有关规定；

2）水泥宜采用普通硅酸盐水泥或硅酸盐水泥，采用其他品种水泥时应经试验确定；

3）在受侵蚀性介质作用时，应按介质的性质选用相应的水泥品种；

4）不得使用过期或受潮结块的水泥，并不得将不同品种或强度等级的水泥混合使用；

5）砂宜选用中粗砂，含泥量不应大于 3%，泥块含量不宜大于 1%；

6）不宜使用海砂；在没有使用河砂的条件时，应对海砂进行处理后才能使用，且控制氯离子含量不得大于 0.06%；

7）碎石或卵石的粒径宜为 40～50mm，含泥量不应大于 1.0%，泥块含量不应大于 0.50%；

8）对长期处于潮湿环境的重要结构混凝土用砂、石，应进行碱活性检验；

9）矿物掺合料的选择应符合下列规定：粉煤灰的级别不应低于Ⅱ级，烧失量不应大于 5%；

10）硅粉的比表面积不应小于 $15000m^2/kg$，SiO_2 含量不应小于 85%；

11）粒化高炉矿渣粉的品质要求应符合现行国家标准《用于水泥和混凝土中的粒化高炉矿渣粉》GB/T 18046 的有关规定；

12）混凝土拌合用水，应符合现行行业标准《混凝土用水标准》JGJ 63 的有关规定；

13）外加剂的品种和用量应经试验确定，所用外加剂应符合现行国家标准《混凝土外加剂应用技术规范》GB 50119 的质量规定；

14）掺加引气剂或引气型减水剂的混凝土，其含气量宜控制在 3%～5%；

15）考虑外加剂对硬化混凝土收缩性能的影响；

16）严禁使用对人体产生危害、对环境产生污染的外加剂；

17）试配要求的抗渗水压值应比设计值提高 0.2MPa；

18）混凝土胶凝材料总量不宜小于 $320kg/m^3$，其中水泥用量不宜小于 $260kg/m^3$，粉煤灰掺量宜为胶凝材料总量的 20%～30%，硅粉的掺量宜为胶凝材料总量的 2%～5%；

19）水胶比不得大于 0.50，有侵蚀性介质时水胶比不宜大于 0.45；

20）砂率宜为 35%～40%，泵送时可增至 45%；

21）灰砂比宜为 1∶1.5～1∶2.5；

22）混凝土拌合物的氯离子含量不应超过胶凝材料总量的 0.1%，混凝土中各类材料的总碱量即 Na_2O 当量不得大于 $3kg/m^3$；

（2）防水混凝土的施工过程控制

1）防水混凝土采用预拌混凝土时，入泵坍落度宜控制在120～160mm，坍落度每小时损失不应大于20mm，坍落度总损失值不应大于40mm。

2）拌制混凝土所用材料的品种、规格和用量，每工作班检查不应少于两次。

3）混凝土在浇筑地点的坍落度，每工作班至少检查两次。

4）泵送混凝土在交货地点的入泵坍落度，每工作班至少检查两次。

5）当防水混凝土拌合物在运输后出现离析，必须进行二次搅拌。当坍落度损失后不能满足施工要求时，应加入原水胶比的水泥浆或掺加同品种的减水剂进行搅拌，严禁直接加水。

6）浇筑前，应清除模板内的积水、木屑、铅丝、铁钉等杂物，并以水湿润模板，使用钢模应保持其表面清洁无浮浆。浇筑混凝土的自落高度不得超过1.5m，否则应使用串筒、溜槽或溜管等工具进行浇筑，以防产生石子堆积，影响质量。在结构中若有密集管群，以及预埋件或钢筋稠密之处，不易使混凝土浇捣密实时，应改用相同抗渗标号的细石混凝土进行浇筑，以保证质量。在浇筑大体积结构中，遇有预埋大管径套管或面积较大的金属板时，其下部的倒三角形区域不易浇捣密实而形成空隙、造成漏水，为此，可在管底或金属板上预先留置浇筑振捣孔，以利浇捣和排气，浇筑后，再将孔补焊严密。混凝土浇筑应分层，每层厚度不宜超过30～40cm，相邻两层浇筑时间间隔不应超过2h，夏季可适当缩短。

7）防水混凝土的养护对其抗渗性能影响极大，特别是早期湿润养护更为重要，一般在混凝土进入终凝（浇筑后4～6h）即应覆盖，浇水湿润养护不少于14d。因为在湿润条件下，混凝土内部水分蒸发缓慢，不致形成早期失水，有利于水泥水化，特别是浇筑后的前14d，水泥硬化速度快，强度增长几乎可达28d标准强度的80%，由于水泥充分水化，其生成物将毛细孔堵塞，切断毛细通路，并使水泥石结晶致密，混凝土强度和抗渗性均能很快提高；14d以后，水泥水化速度逐渐变慢，强度增长趋变缓慢，虽然继续养护依然有益，但对质量的影响不如早期大，所以应注意前14d的养护。

3. 卷材防水施工技术

（1）防水卷材所选用的基层处理剂、胶粘剂、密封材料等均应与铺贴的卷材相匹配。

（2）铺贴防水卷材前，基面应干净、干燥，并应涂刷基层处；当基面潮湿时，应涂刷湿固化型胶粘剂或潮湿界面隔离剂。

（3）基层阴阳角应做成圆弧或45°坡角，其尺寸应根据卷材品种确定；在转角处、变形缝、施工缝，穿墙管等部位应铺贴卷材加强层，加强层宽度不应小于500mm。

（4）防水卷材的搭接宽度应符合表7.5-4的要求，铺贴双层卷材时，上下两层和相邻两幅卷材的接缝应错开1/3～1/2幅宽，且两层卷材不得相互垂直铺贴。

防水卷材的搭接宽度　　　　表7.5-4

卷材品种	搭接宽度(mm)
弹性体改性沥青防水卷材	100
改性沥青聚乙烯胎防水卷材	100
自粘聚合物改性沥青防水卷材	80

续表

卷材品种	搭接宽度(mm)
三元乙丙橡胶防水卷材	100/60(胶粘剂、胶粘带)
聚氯乙烯防水卷材	60/80(单焊缝、双焊缝)
	100(胶粘剂)
聚乙烯丙纶复合防水卷材	100(粘接料)
高分子自粘胶膜防水卷材	70/80(自粘胶/胶粘带)

(5) 冷粘法铺贴卷材应符合下列规定：

1) 胶粘剂应涂刷均匀，不得露底、堆积；

2) 根据胶粘剂的性能，应控制胶粘剂涂刷与卷材铺贴的间隔时间；

3) 铺贴时不得用力拉伸卷材，排出卷材下面的空气，辊压粘贴牢固；

4) 铺贴卷材应平整、顺直，搭接尺寸准确，不得扭曲、皱折；

5) 卷材接缝部位应采用专用胶粘剂或胶粘带满粘，接缝口应用密封材料封严，其宽度不应小于10mm。

(6) 热熔法铺贴卷材应符合下列规定：

1) 火焰加热器加热卷材应均匀，不得加热不足或烧穿卷材；

2) 卷材表面热熔后应立即滚铺，排除卷材下面的空气，并粘贴牢固；

3) 铺贴卷材应平整、顺直，搭接尺寸准确，不得扭曲、皱折；

4) 卷材接缝部位应溢出热熔的改性沥青胶料，并粘贴牢固，封闭严密。

(7) 自粘法铺贴卷材应符合下列规定：

1) 铺贴卷材时，应将有黏性的一面朝向主体结构；

2) 外墙、顶板铺贴时，排出卷材下面的空气，辊压粘贴牢固；

3) 铺贴卷材应平整、顺直，搭接尺寸准确，不得扭曲、皱折和起泡；

4) 立面卷材铺贴完成后，应将卷材端头固定，并应用密封材料封严；

5) 低温施工时，宜对卷材和基面采用热风适当加热，然后铺贴卷材。

(8) 卷材接缝采用焊接法施工应符合下列规定：

1) 焊接前卷材应铺放平整，搭接尺寸准确，焊接缝的结合面应清扫干净；

2) 焊接时应先焊长边搭接缝，后焊短边搭接缝；

3) 控制热风加热温度和时间，焊接处不得漏焊、跳焊或焊接不牢；

4) 焊接时不得损害非焊接部位的卷材。

(9) 铺贴聚乙烯丙给复合防水卷材应符合下列规定：

1) 应采用配套的聚合物水泥防水粘结材料；

2) 卷材与基层粘贴应采用满粘法，粘结面积不应小于90%，刮涂粘结料应均匀，不得露底、堆积、流淌；

3) 固化后的粘结料厚度不应小于1.3mm；

4) 卷材接缝部位应挤出粘结料，接缝表面处应涂刮1.3mm厚50mm宽聚合物水泥粘结料封边；

5) 聚合物水泥粘结料固化前，不得在其上行走或进行后续作业。

（10）高分子自粘胶膜防水卷材宜采用预铺反粘法施工，并应符合下列规定：

1）卷材宜单层铺设；

2）在潮湿基面铺设时，基面应平整坚固、无明水；

3）卷材长边应采用自粘边搭接，短边应采用胶粘带搭接，卷材端部搭接区应相互错开；

4）立面施工时，在自粘边位置距离卷材边缘10～20mm内，每隔400～600mm应进行机械固定，并应保证固定位置被卷材完全覆盖；

5）浇筑结构混凝土时不得损伤防水层。

（11）卷材防水层完工并经验收合格后应及时做保护层。保护层应符合下列规定：

1）顶板的细石混凝土保护层与防水层之间宜设置隔离层。细石混凝土保护层厚度：机械回填时不宜小于70mm，人工回填时不宜小于50mm；

2）底板的细石混凝土保护层厚度不应小于50mm；

3）侧墙宜采用软质保护材料或铺抹20mm厚1∶2.5水泥砂浆。

4. 涂料防水施工技术

（1）有机防水涂料宜用于主体结构的迎水面，无机防水涂料宜用于主体结构的迎水面或背水面；

（2）有机防水涂料应采用反应型料；无机防水涂料应采用掺外加剂、水泥基渗透结晶型防水涂料。水乳型、聚合物水泥等涂掺合料的水泥基防水涂料或水泥基渗透结晶型防水涂料；

（3）有机防水涂料基面应干燥。当基面较潮湿时，应涂刷湿固化型胶结剂或潮湿界面隔离剂；无机防水涂料施工前，基面应充分润湿，但不得有明水；

（4）多组分涂料应按配合比准确计量，搅拌均匀，并应根据有效时间确定每次配制的用量；

（5）涂料应分层涂刷或喷涂，涂层应均匀，涂刷应待前遍涂层干燥成膜后进行。每遍涂刷时应交替改变涂层的涂刷方向，同层涂膜的先后搭压宽度宜为30～50mm；

（6）涂料防水层的甩搓处接搓宽度不应小于100mm，接涂前应将其甩搓表面处理干净；

（7）采用有机防水涂料时，基层阴阳角处应做成圆弧；在转角处、变形缝、施工缝、穿墙管等部位应增加胎体增强材料和增涂防水涂料，宽度不应小于50mm；

（8）胎体增强材料的搭接宽度不应小于100mm。上下两层和相邻两幅胎体的接缝应错开1/3幅宽，且上下两层胎体不得相互垂直铺贴；

（9）涂料防水层完工并经验收合格后应及时做保护层。

5. 密封防水施工技术

综合管廊在变形缝、穿墙管、进出线口等细部构造处均会用到密封材料，从而确保综合管廊的整体防水质量。

防水密封材料的施工一般都是在工程临近竣工之前进行的，此时工期要求紧，各种误差集中，施工条件特殊，如不精心施工，就会降低密封材料的性能，提高漏水的概率。为了满足接缝的水密、气密的要求，在正确的接缝设计和施工环境下完成任务，就需要充分做好施工准备，各道工序认真施工，并加强施工管理，才能达到要求。

常见得密封防水施工顺序：施工前准备—施工前检查—基面处理、双组份密封胶混合及喷枪准备—填充密封胶—压平、抹光—揭去防污带—养护—施工后清理—饰面施工—全面检查。

（1）施工前做好基层检查。

1）接缝尺寸是否符合设计图样要求，根据密封胶的性能确认接缝形状尺寸是否合适以及施工是否可能等。嵌填密封胶的缝隙（如分格缝、板缝等）尺寸应严格按设计要求留设，尺寸太大导致嵌填过多的密封材料造成浪费，尺寸太小则施工时不易嵌填密实密封材料，甚至承受不了变形。

2）粘结体是否与设计图样相符，涂装面的种类和养护干燥时间是否适宜。基层应干净、干燥。对粘结体上沾污的灰尘、砂浆、油污等均应清扫、擦拭干净，如果粘结体基层不干净、不干燥，会降低密封胶与粘结体的粘结强度，尤其是溶剂型、反应固化型密封材料，粘结体基层必须干燥，一般水泥砂浆找平层应施工完后 10d，接缝方可嵌填密封胶，并且在施工前应晾晒干燥。

3）密封胶有无衬托，连接构件的焊接、固定螺钉是否牢固。

4）混凝土、水泥砂浆、涂装等，施工后是否经过充分养护。混凝土基层的含水率原则上要求 8%以下，含水率的高低，因混凝土配比、表面装修、养护时间等的不同而不同，干燥时间不够、基层条件差，势必影响粘接。

5）建筑用的构件是多种多样的，如果处理方法有误则密封效果就会失去，根据构件的材质及表面处理剂和处理方法等情况的不同，对砧结体表面的清扫方法、清扫用溶剂以及基层涂料等的使用方法也各不相同，因此还必须事先充分研究下面的情况：了解混凝土预制板在生产时所采用的脱模剂种类；使用大理石时，还应检查有无污染性；涂漆的材质和种类；铝和铁的表面处理方法等。

（2）接缝的表面处理和清理

需要填充密封胶的施工部位，必须清理干净有碍于密封胶粘结性能的水分、油、涂料、杂物和灰尘等，并对基层做必要的表面处理，这些工作是保证密封材料粘结性的重点。

基层材料的表面处理方法一般可分为机械物理方法和化学方法两大类型。常用的砂纸打磨、喷砂、机械加工等属于机械物理方法；而酸碱腐蚀、溶剂、洗涤剂等处理属于化学方法，这些方法可以单独使用，但许多情况下联合使用能达到更好的效果。

（3）背衬材料的嵌填

要使接缝深度与接缝宽度比例适当。可用竹制或木制的专用工具，保证背衬材料嵌填到设计规定的深度。

采用圆形背衬材料时，其直径应大于接缝宽度 1～2mm，如图 7.5-1 所示，并应注意在设置时不得扭曲，应插入适当的接缝深度。

采用方形背衬材料时，背衬材料应与接缝宽度相同或略小于接缝宽度 1～2mm，如图 7.5-1 所示，并应注意不要让所用的粘结剂粘附在密封被粘结面上。

在接缝内需填满密封胶的场合，缝底则也应设置防粘隔离层，该隔离层可用有机硅质薄膜，隔离膜的宽度应略小于缝的宽度。

由于接缝口施工时难免有一些误差，不可能完全与要求的形状相一致，因此，在使用

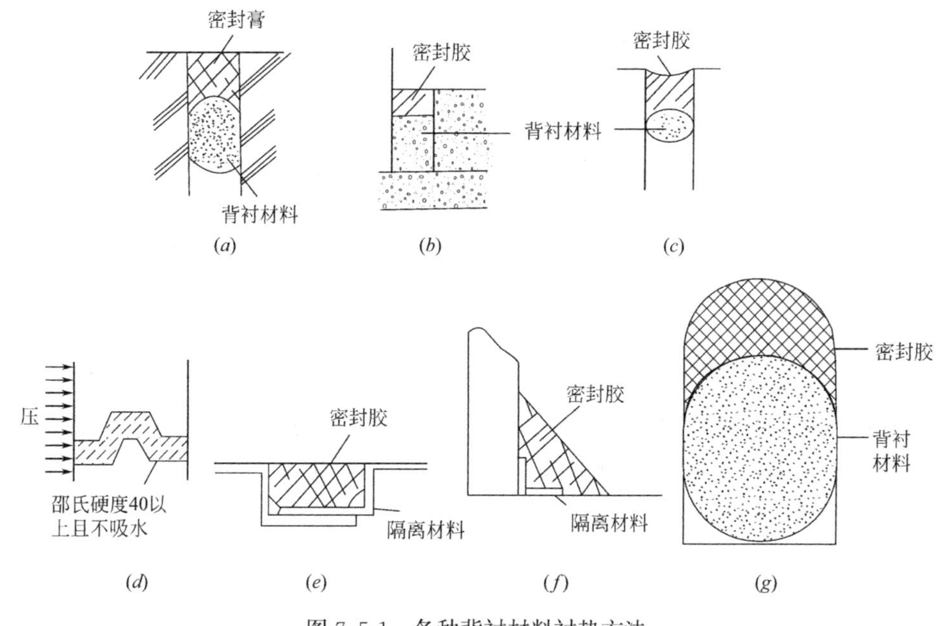

图 7.5-1　各种背衬材料衬垫方法

背衬材料时，要备有多种规格的背衬材料，以供施工时选用。

对于错动影响较大的接缝，如把密封背衬材料设置在底部，由于金属的膨胀，接缝变窄，就会使密封层表面起鼓，因此应尽量避免采用这种做法。

（4）防污带的粘贴

在接缝涂刷底涂料和填充密封胶以前，为防止被污染，在接缝两边应全部贴上防污带。粘贴防污带时，同时也为了保持密封层两侧边线缝，也不能离缝距过远，离接缝边缘的距离应适中。

在表面交叉部位接缝施工时，应把一侧的防污带的位置错开 1～2mm，在涂装面上贴防污带时，要等涂膜充分干燥后方可进行，否则揭掉防污带时涂膜也将会剥落，应做好贴带试验，看是否容易揭掉。在涂装施工、铺人造石工程等作业时，怕污染饰面，或在嵌入密封胶以后再进行喷涂时，都必须用防污带进行防护。

贴好防污带后，必须迅速嵌填密封胶，压平抹光后，要立即揭掉防污带。方法为将防污带沿接缝侧牵拉卷在圆棒上即可，揭掉防污带后要立即清理工作场所。

（5）涂刷底涂料

为了提高密封胶与粘结体之间的乳结性能，可涂刷底涂料，此外对表面脆弱的粘结体可除去灰尘，提高面层强度，并可防止混凝土、水泥砂浆中的碱性成分渗出。

（6）接缝的填充

非定型密封材料的嵌填，按操作工艺可分为热灌法和冷嵌法两种施工方法，改性沥青密封材料中的改性焦油沥青密封材料常用热灌法施工，改性石油沥青密封材料和合成高分子密封材料常采用冷嵌法施工。

（7）收尾工作

填充后要在密封胶有效使用时间内进行压平、抹光、整修工作，压平时要用力，使力传到内部，表面抹光要达到平整光滑，没有波浪痕迹。对于水平接缝要注意使上部填满，要用刮刀向上按，一次压平，然后再将表面抹光。刮刀压平时，不要来回进行多次揉压，以免弄脏表面，压平一结束，即用刮刀朝一定方向缓慢移动，使表面平滑。刮刀压平的方向，应与填充时的挤出枪移动方向相反，而表面平整加工方向则与刮刀压平的方向相反。压平、抹光、整修工作应在填充后尽早地进行，如使用单组分硫化速度快的密封胶，则应在填充后立即进行压平抹光整修作业。

在压平抹光整修后，密封胶在缝隙中间处于指触干状态，此时不能触碰，固化前要养护以达到不附着灰尘，不受损伤污染。

7.5.2 综合管廊防水质量检验

1. 刚性防水材料质量检验（聚合物水泥防水涂料、水泥基渗透结晶型防水涂料）

（1）聚合物水泥防水涂料检测的实验室标准试验条件为：温度 23±2℃，相对湿度 45%～70%。检测前样品及所用器具均应在标准条件下放置至少 24h。首先进行外观检查，即用玻璃棒将液体组分和固体组分分别搅拌后目测。液体组分应为无杂质、无凝胶的均匀乳液；固体组分应为无杂质、无结块的粉末。

将聚合物水泥涂料的试样按照生产厂指定的比例混合均匀后，按照《建筑防水涂料试验分法》GB/T 16777—2008 第 4 章 A 法的规定进行测定固体含量、干燥时间、拉伸性能、低温柔性、不透水性、潮湿基面粘结强度等参数指标。

（2）水泥基渗透结晶型防水涂料

1）目测粉末外观均匀、无结块、无异物；

2）通过使用混凝土抗折仪、韦卡仪、压力机、抗折仪等设备进行净浆安定性、凝结时间、抗折强度、抗压强度、湿基面粘结力、渗透压力比等参数测定；

3）按《混凝土外加剂均质性试验方法》进行含固量测定；

4）按《混凝土外加剂》进行氯离子含量、总碱量、细度测定；

5）按以下方法进行抗渗压力测定：将成型的混凝土试件静置 1h 脱模，用钢丝刷将两端面刷毛，清除油污，除去结冰，使表面处于饱和面干状态。按推荐用量和配比拌制浆料，搅拌均匀后用刷子刷于已处理好的试件表面。分两次涂刷，第一层涂层表干后涂刷第二层。第二层涂刷后，将试件浸在为试件高度 3/4 的水中养护（涂层面不浸水），水温为 20±3℃。基准试件和涂层试件同条件养护。按 GB/T 82 进行试验，涂层试件初始压力 0.4MPa。混凝土迎水面或背水面的最大抗渗压力为每组 6 个试件中 4 个试件未出现渗水时的最大水压力。

2. 柔性防水材料质量检验

（1）拉力测定

1）使用拉力、压力和万能试验机进行拉力性能测定；

2）整个拉伸试验应制备两组试件，一组纵向 5 个试件，一组横向 5 个试件。试件在试样上距边缘 100mm 以上任意裁取，用模板或用裁刀，矩形试件宽为 50±0.5mm，长为 200mm+2X 夹持长度，长度方向为试验方向。表面的非持久层应去除。试件在试验前在 23±2℃和相对湿度 30%～70%的条件下至少放置 20h；

3）将试件紧紧地夹在拉伸试验机的夹具中，注意试件长度方向的中线与试验机夹具中心在一条线上。夹具间距离为200±2mm，为防止试件从夹具中滑移应作标记。当用引伸计时，试验前应设置标距间距离为180±2mm。为防止试件产生任何松弛，推荐加载不超过5N的力。试验在23±2℃进行，夹具移动的恒定速度为100±10mm/min，连续记录拉力和对应的夹具（或引伸计）间距离。

记录得到的拉力和距离，或数据记录，最大的拉力和对应的由夹具（或引伸计）间距离与起始距离的百分率计算延伸率。

（2）断裂伸长率测定

1）依据标准《建筑防水卷材试验方法第8部分：沥青防水卷材拉伸性能》GB/T 328.8—2007适用弹性体改性沥青防水卷材、塑性体改性沥青防水卷材、沥青复合胎柔性防水卷材、胶粉改性沥青玻纤毡与玻纤网格布增强防水卷材、胶粉改性沥青玻纤毡与聚乙烯膜增强防水卷材、胶粉改性沥青聚酯毡与玻纤网格布增强防水卷材等的延伸率试验；

2）拉力试验机测量范围0～2000N，最小分度值不大于5N，夹具夹持宽度不小于50mm；

3）试件裁取后应在试验前在试验环境条件下至少放置20h后再进行拉伸试验。试件在试样上距边缘100mm以上任意裁取，用模板或裁刀，矩形试件宽度为50±0.5mm，长为200＋2X夹持长度，长度方向为试验方向。表面的非持久层应去除；

4）调整好拉力机后，将试件紧紧地夹在拉伸试验机的夹具中，注意试件长度方向的中线与试验机夹具中心在一条线上。夹具间距离为200±2mm，速度为100±10mm/min或者50mm/min。为防止试件从夹具中滑移应作标记。开动试验机以恒定的速度至受拉试件被拉断为止，记录最大力及最大拉力时伸长值；

5）取纵、横向试件伸长率的平均值作为各自的试验结果，数据结果精确到1%，拉力的平均值修约到5N，延伸率的平均值修约到1%；

6）试件的算术平均值达到标准规定的指标判为该项合格。

（3）低温柔性测定

1）依据GB/T 328.4—2007进行低温柔性测定；

2）从试样裁取的试件，上表面和下表面分别绕浸在冷冻液中的机械弯曲装置上弯曲180°。弯曲后，检查试件涂盖层存在的裂纹。

（4）低温弯折性测定

1）依据GB/T 328.15—2007适用于高分子防水卷材；

2）测量每个试件的全厚度；

3）试验前试件应在23±2℃和相对湿度50%±5%的条件下放置至少20h。除了低温箱，试验步骤中所有操作在23±5℃进行。沿长度方向弯曲试件，将端部固定在一起，例如用胶粘带。卷材的上表面弯曲朝外，如此弯曲固定一个纵向、一个横向试件，一再卷材的上表面弯曲朝内，如此弯曲另外一个纵向和横向试件；

4）调节弯折试验机的两个平板间的距离为试件全厚度的3倍；

5）放置弯曲试件在试验机上，胶带端对着平行于弯板的转轴。放置翻开的弯折试验机和试件于调好规定温度的低温箱中；

6）放置1h后，弯折试验机从超过90°的垂直位置到水平位置，1s内合上，保持该位置1s，整个操作过程在低温箱中进行；

7）从试验机中取出试件，恢复到23±5℃；

8）用6倍放大镜检查试件弯折区域的裂纹或断裂；

9）临界低温弯折温度弯折程序每5℃重复一次，直至按步骤7)，试件无裂纹和断裂；

10）按照标准规定温度下，试件均无裂纹出现即可判定为该项符合要求。

（5）不透水性测定

1）依据GB/T 328.10—2007沥青和高分子防水卷材-不透水性进行不透水性测定；

2）高差水压透水性，试件满足直到60kPa压力24h。采用有四个规定形状尺寸狭缝的圆盘保持规定水压24h，或采用7孔圆盘保持规定水压30min，观测试件是否保持不渗水。

以上5大参数为综合管廊柔性防水材料常用指标，务必保证。

另外在施工时，需按照《地下防水工程质量验收规范》GB 50208—2011附录C及D进行地下工程渗漏水调查与检测及防水卷材接缝粘结质量检验。

7.6 渗漏水处置

7.6.1 综合管廊常见渗漏水问题

综合管廊常见的渗漏部位有以下几种情况：沉降缝（变形缝）、裂缝、施工缝、大面积（蜂窝）、孔洞、预埋件、穿墙管道、新旧结构接头等部位。

采用明挖法施工的综合管廊，混凝土及防水层的质量控制难度较工厂预制箱涵大，个别部位的混凝土自防水能力较差，防水层有缺陷，不能形成密闭的防水层，容易在混凝土自身结构上产生渗流水问题；而采用预制法、盾构法及顶进法等工艺时，预制混凝土本身质量性能容易保证，抗渗质量较高，渗流水问题一般出现在管节及管片的接缝处。

7.6.2 不同工法下综合管廊渗漏水处置原则及方法

渗漏水治理是一个综合过程，由于不同工法下施工完成的综合管廊结构形式相差较大，渗漏水的形式亦千变万化，因此在渗漏水治理时应根据工程的不同渗水情况采用“堵排结合，因地制宜，刚柔相济，综合治理”的原则。

1. 明挖法

明挖法一般采用满堂红模板支撑体系，内外模板之间常采用对拉螺栓固定，模板对拉螺栓作为防水的薄弱部位容易出现渗漏问题。造成模板对拉螺栓及堵头位置渗漏的主要原因是：虽然设了止水铁片，但只要焊缝不密实，渗漏依然发生，且沿螺杆漏入；另外遇水膨胀橡胶止水圈过大或导致遇水膨胀止水条接头脱开，同样会发生渗漏。采取模板拉杆螺栓止水片必须满焊，保证焊接严密；或用紧固螺杆的遇水膨胀橡胶圈或橡胶腻子条止水；最后，拆除堵头后应再用防水砂浆封头。一旦堵头位置渗漏，凿开后用专用防水砂浆封堵，必要时辅以注浆止水。

2. 预制法

预制法中结构本身质量容易保证，所以渗漏水问题多出现在接缝处。

（1）变形缝注浆堵水

当渗水相对比较严重时，从缝两侧垂直钻孔至中埋式止水带两翼（橡胶或钢板上），设置压环式单向止逆注浆嘴，以中压压注优质油溶性聚氨酯浆液止水。它的特点是：浆液压入漏水的中理式止水带与混凝土的间隙，进而注入中埋式止水带背侧的变形缝中，从渗漏的源头止水，堵水彻底，复漏率低；浆液固结体不因变形缝随温度收缩、张开变化而造成损害，把因变形缝伸缩、沉降变化而影响堵漏效果的可能性降到最低。一次堵漏未成功或一旦再漏，只需在漏点附近重新补孔再行压注即可，不必重新凿缝、封缝，改变了过去直接对变形缝压浆堵水的多种弊端。

对于一般渗漏的变形缝，如果在变形缝处有少量湿渍，或伴有缓慢的滴漏，则可直接在变形缝内面用高模量的聚氨酯或聚硫密封胶嵌填。嵌缝宽度即为变形缝宽度，深度为1cm。在嵌缝之前，应先在渗漏处引流，使变形缝两侧的混凝土嵌缝基面干燥，然后才能实施嵌缝工作。

对于变形缝失效内装可卸式止水带的更换，内装可卸式Ω止水带渗漏通常不必拆卸、更换，只需常规的调整压紧的措施。内装可卸式Ω止水带的拆装，是改善内装可卸式止水带防水的重要而彻底的措施。

（2）诱导缝、施工缝与裂缝注浆堵水的措施

对于渗漏水的诱导缝与施工缝应钻斜孔注浆，即钻孔灌浆法，通过钻孔将浆液灌入混凝土裂缝、结构缝和接触缝的方法。此时钻孔必须钻到离表面垂直距离不少于20cm深度。将带有压环式注浆嘴的注浆管插入钻孔的1/3处；对于严重渗漏者宜将钻孔钻到止水带背后的变形缝，这时宜用优质聚氨酯浆液注浆。在注浆止水的基础上，应在变形缝（如投料口等）内面用聚氨酯或聚硫密封胶嵌填，以适应今后变形时的止水。

3. 顶管法

在国内综合管廊采用顶管法施工实例较少，相关渗漏水问题的处置方法可参考其他领域顶管施工管涵的经验。且在施工完成后其结构形式与预制拼装法类似，其渗漏水问题的处置方法亦可参考上一小节中预制法的相关内容。

4. 盾构法

盾构法施工地铁区间隧道工程实例很多，已运行的地铁工程出现过渗漏水的状况，以及渗漏水处置的经验方法相对较为丰富，综合管廊采用盾构法施工的渗漏水迟滞方法完全可以参考地铁领域的经验。

（1）各渗漏部位的治理工艺及选材

与其他现浇或预制的混凝土管廊结构不同，由于盾构管片结构与拼装施工决定了盾构管廊渗漏水治理的独特性，因此，它的治理部位与措施值得特别列出，盾构隧道各渗漏部位的治理工艺及选材如表7.6-1所示。该表给出了渗漏部位/渗漏现象与技术措施和材料之间的对应关系，通过查看表中的●（宜选）、○（可选）和×（不宜选）等符号，可迅速根据现场调查结果找出主要治理措施。

（2）管片接缝注浆堵水工艺与材料

在管片接缝中灌浆堵水是最为困难的。从根本上来说，地下水已经逾过密封垫渗入了，再要赶“走”是异常困难的。在具体实施中，由于所有环纵缝全部流通，所以浆液极难到预想的位置。因此，如何截流最为困难。借鉴上海地铁运营维修部门的一种纵缝截断方式，使浆液控制在截断区内，不从纵向逸出，其具体方法可参考相关文献。

盾构法隧道各渗漏部位治理工艺及选材 **表 7.6-1**

技术措施	渗漏部位				材料
	管片环、纵接缝及螺孔	隧道进出洞口段	隧道与连接通道相交部位	道床以下管片接头	
注浆止水	●	●	●	●	聚氨酯灌浆材料、环氧灌浆材料等
壁后注浆	○	○	○	●	超细水泥灌浆材料、水泥-水玻璃灌浆材料、聚氨酯灌浆材料、丙烯酸盐灌浆材料等
快速封堵	○	×	×	×	速凝型聚合物砂浆或速凝型无机防水堵漏材料
嵌填密封	○	○	○	×	聚硫密封胶、聚氨酯密封胶等合成高分子密封材料

对道床范围以外环、纵缝渗漏位置可先采用压入弹性环氧胶泥或其他亲水密封胶泥方式进行阻水封堵，即在十字缝处的纵缝部位骑缝钻孔（孔径约 10mm）压入弹性环氧胶泥形成阻断点，然后再进行环缝间整环嵌缝，变流动水为静水，同时结合亲水环氧注浆防水堵漏，嵌缝注浆措施应在环纵缝阻水封堵施工完成并形成一定强度后再进行施工。

第 8 章　综合管廊的附属设施安装

8.1　附属设施概述

标准的综合管廊是由主体结构、入廊管线、附属设施三大部分构成。

综合管廊附属设施包括管廊外部的配套设施（监控中心）、管廊内部的配套设施（消防系统、通风系统、供配电系统、照明系统、监控与报警系统、排水系统、标识系统）。

管廊各类附属设施随着管廊规模、入廊管线的不同有不同的设置形式，但各类附属设施缺一不可，共同作用从而确保管廊功能的实现。

8.2　监控中心

8.2.1　概述

监控中心是地下管廊的运营中心，负责对地下管廊进行多方面的综合监控。地下管廊的常见监控对象包括：管廊内环境温、湿度，有害气体浓度，通风、水泵设备状态，集水坑液位，入侵检测，火灾报警，视频监控等。

管廊监控系统是一个深度集成的自动化平台，它集成了设备和环境监控、视频监控、安防、火灾报警、语音通信、电力监控等子系统。

通过集成和互联管廊内的自动化系统，为运营和维检人员提供一个完整的、统一的监控平台。地下管廊综合监控系统的系统框架由监控中心、现场检测及控制三部分组成。

监控中心是整个监控系统的核心，它联系、协调、控制和管理各子系统的工作。监控中心设置 LCD 大屏幕，用于监控综合管廊内的实时情况。现场检测及控制部分主要由接入层交换机、网络摄像头、现场区域控制器 ACU 等组成。其中 ACU 负责采集管廊内的检测信号，并根据信号对管廊内设备进行控制。

综合管廊监控系统主要由上位监控软件平台、监控主干网、各子系统等组成，如图 8.2-1 所示。

监控中心的安装主要包括：盘柜安装、控制台安装、大屏幕显示系统安装、摄像头安装、线缆敷设等。

8.2.2　监控中心安装注意事项

1. 盘柜安装

（1）基础槽钢加工及安装

1）基础槽钢在制作前应先调整平直和除锈。

2）与土建部门联系确定地面二次抹面后的最终标高。

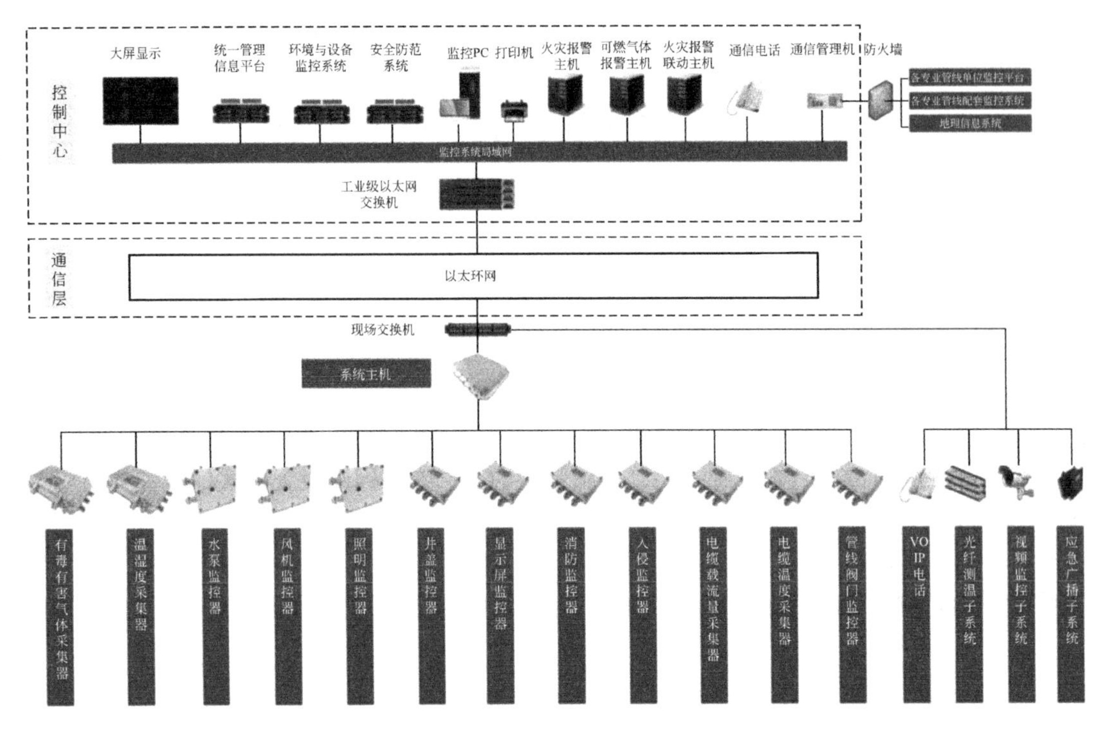

图 8.2-1　综合管廊监控系统图

3）根据施工图样提供槽钢的规格、尺寸进行加工制作，制作完毕后应涂刷防锈漆。

4）用测量仪，找出屋内最高点的预埋件，参照二次抹面高度，确定基础槽钢基准面，基础槽钢基准面宜高出二次抹面 10mm 左右，然后找正各排槽钢。

5）基础槽钢埋设时，应按图样要求找正槽钢埋设中心线，成列的配电盘柜的基础槽钢一般为 2 根，埋设时一定要注意之间平行度及垂直度，当确认尺寸无误后焊接。

6）基础槽钢应可靠接地，基础槽钢之间，基础槽钢与主地网之间均采用镀锌扁钢进行可靠连接。

7）基础槽钢及接地焊接牢固后应清除药渣，涂刷防腐漆。

（2）盘柜就位及固定

1）柜体就位应在浇灌基础槽钢的混凝土强度达到要求后方可进行，就位之前应将安装现场清理干净，在环境无尘时，才开始安装工作。

2）按施工图样规定的顺序将柜体安装位置作好标记，用人工将其搬到安装地点，将它们各就各位，调整后垂直度、水平度应符合规定要求。

3）盘柜固定：集控及继电器间的电气控制保护屏等宜采用螺接，就地控制箱、端子箱可焊接固定。

4）盘柜与基础槽钢以及相邻盘柜间的连接螺栓应采用镀锌件。

5）盘底与基础接触应导通良好。

2. 控制台安装

（1）机架安装应符合下列规定：机架的底座应与地面固定；机架安装应竖直平稳，垂直偏差不得超过 1‰；几个机架并排在一起，面板应在同一平面上并与基准线平行，前后偏差不得大于 3mm；两个机架中间缝隙不得大于 3mm，对于相互有一定间隔而排成一列的设备，其面板前后偏差不得大于 5mm，机架内的设备、部件的安装，应在机架定位完毕并加固后进行，安装在机架内的设备应牢固、端正；机架上的固定螺丝、垫片和弹簧垫圈均应按照要求紧固不得遗漏。

（2）控制台安装应符合下列规定：控制台位置符合设计要求，控制台应安放竖直，台面水平，附件完整，无损伤，螺丝紧固，台面整洁无划痕，台内接插件，和设备接触应可靠，安装应牢固，内部接线应符合设计要求，无扭曲脱落现象。

（3）监视器的安装应符合下列要求：监视器可装设在固定的机架或台上，监视器的安装位置使屏幕不受外界光直射，当不可避免时，应当加遮光罩遮挡，监视器的外部可调节部分，应暴露在便于操作的位置，并可加保护盖。

（4）控制台背面与墙的净距不应小于 1.5m，侧面与墙或其他设备的净距，在主要走道不应小于 1.5m，次要走道不应小于 0.8m。机架背面和侧面距离墙的净距不应小于 0.8m。

（5）设备及基础、活动地板支柱要做接地连接。

3. 大屏幕显示系统安装

大屏幕显示系统可能是其他子系统产生信息的终端表达设备，一个好的大屏幕显示系统不仅是管理控制中心现代化的形象设备，更重要的是在其他子系统的支持下，成为日常工作中不可或缺的重要组成部分。

（1）大屏幕显示系统环境要求

大屏幕显示系统维修通道内有良好的空调环境和空气对流，同时保证大屏幕系统前后温度不会因温差过大产生结露现象。

大屏幕显示系统的理想工作环境温度为 22℃±4℃，理想相对湿度 30%～70%无冷凝，不可产生较大温差、湿差突变，要保证温度、湿度的变化有缓慢过程。

（2）灯光要求

1）为了在观看区能达到好的观看效果，在屏幕前面 4m 内为暗区，不能安装日光灯管。安装内藏式筒灯平行于屏幕排列，要单独可控开与关。灯光不能直接照射到屏幕上。尽量设计背朝大屏方向。

2）整个大厅的灯按平行于屏幕方向分组进行控制，不要选用较强光的光源，灯光的布置原则是：使工作区有足够灯光强度，但对屏幕又不会产生明显的影响。

（3）装修要求

1）大屏幕显示系统的屏幕窗口的装修墙体厚度为 70mm，墙体要求牢靠，窗口四周平直不变形。

2）大屏幕安装前，装修墙体预留安装窗口尺寸比大屏幕显示墙全部屏幕实际尺寸的每边大出 40mm，当投影系统 10 列以上时，预留安装窗口要比投影墙总尺寸相应留大一些，以方便投影墙安装。

3）大屏幕显示墙安装到位后，由现场装修单位对屏幕四周边预留空隙进行收口（以不漏光为原则），并作必要的修饰。整个装修格调清新、色调偏冷，以简捷明快为好。无论天花采用何种材料装修处理，颜色乳白，或银灰，或浅灰均可，但应哑光着色，表面一定不能有强烈反光。墙面饰板色调明快，配以较深的线条，适当部位配以吸声材料，墙面哑光为主。地面最好用防静电地板，铺地毯，颜色较深，或其他不反光的地面材料。

（4）进场安装条件

现场应保证环境干净、整洁无尘、无喷刷油漆和石灰等施工，显示墙安装范围内无高空作业。消防系统应经过安全测试，空调可供使用，系统用电保证稳定安全。

4. 摄像机安装

监控设备是比较精密的光学电子设备，必须在土建、装修工程结束后，各专业设备安装基本完毕，在安全、整洁的环境中方可安装摄像机。其安装要点如下：

（1）安装前每个摄像机均应加电进行检测和调整，处于正常工作状态的摄像机方可安装。具体的检查内容包括：进行通电检测和调试，正常后方可安装。

（2）检查云台的工作情况。

（3）检查摄像机座与支架或云台的安装尺寸。

（4）从摄像机引出的电缆应留有 1m 的余量，以不影响摄像机的转动和避免 BNC 接头受力。不得利用电缆插头和电源插头来承载电缆的重量。

（5）摄像机宜安装在监视目标附近不易受外界损坏的地方，安装位置不应影响现场设备运行和人员正常活动。安装高度，室内宜距地面 2.5～5m，且不得低于 2.5m。

（6）摄像机方向及照明条件应进行充分的考虑和改善。镜头视场内，不得有遮挡监视目标的物体。摄像机镜头应从光源方向对准监视目标，并应避免逆光安装。

（7）云台安装时应按摄像监视范围来决定云台的旋转方位，其旋转死角应处在支、吊架和引线电缆的一侧，要保证支吊架安装牢固可靠，并应考虑电动云台的转动惯性，在其旋转时不应发生抖动现象。

（8）对摄像机观察区进行调试，符合要求后方可固定。

5. 线缆敷设

监控室内，电缆的敷设应符合下列要求：采用地槽或墙槽时，电缆应从机架、制台底部引入，线路应理直，按次序放入槽内，拐弯处应符合电缆曲率半径要求。线路离开机架和控制台时，应在距起弯点 100mm 处捆绑，根据线路的数量应每隔 100～200mm 捆绑一次。当为活动地板时，线路在地板下可灵活布放，并应理直，线路两端应留适度余量，并表示明显的永久性标记。

8.3 消防系统

8.3.1 管廊火灾特点

综合管廊潜在火源主要是电力电缆因电火花、静电、短路、电热效应等引起的。另一种火源是可燃物质如泄露的燃气、污水管外溢的沼气等可燃气体，容易在封闭狭小的综合管廊内聚集，造成火灾隐患。

综合管廊火灾发生隐蔽，不易察觉；管廊内不经常下人，火灾时一般不会发生人员伤亡，因此防灾设计无需考虑人员的疏散；环境封闭狭小，出入孔少，火灾扑救难。

由于综合管廊火灾存在以上的特点，使得综合管廊内的消防系统设置有其独特性。

8.3.2 设计规范规定

《城市综合管廊工程技术规范》GB 50838—2015 中对消防系统设置要求的基本规定如下：

(1) 天然气管道舱及容纳电力电缆的舱室应每隔 200m 采用耐火极限不小于 3.0h 的不燃性墙体进行分隔。防火分隔处的门应采用甲级防火门，管线穿越防火隔断部位应采用阻火包等防火封堵措施进行严密封堵。

(2) 综合管廊内应在沿线、人员出入口、逃生口等处设置灭火器材，灭火器材的设置间距不应大于 50m，灭火器的配置应符合现行国家标准《建筑灭火器配置设计规范》GB 50140—2005 的有关规定。

(3) 干线综合管廊中容纳电力电缆的舱室，支线综合管廊中容纳 6 根及以上电力电缆的舱室应设置自动灭火系统；其他容纳电力电缆的舱室宜设置自动灭火系统。

(4) 综合管廊内的电缆防火与阻燃应符合国家现行标准《电力工程电缆设计规范》GB 50217—2018 和《电力电缆隧道设计规程》DL/T 5484—2013 及《阻燃及耐火电缆 塑料绝缘阻燃及耐火电缆分级和要求　第 1 部分：阻燃电缆》GA 306.1—2007 和《阻燃及耐火电缆 塑料绝缘阻燃及耐火电缆分级和要求　第 2 部分：耐火电缆》GA 306.2—2007 的有关规定。

8.3.3 系统分类

根据管廊特点，各种管廊自动灭火系统类型的选择，应根据管廊中管线设置的种类、管廊舱室的类型，管廊规模的大小等特点进行，见表 8.3-1 自动灭火系统类型建议选择表。

自动灭火系统类型建议选择表　　表 8.3-1

序号	管廊舱型	管线组合类型	灭火系统					
			高压细水雾灭火系统	水喷雾灭火系统	S 型气溶胶灭火系统	超细干粉灭火系统	IG541 气体灭火系统	柜式(无管网)预制灭火系统
1	综合管线舱	电力+通信	●	●	◎	◎	○	◎
2		普通压力管道+电力	●	●	◎	◎	○	◎
3		普通压力管道+电力+通信	●	●	◎	◎	○	◎
4	单类管线舱	电力管道	●	●	◎	◎	○	◎
5	管廊附属配电间		○	○	○	○	○	◎
备注	●推荐使用；◎宜选用；○可选用 最终系统类型选用，由设计院最终确定							

1. 高压细水雾灭火系统

细水雾灭火系统是由水源、供水装置、开式分区控制阀、开式喷头、管网及火灾自动报警联动设备等组成，向保护对象喷射水雾灭火或防护冷却的灭火系统。

该系统的优点是水量少，占地小，干管占位少；后期维护成本低，特别针对长距离管廊有优势；缺点是初期总体造价高，水源难以配套解决。

2. 水喷雾系统

水喷雾系统是由水源、供水设备、管道、雨淋报警阀组、过滤器、水雾喷头和报警装置等组成，向保护对象喷射水雾灭火或防护冷却的灭火系统。

该系统的优点是成本低廉，缺点是设备房占地面积大，干管管径大，占用管廊管位，而且设备机房设置在长距离管廊时难度大，水源难以配套解决。

3. S 气溶胶灭火系统

气溶胶灭火剂，是由氧化剂、还原剂及粘合物结合成的固体状态含能化学物质，属于烟火型灭火剂。

气溶胶灭火系统由气溶胶灭火剂以及相应的贮存和启动装置组成，灭火剂在贮存装置内燃烧反应后直接喷放到防护区，属于无管网灭火系统。气溶胶胶粒具有高分散度、高浓度特点，大部分微粒直径小于 1μm，可较长时间悬浮在空气中，较易粘附在物体表面。其主要成分有金属盐类、金属氧化物以及水蒸气、CO_2、N_2 等，碱金属盐（钾盐等）和金属氧化物（K_2O 等）起主要灭火作用，灭火效率较高。

该系统优点是无管网、布置灵活、不占空间，缺点是后期维护成本高，更换频繁。

4. 超细干粉灭火系统

超细干粉灭火系统由超细干粉灭火装置（灭火系统）、启动组件、消防电源及显示盘构成。

该系统的优点是无管网，布置灵活，不占空间；缺点是更换频繁，后期维护成本高，对电气管线有一定腐蚀作用，准确率低，二次污染。

5. IG541 气体灭火系统

IG 541 灭火系统采用的 IG 541 混合气体灭火剂是由大气层中的氮气（N_2）、氩气（Ar）和二氧化碳（CO_2）三种气体以 52%、40%、8%的比例混合而成的一种灭火剂。系统包括：灭火瓶组、高压软管、灭火剂单向阀、启动瓶组、安全泄压阀、选择阀、压力信号器、喷头、高压管道、高压管件等。

该系统的优点是灭火效果好，缺点是造价高、钢瓶多且钢瓶间位置难以落实，一般不选。

6. 柜式（无管网）预制灭火系统

柜式（无管网）预制灭火装置是由柜式预制灭火装置、火灾探测器、火灾自动报警装置灭火控制器等组成，具有自动和手动控制两种启动方式。

该系统的优点是安装灵活、无管网阻力损失、灭火速度快、效率高；缺点是防护面积小，单机服务面积宜为 $50m^2$，若防护区面积较大，则应采用多台分散设置方法，一个防护区内设置数量不宜超过 10 台。

7. 安装技术

目前地下综合管廊现在常用的灭火方式有：密闭减氧灭火方式、气溶胶自动灭火装置

(图8.3-1)、超细干粉灭火装置、灭火器。

图8.3-1 气溶胶自动灭火系统

(1) 气溶胶自动灭火装置安装

1) 安装要求

① 气溶胶灭火系统应整机出厂，并应安装于紧邻防护区的外面，或尽量靠近被保护对象；

② 气溶胶灭火装置的喷口正前1.0m内，装置的背面、侧面、顶面0.2m内不应设置或存放设备、器具等；

③ S型气溶胶灭火装置的喷口宜高于防护区地面2.0m；

④ 灭火装置严禁擅自拆卸，安装后不允许移动；

⑤ 多台连接方式：串联。联动性能：自动、手动启动正常，多台联动，喷放时间差小于5s；

⑥ 气溶胶灭火系统的电气连接线应沿支架、墙面等结构进行固定，其电气线路应穿管保护，其敷设要求应符合《建筑设计防火规范》GB 50016—2014和《火灾自动报警系统设计规范》GB 50116—2013的要求。

2) 安装方法

① 先将“挂件”用膨胀螺栓固定于屋顶，膨胀螺栓及两挂件间距见图8.3-2及表8.3-2；

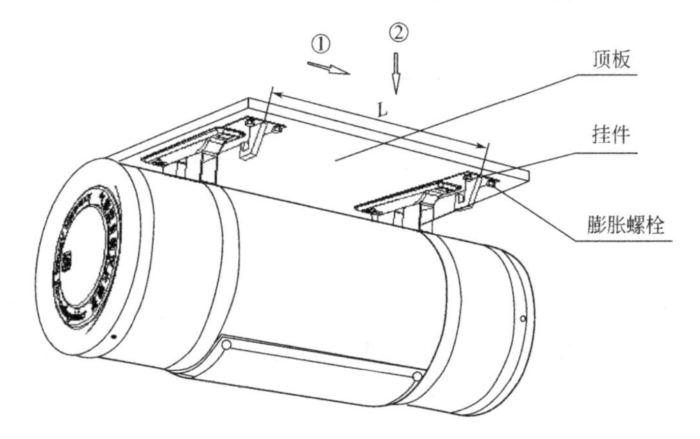

图8.3-2 气溶胶灭火装置吊挂安装

产品吊顶固定尺寸　　表 8.3-2

产品外形尺寸	L 长度(mm)	膨胀螺栓型号
ϕ220×600	220	M8×80
ϕ300×800	390	M10×96
ϕ350×900	445	M10×96

② 按图 8.3-2 所示①、②步骤将装置挂于挂件上。

(2) 超细干粉灭火系统安装

超细干粉灭火装置安装如图 8.3-3 所示。

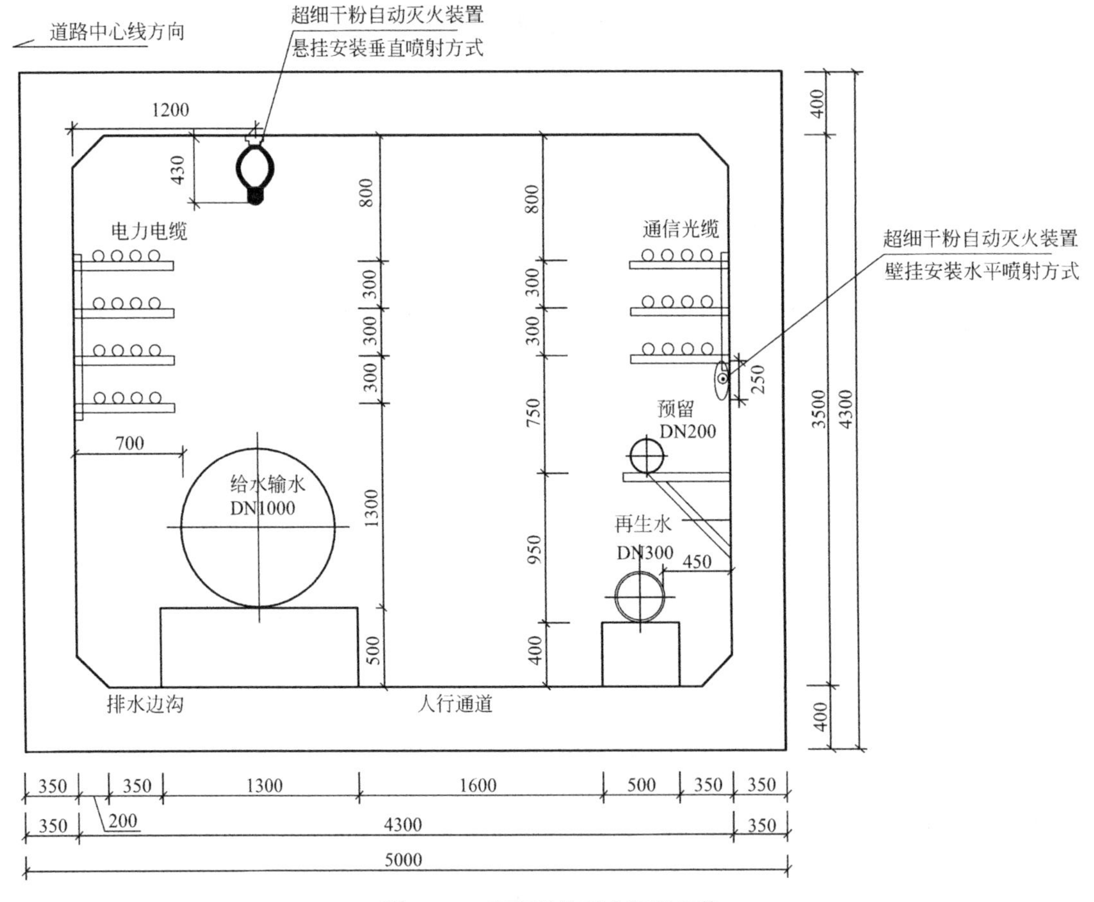

图 8.3-3　超细干粉灭火装置安装

1) 安装要求

① 灭火装置应安装在便于施工、检修和拆卸的位置，不得有碍正常的物流作业，应避开照明灯具、调通风管道等有碍灭火装置空正常工作的设施，以确保其喷射性能和灭火效果。

② 灭火装置固定位置可与防护对象的表面平行，也可以与表面成一定角度安装。但应注意在喷口处不得有阻碍气流的障碍物。

2) 安装方法

将配套组件中的固定盘用膨胀螺栓固定在屋顶或墙体上，然后用螺栓将装置与固定盘旋紧即可，见图 8.3-4。

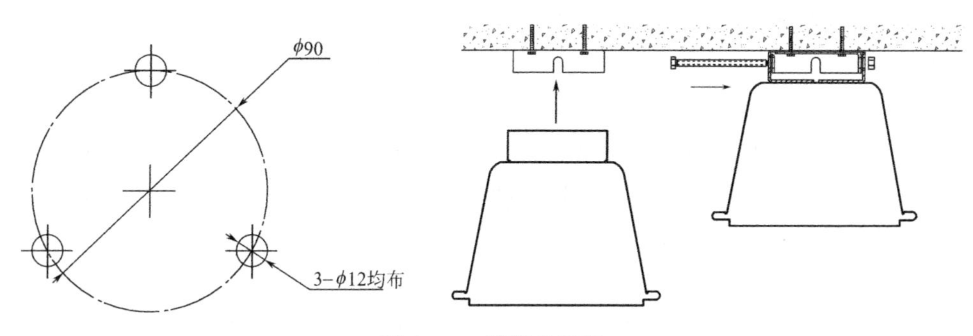

图 8.3-4　固定盘安装

超细干粉自动灭火装置的安装方式有悬挂安装与壁挂安装两种方式，图 8.3-5 所示为超细干粉自动灭火装置安装。

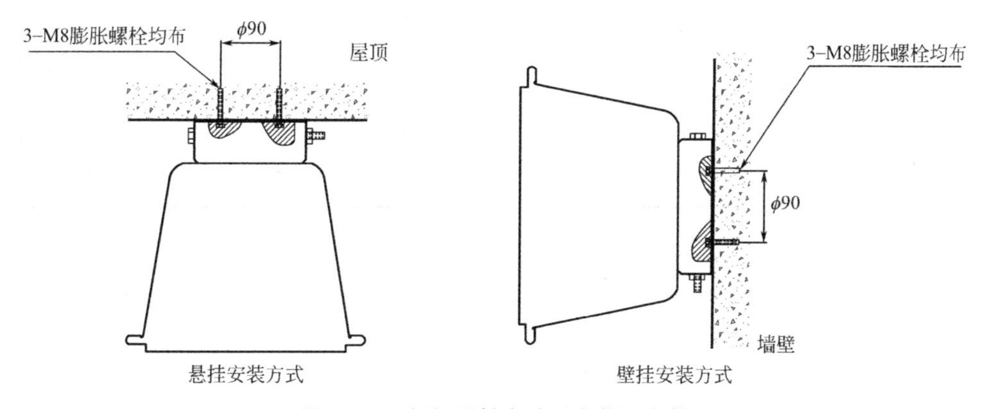

图 8.3-5　超细干粉自动灭火装置安装

① 灭火装置安装不受位置高低影响，可就地摆放也可壁挂于内墙上，安装应符合下列规定：

a. 安装灭火装置时，灭火装置主排气口正前方 1.0m 以内，背面、侧面、顶面 0.2m 内不允许有设备、器具或其他阻碍物；

b. 灭火装置及其组件与带电设备的最小间距≥0.2m，外壳应进行接地。

② 灭火装置不应安装于以下位置：

a. 临近进风口、排风口、门、窗及其他开口处；

b. 易被雨淋、水浇、水淹处；

c. 常受振动、冲击、腐蚀影响处；

③ 灭火装置接线：与灭火装置连接导线应留 1m 余量且导线必须穿金属管；灭火装置插头接线应焊接牢固、光滑，不得有虚焊、漏焊及短路现象，并在每根接线上套热缩管，热缩后加以绝缘。

④ 紧急启动按钮安装于入口或便于启动灭火装置的地方，安装高度为底边距地 1.5m，声光报警器安装于门口便于操作、观察的地方。

(3) 灭火器安装

综合管廊内应在沿线、人员出入口、逃生口等处设置灭火器箱，灭火器的设置间距不应大于50m，灭火器外设保护箱，灭火器箱下部须有防水底座，高度不应小于100mm。

1）管廊布置普通压力管（给水、中水）时灭火器沿普通压力管布置，管廊内管线单侧布管时灭火器沿另一侧墙体布置；管廊有热力管线时灭火器沿热力管线墙体布置，具体安装方法如图8.3-6（*a*）所示；

2）管廊内管线为电力弱电时灭火器沿弱电一侧布置，管廊为高压电力舱时灭火器沿电压小的一侧布置（电压相同两侧均可），两侧为给水或中水时灭火器均可沿其布置，具体安装方法如图8.3-6（*b*）所示。

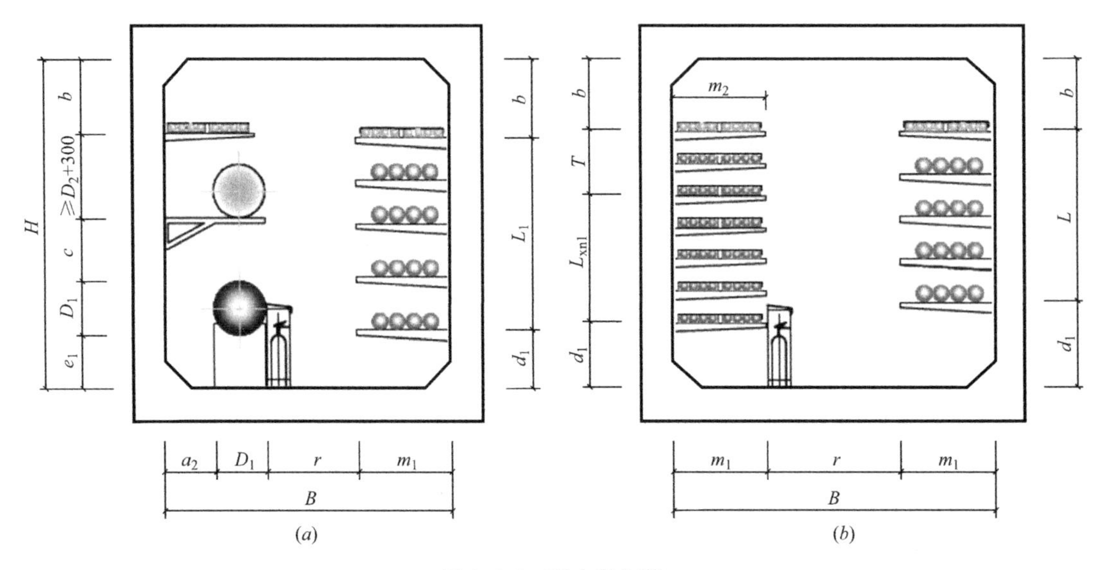

图8.3-6 灭火器安装

8.4 通风系统

8.4.1 一般规定

《城市综合管廊工程技术规范》GB 50838—2015中对通风系统的通风形式、换气次数、设计风速及通风设备等设计参数都进行了基本的规定，其主要内容如下：

（1）综合管廊宜采用自然进风和机械排风相结合的通风方式。天然气管道舱和含有污水管道的舱室应采用机械进、排风的通风方式。

（2）综合管廊的通风量应根据通风区间、截面尺寸并经计算确定，且应符合下列规定：

1）正常通风换气次数不应小于2次/h，事故通风换气次数不应小于6次/h。

2）天然气管道舱正常通风换气次数不应小于6次/h，事故通风换气次数不应小于12次/h。

3）舱室内天然气浓度大于其爆炸下限浓度值（体积分数）20%时，应启动事故段分区及其相邻分区的事故通风设备。

（3）综合管廊的通风口处出风风速不宜大于5m/s。

（4）综合管廊的通风口应加设防止小动物进入的金属网格，网孔净尺寸不应大于10mm×10mm。

(5) 综合管廊的通风设备应符合节能环保要求。天然气管道舱风机应采用防爆风机。

(6) 当综合管廊内空气温度高于 40℃或需进行线路检修时，应开启排风机，并应满足综合管廊内环境控制的要求。

(7) 综合管廊舱室内发生火灾时，发生火灾的防火分区及相邻分区的通风设备应能够自动关闭。

(8) 综合管廊内应设置事故后机械排烟设施。

同时对管廊通风系统的施工验收要求符合现行国家标准《风机、压缩机、泵安装工程施工及验收规范》GB 50275—2010 和《通风与空调工程施工质量验收规范》GB 50243—2016 的有关规定。

8.4.2　系统分类及组成

(1) 城市综合管廊通风系统一般采用自然通风和机械通风相结合的通风方式。系统由自然通风系统和机械排风系统组成。管廊通风系统通常按照防火分区设置通风分区，每个防火区间为一个独立的通风区间，在每个防火分区两端分别设自然进风口和机械排风口。

(2) 通风系统通常设有平时通风、事故通风和巡检通风三种工况；其中非燃气事故通风为火灾熄灭后启动事故通风，燃气舱事故通风为舱内燃气浓度超过其爆炸下限的 20%启动事故通风。

(3) 自然进风系统设置自然进风口，自然进风口不设通风机，主要进行自然通风换气。机械排风系统设机械排风口，通过排风口设置通风机进行机械排风，如图 8.4-1～图 8.4-4 所示。

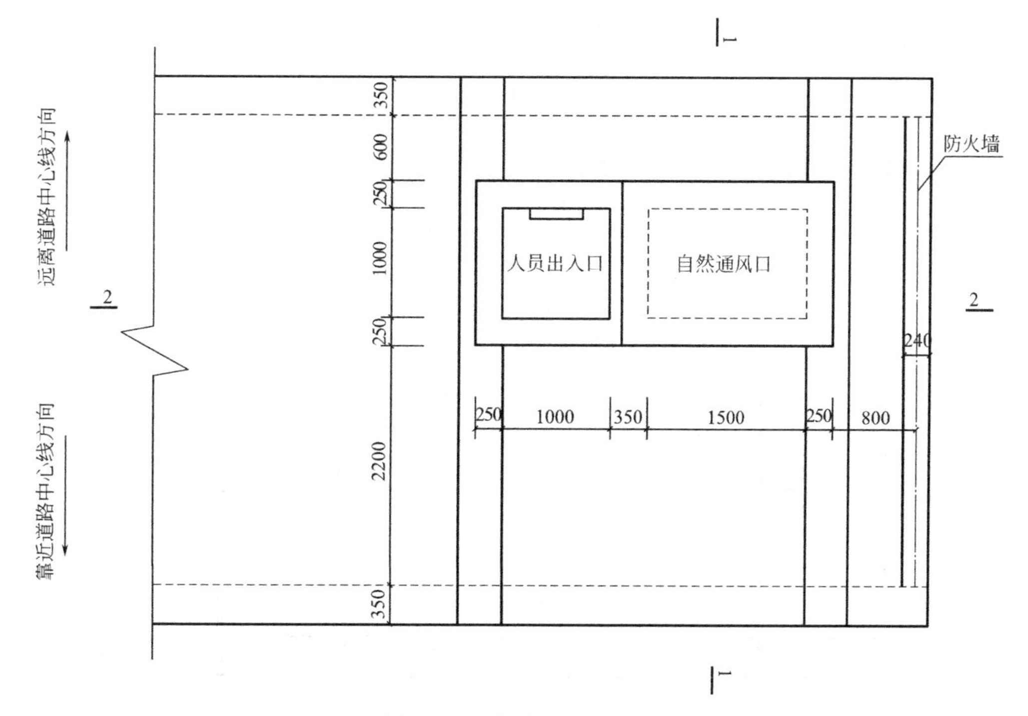

图 8.4-1　自然通风口平面

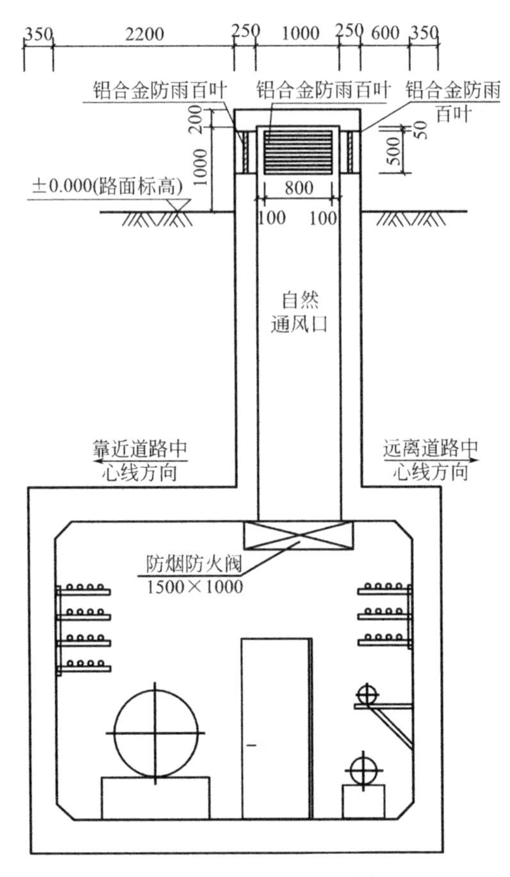

图 8.4-2　进风口 1-1 剖面

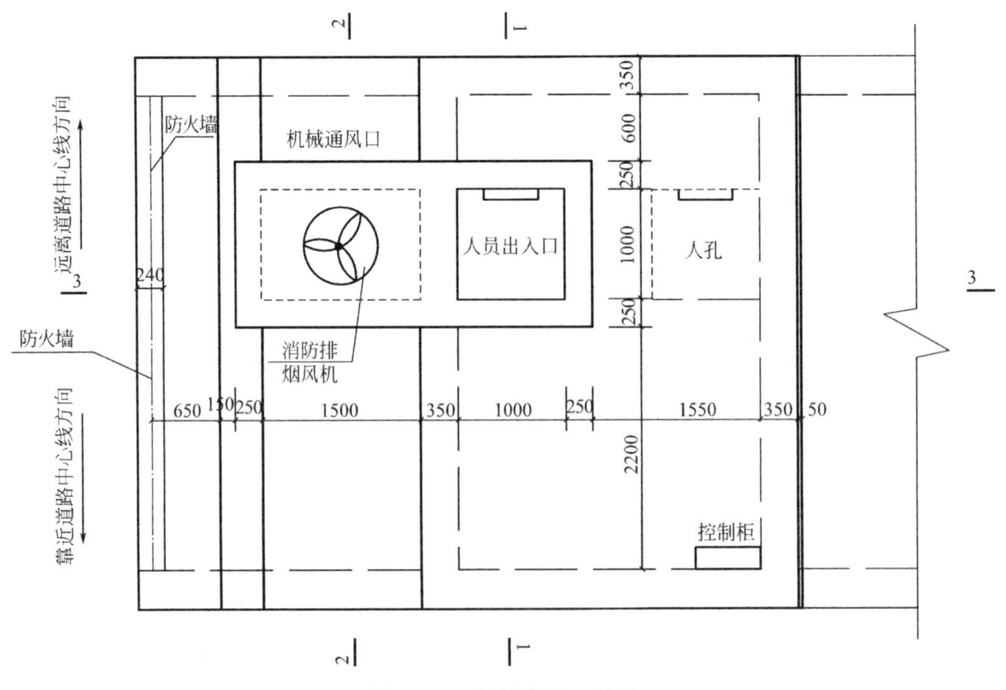

图 8.4-3　机械通风口平面

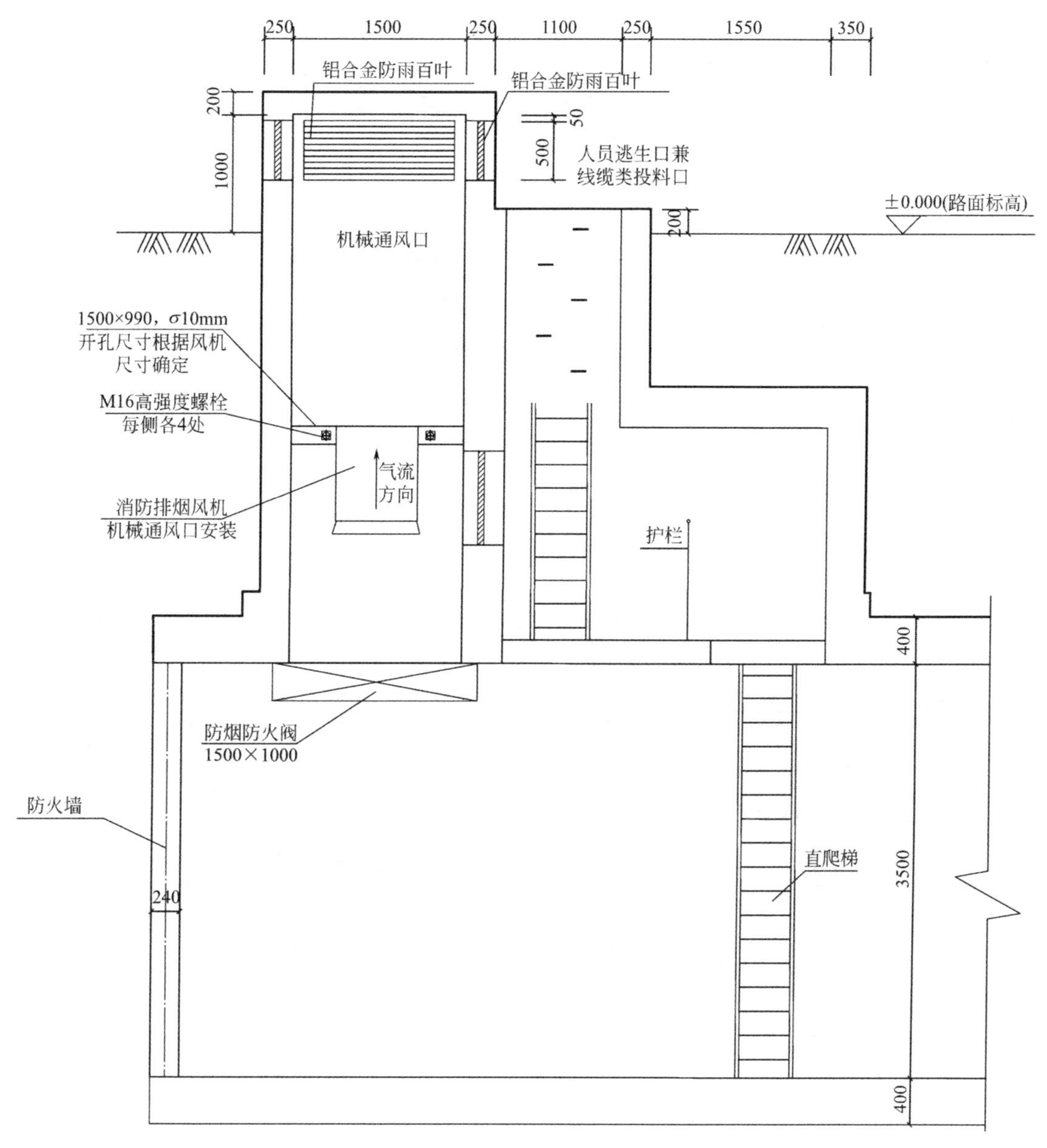

图 8.4-4　机械通风口 3-3 剖面

（4）机械通风系统正常情况下风机低速运行，排除管沟内的废气、电缆散发的热量；当管廊内温度或湿度过高（温度大于 38℃）时，或人员进入时，风机高速运行。

（5）当某一防火分区着火时，控制室关闭该分区及相邻分区的防火阀，排烟风机停止运行，灭火系统进行灭火（气溶胶或其他灭火方式）。当火熄灭后，控制室开启该分区及相邻分区的防火阀及进出风口电动百叶窗，排烟风机进行排烟通风。

（6）通风系统设备主要包含通风机、防火阀及通风口，根据安装位置的不同，风机通常采用耐高温双速立式轴流排烟风机（图 8.4-4）或耐高温屋顶风机（图 8.4-5）。

（7）防火阀通常采用电动防烟防火阀，平时常开，火灾时关闭，熄火后开启排烟。消防控制室控制电动排烟阀的电动开启，电动关闭（图 8.4-6）。通风口采用防雨型电动百叶

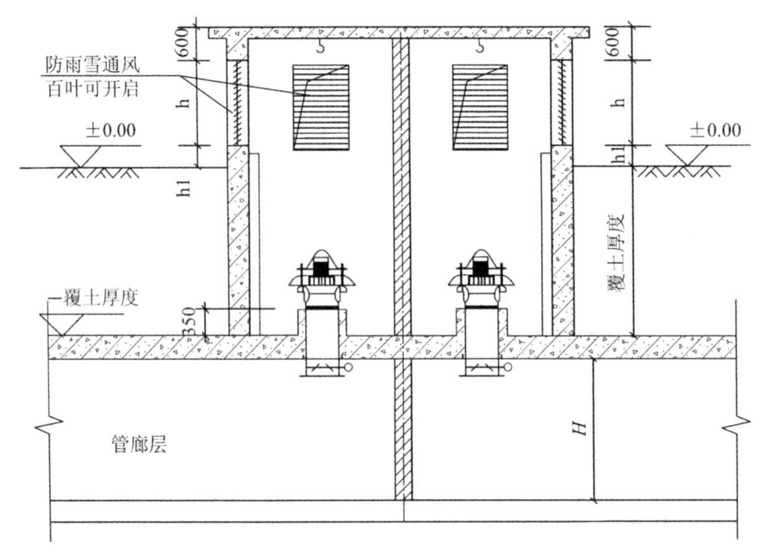

图 8.4-5　屋顶风机安装示意图

风口，并加设防止小动物进入的金属网格，网孔尽尺寸不大于 10mm×10mm（图 8.4-7）。

图 8.4-6　防火阀安装示意图

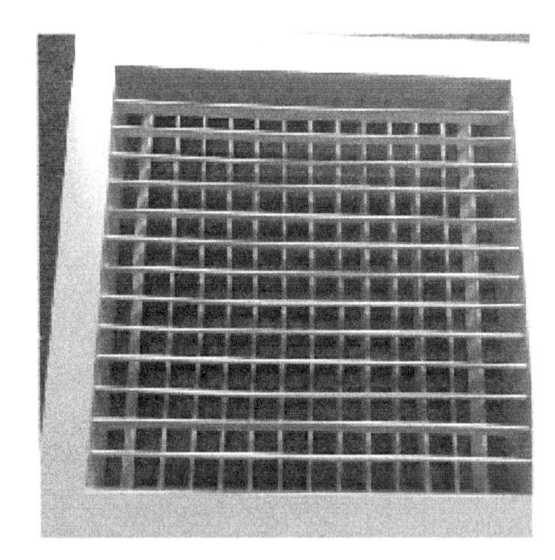

图 8.4-7　防雨型电动百叶风口安装示意图

8.4.3　安装方法

1. 风机安装

城市管廊通风系统安装主要包括轴流通风机安装、射流风机安装以及屋顶风机安装三种类型，安装工艺如下：

（1）工艺流程

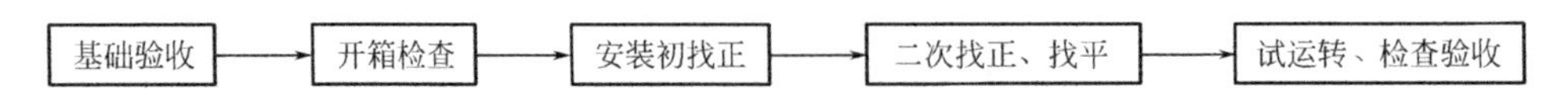

（2）基础验收

1）风机安装前应根据设计图样对设备基础进行全面检查，是否符合尺寸要求，特别注意检查风机主体与电机基础标高是否协调。

2）风机安装前，应在基础表面铲出垫铁位置及麻面，预留地脚螺栓孔清理干净以使二次浇灌的混凝土或水泥砂浆能与基础紧密结合。

（3）开箱验收

1）按设备装箱清单，核对叶轮、机壳和其他部位的主要尺寸，进出风口的位置方向是否符合设计要求，做好检查记录。

2）叶轮旋转方向应符合设备技术文件的规定。

3）进、出口应有盖板严密遮盖，检查各切前加工面，机壳的防锈情况和转子是否发生变形或锈蚀，碰损等。

4）风机设备搬运应由专业起重工人指挥，使用的工具及绳索必须符合安全要求。

（4）风机安装通用要求

1）风机设备安装就位前，按设计图样并依据建筑物的轴线、边缘线及标高线放出安装基准线。将设备基础表面的油污、泥土杂物清除和地脚螺栓预留孔内的杂物清除干净。

2）整体安装的风机，搬运和吊装的绳索不得捆缚在转子和机壳或轴承盖的吊环上。

3）整体安装风机吊装时直接放置在基础上，用垫铁找平找正，垫铁一般应放在地脚螺栓两侧，斜垫铁必须成对使用。设备安装好后同一组装铁应点焊在一起，以免受力时松动。

4）风机安装在无减震器支架上，应垫上4～5mm厚的橡胶板，找平找正后固定牢。

5）风机安装在有减震器的机座上时，地面要平整，各组减震器承受的荷载压缩量应均匀，不偏心，安装后采取保护措施，防止损坏。

6）通风机的机轴必须保持水平度，风机与电动机用联轴节连接时，两轴中心线应在同一直线上。

7）通风机出口的接出风管应顺叶轮旋方向接出弯管。在现场条件允许的情况下，应保证出口至弯管的距离A大于或等于风口出口长边尺寸1.5～2.5倍。如果受现场条件限制达不到要求，应在弯管内设导流叶片弥补。

8）轴流风机叶轮与机壳的间隙应均匀分布，并符合设备技术文件要求。叶轮与进风外壳的间隙允差见表8.4-1。

叶轮与主体风筒对应两侧间隙允差　　表8.4-1

叶轮直径(mm)	≤600	600～1200	1200～2000	2000～3000	3000～5000	3000～5000	>8000
对应两侧半径径间隙之差不应超过(mm)	0.5	1.0	1.5	2.0	3.5	5.0	6.5

（5）屋顶风机安装

屋顶风机安装通常采用地脚螺栓和膨胀螺栓两种安装方法，图8.4-8为屋顶风机安装，图8.4-9为屋顶风机地脚螺栓安装，图8.4-10为屋顶风机膨胀螺栓安装。

安装注意事项：设备安装时设备基础应进行设计校核，并应重新核算基础尺寸；膨胀螺栓应选用可承受动载荷形式。地脚螺栓锚固长度应满足：当抗震烈度为6度，锚固长度不小于$5d$；当抗震烈度为7度，锚固长度不小于$6d$；当抗震烈度为8度，锚固长度不小于$7d$。

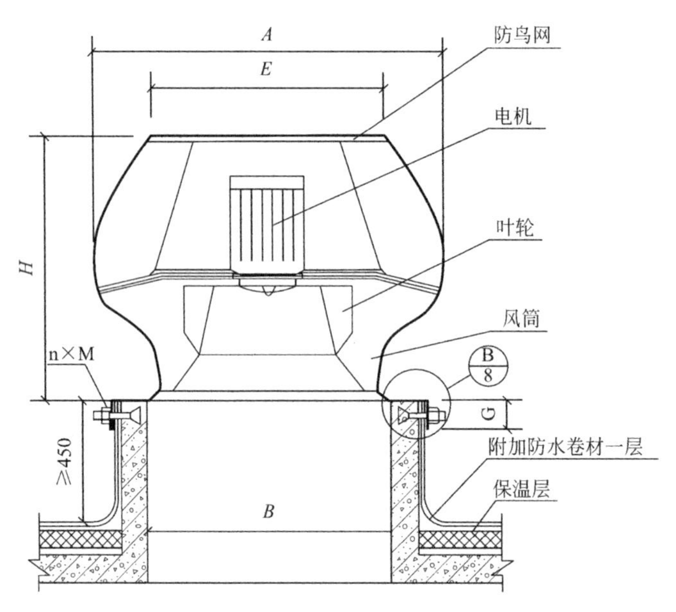

图 8.4-8 屋顶风机安装

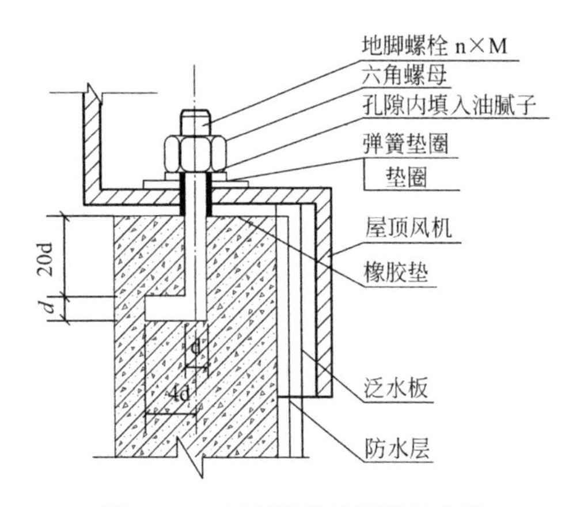

图 8.4-9 屋顶风机地脚螺栓安装

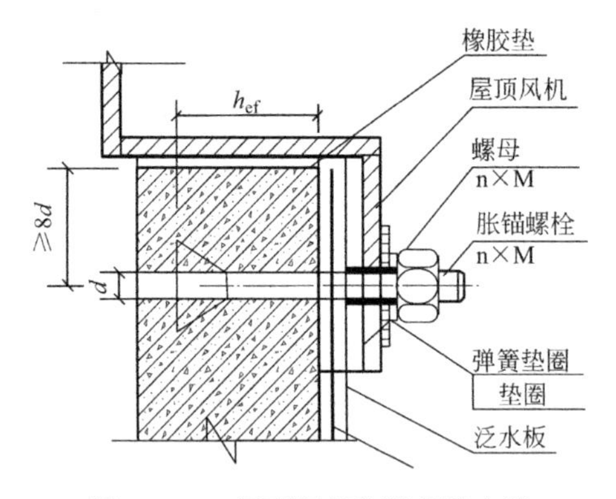

图 8.4-10 屋顶风机膨胀螺栓安装

（6）射流风机安装

射流风机安装如图 8.4-11 所示。

安装注意事项：安装前检查预埋件的数量、位置是否满足设计及安装要求。其预埋件的偏差应不大于通风机安装的允许偏差，即中心线平面位移小于 10mm，标高小于±10mm。安装前将风机的连接附件焊接在预埋件上，并加载荷做预埋件的抗拉拔力实验。风机安装完工后，进行以下项目的机械完工检查：

1）风机安装位置正确。各连接面接触良好，安装连接件可靠、无松动。

2）各零部件与其安装底座接触紧密，紧固件受力均匀。

3）风机各部件，纵、横向水平度的允许偏差达到有关规范要求。

4）电气设备及电缆线绝缘良好，接地符合有关规范要求。

5）风机启动时，用量程为 0～500A 钳形电流表测量电动机的启动电流，待电机正常

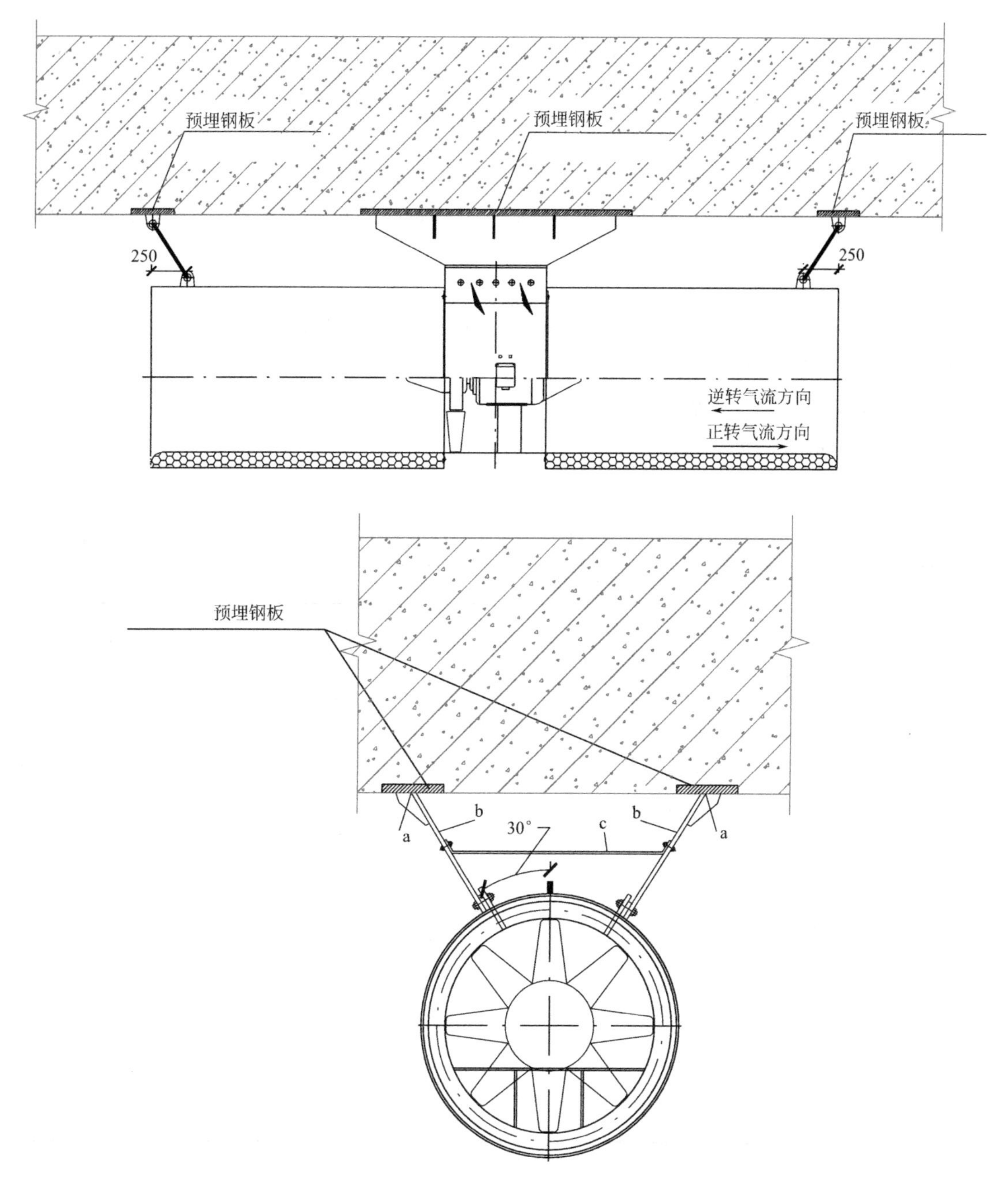

图 8.4-11　射流风机安装简图

运转后再测量电动机的运转电流。

（7）试车准备

1）检查安装记录，确认安装数据正确。

2）盘车灵活，不得偏重，卡涩现象。

3）安全防护装置齐全牢固。

4）电机单机试运转，并确定旋转方向正确。

(8) 试车

1) 启动风机，检查风机旋转方向是否正确。风机运转应平稳、无异常。

2) 检查电机电流是否在规定范围。

3) 正常运行1h后，检查减速机油温应不超过80℃；温升不超过40℃。

4) 检查风机振动，振动不超过设计和规范要求。

5) 试车中，检查各部安装位置是否移动，检查各紧固件是否松动，检查各密封处是否有漏油现象。

(9) 验收

1) 经过连续负荷运行24h，各项技术指标均达到设计要求或能满足生产需要。

2) 设备达到完好标准。

3) 安装记录齐全、准确。

(10) 常见故障与处理

常见故障与处理见表8.4-2。

常见故障与主要处理办法 **表8.4-2**

序号	故障现象	故障原因	主要处理办法
1	机组振动异常	传动轴弯曲	校直
		轮毂锥孔和锥轴的锥度不同	刮研锥孔，保证紧密配合
		叶轮不平衡	调整轮毂平衡块或叶片
		减速箱轴承磨损	更换轴承
		减速机输入轴与电机轴不同心	重新调整
		风机基础刚性不够	加强基础刚性
		紧固件松动	拧紧紧固件
2	轴承温度异常	润滑油脂变质或混入杂质	更换润滑油脂
		轴承磨损或装配不当间隙不合适	调整修理轴承
		冷却水系统堵塞	清洗检查冷却水系统
		润滑油油路堵塞	畅通润滑油路
3	电机异常响声	电机接线错误，电机单相运转	检查配线、控制器
		滚动轴承不良	检查轴承及其润滑油脂
		转子不平衡	调整托架，平衡转子

(11) 质量要求和质量检查

1) 设备安装前必须有机器出厂合格证明书及技术文件，及基础经中间交接并复检查合格。

2) 风机采用垫铁安装时，机器底座垫铁配置和焊接应时：垫铁每组（包括斜垫铁）不超过4层，设置整齐，用0.05mm塞尺两侧塞入深度不超过垫铁的1/3。外露底座长度10～30mm。地脚螺栓螺纹均应露出螺母1.5～3扣，螺纹应涂防锈脂。

3) 二次灌浆时，螺栓孔内杂物应清除干净，带锚板地脚螺栓孔的浇灌应符合规范要求。灌浆的基础表面不得有油污和积水，灌浆用料及高度符合设计要求，灌浆层必须捣实。

4）轴流通风机安装的允许偏差和检验方法应符合表 8.4-3 的规定。

轴流通风机安装的允许偏差和检验方法　　表 8.4-3

<table>
<tr><th>项次</th><th colspan="2">项目</th><th>允许偏差(mm)</th><th>检验方法</th></tr>
<tr><td>1</td><td colspan="2">平面位置</td><td>±5</td><td rowspan="2">用钢尺测量</td></tr>
<tr><td>2</td><td colspan="2">标高</td><td>±5</td></tr>
<tr><td rowspan="2">3</td><td rowspan="2">机身水平度</td><td>纵向</td><td>≤0.05/1000</td><td rowspan="4">水平仪测量</td></tr>
<tr><td>横向</td><td>≤0.10/1000</td></tr>
<tr><td rowspan="2">4</td><td rowspan="2">变速箱水平度</td><td>纵向</td><td>≤0.05/1000</td></tr>
<tr><td>横向</td><td>≤0.10/1000</td></tr>
</table>

（12）成品保护

1）通风机搬运和吊装时，与机壳边接触的绳索，在棱角处应垫好柔软的材料，防止磨损机壳及绳索被切断。

2）风机搬动时，不应将叶轮和齿轮轴直接放在地上滚动或移动。

3）通风机的进排气管、阀件、调节装置应设有单独的支撑；各种管路与通风机连接时，法兰面应对中贴平，不应硬拉使设备受力。风机安装后，不应承受其他机件的重量。

8.5　供电系统

8.5.1　一般规定

《城市综合管廊工程技术规范》GB 50838—2015 中对附属设备供电系统的设计要求，主要有如下内容：

（1）综合管廊内的低压配电采用交流 220V/380V 系统，系统接地形式应为 TN-S 制，并使三相负荷平衡。

（2）综合管廊以防火分区作为配电单元，各配电单元电源进线截面满足该配电单元内设备同时投入使用时的用电需要。

（3）设备受电端的电压偏差：动力设备不超过供电标称电压的±5%，照明设备不宜超过+5%、−10%。

（4）采取无功功率补偿措施。

（5）在各供电单元总进线处设置电能计量测量装置。

（6）应设置交流 220V/380V 带剩余电流动作保护装置的检修插座，检修插座容量不宜小于 15kW，安装高度不宜小于 0.5m。

（7）电缆的要求：非消防设备的供电电缆、控制电缆应采用阻燃电缆，火灾时需继续工作的消防设备应采用耐火电缆或不燃电缆。

（8）电气供电系统施工安装及验收应符合现行国家标准《电气装置安装工程电缆线路施工及验收规范》GB 50168—2006、《建筑电气工程施工质量验收规范》GB 50303—2015 要求。

8.5.2 系统分类及组成

供电负荷一般将排水泵、监控设备、应急照明列为二级负荷，一般照明、排风机、检修插座箱等为三级负荷。

可按综合管廊沿线、均匀分布情况，划分供电区域，每个分区设置 10kV/0.4kV 变电所，负责相应区域负荷供电，每座变电所供电半径原则不超过 1.0km，如图 8.5-1、图 8.5-2 所示。

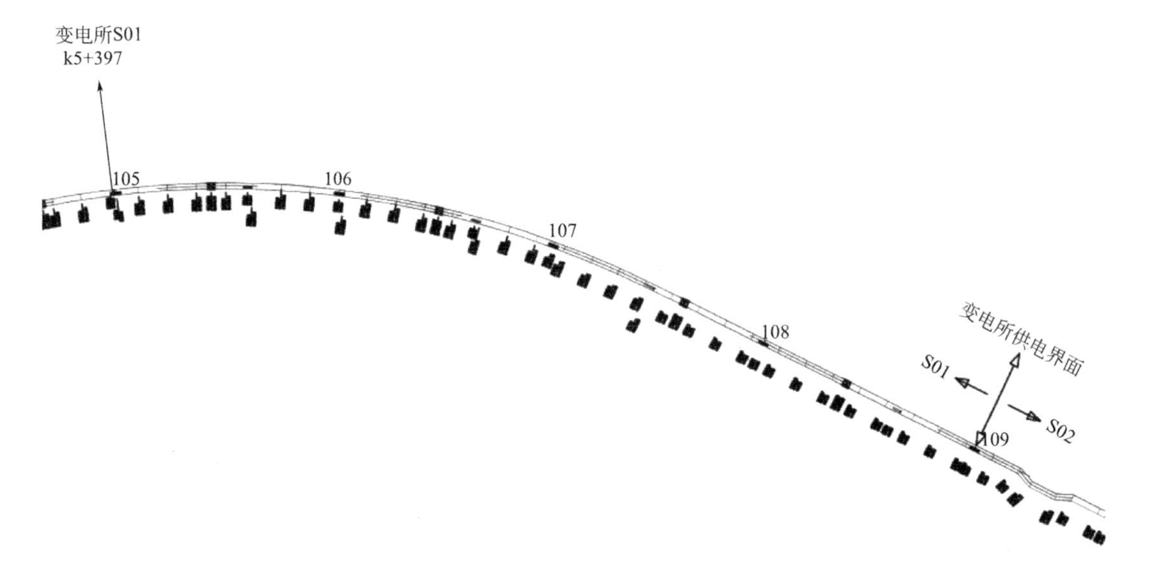

图 8.5-1 变电所布置示意图

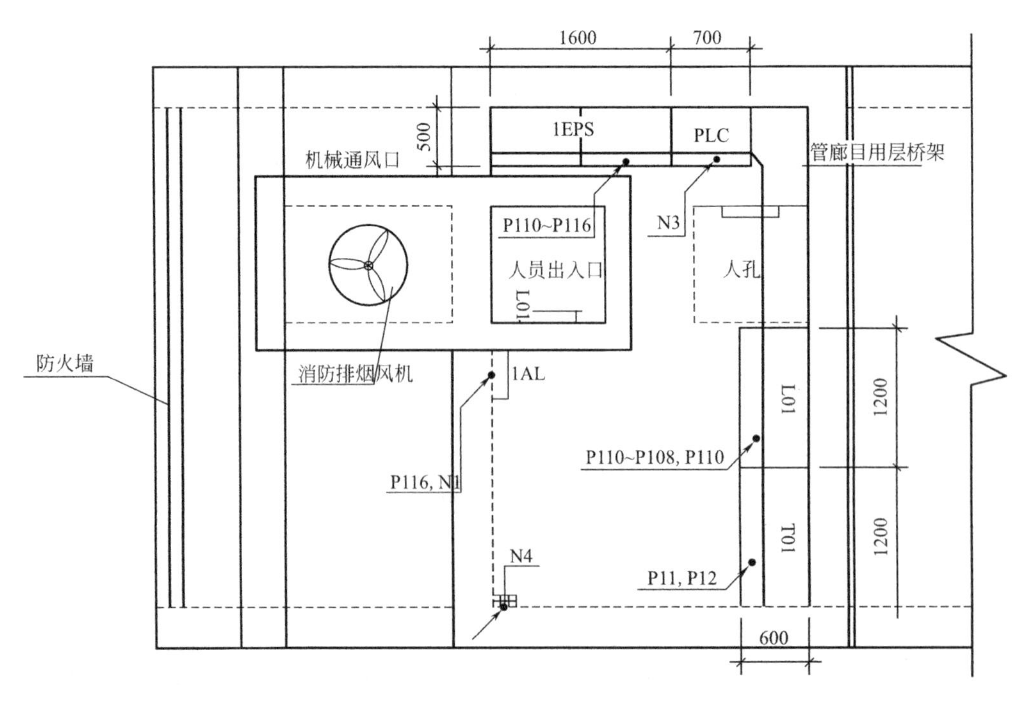

图 8.5-2 变电所电气平面布置图

8.5.3 安装方法

1. 配电箱（柜）安装

（1）工艺流程

弹线定位→铁架固定→明装配电箱→盘面组装→箱内配线→箱体固定→绝缘摇测→试运行验收。

（2）弹线定位

根据设计要求找出配电箱（柜）位置，并按照箱（柜）的外形尺寸进行弹线定位，弹线定位的目的是找出预埋件或者膨胀螺栓的位置。

（3）配电箱挂墙明装

在混凝土墙上采用金属膨胀螺栓固定配电箱时应根据弹线定位的要求找出准确的固定点位置，用电钻或冲击钻在固定点位置钻孔，其孔径应刚好将金属膨胀螺栓的胀管部分埋入墙内，且孔洞平直不得歪斜。

配电箱明装如图 8.5-3 所示，配电箱进线安装如图 8.5-4 所示。

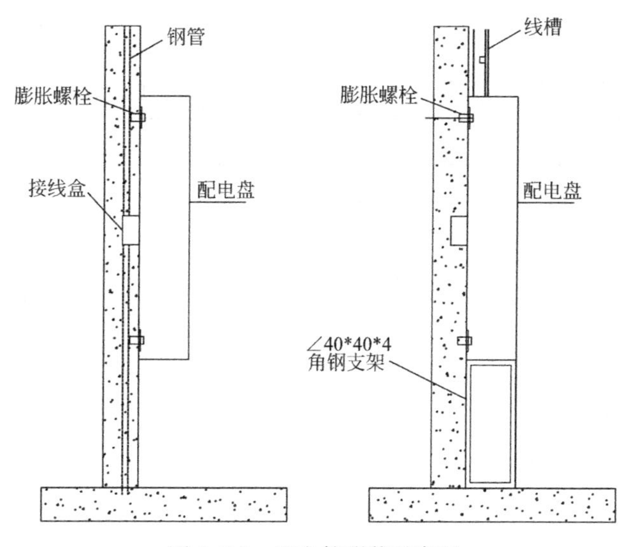

图 8.5-3　配电箱明装示意图

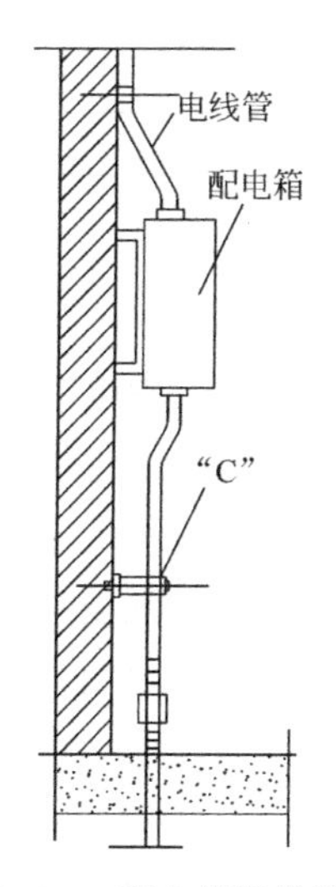

图 8.5-4　配电箱进线安装

（4）配电箱（柜）内接线

箱内配线整齐，绑扎成束，无绞接现象，在活动部位应用长钉固定，盘面引出及引进导线应留有适当余度，以利于检修。回路编号齐全，标识正确。导线连接紧密，不伤芯线，不断股。垫圈下螺丝两侧压的导线截面面积相同，同一端子上导线连接不多于 2 根，防松垫圈等零件齐全。

照明箱内，分别设置零线（N）和保护地线（PE）汇流排，零线和保护地线经汇流排配出。绝缘测试：电箱全部安装完毕后，用 1kV 兆欧表对线路进行绝缘测试。测试项目包括相线与相线之间、相线与零线之间、相线与地线之间、零线与地线之间。

2. 桥架安装

（1）工艺流程

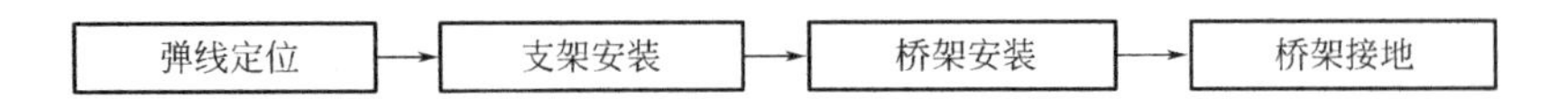

（2）弹线定位

根据图样中桥架的分布进行弹线定位，从地面上弹线，然后用红外线射灯定位投射到顶板来确定支架的固定点。其他部位从顶板上放线以确定支架的位置。

（3）支架安装

支架的整体外观应成排成线、长短一致，水平支架间距为 2m。

（4）桥架安装

桥架安装应平直整齐，水平或垂直安装允许偏差为其长度的 2‰，全长允许偏差为 20mm；桥架连接处牢固可靠，接口应平直、严密，桥架应齐全、平整、无翘角、外层无损伤。

桥架敷设直线段长度超过 30m 时，安装伸缩节，且伸缩灵活。桥架之间的连接采用半圆头镀锌螺栓，且半圆头应在桥架内侧，接口应平整，无扭曲、凸起和凹陷。

3. 电缆敷设

（1）工艺流程

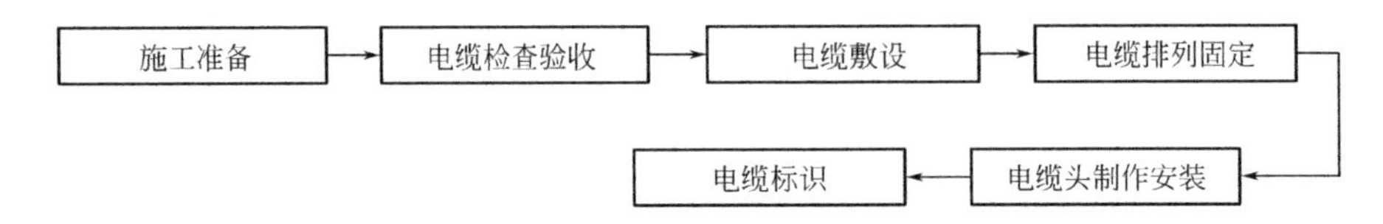

（2）桥架内电缆敷设

电缆敷设前进行绝缘摇测或耐压试验。1kV 以下电缆，用 1kV 摇表摇测线间及对地的绝缘电阻应不低于 10MΩ. 电缆敷设后未接线以前应用橡皮包布密封后用黑胶布包好。

（3）水平敷设

敷设方法可用人力或机械牵引。电缆应单层敷设，排列整齐，不得有交叉，拐弯处应以最大截面电缆允许弯曲半径为准。不同等级电压的电缆应分层敷设。

（4）电缆排列固定

桥架内电缆应排列整齐，固定点一致。电缆固定采用尼龙扎带，间距 1m 以内，每 20m 用金属电缆卡作加强固定。单芯电缆的固定卡不能形成闭合磁场回路。

（5）电缆头制作

所有接线端子均采用紧压铜端子，端子与电缆线芯截面相匹配，铜端子的压接采用手动式液压压接钳，采用热缩头、热缩管作为电缆头绝缘保护。电缆终端制作好，与配电柜连接前要进行绝缘测试，以确认绝缘强度符合要求。同时电缆要作好回路标注和相色标记。

（6）电缆的标识

沿电缆桥架敷设的电缆在其两端、拐弯处、交叉处应挂标志牌，直线段每间隔 20m 增设标志牌。标志牌规格应一致，并有防腐性能，挂设应牢固。标志牌上应注明电缆编号、规格、型号、电压等级及起始位置。

8.6　照明系统

8.6.1　一般规定

《城市综合管廊工程技术规范》GB 50838—2015 中对附属设备照明系统的设计要求，主要有如下内容：

（1）人行道上一般照明的平均照度不应小于 15lx，最低照度不应小于 5lx；出入口和设备操作处的局部照度可为 100lx。监控室一般照明照度不宜小于 300lx。

（2）管廊内疏散应急照明照度不应低于 5lx，应急电源持续供电时间不应小于 60min。

（3）出入口和各防火分区防火门上方应设置安全出口标志灯，灯光疏散指示标志应设置在距地坪高度 1.0m 以下，间距不应大于 20m。

（4）安装高度低于 2.2m 的照明灯具应采用 24V 及以下安全电压供电。当采用 220V 电压供电时，应采取防止触电的安全措施，并应敷设灯具外壳专用接地线。

（5）照明回路导线应采用硬铜导线，截面面积不应小于 2.5mm^2。线路明敷设时宜采用保护管或线槽穿线方式布线。

电气照明系统施工安装及验收应符合现行国家标准《电气装置安装工程电缆线路施工及验收规范》GB 50168—2006、《建筑电气工程施工质量验收规范》GB 50303—2015、《建筑电气照明装置施工与验收规范》GB 50617—2010 的有关规定。

8.6.2　系统描述

（1）管廊分为一般照明和应急照明，如图 8.6-1 和图 8.6-2 所示。

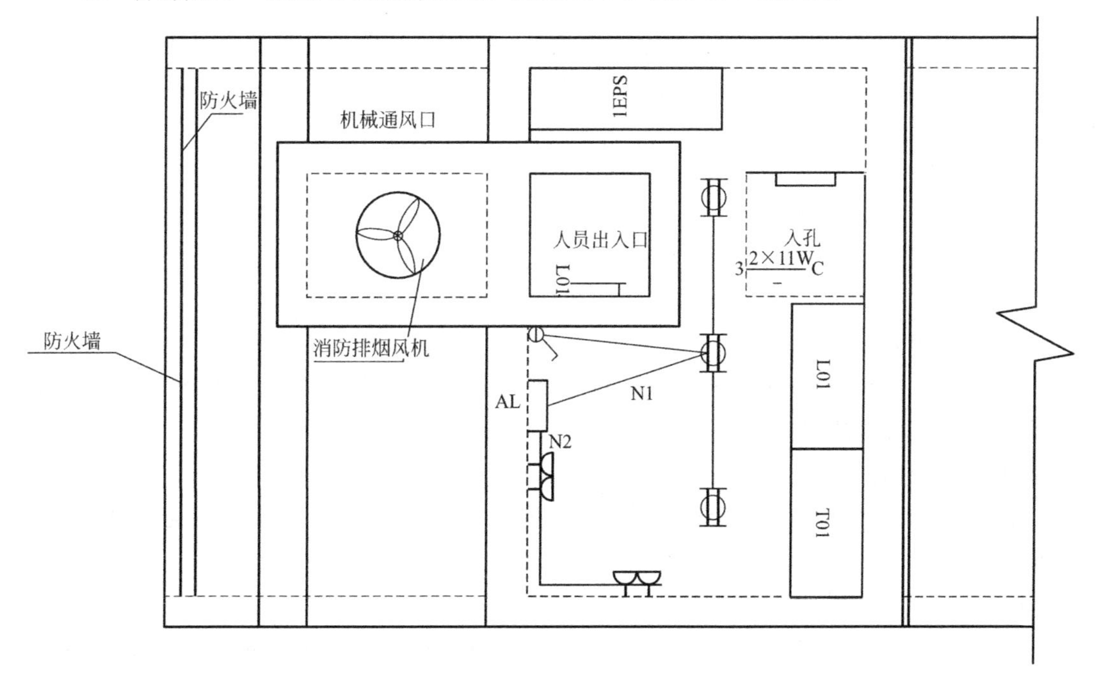

图 8.6-1　变电室照明布置图

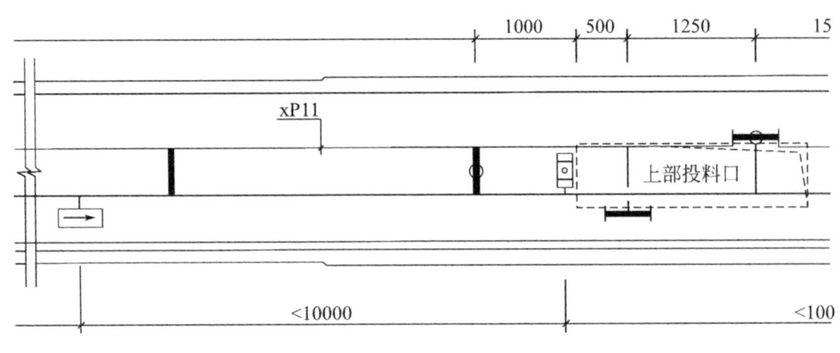

图 8.6-2　管廊照明布置图

(2) 除在综合管廊设置照明外，在投料口、通风口、端部井均设置照明灯具。

8.6.3　安装方法

1. 电线导管安装

(1) 工艺流程

明配管流程：

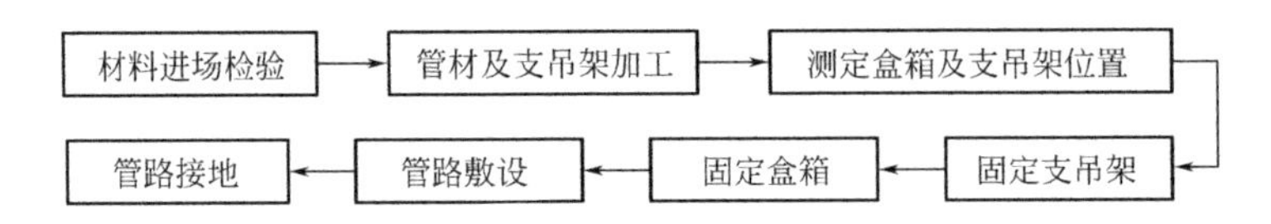

(2) 管材及支吊架加工

1) 管道切割

选用钢锯或砂轮切割机切管，切管的长度要测量准确，管子断口处应平齐不歪斜，将管口上的毛刺用半圆锉处理光滑，再将管内的铁屑处理干净。

2) 管道套丝

采用套丝板、套管机，根据管外径选择相应的板牙，将管子用台虎钳或压力钳固定，再把绞板套在管端，先慢慢用力，套上扣后再均匀用力，套几扣及时用毛刷涂抹机油，保证丝扣完整不断扣、乱扣，用套管机套丝时，应注意随套随浇冷却液。管径在 20mm 及以下时，应分成二板套成，管径在 25mm 及以上时，应分三板套成。

3) 管道弯曲

大于 DG32 的钢管须采用液压煨管机弯制，DG25 以下的钢管采用手动煨管机弯制。钢管弯曲处不能出现凹凸和裂缝。

4) 支吊架制作

支架、吊架的材料应符合招标文件及设计要求，其规格及加工尺寸应符合设计图样及标准图集规定。

(3) 测定盒箱位置

根据设计图样要求确定盒、箱轴线位置，以土建弹出的水平线为基准，挂线找平，线坠找正，标出盒箱位置。

（4）固定盒箱

暗配管：固定盒（箱）要求平整牢固，坐标正确。

明配管：在近盒（箱）100～150mm 处加稳固支架，将管固定在支架上，盒（箱）安装应牢固平整，开孔整齐并与管径相吻合。

（5）支吊架固定

固定点的间距应均匀，固定点与终端、转弯中点、电气器具或接线盒边缘的距离为 300mm，固定点之间的最大距离应满足规范要求，如图 8.6-3、图 8.6-4 所示。

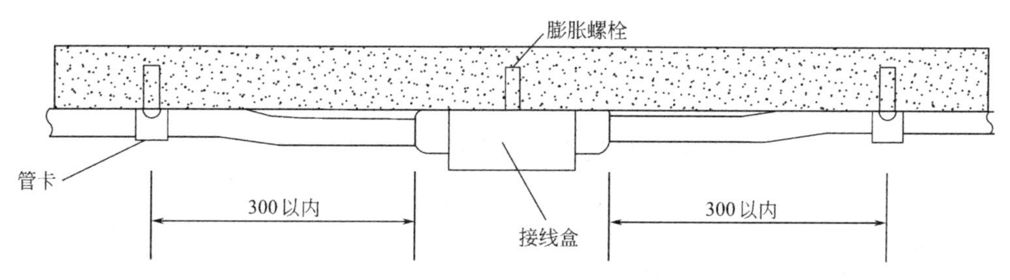

图 8.6-3　线管水平明装安装示意图

根据测定的盒（箱）位置，弹出管路的垂直、水平方向线，按照规范规定的固定点间距，确定支架、吊架的具体位置。

（6）管路敷设

钢管采用丝扣连接，套丝后要对管口进行打磨、清扫，施工过程中要尽量减少弯头。

电气管路敷设时有下列情况时须加装接线盒：直线段超过 30m；有一个转弯且超过 20m；有两个转弯且超过 15m；有 3 个转弯且超过 8m。

钢管进出线盒处，用锁紧螺母固定牢固。管子进入箱盒螺纹应外露 2～3 扣，并且一孔一管，严禁将其他敲落孔敲掉。

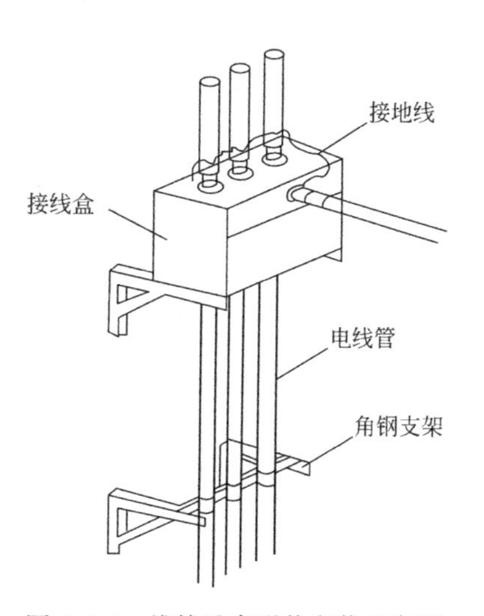

图 8.6-4　线管垂直明装安装示意图

多根管子进入配电箱时，应排列整齐，进入箱内的管口高度一致。

暗配管施工后，应将管口用管堵塞牢，防止混凝土块、杂物进入管内。

管路经金属软管引入设备或电气器具时，金属软管的长度在照明工程中不得超过 1.2m，动力工程中不得超过 0.8m。

（7）管路接地

管路的接地采用接地卡与专用接地线。

2. 管内穿线

（1）工艺流程

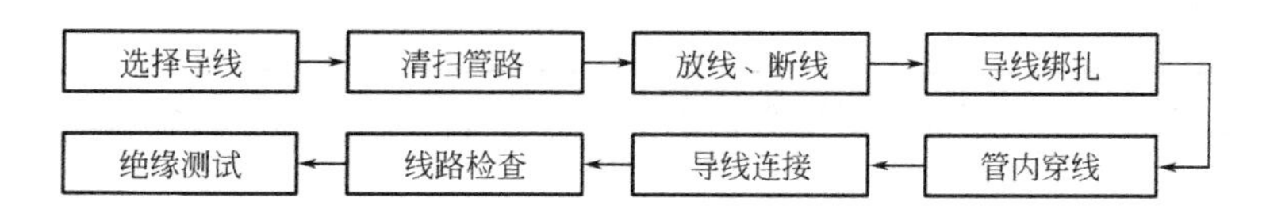

（2）选择导线

应根据设计图样及规范规定选择导线。

相线、零线及保护地线的颜色应加以区分，用黄绿双颜色的导线做保护地线，淡蓝色为工作零线。黄、绿、红为相线，开关控制线使用白色线。

（3）清扫管路

清扫管路的方法：将布条的两端牢固绑扎在带线上，从管的一端拉向另一端，以将管内杂物及泥水除尽。

（4）放线、断线

放线前应根据施工图样对导线的规格、型号进行核对，并用对应电压等级的兆欧表进行通断测试。

剪断导线时，导线的预留长度应按规范要求进行预留。

（5）导线绑扎

当导线根数较少时，可将导线前端的绝缘层削去，然后将线芯与带线绑扎牢固，使绑扎处形成一个平滑的锥形过渡部位。

当导线根数较多或导线截面较大时，可将导线前端绝缘层削去，然后将线芯错位排列在带线上，用绑线绑扎牢固，不要将线头做的太大，应使绑扎接头处形成一个平滑的锥形接头，减少穿管时的阻力，以便于穿线，如图 8.6-5 所示。

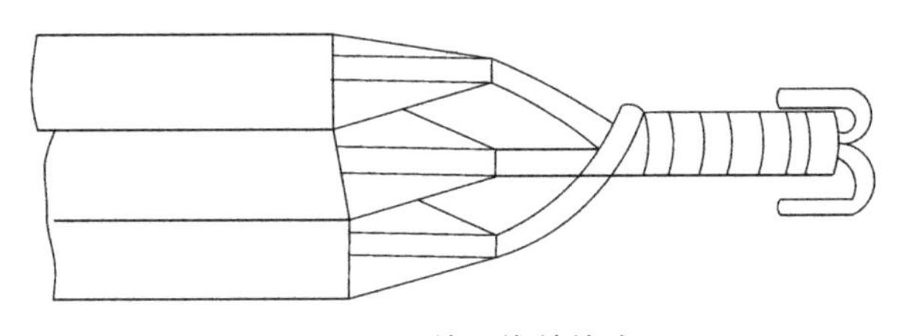

图 8.6-5　单芯线并接头

（6）管内穿线

电线管在穿线前，应首先检查各个管口的护口，保证护口齐全完整。

当管路较长或转弯较多时，在穿线前向管内吹入适量的滑石粉。穿线时，两端的工人应配合协调一致。

（7）线路检查

穿线后，应按规范及质量验评标准进行自检互检，不符合规定时应立即纠正，检查导线的规格和根数，检查无误后再进行绝缘测试。

（8）绝缘测试

电气器具未安装前进行线路绝缘测试时，首先将灯头盒内导线分开，将开关盒内导线连通。测试应将干线和支线分开，测试时应及时进行记录。

3. 灯具安装

（1）工艺流程

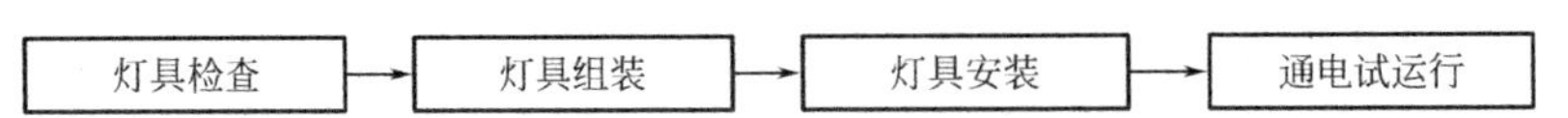

(2) 灯具检查

灯具进场后，必须对灯具进行严格检查验收，检查灯具与设计的技术要求是否相符；检查灯具的外观，涂层是否完整，有无损伤，附件是否齐全；查验灯具的合格证等其他证件是否齐全。对灯具的绝缘电阻、内部接线等性能进行现场抽样检测。

(3) 灯具组装

将灯具的灯体和灯架进行组装，根据灯具的接线图，将灯具的电源线及控制线正确连接，灯具内的导线应在端子板上压接牢固。

(4) 灯具安装

如图 8.6-6、图 8.6-7 所示，灯具在安装前，应熟悉灯具的形式及连接构造，以便确定支架安装的位置和嵌入开口位置的大小。嵌入式日光灯具安装时，应根据设计图样不同区域的灯具形式，采用编号加以标注。

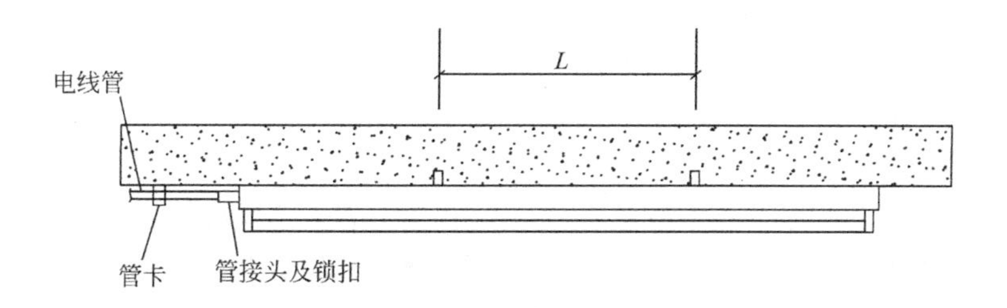

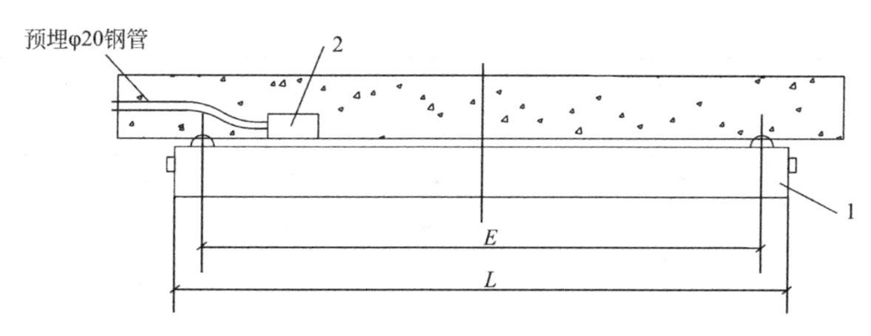

图 8.6-6　盒式灯具安装示意图

1—防水防尘灯具；2—接线盒

灯具的电源线不能贴在灯具外壳上，灯线应留有余量，灯罩的边框应压住罩面板或遮盖面板的板缝，并应与顶棚面板贴紧。

(5) 通电试运行

灯具通电试运行须在灯具安装完毕，且各照明支路的绝缘电阻测试合格后进行。照明线路通电后应仔细检查和巡视，检查灯具的控制是否灵活、准确。开关位置应与控制灯位相对应，如果发现问题必须先断电，然后查找原因进行调整。

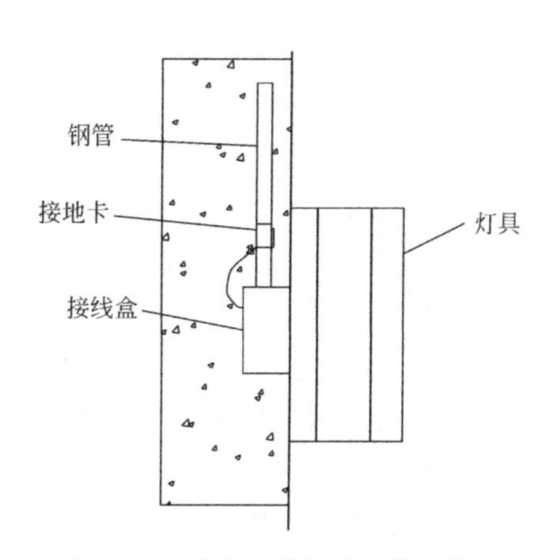

图 8.6-7　应急疏散灯具安装示意图

8.7 监控与报警系统

8.7.1 一般规定

综合管廊工程应符合《安全防范工程技术规范》GB 50348—2004、《入侵报警系统工程设计规范》GB 50394—2007、《视频安防监控工程设计规范》GB 50395—2007、《城市综合管廊工程技术规范》GB 50838—2015 等国家现行有关规范的要求。综合管廊监控与报警系统由管廊前端设备、通信网络、监控中心三部分组成。其中，前端设备包括布置在综合管廊内的检测、控制及报警设施，主要负责前端现场的数据采集和控制；通信网络实现管廊前端设备与通信中心之间的通信功能；监控中心为综合管廊监控与报警系统的业务管理和指挥中心，前端所有设备通过通信网络接入监控中心。综合管廊监控与报警系统宜分为环境与设备监控系统、安全防范系统、通信系统、火灾自动报警系统、地理信息系统和统一管理信息平台等。

（1）环境与设备监控系统

1）应能对综合管廊内环境参数进行监测与报警。环境参数监测内容应符合表 8.7-1 的规定，含有两种及以上管线的舱室，应按较高要求的管线设置。气体报警设定值应符合国家现行标准《密闭空间作业职业危害防护规范》GBZ/T 205—2007 的有关规定。

环境参数监测内容 **表 8.7-1**

舱室容纳管线类别	给水管道、再生水管道、雨水管道	污水管道	天然气管道	热力管道	电力电缆、通信线缆
温度	●	●	●	●	●
湿度	●	●	●	●	●
水位	●	●	●	●	●
O_2	●	●	●	●	●
H_2S 气体	▲	●	▲	▲	▲
CH_4 气体	▲	●	●	▲	▲

注：●应监测；▲宜监测。

2）应对通风设备、排水泵、电气设备等进行状态监测和控制，设备控制方式宜采用就地手动、就地自动和远程控制。

3）应设置与管廊内各类管线配套检测设备、控制执行机构联通的信号传输接口；当管线采用自成体系的专业监控系统时，应通过标准通信接口接入综合管廊监控与报警系统统一管理平台。

4）环境与设备监控系统设备宜采用工业级产品。

5）H_2S、CH_4 气体探测器应设置在管廊内人员出入口和通风口处。

（2）安全防范系统

1）综合管廊内设备集中安装地点、人员出入口、变配电间和监控中心等场所应设置摄像机；综合管廊内沿线每个防火分区内应至少设置一台摄像机，不分防火分区的舱室，摄像机设置间距不应大于100m。

2）综合管廊人员出入口、通风口应设置入侵报警探测装置和声光报警器。

3）综合管廊人员出入口应设置出入口控制装置。

4）综合管廊应设置电子巡查管理系统，宜采用离线式。

（3）通信系统

1）应设置固定式通信系统，电话应与监控中心接通，信号应与通信网络连通。综合管廊人员出入口或每一防火分区内应设置通信点；不分防火分区的舱室，通信点设置间距不应大于100m。

2）固定式电话与消防专用电话合用时，应采用独立通信系统。

3）除天然气管道舱，其他舱室内宜设置用于对讲通话的无线信号覆盖系统。

（4）火灾自动报警系统

干线、支线综合管廊含电力电缆的舱室应设置火灾自动报警系统，需符合现行国家标准《火灾自动报警系统设计规范》GB 50116—2013的有关规定。

1）应在电缆表层设置线型感温火灾探测器，并应在舱室顶部设置线型光纤感温火灾探测器或感烟火灾探测器。

2）应设置防火门监控系统。

3）设置火灾探测器的场所应设置手动火灾报警按钮和火灾报警器，手动火灾报警按钮处宜设置电话插孔。

4）确认火灾后，防火门监控器应联动关闭常开防火门，消防联动控制器应能联动关闭着火分区及相邻分区通风设备、启动自动灭火系统。

5）火灾报警控制器容量和每一总线回路所连接的火灾探测器和控制模块或信号模块的地址编码总数，宜留有一定余量。

6）火灾自动报警系统的设备，应采用经国家有关产品质量监督检测单位检验合格的产品。

（5）可燃气体探测报警系统

天然气管道舱应设置可燃气体探测报警系统，应符合国家现行标准《石油化工可燃气体和有毒气体检测报警设计规范》GB 50493—2009、《城镇燃气设计规范》GB 50028—2006和《火灾自动报警系统设计规范》GB 50116—2013的有关规定。

1）天然气报警浓度设定值（上限值）不应大于其爆炸下限值（体积分数）的20%。

2）天然气探测器应接入可燃气体报警控制器。

3）当天然气管道舱天然气浓度超过报警浓度设定值（上限值）时，应由可燃气体报警控制器或消防联动控制器联动启动天然气舱事故段分区及相邻分区的事故通风设备。

4）紧急切断浓度设定值（上限值）不应大于其爆炸下限值（体积分数）的25%。

（6）地理信息系统

地理信息系统应具有综合管廊和内部各专业管线基础数据管理、图档管理、管线拓扑维护、数据离线维护、维修与改造管理、基础数据共享等功能。该系统应能为综合管廊报警与监控系统统一管理平台提供人机交互界面。

（7）统一管理平台

综合管廊应设置统一管理平台，并应符合下列规定：

1）应对监控与报警系统各组成系统进行系统集成，并应具有数据通信、信息采集和综合处理功能。

2）应与各专业管线配套监控系统联通。

3）应与各专业管线单位相关监控平台联通。

4）宜与城市市政基础设施地理信息系统联通或预留通信接口。

5）应具有可靠性、容错性、易维护性和可扩展性。

8.7.2 安装方法

1. 监控系统安装

（1）安装前准备

1）设计文件和施工图样准备齐全。

2）施工工员应认真熟悉施工图样及有关资料（包括工程特点）。

3）设备、仪器、器材、机具、工具、辅材、机械以及有关必要的物品应准备齐全。

4）熟悉施工现场。

5）准备好施工现场的用电。

（2）前端设备的安装

1）按安装图样进行安装。

2）安装前对所装设备通电检查。

3）安装质量应符合《配电系统电气装置安装工程及验收规范》DL/T 5759—2017 的要求。

（3）摄像机及支架的安装

摄像机支架的安装应该牢固。所接电源线及控制线接出端应固定，且留有一定的余量。安装高度以满足防范要求为原则。

1）安装摄像机前应对摄像机进行调整，使摄像机处于正常工作状态。

2）摄像机应该安装牢固，所留尾线不要影响摄像机的转动为宜，且尾线需加保护措施。

3）摄像机转动过程尽可能避免逆光。

4）在搬动、安装摄像机过程中，不得打开摄像机头盖。

（4）显示器的安装

1）显示器应端正、平稳的安装在显示器机柜上，应具有良好的通风散热环境。

2）避免日光或人工光源直射荧光屏。

3）监视器机柜（架）的背面与侧面距墙不应小于 0.8m。

（5）终端控制设备的安装

1）设备应安装牢固，安装所用的螺钉、垫片、弹簧和垫圈等均应按要求装好，不得遗漏。

2）监控机柜内的所有引线应根据显示器，控制设备的位置设置电缆槽和进线孔。

3）所有引线在与设备连接时，均要留有余量，并做永久性标志，以便维修和管理。

（6）监控系统的调试

1）电视监控系统的调试应在建筑物内装修和系统施工结束后进行。调试前应具备施工时的图样等资料，且在系统调试前要做好施工质量的检查。

2）调试以前做好系统的电源检测和线路等检查，确认无误后方可进行系统的调试。

3）系统调试在单机设备调试完成后进行。

4）按设计图样对每台摄像机编号。

5）检查系统的联动性能。

6）检查系统的录像质量。

7）在系统各项指标达到设计要求时，可将系统连续开机24h，若无异常，则调试结束。

8）完成竣工报告。

2. 火灾自动报警系统安装

（1）施工程序及准备

安装施工程序为：消防管布设→消防线缆布设→消防主机、消防探测器、报警按钮安装。

施工准备：施工前认真翻阅图样，统计施工所需材料，进行采购，控制进场材料质量；准备施工所需工器具；对施工工人进行详细交底，明确设施设备安装布设位置，线路走向。

（2）消防管布设

管弯头采用弯管机制成，弯曲半径不小于管径10倍；保证内部圆滑。

（3）消防布线

消防线缆按照设计图样布设。电缆采用明敷时，应采用金属套管敷设，并在金属管上涂防火涂料保护；不同系统，不同电压，不同电流类的线路，不应穿同一套管内或同一线槽孔内；从接线盒、线槽等处引至探测器底座盒、探测器设备盒的线路应加金属软管保护。

（4）消防设施设备安装

消防设施设备包含：消防主机、手动火灾报警按钮、火灾声光报警器、点型感温火灾探测器、点型光电感烟火灾探测器。要求设施设备安装位置符合设计图样要求，安装牢固，接线紧密；手动报警按钮安装高度≥1.5m，声光报警按钮高度≥2.2m。火灾报警系统连接接地网，接地电阻不大于1Ω。

8.7.3 安装要求及注意事项

1. 环境与设备监控系统超声波液位控制器安装注意事项

（1）在安装应用平台前关掉电源，确信电源电压与电源接线端子上标示的电压匹配。

（2）探头安装完成后，应避免碰撞、移动，连接软管需要固定好，从而避免探头被拉扯引起滑动、振动，影响精度及可靠性。

（3）应避免将其他超声波设备或电磁设备放在附近，免得设备间互相干扰引起误动作，安装的位置应避免受到冲击。

2. 安全防范系统红外对射探测器安装注意事项

（1）确定安装方法及高度

探测器的安装高度不是随意的，会直接影响到探测器的灵敏度和防小动物的效果，一般壁挂型红外探测器安装高度为 2.0～2.7m 处，要远离空气温度变化敏感的地方。

（2）合理的位置

在同一个空间最好不要安装两个无线红外探测器，以避免发生因同时触发而干扰的现象；红外探测器应与室内的行走线呈一定的角度，探测器对于径向移动反应最不敏感，而对于切向（即与半径垂直的方向）移动则最为敏感。在现场选择合适的安装位置是避免红外探测器误报、求得最佳检测灵敏度的极为重要的一环。

（3）不宜正对冷热通风口或冷热源

红外线报警器感应与温度的变化具有密切的关系，冷热通风口和冷热源均有可能引起探测器的误报，对有些低性能的探测器，有时通过门窗的空气对流也会造成误报。

（4）不宜正对易摆动的大型物体

物体大幅度摆动可瞬间引起探测区域突然的气流变化因此同样可能造成误报。应注意非法入侵路线安装探测器的目的是防止犯罪分子的非法入侵，在确定安装位置之前，必须要考虑建筑物主要出入口。实际上我们防止了出入口，截断非法入侵线路，也就达到了目的。

3. 通信系统安装要求

（1）监控与报警系统中的非消防设备的仪表控制电缆、通信线缆应采用阻燃线缆。消防设备的联动控制线缆应采用耐火线缆。

（2）监控与报警系统主干信息传输网络介质宜采用光缆。

（3）监控与报警设备应由在线式不间断电源供电。

4. 火灾自动报警系统安装要求

（1）一个报警区域宜设置一台区域火灾报警控制器或一台火灾报警控制器，系统中区域火灾报警控制器或火灾报警控制器不应超过两台。

（2）区域火灾报警控制器或火灾报警控制器安装在墙上时，其底边距地面高度宜为 1.3～1.5m，其靠近门轴的侧面距墙不应小于 0.5m，正面操作距离不应小于 1.2m。

（3）综合管廊内每个扬声器的额定功率不应小于 3 W，其数量应能保证从一个防火分区的任何部位到最近一个扬声器的距离不大于 25m。走道内最后一个扬声器至走道末端的距离不应大于 12.5m。

（4）手动火灾报警按钮、消火栓按钮等处宜设置电话塞孔。电话塞孔在墙上安装时，其底边距地面高度宜为 1.3～1.5m。

（5）特级保护对象的各避难层应每隔 20m 安装一个消防专用电话分机或电话塞孔。

（6）火灾自动报警系统接地装置的接地电阻值应符合下列要求：

1）采用专用接地装置时，接地电阻值不应大于 4Ω；

2）采用共用接地装置时，接地电阻值不应大于 1Ω。

（7）火灾自动报警系统应设专用接地干线，并应在消防控制室设置专用接地板。专用接地干线应从消防控制室专用接地板引至接地体。

（8）专用接地干线应采用铜芯绝缘导线，其线芯截面面积不应小于 25mm。专用接地干线宜穿硬质塑料管埋设至接地体。

（9）由消防控制室接地板引至各消防电子设备的专用接地线应选用铜芯绝缘导线，其芯线截面面积不应小于 $4mm^2$。

(10) 消防电子设备凡采用交流供电时，设备金属外壳和金属支架等应作保护接地，接地线应与电气保护接地干线（PE 线）相连接。

(11) 综合管廊内监控与报警设备防护等级不宜低于 IP65。

(12) 监控与报警系统的防雷、接地应符合现行国家标准《火灾自动报警系统设计规范》GB 50116—2013、《数据中心设计规范》GB 50174—2017 和《建筑物电子信息系统防雷技术规范》GB 50343—2012 的有关规定。

(13) 天然气管道舱内设置的监控与报警系统设备、安装与接线技术要求应符合现行国家标准《爆炸危险环境电力装置设计规范》GB 50058—2014 的有关规定。

8.8 排水系统

8.8.1 一般规定

《城市综合管廊工程技术规范》GB 50838—2015 中对排水系统的排水形式、排水沟坡度、阀门等设计参数都进行了基本的规定，其主要内容如下：

(1) 综合管廊内应设置自动排水系统。

(2) 综合管廊的排水区间长度不宜大于 200m。

(3) 综合管廊的低点应设置集水坑及自动水位排水泵。

(4) 综合管廊的底板宜设置排水明沟，并应通过排水明沟将综合管廊内积水汇入集水坑，排水明沟的坡度不应小于 0.2%。

(5) 综合管廊的排水应就近接入城市排水系统，并应设置逆止阀。

(6) 天然气管道舱应设置独立集水坑。

(7) 综合管廊排出的废水温度不应高于 40℃。

同时对管廊排水系统的施工验收要求符合现行国家标准《压缩机、风机、泵安装工程施工及验收规范》GB 50275—2010 和《给水排水管道工程施工及验收规范》GB 50268—2008 的有关规定。

8.8.2 系统分类及组成

(1) 综合管廊内的排水系统主要满足排出综合管廊的结构渗漏水、管道检修放空水的要求，未考虑管道爆管或消防情况下的排水要求。

(2) 为了将水流尽快汇集至集水坑，综合管廊内采用有组织的排水系统。一般在综合管廊的单侧或双侧设置排水明沟，综合考虑道路的纵坡设计和综合管廊埋深。

(3) 在综合管廊每个防火分区最低处设置一处集水井，每个集水坑内设置两台潜水泵，一用一备，管廊中积水通过排水沟排入集水坑，然后通过潜水泵抽至道路边的雨水口。雨水口应具有消能功能。集水井布置平面图和集水坑平面布置图，如图 8.8-1、图 8.8-2 所示。

(4) 通常选用流量 $20m^3/h$、扬程 15m 的潜水泵，水泵设置自启动装置，在集水井处设置液位控制装置，当集水井内液位到达一定高度时，水泵自动启动，将集水井内积水通过管道从综合管廊构体内引出，排入就近道路雨水管渠。为了防止自来水管道发生意外情

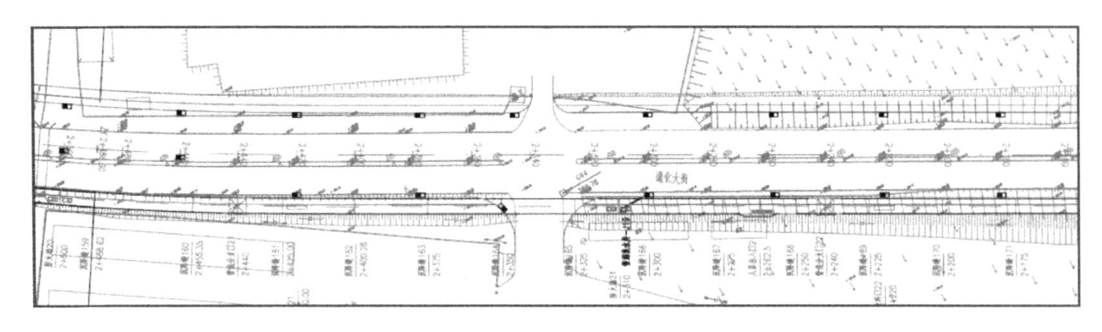

图 8.8-1 集水井布置平面图

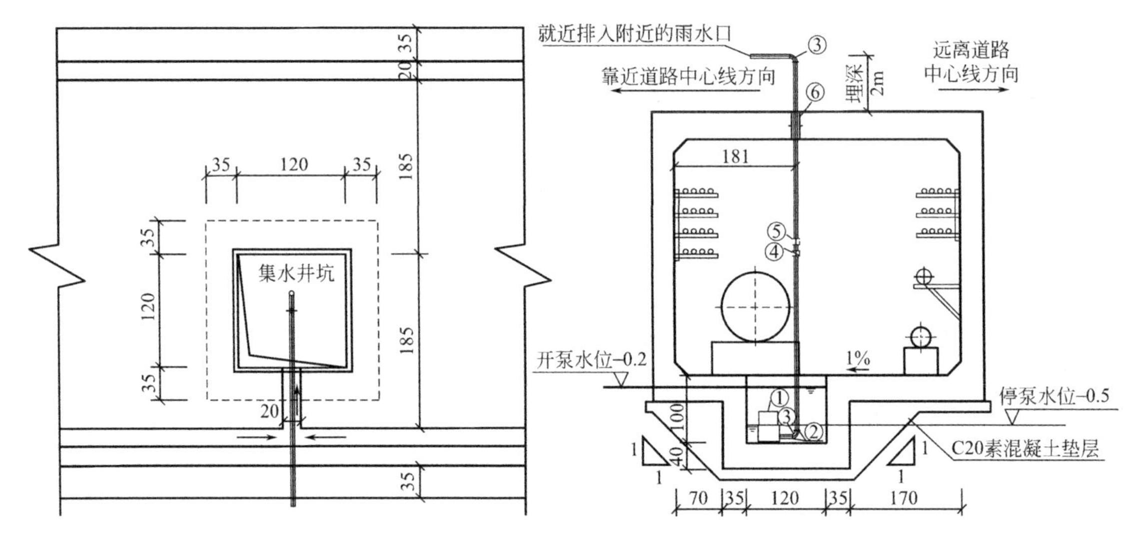

图 8.8-2 集水坑平面布置图

况造成综合管廊内大面积的积水，综合管廊内需要配备一台大流量的潜水泵同时设置防止水患的报警装置，在综合管廊每个防火分区内设置一高液位信号计，当综合管廊内的水位达到这一警戒水位时，立即发信号给控制中心，同时开启备用水泵，将沟内的积水及时排出。

（5）排水管线通常采用镀锌钢管，沟槽连接。

8.8.3 安装方法

1. 潜水泵安装

（1）安装前的准备

1）检查设备的规格、性能是否符合图样的要求，以及说明书、合格证和试验报告是否齐全。

2）检查设备外表是否受损，零部件是否齐全完好。

3）复测土建工程实测数据是否与设备相符，以及检查预留孔是否符合安装要求。

（2）定位

水泵安装基准线与设计轴线，水泵安装平面位置标高与设计平面位置及安装标高的允许偏差和检验方法见表 8.8-1 所示。

水泵安装允许偏差和检验方法　　**表 8.8-1**

项次	项目	允许偏差(mm)	检验方法
1	安装基准线与设计轴线	±20	用钢卷尺检查
2	安装平面位置与设计平面位置	±20	用水准仪和钢尺检查
3	安装标高与设计标高	±20 −10	

（3）弯座地脚螺栓和垫铁

1）地脚螺栓：应垂直，螺母应拧紧，扭力矩应均匀，螺母与垫圈、垫圈与底座接触应紧密。检验方法：观察与用扳手拧试。

2）垫铁：垫铁组应放置平稳，位置合适，接触紧密，每组的块数不应超过 3 块，找平后电焊焊牢，经检查后进行 2 次灌浆。检验方法：用小锤轻击和观察检查。

（4）水泵安装

1）弯座下法兰（进水法兰）垂直度允许偏差不得大于 1/1000。

检验方法：用水平仪检查。

2）弯座上法兰（出水法兰）横向水平度允许偏差不得大于 1/1000。

检验方法：用水平仪检查。

3）水泵出水口中心与弯座下法兰中心允许偏差不得大于 5mm。

检验方法：铅锤吊线及钢板尺测量。

4）叶轮外缘与泵壳之间的径向间隙应符合产品技术要求，间隙应均匀，最小间隙不应小于技术文件规定的 40%。

检验方法：安装时用塞尺检查，并做好记录，验收时查阅记录。

5）出水管道、弯管、过墙管等管道联接应整齐。法兰联结应紧密无隙，螺栓长度以超出螺母 1～5 牙为好。

检验方法：观察检查。

6）电缆安装应整齐、牢固、长度适宜，不得有晃动，电缆外表不得有裂痕、机械损伤。

检验方法：观察检查。

7）卡爪与水泵出水法兰连接应按厂方规定的力矩拧紧，连接必须牢固。

检验方法：观察检查，用手扳试扳螺母。

8）水泵导杆应按厂方规定安装，应牢固，水泵导杆安装的圆锥度偏差不得大于 50 或直线度不大于 1/1000，全长不大于 5mm。

9）电缆绝缘电阻不得小于 5MΩ。

检验方法：用 1000V 高阻表在电缆末端测量，如果小于 5MΩ，则必须单独检查电缆与电机。

10）导杆的安装与调整应确保水泵能顺利地吊上和装入，做到升降灵活，无卡死现象。

检验方法：将水泵拆卸拉上，然后再放下安装。

11）水泵安装以后，将水泵吊起到上面与装入池内 1～2 次，应灵活可靠，定位正确。

检验方法：吊装时观察检查。

（5）水泵试运转

1）查阅安装质量记录，各项技术指标应齐全，并符合要求。

2）点动检查水泵的运转方向是否正确，与泵体标注的方向是否一致，准确无误后，方可带负荷运转。开泵连续运转 2h，必须达到下列要求：

①各法兰连接处不得有泄露，螺栓不得有松动。

②电机电流不应超过额定值，三相电流应平衡。

③水泵运转应平稳、无异常声音。

④水泵、弯座、管道无较大的振动。

⑤电机绕组与轴承温升应正常，热保护监测装置不应动作。

⑥水不得渗入电机内，湿度监测装置不应动作。

⑦检查潜水泵的机械密封性应完好，打开排放塞子，泄露腔内应无渗漏水排出。

潜水泵安装示意如图 8.8-3 所示。

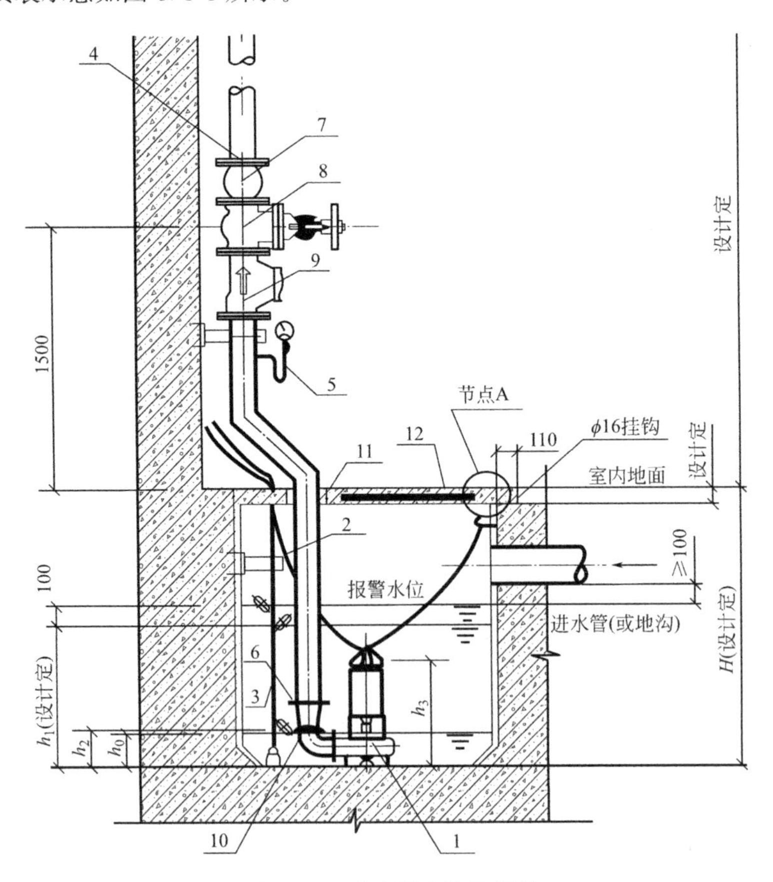

图 8.8-3 潜水泵安装示意图

1—潜水排污泵；2—异径管（含法兰）；3—可曲挠橡胶管接头；4—球形污水止回阀；5—闸阀（或对夹式蝶阀）；6—法兰；7—液位自动控制装置；8—电源电缆；9—自耦装置；10—压力表；11—钢套管；12—密闭井盖

2. 管道安装

（1）管道压槽原理见表 8.8-2。

管道压槽原理表　　　　表 8.8-2

压槽原理图	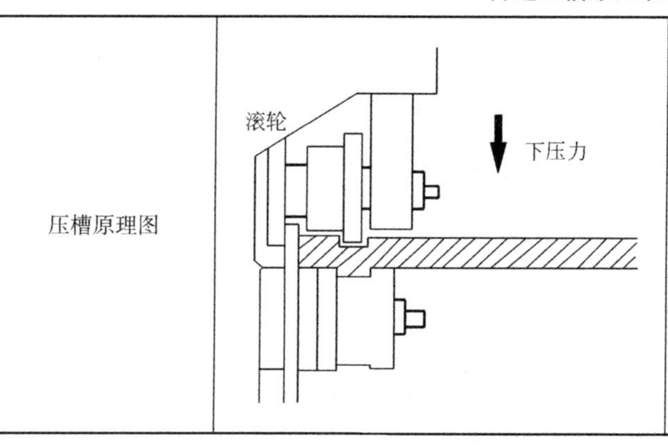	沟槽是采用专用钢管压制而成，压槽机配轮由压轮和滚轮配对组成，沟槽宽度及端头长度均由配轮组合决定，压轮下压的深度由沟槽深度定位尺控制，其下压过程依次实现在滚轮启动和管体旋转中，旋转一周、下压一级，以保证下压过程中不破坏管体真圆度或造成沟槽深浅不一

（2）沟槽连接安装工艺流程

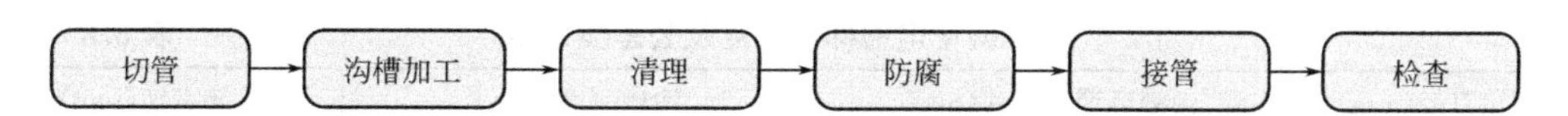

（3）沟槽加工。沟槽连接方式适用于公称直径大于 80mm 的镀锌钢管连接，沟槽式接头应符合国家现行的有关产品标准，其工作压力应与管道工作压力相匹配。

镀锌钢管沟槽加工步骤见表 8.8-3。

镀锌钢管沟槽加工步骤表　　　　表 8.8-3

序号	安装步骤	安装说明
1	固定压槽机	把压槽机固定在一个宽敞的水平面上，也可固定在铁板上，必须确保压槽机稳定、可靠
2	检查压槽机	检查压槽机空运转时是否良好，发现异常情况应及时向机具维修人员反映，以便及时解决
3	架管	把管道垂直于压槽机的驱动轮挡板水平放置，使钢管和压槽机平台在同一个水平面上，管道长度超过 0.5m 时，要有能调整高度的支撑尾架，且把支撑尾架固定、防止摆动，如下图所示
4	检查压轮	检查压槽机使用的驱动轮和压轮是否与所压的管径相符
5	确定沟槽深度	旋转定位螺母，调整好压轮行程，确定沟槽深度和沟槽宽度
6	压槽	操作液压手柄使上滚轮压住钢管，然后打开电源开关，操动手压泵手柄均匀缓慢下压，每压一次手柄行程不超过 0.2mm，钢管转动一周，一直压到压槽机上限位螺母到位为止，然后让机械再转动两周以上，以保证壁厚均匀
7	检查	检查压好的沟槽尺寸，如不符合规定，再微调，进行第二次压槽，再一次检查沟槽尺寸，以达到规定的标准尺寸

续表

序号	安装步骤	安装说明
镀锌钢管沟槽加工示意图		

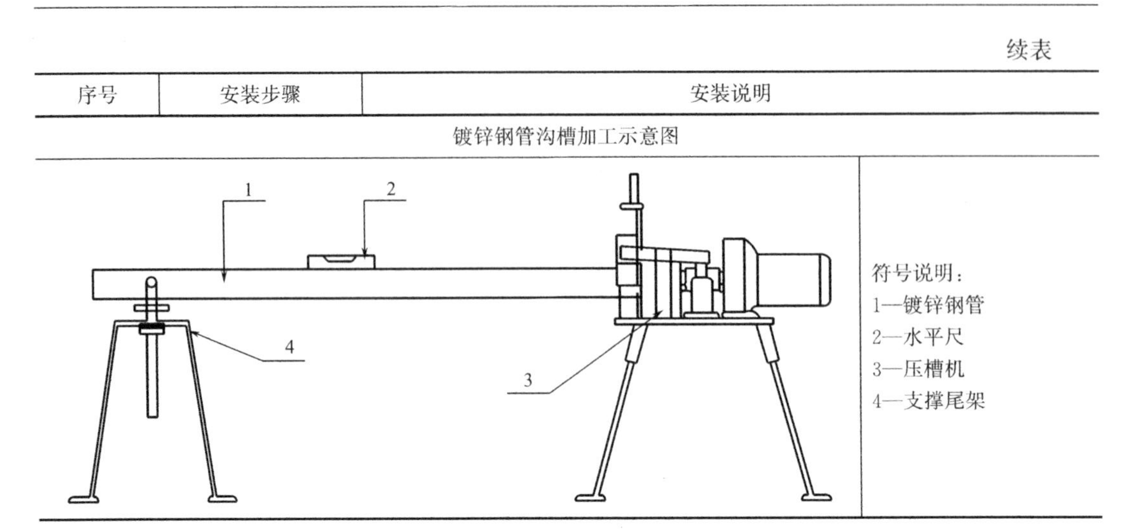

用压槽机压槽时，管道应保持水平，且与压槽机驱动轮挡板呈 90°，压槽时应保持持续渐进。镀锌钢管沟槽标准深度及公差要求见表 8.8-4。

镀锌钢管沟槽标准深度及公差要求表　　表 8.8-4

公称直径(mm)	沟槽至管端尺寸(mm)	沟槽深度(mm)	沟槽宽度(mm)
DN100	15.9	2.11	8.74
DN125	15.9	2.11	8.74
DN150	15.9	2.16	11.91

(4) 沟槽式卡箍管件安装

镀锌钢管沟槽连接优先采用成品沟槽式衬塑管件。

采用机械截管，截面应垂直轴心，允许偏差：管径不大于 100mm 时，偏差不大于 1mm；管径大于 125mm 时，偏差不大于 1.5mm。

沟槽式卡箍管件安装前，检查卡箍的规格和胶圈的规格标识是否一致，检查被连接的管道端部，不允许有裂纹、轴向皱纹和毛刺，安装胶圈前，还应除去管端密封处的泥沙和污物。

镀锌钢管沟槽连接步骤见表 8.8-5。

镀锌钢管沟槽连接步骤表　　表 8.8-5

序号	安装步骤	安装说明
1	上橡胶垫圈	将密封橡胶圈套入一根钢管的密封部位，注意不得损坏密封橡胶圈
2	管道连接	将另一根加工好的管道与该管对齐，两根管道之间留有一定间隙，移动胶圈，调整胶圈位置，使胶圈与两侧钢管的沟槽距离相等
3	涂润滑剂	在管道端部和橡胶圈上涂上润滑剂
4	安装卡箍	将卡箍上、下紧扣在密封橡胶圈上，并确保卡箍凸边卡进沟槽内
5	拧紧螺母	用手压紧上下卡箍的耳部，使上下卡箍靠紧并穿入螺栓，螺栓的根部椭圆颈进入卡箍的椭圆孔，用扳手均匀轮换同步进行拧紧螺母，确认卡箍凸边全圆周卡进沟槽内
6	检查	检查上下卡箍的合面是否靠紧，确认不存在间隙

（5）机械三通安装

镀锌钢管安装机械三通，需要在管道上开孔，开孔必须使用专用的开孔机，不允许使用气割开孔，开孔后必须做好开孔断面的防锈处理。

管道开孔及安装机械三通节点详图见表 8.8-6。

管道开孔及安装机械三通节点详图表　　　　表 8.8-6

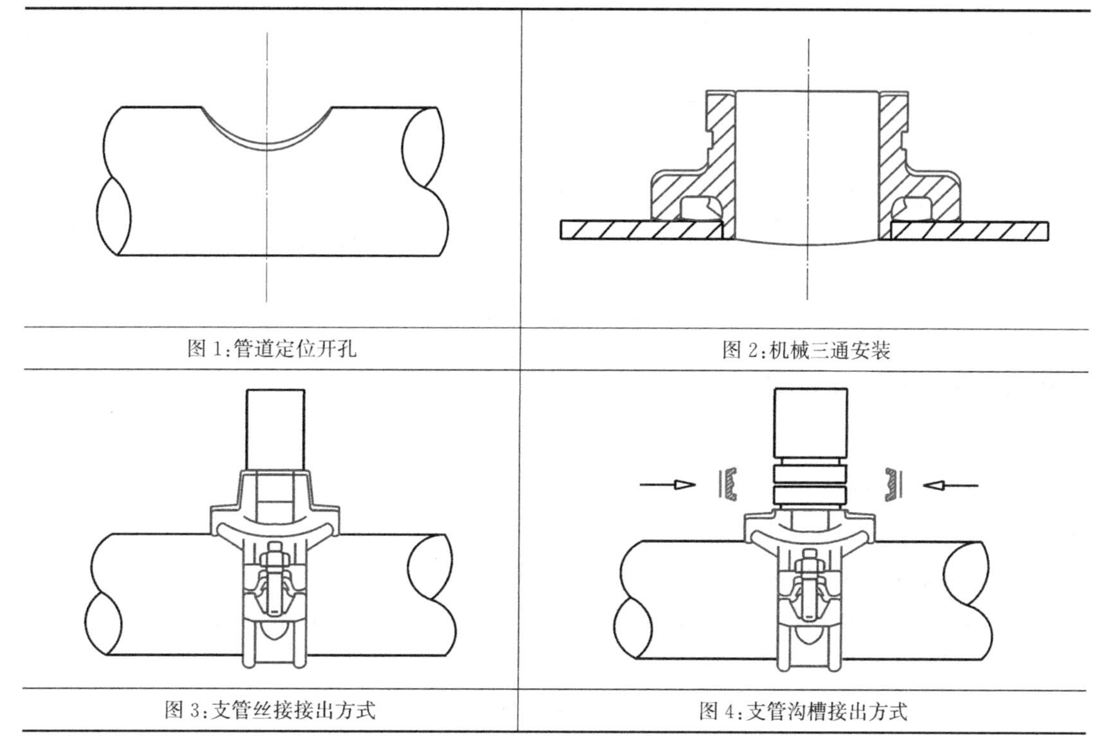

图 1:管道定位开孔　　图 2:机械三通安装

图 3:支管丝接接出方式　　图 4:支管沟槽接出方式

管道开孔及安装机械三通步骤见表 8.8-7。

管道开孔及安装机械三通步骤表　　　　表 8.8-7

序号	安装步骤	安装说明
1	画线	根据施工现场测量、定位，在需要开孔的部位用画线器准确的作出标志
2	固定管道与开孔机	用链条将开孔机固定于管道预定开孔位置处，用水平尺调整管道至水平
3	开孔	启动电机转动钻头，操作设置在支柱顶部的手轮，缓慢地下压转动手轮，完成钻头在钢管上的开孔作业
4	清理	清理钻落的碎片和开孔部位的残渣，用砂轮机打磨孔口的毛刺，再刷两道防锈漆
5	安装机械三通	将机械三通置于钢管孔洞上，机械三通、橡胶密封圈与孔洞间隙应保持均匀，拧紧螺栓

8.9　标识系统

8.9.1　一般规定

《城市综合管廊工程技术规范》GB 50838—2015 对综合管廊标识系统有如下规定：

（1）综合管廊的主出入口内应设置综合管廊介绍牌，并应标明综合管廊建设时间、规模、容纳管线。

（2）纳入综合管廊的管线，应采用符合管线管理单位要求的标识进行区分，并应标明管线属性、规格、产权单位名称、紧急联系电话。标识应设置在醒目位置，间隔距离不应大于 100m。

（3）综合管廊的设备旁边应设置设备铭牌，并应标明设备的名称、基本数据、使用方式及紧急联系电话。

（4）综合管廊内应设置“禁烟”、“注意碰头”、“注意脚下”、“禁止触摸”、“防坠落”等警示、警告标识。

（5）综合管廊内部应设置里程标识，交叉口处应设置方向标识。

（6）人员出入口、逃生口、管线分支口、灭火器材设置处等部位，应设置带编号的标识。

（7）综合管廊穿越河道时，应在河道两侧醒目位置设置明确的标识。

8.9.2 安装方法及要求

1. 导向标识

（1）安全出口标识

1）在每个人员进出口的门梁上设置。

2）汉字采用“宋体”标识字体，字高为 80mm，字宽 80mm。

3）标识牌的版面颜色选择绿字 ral6024 白底 ral9011，参考 ral 工业国际标准色卡。

4）内边框线距离指示牌边缘 13mm，线宽 5mm。

5）边角必须切割成圆弧形，半径为 10mm。

6）标识牌为单面贴膜，单面文字。

7）标识牌应采用不可燃、防潮、防锈类材质制作，标识牌与墙体的连接件必须是双保险，以保证结构牢固耐久。安全出口标识参考图例如图 8.9-1 所示。

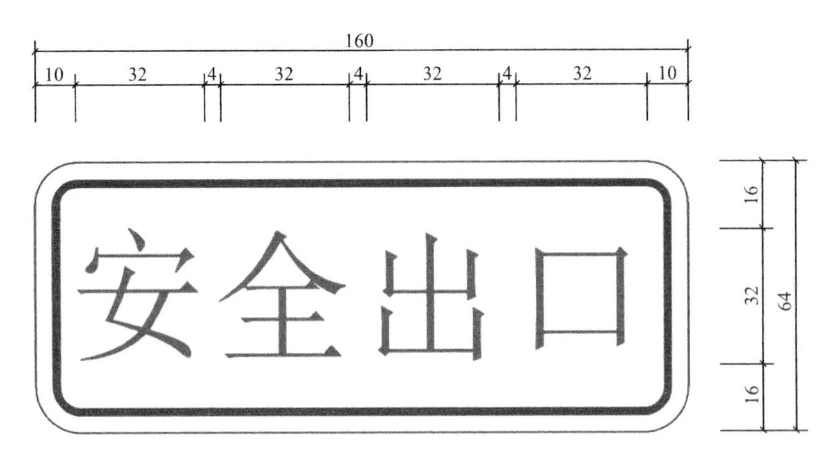

图 8.9-1 安全出口标识参考图例（单位：mm）

（2）逃生口标识

1）在每个防火分区的逃生门旁表明逃生门标识，距地 1500mm。

2）汉字采用“宋体”标识字体，字高为 80mm，字宽 80mm。

3）标识牌的版面颜色选择绿字 ral6024 白底 ral9011，参考 ral 工业国际标准色卡。

4）内边框线距离指示牌边缘 13mm，线宽 5mm。

5）边角必须切割成圆弧形，半径为 10mm。

6）标识牌为单面贴膜，单面文字。

7）标识牌应采用不可燃、防潮、防锈类材质制作，悬挂标识牌与墙体的连接件必须是双保险，以保证结构牢固耐久。逃生口标识参考图例如图 8.9-2 所示。

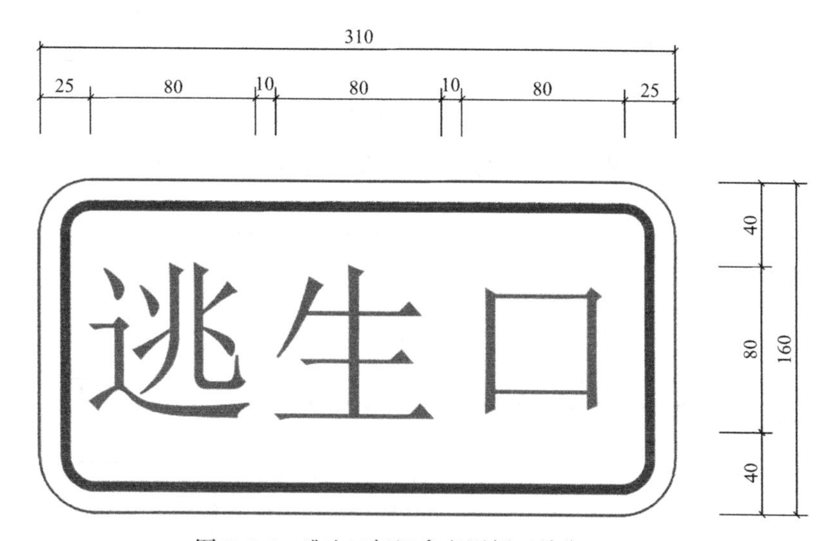

图 8.9-2　逃生口标识参考图例（单位：mm）

（3）距离标识

1）宜吊装在距离每个人员进出口 50m 处的顶部中间位置。

2）汉字采用“宋体”标识字体，字高为 80mm，字宽 80mm。

3）标识牌的版面颜色选择绿字 ral6024 白底 ral9011，参考 ral 工业国际标准色卡。

4）内边框线距离指示牌边缘 13mm，线宽 5mm。

5）边角必须切割成圆弧形，半径为 10mm。

6）标识牌为单面贴膜，单面文字。

7）标识牌应采用不可燃、防潮、防锈类材质制作，悬挂标识牌与墙体的连接件必须是双保险，以保证结构牢固耐久。距离标识参考图例如图 8.9-3 所示。

（4）楼梯标识

1）在每个楼梯进出口的侧墙或进出口门梁上设置楼梯标识，距地 1500mm。

2）汉字采用“宋体”标识字体，字高为 80mm，字宽 80mm。

3）标识牌的版面颜色选择绿字 ral6024 白底 ral9011，参考 ral 工业国际标准色卡。

4）内边框线距离指示牌边缘 13mm，线宽 5mm。

5）边角必须切割成圆弧形，半径为 10mm。

6）标识牌为单面贴膜，单面文字。

7）标识牌应采用不可燃、防潮、防锈类材质制作，悬挂标识牌与墙体的连接件必须

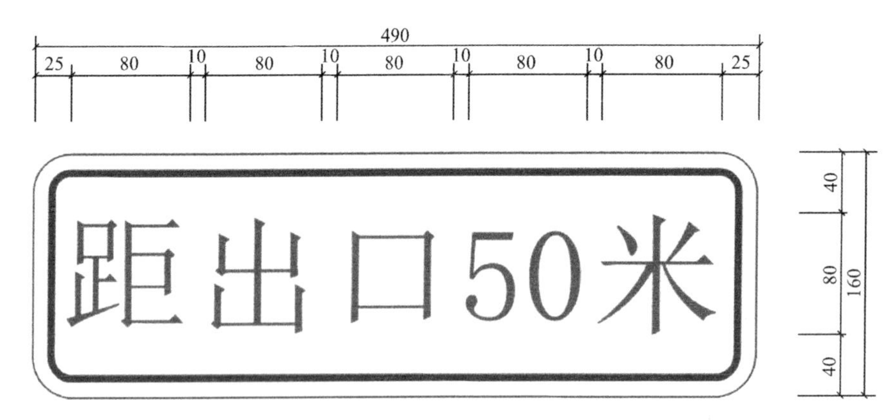

图 8.9-3　距离标识参考图例（单位：mm）

是双保险，以保证结构牢固耐久。楼梯标识参考图例如图 8.9-4 所示。

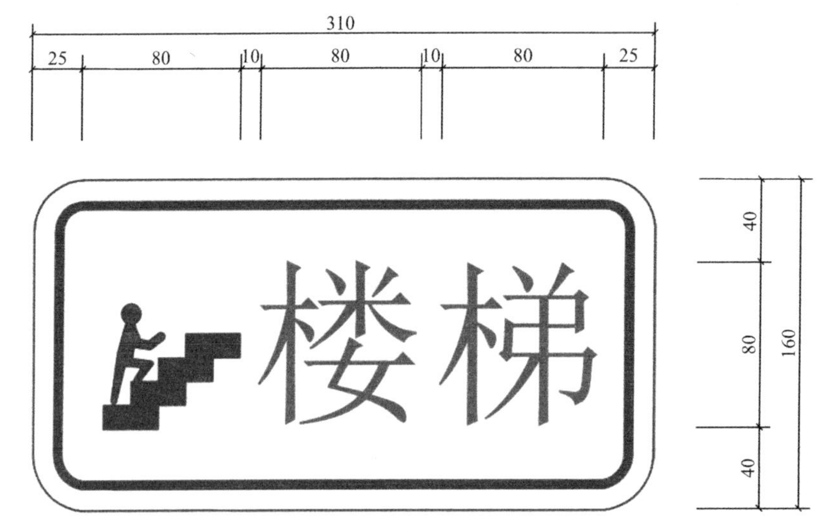

图 8.9-4　楼梯标识参考图例（单位：mm）

（5）爬梯标识

1）在每个爬梯口的侧墙上设置楼梯标识，距地 1500mm。

2）汉字采用“宋体”标识字体，字高为 80mm，字宽 80mm。

3）标识牌的版面颜色选择绿字 ral6024 白底 ral9011，参考 ral 工业国际标准色卡。

4）内边框线距离指示牌边缘 13mm，线宽 5mm。

5）边角必须切割成圆弧形，半径为 10mm。

6）标识牌为单面贴膜，单面文字。

7）标识牌应采用不可燃、防潮、防锈类材质制作，悬挂标识牌与墙体的连接件必须是双保险，以保证结构牢固耐久。爬梯标识参考图例如图 8.9-5 所示。

（6）常闭式防火门标识

1）在每个防火分区的防火门的门梁上设置，距地 1500mm。

2）汉字采用“宋体”标识字体，字高为 80mm，字宽 80mm。

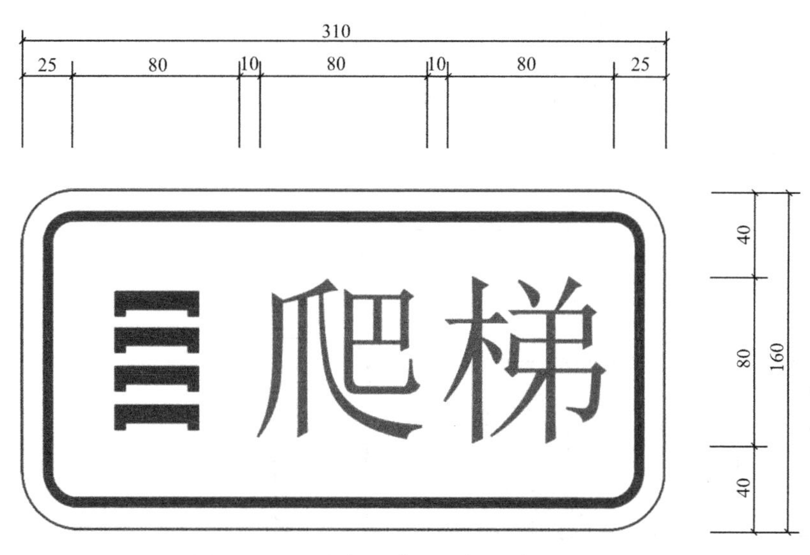

图 8.9-5　爬梯标识参考图例（单位：mm）

3）标识牌的版面颜色选择绿字 ral6024 白底 ral9011，参考 ral 工业国际标准色卡。

4）内边框线距离指示牌边缘 13mm，线宽 5mm。

5）边角必须切割成圆弧形，半径为 10mm。

6）标识牌为单面贴膜，单面文字。

7）标识牌应采用不可燃、防潮、防锈类材质制作，悬挂标识牌与墙体的连接件必须是双保险，以保证结构牢固耐久。常闭式防火门标识参考图例如图 8.9-6 所示。

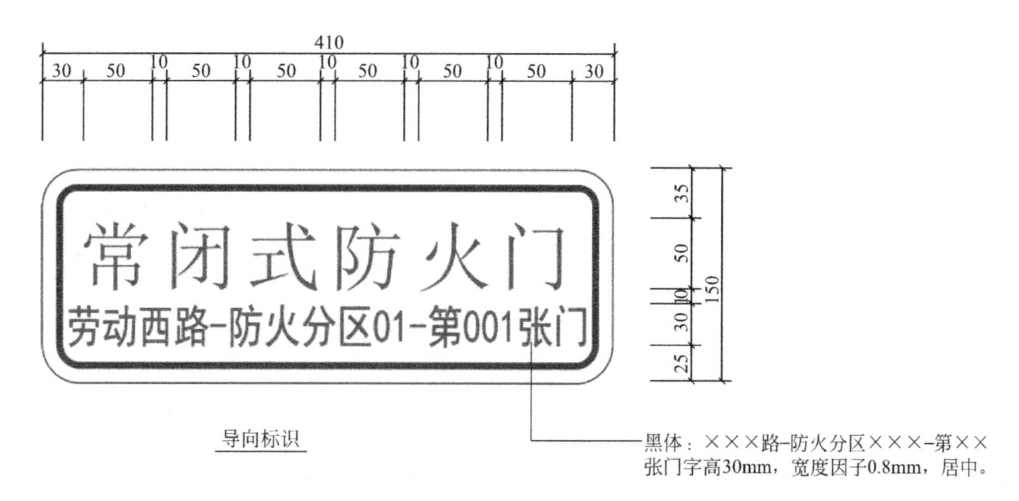

图 8.9-6　常闭式防火门标识参考图例（单位：mm）

（7）路名指示标识

1）在每个路口正上方的顶部上设置该标识。

2）汉字采用“宋体”标识字体，字高为 50mm，字宽 50mm。

3）标识牌的版面颜色选择绿字 ral6024 白底 ral9011，参考 ral 工业国际标准色卡。

4）内边框线距离指示牌边缘 13mm，线宽 5mm。

5）边角必须切割成圆弧形，半径为 10mm。

6）标识牌为单面贴膜，单面文字。

7）标识牌应采用不可燃、防潮、防锈类材质制作，悬挂标识牌与墙体的连接件必须是双保险，以保证结构牢固耐久。路名指示标识参考图例如图 8.9-7 所示。

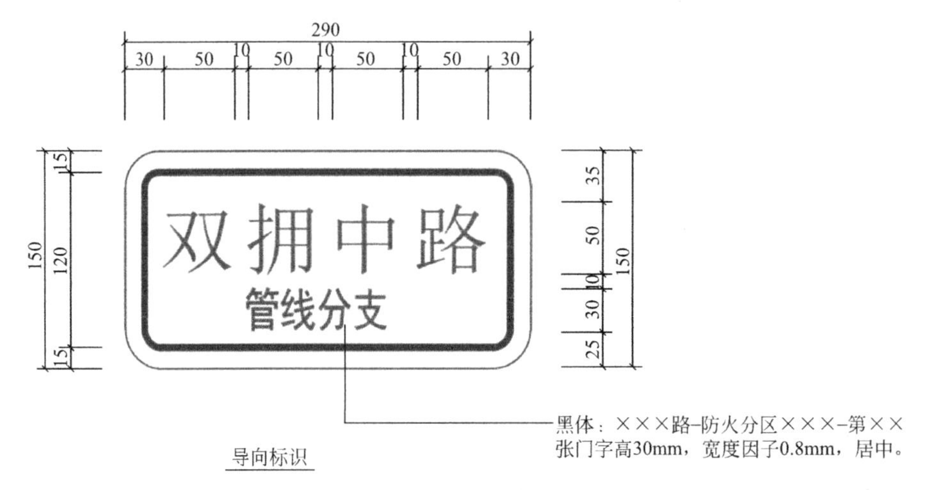

图 8.9-7　路名指示标识参考图例（单位：mm）

（8）河道标识

1）在距河道距离 80m 正上方的顶部上设置该标识。

2）汉字采用“宋体”标识字体，字高为 50mm，字宽 50mm。

3）标识牌的版面颜色选择绿字 ral6024 白底 ral9011，参考 ral 工业国际标准色卡。

4）内边框线距离指示牌边缘 13mm，线宽 5mm。

5）边角必须切割成圆弧形，半径为 10mm。

6）标识牌为单面贴膜，单面文字。

7）标识牌应采用不可燃、防潮、防锈类材质制作，悬挂标识牌与墙体的连接件必须是双保险，以保证结构牢固耐久。河道指示标识参考图例如图 8.9-8 所示。

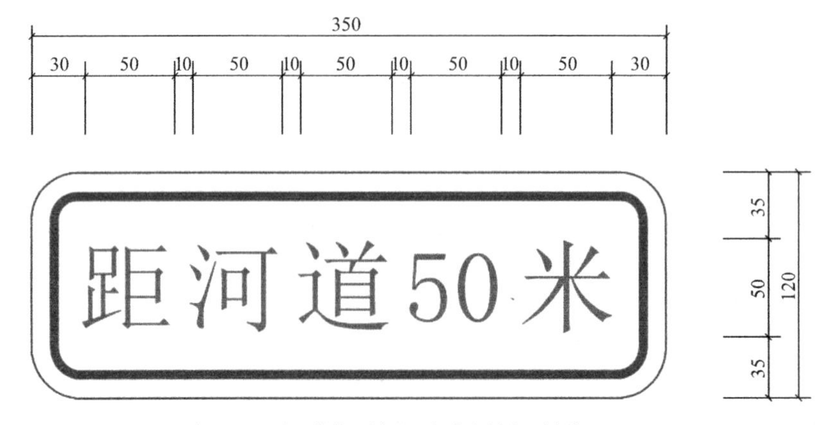

图 8.9-8　河道指示标识参考图例（单位：mm）

（9）管廊定位铭牌标识

1）在管廊出入口门侧旁，距地 1500mm。

2）汉字采用“宋体”标识字体，字高为 40mm，字宽 40mm。

3）标识牌的版面颜色选择绿字 ral6024 白底 ral9011，参考 ral 工业国际标准色卡。

4）内边框线距离指示牌边缘 5mm，线宽 3mm。

5）边角必须切割成圆弧形，半径为 10mm。

6）标识牌为单面贴膜，单面文字。

7）标识牌应采用不可燃、防潮、防锈类材质制作，悬挂标识牌与墙体的连接件必须是双保险，以保证结构牢固耐久。管廊定位名牌标识参考图例如图 8.9-9 所示。

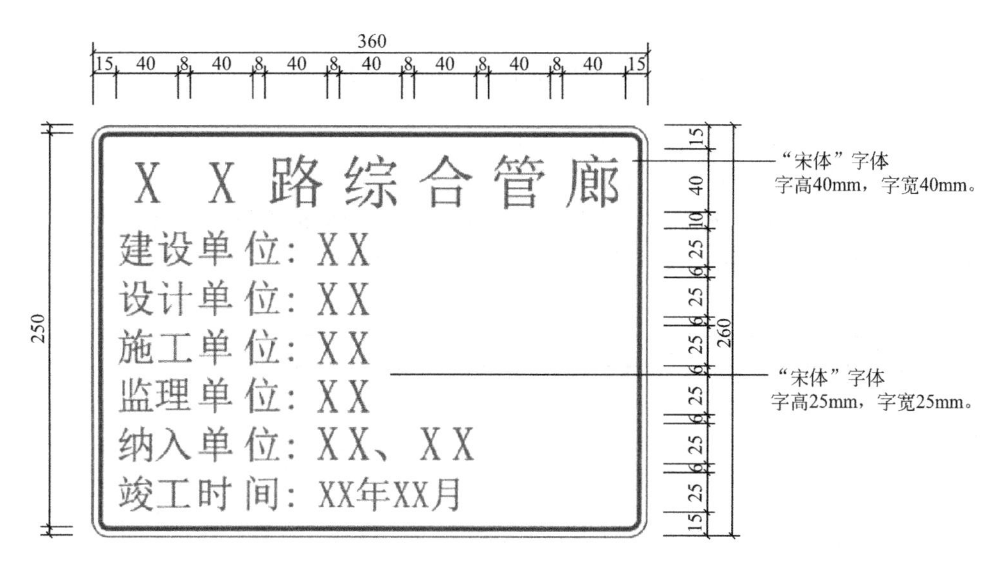

图 8.9-9　管廊定位名牌标识参考图例（单位：mm）

2. 管理标识

（1）变压器室标识

1）在每个变压器室入口处设置变压器室标识，距地 1500mm。

2）汉字采用“宋体”标识字体，字高为 50mm，字宽 50mm。

3）标识牌的版面颜色选择蓝字 ral5017 白底 ral9011，参考 ral 工业国际标准色卡。

4）内边框线距离指示牌边缘 13mm，线宽 5mm。

5）边角必须切割成圆弧形，半径为 10mm。

6）标识牌为单面贴膜，单面文字。

7）标识牌应采用不可燃、防潮、防锈类材质制作，悬挂标识牌与墙体的连接件必须是双保险，以保证结构牢固耐久。变压器室标识参考图例如图 8.9-10 所示。

（2）控制中心标识

1）在每个控制中心入口处设置控制中心标识，距地 1500mm。

2）汉字采用“宋体”标识字体，字高为 50mm，字宽 50mm。

3）标识牌的版面颜色选择蓝字 ral5017 白底 ral9011，参考 ral 工业国际标准色卡。

4）内边框线距离指示牌边缘 13mm，线宽 5mm。

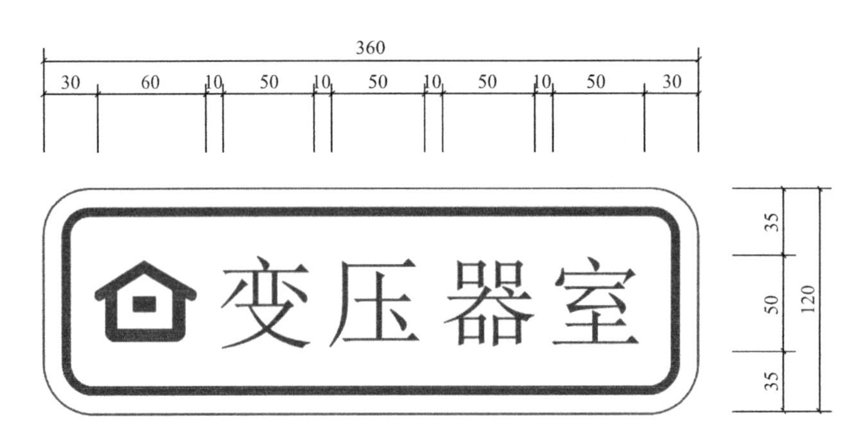

图 8.9-10　变压器室标识参考图例（单位：mm）

5）边角必须切割成圆弧形，半径为 10mm。

6）标识牌为单面贴膜，单面文字。

7）标识牌应采用不可燃、防潮、防锈类材质制作，悬挂标识牌与墙体的连接件必须是双保险，以保证结构牢固耐久。控制中心标识参考图例如图 8.9-11 所示。

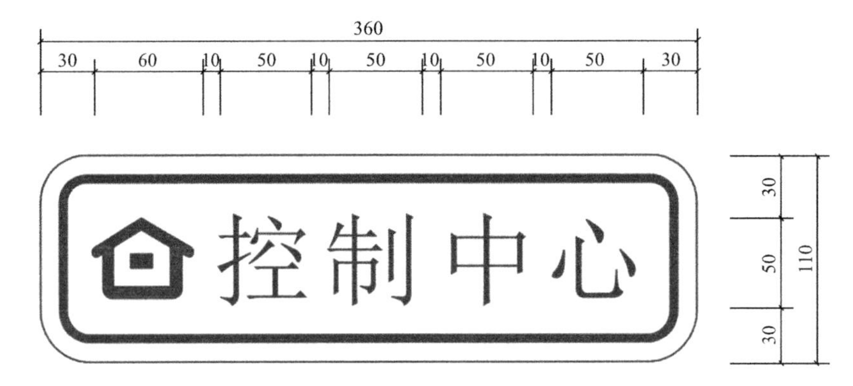

图 8.9-11　控制中心标识参考图例（单位：mm）

（3）投料口标识

1）在靠近投料口处设置投料口标识。

2）汉字采用“宋体”标识字体，字高为 80mm，字宽 80mm。

3）标识牌的版面颜色选择蓝字 ral5017 白底 ral9011，参考 ral 工业国际标准色卡。

4）内边框线距离指示牌边缘 13mm，线宽 5mm。

5）边角必须切割成圆弧形，半径为 10mm。

6）标识牌为单面贴膜，单面文字。

7）标识牌应采用不可燃、防潮、防锈类材质制作，悬挂标识牌与墙体的连接件必须是双保险，以保证结构牢固耐久。投料口标识参考图例如图 8.9-12 所示。

（4）通风口标识

1）在通风口处设置出风口标识。

2）汉字采用“宋体”标识字体，字高为 80mm，字宽 80mm。

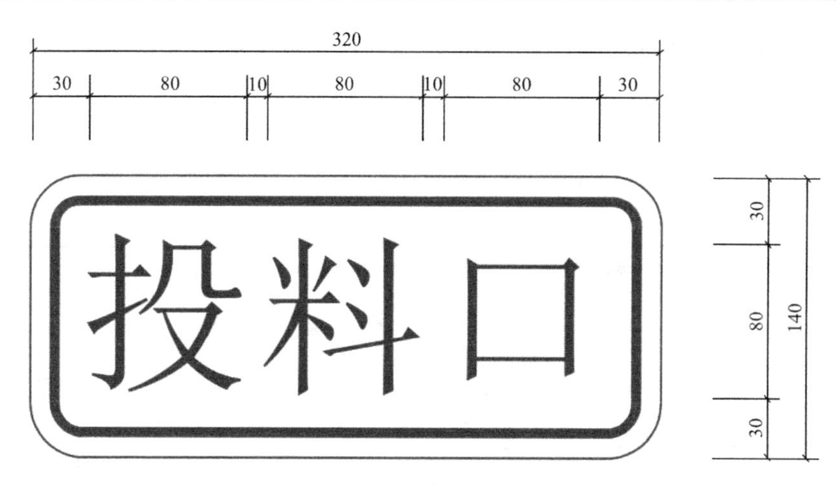

图 8.9-12　投料口标识参考图例（单位：mm）

3）标识牌的版面颜色选择蓝字 ral5017 白底 ral9011，参考 ral 工业国际标准色卡。

4）内边框线距离指示牌边缘 13mm，线宽 5mm。

5）边角必须切割成圆弧形，半径为 10mm。

6）标识牌为单面贴膜，单面文字。

7）标识牌应采用不可燃、防潮、防锈类材质制作，悬挂标识牌与墙体的连接件必须是双保险，以保证结构牢固耐久。通风口标识参考图例如图 8.9-13 所示。

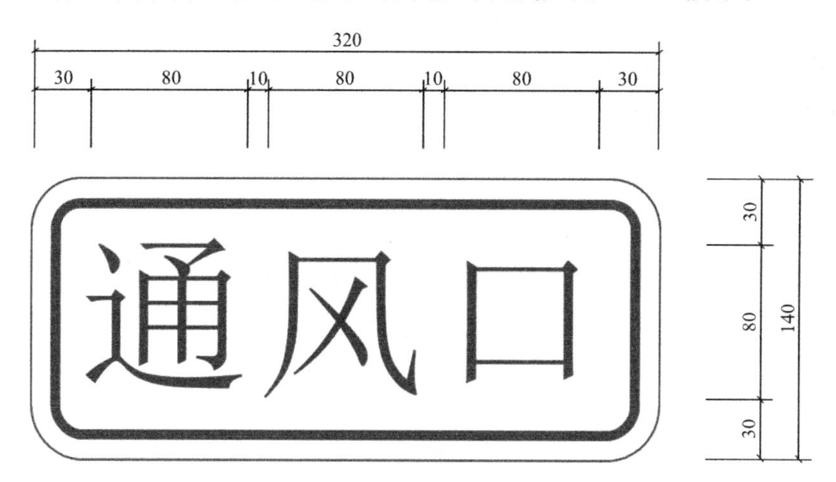

图 8.9-13　通风口标识参考图例（单位：mm）

（5）集水坑标识

1）在集水坑处设置集水坑标识。

2）汉字采用“宋体”标识字体，字高为 80mm，字宽 80mm。

3）标识牌的版面颜色选择蓝字 ral5017 白底 ral9011，参考 ral 工业国际标准色卡。

4）内边框线距离指示牌边缘 13mm，线宽 5mm。

5）边角必须切割成圆弧形，半径为 10mm。

6）标识牌为单面贴膜，单面文字。

7）标识牌应采用不可燃、防潮、防锈类材质制作，悬挂标识牌与墙体的连接件必须是双保险，以保证结构牢固耐久。集水坑标识参考图例如图 8.9-14 所示。

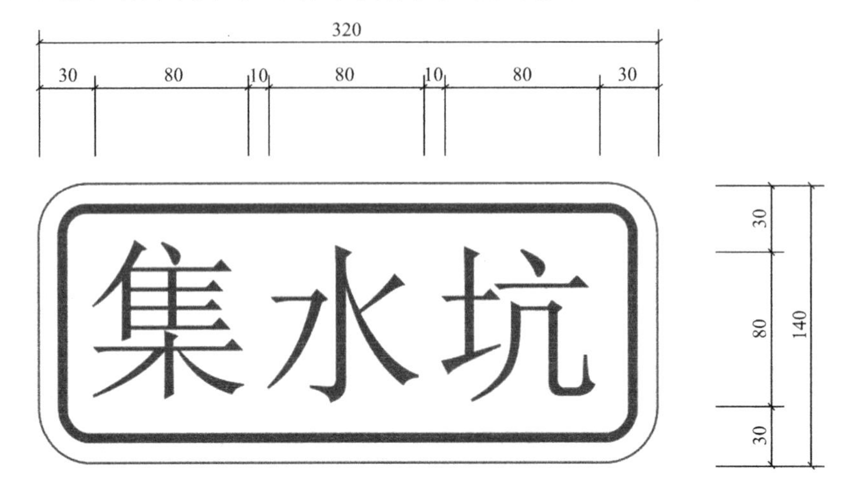

图 8.9-14　集水坑标识参考图例（单位：mm）

3. 专业管道标识

（1）在管道处/电缆处设置管道类型标识。标识要求如下：

1）汉字采用“宋体”标识字体，字高为 45mm，字宽 45mm。

2）标识牌的版面颜色选择蓝字 ral6024 白底 ral9011，参考 ral 工业国际标准色卡。

3）内边框线距离指示牌边缘 5mm，线宽 3mm。

4）边角必须切割成圆弧形，半径为 10mm。

5）标识牌为单面贴膜，单面文字。

6）标识牌应采用不可燃、防潮、防锈类材质制作，悬挂标识牌与墙体的连接件必须是双保险，以保证结构牢固耐久。

7）标识牌每隔 100m 设置一个。

（2）各类管道标识参考图例如图 8.9-15～图 8.9-23 所示。

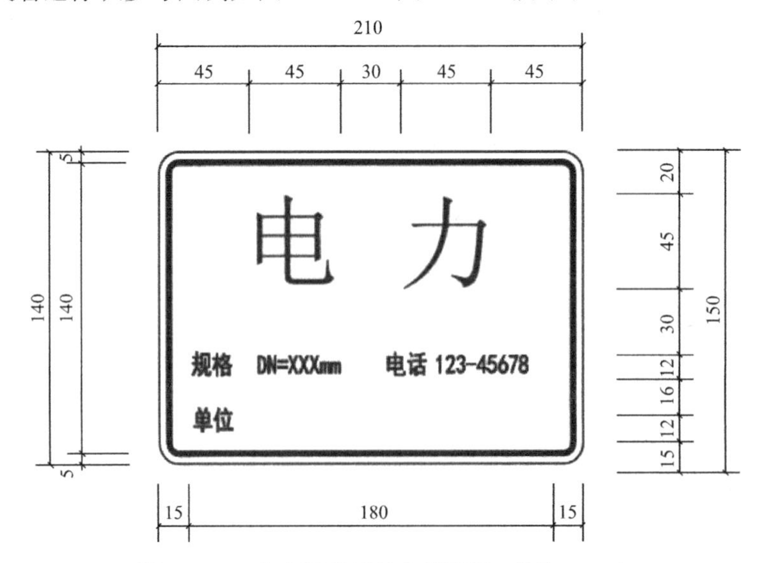

图 8.9-15　电力管道标识参考图例（单位：mm）

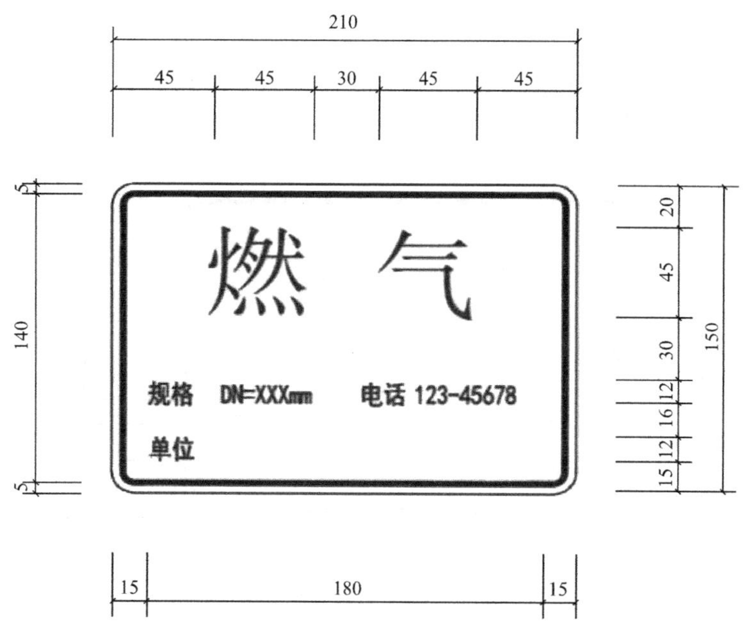

图 8.9-16　燃气管道标识参考图例（单位：mm）

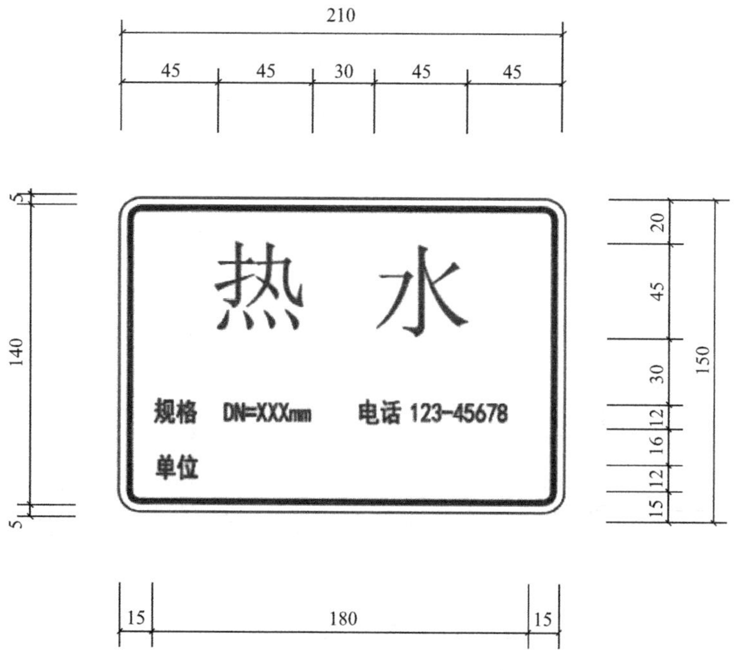

图 8.9-17　热水管道标识参考图例（单位：mm）

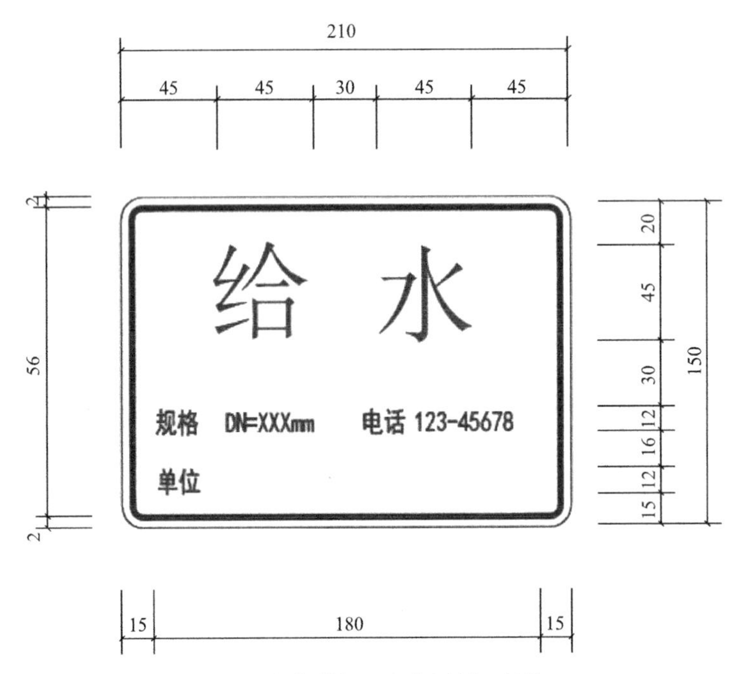

图 8.9-18 给水管道标识参考图例（单位：mm）

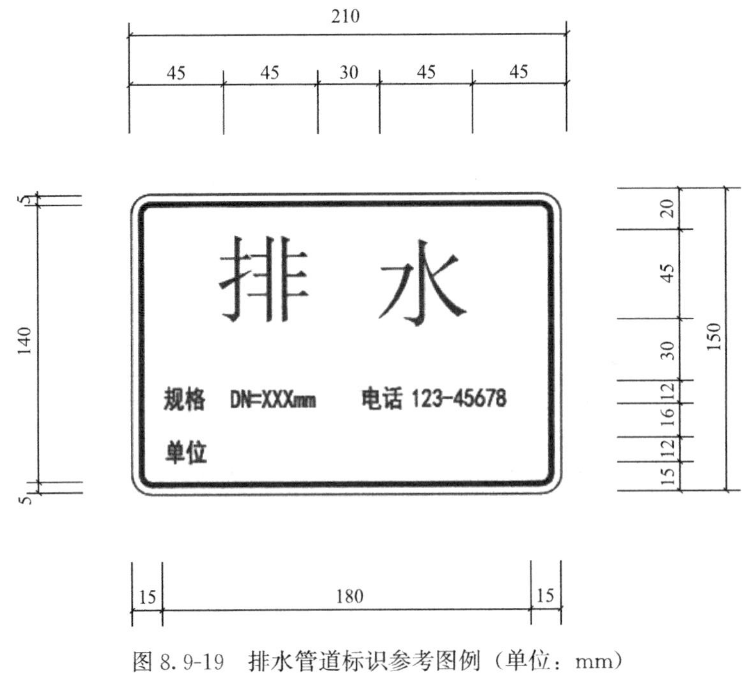

图 8.9-19 排水管道标识参考图例（单位：mm）

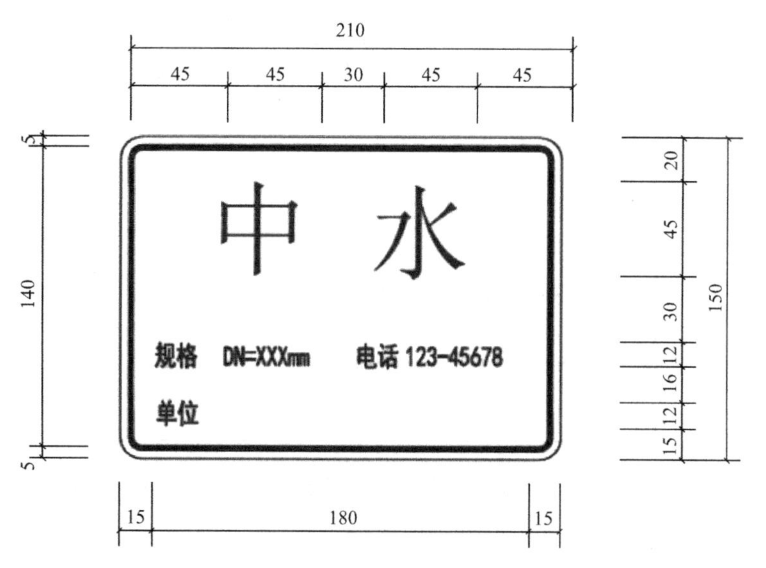

图 8.9-20　中水管道标识参考图例（单位：mm）

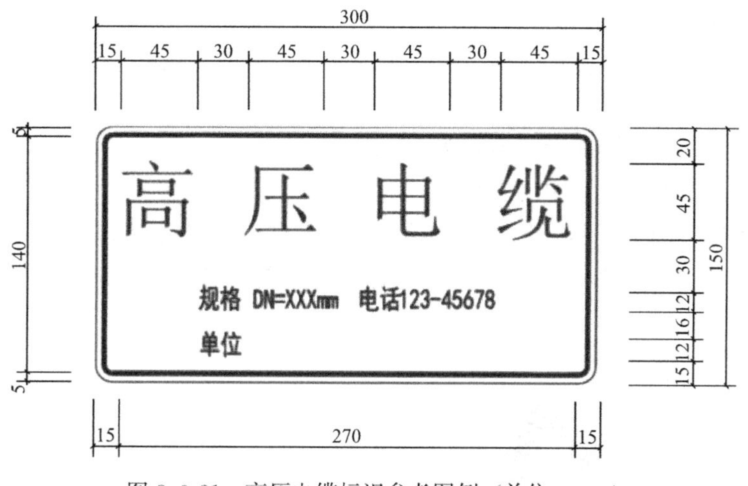

图 8.9-21　高压电缆标识参考图例（单位：mm）

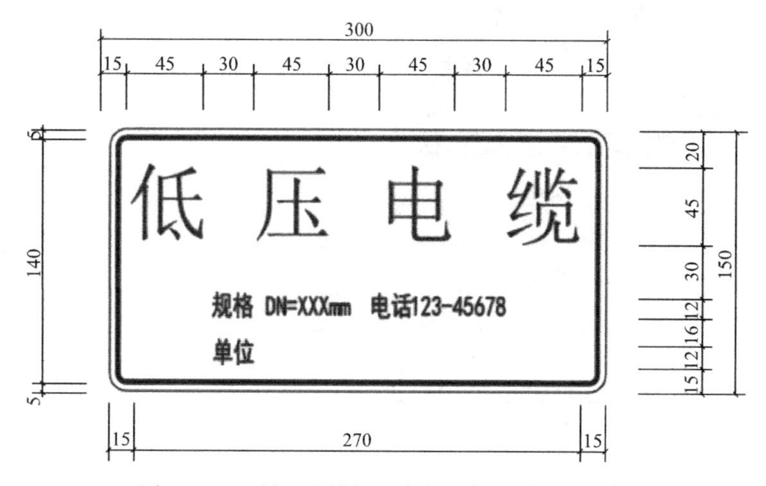

图 8.9-22　低压电缆标识参考图例（单位：mm）

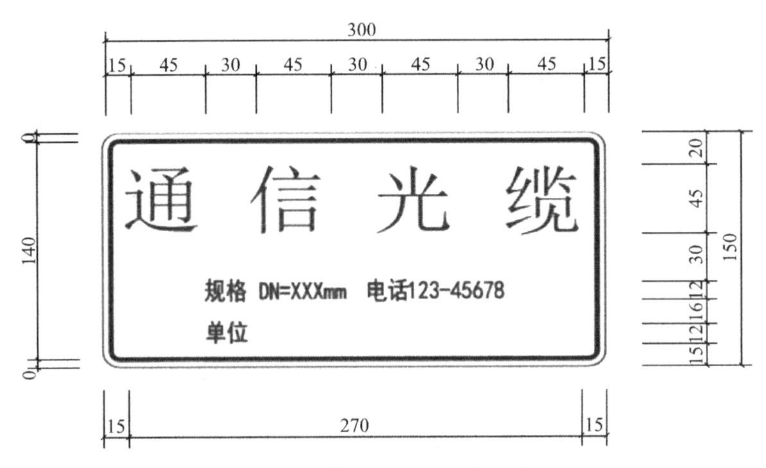

图 8.9-23　通信光缆标识参考图例（单位：mm）

4. 警示标识

（1）当心触电标识

1）在用电处设置此标识。

2）汉字采用“宋体”标识字体，字高为 50mm，字宽 50mm。

3）边框线线宽 5mm。

4）边角必须切割成圆弧形，半径为 8mm。

5）标识牌为单面贴膜，单面文字。

6）标识牌应采用不可燃、防潮、防锈类材质制作，悬挂标识牌与墙体的连接件必须是双保险，以保证结构牢固耐久。当心触电标识参考图例如图 8.9-24 所示。

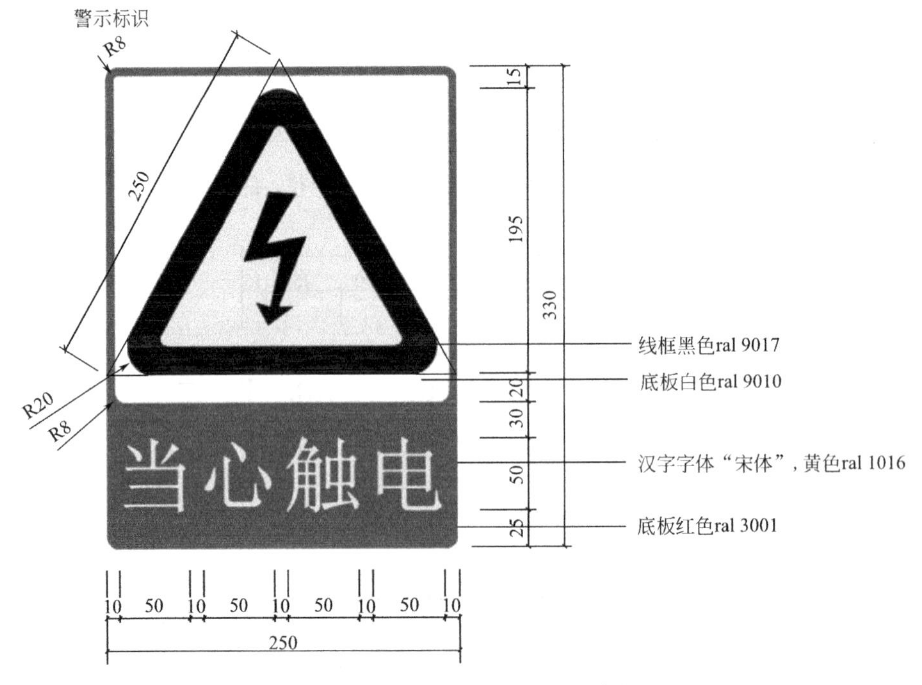

图 8.9-24　当心触电标识参考图例（单位：mm）

（2）小心火灾标识

1）在易起火处位置设置此标识。

2）汉字采用“宋体”标识字体，字高为 50mm，字宽 50mm。

3）边框线线宽 5mm。

4）边角必须切割成圆弧形，半径为 8mm。

5）标识牌为单面贴膜，单面文字。

6）标识牌应采用不可燃、防潮、防锈类材质制作，悬挂标识牌与墙体的连接件必须是双保险，以保证结构牢固耐久。小心火灾标识参考图例如图 8.9-25 所示。

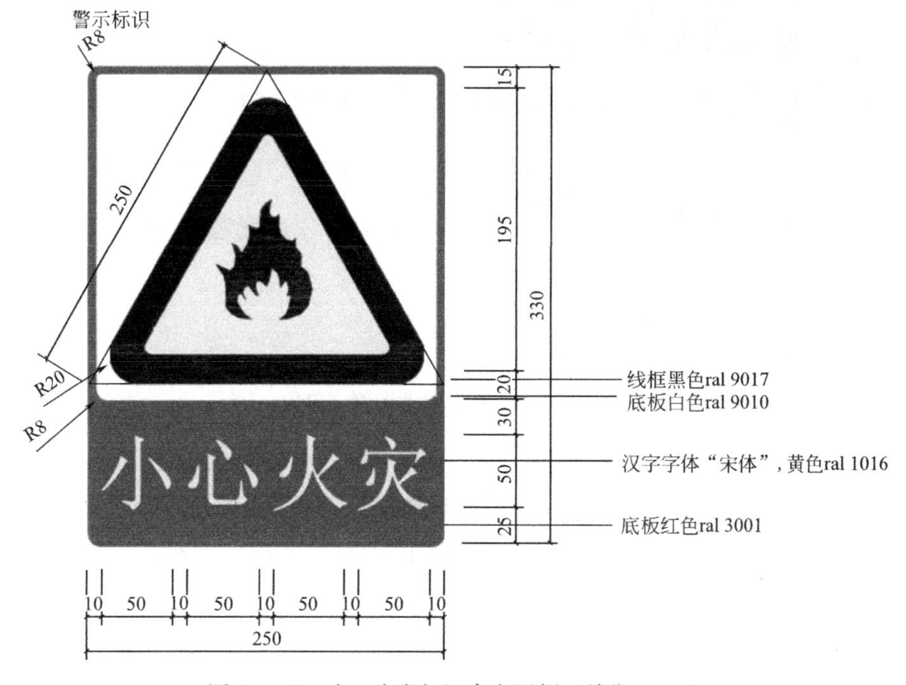

图 8.9-25　小心火灾标识参考图例（单位：mm）

（3）易爆物品标识

1）在可能爆炸的位置设置此标识。

2）汉字采用“宋体”标识字体，字高为 50mm，字宽 50mm。

3）边框线线宽 5mm。

4）边角必须切割成圆弧形，半径为 8mm。

5）标识牌为单面贴膜，单面文字。

6）标识牌应采用不可燃、防潮、防锈类材质制作，悬挂标识牌与墙体的连接件必须是双保险，以保证结构牢固耐久。易爆物品标识参考图例如图 8.9-26 所示。

（4）禁烟标识

1）在能起到提醒禁止吸烟的醒目位置设置此标识。

2）汉字采用“宋体”标识字体，字高为 50mm，字宽 50mm。

3）边框线线宽 5mm。

4）边角必须切割成圆弧形，半径为 8mm。

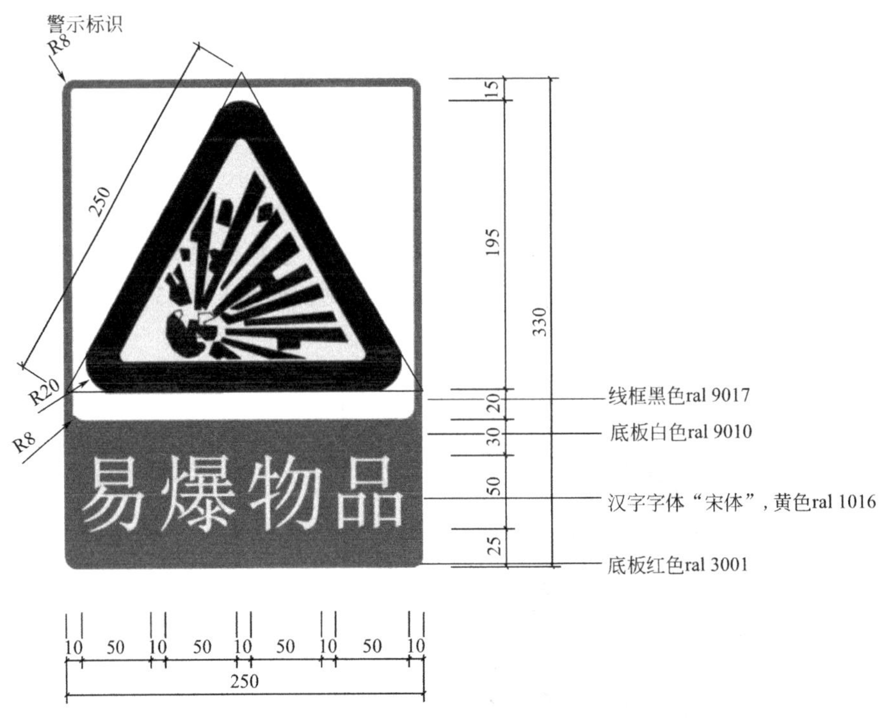

图 8.9-26　易爆物品标识参考图例（单位：mm）

5）标识牌为单面贴膜，单面文字。

6）标识牌应采用不可燃、防潮、防锈类材质制作，悬挂标识牌与墙体的连接件必须是双保险，以保证结构牢固耐久。禁烟标识参考图例如图 8.9-27 所示。

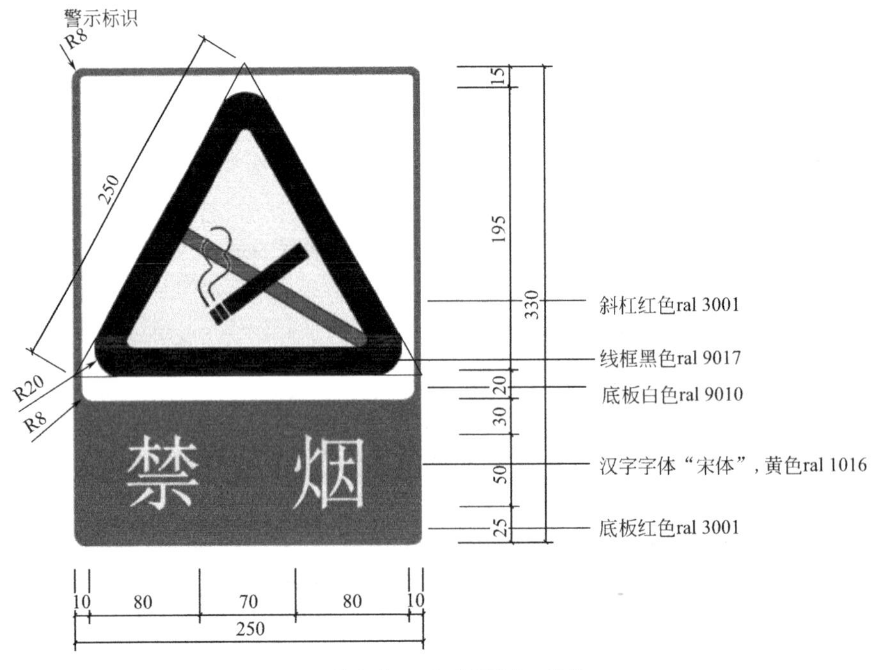

图 8.9-27　禁烟标识参考图例（单位：mm）

（5）小心碰头标识

1）在头部上方凸出的位置设置此标识。

2）汉字采用“宋体”标识字体，字高为 50mm，字宽 50mm。

3）边框线线宽 5mm。

4）边角必须切割成圆弧形，半径为 8mm。

5）标识牌为单面贴膜，单面文字。

6）标识牌应采用不可燃、防潮、防锈类材质制作，悬挂标识牌与墙体的连接件必须是双保险，以保证结构牢固耐久。小心碰头标识参考图例如图 8.9-28 所示。

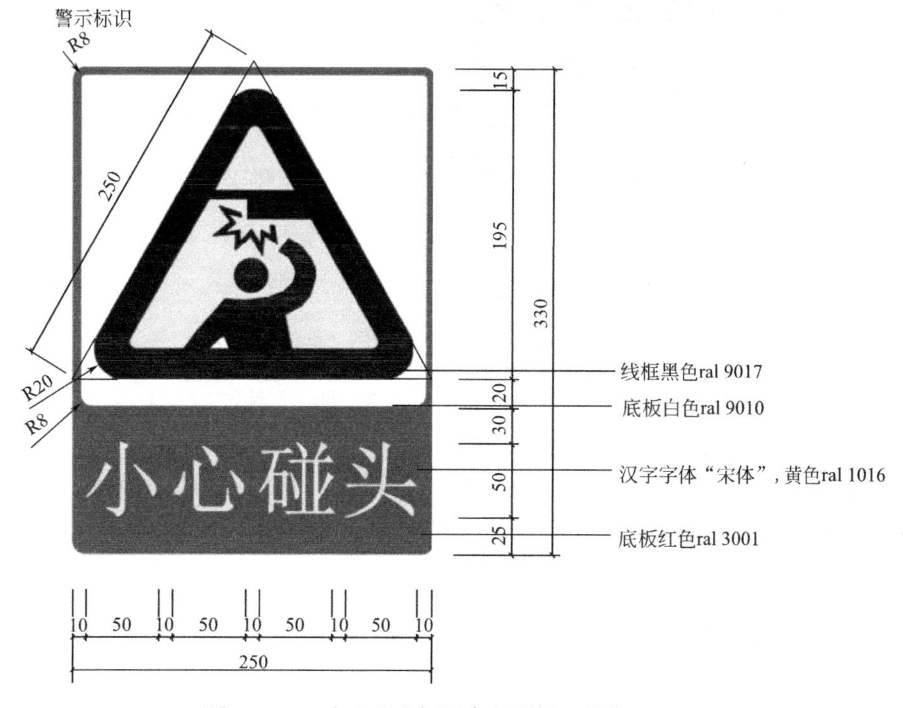

图 8.9-28　小心碰头标识参考图例（单位：mm）

（6）小心脚下标识

1）在有台阶和门槛等可能造成磕碰的位置设置此标识。

2）汉字采用“宋体”标识字体，字高为 50mm，字宽 50mm。

3）边框线线宽 5mm。

4）边角必须切割成圆弧形，半径为 8mm。

5）标识牌为单面贴膜，单面文字。

6）标识牌应采用不可燃、防潮、防锈类材质制作，悬挂标识牌与墙体的连接件必须是双保险，以保证结构牢固耐久。小心脚下标识参考图例如图 8.9-29 所示。

（7）灭火器材标识

1）在需要设置灭火器材的位置设置此标识。

2）汉字采用“宋体”标识字体，字高为 50mm，字宽 50mm。

3）边框线线宽 5mm。

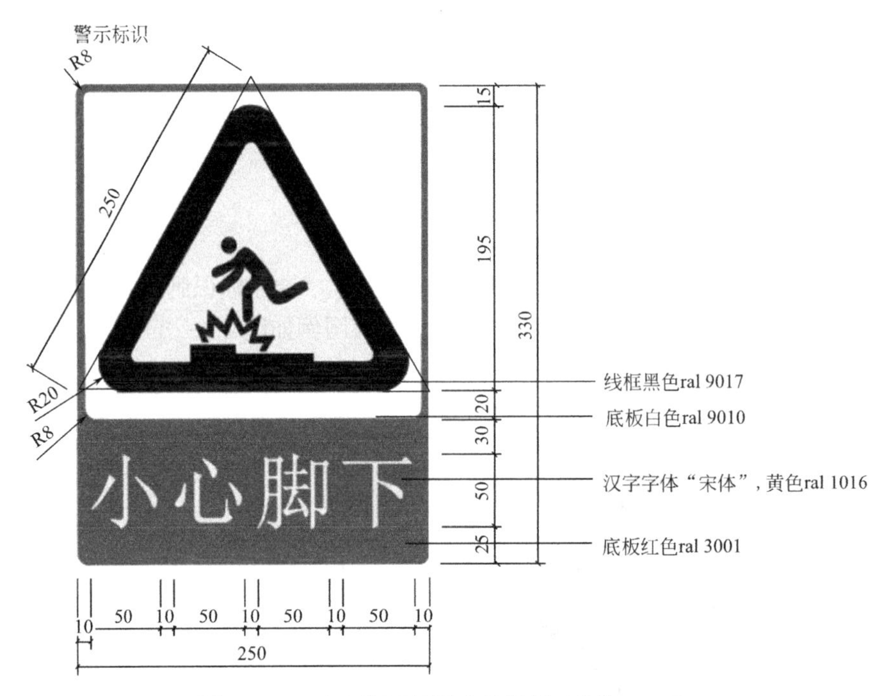

图 8.9-29　小心脚下标识参考图例（单位：mm）

4）边角必须切割成圆弧形，半径为 8mm。

5）标识牌为单面贴膜，单面文字。

6）标识牌应采用不可燃、防潮、防锈类材质制作，悬挂标识牌与墙体的连接件必须是双保险，以保证结构牢固耐久。灭火器标识参考图例如图 8.9-30 所示。

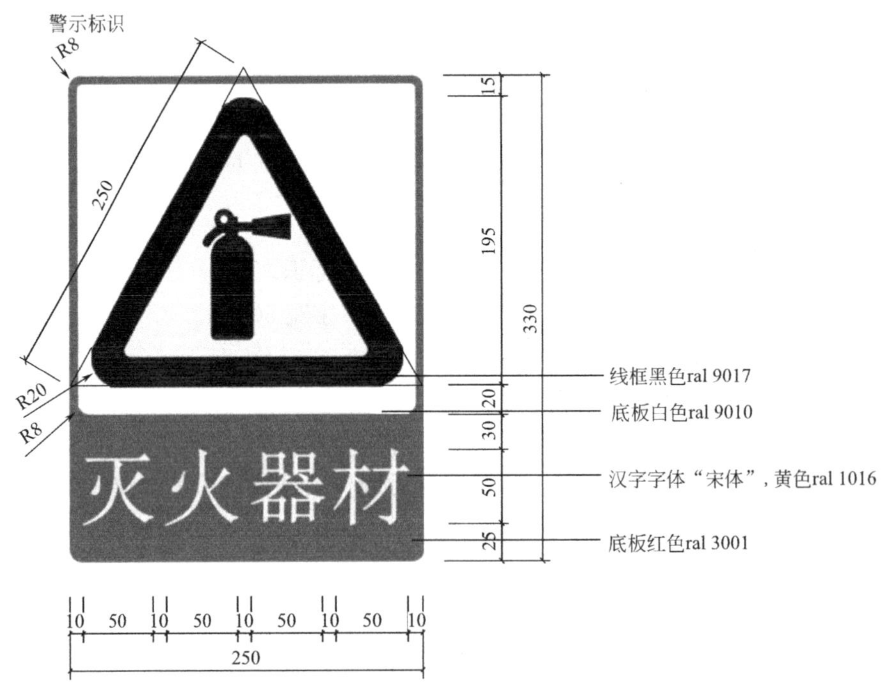

图 8.9-30　灭火器标识参考图例（单位：mm）

(8) 气溶灭火标识

1) 在放置气溶灭火器材的位置设置此标识。

2) 汉字采用“宋体”标识字体，字高为 50mm，字宽 50mm。

3) 边框线线宽 5mm。

4) 边角必须切割成圆弧形，半径为 8mm。

5) 标识牌为单面贴膜，单面文字。

6) 标识牌应采用不可燃、防潮、防锈类材质制作，悬挂标识牌与墙体的连接件必须是双保险，以保证结构牢固耐久。气溶灭火标识参考图例如图 8.9-31 所示。

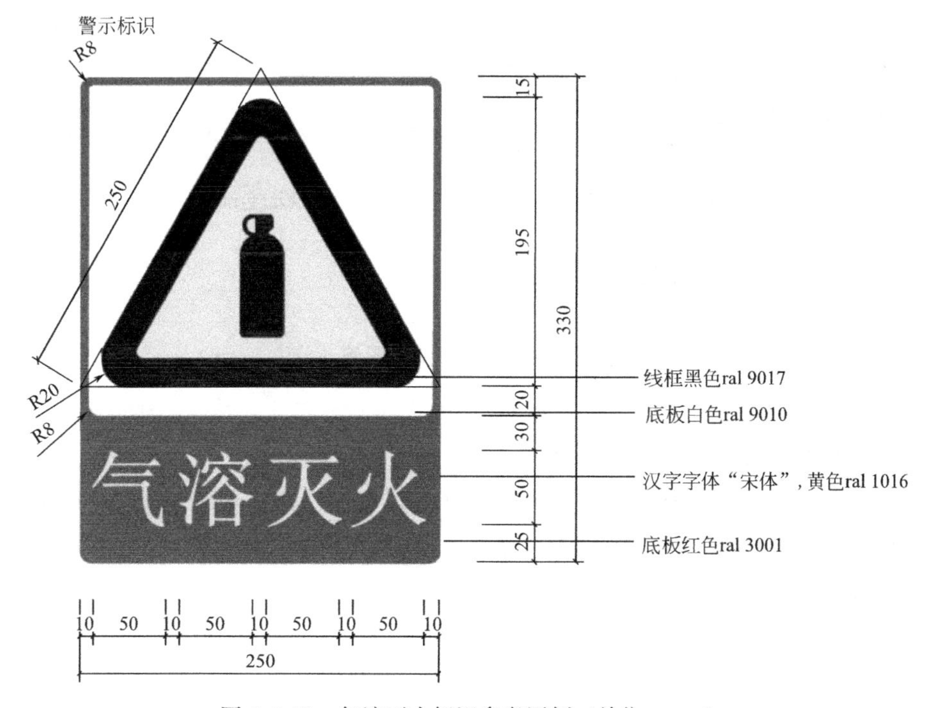

图 8.9-31　气溶灭火标识参考图例（单位：mm）

(9) 禁止明火作业标识

1) 在可能造成火灾等危险情况的位置设置此标识。

2) 汉字采用“宋体”标识字体，字高为 35mm，字宽 35mm。

3) 边框线线宽 5mm。

4) 边角必须切割成圆弧形，半径为 8mm。

5) 标识牌为单面贴膜，单面文字。

6) 标识牌应采用不可燃、防潮、防锈类材质制作，悬挂标识牌与墙体的连接件必须是双保险，以保证结构牢固耐久。禁止明火作业标识参考图例如图 8.9-32 所示。

(10) 高压电禁止触摸标识

1) 在电力设备等有触电危险的位置设置此标识。

2) 汉字采用“宋体”标识字体，字高为 30mm，字宽 30mm。

3) 边框线线宽 5mm。

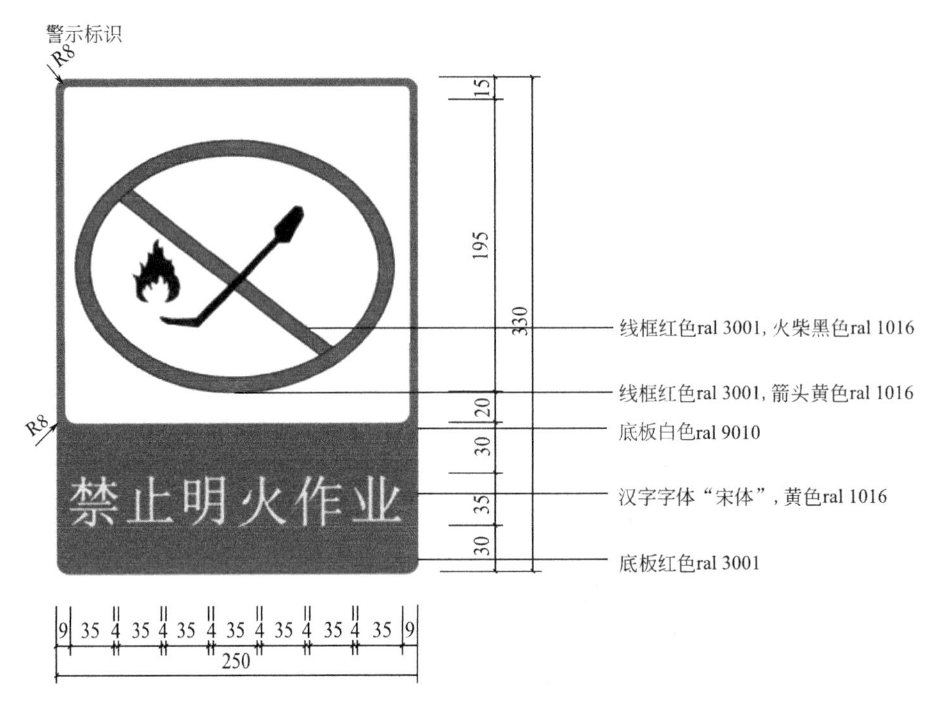

图 8.9-32 禁止明火作业标识参考图例（单位：mm）

4）边角必须切割成圆弧形，半径为 8mm。

5）标识牌为单面贴膜，单面文字。

6）标识牌应采用不可燃、防潮、防锈类材质制作，悬挂标识牌与墙体的连接件必须是双保险，以保证结构牢固耐久。高压电禁止触摸标识参考图例如图 8.9-33 所示。

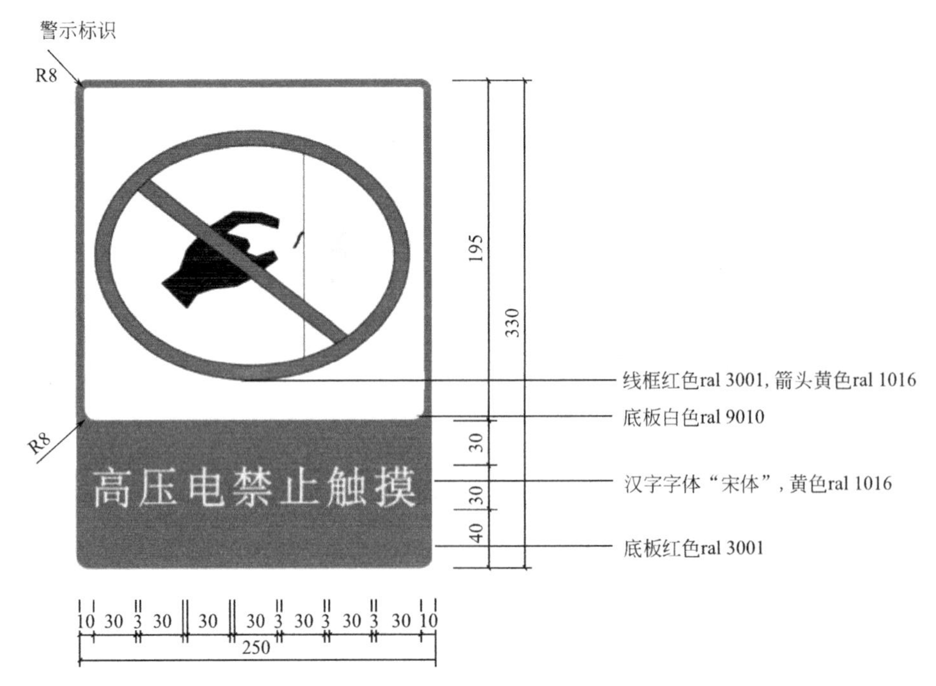

图 8.9-33 高压电禁止触摸标识参考图例（单位：mm）

5. 其他要求

（1）疏散照明灯应设置在出口的顶部，墙面的顶部或顶棚上；备用照明灯具应设置在墙面的顶部或顶棚上。

（2）综合管廊穿越河道时，应在河道两侧醒目位置设置明确的标识。

（3）为了便于综合管廊内管道的识别和维护管理，规范综合管廊内专业管道颜色标示、综合管廊内各管道颜色可参考表 8.9-1 颜色进行设置。

各管道颜色参考表　　**表 8.9-1**

管道颜色 / 管道名称	图例	颜色名称
给水管		绿色 ral6024
中水管		蓝色 ral5017
尾水管		蓝色 ral6027
天然气管道		黄色 ral1016
热力管道		粉色 ral4006
消防管道		黄色 ral3001

第9章 综合管廊的运营管理

综合管廊是城市基础设施的重要组成部分，是城市安全高效运行的“生命线”，其运行状况是否安全、平稳、可靠、高效，关系到各类入廊管线的物资、信息的输送传递，关系城市环境的维持与城市灾害的防治，因此加强综合管廊的运营管理显得十分重要。

本章节主要介绍了国内部分管廊项目的运营情况以及综合管廊运营管理涉及的管理体系、运营管理内容、运营管理要求与标准、监督考核等方面的内容。最后，在本章节中介绍了综合管廊智慧化管理系统的架构、功能及系统的应用案例。

9.1 运营管理概述

9.1.1 运营管理体系

综合管廊运营管理，是指对经竣工验收合格的综合管廊及入廊管线，运营管理单位及入廊管线单位开展的管廊及入廊管线的日常管理与应急管理工作，是保证管廊及入廊管线正常工作而开展的包括巡查、保养、检测及维修等工作。

综合管廊运营体系是指为完成上述运营工作，运营管理单位进行的相关人员、技术手段和流程等组织活动。管廊运营管理体系的建设是保证管廊安全、经济运行的根本体系。因此综合管廊运营管理体系的构建需要遵从如下原则：

（1）统一性原则

综合管廊作为城市基础设施的一个重要组成要素，其运营质量决定了城市整理管理水平。城市综合管廊的运营管理要树立“安全第一、社会共管”的理念，将综合管廊运营管理与城市公共安全管理机制有机结合，实现城市公共安全应急的统一指挥、联合行动为城市的提供强有力的保障。

（2）系统性原则

综合管廊运营管理体系是由一整套相互依存、相互协调和相互补充的管理标准和流程按照一定内在规律结合而成的，不能简单的看作是各种管理方法、工作流程、规章制度的简单叠加和堆砌。

（3）规范性原则

综合管廊运营管理的规范性体现为运营管理单位在管廊运营维护管理业务实施过程中，遵循准则、程序的一致性。因此，在构建综合管廊运营管理系统过程中，一些强制性的规章制度是必须的，以规范运营人员的行为。

（4）合理性原则

综合管廊运营管理体系中，存在各种规范化规范性强制要求，因此运营管理体系必须满足合理性，规范性以合理性为基础。运营管理体系的合理性表现在对运营人员的管理符合科学规律、价值取向、利益共赢；对管廊及管线的管理符合自然规律；对业务流程的管理符合法律、政策及行业规定。

综合管廊运营管理体系包括组织保障体系、管理制度体系、业务流程体系、质量保证体系及监督考核体系（图 9.1-1）。

1. 组织保障体系

结构合理，执行力强的团队是实施综合管廊运营维护工作高效开展的必要条件，做好综合管廊运营维护工作需要进行统筹组织、精心部署、严格落实和充分协调。综合管廊组织保障体系包括运营单位组织架构、各部门岗位职责、运营人员素质要求以及教育培训，综合管廊运营管理单位一般组织架构如图 9.1-2 所示。

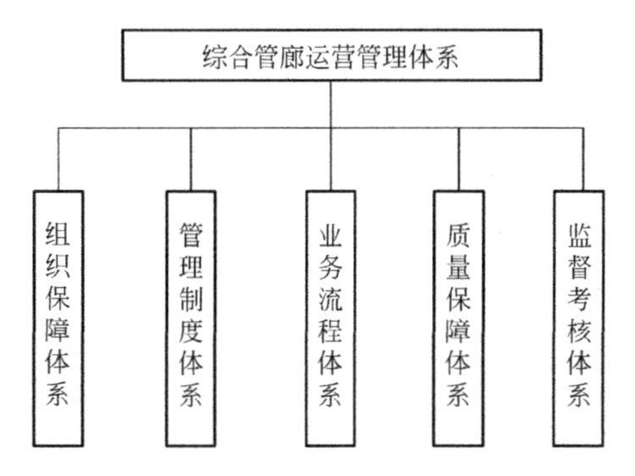

图 9.1-1　综合管廊运营管理体系

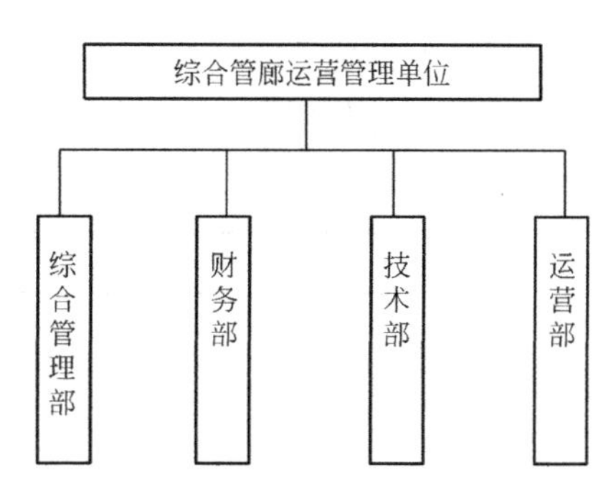

图 9.1-2　运营管理单位组织架构

其中技术部和运营部的主要职责如下：

（1）技术管理部

1）负责组织制定运营维护管理制度；

2）制定综合管廊的技术标准；

3）编制综合管廊的维护保养手册、安全操作规程；

4）在管廊的运行管理过程中进行技术管理；

5）负责管廊内部设施更新升级，维修养护等计划的审核、提报，管理控制；

6）制定应急预案并组织应急演习；

7）制定管廊的运营维护质量目标，建立质量管理制度、质量检验制度、质量责任制度；

8）完成公司领导交办的其他工作任务。

（2）运营部

1）按照综合管廊相关政策和标准保护、运营及维护管廊及附属设施；

2）制定健全的、详细的综合管廊运营维护管理制度；

3）确定日常运营工作和特殊工作的工作流程；

4）配合和协助入廊管线单位的巡查、养护和维修；

5）进行出入综合管廊管理；

6）监控综合管廊内照明、排水、通风、防入侵系统等正常运行；

7）巡查综合管廊主体、入廊管线及附属设施；

8）检修综合管廊主体和附属设施；

9）综合管廊应急处理管理。

2. 管理制度体系

综合管廊运营管理单位应根据项目实施的具体情况，通过与当地政府和入廊管线单位的共同协作，制定健全的、详细的运营维护管理制度，确定完善的维护管理办法，具体落实实施过程中的细则，做好运营维护过程中档案管理的工作，明确相应的奖罚机制。

制定维护综合管廊及附属设施详细的技术操作要求，严格把关技术人员的技术要求，并制订教育培训计划，不断提高技术人员的技术水平。按计划制订、审核、提报综合管廊内部设施的更新升级、维修养护等计划，并管理计划的执行实施，统筹管理工作调度，确保维护工作顺利进行。

制定系统完善的规章制度才能保障管理运营及维护工作高效、安全进行，综合管廊的管理、维护工作依据相应的制度和实施细则执行。综合管廊运营管理制度见表 9.1-1。

综合管廊运营管理制度 **表 9.1-1**

序号	一级管理制度	二级管理制度
1	行政管理	文件收发管理 宣传报道管理 档案管理 办公用品管理 营业执照管理 安全生产管理 车辆安全管理规定 重大情况报告制度 考核规定
2	人力资源管理	人员录用管理 劳动合同管理 机构设置与编制 一般管理岗职务设置 劳动工资管理 福利待遇管理 劳动纪律管理 加班管理 培训管理 技能鉴定 奖惩规定 ……
3	工程、设备招投标管理	低值易耗品管理办法 固定资产管理办法 招投标管理 ……
4	财务审批办法	总则 实施细则 ……
5	财务检查办法	
6	资金管理办法	

续表

序号	一级管理制度	二级管理制度
7	合同管理办法细则	总则 合同管理的职责分工 合同的签订和履行 合同违约及纠纷的处理 合同的专用章和合同档案 ……
8	票据管理办法	
9	资金安全管理办法	
10	会计档案管理办法	
11	费用开支管理办法	费用开支计划 费用开支标准
12	费用核算制度	费用开支管理要求 费用开支办理程序 费用开支范围和内容 费用和其他开支的界限 成本费用核算原则 ……
13	管廊维护管理制度	水电节能降耗管理制度 入廊管线单位服务管理制度 控制中心日常监控管理制度 日常巡检管理制度 管廊仪器仪表设备设施管理制度 抢修维修管理制度 管廊安全操作与防护管理制度 安全保卫管理制度 智能化监控系统使用和管理制度 管廊内施工作业管理制度 ……
14	管廊运维规程	重大事故应急响应流程 土建结构的维护保养规程 机电设施维护保养规程 高低压供配电系统维护保养规程 火灾报警系统的维护保养规程 通风系统维护保养规程 照明系统维护保养规程 给水排水、消防与救援系统维护保养规程 弱电设施维护保养规程 中央计算机信息系统的维护保养规程 地面设施维护规程 ……
15	管廊运维应急预案	火灾应急预案 地震应急预案 防恐应急预案 洪涝应急预案 入廊管线事故应急预案

3. 业务流程体系

综合管廊业务流程体系是将运营管理过程中涉及的入廊申请、日常巡检、附属机电设备维修、备品备件管理等工作规范化、流程化，消除人浮于事、扯皮推诿、职责不清、执行不力的痼疾，从而达到企业运行有序、效率提高的目的。综合管廊主要业务流程体系见表 9.1-2。

综合管廊主要运营管理流程　　表 9.1-2

序号	业务工作流程
1	日常巡检流程
2	主体结构维修流程
3	附属机电设备维修流程
4	备品备件管理流程
5	一般异常事件处理流程
6	突发应急事件处理流程
7	管线单位入廊作业流程
8	管廊技术档案管理流程

4. 质量保证体系

按照企业的项目管理模式，以 ISO9001 模式标准建立有效的质量保证体系（图 9.1-3），并制订项目质量计划，推行国际质量管理和质量保证标准，以合同为制约，强化质量的过程和程序管理和控制，通过明确分工，密切协调与配合，使服务质量得到有效的控制。建立与完善质量保证体系，以组织保证、技术保证为中心，辅以奖罚分明的经济措施，达到人人心中都有质量这跟红线、底线。

（1）组织保证

完善质量管理系统，坚持实事求是，坚持系统、全面、统一的原则，坚持职务、责任、权限、利益相一致的原则。明确职责分工，落实质量控制责任，通过定期或不定期的检查，发现问题，总结经验，纠正不足，对每个部门每个岗位实行定性和定量的考核。成立质量保证领导小组，质量保证领导小组组长由运营单位负责人担任，副组长由技术部、运营管理部部长担任，各个监控中心设专职质量管理员 1 名，各小组分别设兼职质量管理员 1 名，制订《质量保证计划和质量保证措施》，并依照该文件严格执行，且根据反馈意见，不断修改完善。

（2）经济保证

为了进一步保证本项目服务质量，引进激励制度，建立奖罚制度。在考核中发现未按管理制度要求执行，未尽到职责的部门、个人，对玩忽职守，造成服务质量下降的，要追究其责任，视情节轻重进行处罚。对质量管理做出突出贡献，包括提出合理化建议，进行技术革新，进行设备改造，或者避免质量事故发生的当事人，给予奖励并参考年终奖励。为不断提高职工的质量意识，完善质量责任，促进企业发展，对员工提出质量管理改进意见，并运营管理单位采纳收到好的效果的，给予物质奖励。

5. 监督考核体系

监督考核主要是政府主管部门对综合管廊运营管理单位进行的考核评价，以督促运营

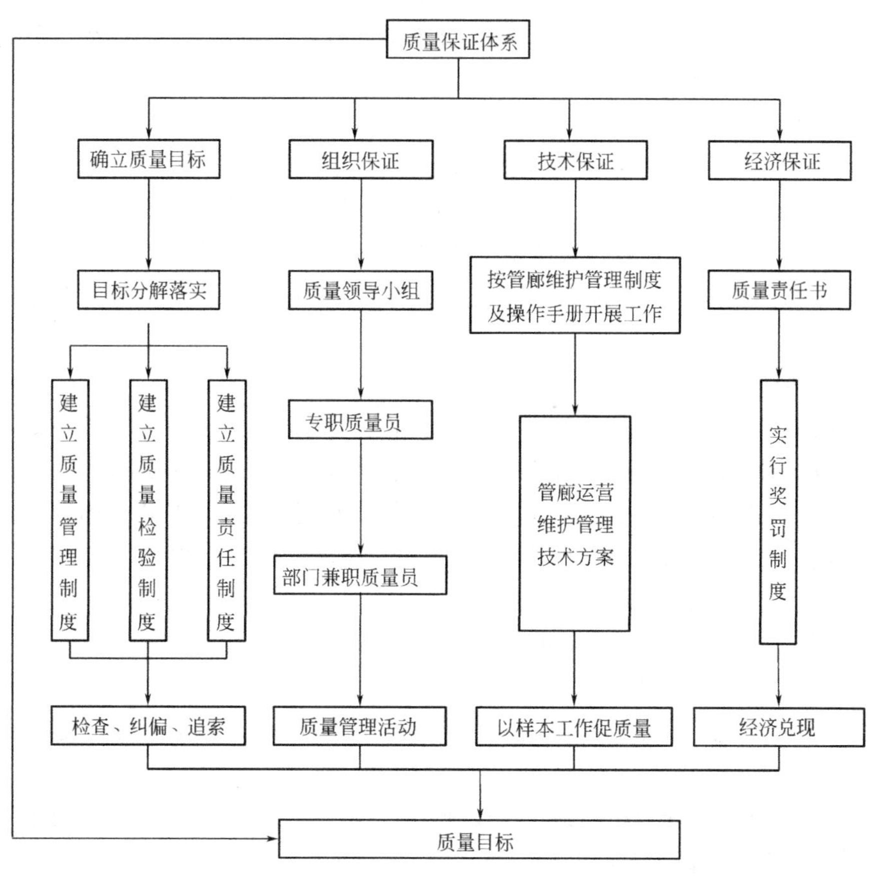

图 9.1-3　综合管廊运营管理质量保证体系

公司进行制度化、规范化、科学化管理，树立良好的服务形象，保证综合管廊各项设施设备正常运转，不断完善综合管廊管理工作，提高服务保障工作水平。综合管廊监督考核体系如图 9.1-4 所示。

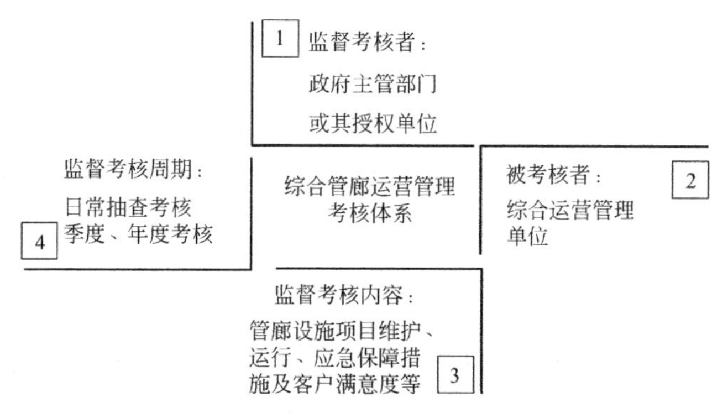

图 9.1-4　综合管廊监督考核体系

9.1.2　运营管理内容

综合管廊运营管理内容主要包括廊体管理、附属设施管理、入廊管线管理以及安全应急管理等。各类管理的管理对象不同，导致技术措施各有不同，下面将对各类管理的管理内容及方法等进行分别阐述。

1. 廊体管理

综合管廊廊体管理包括主体构筑物、附属设施、管线引入及地面设施等的管理工作。廊体在运营阶段管理过程中，应进行廊体构筑物以及廊体内的附属设施和其他设施的检查与检测，管理内容分为日常巡检与监测、专业检测、维修保养和大中修管理。其中涉及廊体主体结构安全或有强制性规定的检测项目应由具有相应资质的专业机构进行检测。

（1）日常巡检与监测

综合管廊的全面巡检保证每周至少一次，并根据季节及地下构筑物工程的特点，酌情增加巡查次数。对因挖掘暴露的管廊廊体，按工程情况需要酌情加强巡视，并装设牢固围栏和警示标志，必要时设专人监护。综合管廊廊体日常巡检主要包括以下内容：

1）管廊各个舱室表面是否有明显缺陷（碎裂、缺损、裂缝、渗漏水等）；

2）变形缝、沉降缝、管线进出节点处是否有损坏、渗漏水情况；

3）集水井、横截沟、边沟是否有积泥堵塞现象；

4）各出入口、通风口等处是否有异常情况；

5）综合管廊内施工作业区域的施工情况及安全防护措施等是否符合施工安全管理规定；

6）地面道路交通和周边路面施工、设施保护区范围内深基坑或打桩等施工对综合管廊和井口设施是否有不良影响；

7）路面设施是否完好，各井口处于关闭状态，打开的井口应确认是否得到控制中心许可，并已做好完善的防护及警示措施。

在日常巡检中，如发现零星缺陷，不影响正常运行，记入缺陷记录簿内，据以编制月度维护小修计划；在巡视检查中，如发现有普遍性的缺陷，记入大修缺陷记录簿内，据以编制年度大修计划；巡视人员如发现有重要缺陷，立即报告管理中心并作好记录，填写重要缺陷通知单。及时采取措施，消除缺陷；加强对市政施工危险点的分析和盯防，在综合管廊安全保护范围内原则上应禁止从事排放、倾倒腐蚀性液体、气体；应禁止从事爆破；应禁止擅自挖掘城市道路；应禁止擅自打桩或者进行顶进作业以及危害综合管廊安全的其他行为。如确需进行的应根据相关管理制度制订相应的方案，经管廊管理公司审核同意，并在施工中采取相应的安全保护措施后方可实施，与施工单位签定“施工现场安全协议”并进行技术交底。及时下发告知书，杜绝对综合管廊的损坏。

（2）专业检测

综合管廊专业检测包括常规检测和结构专业检测，其中常规检测由从事综合管廊养护工作的专业工程师按规定周期对廊体的基本技术状况和各部件功能进行全面检测，常规检测需对廊体缺陷进行记录，并对原因、程度、严重性等方面做出分析后进行及时处理，发现重大病害、隐患应报有关部门。

结构专业检测由具备相应资质的专业单位根据常规检测结果，对综合管廊受影响的主要结构及部位进行检测，如梁、板、墙、井、管段等（表 9.1-3）。

廊体专业检测方法　　　　**表 9.1-3**

项目名称		检验方法	备注
裂缝	宽度	裂缝显微镜或游标卡尺	裂缝部位全检，并利用表格或图形的形式记录裂缝位置、方向、密度、形态和数量等因素
	长度	米尺测量	
	深度	超声法、钻取芯样	
结构缺陷检测	外观质量缺陷	目视、尺量和照相	缺陷部位全检，并利用图形记录
	内部缺陷	地质雷达法、声波法和冲击反射法等非破损方法，辅以局部破损方法进行验证	结构拱顶和拱肩处，3 条线连续检测
	衬砌厚度		每 20m(曲线)或 50m(直线)一个断面，每个断面不少于 5 个测点
	混凝土碳化深度	用浓度为 1%的酚酞酒精溶液(含 20%的蒸馏水)测定	每 20m(曲线)或 50m(直线)一个断面，每个断面不少于 5 个测点
	钢筋锈蚀程度	地质雷达法或电磁感应法等非破损方法，辅以局部破损方法进行验证	每 20m(曲线)或 50m(直线)一个断面，每个断面不少于 3 个测区
混凝土强度		回弹法、超声回弹综合法、后装拔出法或钻芯法等	每 20m(曲线)或 50m(直线)一个断面，每个断面不少于 5 个测点
横断面测量	衬砌变形	全站仪、水准仪或激光断面仪等测量	异常的变形部位布置断面
	结构轮廓	激光断面仪或全站仪等	每 20m(曲线)或 50m(直线)一个断面，测点间距≤0.5m
	结构轴线平面位置	全站仪测中线	每 20m(曲线)或 50m(直线)一个断面
	管廊轴线高程	水准仪测高程	每 20m(曲线)或 50m(直线)一个测点
差异沉降		水准仪测高程	异常的变形部位
结构应力		应变测量	根据监测仪器施工预埋情况选做

(3) 维修保养

综合管廊的廊体管理还包括日常的维修保养，主要包括钢筋混凝土构筑物的变形、缺损、裂缝、腐蚀、渗漏等，以及钢结构构筑物的变形、局部屈曲、锈蚀等。运营管理单位应针对主体结构出现的病害根据不同的程度做相应、及时、有效的处理，并形成管理文件。

廊体结构的维护要求主要有以下几个方面的内容：

1) 结构完好，标志明显，外观清洁；

2) 结构保持畅通，禁止堆物占用通道；

3) 结构内部设施完好，定期检查通道出入口设施情况；

4) 结构没有严重裂缝、变形、缺损、渗漏、腐蚀等病害；

5) 对结构出现的病害及时进行修复处理。

廊体结构的维修保养的内容及措施见表9.1-4。

廊体结构维修保养内容 **表9.1-4**

维护保养内容		措施
管廊内结构表面保养		应定期对管廊内部进行清理和保洁工作；日常保洁应干净、整洁，无垃圾和杂物碎片
沉降	≤20mm	不做处理
缺损	龟裂、起毛、蜂窝麻面	不做处理或砂浆抹平
	缺棱掉角、混凝土剥落	次用环氧树脂砂浆或高标号水泥砂浆及时修补，出现露筋时应进行除锈处理后再修复
裂缝	≤0.2mm的细微裂缝	封闭处理
	>0.2mm的细微裂缝	可做注浆加固处理
	已渗水的裂缝	止水后封闭处理
变形缝	止水带损坏	采用注浆止水后，再安装外加止水带的方法处理
渗漏	渗漏危害等级达到D级	不做处理
	渗漏危害等级达到C级	可采用混凝土渗透结晶剂的方法处理（或内部喷射防水涂料）
	渗漏危害等级达到A级或B级	应立即采取止水措施
钢结构管廊	钢管壁锈蚀	将锈蚀面清理干净后，采取防锈措施
	焊缝断裂	焊接段打磨平整，并清理干净后，采取措施

（4）大中修管理

综合管廊廊体在以下情况下应进行大中修：

1）经初步鉴定结构安全性不符合要求的廊体，应重新进行承载能力验算，验算结果确定进行大中修的。

2）经初步鉴定综合管廊沉降有突变或本次沉降量大于前两次沉降量2倍以上，或综合管廊安全区域范围内有地基施工等异常情况，应增加检测频率；如发现沉降量大和异常情况，应及时提交专项分析报告，报告确定需要进行大中修的。

3）经初步鉴定管廊位移与变形不符合要求时，应由专业检测单位对结构安全性进行检测，检测结果表明需要进行大中修的。

4）经初步鉴定承重结构有贯穿裂缝，或裂缝影响范围较大时，应由专业检测单位对结构安全性进行检测，检测结果表明需要进行大中修的。

5）超过设计年限，需要延长使用年限。

2. 附属设施管理

综合管廊附属设施包括消防系统、供配电系统、照明系统、监控与报警系统、通风系统、排水系统和标识系统等。附属设施管理分为日常巡检与监测、专业检测、维修保养及大中修管理。

（1）日常巡检与监测

日常巡检与监测是对附属设施设备的直观属性进行巡检以及运行状态进行实时监测。

日常巡检与监测包括以下内容：

1）变压器、高低压配电柜（箱）等供配电设施是否存在破损，异常声响、发热、异味及放电等现象。

2）排水、通风、消防、照明设施的运行状态是否正常，是否存在损坏现象，是否存在安全隐患。

3）监控室和管廊内自动化设备、仪表的是否存在破损现象，运行状态是否正常。

4）管廊内标识系统是否存在破损、脱落现象，运行状态是否正常。

（2）专业检测

综合管廊附属设备专业检测主要针对管廊内消防报警系统、可燃气体探测器和报警器进行的消防年检以及由运营管理单位或者设备生产厂家按照产品手册对管廊内非消防传感器及仪表进行的校验。

（3）维修保养

附属设施的维修保养包括常规维护和应急抢修两方面。其中常规维修是针对附属设施设备进行的周期性保养和维修，常规维护主要包括设施缺陷的修理、不达标设备的维护或更换、易耗品和易耗部件定期或按需更换等内容。应急抢修主要是在综合管廊设施设备发生故障时，以快速处置设施设备故障和全面恢复其功能为目的进行的维护工作。

（4）大中修管理

综合管廊附属设施设备应根据其功能、性能以及运行质量，并结合设计使用年限或产品设计使用寿命组织实施大中修、更新或专项工程的依据。

3. 入廊管线管理

入廊管线管理主要是指综合管廊运营管理单位协助管线单位开展管线的入廊及后期的维护管理，与管线单位一起制订的入廊管线施工维护计划，协调统一安排入廊管线的施工时间，做好管线单位入廊施工人员的管理等工作。

（1）入廊前申请管理

运营管理单位应对管线单位入廊作业前的申请进行审核，检查管线单位是否按照入廊申请表单的要求提交了入廊作业时间、入廊人员信息、入廊作业内容、入廊作业区段、作业进度安排、单位负责人信息及紧急联系人信息等材料。

（2）入廊作业管理

1）新建管线施工管理

管线入廊前，运营管理单位应与入廊管线单位共同制订管线入廊施工作业方案，以防止管线入廊作业时而对廊体或已有管线造成的影响。施工作业工程中，运营单位应对施工作业人员进行监督管理，防止作业人员不遵守操作规程而发生的安全事故。入廊管线验收合格后，运营管理单位还应通知管线建设单位按照建设档案的有关规定，于竣工后规定期限内提交管线设计、建设、施工和监理共同核准的管线竣工资料。

2）管线入廊后维护作业管理

运营管理单位应与管线单位一起编制入廊管线的维护计划，并报送主管部门，经协调后统一安排入廊管线的维护时间，与管线单位协议规定管线单位须定期对入廊管线进行安全检查和维护，对未按维护计划开展工作的管线单位，运营管理单位应通报管线单位主管部门或政府部门。

（3）施工作业完成

管线单位施工作业完成后，运营管理单位应对管线单位作业现场进行检查，监督施工单位清点入廊人数、清理施工现场，并对管线单位的竣工报告进行审核，检查管线单位是否按已提交的施工作业单进行作业。

4. 安全与应急管理

为保障综合管廊的运营安全，及时有效地实施应急救援工作，最大程度地减少人员伤亡、财产损失，维持正常的生产秩序，综合管廊应开展运营阶段安全与应急管理。综合管廊安全管理应体现“安全第一、预防为主”的指导思想，并保证其安全监控的全面性及预控措施的有效性。

综合管廊运营管理单位应与入廊管线单位、政府相关部门共同建立综合管廊应急管理预案，应急管理预案应依据《中华人民共和国安全生产法》、《中华人民共和国消防法》、《生产经营单位生产安全事故应急预案编制导则》、《国务院关于特大安全事故行政责任追究的规定》等相关法案及规定进行编制。

综合管廊运营过程中发生事故灾难，运营管理单位应立即启动应急预案，并按照应急预案迅速采取措施，使事故灾难损失降到最低。出现急剧恶化的特殊险情时，现场应急指挥机构在充分考虑专家和有关方面意见的基础上，应及时制订应急处置方案，依法采取紧急处置措施。

（1）综合管廊安全管理方案

制定和执行管廊出入管理制度和安全监控和巡查制度，定期开展安全检查、隐患排查、巡查工作，建立台账。建立安全生产会议制度，定期进行安全生产例会、专题会、工作部署会，详细记录会议内容并落实。组织安全业务培训，定期举行应急演习。

综合管廊监控和安全巡视是保证安全工作的主要手段，定期检查监控和检测系统运行情况，对损坏部件及时更换和维修。综合管廊周边施工作业要严格履行报批程序，加强对综合管廊安全方面的宣传工作，通过发放明白纸、签订入管廊安全协议等形式加强对入管廊作业、巡检人员的安全知识培训，增强安全意识和防范意识，掌握应急的基本知识和技能。定期组织相关单位人员对应急知识与技能以及应急预案的相关措施等进行培训和指导。定期或者不定期组织开展突发事件的应急处置演习与演练，提高对突发事件的应急指挥能力和应急处置水平，加强与各相关单位之间的配合与沟通。

（2）综合管廊突发事件管理方案

突发事件处理组织体系和应急流程

协同政府管理部门组织建立应急处理组织体系，成立综合管廊突发事件应急处置管理部，负责统一领导和组织实施综合管廊突发事件应急处置工作，成员单位包括相关政府单位、管廊运营维护单位及入廊管线产权单位等，发生突发事件时，按照程序启动预案，统一指挥、部署、协调、督查各有关部门、单位事故应急抢修、抢救处理工作；统一调度事故现场及外围救护所需的人员、物资、器材装备；研究解决应急救援工作中的重大问题，做出事故应急、救援及善后处理等决策。突发事件分为一般突发事故和严重突发事故两种：

一般突发事故：

综合管廊内一种专业管线一般损坏，可通过阀门关闭等措施消除危害的情况，按照启动损坏管线对应的专项应急预案的情况。

严重突发事故：

①综合管廊内一种或者多种专业管线严重损坏，可能危害人民群众安全的情况；

②因地震、塌方等原因造成综合管廊断裂、结构严重损坏或者因暴雨、风暴潮、火灾等原因造成综合管廊内人员伤亡的情况；

③综合管廊内发生爆炸造成人员伤亡的情况；

④其他产生严重后果的情况。

（3）综合管廊运营维护单位突发事件管理措施

1）建立预警预防机制，密切关注地震、气象、地质灾害等自然灾害的预报信息，针对自然灾害采取相应预案；日常运营维护过程中，严格依照制度执行对综合管廊的巡查和监控，发现到的异常信息，及时上报管廊应急处置管理部，通知入廊管线单位，并依据应急预案采取措施。

2）建立突发事件保障机制，主要为应急物质和设备保障、技术保障和抢险人员保障。做好应急抢险物资和设备保障，会同管线单位，配备和储备应急抢险抢修物资、设备，随时调用，随时更新补充；配备挖掘机、起重机、推土机等建筑施工机械，并做好日常维护、检修工作。做好技术保障，依托综合管廊中央控制室及分控站内的视频监测设备、温感、烟感等报警装置、防入侵系统等信息化监测和分析手段，全力做好应急处置过程中的技术保障工作。会同各管线产权单位建立应急抢险队伍，配备必要的抢险抢修设备，并建立专项资金，根据综合管廊自身特点储备防护服、呼吸机等抢险抢修物资。

3）建立突发事件后期处置机制，积极配合事件调查组工作，提供相应的档案记录和监控信息，根据事故报告，总结经验教训，提出防止类似事件再次发生所采取措施的建议，必要时修改相关预案。

综合管廊突发事件启动机制流程如图9.1-5所示。

5. 技术档案管理

综合管廊结构中主要构件的设计使用年限为100年，相应结构可靠度理论的设计基准期均采用50年，在如此长的使用年限中一旦技术档案管理不到位造成资料缺失或者技术档案管理工作中断将对管廊后期的运营管理造成不可预测的损失。因此，加强对管廊技术档案的管理工作，建立完备的技术档案管理制度是运营维护管理的重要工作之一。综合管廊的技术档案管理包括技术档案的收集、整理、鉴定、归档、保管、借阅、检查、销毁等规定和工作流程，形成符合综合管廊管理的技术档案管理体系。综合管廊技术档案管理可采取如下措施：

（1）强化技术档案管理意识

首先需要肯定技术档案管理在管廊运营管理过程中具有不可或缺的作用，技术档案具有原始性和凭证性的特点。其次，将技术档案管理作为管廊运营管理工作中的一项重要内容，定期进行评估和考核，避免因工作冲突或者人员工作疏忽所带来的不利影响。最后，公司将强化技术档案管理重要性宣贯，使得各岗位工作人员自觉加入到技术档案管理体系中来，高质量完成管廊运营管理过程中技术档案建设、管理工作。

（2）规范技术档案管理体系

技术档案管理体系的规范，运营管理单位首先将明确技术档案管理人员的职责和工作

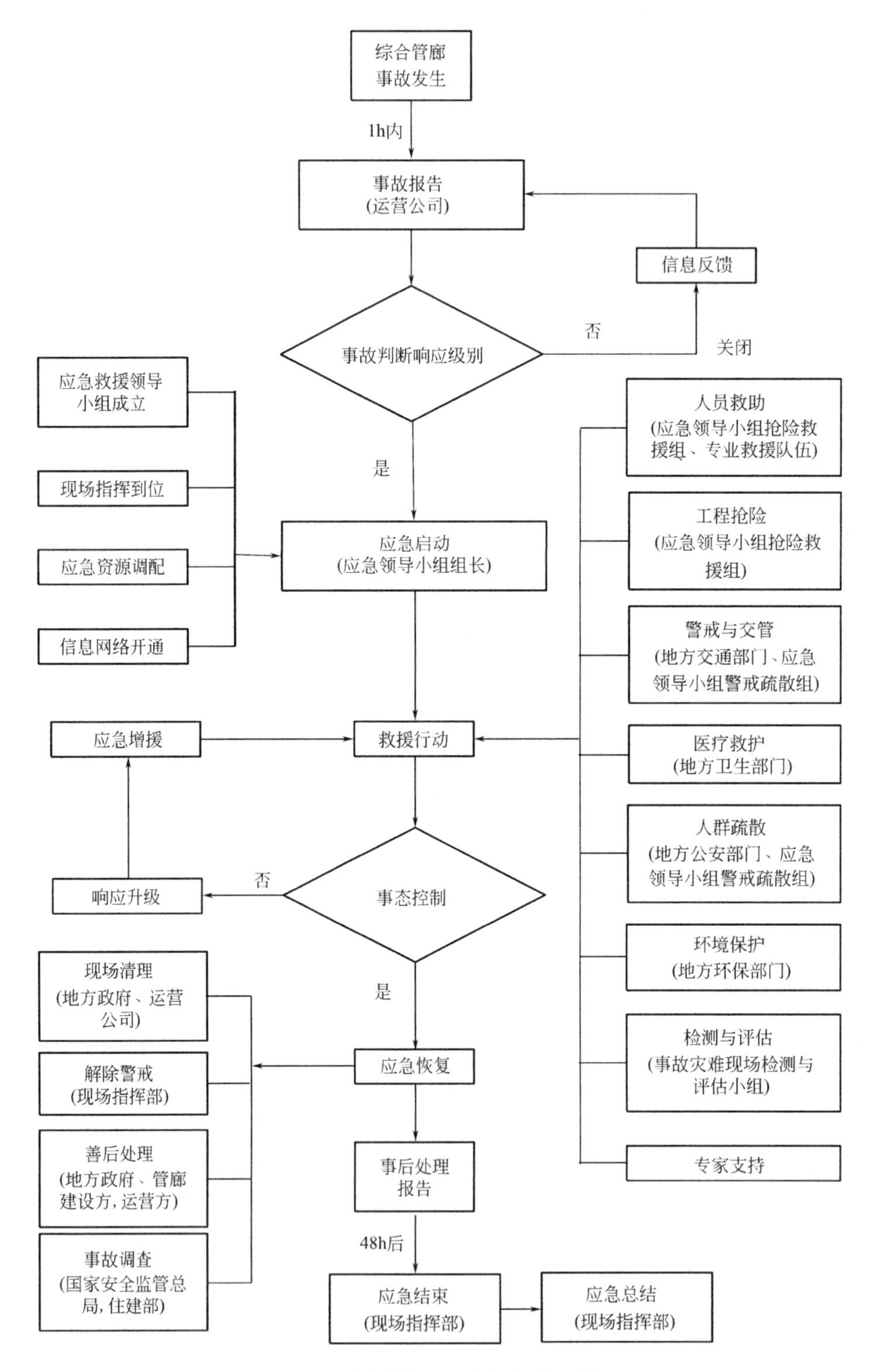

图 9.1-5 综合管廊突发事件启动机制流程

流程，形成符合综合管廊运营管理的技术档案管理体系，明确技术档案内容、格式、检索关键条目等内容，保证技术档案更新的时效性、形式的规范性，规避因人员变动造成技术档案内容的疏漏以及管理质量的下降。

（3）实现技术档案跟踪管理

考虑到技术档案管理贯穿管廊运营管理的全过程，建立并形成技术档案跟踪管理制度至关重要，建立以节点性工作为考核点，技术档案管理目标和任务完成情况作为跟踪管理的依托，可以有效降低因技术档案管理衔接不到位。同时，对档案技术管理人员工作开展情况进行有效监督和管理，也是推动管廊技术档案管理工作跟踪管理的有效途径。

为规范管廊运营过程中技术档案管理，根据管廊技术档案管理的特点，制订标准化的档案管理流程。综合管廊技术档案管理流程如图 9.1-6 所示。

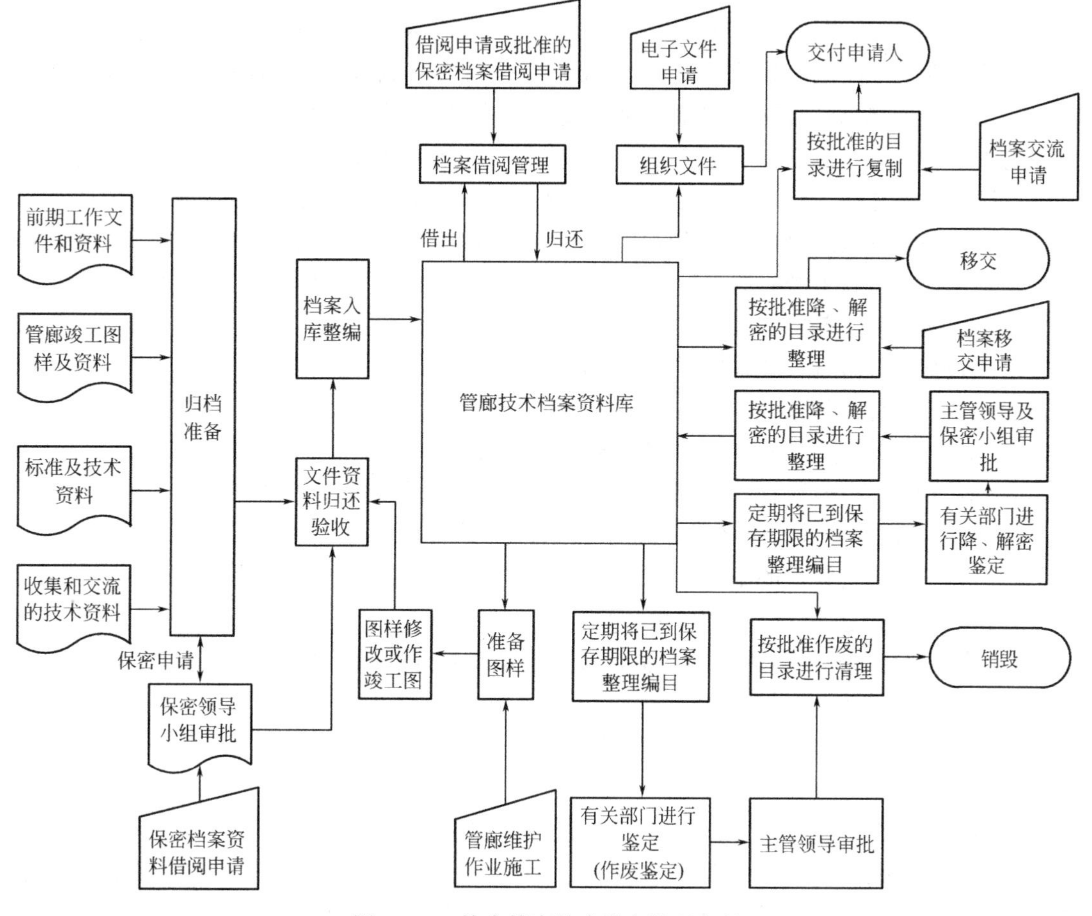

图 9.1-6　综合管廊技术档案管理流程

9.1.3　运营管理要求与标准

在对综合管廊廊体、附属设施、入廊管线进行运营管理时，应满足下列要求：

1. 廊体运营管理的要求

（1）廊体巡检、检测的要求

1）廊体的日常巡检应分别在综合管廊内部和地面沿线进行，管廊内和地面巡检宜同步进行。

2）廊体的日常巡检主要检查各结构部件的功能是否完好、有效，运行是否正常；巡检时应对需改善的和对运行有影响的设施缺陷做好检查记录，实地判断缺损原因和范围，提出处理意见，并及时处置。

3）检查综合管廊设施保护区内和周边地面道路交通、路面施工等对综合管廊运行安全、结构安全的影响。

4）对缺损严重、危及安全运行，且无法判断其损坏原因的，提出特殊检测的要求。

5）按规定周期对廊体的基本技术状况和各部件功能进行全面检测。

6）由从事综合管廊养护工作的专业工程师组织，配以必要的仪器进行检查。

7）常规检测应做好工作记录，记录缺陷状况，并作状态评价。

8）根据常规检测情况，编写检测报告，对检测时存在的缺陷进行记录，并对原因、程度、严重性等方面做出分析后进行及时处理，发现重大病害、隐患应报有关部门。

9）结构定期检测应在规定的时间间隔进行，间隔时间宜为6～10年，关键部位可设仪器监测。结构专业检测应根据综合管廊建成年限、运行情况、已有技术评定、周边自然环境等制订详细计划，计划应包括采用的测试技术与组织方案并提交主管部门批准。

10）结构专业检测应由具备相应资质的专业单位承担，并应由具有综合管廊或隧道养护、管理、设计、施工经验的人员参加。检测负责人应具有5年以上隧道专业工作经验。

（2）廊体维修保养的要求

1）结构应完好，标志明显，外观清洁。

2）结构应保持畅通，禁止堆物占用通道。

3）结构内部设施完好，定期检查通道出入口设施情况。

4）结构不应有严重裂缝、变形、缺损、渗漏、腐蚀等病害。

5）对结构出现的病害应及时进行修复处理。

2. 附属设施运营管理的要求

（1）附属设施巡检、检测的要求

1）从事综合管廊消防巡检的人员，应通过消防行业特有工种职业技能鉴定，持有初级技能以上等级的职业资格证书。

2）日常巡检应对供电设备运行状态进行观察，检查供配电设备是否有异响、异味、异常读数等现象并做好日常巡检记录。

3）日常巡检应观察照明灯具外观有无破损，固定是否牢固。

4）监控与报警系统包括监控中心机房、计算机与网络系统、视频监控系统、现场监控设备、各类传感器、传输线路和通信系统等，其巡检应遵循预防为主、安全第一，全面巡检和专项巡检相结合的原则。

5）通风系统包括管廊内的风机、通风口（机电设施）、风管、排烟防火阀，以及管理用房、设备用房的空调系统。其主要功能为保持综合管廊内部和管理用房、设备用房的温度、湿度和空气质量满足人员活动及设备运行的安全要求，日常巡检应注意观察上述设备的运行状态是否正常。

6）排水系统的巡检主要对管道、阀门、水泵、水位仪等以目测、观察外观为主方式进行；若水泵正在运行，还应注意听声是否有异响；巡检作业应做好记录，发现问题时，应及时反馈，能现场处理的应立即处理。

（2）附属设施维修保养的要求

1）消防系统。综合管廊消防系统应每年至少检测一次，检测对象包括全部系统设备、组件等，应交予具有相应资质的单位进行；消防安全管理员对消防设施存在的问题和故障，应立即通知维修人员进行维修。维修期间，应采取确保消防安全的有效措施；消防设备的保养内容、周期可根据设施、设备使用说明书、国家有关标准、安装场所等综合确定。

2）供配电系统。供配电设备应根据存在的问题和故障，进行及时维修；并依照相关规范和设备的使用要求进行定期的维护；供配电设备应按现行行业标准《电力设备预防性试验规程》DL/T 596—1996 的规定，进行定期预防性试验。

3）照明系统应根据存在的问题和故障，进行及时维修，满足安全作业的照明要求，亮灯率应大于 98%。

4）监控与报警系统。监控与报警系统包括监控中心机房、计算机与网络系统、视频监控系统、现场监控设备、各类传感器、传输线路和通信系统等内容。运营管理单位对监控与报警设备存在的问题和故障，应立即安排专业维修人员进行维修。维修期间，应采取确保管廊安全运行的有效措施。

5）通风排水系统。巡检时发现而现场未解决的问题，属于维修保养的内容，此时应该及时通知维修人员；通风及自动排水装置应该运行良好，排水沟应保持通畅。

6）标识系统的维修保养主要是对有积灰、破损、松动、运行不正常的简介牌、管线标志铭牌、设备牌、警告标识、设施标识、里程桩号等进行清洗、维修。

3. 入廊管线运营管理的要求

（1）给水排水管线

安排合理的巡检周期，通常情况下巡检周期不宜大于 15d，对重要管段巡检周期以 7～10d 为宜。

（2）热力管线

安排合理的巡检周期，通常情况下巡检周期不宜大于 1 周，对高温蒸汽管段巡检周期以 3d 为宜。

（3）电力电缆

电缆线路的巡检每月至少一次，综合管廊路段洪涝或暴雨过后应进行一次巡检。巡检电缆线路时，应对外观、绝缘、接头、支架和系统接地等进行检查。充油电缆还应检查油压。

（4）通信电缆

通过目测的方式对通信电缆的外观有无破损进行检查。

（5）天然气管线

通过目测的方式对天然气的外观有无破损进行检查，同时在巡检过程中通过闻的方式，检查天然气是否有泄漏。

4. 安全与应急管理的要求

（1）安全管理应体现“安全第一、预防为主”的指导思想，并保证其安全监控的全面性及预控措施的有效性。

（2）安全管理应包含安全管理组织机构的建立及人员的配备、安全管理责任与目标的管理、安全管理制度的建立。

(3) 应急管理应遵循分级分区实施、快速反应、分级负责、属地为主、统一指挥、分工协作、应急处置与日常建设相结合、单位自救与专业应急救援相结合的原则。

(4) 综合管廊运营管理单位应建立预警预防机制、突发事件保障机制和突发事件后期处置机制。

(5) 综合管廊运营管理单位、入廊管线单位和相关行政主管单位应建立应急事件处理联动机制，建立应急处理指挥领导小组。

(6) 综合管廊运营管理单位和入廊管线单位应制订相应的应急预案，并报相关行政主管部门备案。

(7) 应加强对运营管理单位和入廊管线单位工作人员的安全教育培训，定期开展联合应急演习等。

(8) 综合管廊宜建立基于网络技术的智能化应急响应系统，并做好与其他管理信息系统的衔接，充分利用“智慧城市”、电子政务等系统，尽可能实现平台、数据和应用共享，互联互通，从若干数据中分析规律，提前预测预警，减少灾难损失。

5. 运营管理的标准

为保证管廊的运营管理质量，将采取以下措施：

(1) 建立健全运营维护管理制度，做好安全监控和巡查等安全保障。

(2) 建立工程维护档案，保证设施设备正常运转。实行电子化、数据化，利用多媒体技术，建立信息管理系统，数据库。

(3) 建立管线单位入廊作业申请登记系统。

(4) 组织制订管廊应急防灾综合预案和有针对性的专项预案、现场处置方案，并定期组织演练，管廊内发生险情时，应当采取紧急措施并及时通知管线单位进行抢修。

(5) 管廊维护管理费用实行专户管理，专款专用，以确保综合管廊的运行安全。

(6) 无条件接受项目实施机构在运营期间的监督检查。

运营管理标准详见表 9.1-5。

综合管廊运营管理标准　　表 9.1-5

项目	标准
总体质量	本项目入廊各种管线安全正常运营
设施标准	完好率不小于 95%(普通设施)
	完好率 100%(安全设施)
保养、保洁	100%按计划完成
检修	当班次及时发现问题，应急抢修不超过 1h，正常维修不超过 3d
应急处置	及时发现问题，不超过 5min，险情排除不超过 30min，正确处置率 100%，损失获赔不小于 95%
用户满意	用户满意率不小于 95%
责任事故	安全生产责任事故 0
安全生产	特种作业持证上岗 100%，岗前培训 100%，安全培训每人每月不少于 5h，技能培训每人每月不少于 8h

质量管理标准确定后，责任人对每项质量目标编制实施计划和方案（表 9.1-6），在实

施计划对策方案中，应包括质量目标存在的问题，当前现状、必须采取措施项目、达到目标，什么时间完成、谁负责执行、由谁负责考核验证等。

质量目标实施计划表　　表 9.1-6

编号	项目	存在问题	质量目标	措施	责任部门	完成时间	考核单位	效果评价	备注

注：1. 每一项质量目标可包含多项措施，应一一列入；
2. 每一项措施都应有一名责任人，都必须规定完成时间；
3. 同一责任人可能涉及多项措施；
4. 对实施措施的责任人完成情况由主管领导按时考核并作出评价。

9.1.4　监督考核

1. 监督机制

综合管廊在运营管理过程中，要接受政府相关主管部门的监督，并形成有效的监督机制，来保证综合管廊运营管理工作的有序进行，具体的监督措施如下：

（1）监察管廊设施现场

政府主管部门及其代表有权进入管廊项目设施，按照相关规定对管廊设施的运营和维护进行监察。但实施机构不得干涉、延误或干扰运营管理单位履行其在本协议项下的义务。

（2）定期获得有关项目运营情况的报告及其他相关资料

运营管理单位按适用法律法规以及谨慎运行惯例，认真而有效地处理其业务与事务，向政府主管部门提交反映其经营情况的财务报表，并保证其真实性。财务报表为适合中国会计惯例并经审计，包括资产负债表、损益表和现金流量表。政府主管部门可要求运营单位提交与经营、维护有关的报表、报告和资料，但应予保密，不得向任何第三人泄漏（政府相关管理机构行使行政职权的除外）。

（3）审阅运营管理单位拟定的运营、维护方案并提出意见

运营管理单位须建立健全管廊设施检测和检验制度，并按照国家或行业规定的检测项目、检测频次和有关标准、方法定期检测、检验，做好各项检测分析资料和相关报表的汇总、归档。自项目开始商业试运营后第二个月起，运营管理单位应于每月 30 日前向政府主管部门提交上一月份的运营记录，每年年初提交上一年度详细的运营维护报告。

（4）政府主管部门可委托第三方机构开展项目中期评估和后评价。

（5）政府主管部门在特定情形下，可介入项目的运营工作。

2. 考核机制

考核采取日常考核、定期考核和抽检抽查相结合的方式，主要从两个方面开展，一是公司规章制度和管理措施执行考核，二是综合管廊维护的监督检查考核。考核结果直接与财政拨付的维护费用挂钩，实施扣减。具体考核措施是：

（1）公司规章制度和管理措施执行考核

1）建立完善的管廊维护作业管理体系、应急预案及演练体系。

2）建立并严格执行考勤制度。

3）建立管廊作业责任制，责任到人，做到全区域管廊责任范围无遗漏。

4）建立完善的岗位安全操作规程和作业要求。

5）建立岗位工作检查制度，做到每日检查，考核检查记录及问题整改记录。按区域制订管廊设施及线路保养检修时间计划和分级实施方案制度，检查保养记录及保养等级。

6）建立作业人员着装和劳动保护用品使用规定，工作人员按规定着装，佩戴安全防护用品。工作人员着装，佩戴安全防护用品必须规范。

7）建立维修用工器具统一管理摆放保养发放制度，检查执行到位情况。

8）建立车辆管理制度，保证车辆服务一线，为管廊的突发情况处理提供支持，检查制度建立和执行情况。

9）制订管廊维护岗位工作时间安排规定，实行标准化、制度化作业管理。

10）制定工作记录制度、问题处理和汇报制度（按照问题的类型、大小分析结果现场决定处理、上报程序人数）、岗位换班交接制度等。对各项制度的制定及落实情况进行监督检查和考核。

（2）管廊维护监督检查考核

1）要求管廊内建筑垃圾等废弃物不得随地堆放，随时装袋收集堆放整齐，当日收工时清除出管廊。

2）要求控制中心操作人员必须按照操作规程操作，及时发现事故及各类隐患。人员登记、巡查调度维修等记录真实、及时、健全。

3）对管廊内线路破损，通风、排水设备、监控监测系统等管廊设施不正常工作，部件锈蚀，管廊四壁破损鼓包等现象发现处置及时。

4）管廊内管线出现故障问题，一经发现须立即报告，联系管理单位进行处置维修。

5）对集水坑淤积、排水沟不通畅，进出廊管线渗漏等现象需及时上报处理。管廊内进行管线巡检、维修和施工需按规定履行入廊作业管理程序（进出管廊的单位与人员的申请、登记、工作票、作业票、动火票等），作好记录。

6）管廊外部有妨害管廊安全和稳定运行的行为须及时发现、制止并报告，必要时报警。针对投诉查实及其他不符合综合管廊管理办法的行为现象，根据实际情况进行扣分处理。

7）综合管廊运营管理单位内部也根据考核内容制定了相应绩效考核规定直接考核各岗位的工作人员和直接责任人，形成了直接与公司收益和个人经济利益挂钩的全方位、多层次的绩效考核体系，确保了考核的有效性。对综合管廊的维护管理直接起到了良好的督促效果。具体建议推行 10 分制考核机制，将所有的服务标准细化成 0.1～10 的各分项，根据工作表现对全体人员进行打分，以分数高低进行相应的处理或奖励，例如可制定如下考评细则：

① 每季度月考核平均分在 9 分以上为达标，可领取当季度全额奖金；8～8.9 分为基本达标，可领取当季度奖金的 90%，7～7.9 分可领取当季度奖金的 80%，6～6.9 分可领取当季度奖金 50%，6 分以下取消当季度奖金；

② 年度扣分累计在 10 分以下者，可领取全额年终奖，扣分在 10～18 分之间的可领取

90%的年终奖，扣分在18～26分之间可领取70%的年终奖，扣分在26～36分之间可领取50%的年终奖，扣分36分以上者取消年终奖；

③ 连续三个月考核在9.5分以上者，季度奖可上浮10%；

④ 连续两个月考核在6分以下者辞退或给予行政处分。

⑤ 年度考核评为先进工作者，年终奖可上浮10%，工资上浮一级。

9.2　运营管理现状分析

9.2.1　组织管理情况

目前，国内综合管廊的运营管理模式主要有以下几种：

1. 政府统一建设运营模式

由地方政府出资组建或直接由已成立的政府直属国有融资平台负责融资建设，项目建成后由政府主导，通过组建国有公司下属的运营管理机构实施项目的运营管理。这种模式由于操作简便，行政审批难度较小，被绝大多数早期建成的综合管廊项目所采用。

2. BOT模式

政府授予综合管廊社会投资商一定期限的特许经营权，由社会投资商全权负责项目的设计、融资、建设和运营管理。政府通过综合考虑社会效益以及企业合理合法的收益率等制定综合管廊的相关收费标准，社会投资商通过运营收费以及土地补偿等政府优惠政策获取收益。这种模式很大程度降低了政府的融资压力，但是由于社会投资商的逐利性，政府必须加强监管，保证管廊的运营管理质量和安全。

3. PPP模式

近几年，财政部、住房城乡建设部相继发布一些政策鼓励PPP模式在地下综合管廊的应用，并且对前两批25个国家综合管廊试点建设城市采用PPP模式给予额外财政奖励。

PPP模式下，由政府委托国有融资平台与社会资本共同出资成立管廊项目公司，双方均派驻人员到项目公司，由项目公司负责项目的投资、建设和后期运营管理。政府通过授予项目公司特许经营权并制定管廊收费标准和相应优惠政策，使社会资本获取合理回报。这种模式双方风险共担、利益共享，有利于实现政府社会效益和社会资本经济效益的双赢。

具体实施上有两种方式，一种是项目公司自行组建运营部负责日常运营管理，这种方式操作简单，但是容易使项目公司机构过于庞大，不利于控制成本；另一种是引入专业运营公司负责日常运营管理，项目公司对其进行考核，这种方式可以有效提高管廊运营的专业程度，以市场化机制降低成本，提高运营效率和质量。

9.2.2　设备技术情况

目前，综合管廊运营管理主要以传统监控系统为手段，依靠管廊内的电气、仪表设备及监控中心设置的若干服务器实现对管廊内环境质量、安全防范及消防设施的控制管理。监控系统中一般需要布置数据采集与显示服务器主要用于安装监控系统组态软件、视频服务器主要用于存储视频信息、业务管理服务器主要应用安装管廊物业管理等应用软件、

Web 服务器主要用于向远程用户提供管廊运行数据等应用。

1. 视频监控技术

监控系统的技术水平从初期的模拟信息传输发展到了数字化、网络化信息传输与控制。目前全数字的视频监控系统是综合管廊管理应用的主流，可以基于 PC 机或嵌入式设备构成监控系统，并进行多媒体处理。采用数字监控系统，对目标范围实时监控，并以此为中心建立一整套软硬件结合的完整体系，减少不必要的环节和操作，提高了整个系统的反应速度和效率。同时引入模块化管理，将监控所涉及的视频信息的采集、处理，视/音频切换，云台、摄像镜头控制，报警采集和处理等内容模块化，相互关联，相互统一。

但由于数字监控系统设计的出发点不是基于计算机，而是基于传统模式，只是在原有的基础上加以改进，计算机只是充当一个外部监视器的作用。且传统单片机系统固有的弊端并没有克服，通信协议的多样化与专用化很难统一，导致已有的计算机资源远远满足不了多种设备的要求。另外计算机的运行速度较低，而数字视频的数据量又很大，这样就限制了利用一台计算机同时处理数字视/音频信息、文字、图表、数据等信息的能力，很难组建大型监控系统。

随着宽带网络的普及，微处理器技术的快速发展，以及各种实用视频处理技术的出现，视频监控逐渐从本地监控向远程监控发展，出现了以网络视频服务器为代表的远程网络视频监控系统。网络视频服务器解决了视频流在网络上的传输问题，从图像采集开始进行数字化处理、传输，这样使得传输线路的选择更加多样性，只要有网络的地方，就提供了图像传输的可能。网络监控正成为中国视频监控市场炙手可热的拉动因素。网络监控设备厂商的视频监控整体解决方案，正受到越来越多用户的了解和认可，整个系统趋向平台化、智能化。在国内大型的视频监控项目中，更是出现了视频监控系统中，除后端显示设备之外，全部设备 IP 化的发展趋势。因此网络监控设备应用于综合管廊管理中也是未来的发展方向，同时网络监控的应用也为综合管廊区域化系统融合提供了条件。

2. 系统集成

为满足综合管廊的安全运营和智慧运营要求，目前综合管廊普遍采用的传统监控系统必须依靠环境与设备监控、安全防范、通信、预警与报警、地理信息等多个不同功能的系统进行整体管理。由于各系统的设备产品来自不同的厂商，在数据交换中没有一个统一的标准，因此造成接口众多、访问性差，容易形成一个个的“信息孤岛”。因此将传统监控系统与各个子系统进行深层充分的整合，这是目前综合管廊管理系统发展的主要方向之一。

9.2.3 成本费用情况

综合管廊运营成本主要包括运行费用（人员费、水电费、管理费、保险税金等）、养护维修费用、专业检测费用、应急处置费（按需）、大中修费用等。综合管廊运营费用应根据运营质量要求综合考量。从表 9.2-1 看，佛山、广州综合管廊已运行 10 年，运营费用多以人力成本为主。类似于横琴管廊，由于建成运营时间短，设备维护费用较低，后期费用会逐渐增多。

国内典型管廊项目运营费用统计（不含大中修）　　表 9.2-1

序号	管廊项目	管廊长度(km)	人员费用占比
1	佛山新城综合管廊	9.7	62%
2	广州大学城综合管廊	17.9	68.6%
3	横琴综合管廊	33.4	40%
4	宁波东部新城	9.38	50%
5	上海世博园综合管廊	6.4	68.2%

从目前的运营管理现状判断，在传统的运营管理模式下比较合理的运营管理费用在每公里 40～60 万（不计大中修），费用按照舱室多少有略微提升。

9.2.4　存在的主要问题

1. 日常管理手段落后

（1）系统可靠性低

当前的系统部署于各个物理上独立的服务器，系统的可靠性严重依赖于各服务器的正常稳定运行。如数据采集与显示服务器出现故障将导致监控中心工作人员不能实时掌握管廊运行情况，业务管理服务器出现故障将导致管廊的日常运营管理工作不能正常开展等问题。

（2）文档管理手段落后

管廊整个生命周期内会产生大量的图样及相关管理资料，而目前对这些资料的管理大多数以纸质文档的形式进行管理，存在登记的重复性，查找不够及时有效，文件办理的总体情况难以掌握，文件流转效率低及文件容易遗失等一系列问题。

（3）巡检手段落后

管廊日常巡检采用人工巡检方式，运营管理部门需配置大量的巡检人员。人工巡检依靠人的行为、行动，时间久了巡检人员容易出现麻痹思想，存在着巡检不认真、走马观花的弊端，即使在管理制度上制定了管廊日常巡检制度，但由于无人监督，人工巡检也易成为形式。另外，巡视人员知识水平参差不齐，在现场仅仅凭经验判断，没有方便的标准可以在现场参考，巡视报告内容五花八门，对同一种缺陷的描述不统一，使更高一层管理人员无法判断缺陷的类别，更无法安排处理。

2. 设备维护技术落后

（1）设备台账不健全

设备台账管理比较混乱，设备责任人没有得到落实，台账建立不健全。设备维修记录、设备异动、变更、实验报告等记录没有及时登记到设备台账中，许多记录都保留在技术人员自己手中，随着调岗或离职，从而造成相应记录的缺失。

（2）缺少设备运行状态监控与评估

系统对管廊生命周期内设施设备的信息缺乏统一的描述和有效的组织，设备管理没有与物料库存管理、预算管理关联，无法实现价值链管理，各项设备管理活动相互独立，无法在设备档案中集中反映，无法建立设备健康档案，更无法实现设备全生命周期内的管理。

3. 安全预警和应急响应落后

(1) 缺乏精确的人员定位

管廊运营过程中，对入廊作业人员缺乏有效的实时监控手段，管理人员难以及时掌握管廊内人员的动态分布及作业情况，加上管廊整体位于地下是一个相对密闭的场所，只有少量的投料口、通风井和出入口与外界直接连通，一旦发生事故，将给人员撤离和事故抢险带来极大的困难。

(2) 安全预警系统落后

管廊的安全管理仅仅处于监测阶段，对运营过程中的各种数据未进行统计分析，不能及时发现监测数据的内在联系，以及其后蕴藏的可能存在的安全风险，更不能对安全突发事件的发生趋势做出准确的判断，对突发事件及故障的处理都是采用事后响应的方式。

(3) 缺乏有效的应急指挥调度系统

系统仅限于对某个固定区域内管廊运行状态的监控，各区域之间管廊监控中心以及监控中心与政府部门之间缺乏有效的通信手段和联动机制，使得各管廊运行数据成为信息孤岛，不能形成广域范围内安全应急管理的统一调度和决策支持。

9.3 智慧化运营管理系统

9.3.1 系统架构

综合管廊建成后，科学合理的运营管理模式才是实现综合管廊长期、高效、安全、节能、低成本运行的重要保障。因此，为了加强综合管廊的运营管理工作，提高综合管廊的服务水平，充分发挥其安全、高效的运营服务功能，尽量避免重大灾害事故的发生，最大限度地降低灾害损失，实现和延长综合管廊的使用寿命，以获取更大的社会经济效益，必须建立一套适合于综合管廊的智慧管理平台。

综合管廊智慧管理系统采用数据集成技术、数据分析技术、物联网技术，形成以综合管廊监控预警、决策支持、应急管理、自动化办公、智慧巡检、安全管理、远程服务及节能降耗等功能于一体的综合管廊智能运营管理系统平台。其实质是利用先进的信息技术，实现综合管廊的智慧运营管理，提高综合管廊运营管理效率和质量，降低综合管廊的运营管理成本，促进和保障综合管廊运营工作的良好及可持续开展。

智慧化运营管理系统对综合管廊运营过程中的数据进行采集、传输、存储、分析和应用，整个系统分为感知层、网络层、信息资源层、业务应用层和门户层，具体模型如图9.3-1所示。感知层利用安装于现场的各种传感器实现对综合管廊运行状态、入廊作业人员位置等信息的实时采集，网络层利用无线传输和有线传输技术实现对综合管廊现场信息的可靠传递，信息资源层采用数据库技术实现了综合管廊运行数据的统一存储和管理，应用层整合了BIM技术、GIS技术以及云计算，对现场信息及综合管廊其他信息进行分析、判断，为综合管廊的安全运营提供决策支持，门户层为综合管廊运营管理单位、政府职能机构、入廊管线单位及城市市民供统一的用户访问界面（图9.3-1）。

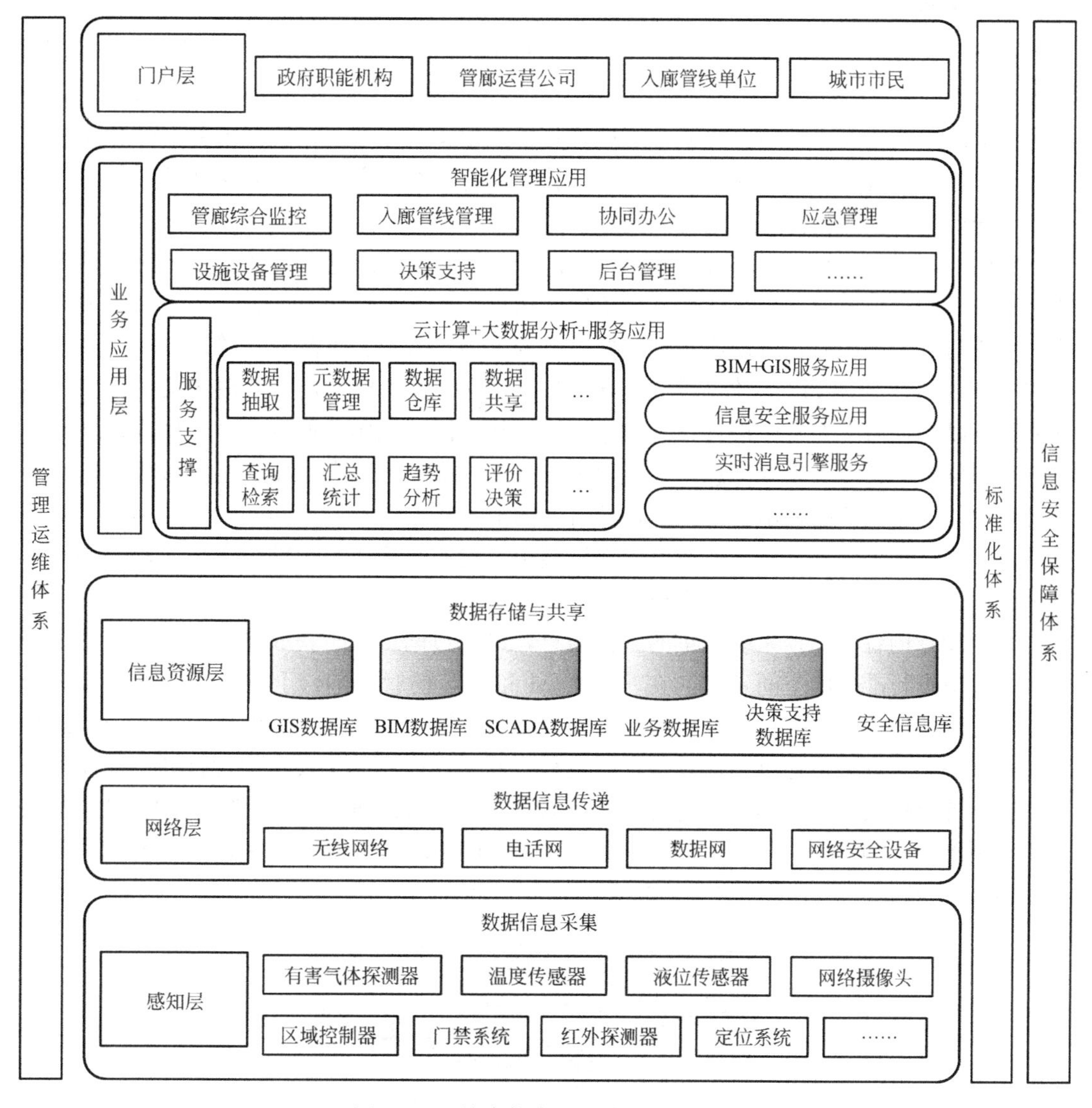

图9.3-1　综合管廊运维管理系统架构

9.3.2　系统功能

1. 可视化管理

随着BIM技术在项目设计阶段和施工阶段的应用普及，BIM技术覆盖项目全生命周期日益成为可能。因此在综合管廊完工以后通过继承管廊设计阶段、施工阶段所生成的BIM竣工模型，利用其可视化三维空间展现能力，以信息模型为载体，将各种零碎、分散、割裂的信息数据，以及管廊运维阶段所需的各种机电设备参数进行一体化整合。基于这个信息模型，进行管廊日常设备运维管理功能的二次软件开发，为替代传统管廊运维模式提供新的运行载体，冲破了以“人”作为经验主导在传统管廊运维过程中所形成的“封闭性信息”现象。人、可视化信息模型与实际管廊三者互通互联，信息的检索与编辑将没有时空延迟与专业屏障，使综合管廊运维模式愈加直观化、模块化、集成化，从而提高运维效率，降低运维成本。

在综合管廊运维阶段通过在GIS平台中集成BIM模型的设计、施工成果（空间信息、设备参数等），为设备运营维护提供可视化支撑，通过和廊内定位、门禁系统、监控系统、结构安全监测系统等进行动态集成，实现管廊智能化运营管理；基于室内外一体化集成信息的路线分析、缓冲分析功能，为制订疏散救援应急预案、灾害发生后快速获取设备状态信息，开展应急救援指挥等应用提供支撑。

管廊BIM模型能够整合综合管廊全寿命周期内的各项信息，包括管廊名称、地理位置、建造日期、主要设备材料信息、设备厂商信息、施工单位信息、管线信息及权属单位等相关资料，与此同时，可现实管廊监控设备的类型、参数、空间位置等内容。这些信息数据都可以结合BIM进行存储和共享，运维人员通过BIM模型便能获取相关的信息。运维人员可以根据需求对管廊进行三维信息浏览，从不同的视角获取管廊、管廊内设备和管线的空间位置、相互关系等信息，并能通过改变参数来模拟综合管廊的运维效果。所有地下管线均能形象立体的显示于模型中，并可在图上直接量取它们之间的相互距离。当对管廊进行维修、扩建、新进管线时，可以在模型中对现有的管线进行精确定位，避开现有管线位置，进行管线维修和设备的更换。

综合管廊内各个监控系统采集的数据信息，可通过网络实时获取并传输至BIM和GIS的数据库中进行准确的空间定位。在基于BIM和GIS的管理平台上可看到管廊内每一个设备的运行状态，运维人员打开模型点击任何一个位置，都能详细了解该位置的设备运行状态；另外，管理人员还可以对设备进行远程控制，例如对某个设备进行打开、关闭等操作。当出现监控报警时，用户通过可视化界面可直接采取获取报警位置、调用监控视频、远程控制等一系列措施。与此同时，将监控数据与BIM模型进行了关联，运维人员可以通过BIM模型获取监控设备的历史数据（图9.3-2）。

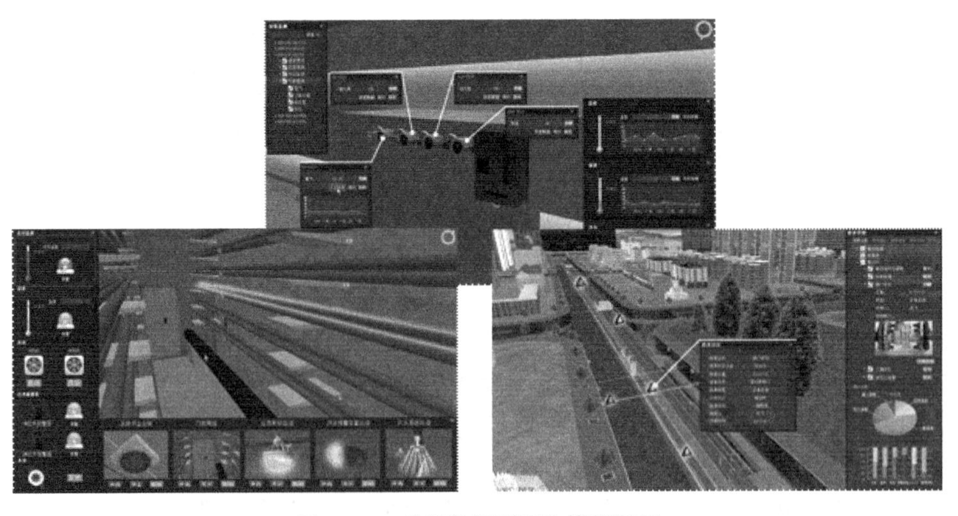

图9.3-2　监控数据可视化管理界面

2. 智能巡检

综合管廊的巡检是保障综合管廊正常运作、提早发现设施设备故障、安全防护的重要手段，传统的人工巡检具有成本相对较高、巡检效率低、巡检质量不确定性高、巡检繁琐的弊端。在国家和住房城乡建设部大力支持下，综合管廊得到了良好的发展，在全国各地如春天的鲜花一样遍地盛放，综合管廊的运营具有更加巨大的市场，同时对综合管廊的运营提出了更高的要求。因此提高综合管廊巡检效率、降低巡检成本、提高巡检质量是势在必行，综合管廊智能巡检运势而生。

综合管廊智能巡检是采用物联网技术、智能决策技术、智能识别技术、智能控制技术、大数据分析和云技术等新技术手段，以运动实体为载体对综合管廊的内外环境展开24h 360°无死角精细化巡检，用以取代传统的人工巡检，提高效率、降低成本、提高质量，从而整体上提高综合管廊的运营质量，进一步提高我国综合管廊建设和管理水平，达到国际先进水平。

在此，以综合管廊智能巡检车为例来阐述综合管廊的综合管廊的智能巡检。综合管廊智能巡检车具有快速、高效、准确、安全的特点。可将管廊检测数据实时回传，监控中心对数据进行对比检查，排查隐患。同时，采集的大数据进行处理分析，提前发现问题并预警。下面对智能巡检车的功能进行描述。

（1）材料防护

防水、防爆对智能巡检车的制造要求很高，由于地下管廊有天然气管道，而且可能连接下水道，会泄漏或者产生一定可燃气体，一旦气体被引爆，将会发生严重事故，所以，智能巡检车整车具有防爆功能。

在梅雨季节，城市道路极易发生积水，此时管廊巡检尤为重要，但是人工巡检具有危险性：积水深度，是否漏电，是否缺氧等诸多问题。采用智能巡检车巡检将会避免这些问题，智能巡检车做防水处理后，可涉水行走，避免了人工巡检的危险性。

（2）无线链路

智能巡检车的巡检系统采用2.4G无线传输技术，把图传信号、控制信号、检测信号进行交互传输。多链路多端口传输上采用星形网络的拓扑结构，保证网络稳定运行。

智能巡检系统采用WiFi局域网链路传输数据，同网用户可通过密码访问，可分配查看权限，可实时通过端口控制智能巡检车，通过无线网络播放实时监控画面，查看相关监测数据。

（3）智能控制技术

智能控制技术采用惯导技术和激光扫描技术来控制智能巡检车行驶方向，保证智能巡检车方向能够稳定可靠的行驶在规定线路上。同时，再采用相关传感器检测智能巡检车行驶里程，以确定智能巡检车行驶位置。

智能巡检系统采用冗余设计，当主系统出现问题，备份系统自动接管，无间断控制，整个系统无间断运行监管。

（4）传感采集

传感采集涉及有图像数据采集，可燃气体数据采集、温湿度采集、入侵信息采集、设施设备状态信息采集、裂缝及渗漏水信息采集、明火信息采集、人员移动信息采集等，同时具有相关的设备挂载，例如消防灭火器、破障机械、运载车等，实现智能巡检车的多方位应用，提高其适用性，进一步的提高运营管理效率和质量。

（5）数据管理

在现场和监控中心建立数据库管理系统，对所有采集数据进行归档分类存储，为查阅和检索相关数据提供方便。

数据存储方面，采用冗余设计，进行数据冗余储存，数据发生丢失，或者服务器发生意外时，自动启动备用服务器管理，保证服务器能够实时储存和管理服务器。

数据记录（非视频类）采用加密格式，查阅和采用专用软件，相关的数据可导出调用。数据查阅需分权限和类别查阅，可快速调出相关数据。

3. 能源管理

能源是管廊运营管理的基本资源，能源的合理调度和有效利用，有利于管廊运营单位节能降耗，降低成本，提高管廊运营服务市场竞争力，提高运营单位的经济效益，对综合管廊的可持续发展、资源的循环利用以及环境的持续改善具有重要意义。

能源管理系统以数据采集与监视控制系统（SCADA）为核心，是实现能源自动化、科学化管理的主要手段。能源管理系统的数据采集、监视控制设备和传输网络具有覆盖面广、数量众多的特点，因此其故障处理、设备维护的效率很难满足实时高效的管控需要。利用 GIS 和 BIM 可以实现设备、管网等的三维地理信息与能源管理系统的无缝结合，对运维管理员及时准确地掌握系统、设备、管网状态信息，指挥加快系统、设备、管网故障的分析和处理，提高系统、设备、管网运行的安全性、可靠性和稳定性具有良好的指导作用。

通过 SCADA 监控，选中场景中的仪表，可以动态监测该仪表的实时值。通过 SCADA 监控列表，系统可以按时刷新 SCADA 测点数据，通过筛选下拉框，可以对测点数据进行筛选，包括正常值、非正常值、低于告警低值、低于告警低低值、高于告警高值、高于告警高高值等。通过双击某一行数据，会显示该测点的仪表盘数值，并在场景中定位到该测点的位置。

系统设置了点击查询和属性查询两种查询方式。其中，点击查询通过直接点击场景中的要素查询显示其属性信息；属性查询通过输入关键字，全字段模型查询，并在场景中高亮显示查询结果，双击查询结果可以定位到该要素。

4. 应急联动机制

综合管廊的应急联动机制应本着“预防为主、分工负责、统一指挥、分级响应”的基本原则，贯彻“单位自救和社会救援相结合”的总体思路，充分发挥各个公司及部门在事故应急处理中的重要作用，尽量减少事故、灾害造成的损失。应急联动机制包括应急联动、应急决策支持、应急演练、安全知识培训等功能模块，实现对管廊运营过程中安全隐患排查，应急事件处理的闭环控制，还应建立与公安、消防、电力、电信、热力、供水等相关单位的应急通信机制。

5. 无纸化办公

无纸化办公是对传统管廊运营管理模式的数字化改造，是现代科技带来的办公模式的巨大变革。无纸化办公将运营管理人员从繁琐、无序、低端的文字处理、文件传递等工作中解放出来，集中精力从事核心事务，整体提高了运营管理的效率和对信息的可控性，信息传播迅速、流动性强，便于数据的查询、维护、携带，节约办公成本，提高办公效率。同时，无纸化办公脱离了打印机、纸张等物理媒介，降低办公成本；以网络实时传输通信代替了人工传递，提高了工作效率和执行力，使管理趋于完善。

无纸化办公具有高度自动化的特点。文件的数字化，使文件的创建、修改、存储变得简单易行，文件、通知等打印之前可以随意修改，不会出现纸质媒体修改困难的问题。信息产生、发送快，省略了打印、复印、传递环节。数字化媒体取代纸质文件，网络传输取代人力传送，数字化签名取代层层审批盖章。这些优势能够有效协调多部门之间的协同工作问题，使各个部门、各个环节的单独处理的工作串联起来，同时也能处理流程上多环节的任务。实现高效协作办公，领导层能够方便的随时查看分配过的任务、承办人及其进度情况，跟踪监督，提高执行效率和透明度。

6. 资产管理

综合管廊资产设施管理一直较为混乱，账卡与实物出入较大。而在BIM模型中，管廊内的附属设备、入廊管线等固定资产都可以基于位置进行可视化管理，固定资产在路段和舱室的布局可以多角度显示，使用期限、生产厂家等信息也可即时查阅，通过RFID标签标识资产状态，还可实现自动化管理，不再依赖纸质台账。

在管理管廊设施资产清册时，传统方式收集是一项非常耗时工作，通过管廊智慧化运营管理系统可以将各类最新资产布置信息汇总到系统数据库中，保证系统中设施资产信息数据准确性。帮助管理者更好地分配设施资源以及管理资产变更。

与此同时，智慧化运营管理系统使资产的变动更加顺畅，通过在图形化界面上直观重新定位设施资产，帮助制订复杂的变动方案，并将系统产生的图形化变动明细报表，分发给相关运营人员执行变动操作。

9.3.3　应用案例

综合管廊智慧运营管理系统包含综合管廊生命周期内丰富数据、面向对象的、具有智能化和参数化特点的数字化中心数据库，并通过平台可视化用户交互界面，极大提高了综合管廊日常运营管理，应急管理和运营服务质量评估等的效率。系统目前以六盘水管廊项目为载体进行了集成开发，在此基础上进一步扩大应用范围，实现全国更广范围内综合管廊的智能化运营管理。

1. 六盘水管廊项目介绍

六盘水城市地下综合管廊项目共39.80km，总投资32.64亿元。主要包括老城区的人民路（西和东段）、荷泉南路、红桥路东段、水西南路（南段和北段）、钟山路（东段）、凉都大道（中段和东段）、大连路、乾元路、凤凰大道（东段）和大河经济开发区的育德路、天湖路（西段和东段）等14条路的地下综合管廊建设项目的投资、建设、运营及维护，综合管廊项目内容纳了通信、给水、电力、热力、雨水、污水、天然气等管线。具体位置如图9.3-3所示。

2. 系统展示

（1）综合管廊GIS+BIM管理

智慧管理系统采用GIS+BIM技术，将综合管廊实体1∶1虚拟至平台，通过平台的GIS+BIM管理可实现定位综合管廊相对城市的所在位置、精准确定出入口位置、安全预警和消防预警定位、设备定位、巡检人员定位、设备工作状态查看、管廊管理信息维护、综合管廊运营数据管理等，从而展开对综合管廊的数字化管理，降低运营成本，提高运营效益（图9.3-4、图9.3-5）。

（2）环境监控与设备管理

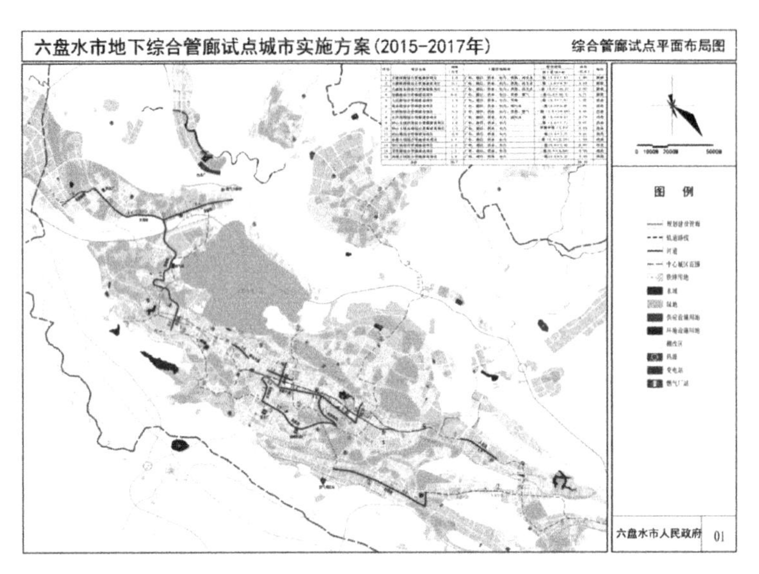

图 9.3-3　六盘水市综合管廊平面布置图

图 9.3-4　综合管廊 3D GIS 地图查看

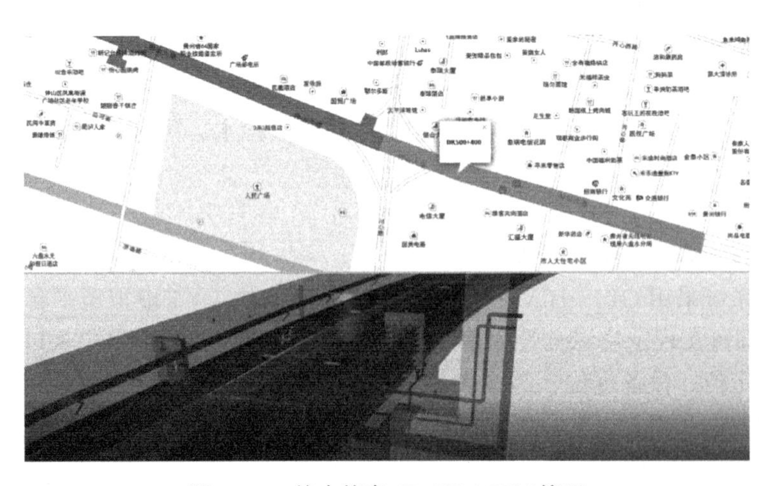

图 9.3-5　综合管廊 2D GIS+BIM 管理

因综合管廊整个空间相对封闭，为了保证管廊内工作人员及管廊内入廊管线的正常运行，在综合管廊沿线分布着各种机电设备，为了有效监控管廊内环境参数和管理机电设备，形成了环境与设备监控系统。

平台的环境与设备管理，通过综合布线及网络设备与综合管廊内的传感器、摄像机、风机水泵等设备相连接，采集运行状态数据和故障信息，在平台上及时显示，从而实现对综合管廊的环境与设备及时管理，及时获取管廊数据，保障廊内工作人员的安全，及时对管廊设备展开维护，降低风险和运营成本（图 9.3-6、图 9.3-7）。

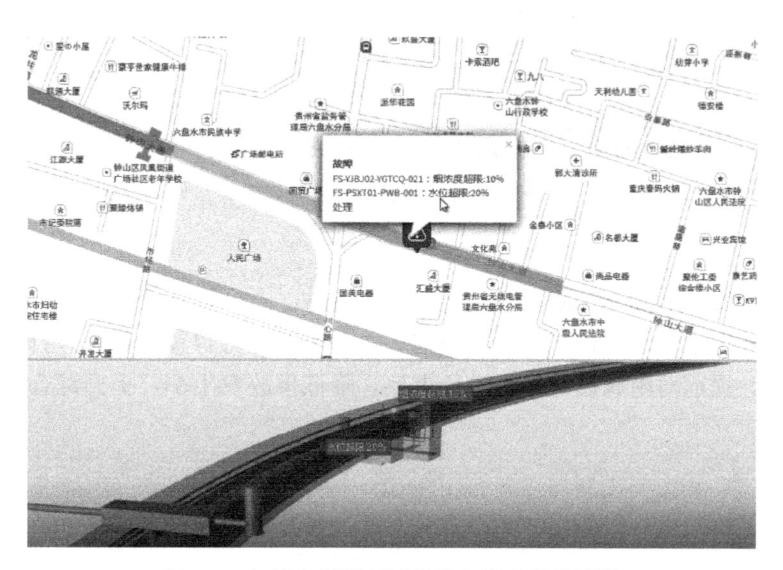

图 9.3-6　综合管廊环境监控与设备监控预警

图 9.3-7　综合管廊设备管理

（3）视频监控管理

系统的视频监控管理实现了对综合管廊内的所有视频监控设备的直接管理，对摄像机进行旋转、对焦、抓拍等操作，平台显示综合管廊内关键节点和出入口视频，其他部位视频可通过索引查找，视频显示包括全屏、定位、跟踪、历史查询等操作功能。实现了对综合管廊内部和外部环境的 24h 无死角监控，极大地保障了综合管廊的安全和工作人员的安全（图 9.3-8）。

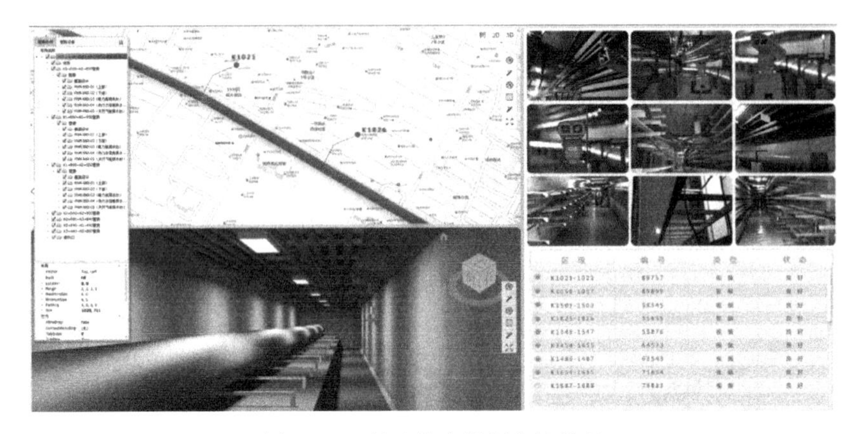

图 9.3-8　综合管廊视频监控管理

（4）资产管理

系统对综合管廊的廊体、附属设施设备、零备件、办公资产等资产进行统计、出入库登记，维修保养记录登录，资产统计和查询，并对资产进行智慧化管理，自动测算使用情况和报废周期，提前对附属设施设备进行更换，降低事故发生率，提升综合管廊运营安全（图 9.3-9）。

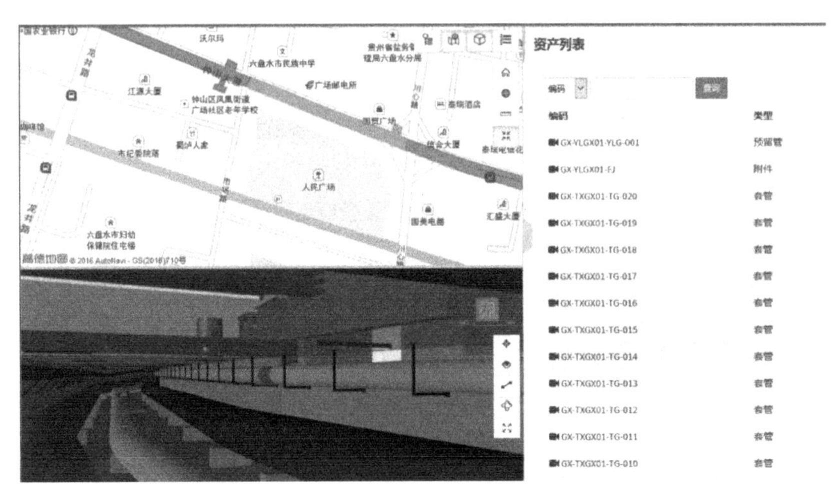

图 9.3-9　综合管廊资产和查询管理

（5）入廊作业管理

综合管廊正式运营后，其他相关单位进入综合管廊开展施工作业需提前向运营单位提出申请并提供相应的施工相关文件，运营单位查验相关资料同意入廊作业后，申请单位完成审批流程，在运营单位管理人员的陪同下方可进入管廊施工，施工完成后，恢复管廊内施工现场，拍照并提交至平台，提交完工报告，现场和报告经过运营单位验收合格后，方可完成入廊作业流程（图 9.3-10）。

（6）巡检管理

综合管理巡检包含日常巡检和异常巡检。日常巡检由巡检人员根据排班安排，对综合

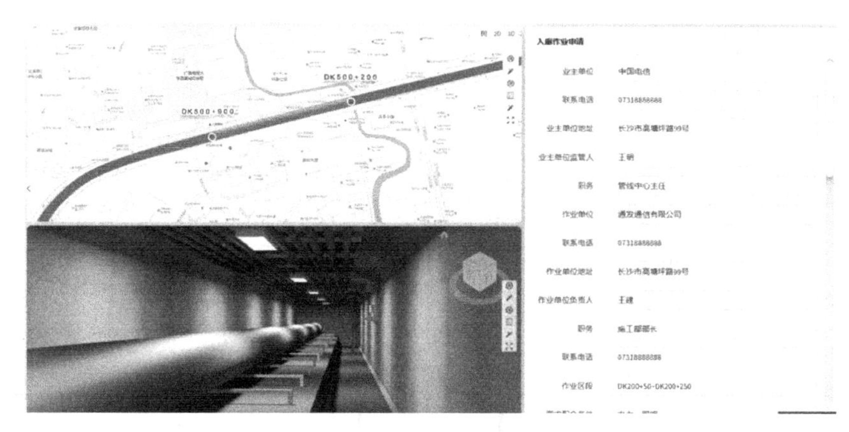

图 9.3-10　入廊作业管理

管廊内外环境和附属设施运行状态进行检查，巡检签到，对巡检的内容进行记录，故障部件进行拍照取证，日常巡检确保了综合管廊的安全和设备的状态。异常巡检是在接收到报警或者巡检异常报告后，派发给巡检人员或维修人员的巡检单，从而对报警及事故现场的再次确认，对管廊异常进行维修处理，异常巡检完成现场处理后，拍照取证，由上级领导确认无误后方可结束异常巡检工作。以确保综合管廊的正常运行（图 9.3-11、图 9.3-12）。

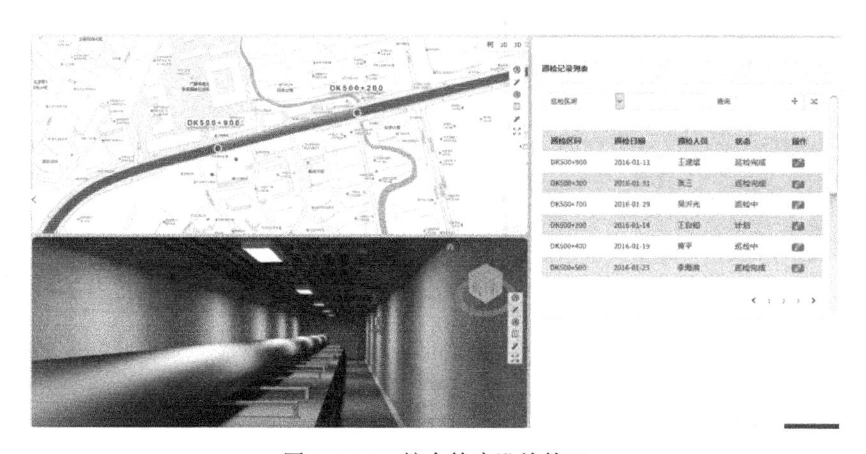

图 9.3-11　综合管廊巡检管理

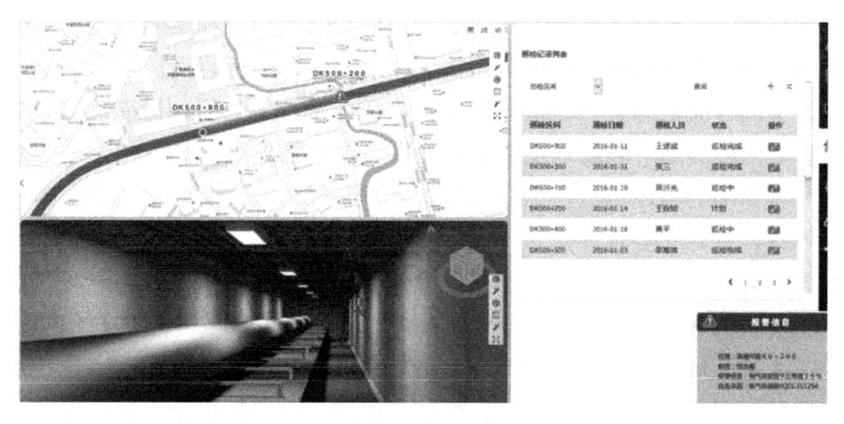

图 9.3-12　异常事件报警

（7）移动端管理

移动端包含有监控中心固定端的大部分功能，采用安全度高的精细化管理，根据用户角色和权限显示不同的内容。巡检人员使用移动端进行综合管廊的巡检、定位、签到等；维修人员使用移动端申请维修备件、接收维修任务等；管理人员使用移动端处理审批申请、查看综合管廊运营情况等；管线单位使用移动端提出入廊申请、查看本单位所属管线运行状态；政府单位使用移动端查看管廊运营质量、监督运营状况。移动端的产生，让综合管廊的运营变得灵活多样，不再局限于办公室、单个单位，而是多地点、多单位、多方式的自由运营新模式（图 9.3-13、图 9.3-14）。

图 9.3-13　移动巡检端

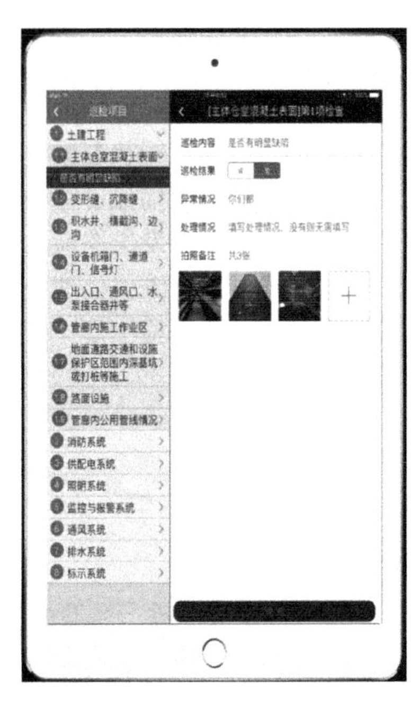

图 9.3-14　移动巡检端巡检内容

3. 系统应用效益

（1）整合并盘活城市管网信息资源

现代信息社会中，对信息的增值利用将成为推动财富积累和文明发展的重要途径。通过管廊智慧运营管理平台的建设，可全面整合和集成各管网信息资源，建立统一的信息共享互换平台，实现各类信息接入、融合集成和关联分析，为全面、精准、动态掌握综合管廊内管线信息资源的类型、数量以及更新程度等提供了强大的信息支撑，进一步提高了管线信息资源开发利用的整体水平。

（2）保障综合管廊安全管理

管廊智慧运营管理平台为综合管廊安全管理的技术保障，依托分布于综合管廊内的监控设备、防入侵系统等信息化监测和分析手段，管控人员的不安全行为，使巡检人员达到可视化管理、无关人员实现防范入侵管理，对管廊温度、湿度、温度、水位、氧气等环境要素实时监控，实现危险源管理、识别、评估和控制，对监控设备、排水设备、通风设备等进行在线感知、报警联动、远程控制，保障综合管廊安全管理。

（3）提高入廊管线安全性

城市市政公用管线作为城市的“生命线”工程，直接影响到公众民生，入廊管线的安全运行是综合管廊的首要任务。管廊智慧运营管理平台通过先进技术手段，详细监控管线使用情况，经过系统的风险分析，提前预测管线安全存在的缺陷，及时通知管线单位，提高管理水平，及时发现、消除事故隐患，采取必要的更换管材、管件等检修措施，加强城市地下管线维修、养护和改造，切实保障地下管线安全运行。

（4）提高综合管廊管理效率和服务水平

智慧运营管理系统将管廊模型及管廊运营管理流程数字化，采用计算机方式进行管理，改变了传统的手工管理资料的模式，使得管廊运营管理的各个环节、各个部门之间运转更加通畅，显著提高管廊运维管理的效率。智慧运营管理系统把管廊宏观领域的 GIS 信息和微观领域的 BIM 信息进行交换和互操作，满足查询和分析空间信息的功能，使运营管理服务质量得到很大的改进，使客户的满意度也大幅度提高。

（5）智慧综合管廊是智慧城市的重要组成部分

综合管廊的修建，能有效解决地下管线管理杂乱、维修频繁、地下空间无序开发等“城市病”，管廊智慧运营管理系统通过结合物联网技术、BIM 等一系列先进技术，推进城市地下管线信息综合管理系统与数字化城市管理系统、智慧城市融合，充分利用综合管廊运营管理系统，实现入廊管线的快速协调和网络化管理。打造城市地下“智慧管廊”，是智慧城市建设的关键领域之一，对实现城市管网智慧化管理、保障地下空间有序开发来说极为重要。

第 10 章　综合管廊的减灾防灾技术

10.1　概述

10.1.1　综合管廊防灾的重要性

城市综合管廊综合了电力、通信、给水、热水、制冷、燃气等管线，是重要的生命线工程，其安全运行在一定程度上影响到一个城市的安全运行与功能保障。其中供热管道分为蒸汽供热和热水供热，蒸汽供热正常运行蒸汽压力是 1MPa，蒸汽工作温度达 280℃左右。供热管道泄漏将造成重大的安全隐患，需要做好监测和监控防范措施；综合管廊内电力电缆损坏时泄漏电流易发热，存在火灾隐患，需进行火灾检测；地下综合管廊内管道（如天然气管道）泄漏及沼气的汇聚，容易造成燃暴事故及缺氧事故，需要进行甲院及氧气含量的监测。

大量综合管廊工程建设实践表明，综合管廊的结构安全性能、防淹、防火、防人为破坏等关键要素，直接影响到综合管廊的安全运行。

当前，我国城市地下管廊处于大规模发展建设阶段，虽然政府对于地下管廊的安全防灾越来越重视，但是，对比国外的先进经验，还需要从法律法规、技术标准、管理体制、防灾措施、设施配备以及人员训练等方面做好工作。完善相关法规，制订防灾应急预案，完善防灾设备配置，加强地下管廊防灾设计标准研究，加强安全管理和安全演习，建立地下管廊防灾信息平台。

10.1.2　综合管廊防灾的特点

综合管廊由于其自身的特点，一方面它对很多灾害的防御能力远远高于地面建筑，如地震、台风等；而另一方面，当管廊内部产生某些灾害时，所造成的危害又将远远超过地面同类灾害，如火灾、爆炸等。为此，我们必须要重视管廊内部防灾减灾技术的研究，防止灾害的发生，或将灾害的损失降低到最低限度。

虽然地下综合管廊建设在地下土体或岩体中，由于其本身的结构特性，综合管廊对多种灾害都有很好的防护效能，不仅可以有效地防护爆炸冲击波等战争灾害，还可以对抗震、化工产品事故有较强的防护能力。但对火灾、洪涝等灾害而言，却有着比地面建筑更多的不利因素，在进行防灾和安全分析的时候必须注意，主要表现在以下几点：

（1）空间封闭狭小性，人员出入口数量少，出入口的数量和布置都受到很大的限制；

（2）隔离性，发生灾害时地上很难掌握地下空间的情况；

（3）救灾设备规模大，难以进入地下空间；

（4）自然通风条件差；

（5）难以实现天然采光，主要依靠人工照明；

（6）地下空间因处于地表以下，水往低处流，一旦城市发生洪涝灾害，地下空间往往首先被殃及，导致大量雨洪由出入口灌入地下空间。地下空间内部迅速产生大量积水，并且，内部积水因排出困难造成内涝，地下的电力、通信等设备易受损；

（7）国内尚且缺乏综合管廊的相关技术规范，对各类管线的分支等技术细节的处理考虑不够充分，从技术上不能根本解决各种管线运行中存在的安全隐患，对各类管线运行相互间造成的影响未能进行全面评估。

因此，一旦发生灾害，造成的人员伤亡和损失程度便十分严重。但只要我们在规划、设计和施工过程中给予重视，并严格按照相关规范要求进行规划、设计和建设，这些灾害是可以预防和避免的。

10.1.3　综合管廊的防灾要求

综合管廊工程的设计使用年限为 100 年，在这个使用年限内，结构应能承受在施工和使用期间可能出现的各种作用；保持良好的使用性能；具有足够的耐久性能；当发生火灾时，在规定的时间内可保持足够的承载力；当发生爆炸、撞击、人为错误等偶然事件时，结构能保持必需的整体稳固性，不出现与起因不相称的破坏后果，防止出现结构的连续倒塌。

10.2　综合管廊的灾害因素分析

综合管廊可能发生的灾害类型主要包括火灾、水灾、空气污染、恐怖事件、地基塌方以及地震等自然灾害和随之引起的次生灾害等，此外，由于地下空间相对封闭，给灾害处理造成很多难度。近十年，伴随着城市建设快速发展以及大规模的地下管廊建设，我国城市地下空间开发利用的越来越广泛，使用频率也越来越高。地下管廊的防灾问题也受到前所未有的关注。

10.2.1　火灾灾害因素分析

综合管廊内存在的潜在火源主要是电力电缆因电火花、静电、短路、电热效应等会引起火灾。另一种火源是可燃物质如泄漏的燃气、污水管外溢的沼气等可燃气体，容易在封闭狭小的综合管廊内聚集，造成火灾隐患。由于综合管廊一般位于地下，火灾发生隐蔽，不易察觉。另外，综合管廊的环境封闭狭小、出入的人员少，火灾扑救难。火灾时，烟雾不易散出，增加了消防员进入的难度。

城市综合管廊作为不经常下人的管道，一旦发生火灾事故，通常不会造成人员伤亡，但是火灾造成的高温和烟气会沿着管沟迅速蔓延，且因为管廊位于地下，发生火灾时不易被发现，火灾危险性较大。另外，由于管廊设施的一次性建设费用远远高于传统的管线直埋式铺设的成本，一旦在管廊内发生火灾，经济损失将是巨大的，也会给城市居民的日常生活造成不利影响。

城市综合管廊属地下狭长受限空间，与大气相通的孔洞少且面积较小，火灾发生时，热烟无法排出，热量集聚，散热缓慢，空间的温度提升很快，可能较早出现轰然现象，甚至存在温度由 400℃左右陡燃上升到 800～900℃，空气体积急剧膨胀，一氧化碳、二氧化碳等有害气体的浓度迅速增高。

1. 火灾发生的原因

火灾的发生原因主要有人为失误、燃气泄漏、线路老化和电气设备使用不当等，一旦火灾发生就可以诱发二次和三次灾害，具体原因有：

（1）电力火灾

综合管廊内天然气、电力、通信、热力、给水、雨水、污水等管线，电力线路最容易发生火灾。电力线路起火的原因主要为以下几个方面：

1）短路。由于电力线路受机械损伤，线芯外露接触不同电位导体而短路或者由于电气线路过热、水浸、长霉、辐射等的作用而导致绝缘水平下降，在电气外因的触发下，绝缘被击穿而短路。

2）过载。电缆中通过电流超过了其允许最大电流强度时，即为过载。电力线路过载，电缆温度将升高，进而使绝缘劣化加速以致失效，最后过载转化为短路，短路异常高温引燃可燃物起火。

3）漏电。电力线路由于使用年限过长，或电介质损耗增大，均使得绝缘能力下降，或安装过程中的损坏性外力、小动物啃咬等造成电缆绝缘层损伤，将会产生漏电电流，引起电缆异常高温，形成导线间电弧、电火花等点燃周围的可燃物形成火灾。

4）接触电阻过大。接触电阻加大，导致产生热量增加，造成导体接触面温度增高，使金属接触表面的氧化加剧，氧化层增厚进一步增加了导体间的接触电阻，致使热量不断增加累积，温度不断升高，产生火灾。

（2）其他因素火灾

除了电力管线容易造成综合管廊火灾外，天然气，污水管线中沼气等可燃气体的泄漏也有可能造成综合管廊火灾。综合管廊施工、定期维护以及设备检修时可能用到的明火以及人为纵火也是造成综合管廊火灾的一个因素。

2. 火灾的特点

（1）可燃物密集。存在大量电缆、光缆塑料橡胶保护套管。

（2）着火因素多。存在短路、接触不良、过载等着火原因。

（3）扑救困难且危险。首先由于综合管廊的相对封闭状态，难以确定发生火灾的具体准确部位，其次由于出入口较少，造成消防人员进入不畅，延误扑救时机，最后由于地下空间比较狭小，过多的电缆、有害烟气、毒气及高温热量快速积聚等因素，存在触电危险、有毒烟雾机热量对救援人员安全造成极大威胁，加大了火灾的扑救难度，有时在消防人员无法进入地下空间进行扑救工作的情况下，只能任其自动燃烧至熄灭，造成更为严重的经济损失。

（4）火灾易蔓延。管廊长且狭窄，热量易聚集，散热缓慢。

（5）空间相对封闭狭小。综合管廊处于地下，空间狭小，出入口少，隧道长，发生火灾时人员一旦被困，疏散困难，救援困难，易形成高温、有毒、缺氧环境，易造成人员伤亡。火灾后温度高、线缆绝缘材料过火后易产生有毒气体，排烟换气难，救灾人员进入困难，冷却降温困难。

（6）人员出入口数量少。

（7）自然通风条件差。

（8）难以实现天然采光，主要依靠人工照明。

（9）相互影响大。综合管廊内强电、弱电多种线路密布，任何一种管线发生问题，就会殃及其他管线，特别是电力、电信等强弱电管线，直接影响周围建筑物的正常使用，一旦电力、通信线路中断，会给人们的生活带来一定的混乱，造成难以计算的间接损失。

（10）火灾会损坏地下建筑结构，并且损坏后的修复难度非常大。

（11）管廊位置低，排水依靠潜水泵，火灾后电力中断，灭火形成的积水无法及时排除，导致恢复供电、有线、通信、网络时间长，难度大。综合管廊内还设有供热管路，火灾事故有可能造成供热管路破损，高压高温热水、热气大量喷出，增加事故处置和维修难度。

（12）综合管廊正常情况下无人值守，位置隐蔽，发生火灾时不易发现，烟火会沿着管沟迅速蔓延。

10.2.2　洪涝灾害因素分析

洪涝灾害是我国城市重点防御的自然灾害之一，许多城市大都临江（河）建设，其中部分城市的高程处于江河洪水位之下，无论是江河溃堤或者是暴雨引起的城市内涝都会殃及综合管廊；此外廊内给水排水管道的破裂或者水泵停止工作都会使综合管廊面临浸水，相比于地上建筑，综合管廊的洪涝事故虽然不多，但是一旦发生，廊内的水位将迅速上升，造成的危害将远远超过地面同类灾害，同时还会造成二次和三次灾害，因而必须重视地下综合管廊的防水设置和应急处置。

当城市洪涝灾害发生时，洪水将极可能从综合管廊的出入口、通风口、进料口等灌入，向整个连通空间蔓延，直达综合管廊的最深层，损坏管廊内设施和设备，甚至造成检修人员伤亡。即使综合管廊的出入口没有进水，但由于周围地下水位上升，长期被饱和土所包围的防水质量不高的工程衬砌同样会渗入地下水，严重时将引起结构破坏，造成地面沉陷，影响到邻近地面建筑物的安全。对于雨水较多，极易发生洪涝灾害的城市，应特别注意综合管廊的防洪排水。结合地表水和地下水环境对城市地下综合管廊产生的两种不利影响，具体可将综合管廊的洪涝灾害分为以下三种主要类型：

（1）地面洪水侵入型：是指地面连续暴雨通过综合管廊出入口、通风口等直接进入地下综合管廊；或暴雨、江河漫流、风暴潮等形成的地面洪水超过了综合管廊出入口防洪设备的防洪能力进入地下空间。

（2）地下水侵害型：是指地下水与地下工程综合管廊所处的岩土层、围护结构等外围介质的相互作用过程中，水对地下综合管廊围护结构产生不利的影响（如侵蚀、渗透、渗流、浸蚀、浮托等）而造成危害的现象。

（3）内涝型：是指地下综合管廊内部设施如给水排水管道破裂、泵房故障等原因造成地下综合管廊涝水成灾。

10.2.3　地震灾害分析

1. 地下结构地震反应特点

地下结构地震反应和地面结构有明显的差别。地面结构对地震波而言，相当于一个强的滤波系统。如果以入射的地震波作为输入、结构的地震反应作为输出，则输入波频率与结构自振频率相近频段的地震波由于共振效应将被显著放大，因而随着结构刚度和质量的变化，结构输出的动反应频率成分和振动的持续时间都将发生很大变化。即使在入射地震波结束后，结构的衰减自由振动仍将持续一段时间。地下结构则不同，由于受到周围岩土介质的强约束作用，其地震反应的波形与入射地震波相比，基本上不发生变化。而且，只要地下结构的尺寸与地震波长相比较小，则地震波场就不会因地下结构的存在而受到较大改变，经实际的观测资料证明：地下结构的地震反应波形与自由场所得到的波形基本一致。经过归纳总结，地下结构的地震反应特点和地面结构的对比结果如下：

(1) 周围岩土介质对地下结构的振动变形约束作用显著，结构的动力反应一般不明显表现出结构自振频率的特征；而地面结构的动力反应则明显表现出结构自振频率的特征。

(2) 当地下结构的尺寸相对于地震波长较小时，地下结构的存在对周围地基地震波场的影响一般很小；而通常尺寸的地面结构，其存在对该处自由场地的地震波场将产生较大扰动。

(3) 地震波的入射方向是地下结构振动形态的敏感因子，地震波的入射方向发生较小的变化，地下结构各点的变形和应力将发生较大的变化；而地震波的入射方向对地面结构的振动形态影响较小。

(4) 线形地下结构由于尺寸较长，所以在振动中沿结构纵向各点的相位差别十分明显；而地面结构则没有该现象发生，故各点在振动中的相位差别很小。

(5) 地下结构在振动中的主要应变一般与地震所产生位移场的大小有密切关系，而与地震加速度大小的联系不很明显；但对地面结构来说，地震加速度则是影响结构动力反应大小的一个主要因素。

(6) 地下结构和地面结构与地基的相互作用，都对其动力反应产生重要影响，但影响的方式和影响的程度对两者而言是不相同的，该动力反应主要由结构的形状、尺寸、质量、刚度，以及地基的物理力学性质决定。

(7) 地下结构的埋深较浅时，埋深对其动力反应影响较大，但埋深超过一定深度后，埋深对地下结构的地震动力反应影响将不明显。

2. 地下综合管廊震害特点

综合管廊主体结构包围在围岩或土体介质中，地震发生时地下结构随围岩或土体一起运动，与地面结构约束情况不同，围岩介质的嵌固改变了地下结构的动力特征（如自振频率），因而一般认为地震对于地下管廊结构的影响很小。同时由于以前城市地下空间开发利用得不够，地下空间结构在规模和数量上相对于地面结构都比较少，受到地震灾害，特别是中震、大震考验的机会也少，加之地下空间结构的震害相对地面结构也比较轻，因此，人们长期以来都认为地下空间结构具有良好的抗震性能。然而，1995 年日本阪神地震中，以地铁车站、区间隧道为代表的大型地下空间结构首次遭受严重破坏，充分暴露出地下空间结构抗震能力的弱点，随着城市地下空间开发利用和地下结构建设规模的不断加大，地下空间结构的抗震设计及其安全性评价的重要性、迫切性越来越明显。在大力提倡城市地下空间开发利用的 21 世纪，重新具体评价地下空间结构抗震安全性，加强研究地下空间结构的抗震性能，对地下空间结构抗震设计提出相应的建议和抗震措施，具有重要的理论意义和工程实用价值。

综合管廊的破坏方面地震仍然是主要方面。1930 年北伊豆地震，以及之后 1963 年的新泻地震都有综合管廊破坏的记载。1971 年宫城地震，仙台市出现综合管廊接口拉断，结构出现裂缝的现象，综合管廊内的管线、管道也因为支架或支座损坏而发生坠落和横纵向位移导致损坏。1994 年美国北岭地震中一综合管沟由于爆炸而损坏（图 10.2-1）。1995 年阪神地震，仙台市地下供水管道几乎全面瘫痪，综合管廊内供水管线破坏流入供气系统导致供气系统受损。1999 年中国台湾大地震，出现综合管廊衬砌断裂，断层错位剪断综合管廊结构等现象。2001 年美国西雅图 Nisqually 地震造成综合管廊侧向土体变形，压裂综合管廊侧面并导致管线全部损坏。

近年来，日本对综合管廊等隧道结构与土、岩石间的相互作用等方面做了系列工作。探讨了利用山区隧道法进行城市软土、高地下水地区隧道（包括综合管廊）的施工方法，以此提高综合管廊等城市隧道结构的抗灾（震）水平。当然，衬砌厚度越薄、埋深越浅的综合管廊破坏概率越大，破坏程度更严重。

3. 地下管线的抗震性能

目前综合管廊分析方向大多集中于管廊廊道抗震，但尚未有人对管廊内部的管道进行抗震分析。由于管廊内部的给水排水、燃气等管道是固定在管廊内部，在地震发生时会与结构共同运动。对廊内管道进行抗震分析可以得出地震时管道的运动特性，从而对其震害进行相应的处置，进而提高综合管廊内管道在震后保持其功能的几率，保障震后的生命线功能正常运行。

在以往地震中，一些支承管线也发生不同程度的破坏。1976 年和 1984 年在苏联乌兹别克共和国加兹利地区都发生了地震，加利地区是重要的天然气产地，在该地区有多条煤气、供热、给水管网。1976 年一条长 10m 口径 1.5m 的短管的支墩发生严重剪切破坏，支墩混凝土脱落。1984 年地震中支撑在少筋混凝土支墩上的口径 720mm 煤气管道的支墩受到严重破坏，管道向震中一侧位移了 1.5～1.8cm，管道的和支墩间隙中的填充物也一同发生了位移，并出现管道从支墩上滑落的现象。表 10.2-1 为其他地区发生的各种支座支架管道的破坏记录，可见大多数的支座管道破坏都是因为支墩损坏或者管道滑落导致的。

图 10.2-1　美国北岭地震中综合管廊破坏导致的水管、煤气管道破坏

支承管道震害资料　　表 10.2-1

地震地点及特点	管径(mm)	管材	接口形式	管架结构	损坏和破坏	备注
日本福井 1948 年,M7.3	约 400	钢管	焊接与加固套管焊接	砖石	支架破坏,管道明显变形,无法正常使用	支架破坏与河岸相互位移有关
美国圣费尔南多 1971 年,M6.7	1930	钢管	焊接	钢筋混凝土	管壁起皱,接口断裂	
意大利弗留利 1976 年,M6.5	900	钢管	焊接	钢筋混凝土支座,支架上管道自由支承	管道从支座上滑落	
苏联加兹利 1976 年,M7.2	720	钢管	焊接	少筋钢筋混凝土支墩,支墩间距 15m	支墩底部出现裂缝为竖向地震作用结果	
	720	钢管	焊接	钢筋混凝土	明显变形,管道未断裂	
	150	钢管	焊接	支柱式支架	管道沿纵轴扭曲	
苏联加兹利 1984 年,M7.2	720	钢管	焊接	钢筋混凝土结构 0.9m×2m×1m	垂直作用引起严重破损,一个支墩完全破坏	被调查的管道长度为 100m
	426	钢管	焊接	钢筋混凝土支墩	垂直作用引起严重损坏或破坏	长度小于 100m,所有管道损坏相同
苏联土库曼斯坦 1983 年,M5.7	100	钢管	焊接	支柱式和框架式管架,设置限位器	支架向裂缝一侧倾斜,管道位移	

10.2.4 管线之间的相互影响分析

综合管廊内的管线布置首要考虑的是管线的安全，使各管线之间的相互影响控制在安全范围内，在这一条件下实现管廊断面的节约与高效利用。由于各类管线是综合管廊的组成单位，综合管廊是为服务各类管线构筑而成的，故需了解各类管线在输送物质过程中物理特性的不同，并了解和研究各管线的特性、兼容性和物理性限制；若不加以研究，将造成共构时之困扰，甚至影响城市的公共安全。

管线的相互影响以及由此带来的安全问题是早期规划建设综合管廊的主要顾虑之一，根据国外多年的实践与经验积累，综合管廊内的管线通过合理的空间安排与布置并采取适当的防护措施可以实现安全共管。根据目前的实践，在管线布置方面，受普遍重视的包括电力、电信缆线，热力管线，自来水、下水道以及煤气管等。相关管线的影响见表 10.2-2 所示，在考虑管线布置时应予以考虑。

管线之间的相互影响　　表 10.2-2

管线种类	自来水管	下水道	煤气	电力	电信	热力
自来水		○	×	×	×	×

续表

管线种类	自来水管	下水道	煤气	电力	电信	热力
下水道	○		○	○	○	×
煤气	×	○		×	×	√
电力	×	○	√		√	√
电信	×	○	√	√		√

注：√表示有影响，○表示其影响视情况而定，×表示毫无影响。

另外，随着城市生活水平的提高，作为城市生命线的公用管线将会出现更多的种类，对综合管廊的需求和依赖也会更强。同样随着科技、设计和建设水平的提高，综合管廊也必将会满足各类管线的敷设要求。但在入廊共线过程中，必须对它们之间的相互影响和干扰程度进行深入的研究。

10.2.5　综合管廊盗窃灾害因素分析

地下综合管廊的建设，是一个露天开放的过程，在施工过程中，很容易发生盗窃事件，进而影响施工进度。对于此类事件，重点是加强施工工地的文明管理。首先，要从门卫抓起。要加强值班人员的安全意识，对于没有佩戴胸卡的员工，不允许进出施工现场；未经现场负责人的许可，不许将物件带离现场。其次，要加强现场管理人员的管理意识。加强管理人员的现场巡视管理，防止盗窃事件的发生。最后，要加强施工现场物品登记制度。同时，利用视频监控手段，对工地远程监控、集中管理、实时监视集中管理系统，让相关管理部门及负责人能通过网络用计算机、手机随时随地的实时监控建筑工地情况，及时了解一些紧急的突发事故，减少财产损失，保证生命的安全。

10.3　综合管廊的灾害对策分析

城市灾害的发生一般都不是孤立的，如自然灾害和人为灾害、原生灾害和次生灾害、地面上部空间灾害和地下空间灾害等，它们之间都存在着一定的内在联系。随着自然、社会条件的变化，灾害越来越多的以综合形式出现，一灾多果或多灾一果的现象日益增多。这便要求城市的防灾减灾措施不能单独针对某一种灾害，而应考虑到主要灾害与可能引发的其他灾害之间的关系，采取综合防治措施，以提高城市对各种灾害的预测和预警能力、防御能力和快速应变能力以及灾后的自救能力和恢复能力，增强城市的总体防灾能力。我国城市各类灾害的发生频繁，加之沉重的人口压力和有限的适于居住的国土面积形成了我们现在的城市布局。鉴于我国的基本国情，必须根据自身的特点，逐步建立与社会、经济发展相适应的地下空间综合防治体系，包括城市地下空间的灾害监测与预报系统、灾害规律研究系统、防灾系统、抗灾系统、救灾系统、灾后重建系统和防灾宣传教育系统，增强城市总体防灾能力。目前，国内外在城市地下空间开发利用及防灾减灾领域的研究取得了试探性和阶段性的进展。

经过几十年的发展，我国与发达国家之间的差距越来越小，城市综合管廊设施建设也相对完善，具备诸多功能，为城市化建设作出了巨大贡献。城市综合管廊是集多种设施、系统于一体的城市地下隧道，其内部的任何设施出现问题，都会影响到人们的生活。而且内部拥有电力、燃气、通信等易燃易爆物质，一旦发生火灾，将会对整个城市造成巨大的损失。为此，必须保证综合管廊内部系统能够正常地运行，防止出现灾害问题。

在地下综合管廊综合防灾减灾研究方面，危险因素的识别和风险控制是综合管廊工程的重要部分。为保证城市地下综合管廊在日常运行和管理过程中的安全和方便，可采用配套的附属设施系统。主要包括：通风系统、照明系统、受配电系统、消防系统、排水系统、有害气体监测系统、警报系统、标识系统、监控管理系统等。设置通风系统的目的是为了延长纳入管廊管线的使用寿命、保证城市地下市政综合管廊的维护和运营安全、保证工作人员的健康及生命安全；设置照明系统的目的是为了保障工作人员的生命安全和维护市政管线更加方便；设置受配电系统的目的是为了保障城市地下市政综合管廊正常运行时所需用电；设置消防系统、排水系统、有害气体监测系统、警报系统的目的是为了保障城市地下市政综合管廊的安全运行；设置监控管理系统的目的是为了保证廊道内管线及操控设备的正常运转，并在发生事故时能做出迅速反应处理。

10.3.1 综合管廊的防水对策

1. 地下综合管廊防水工程

根据当前城市地下综合管廊施工技术标准和要求表明，地下综合管廊要求结构设计的使用时间是100年，因此为了提升工程结构主体的防水性能，应选在合适地段进行施工，施工材料要选择耐水性能好的施工材料，同时还要选择相互匹配的铺设材料。

综合管廊主体结构应当选择两道柔性防水材料作为防水施工材料，并将这些材料布设在迎水面上，铺设材料也尽量选择抗拉强度高和耐久性好的高聚物改性沥青类卷材。此外还可以结合卷材和涂料形成防水系统。

局部结构变形缝处则选择中埋止水带和外贴式止水带以及防水密封材料等三种材料展开防水施工工作，其中施工缝处防水措施主要有水泥基渗透结晶型防水涂料、钢板止水带、遇水膨胀止水带等。

使用预制成型弹性密封垫作为拼缝处的防水措施，对于结构主体则要使用耐久性好和强度高的防水材料。

2. 防水处理原则和方法

为了保证市政工程综合管廊构筑物正常使用效果，避免出现二次维修，解决好防渗漏工作是关键。通过对一些市政工程地下构筑物施工过程及竣工后使用情况的调查了解，发现造成地下构筑物渗漏的主要原因是使用的混凝土和防水层的材料质量不过关，施工时没有控制好相关技术要点，未按规范操作，而且忽视了细部结构如变形缝、施工缝、后浇带、预留接口等部位的防水处理，也有设计方面的原因。

地下管线构筑物的外露面均需要做外防水，防水应以防为主，以排为辅，遵循“防、排、截、堵相结合，因地制宜，经济合理”的原则，同时要坚持以防为主、多道设防、刚柔相济的方法。

以防为主。按防水施工的重要性，地下工程的防水等级分为四级，无论哪个防水等级，混凝土结构自防水是根本防线，结构自防水是抗渗漏的关键，因此在施工中分析地下构筑物混凝土自防水效果的相关因素，采取相应预防措施，改善混凝土自身的抗渗能力，应当成为施工人员关注的重点。防水混凝土的自防水效果影响因素主要有以下几点：

（1）混凝土防水剂的选择及配合比的设计，通常采用C30.P8防水混凝土。

（2）原材料的质量控制及准确计量。

（3）浇筑过程中的振捣及细部结构（施工缝、变形缝、穿墙套管、穿墙螺栓等）的处理。

（4）混凝土保护层厚度不够，常常由于施工时不能保证而出现裂缝，造成渗漏。

（5）混凝土的拆模时间及拆模后的养护，养护不良易造成早期失水严重，形成渗漏。

从质量控制的角度来讲，如果采用防水抗渗的商品混凝土，只要混凝土本身是合格的材料，是基本可以满足防水要求的。但是，为了防止防水混凝土的毛细孔、洞和裂缝渗水，还应在结构混凝土的迎水面设置附加防水层，这种防水层应是柔性或韧性的，来弥补防水混凝土的缺陷，因此地下防水设计应以防水混凝土为主，再设置附加防水层的封闭层和主防层。

多道设防、刚柔相济。一般地下构筑物的外墙主要起抗水压或自防水作用，再做卷材外防水（即迎水面处理），目前较为普遍的做法就是在构筑物主体结构的迎水面上粘贴防水卷材或涂刷涂料防水层，然后做保护层，再做好回填土，达到多道设防、刚柔相济的目的。由于地下防水层长期受地下水浸泡，处于潮湿和水渗透的环境，而且常常有一定水压力，除满足防水基本功能外，还应具备与外墙紧密粘结的性能。因此，防水层埋置在地下具有永久性和不可置换性的特点，必须长期耐久、耐用。常用的防水卷材有：合成高分子防水卷材和高聚物改性沥青防水卷材两大类。

3.防水施工过程的关键点

（1）提前熟悉图样中的防水细部构造和技术要求。

（2）严把材料关，所使用的防水材料应有出厂合格证书、试验检测报告及进场复试报告。确保材料质量合格，符合设计要求。

（3）严格规范施工。

施工前应清除基面表面的灰尘、杂物，确保基面平整牢固、清洁干燥，铺贴时应展平压实，卷材与基面必须粘结紧密，搭接宽度不应小于100mm，上下两层和相邻两幅卷材的接缝应错开1/3～1/2幅宽，且两层卷材不得相互垂直铺贴，接缝处应用材性相容的密封材料封严，宽度不应小于10mm，转角部位需附加防水卷材，附加宽度为300mm，应执行《聚乙烯丙纶卷材复合防水工程技术规程》CECS 199—2006，采用冷粘湿铺，应排出卷材下表面的空气，不得空鼓，使卷材与结构迎水面紧密粘结，胶粘材料使用水泥加入3%高分子卷材复合防水聚合物专用胶粉。

防水卷材工艺流程：清理基面→涂刷基层的处理剂→铺贴卷材防水层→阴阳角、节点部位→防水卷材附加层→定位→铺贴大面积防水卷材→防水层收头、密封→防水层检查验收→施工保护层。

同时，必须要注意细部构造的防水，包括施工缝、变形缝、穿墙套管、穿墙螺栓等部位，这些部位如果处理不好，渗漏现象是非常普遍的。地下防水有所谓“十缝九漏”之说，因此必须对其给予足够的重视。

施工缝、变形缝处目前常采用的是止水带的做法，地下综合管廊施工缝处可采用镀锌钢板止水带，按照《地下工程防水技术规范》GB 50108—2008的规定，墙体水平施工缝应留在高出底板表面不少于300mm的墙体上，其宽度的中心线与施工缝重合，长度与混凝土结构相同，施工时应注意搭接，确保焊接质量，转角处应处置合理，安装好的止水钢板应与墙体的钢筋固定坚固，钢板应顺直不得扭曲，在施工缝浇筑混凝土前应将其表面浮浆和松散的混凝土清除干净并湿润，混凝土结合面应做凿毛处理；变形缝处采用钢边橡胶止水带，沿构筑物四周放置于1/2壁厚处，上下两端使用2cm厚防水密封膏，并在下部端口做防水卷材附加层，浇筑混凝土时应先将止水带下侧混凝土振捣密实，并密切注意止水带有无上翘现象，对墙体处的混凝土应从止水带两侧对称振捣，并注意止水带有无位移现象，使止水带始终居于中间位置。考虑到橡胶材料的自身特点，为防止橡胶老化，出现断裂，形成渗漏点，搭接部位应采用热熔连接，禁止采用冷粘的方法进行连接。

由于地下综合管廊内的各类管线均要与构筑物外的直埋管道相连接，因此需要在浇筑构筑物主体混凝土结构时预埋穿墙套管。穿墙套管一般采用翼环式管道穿墙做法，即在管道穿过构筑物防水结构处预埋钢套管，并在套管位于墙内部分的1/2墙厚处周圈加焊钢板止水翼环，要满焊严密。翼环与钢套管加工完成后，在其外壁均刷底漆红丹或冷底子油各两道防腐。套管必须一次浇固于墙内，与墙体空隙采用油麻沥青填实，墙体边缘两端设金属挡圈。预埋钢套管与墙体外表面相接处做防水卷材及附加层，附加层宽度为300mm，并在水平位置的附加层周圈安放扁铁箍，防水卷材端口采用密封材料填实。安装工作管时，将管道穿过预埋钢套管，核准位置，将其与套管之间的缝隙用防水密封材料填充、捣实，并在套管端口采用封口钢板将工作管与套管焊接成一体，要封堵严密。要特别注意供热管道的预埋穿墙套管，因其在运行时具有伸缩的特点，工作管与套管无法焊接固定，所以应尽可能不设穿墙套管，在出墙处设置钢筋混凝土出线井，与结构外墙连接成为一体。

为了解决墙体穿墙螺栓遗留的渗水隐患，外墙模板宜采用一次性的防水螺栓。构筑物的墙体混凝土施工完毕并拆除模板后，在穿墙螺栓根部剔凿进入墙体15mm的缺口，将穿墙螺栓用气割或电焊割掉，填以嵌缝材料，再用防水砂浆将缺口堵抹、压实、找平。

4. 防水工程成品保护

地下防水属于市政道路下方的隐蔽工程，道路竣工通车后，不能轻易地刨掘道路对其进行维修或修补，因此，应特别注意对防水层的成品保护，确保防水层的使用效果。如果成品保护不善，施工不慎造成了破坏且未及时修补，容易形成渗漏点，造成地下水的渗漏。施工时，在立面与平面的转角处，防水卷材的接缝应留在平面距立面700mm处，要妥善保护防水卷材甩槎，防止被污损破坏，无法继续搭接形成薄弱环节。

10.3.2 综合管廊的防洪对策

综合管廊预防水灾的方法主要有：一是加强地面的防洪能力，使洪水可以迅速疏散，同时管廊的出入口、进排风口和排烟口都要高于当地最高洪水位，防止水向管廊内倒灌。二是在管廊的口部设置防护密闭门，一旦洪水淹没口部，立即关闭防护门，阻止水向管廊深处蔓延，从长远的角度看，如果能够在管廊深处建成大型贮水系统，不仅将减轻地面的泄洪压力，还可以将这些水处理后用于解决城市的饮用水问题。

根据管廊和洪灾的特点，应采取“以防为主，以排为辅，截堵结合，因地制宜，综合治理”的原则，虽然防洪能力较差是地下管廊的弱点，但通过适当的口部防灌措施和结构防水措施，是可以避免这类灾害发生，保持地下管廊正常使用的。

根据地下综合管廊水灾害的类型，可将防洪措施主要分为工程措施和非工程措施两类。

1. 防水工程措施

(1) 综合管廊工程一般敷设在城市道路、人行道或绿化带下面，为典型的地下构筑物。根据综合管廊工程使用要求，在综合管廊顶板上部预留一定数量的通风口、投料口、人孔等构筑物。这些构筑物由于使用功能的需要，必须同外部空间联通，这样在暴雨或洪水期间就存在道路地面水倒灌综合管廊的安全隐患，影响到综合管廊的安全运行。一般情况下，投料口、人孔均可以作成密闭式结构，保证地面水不会倒灌到综合管廊内。但对于通风口尤其是自然通风口，由于需要空气置换的要求，必须保证有一定的通风面积同外部联通。为了防止道路地面水倒灌，对于设置在绿化带位置的综合管廊通风口，其百叶窗的底部应高于城市防洪排涝水位以上 300～500mm。

由于道路景观要求的限制，综合管廊通风口不能作成地面式而只能作成地表式时，则应在综合管廊通风口内部设置防淹门，防止地表水倒灌。

出入口处安置防水措施：防淹门，并安装遥控装置，在发生事故时可通过无线操控自动启闭。在发生事故时快速关闭，堵截暴雨洪水或防止江水倒灌。另外，一般在综合管廊出入口门洞内墙留有约 150 mm 宽的门槽，可在暴雨时临时插入叠梁式防水挡板。从而减少进入地下管廊的水量，在较大洪水时减慢洪水流入速度。结合城市降水特点和地形特点，在地下综合管廊出入口还可设置排水沟，尽量将出入口设置在地势较高处，加高出入口与地面交接处的踏步，将出入口附近地面做成一定的坡度，从而减少入侵水量。

(2) 排水设施。城市综合管廊排水设计尤为重要，直接关系到排水管网的稳定运行及其他管线的正常工作，注意内部水管、结构壁面以及各接缝处造成渗水、漏水，应及时排出。在设计综合管廊总体走向时，应在沟底或适当位置设计具有一定坡度的排水沟，并汇入集水井内，通过布置在集水井内连接液位传感器的污水泵实现自动启泵排出集水。污水泵应采用变频控制，最好采用潜水泵和耐腐蚀液下泵，泵的流量≥10～20m^3/h，在集水井内液位变化迅速时及时改变工作状态，并能自动切换，实现节能运行。一般而言，排水方式原则上采用纵向排水沟，并于综合管廊较低点或交叉口设集水井，集水井设置间隔不超过 200m，集水井深度宜为 800～1000mm。并按 3m^3 的容量、2m^3 的有效容积进行设计。

(3) 防漏防渗措施。采取防水拢头或双层墙结构等措施，并在其底部设排水沟、槽，减少渗入地下综合管廊的水量。在地下综合管廊重要设施处布置防汛板（闸板），从而保护设施。具体防渗防漏措施可参照前节防水措施。

(4) 增强地下综合管廊结构的自防水能力。所谓结构的自防水能力，即是指混凝土的防水抗渗能力。而混凝土的防水抗渗又主要是靠防水层来保证的，因此，可以采取增强防水层质量来提高地下空间结构的自防水能力，一方面可以提高防水层材料的质量，另一方面可以采用一定的施工技术措施来保证。

(5) 在结构变形缝、施工缝、后浇带和预留接口等处注意采取恰当的防水措施处理，并注意施工处理，防止水体渗入。

2. 防水非工程措施

（1）绘制洪水风险图。一方面，从检修人员的角度来看，可以使检修人员了解地下管廊的洪水风险，增强忧患意识，出现洪水警报或洪水灾害时指导管廊内检修人员安全避难。另一方面从行政管理的角度来看，可以为防洪规划、洪水发生时进行的调度和指导防汛避难工作提供科学可靠的决策依据。

（2）加强地下管廊的通信，规范疏散指示牌。使处于地下综合管廊的检修人员及时了解地面情况，一旦地面发生可能造成地下综合管廊危险的强降雨，检修人员可以按照最有效的逃生线路离开。

（3）洪水预报与抢险预案。根据天气预报及时做好地下综合管廊的临时防洪措施，对于紧急情况如遇到地震或特殊灾害性天气时，及时做到关闭防淹门、中断管廊内检修人员及其他人员的活动、做好疏散等措施，从而使灾害的危害程度降到最低。另外，由于洪灾历时短、影响面广、危害大，制订几套较为可靠的抢险预案措施用来应对突发事故。

10.3.3 综合管廊的防火对策

地下管廊火灾防治问题几乎涉及所有的土木工程专业如建筑、结构、通风工程，同时还涉及到材料、燃烧、消防等多个专业，是一个交叉的领域。

综合管廊防火最主要的措施应以预防为主，通过设置合理的防火分区，把火灾事故限制在最小范围内。综合管廊内一般可每隔100～200m设置防火墙，形成防火分区。防火墙上设常开式甲级防火门。各类管线穿越防火墙处用不燃材料封堵，缝隙处用无机防火堵料填塞，以防止烟火穿越分区。

应对火灾的措施主要有以下两方面内容：一是采用不燃的结构材料，及时更换老化的线路，减少失火诱因；二是建立良好的警报系统和灭火系统，装备先进的设备和器材。在地下管廊布置足够多的火灾传感器，当火灾发生时能够及时向监控总控制室传递信息，经计算机处理和人工的证实后发出警报，同时传递火灾现场的信息，远距离操控灭火系统进行扑灭，开启通风排烟系统，断开相应位置的可燃气管路防止发生爆炸，使火灾刚发生的时候就被排除或者得到抑制，降低火灾危害。三是要设置防火和防烟分区，减慢火灾传递的速度，控制火灾蔓延。经对当前报警系统和灭火系统的综合分析，建议综合管廊中采用线型感温探测器和闭式预作用细水雾灭火系统来满足综合管廊消防设计的要求。

1. 防火分区设计

为了保证综合管廊内的安全，综合管廊内的承重结构体燃烧性能应为不燃烧体，内部装修材料应采用不燃材料。综合管廊内敷设的可燃物主要是电线电缆，且电线电缆往往集中成排布置，火灾荷载大，为将火灾的影响控制在一定范围内，《城市综合管廊工程技术规范》GB 50838—2015中规定了综合管廊内防火分区最大间距应不大于200m，且防火分区应设置防火墙、甲级防火门、阻火包等进行防火分隔。

2. 消防系统设计

有燃气管道的综合管廊消防设计应该时刻检验是否有燃气泄漏问题出现，由于燃气的泄漏情况复杂，可能是微小的泄漏点，也可能是中等大小或大的泄漏点。产生微小泄漏时，产生的紊动强度低，产生信号很弱，所以无法采用内部探测方法，只能采用外部探测方法；而对于较大泄漏，产生的紊动强度大，能产生足够的信号强度，可采用内部探测法进行探测。各种形式的泄漏在实际中都有可能发生，因此外部探测和内部探测都必须同时考虑。每隔200m设置一道防火墙并配防火门，采用轻质阻燃材料，将综合管廊每个防火分区面积控制在2000m左右。排烟系统的主要作用是及时排出火灾时产生的烟气，以便于人员疏散和开展灭火行动。综合管廊内一般情况下不设置自动灭火系统，但应配置一定数量的移动式灭火器材，以便及时扑救初期火灾。通常情况下，每只灭火器最小灭火级别为5A，在管沟内每隔20m设置一处手提式干粉灭火器，每处设置3只，每只充装2kg磷酸铵盐。

3. 安全疏散

综合管廊中平常除监控中心外一般无人员操作，但日常也有检修等工作，因此《城市综合管廊工程技术规范》GB 50838—2015中规定了干线综合管廊和支线综合管廊应设置不少于2个人员逃生口，且逃生口宜与投料口、通风口结合起来进行设置。人行通道应设应急疏散照明和灯光疏散指示标志，照度不应小于照明平均工作照度的10%。出入口处和设备操作处的照度不应小于100Lx。灯光疏散指示标志应设在距地面1.0m以下，间距不应大于20m。设置位置可视明显，并在主要入口处设置管廊标识牌，其内容简易、信息明确，清楚标识管廊分区，各类设备室距离，容纳的管线，并注明警告事项。

同时在综合管廊管道的人员出入口处及每个防火分区内，应配置手提式灭火器材，如设置一个灭火器箱，箱内设MF/ABC1（1A/21B）磷酸铵盐干粉灭火器2具，防毒面具2个，还有黄沙箱等，以供扑灭初期火灾时使用。

4. 自动监控报警系统

为了及时发现综合管廊内的火灾，从源头上减少因火灾造成的生命和财产损失，综合管廊应设置火灾自动监控报警系统。根据综合管廊内可燃物的燃烧特点，可以设置感烟报警探测器、感温报警探测器和漏气报警装置，在管廊内发生紧急情况时，火灾探测器能及时把火警信号发送至值班室，进而联动其他消防设施进行灭火，并启动自动切断装置关闭事故段燃气供应。一般报警探测器装在顶棚下，发生火灾后，通过高温或是烟雾进行报警，鉴于综合管廊的重要性和特殊性，采用线型感温探测器敷设在供电电缆上，一旦电缆温度过高，立即能监测报警。

根据起火的诱因，重点考虑电力电缆尤其是高压电缆的火灾预防，做好超高压电缆的通风降温措施。综合管廊中电缆可采用阻燃或防火型电缆，设计合适的电流密度，以有效控制电缆的发热温度，减少电缆耗损，降低电缆起火机率。使用缆式报警器，在电缆上设置感温装置，实时监测电缆运行状态。当电缆因电流过高，温度上升至预警线，就会准确通报因电缆过热引起的火灾，供电部门在接到火警信号后，及时切断电源，就能有效控制火势蔓延。

5. 自动灭火系统

综合管廊的灭火设施根据综合管廊的建设规模、收容管线等确定。综合管廊内常用的灭火设施有灭火器、水喷雾灭火系统等。

（1）灭火器。综合管廊内均需设置灭火器。综合管廊为一相对封闭的无人空间，为检修巡视时万一发生火灾工况，应在每个防火分区的人孔和通风口集中设置手提式灭火器，及时扑灭火灾。

（2）细水雾系统。《城市综合管廊工程技术规范》GB 50838—2015 第 5.1.9 条提出“综合管廊内根据技术经济方案比较可加设湿式自动喷水灭火、水喷雾灭火或气体灭火等固定装置”。在实际应用中，虽然湿式自动喷水灭火系统成本低，施工简单，但由于综合管廊中存在大量带电线缆，故不建议采用。水喷雾系统可以扑救带电火灾，但一般市政给水管道直接供水无法满足水喷雾系统设计大流量的要求，若采用泵房加压供水，供水管道直径要求过大，不利于在综合管廊狭小的空间内施工，不能节约空间，而且一旦系统启动后会使管廊内的排水压力过大从而造成次生灾害。七氟丙烷气体灭火系统虽然具有灭火效率高、无残留物的优点，但七氟丙烷气体灭火系统在灭火过程中会产生少量有害气体，这样会损害到管廊里的电缆和其他管线，也会对灭火人员造成影响。气溶胶灭火系统具有环保、无管网、安装方便的优点，但气溶胶灭火系统的灭火分解产物和喷射物主要成分是氧化钾、碳酸钾，它们吸收水分后会生成强碱氢氧化钾，对管廊内的设备有腐蚀作用，同时气溶胶灭火系统喷射物中的金属盐离子有一定的导电性，可能引起线路短路。IG541 气体灭火系统具有环保、无毒的优势，但其成本较高，同时需定期更换灭火剂，后期的维护费用也比较高。细水雾灭火系统具有环保、无毒、灭火效果好的优点，与水喷雾系统相比较用水量较少，同时又比气体灭火系统造价、维护费用低，为了降低误喷的概率，建议在综合管廊中使用闭式预作用细水雾灭火系统。

1）设置场所：敷设电缆、光缆的综合管廊宜设置细水雾系统。细水雾系统的设置标准为防护冷却。

2）细水雾系统的布置：细水雾宜按综合管廊的防火分区分组设置。每组细水雾系统内设置的喷头数量按将保护区域全覆盖确定。系统水量由室外消火栓或消防泵房供给，每个防火分区内的细水雾喷头宜同时作用。细水雾系统在每组雨淋阀前宜为湿式系统。但工程中也有将管路系统设置为干式系统的，火灾时由室外消火栓及水泵接合器供水，构成临时高压水喷雾系统。一般来说，湿式系统可靠性高，灭火系统响应时间快。但因雨淋阀前的管道内充满压力水，故日常管道的维修保养的要求较高。而干式系统管道内一般无水，其维修保养方便。但灭火系统响应时间相对较长。如要减少响应时间，则水泵接合器与室外消火栓设置数量相应增加。在长度较长或电缆、光缆敷设较多的综合管廊内宜采用湿式系统。

（3）其他灭火设施。敷设电缆、光缆的综合管廊，可采用脉冲干粉自动灭火装置。该装置不需要喷头、管网、阀门和缆式线型感温报警系统等繁多的设施，安装简单。

另外，我们还需注意综合走廊起火有很大部分原因是因为电缆线出现短路，导致电缆发热，引起火灾。电缆产生短路的原因中，有些是动物破坏导致的，特别是一些牙齿锋利的小动物。这些小动物在进入综合管廊后，经常攀爬在电缆上，对电缆进行撕咬，导致电缆绝缘体破损，发生火灾。可以在综合管廊的通风口、通道等地方建设动物防护网，网格净尺寸不应大于 10mm×10mm，避免小动物进入，保护电缆，防止出现火灾。

10.3.4 综合管廊内燃气管线防泄漏对策

从国外已建成的综合管廊来看，英国、德国、日本等国家均有燃气管线纳入综合管廊的例子。英国伦敦综合管廊、德国汉堡综合管廊是将燃气管线与其他管线同舱敷设，而日本首都高湾岸线下部综合管廊是将燃气管线单独分舱设置。国内上海浦东张杨路、上海安亭新镇、北京中关村西区以及深圳大盐等地的综合管廊也将燃气管线纳入（表 10.3-1），上海安亭新镇综合管廊是将燃气管线设在综合管廊顶部的单独管沟内，同时在其中填砂处理；深圳大盐综合管廊是在管舱内单独隔出 1 个燃气盖板管沟，内设可燃气体泄漏报警检测仪；中关村综合管廊和上海浦东张杨路综合管廊的做法相同，将燃气管线纳入独立舱室中。这些管廊经过几十年的运行，并没有出现重大的安全事故。

国内综合管廊纳入天然气管线情况一览表（截至 2014 年）　　**表 10.3-1**

综合管廊位置	建成年份	长度(km)	入廊管线种类
上海浦东张杨路	1994	11.13	给水、电力、通信、燃气
上海安亭新镇	2002	5.8	给水、电力、通信、燃气
北京中关村西区	2005	1.9	给水、电力、通信、燃气、热力
深圳大盐	2005	2.67	给水、通信、燃气、污水压力管

1. 天然气管线纳入方式

将天然气管线纳入综合管廊，相当于将天然气管线纳入一个有安全监控等辅助系统的地下构筑物中，管线架空敷设。根据《城镇燃气设计规范》GB 50028—2006 和《电力工程电缆设计规范》GB 50217—2018 的相关规定，天然气管线纳入综合管廊时应敷设在独立管舱内。

2. 天然气管线舱火灾危险源辨识

通过对燃气火灾爆炸施工危险源辨识及危险性的模拟分析可以发现，燃气火灾爆炸事故发生必须具备 2 个条件，即燃气泄漏危险源和火源危险源的存在。由此可知，导致燃气火灾爆炸最直接的起因可归纳为燃气泄漏及存在点火源。因此，天然气管线纳入综合管廊设计的要素是对这 2 个危险源（起因）的消除和控制，对天然气管线需要控制其本体及附件的泄漏，对综合管廊是控制火源及天然气管线泄漏后的应对措施。

3. 天然气管线防泄漏措施

控制天然气管线舱内的管线泄漏是防止火灾爆炸事故发生的基本要求。管网泄漏的因素有腐蚀、人为破坏、自然因素破坏、设计施工缺陷、材料缺陷、管理因素、操作失误以及不明因素等。天然气管线纳入综合管廊后，主要考虑的因素为设计施工缺陷、材料缺陷、管理因素以及操作失误，其中设计施工是控制泄漏的源头。控制管线泄漏的措施包括减少泄漏源，严格控制材料质量等，具体如下：管线材质可采用《城市燃气设计规范》GB 50028—2006 中规定的除 Q235-A 以外的材料；除阀门及设备处采用法兰连接外，其他连接均采用焊接形式，不得使用螺纹连接；焊缝应进行 100%射线照相检验，其质量不得低于现行焊接工程施工及验收标准；除管线和分段阀以及必须的配套设施外，其他设施均布置在管廊以外；阀门、阀件的设计压力按提高一个压力等级进行设计等。通过这些手段可以减少天然气管线泄漏，降低爆炸事故发生的几率。

4. 火源防范及天然气管线泄漏应对措施

在严控天然气管线泄漏的基础上，还需要从火源防范及天然气管线泄漏后的应对措施两方面考虑综合管廊的设计。

对于天然气管线舱内的天然气管线，其爆炸危险环境按《爆炸危险环境电力装置设计规范》GB 50058—2014（以下简称《爆规》）规定，属于爆炸性气体环境 2 区，其附属电气设施均应符合《爆规 》中 2 区的设计要求。参照《燃规》附录 D-6“地下调压室和地下阀室的爆炸危险等级区域和范围划分”，其爆炸危险区域属于 1 区。根据《爆规》3.2.5 条“爆炸区域的划分应按释放源级别及通风条件确定……，当通风良好时，可降低爆炸危险区域等级”及 3.2.4 条通风良好的条件是“对于封闭区域……，1h 换气 6 次”，将天然气管线舱内的通风设计为强制排风，每小时通风 6 次，事故通风按每小时 12 次设计，则该舱内环境属于爆炸性气体环境 2 区。

天然气管线舱内的火源包括电气、电信、自控、照明设备及电缆等，均应按照《爆规》中爆炸性气体环境 2 区的相应要求设计。同时将天然气管线及其附件、天然气管线舱内电气设备均可靠防雷、防静电接地；天然气管线舱内所有孔口均禁止与综合管廊的其他舱室联通，避免含天然气的空气进入其他舱室；通风井排风口不得与其他舱室孔口毗邻布置。

5. 加强运行管理

管网泄漏管理方面的问题包括管理因素及操作失误，均属于人为因素。对天然气管线舱严格管理是保证综合管廊安全的重点。综合管廊的日常管理单位应会同天然气管线单位编制管线及管廊运行维护管理办法和实施细则以及应急预案，明确分工模式，确保责权明晰；管理及操作人员经过培训后才能上岗，特别是要察觉天然气泄漏的各种迹象，发现问题及时解决；严格按照规定落实日常巡检、检修制度；对于应急预案应定期演习，确保每个人能够在危险发生的第一时刻采取正确的措施。

综上所述，天然气管线纳入综合管廊是可行的。在天然气管线设计方面采取加强控制泄漏的措施，在天然气管线舱内采取防范火源和应对天然气管线泄漏的措施，加强天然气综合管廊内的管理工作，从这 3 个方面着手可保证天然气管线入廊后的安全。

10.3.5 综合管廊抗震对策

地震对建筑物的影响有两个方面，即由于地震动使大地发生位移后，在建筑物上产生了附加的力和位移。无论是地上结构还是地下结构，要使地震对结构本身的使用功能影响最小，均需要从这两个方面来考虑采取具体的措施和方法。①通过减小地震动的输入来控制地震动对建筑物的影响，使这种影响被控制在建筑物能够承受的范围之内；②通过改变建筑物本身的性能来适应或应对地震动，来减小地震动对建筑物的影响，使建筑物能够承受这种影响。地下结构由于受到周围岩体或土体的约束，一直被认为具有良好的抗震性能（相对于地面结构而言），因而在很长时期内，对待地下结构的震害问题远不如地面结构那样受到重视，这就造成了对地下结构抗震减震的研究相对较少。而在历次的大地震中，都有地下结构遭遇破坏的报道，并且震害往往不易发现和修复困难，所以其抗震和减震理论需进一步研究和探讨。

1. 地下综合管廊减震措施

（1）地震波作用下综合管廊及内部管道计算

根据日本《水道设施耐震工法指针》，综合管廊的抗震计算，原则上采用反应位移法，关于横向截面设计及滑动稳定性可用震度法计算。

1）地震波的输入方向

假设输入波为简谐波时，波的运动可以描述为：

$$\omega(x, t)=U_{0k}\sin 2\pi\left(\frac{t}{T}+\frac{x}{L}\right)=U_{0k}\sin(\omega t+\varphi) \tag{10.3-1}$$

式中　$\omega=\dfrac{2\pi}{T}$——简谐波圆频率；

$\varphi=\dfrac{2\pi x}{L}$——相位差；

L——简谐波波长；

U_{0k}——位移幅值，可以用地表位移幅值代替。

$$U_{0k}=\frac{K_h g T_m}{4\pi^2} \tag{10.3-2}$$

式中　T_m——场地的卓越周期；

K_h——水平方向地震动加速度峰值。

当剪切波与管道夹角为 ϕ 时，地震波在沿综合管廊长度方向上的运动为：

① 轴线方向：

$$\omega_a=U_{0k}\sin\phi\sin(\omega t+\varphi_s) \tag{10.3-3}$$

② 垂直轴线方向：

$$\omega_t=U_{0k}\cos\phi\sin(\omega t+\varphi_s) \tag{10.3-4}$$

$$\varphi_s=\frac{2\pi x'}{L_s}$$

式中　x'——沿管沟轴线方向坐标值；

$L_s=\dfrac{L}{\cos\phi}$——视波长。

③ 轴线方向的运动为：

$$\omega_a=U_{0k}\sin\phi\sin\left(\omega t+\frac{2\pi x'}{L}\cos\phi\right) \tag{10.3-5}$$

④ 综合管廊轴线方向应变量：

$$\varepsilon_a=\frac{\partial\omega}{\partial x'}=\frac{2\pi U_{0k}}{L}\sin\phi\cos\phi\cos\left(\omega t+\frac{2\pi x'}{L}\cos\phi\right)' \tag{10.3-6}$$

⑤ 应变量幅值为：

$$\varepsilon_{a,\max}=\frac{2\pi U_{0k}}{L}\sin\phi\cos\phi=\frac{\pi U_{0k}}{L}\sin 2\phi \tag{10.3-7}$$

2）场地条件对震害的影响

综合管廊的应变很大程度上受到场地应变的影响，剪切波的值决定综合管廊结构在地震作用下的反应。剪切波波长公式为：

$$L=V_s T_g \tag{10.3-8}$$

式中　V_s——土的剪切波速，其值按表 10.3-2；

T_g——场地的特征周期，场地的分类及 T_g 值按表 10.3-3、表 10.3-4。

土的类型划分和剪切波速范围 **表 10.3-2**

土的类型	土层剪切波速范围(m/s)
坚硬土或岩石	$v_s>500$
中硬土	$500\geqslant v_s>250$
中软土	$250\geqslant v_s>140$
软弱土	$v_s\leqslant 140$

地震场地分类 **表 10.3-3**

等效剪切波速(m/s)	场地类别			
	Ⅰ	Ⅱ	Ⅲ	Ⅳ
$v_{se}>500$	0			
$50\geqslant v_{se}>250$	<5m	$\geqslant 5$m		
$250\geqslant v_{se}>140$	<3m	3～50m	>50m	
$v_{se}\leqslant 140$	<3m	3～15m	15～80m	>80m

特征周期值 **表 10.3-4**

设计地震分组	场地类别			
	Ⅰ	Ⅱ	Ⅲ	Ⅳ
第一组	0.25	0.35	0.45	0.65
第二组	0.30	0.40	0.55	0.75
第三组	0.35	0.45	0.65	0.90

由表 10.3-2 可见，坚硬土中的剪切波长更长，可以达到中软或软弱土场的剪切波长的 2～3 倍。综合管廊纵向上在半个视波长范围内的结构体受拉，相邻的半个视波长则受压。波长较大的话，结构管段相应的拉压段较少，对于抗震更加有利。

3）埋深对综合管廊的地震影响

埋深对地下结构的影响比较复杂。一方面，埋深的增加意味着覆土压力增加，结构与土的相互作用紧密，从而容易导致结构因土体大变形而受破坏。另一方面，随着埋深增加，地下结构的强度设计也会相应增加，并且在液化土壤中的结构上浮会相应减轻。另外，浅埋结构受面波影响较大，这样浅埋地下结构可能更易受损。

4）综合管廊管道水平平面内抗震分析

地震作用可以视为沿支架管道管长方向以一定速度推进的行波过程。如果假设管道是沿水平面移动的，则可以假定管道为带有两个自由度的体系来进行相应研究。

管道位移时与管架表面接触部位能够产生阻止位移的阻力。阻力值取决于管架结构、摩擦材料性质、滑移表面性质等。所有的有摩擦材料在管道由静止状态向开始滑动过渡的时候会产生很大的阻力突变，可以引起管道的附加应力。管系内部阻力和反力的方向受管道支承截面的移动轨迹决定，这对管线系统的非线性特点进行了定性。

假设研究的是当管线受到沿管道纵轴传播的地震波作用下的平面体系（移动仅发生在水平面上），则有如下假设：管道跨度的重量集中在管体横截面中心点上，任意一个管段重量集中的每个点都有三个自由度；管道支承在可动或不动的支座上；管材的非弹性性状可用滞回曲线表示，管材的塑性在超过塑性矩的情况下产生。

这样，地震作用引起综合管廊的位移振动，带动整浇在管沟地面上的支架，从支架再传递到管道引起管道的振动。该振动随管道长度变化而变化。如果管道与支座之间并非刚性连接，则管道在初始阶段与支座共同位移，之后当作用在管道上沿管道方向的力超过管道与支座支承面之间产生的摩擦力时，管道相对支座发生位移。若管道支座之间不发生位移，即恰是综合管廊内管道支座所处于的状态，则管道相对于支座不发生滑移。

在地震作用下管道移动的矩阵方程可以写成：

$$[M_T]\{\ddot{u}\}+[C_T]\{\dot{u}_T\}+[K]\{u_T\}+A=0 \tag{10.3-9}$$

式中　$[M_T]$——质量矩阵，矩阵的元素按相邻支座之间跨度的一半的质量来确定；

$[C_T]$——每个管段沿管道纵轴移动时管道的阻尼矩阵，是固定不变的；

$[K]$——管道纵向刚度矩阵；

$\ddot{u}$、$\dot{u}_T$、u_T——地震加速度、速度和管道截面位移；

A——考虑支座影响的项，如果管道相对支座不存在位移，则：

$$A=[C_{or}]\{\ddot{u}\}+[K_{or}]\{u_{or}\} \tag{10.3-10}$$

如果管道沿支座滑移，A 等于支座和横梁滑动面之间产生的摩擦力，即：

$$A=F_{TP}=g[M]\{f\} \tag{10.3-11}$$

式中　$[C_{or}]$——相应支座的阻尼矩阵；

$[K_{or}]$——相应支座的刚度系数；

$\ddot{u}$、u_{or}——相对的地震速度和支座上部位移；

f——阻止支座上管道位移的摩擦系数。

在管道相对支座位移的阶段和管道位移之前的阶段，当位移增长量非常小的情况下，管道的位移问题可以看作线性问题来研究。前一个解的结果是下一阶段问题的初始解。相关的对支座管道的研究表明，静载条件下单凭管道的温度和内压变化所产生的力是不大于管道的静摩擦力的，很难造成位移，从而导致支座所受荷载增加。

地震作用在管道上时，所产生的惯性力抑制了管道与支座之间的摩擦力，并且使管道处于受应力较小的状态之中，带有伸缩段的管道不在此考虑之内。根据沿管道长度方向的线形、地震作用特征来看，当管道受到支座摩擦力的时候，管道本身所受的纵向力下降1/4～1/2。在摩擦系数为 0.05、0.1 和 0.3 的时候管道状态特性相似，但是当摩擦系数为零时该特性会发生剧烈变化。在支座摩擦系数等于零的时候地震动通过不动的支座直接传递到管道上面，在这种情况下最大动力弯矩在受最大静矩的管段上产生。

由以上可以看出，即使是很小的支座摩擦力也可以降低力矩峰值。这也说明了在摩擦系数较低的情况下管道较其他情况更早开始出现移动，并且这种移动是在其他支座上同时进行的。因此在高摩擦系数和低摩擦系数时能量的释放近似相同。在没有滑移摩擦的时候，振动的能量基本转变成管道变形的弹性能，从而导致伸缩管段和曲线管段中产生较大的弯矩。根据研究，在支座上无摩擦力时管系的动力反应受地震的特性决定，在有摩擦力的时候地震的特性实际上不影响管系的动力反应。并且地震波速越快，管道处于自身的最终状态越快。管道横向于长度方向发生位移时，无论是纵向力还是伸缩段转角的力矩均整体降低了 20%～25%。但是在具有稍微弯曲管段的支座管段不会发生上述移动，因为限位器不允许整个管系全部移动到较小应力的状态位置。

5）综合管廊管道竖向抗震分析

内力计算：

$$P_h = \alpha_1 \frac{\pi EA}{L} U_h \tag{10.3-12}$$

$$P_v = \alpha_1 \frac{\pi EA}{L} \cdot \frac{U_h + U_v}{2} \tag{10.3-13}$$

$$M_h = \alpha_2 \frac{4\pi^2 EI_h}{L^2} U_h \tag{10.3-14}$$

$$M_v = \alpha_3 \frac{4\pi^2 EI_v}{L^2} U_v \tag{10.3-15}$$

$$Q_h = \alpha_2 \frac{8\pi^3 EI_h}{L^3} U_v \tag{10.3-16}$$

$$Q_v = \alpha_3 \frac{8\pi^3 EI_v}{L^3} U_v \tag{10.3-17}$$

式中 P_h、P_v——水平面内和竖直平面内振动产生的轴力（kg）；

M_h、M_v——水平面内和竖直面内振动产生的弯矩（kg·m）；

EI_h、EI_v——水平面内和竖直面内弯曲刚度（kg/cm^2）；

U_h、U_v——在综合管廊中心轴位置上的地基水平方向和垂直方向的位移振幅。

U_h、U_v 的计算方法：

$$U_h(x) = \frac{2}{\pi^2} S\gamma T_G K'_h \cos\frac{\pi x}{2H} \tag{10.3-18}$$

$$U_v(x) = \frac{1}{2} U_h(x) \tag{10.3-19}$$

式中 $U_h(x)$——离地表为 x(m) 处地基水平位移；

$U_v(x)$——离地表为 x(m) 处地基竖向位移振幅（cm）；

$S\gamma$——每单位地震系数的反应速度（cm/s）；

T_G——表层地基土的基本固有周期（s）；

H——表层覆土的厚度；

K'_h——基岩表面设计水平震度。

$$K'_h = \frac{3}{4} \Delta_1 K_0 \tag{10.3-20}$$

式中 K_0——标准设计水平震度，取 0.2；

Δ_1——修正系数，由过去的震害资料确定。日本分成三类，分别为 0.1、0.85 和 0.7；

α_1、α_2、α_3——轴向、水平面内横向和垂直平面内横向的地基应力对构造物的传递率，按下式计算：

$$\alpha_1=\frac{1}{1+\left(\frac{2\pi}{\lambda_1 L'}\right)^2} \tag{10.3-21}$$

$$\alpha_2=\frac{1}{1+\left(\frac{2\pi}{\lambda_2 L'}\right)^4} \tag{10.3-22}$$

$$\alpha_3=\frac{1}{1+\left(\frac{2\pi}{\lambda_3 L'}\right)^4} \tag{10.3-23}$$

$$\lambda_1=\sqrt{\frac{Kg_1}{EA}} \tag{10.3-24}$$

$$\lambda_2=\sqrt[4]{\frac{Kg_2}{EI_h}} \tag{10.3-25}$$

$$\lambda_3=\sqrt[4]{\frac{Kg_3}{EI_v}} \tag{10.3-26}$$

$$L'=\sqrt{2}L \tag{10.3-27}$$

式中　L——波长（cm）；

L'——视波长（cm）；

Kg_1、Kg_2、Kg_3——对应三个方向的地基刚度系数（kg/cm^2）；

$$Kg_1=kg_1 G_s \tag{10.3-28}$$

$$Kg_2=kg_2 G_s \tag{10.3-29}$$

$$Kg_3=kg_3 G_s \tag{10.3-30}$$

式中Kg_1、Kg_2、Kg_3的值最好能够通过实际测量确定，对与高度相比宽度较大的综合管廊，通常Kg_1、Kg_2为1.0左右，Kg_3为3.0左右。

（2）综合管廊管道地震影响因素

影响地下结构在地震情况下的因素较多，除了地震波入射角度、场地条件、埋深等，管道自身的性质也是抗震的重要因素之一。比如管道的材质、管道在支座上的支承间距、管道的接头形式、管径及壁厚等都会对综合管廊及管道的地震表现有着各种各样的影响。

1）管道材质

同埋地管道相似，综合管廊内部的管道实际上就是将埋地管道直接放置在综合管廊内部的支座上或是采用吊架吊设在综合管廊内部。早期的管道多为铸铁管道，易腐蚀易受损。目前管道采用的材质主要为钢管、球墨铸铁管、混凝土管及PVC管等。根据以往的经验，地震作用下，管道的韧性好的话更能保护管道。1994年Northridge地震中，铸铁供水管道破坏长度超过钢管破坏长度的3倍以上。

2）管道支承间距

管道支座的支承间距也是影响管道在地震作用下反应的因素之一。一般来说在动力作用情况下，管道支承点之间的间距越小则管道发生侧向位移的几率或发生的侧向位移就越小。参考美国《地上管道系统的抗震设计和改造用标准》ASME B31E—2008有如下公式：

$$L_{\max}=\min\left\{1.94\times\frac{L_{\mathrm{T}}}{a^{0.25}}\times L_{\mathrm{T}}\times\sqrt{\frac{S_{\mathrm{y}}}{a}}\right\} \quad (10.3\text{-}31)$$

式中　a——三个方向的最大地震加速度，包括结构内部对加速度的放大（g）；

$L_{\max}$——最大允许的管道支承支座跨度（m）；

L_{T}——推荐管道支承间距（m），见表 10.3-5；

S_{y}——材料在工作温度时的弯曲应力（MPa）。

推荐的管道支承间距　　表 10.3-5

管道公称尺寸(DN)	推荐的管道最大支承间距(m)	
	供水管道	蒸汽、气体或空气管道
25.0	2.1	2.7
50.0	3.0	4.0
80.0	3.7	4.6
100.0	4.3	5.2
150.0	5.2	6.4
200.0	5.8	7.3
300.0	7.0	9.1
400.0	8.2	10.7
500.0	9.1	11.9
600.0	9.8	12.8

注：1. 表中间距为标准管和厚壁管的水平直管段在最高工作温度为 400℃时所推荐的管道支承件间最大距离。

2. 原表中所用有美制与公制两种单位，在本书中由于使用习惯的原因只使用公制单位。

3）管道接头

管道依靠接头连接到一起，接头处可以说是管道应力容易集中的部位，接头处破坏是管道破坏的常见形式。根据连接方式的不同，接头可以分为刚性接头和柔性接头。可以将刚性接头视作固结连接即管道在接头处的六向自由度都被限制，具有代表性的就是焊接接头、螺丝扣接头。如果接头处可以发生柔性的变形如扭转与伸缩，那么可以将这种接头归为柔性接头，比如波纹管接头等。

4）管径与管壁厚度

以往观测的数据显示大口径管道的抗震性能较小口径管道为优。随着管道直径的增大，截面惯性矩变大，抗弯能力提升。并且管壁厚度也随着管径增加而变大，拉压抗力增大，可以避免管道沿长度方向发生失稳现象。

10.3.6 综合管廊防人为破坏措施

目前，我国的综合管廊工程大多建造在新城区，由于新城区处于建设阶段，相对人员较少。由于综合管廊内部有大量的电缆和金属物，因此人为盗窃造成综合管廊安全运行事故时有发生。在综合管廊的建设、管理及运行方面，需要有强有力的管理机构进行协调、管理。

综合管廊的维护管理单位应保持综合管廊内的整洁和通风良好；搞好安全监控和巡查

等安全保障；配合和协助管线单位的巡查、养护和维修；负责综合管廊内共用设备设施养护和维修，保证设备设施正常运转；综合管廊内发生险情时，采取紧急措施并及时通知管线单位进行抢修；制订综合管廊应急预案。

综合管廊的管线单位应当对管线使用和维护严格执行相关安全技术规程；建立管线定期巡查记录；编制实施综合管廊管线维护和巡检计划。在综合管廊内实施明火作业的，还应当严格执行消防要求，并制订完善的施工方案。

在综合管廊安全保护范围内，禁止从事排放、倾倒腐蚀性液体、气体；爆破行为；擅自挖掘城市道路；擅自打桩或者进行顶进作业。确需挖掘城市道路的，应当经过市政工程管理机构审核同意，并采取相应的安全保护措施；确需从事打桩或者顶进作业的，应当在施工的5d前向市政工程管理机构报告，提供相应的施工安全保护方案，并在施工中按照该保护方案采取安全保护措施。

需要进入综合管廊的人员应当向维护管理单位申请，维护管理单位应有人员同时到场，但相关维护人员或依法执行公务者因紧急事故进入或使用的除外。未经同意擅自进入综合管廊的，维护管理单位应当及时制止。

10.4 综合管廊防灾应急管理系统

10.4.1 城市综合管廊突发事故应急救援特性

1. 城市综合管廊突发事故特性

城市地下综合管廊突发事故特性主要表现如下：

（1）外气供应受限，在发生火灾事故情况下，不完全燃烧易产生大量浓烟及有毒气体，有缺氧的可能性；

（2）地下空间小及密闭，极易被浓烟、热气快速充满（特别是电缆火灾等）；

（3）受烟气、有毒气体扩散方向与避难方向相同的可能性极高；

（4）复杂的通道，使维修人员容易失去方向感；指示标志不足，使人难以确认方向及位置；

（5）事故发生的地点及状况不易掌握，特别是火灾事故发生地点及火势状况难以辨识确认；

（6）城市地下综合管廊开口有限，采光或照明不足，因浓烟遮蔽，视线不良，很难确定火灾等情况；

（7）在城市地下综合管廊传递信息有困难；

（8）发生水灾事故时，对排水系统要求较高，维修检测人员行动更加困难；

（9）空间受限，发生毒气泄漏事故时，空气污染严重，产生的危害更大。

2. 应急救援的不利因素

城市地下综合管廊出现突发事故，从救援方面来说存在以下不利情况：

（1）救援队伍进入抢救活动与避难路径方向相反，容易延误抢救时机；

（2）受地下空间地形、距离及设施的阻隔，内外通信联络困难；

（3）受出入口及综合管廊空间限制，同时间不易容纳大量抢救人员及大型装备进入内部救援；

(4) 火灾情况下因灭火大量用水，排放不易，容易造成严重水损，而且有些情况下若贸然用水扑灭火灾，可能造成漏电而发生更大的事故。

10.4.2 城市综合管廊防灾应急预案体系流程分析

1. 城市地下综合管廊应急预案体系救灾流程

城市地下综合管廊应急预案是地下综合管廊突发事故应急救灾的指路灯，它涵盖了各类突发事件应急救灾的流程，救灾人员可通过应急预案中预先设定的各种情况处置方案，开展相应的救灾工作。因此，应急救灾流程是应急预案的核心内容。总的来说，应急预案救灾流程包括报接警过程、专家决策、响应行动过程和后期处置四个部分，如图 10.4-1 所示。

2. 城市地下综合管廊应急预案体系接警流程

城市地下综合管廊应急预案接警过程指的是在综合管廊的各种管道在运营过程中突发事件发生后各救灾部门赶到事故现场的这段过程。接警过程包括了事故报警、事故接警、信息报送、下达调度命令几个过程，如图 10.4-2 所示。这个过程是应急救灾整个过程的起点，其每项工作都将直接影响后续救灾工作的开展，另外预警流程是否完善将直接影响救灾处置及事故影响程度，其中的信息报送过程影响重大，不可忽视。

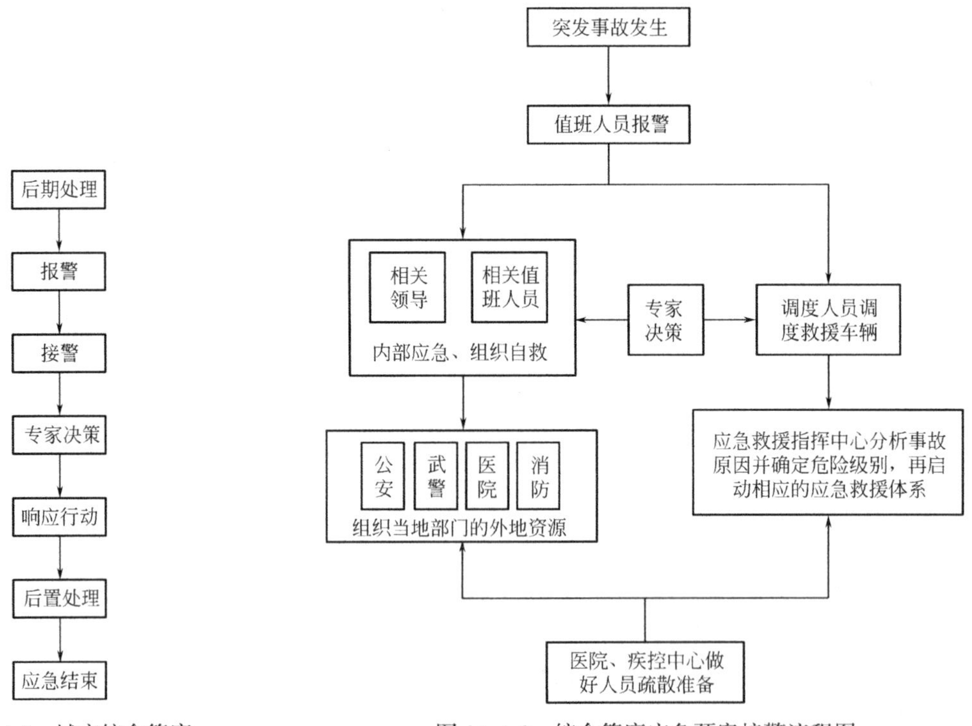

图 10.4-1 城市综合管廊应急预案救灾流程图

图 10.4-2 综合管廊应急预案接警流程图

通过报警环节，应急救灾或其他相关部门的接警环节主要是完成对各种形式报警事件的接收，一般由地下综合管廊应急值班人员负责。应急值班人员在收到报警信息后由应急指挥中心负责对警情及现场事态进行分析，提出合理性的应急预案及救援流，另外还同时完成应急救灾的先期处理工作，主要由应急值班领导负责，采取各种措施，控制事态发展，减少人员伤亡和财产损失。

3. 城市地下综合管廊应急预案体系专家决策流程

专家决策流程主要包括警情分析、预案分析、现场信息分析等内容。其主要流程如图 10.4-3 所示。警情分析指的是应急救灾领导小组及有关领导对突发事件的时间、地点、事故原因以及事故性质、周边环境等进行综合分析，为后续的各项工作提供指导和依据；预案分析是根据事故性质和规模的不同对预案进行查找及分析，为行动方案的生成提供指导和规范；专家商议是通过建立专家会议或者启动专家方法库，基于预案的内容和初步解决方案进行讨论和商定，快速决定解决方案；根据事故段最新的救灾反馈信息对事故现场事态进行分析，为最终正确形成救灾预案提供支持及帮助。

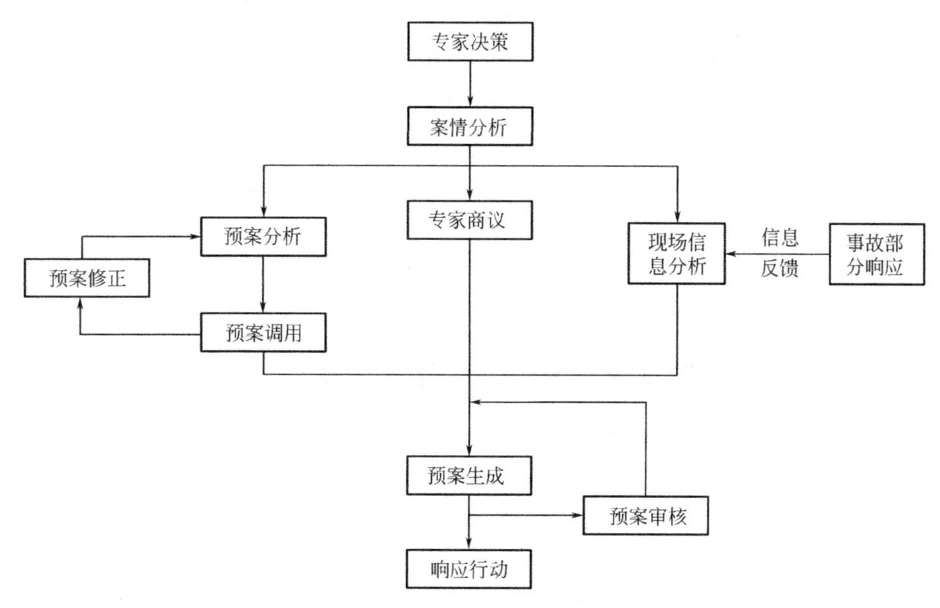

图 10.4-3　综合管廊应急预案专家决策流程图

4. 城市地下综合管廊应急预案体系响应行动过程流程

应急响应是应急救援中最关键、核心的过程。这个过程的工作范围最广、工作内容最大。以下是地铁应急预案体系的应急响应流程。

（1）总预案响应流程

综合管廊的应急总预案是预案的预案，其响应流程从宏观的角度指导了各类突发事件、各个部门的救援工作。

（2）专项预案响应流程

综合管廊的专项预案响应流程是根据不同的突发事件制订的应急响应方案，与总预案响应流程相比它更加具体。

（3）手册或说明书

综合管廊应急预案体系中手册或说明书的响应流程是根据不同的区域、综合管廊应急组织制订处置突发事件的响应方案。与总专项预案响应流程相比，它规定的内容和操作流程都较为具体。

(4) 对应急行动的记录

对城市地下综合管廊应急过程发生的动作行为进行记录，尤其应急过程中表现出来的不足和缺陷，为综合管廊应急预案的完善奠定基础。

5. 城市地下综合管廊应急预案体系的后期处置

救灾后期处置主要包括善后处理、涉外事件处理、事故调查评估、应急预案评估等内容，同时还要建立事件处置全过程档案，并对各成员单位提出改进工作的要求和建议，图 10.4-4 是应急行动记录过程的流程图。

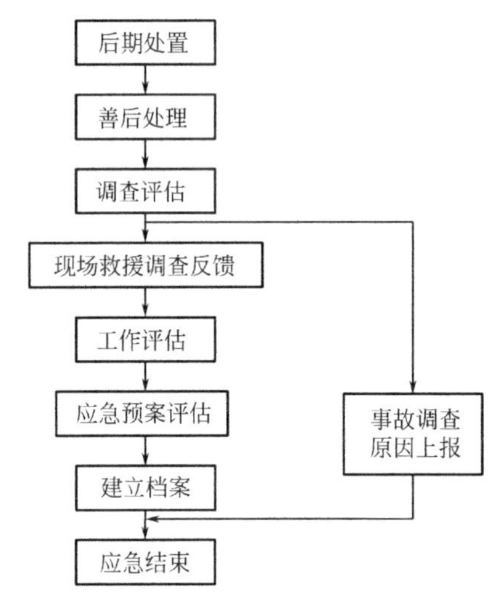

图 10.4-4 综合管廊应急预案体系的后期处置流程图

善后处理工作是在应急救灾领导小组的统一领导下，应急指挥中心与相关部门配合，启动相关处置方案；现场救援调查反馈指的是调查评估人员对事故救灾中各部门救灾人员开展救援工作情况及各部门配合情况进行综合测评，提出改进意见；应急预案评估指的是对应急过程中预案的实施效果加以评估，为以后预案的编制提供参考；事故调查上报是事故调查人员根据事故起因开展调查工作，并将调查结果上报路局应急指挥中心。

10.4.3 城市地下综合管廊突发事故应急管理方案

应急管理是为了降低突发灾难性事件的危害，基于对造成突发事件的原因、突发事件发生和发展过程以及所产生的负面影响的科学分析，有效集成社会各方面的资源，对突发事件进行有效地应对、控制和处理的一整套理论、方法和技术体系。城市地下综合管廊突发事故具有很大的危险性和不确定性，且较之地面突发事件更加复杂，因而应急管理工作是否到位，直接关系到应对突发事故的处理效果。

应急管理以突发事故的爆发点为界限可划分为两部分，即前期准备工作和事故发生后的应急响应。按管理内容来划分也可分为两部分，即硬体设施和软体设施。硬体设施主要是指应急设备设施的配备，软体设施主要是应急管理体系。

1. 应急管理体系构建

应急管理是为了降低突发灾难性事件的危害，基于对造成突发事件的原因、突发事件发生和发展过程以及所产生的负面影响的科学分析，有效集成社会各方面的资源，对突发事件进行有效地应对、控制和处理的一整套理论、方法和技术体系。

城市地下综合管廊应急管理体系的构建原则要遵从有层次性、可操作性、可重构性、高可靠性和高集成性。

城市地下综合管廊应急管理体系的构建目标：

(1) 在平时能够正常运行，可提供一系列突发事件事前准备的功能；

(2) 防止突发事件的发生，尤其是在警戒期做好突发事件防范处理准备；

(3) 在突发事件出现后，以最快的速度响应，把事件的危害降低到最小。

2. 应急管理体系内容

应急管理体系贯穿整个应急管理过程，是应急管理的核心。城市地下综合管廊的应急管理体系构架与一般应急管理体系构架一样，其不同点在于应急管理内容的侧重点及响应措施不同。应城市地下综合管廊应急管理体系包含以下内容，如图 10.4-5 所示。

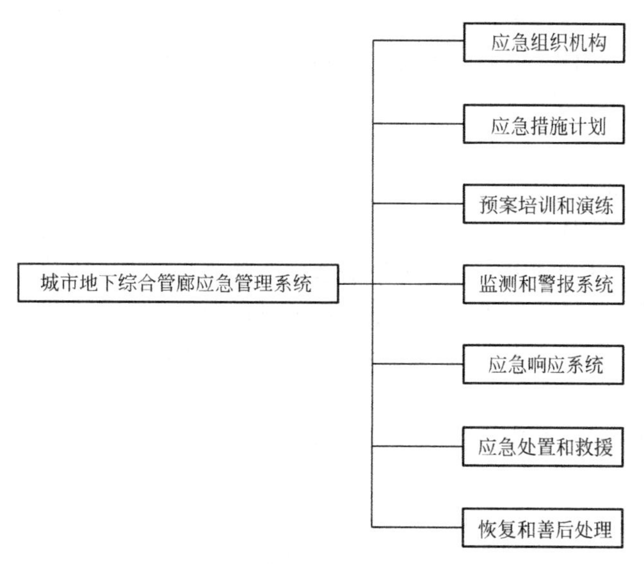

图 10.4-5　城市地下综合管廊应急管理体系

其中应急措施计划是指考虑可能发生的突发事故，从而进行应急预案的编制，拟定应急对应措施，为突发事故做准备，减少事故带来的损失；监测预警系统是对可能引发突发事故的特性参数进行监控预测，从而达到事故预防和示警的目的；应急响应程序是指在突发事故情况下按照事件的发展状态采取相应的应急措施；应急处置与救灾工作是应急管理的重点，结合已有的应急方案采取应急措施，控制事态的发展。

（1）应急预案

1）应急预案的内容

应急预案是应急管理的重要组成部分，是针对可能发生的重大突发事件所需要的应急管理、计划、指挥、行动等而制订的指导性文件，是预防和处置突发事件的决策依据、行动指南和执行手册。

当城市地下综合管廊发生事故灾害时，如果缺乏应急预案，面对城市地下综合管廊的复杂情况，在短时间内无法采取及时有效的响应对策，将会造成事态扩大，从而引起人员恐慌，后果不堪设想。应急预案的制订和实施可有效地控制事态发展、降低灾害造成的危害和减少损失。城市地下综合管廊的应急预案应结合城市地下综合管廊特性进行制订，其主要内容应包括：

① 根据综合管廊的特性因素，对可能出现的突发事件及其影响后果进行预测、分析、评估，从而制订相应的应急预案或专项预案；

② 应急措施计划及应急处置工作，各部门及相关单位的职责分配；

③ 应急响应行动的指挥及协调的机构设置；

④ 应急过程中的人力、物力、财力和其他资源的保障；

⑤ 在发生突发事件时保护生命、财产和环境安全的措施；

⑥ 现场处置恢复，包括事故后的处理和恢复的程序；

⑦ 其他，如法律法规要求、预案的管理和修订、应急预案的培训和演练的规定等。

2）应急预案的培训和演练

在突发事故的应对过程中，消除隐患、及时响应、动态调整等属于应急预案的三大主要功能。要达到这个目标，就需要进行培训和模拟演练，从而进一步修改、提高、完善应急预案的水平，增强其实用价值。此外，还需要对预案演练和培训的情况进行评估，以修改预案达到更高效的要求，或对培训中发现的缺陷提出修正意见和建议。

① 应急预案培训

城市地下综合管廊环境复杂，疏散口（进出口）有限，如果缺乏对应急管理内容和预案实施情况的了解，在出现突发情况下极易造成混乱并造成二次事故，因此对有关人员进行应急预案的培训工作就显得很重要。通过培训可以使应急管理人员、当事人等都了解一旦发生突发事件，他们应该做什么，能够做什么，如何去做，以及怎样协调各部门人员的工作等。

培训的范围应包括：政府主管部门、场所工作人员、专业应急人员。培训方式可以是讲座、模拟、自学、小组受训和考试等。

培训内容可以是一个完整的体系（如应急预案培训），也可以是特定的内容，后者如灭火器使用培训等，前者则可以是对应急管理理论、方法、技术、实践等的全面立体培训。

培训应该是一个持续的过程，在一定的时间段内进行多次培训，以达到最佳的效果。

② 应急预案演练

尽管城市地下综合管廊的突发事故具有不确定性和众多复杂的特性，但是在总结以往经验的基础上，可以在一定程度上分析出突发事件诱因或前兆，在事件还没有爆发的情况下，就形成应对方案和模拟演练策略，以在应对突发事件的过程中做到心中有数。

演练的基本要求是遵守相关法律、法规、标准和应急预案规定；针对城市地下综合管廊的特性进行全面计划并突出重点；周密组织、统一指挥；由浅入深、分步实施；讲究实效、注重质量；原则上应最大限度地避免惊动公众。

模拟演练是指按一定形式所开展的救援模拟行为，演练的形式包括：单项演练、组合演练、全面演练。城市地下综合管廊突发事故的模拟演练更应该注重应急队伍的相互协调和配合，提高应急救援效率。演练的宗旨是为了提高应急救援水平与救援队伍的整体应对能力，并验证和发现应急预案的有效性、适应性和缺陷，从而在突发事件中更能做到有的放矢，尽最大的可能减少物质财产损失，保障人民群众的生命安全。

（2）应急保障系统

保障系统的建设是执行应急管理体系的重要支撑。城市地下综合管廊的应急保障系统主要包括：法律体系保障、应急资源保障，技术保障。

1）法律体系

目前我国城市地下综合管廊的应急管理法律体系的建设相对较为滞后（相对于国外滞后），应急管理过程中经常因缺乏有力的法律依据和规范标准，进而出现职责不清、相互推卸责任或者多头管理等情况。城市地下综合管廊的法律体系建设应以解决实际问题和协调配合为出发点，从而建立健全法律法规体系。

城市地下综合管廊法律法规体系应该明确的内容：

① 城市地下综合管廊突发事故的应急程序和应急管理工作计划；

② 明确应急管理机构以及相应的职责与权限；

③ 突发事故处理过程中违反规定和失职行为的责任追究机制；

④ 组织协调机构的规定，如人员要求、设备设施的配备、资源的调用和管理等。

建立和完善城市地下综合管廊应急管理法律体系应结合城市地下空间的特性以及与各相关领域的联系，注意法律法规之间的衔接和匹配，从而提高城市地下空间应急法律法规的系统性、严密性和可操作性。

2） 应急资源

应急资源的布局、配置、调度和补充是应急管理中的主要决策问题之一。应把城市地下综合管廊突发事故的应急资源分为人力与物力两方面，其中应急救援队伍以消防为主，应急响应资源也是以消防救援器材为主。例如应急消防系统有一系列的营救设施：消防照明装备、消防排烟装备、消防车、消防水枪、消防梯、消防用呼吸器、救生照明线、多功能应急灯、排烟车、消防隔热服、避火服及有线通信等设备。在特殊的情况下还会用到瓦斯探测设备、热敏成像仪、生命探测仪等。

应急资源配置和布局直接影响到应对突发事件的时效性。在突发事件情况下需要在很短的时间内，迅速地实现应急救援队伍的抵达与应急资源的运送，否则突发事件的快速演变将会造成更大影响和损失。

① 应急资源的布局与配置

布局的目标是将应急资源进行合理规划分配，在各区域内配置适量的人力、物力资源，在应急管理中使现有资源的投入效率达到最大或最优。同时在应急响应过程中所需要的应急资源种类和数量的预测也将决定其后应急救援的质量。

静态资源布局与配置是在假设应对突发事件所需的应急资源结构和数量不随时间的推移变化，针对某一种突发事件，如何优化配置和布局资源，使得整个区域的应急资源保障水平尽可能地高。一般每个应急服务中心都有自己的服务范围，发生在该应急服务中心的事故首先考虑安排由该应急服务中心进行处理，但是考虑到事故的多发性，该中心的资源配置可能要考虑到发生另外事故的可能，也就是说资源的布局有时要考虑到潜在发生事故的应急资源需求。

城市地下综合管廊突发事故应急资源的选址要考虑多个因素：

a. 要依照我国相应的政策法规；

b. 要考虑到所服务范围区域的可能发生的事故种类及可能的级别，区域的人口数量；

c. 还需要考虑周围的环境、交通状况等因素；

d. 还要考虑其经济效应，在保证能充分应对的前提下，尽量减少不必要的浪费。

② 应急资源的调度与分派

应急人力与物力资源的有效优化配置就是为了当突发事件发生时可以及时提供应急救援，使得应急活动顺利连续有效地进行，有效控制事件的发展以至完全处理事件。

城市地下综合管廊突发事故应急资源的调度同样涉及一系列的数学模型：最小化运输时间的数学模型、模糊网络最大满意路径的选取等等。当一个事件发生时，应急调度系统需要从这些应急服务中心调配相应的人力、物力资源参与应急活动，即确定参与应急的应急服务中心、相应的应急人力、物力数量及各自的行驶路线。这里既涉及运输规划问题，又涉及组合优化问题。

③ 应急资源的存储和补充

应急资源的存储贯穿于突发事件发生前、发生中、发生后的整个过程。城市地下综合管廊突发事故应急资源的存储要注意以下几点：

a.资源存储要尽量减小成本；

b.资源的存储需要不同的条件；

c.考虑到以前发生过以及可能发生的事件，尽可能全面的存储各类资源。

此外，要做好突发事故应急资源的存储，还应该制定完备的资源维护制度，对现有资源和储备资源定期进行维护、排除隐患，确保资源安全可靠。建立完善的各级各类应急救援资源存储数据库，用科学快捷的方式来进行对存储资源的管理。

对某种资源的补充并不是当这种资源耗尽的时候才开始进行的。在对应急资源进行管理时，应建立一套比较完善的资源信息平台，方便管理者掌握应急仓库内所有资源的种类、数量、购入日期以及调配情况的详细清单，当安全保障资源的保有量不能满足要求时，根据资源评估结果，则需要对资源及时进行补充，即使某段时间内没有资源的消耗，也需要定期进行检查，及时更新使用性能下降或失去使用效能的资源。

3）技术支持

城市地下综合管廊的应急管理离不开技术保障的支持，城市地下综合管廊的技术保障可分为硬件与软件两部分。

① 硬件支持

城市地下综合管廊应急管理除了对外部救援设备设施有需求外，其内部针突发事故的应急设备设施的配备也很重要。例如：应急照明系统、应急广播、通风排烟设备、消防设备设施、视频监控等。对于已经配备的应定期进行检查和维护，对于不符合要求的设施应及时进行整改或寻求其他可行方案。

② 软件系统保障

城市地下综合管廊的应急管理离不开软件系统的支持。城市地下综合管廊的应急管理应结合现有科技手段，通过信息技术、通信技术、检测技术、监控技术、自动控制技术等，使应急管理更为科学有效。例如通过信息技术可以把城市地下综合管廊的设备设施、人员信息等资料入库实现信息化管理，给管理带来了方便；检测监控技术可以实现预警功能，实现对信息时时掌控从而更好地采取应对措施，同时也具备事故预防的功能。

4）应急组织机构

城市地下综合管廊应急组织机构包括管理机构、应急功能部门和救援队伍三大块。管理机构是指维持应急日常管理的负责部门，包括场所经营管理机构和应急响应中心。应急功能部门是指与应急活动有关的各类功能机构，如公安、消防、医疗等单位，救援队伍应由专业人员组成。

在突发事故情况下，地下综合管廊应急管理部门应第一时间做出应急响应，执行本单位的应急预案，并及时上报应急响应中心。

5）应急管理体系运作机制

城市地下综合管廊的应急管理体系运作机制主要包含五块内容：组织机构的设置、应急预案的相关内容、监测与预警、应急响应过程以及应急保障系统。其运作结构如图 10.4-6 所示。

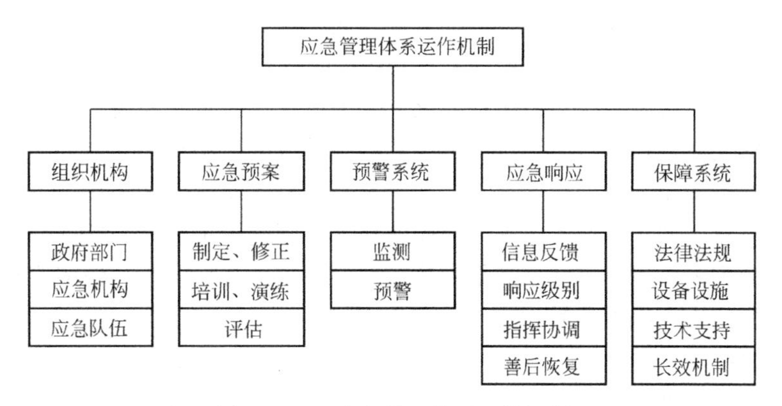

图 10.4-6　应急管理体系运作机制

3. 城市地下综合管廊突发火灾事故应急管理

当城市地下综合管廊火灾突发事故出现时，地下综合管廊工作人员应迅速掌握事故情况，并及时通报至运行控制中心，同时应立即启动应急设备设施。

在综合管廊突发火灾事故情况下，其设备设施突发事故运行模式主要分为五大部分，分别为通风排烟系统、给水排水系统与水消防系统、供电系统、综合监控系统、广播系统。及时正确的启动设备设施进入突发事故运行模式是应急救援的重要组成部分，能有效地控制事故的扩大和方便应急救援工作的开展。

（1）通风排烟系统

当地下综合管廊某一区域出现火情，应立即把平时处于送风状态的通风系统转换为排烟状态，将烟雾经风井排至地面，使防烟分区内气压小于防烟分区外气压，为应急救援工作的开展创造有利条件。

（2）消防系统

1）消防水系统

地下综合管廊应配备消防水设施，在出现火灾时，地下综合管廊消防工作人员应立即启动附近消火栓箱手动报警装置，利用消防泵加压供水，取出水枪，接好水龙带，打开阀门进行灭火行动，同时与控制中心取得联系。

2）自动灭火系统

在地下综合管廊应当设置自动灭火系统及设备，当地下综合管廊发生火灾而且现场温度较高超过闭式喷头感应装置的限值，喷头便会启动喷水，同时联动启动消防泵。

3）排水系统

各废水泵站通过控制室监控启动及时将消防废水排出。

（3）供电系统

火灾区域受火灾报警系统控制，该系统能检测火情并自动切除与火灾区域相关的非消防电源，并自动接通综合管廊应急照明系统以及疏散标识装置，既能保证消防救援设备的供电，也可以起到保护消防救援人员的安全作用。

（4）综合监控系统

城市地下综合管廊的综合监控系统的作用是，当综合管廊通道内出现火情时，能及时发现并进行观测，并通过综合管廊控制中心向监管部门发出火灾模式指令。工作人员可立即对综合管廊通道内的通风设备进行启动，进入通风排烟模式，在控制火情的同时组织周围人员进行安全有序的疏散。

另一方面，火灾报警系统子系统可对火灾周围情况进行实时监视，并根据火情的发展情况做出相应的反应，控制消防泵、喷淋泵等消防设备的启用和停止，并实时监控和显示其工作状态；在火灾得到确认后，火灾报警系统子系统会切断该相关区域的非消防电源；接通应急照明装置，便于工作人员安全有序的进入管廊进行工作；与此同时，环境与设备监控系统发布火灾模式指令，并联动控制防排烟设备的运行；通过通信网络与应急指挥中心取得联系，发出火灾报警信号。

（5）广播系统

广播系统可向调度人员和人群传递指令，提高人员疏散的效率。在出现火灾等突发情况时，特别是火情特别严重的状态下，应立即启用广播系统，为人群安全疏散进行指引，以防出现场面失控造成混乱。

4. 城市地下综合管廊防洪应急管理

在城市地下综合管廊运营中，恶劣天气对日常运营影响很大，特别是暴雨等恶劣天气，这就需要制订相应的防洪应急措施，为各相关部门提供技术支持。在遇到暴雨时，城市地下综合管廊应急管理中心应采取相应的应急措施，以确保设备和人员的安全，保证综合管廊的正常运营秩序。

（1）加强信息沟通，建立综合管廊应急管理中心内部天气预警机制

为做好防洪措施和安全工作，使灾害的损失降至最低，做好气象预警工作，对天气情况有一定的了解，以提前做好应急准备。综合管廊应急管理中心应与市政府、水利部门、气象部门建立工作联系，气象部门每日及时为综合管廊应急管理中心提供天气信息、预报。应急控制中心及时掌握天气预报和动态，天气情况一日三查，根据天气预警信息级别，通过综合管廊应急管理中心的短信平台发送天气预警信息给领导、各部门，提醒各部门做好应急准备；而当控制中心收到预警解除的信息后，通过短信平台发送预警解除信息给各领导、各部门。做好气象预警工作，对天气情况进行预测，提前做好应急准备，做好防洪措施和安全工作，使灾害的损失降至最低。

（2）暴雨前的安全检查

1）收到暴雨预警信息后，应急管理中心各相关部门组织进行一次全面的隐患排查。主要包括与管廊接口处、出口处以及容易渗水的地方，对查出的问题与相关部门及时沟通，并要求在暴雨到来前及时整改，确保正常管道的运营不受影响。

2）安全检查由应急管理中心牵头，给水排水、电力、通信、信号等专业安排专业工程师、巡检人员赶赴现场，开展设施设备检查。机电专业要针对地面线路与地下线路接口处的雨水泵房、相邻地下管廊区域的泵房等重点部位，由专业负责人亲自带队进行检查，确保各个泵房内的雨水泵均能正常运转，综合管廊内的雨水能够及时得到排泄。通信、信号、电力专业要加强对管道、接触网、用电的巡查，确保管廊内各设备稳定，为管廊各管道、线路正常运营提供可靠保障。同时各区域加强各区域的巡检，特别是地面附近的危险

物；加强对管道、接触网、用电等设备设施的巡检，对可能会受到暴雨影响的重点设备设施进行重点检查，加固设备，以免被大雨影响，以及发生异物侵限等。在城市地下综合管廊经常出现渗漏的区段，进行检查避免渗漏。

（3）加强防洪物资应急准备

在暴雨来临前，综合管廊应急管理中心要组织对所有区域的防洪物资进行清点，重点是管廊的接入口。各个区段要按要求配置防洪挡板、防洪沙袋、防滑垫等物资备品。在暴雨过程中，各个区段要及时启动管廊防洪应急预案，预先在各出入口、车站地势较低的出入口设置防洪挡板或沙袋，防止雨水流入管廊通道内，以保证管廊内各管道的运营安全。暴雨过后，根据强降雨情况及未来天气形势，对一些区段内结构容易发生漏水、淹水、灌水的重点管廊，要重新统计梳理防洪物资需求，及时增配防洪物资。

（4）加强暴雨期间的运营管理

1）控制中心随时向各区段工作人员了解情况，若发现或接报险情，及时通知各应急部门，根据情况要求派出抢险队。

2）在暴雨期间，应加强值班制度。根据天气形势，在原有的应急中心领导及管理人员节假日值班制度基础上，重新调整和部署值班安排，保证突发情况发生时及时进行应急响应。最后是设备部门组织相关专业人员在暴雨期间进行巡检，对管道、输电线、照明等重要设备进行巡视、检查，做好相关应急抢修的准备。

（5）各区段应急抢险队伍保障

1）应急管理中心成立中心级别抢险队。由中心领导担任队长，中心全体管理人员为抢险队员，下设多个工作组，由各副领导或主任担任组长，按照住所就近原则，实行区段包干制。随时待命，支援防洪抢险工作。

2）针对暴雨带来的强降雨，给水排水专业人员加强地面线与地下线过渡段的各区段的排水设施保障，确保设施故障时快速处置。同时配备移动潜水泵，随时处置局部积水的情况。

3）应急管理中心领导层应做好防洪规划工作，制订相应的应急预案，在出现水灾时能有效地开展防汛避难和应急救援工作。

4）完善排水设施。城市地下综合管廊应在最低处设置泵站或集水井。其不但可以实现雨水入侵的排水功能，管道破裂涌出的水或者消防产生水积都可以通过排水设施进行排出；并在各入口处设置坡度、台阶、排水沟等。

（6）灾后处理

1）暴雨过后，要及时清理现场，尽快恢复受影响的区段、出入口；检查各设施设备是否完好，有无损坏、丢失；及时清点防洪、保障物资，如有缺失及时统计梳理资料上报部门，及时增配物资。

2）针对应急处理中存在的问题，及时总结、反馈给各相关部门，要吸取经验教训，在以后的应急处理中避免再次出现类似问题。

3）次生灾害的处理程序。恶劣天气对地下综合管廊的正常运营影响是否明显，由此引发的次生灾害也不容忽视。例如：管廊各区间发生水灾时的应急处理。首先是保障工作人员的人身安全，其次是通报迅速和在保证员工自身安全情况下尝试抢险救灾。管廊各区间发生水灾时各区段工作人员首先应通告附近居民并立即向上级应急中心报告，同时应尽可能采取相应措施降低水灾影响。

5. 城市地下综合管廊燃气管道的应急管理

天然气管道的安全运行是国家经济发展的重要保证。城市地下综合管廊的长输管道输送介质为天然气，按照国家标准《石油天然气工程设计防火规范》GB 50183—2015 分类，天然气属于甲 B 类火灾危险物质，加之部分上游管道内天然气还含有一定量的硫化氢，一旦管道介质发生泄漏扩散，很有可能在大范围内造成严重的人员伤亡。另外，管道穿越区域的地质复杂性和人口密集性也是造成管道事故后果严重的重要原因。

为了确保城市地下综合管廊天然气管道的安全，必须系统地对其风险进行分析。根据管道、生产工艺和外部环境等因素的分析，可将影响其安全运行的危险有害因素分为工艺站场危险有害因素、输气管道危险有害因素、自然灾害、第三方破坏等方面，经分析后认为天然气管道最大的风险是介质的泄漏爆炸，而造成泄漏的原因可能来自工艺站场的阀门泄漏、站内管道破裂、输气管道的腐蚀破裂、环境的外力破坏等。

针对城市地下综合管廊天然气管道的风险分析结果，必须对其进行全面的应急管理来减少事故的影响。应急管理是应对风险、减轻风险的学科，天然气管道的应急管理是为了减少管道风险，确保管道安全正常运行，同时将危险有害因素造成的风险降低到公众可接受程度。天然气管道应急管理的过程可分为四个阶段，主要包括：风险消除阶段、应急准备计划阶段、应急反应阶段、恢复阶段。

（1）风险消除阶段

风险消除阶段的主要目的是减少城市地下综合管廊天然气管道风险对人员造成的影响，通过持续的行动以减轻或消除潜在的风险。与其他几个阶段相比，风险消除阶段将是一个长期的过程，并涉及大量的人员参与。通过对天然气管道进行危险有害因素的辨识、分析和风险评价等，以有效控制危险度大、频率高的风险。天然气管道风险分析的程序要求作业人员要定期识别管道所要穿越的综合管廊区域，尤其是人口居住区或人口聚集区的风险，需要详细评估管道风险对人员的影响程度和范围，并按要求及时更换、修复受损管道，以采取相关措施确保公众安全不会受到伤害（图 10.4-7）。

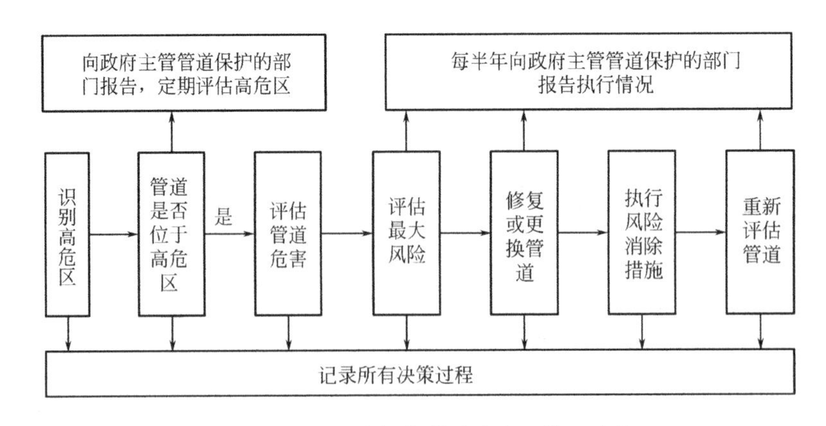

图 10.4-7　天然气管道风险全面管理过程

（2）应急准备计划阶段

应急准备计划阶段主要是为了增强市民、社区、各级政府、专业应急人员的防灾减灾以及灾后恢复能力，提供的引导、培训、预备和练习支持，以及技术和资金帮助。应急准备计划不只是一种预备状态，更是贯穿应急管理各个方面的主题。每一个功能都要确保各自的应急状态，以满足应急反应的要求。

城市地下综合管廊天然气管道的准备计划阶段包括四个不断演化的过程：评价、计划、准备、评估。应急准备计划阶段首先应识别天然气管道灾害的类型（爆炸、中毒等），然后评价风险程度，最后确定应急水平。根据《危险化学品重大危险源辨识》GB 18218—2009及《关于开展重大危险源监督管理工作的指导意见》的规定，对于“输送有毒、可燃、易爆液体介质，输送距离≥200km且管道公称直径≥300mm的管道”，可认定为重大危险源，应制订相关的应急预案。计划过程中要识别现有应急预案与天然气管道应急反应要求之间的差距，通过实施改进、修补措施完善应急准备计划，不断缩小差距。应急演练和培训既要保证在应急反应阶段应急人员能高效实施救援，也能测试修正措施是否有效。如果没有达到要求，重新评价目前管道灾害，开始新一轮准备计划阶段。值得注意的是，应急准备计划阶段是一个动态过程，要不定期根据管道的运行状况、现场条件进行更新评估，以制订新的应急预案、配置新的应急资源。

（3）应急反应阶段

应急反应阶段是城市地下综合管廊的天然气管道灾害事故发生后，迅速对现场受伤人员进行救助的过程。应急中心应协调相关应急管理人员、应急参与人员、各相关部门、组织机构的行动，依据现场情况制订救援行动目标，提供一切应急所需的资源，在较短的时间内完成事故现场人员的救援、转移，将风险后果降到最低程度。应急反应阶段是应急管理重要的环节，应急反应的速度与效率将直接关系人员的伤害程度与范围。而风险消除、应急准备计划阶段都是为了确保事故应急反应的有效运作而服务的，因此应急反应阶段是应急管理的核心组成部分。

（4）恢复阶段

当应急反应措施已达到现场人员救援、财产保护和人员安置的要求后，就进入了事故后恢复阶段。恢复阶段可能在事故开始后很短时间就进入，也可能持续很长时间，与应急反应阶段之间并无明显界线，需根据各自的功能与现场实际要求来划分。相对于应急反应阶段目标的唯一性而言，城市地下综合管廊的天然气管道恢复阶段的工作内容主要包括：人员安置、人员伤害治疗、损害评估、设备维修、设施重建等。

6. 城市地下综合管廊反恐应急管理

城市大部分生产线工程都纳入到综合管廊中，很有可能成为恐怖分子袭击的重要目标。为提高政府应对地下综合管廊系统突发恐怖袭击事件的应对和紧急处置能力，通过对我国各城市地下综合管廊系统实际情况的调查和研究，根据地下综合管廊系统反恐应急预案编制指南的思路、特点和重要作用，对指南中的突发恐怖事件的分级分类和应急处置等方法进行分析探讨，为城市地下综合管廊系统反恐应急预案的编制提供指导性建议。

为提高政府对综合管廊系统恐怖袭击事件全过程的组织协调能力，构建相对统一、快速高效、救援能力强的应急指挥系统，根据各市综合管廊系统的实际情况，编制反恐应急处置预案，预防综合管廊恐怖事件的发生是非常重要的措施。一旦发生恐怖袭击事件，能够按照预案迅速、有序地组织抢险救灾，制止恐怖袭击事件危害的进一步扩大，减少人员伤亡和经济损失，尽快恢复综合管廊系统的正常运营。

(1)《指南》编制的原则及特点

《指南》的重点是根据突发事件的类型与特点，提出恐怖事件发生时与发生后的应急措施。加强调研工作，对城市综合管廊系统的生产运行和日常管理进行深入研究，把日常安全管理和防灾要求与反恐怖工作结合起来，提出有针对性的应急措施。因此，必须研究编制原则及程序；必须对突发恐怖事件的特点和分类进行探讨。

1）综合管廊系统反恐应急预案编制原则及程序

综合管廊系统反恐应急预案的编制应本着预防为主和以人为本的原则，即尽可能将恐怖袭击事件消灭在萌芽状态，一旦发生恐怖袭击事件，能够按照预案迅速、有序地组织指挥抢险救灾，制止恐怖袭击事件危害的进一步扩大，最大限度地减少恐怖袭击造成的人员伤亡和经济损失。

编制综合管廊系统反恐应急预案，首先要提出编制的目的、指导思想及依据；简述城市地下综合管廊的基本概况；对突发事件进行分类、分级、危险识别及预警；由市政府成立综合管廊反恐怖指挥与组织机构；根据恐怖袭击危险水平（预警级别）、突发恐怖事件的级别，分别制订相应的应急处置对策与措施；根据综合管廊反恐怖应急处置的工作分工，针对不同应急反应处置要求制订相应的工作方案；针对突发事件的特点，提出后勤管理与支援的对策和要求；针对爆炸、投毒等恐怖袭击事件提出相应的预防措施；有足够的应急保障（人员保障和专业保障）和工程保障（设备保障、设施保障和技术措施保障）。预案编制程序如图 10.4-8 所示。

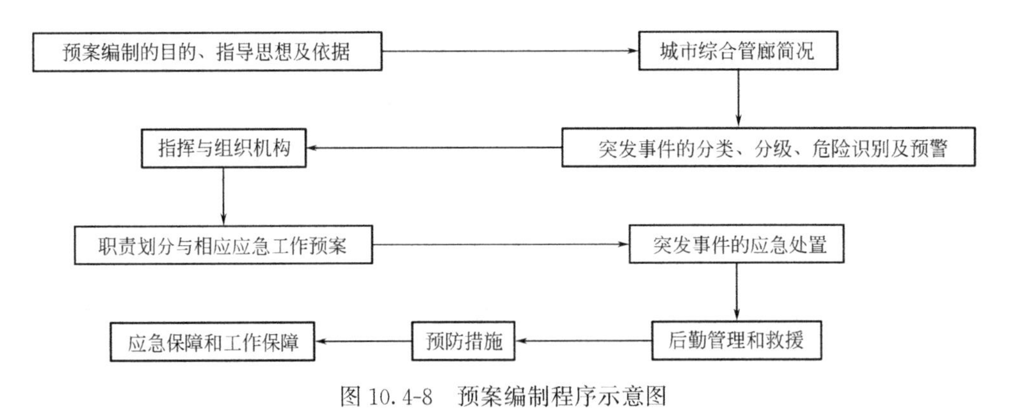

图 10.4-8　预案编制程序示意图

2）突发恐怖事件的分类及特点

综合管廊突发恐怖事件可以根据应对措施划分为化学类、生物制剂类、放射性污染物类、传统爆炸及人为火灾类等。具体类别及一般征兆或特征见表 10.4-1。

恐怖事件的类别及一般征兆或特征　　**表 10.4-1**

恐怖事件类别可能的一般征兆或特征	可能的一般征兆或特征
化学类	昆虫减少，鸟类死亡；受害人大量增加；相似原因的报警或求救电话大量出现；发生严重的疾病；发生恶心、呕吐、晕眩、呼吸困难、抽搐；非正常的液体、物状体、水汽、飞沫；非正常金属碎片或残骸；被遗弃的喷雾装置、设备或物品；无法解释的军用物品

续表

恐怖事件类别可能的一般征兆或特征	可能的一般征兆或特征
生物类	死亡或垂死的动物异常增多，区域性的非正常疾病，同自然状态下的疾病不一致的特征、发作方式，雾化或其他可疑装置、物品、包裹等
放射性污染类	发现核能或放射性装置（例如：核能燃料储存装置或运输装置）；核能材料标志或警告标示或其他难以解释的警告标志
传统爆炸及火灾类	造价便宜，制作技术简单，比较容易获取，还会引起次生灾害，加重袭击的后果

近年来，随着国际上各种大规模杀伤性武器或材料的扩散，恐怖分子获得化学类、生物类甚至核装置或核材料的可能性也进一步加大，各种恐怖袭击形式综合使用的危险也摆在了面前。一旦发生，所造成的危害将比已发生的各类恐怖袭击事件更加严重。另外，恐怖分子也可能掌握了各种先进技术，比以往更加有计划有组织，因此，在应对恐怖袭击时，各级政府部门应充分意识到这一点，并对此作出对策。

从以前综合管廊系统发生的恐怖袭击事件来看，综合管廊恐怖袭击具有下述特点：

① 在综合管廊某区域发生恐怖事件，往往造成整条管廊的运营中断，甚至影响其他线路的正常运行。

② 发生恐怖事件时，除了极易造成综合管廊设施的毁坏外，还可能受到直接造成人员伤害外。

③ 由于综合管廊突发事件地下空间的局限性，在很短的时间内完成综合管廊系统的排烟、排毒气作业以及开展救援工作的难度很大。综合管廊反恐应急预案的制订应充分熟悉和了解各类恐怖袭击的类型、后果等特点。

（2）突发事件分级、危险识别及预警

制订突发恐怖事件的分级，按照不同级别制订不同的应急反应对策。

1）突发事件分类分级

根据我国对突发事件的通常的分级方式，对突发恐怖事件进行分级，一般分为特别重大突发事件、特大突发事件、重大突发事件、一般突发事件。应对列出可能遭受的各类恐怖袭击以及相应危险源或物品的名称、成分构成、发作方式、破坏性进行危险识别，以便制订相应的应急对策，处理方法和措施。

2）突发事件的预警

我国目前还没有统一的针对突发恐怖事件的预警规定，建立突发恐怖袭击的预警机制是应对恐怖袭击的重要环节，地下组合管廊反恐怖应急预案中应根据不同的预警水平规定相应的反恐应急准备、恐怖事件警戒等对策或措施。下面列出国际较为通行的四级恐怖威胁分级标准作为借鉴。由轻到重依次为：

① 第四级（最小威胁）：所受到的恐怖威胁信息无法证明特定人群或特定地区处于恐怖威胁之中。

② 第三级（可能威胁）：研究判断结果或相关恐怖威胁显示可能发生恐怖袭击事件，但这种恐怖袭击可能没有经过证实。

③ 第二级（极可能威胁）：对恐怖威胁的评估表明恐怖袭击是极为可能的，证实恐怖

袭击可能造成大规模人员伤亡或财产损失。恐怖袭击威胁的升高标志通常是发现了可引起大规模人员伤亡或财产损失的爆炸等恐怖袭击装置或物品，各种研究判断或监测显示存在类似的装置或物品。

④ 第一级（已发生）：已发生造成大规模伤亡和财产损失的恐怖袭击事件。对突发事件的分级、危险识别及预警，可以制订更加详细的应急对策，有利于突发恐怖事件的应急处置，即当恐怖事件发生时，能够迅速反应、及时有效地控制事件的进一步扩大。

（3）突发恐怖事件的应急处置

根据恐怖袭击危险水平（预警级别）、突发恐怖事件的级别，分别制订相应的应急处置对策与措施。当突发恐怖事件发生时，要坚持做到反应快、报告快、处置快；地下综合管廊运营部门应立即启动先期处置应急工作预案，迅速采取有效措施，尽力控制事态发展，以减少人员伤亡和财产损失。

根据地下组合管廊反恐怖应急处置的工作分工，通常可在应急指挥领导小组下根据安全保卫、灾害救援、交通保障、医疗救护、市政抢险、专家技术、新闻报道、事故调查、后续处置等不同应急反应处置要求设置相应的应急反应机构。

1）指挥和控制

通常，当发生突发恐怖事件时，地下综合管廊管理中心部门应立即将突发事件的性质和现场情况向有关专业部门报警，立即上报主管部门和市政府，并迅速通知应急指挥和控制各有关单位。地下综合管廊管理中心系统反恐怖应急主管部门应对应急预案的启动、应急指挥和控制进行规定，并及时、准确、快速地向省级、部级反恐怖应急主管部门进行通报。应急处置工作应实行统一指挥，根据恐怖袭击危险水平（预警级别）、突发恐怖事件的级别确定统一指挥和控制的级别。需要市有关单位实施专业救援，承担救援的单位要根据救援的需要，听从现场指挥部（所）的统一指挥。在应急预案制订时，可以表格等明确方式给出应急处置各阶段的责任部门或单位、参与部门或单位、受影响部门或单位及相应的反应和控制对策或措施。

各级值班部门要加强情况信息的报送和传递，应对恐怖信息、指挥命令、处置措施、影响后果、后续处理等信息的报送和传递作出规定。恐怖事件情况的对外发布应由指定部门统一负责。

2）信息发布

突发恐怖事件发生时，准确和迅速的信息发布对事态的控制往往是非常关键的。应及时准确地向公众和媒体提供关于恐怖事件和应急处置的相关信息，建立控制谣言传播及其破坏性影响的机制。可考虑建立专门的新闻发布机构或新闻发布人。事件发生之初的信息发布应专门作出规定，以避免引起信息混乱或引起恐慌。通过多种渠道保证公众信息发布的正常和及时，并及时消除各种恐慌的发生，减低恐怖袭击的次生和后续影响。

3）紧急疏散和现场救护

紧急疏散是应急反应的重要环节，由于地下综合管廊管理中心系统人员密集的特点，应充分考虑各种恐怖事件发生的可能性以及可能的次生或后续影响，对紧急疏散作出合理有效的安排，加强相关标志的标识和管理工作。

根据恐怖事件造成的灾害影响范围和规模，设置现场救护设备和装置。当恐怖事件发生后，首先要清除污染，然后对受害者进行保护及其他必要的救助。充分发动各类群众性组织，协助红十字协会、医疗机构等进行现场救护，制订措施使受害者能迅速脱离事件现场，避免直接伤害的持续加重，这有助于应急处置人员进行清除污染、消毒等进一步处置，及时救助其他受害者。

此外，在应急预案中应根据突发恐怖事件的类型和级别，制订卫生与医疗应急保障的对策和要求，包括对污染排除、消毒、受害人和应急处置人员的安全保障，就地救护、临时疏散救护、多种伤害或多种感染的救助等。预案制订时应充分考虑到需要救助的规模和复杂程度，既要考虑到受到感染的人员，更要考虑到可能仅仅是对于恐怖事件的恐惧而实际未感染人员。

4）灾害恢复及后勤管理与支援

遭受恐怖袭击事件后，应及时采取措施进行恢复，以保证人们最基本的生活需要。灾害恢复对策和要求，通常包括：对公众的持续保护，受影响区域的修复方案，受影响部分的恢复使用，灾害事件后的改进等。

对于突发恐怖事件的应急处置需要许多部门、单位和人员共同参与。同突发自然灾害的应急相比，反恐怖应急需要一些特定的考虑和要求，如需要考虑恐怖事件的预警、恐怖袭击的特征等。通常恐怖袭击的后果并不是马上就显现的，最先的应急处置人员可能面临着非常紧迫的危险，在识别出恐怖袭击的类别之前，这些人员本身就有可能遭受到伤亡，恐怖袭击的危害还可能快速扩散到多个地点。针对突发恐怖袭击事件的这些特点，后勤管理与支援的对策和要求通常包括：

① 后勤管理与支援的目标和原则。

② 各种后勤支持的范围和程度。

③ 相互支援规定。

④ 后勤管理规定和支持程序。

5）保障体系

常备不懈、责任到位、分工明确的保障体系，对突发恐怖袭击事件的应急处置是必不可少的。一般包括工程保障和应急保障，工程保障主要指设备、设施和技术措施的保证；应急保障包括人员保障和专业保障。突发恐怖事件保障体系如图10.4-9所示。

在发生地下综合管廊恐怖袭击事件时，运营管理中心必须确保：

① 通信系统的畅通，便于救灾调度指令的传达。

② 在供电线路局部受损的情况下，及时调整供电运行方式，保证救灾设备的正常使用。

③ 在管廊失电，不能提供正常照明情况下，随即启动应急照明系统，为救援工作、人员疏散提供照明保障。

④ 及时开启事故通风系统和排烟通风系统和自动喷水灭火系统，以利于人员安全疏散和防止因窒息伤亡。

⑤ 及时开启事故通风系统和排烟通风系统和自动喷水灭火系统，以利于附近人员安全疏散和防止因窒息伤亡。

⑥ 市公安局除具体负责现场应急处置外，还要维护现场外的地面交通秩序，及时疏导交通；消防、医疗、民防、和环保部门分别按照各自的职责，协助现场救援工作。

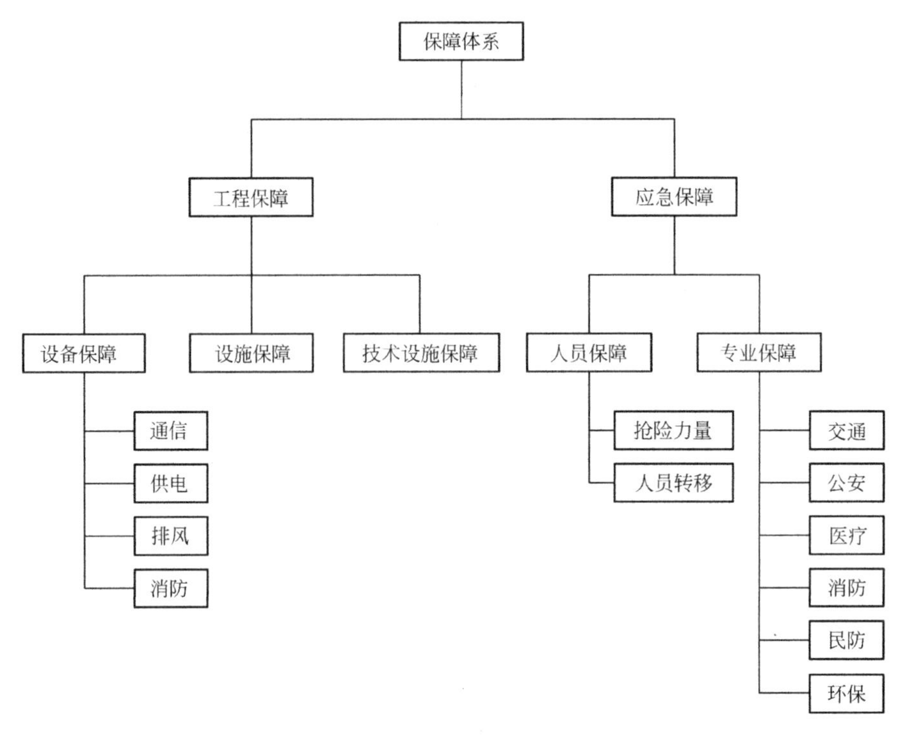

图 10.4-9　突发恐怖事件地下综合管廊应急保障体系示意图

7. 城市地下综合管廊地震灾害的应急管理

随着我国经济的飞速发展和城市化进程不断加快，综合管廊生命线工程日益密集、复杂，一旦遭遇破坏性地震，在遭受直接灾害的同时，还会导致更为严重的次生灾害（火灾、爆炸等），甚至很容易引起连锁反应，导致其他系统的损坏停滞，可能会造成重大损失和人员伤亡等间接损失，因此必须制订针对地震灾害的应急预案，减轻地震及地震次生灾害所造成的损失。

（1）地震紧急处置基本原理

地震是一个灾场，往往受灾面积很大，所以综合管廊的地震应急预案必须和当地城市的地震应急预案紧密结合。地震紧急处置系统利用实时监测台网获取的地震动信息和地震破坏程度快速评估结果，经综合决策实施紧急处置措施，以达到减轻地震灾害的目的。地下综合管廊网络地震紧急处置系统的基本原理是，在管廊中的管线各处布置测量地震动的装置，当地震动超过设定阈值时自动关闭管道节阀，并通过监控中心的震害快速评估进行综合决策，远程控制阀门关闭或放空等操作，即使管道遭到地震破坏，管道中也一般已无气体而不会发生泄漏，从而减小了次生火灾、爆炸灾害的可能性。

地震紧急处置系统包括地震信息获取、信息传输、控制中心决策、紧急处置和震后恢复五部分组成，具体流程如图 10.4-10 所示。

1）地震动信息收集

在工程场地（沿线）布设地震（强震动）观测台站，利用数字通信技术，实时获取地下综合管廊场地（沿线）地面运动信息。当地震来临时，地震运动信息由地震监测传感器收集。信息收集的时间差主要包含两种：①地震纵波的传播速度比地震主运动横波的传播

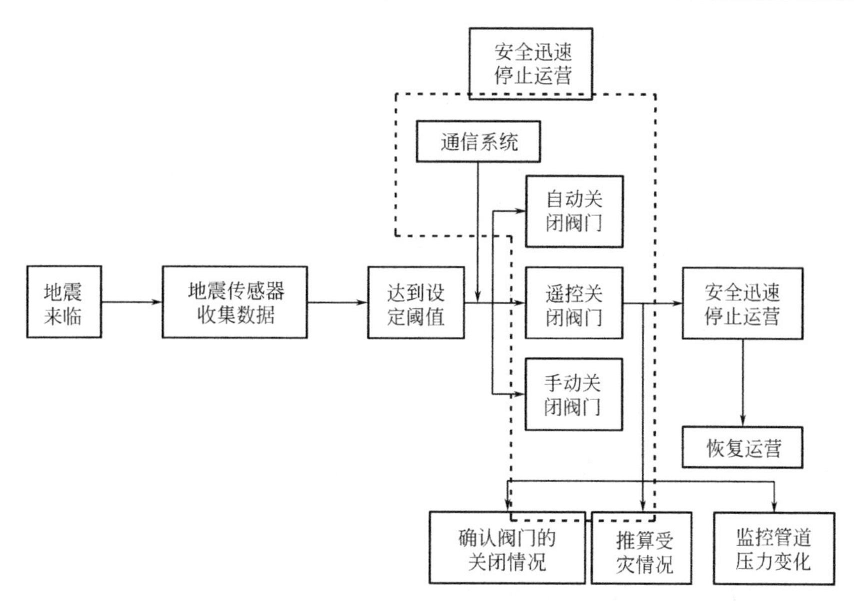

图 10.4-10　地震紧急处置系统

速度要快，而横波是地下综合管廊中管道破坏的主要因素。地震监测传感器接收纵波信号后可以在横波到来之前紧急处置并将信息传递出去；②电磁波的传播速度比地震波要快得多，当目标管廊距离震源区有一定的距离时，利用两者传递的时间差，传感器可以将收集的地震动传递给控制中心，并将信号传输给目标区域，提前做好应急处置，以上两种方式均可为地震紧急处置赢得时间。

2）信息传输

因为数字通信的传输比地震波的传播速度要快，因此可以建立专门的通信通道，在第一时间将获取的地震动信息传递给控制中心并迅速做出反应，实现地震台站、监控中心和紧急处置装置之间数据与指令传输。

3）控制中心决策

根据地面震动运动信息，快速判定地震参数和地震影响场，进行震害快速评估。并在此基础上，控制中心要综合考虑地震强度、地下综合管廊抗震能力和压力变化情况进行紧急处置措施决策，远程控制阀门的闭合情况，制订出紧急处置方案。

4）紧急处置

基于地震运动信息和综合决策的结果，根据工程性质的不同，可以采取不同的紧急处置措施，其中包括：①阈值自动处置：在控制开关内部安装测量震动强度的装置，当地震动大于设定阈值时自动采取关闭或其他处置措施。这种处置方式通常安装在地下综合管廊中的城市煤气管网的用户端。②外触发自动处置：利用谱烈度计或强震仪获取的地震动数据，当地震动超过设定阈值时自动采取关闭或其他措施。这种处置方式通常用于城市地下综合管廊中的煤气管网的小区接入端和综合管廊中的电力管线等的控制。③远程指令处置：根据地震参数和地震动强度，经震害快速评估、智能判断，确定处置指令，实施远程操作，远程控制阀门由控制中心远程控制。

5）震后恢复

地震监测传感器收集到的地震动数据可以对地震强度进行快速评估，依据紧急处置时阀门的闭合可以推算出受灾情况，为震后救灾和恢复提供依据。

（2）地下综合管廊防震应急预案

为了全面贯彻落实“安全第一、预防为主”的方针，提高地震灾害发生的应急救援反应速度和协调水平，最大限度地减少地震灾害以及次生灾害等给国民经济和人民生活造成的影响和损失，所以应当编制综合管廊防震应急预案。

1）地震地质灾害事件分级

按国家地震地质灾害分级标准及地震地质灾害对地下综合管廊中输水管道、燃气管网、燃气输配设施等的破坏程度，将地震地质灾害事件分为Ⅰ级（特别重大地震地质灾害）、Ⅱ级（重大地震地质灾害）、Ⅲ级（较大地震地质灾害）、Ⅳ级（一般地震地质灾害）。

① Ⅰ级事件：因地震地质等灾害造成下列情况之一，地下综合管廊应急进入地震地质灾害Ⅰ级事件状态：

a.国家确定为特别重大地震地质灾害的事件；

b.被确定为地下综合管廊中的各种管道特大面积停止运营事件的；

c.造成工作人员 3 人及以上人员死亡的；

d.应急管理中心小组视地震地质灾害危害程度、灾区救灾能力和社会影响等综合因素，研究决定进入地震地质灾害Ⅰ级事件状态的。

② Ⅱ级事件：因地震地质等灾害造成下列情况之一，地下综合管廊应急进入地震地质灾害Ⅱ级事件状态：

a.国家确定为重大地震地质灾害的事件；

b.被确定为地下综合管廊中的各种管道重大面积停止运营事件的；

c.造成工作人员 1～2 人死亡，或 4～6 人重伤以上；

d.应急管理中心小组视地震地质灾害危害程度、灾区救灾能力和社会影响等综合因素，研究决定进入地震地质灾害Ⅱ级事件状态的。

③ Ⅲ级事件：因地震地质等灾害造成下列情况之一，地下综合管廊应急进入地震地质灾害Ⅲ级事件状态：

a.国家确定为较大地震地质灾害的事件；

b.被确定地下综合管廊中的各种管道较大面积停止运营事件的；

c.造成工作人员 2～3 人重伤，6～8 人轻伤；

d.应急管理中心小组视地震地质灾害危害程度、灾区救灾能力和社会影响等综合因素，研究决定进入地震地质灾害Ⅲ级事件状态的。

④ Ⅳ级事件：因地震地质等灾害造成下列情况之一，公司进入地震地质灾害Ⅳ级事件状态：

a.国家确定为一般地震地质灾害的事件；

b.被确定地下综合管廊中的各种管道大面积停止运营事件的；

c.造成工作人员 1 人重伤，或 3～5 人轻伤；

d.应急管理中心小组视地震地质灾害危害程度、灾区救灾能力和社会影响等综合因素，研究决定进入地震地质灾害Ⅵ级事件状态的。

2）预警分级

根据地震地质等灾害的级别以及灾害对综合管廊中的各种输水、输气、输电以及输配设施可能造成的损坏程度，将地震地质灾情预警状态分为四级：Ⅰ级（特别严重）、Ⅱ级（严重）、Ⅲ级（较重）和Ⅳ级（一般），依次用红色、橙色、黄色和蓝色表示。

Ⅰ级预警：省（自治区、直辖市）及以上人民政府统一发布的7.0级及以上地震和特大型地质灾害预报，应急管理中心进入地震地质灾害Ⅰ级预警状态。

Ⅱ级预警：省（自治区、直辖市）及以上人民政府统一发布的6.5～7.0级地震和大型地质灾害预报，应急管理中心进入地震地质灾害Ⅱ级预警状态

Ⅲ级预警：省（自治区、直辖市）及以上人民政府统一发布的6.0～6.5级地震和中型地质灾害预报，应急管理中心进入地震地质灾害Ⅲ级预警状态。

Ⅳ级预警；省（自治区、直辖市）及以上人民政府统一发布的5.0～6.0级地震和小型地质灾害预报，应急管理中心进入地震地质灾害Ⅳ级预警状态。

3）预警发布

应急管理中心工作人员在接到地震地质灾害预警后，立即汇总相关信息，分析研判，提出地震地质灾害预警建议，经应急管理中心批准后发布。

4）预警行动

发布地震地质灾害Ⅰ级、Ⅱ级、Ⅲ级、Ⅳ级级预警信息后，应开展以下工作：

① 做好地下综合管廊的应急准备工作；

② 应急管理中心工作人员密切关注事态发展，收集相关信息，及时向应急管理中心工作领导报告；

③ 各应急处置工作组迅速组织落实各项确保人身、各种管道输配安全及灾后救灾应急救援措施；

④ 有关职能部门根据职责分工协调组织应急抢修和医疗救护队伍、应急物资、应急电源、交通运输等准备工作，合理安排各种管线输配调度运行方式、做好异常情况处置和应急新闻发布准备；

⑤ 有关职能部门启动应急值班，及时收集相关信息并报告应急领导中心，做好应急新闻发布准备。

5）应急响应

① 响应分级

根据地震地质灾害预警的分级和地震地质灾害事件的分级，针对预警程度、危害程度、影响范围和企业控制事态的能力，按照“分级响应、分层负责”的原则将地震地质应急响应分为两级。

a. Ⅰ级响应：应对Ⅰ级、Ⅱ级、Ⅲ级、Ⅳ级地震地质灾害事件，应急管理中心启动Ⅰ级响应，统一领导抗灾救灾、应急救援、抢修恢复工作。

b. Ⅱ级响应：应对应对Ⅰ级、Ⅱ级、Ⅲ级、Ⅳ级地震地质灾害预警，应急管理中心启动Ⅱ级响应，统一领导地震地质灾害预防工作和抗灾救灾、应急救援、抢准备工作。

② 响应程序

a. Ⅰ级应急响应

（a）启动条件：应急管理中心所辖范围内发生Ⅰ级、Ⅱ级、Ⅲ级、Ⅳ级震地质灾害事件时，启动Ⅰ级应急响应。

（b）响应启动：应急管理中心接到各职能部门上报的主管部门地震地质灾害事件、接到对外公开热线上报的地震地质灾害事件或政府部门宣布发生重大及以上地震灾害后，立即收集汇总相关信息，分析研判，报应急管理中心领导；应急管理中心领导研究决定成立综合管廊各区段应急管理中心地震地质等灾害应急领导小组；应急管理中心地震地质等灾害应急工作领导小组确定事件响应等级，宣布启动公司地震地质Ⅰ级应急响应。

（c）响应行动：应急管理中心召开应急会议，迅速组建总部和现场应急处置指挥部，确定并派出前线指挥人员。启用公司应急指挥中心，统一领导救灾、应急救援、抢修恢复工作；组建前线应急指挥部，监督、指导应急处置小组应急处置工作。

地震地质等灾害专项应急领导小组启动应急值班，开展信息汇总和报送工作，及时向抗震救灾工作领导汇报，及时与上级主管单位、政府职能部门联系沟通，并协助开展新闻发布工作。

各应急处置小组及相关部门按照本部门的应急工作职责开展相应的应急行动。

由地震地质灾害应急领导小组按“信息报告”的要求收集、汇总并向上级单位、政府有关部门报送应急工作信息报告。

上级主管单位、政府有关部门（地震灾害应急中心小组）到达事故现场，现场综合管廊应急领导小组将指挥权交接给地震灾害应急指挥中心小组，并配合一同进行灾难处置工作。

b. Ⅱ级应急响应

（a）启动条件：应急管理中心所辖范围内综合管廊遭遇Ⅰ级、Ⅱ级、Ⅲ级、Ⅳ级地震地质灾害预警时，启动Ⅱ级应急响应。

（b）响应启动：应急管理中心接到上级主管部门或综合管廊工作人员的报告后，应立即启动地震地质灾害预警响应，并立即收集汇总相关信息，分析研判，报应急管理中心领导；领导研究决定成立应急管理中心地震地质等灾害应急领导小组；应急管理中心小组研究决定响应等级，宣布启动应急管理中心地震地质Ⅱ级应急响应。

（c）响应行动：Ⅱ级应急响应行动参照预警程序执行。

6）应急处置

① Ⅰ级响应。地震地质灾害事件发生后，应急管理中心各部门按照处置原则和部门职责开展应急处置工作：

a. 防止发生系统崩溃和瓦解，保证综合管廊中各种管线的安全；

b. 及时调整综合管廊中各种管线的输配运行方式，隔离故障区域，调配应急方案；

c. 根据需要在安全区域设置现场应急办公地点，及时开展抢修工作；

d. 组织应急物资供应，协调应急物资运输畅通，组织消防、医疗救护、应急抢修和应急队伍，配备药品及医疗器械、抢修工器具、特种作业设备、应急供电设备、车辆及所需油料，在安全地点待命；

e. 可靠储存保护各种急救数据；

f. 储备必要的食品、饮用水及其他生活用品；

g. 做好综合管廊的救援工作，优先保障各级救灾指挥部、医院等关系抢险救援和国计民生的特殊用户的安全管道供应保障；

h. 组织开展对外新闻发布工作；

i. 组织开展应急通信保障工作；

j. 组织开展医疗卫生后勤保障工作；

k. 必要时请求政府部门支援。

② Ⅱ级响应。Ⅱ级地震灾害事件发生后，应重点开展以下工作：

a. 地震地质灾害专项应急领导中心启动Ⅱ级地震地质灾害响应，成立各区段地震地质等灾害应急领导小组；

b. 各区段地震地质灾害应急领导小组启动应急值班，负责信息汇总和报送工作，及时向专项应急领导中心汇报，协助开展新闻发布；

c. 职能部门、应急处理队按职责分工做好应急抢修、救援工作，配备药品及医疗器械、抢修工器具、特种作业设备、应急供电设备、车辆及所需油料，在安全地点待命。

7）应急结束

当同时满足以下条件时，由综合管廊地震地质灾害应急管理中心领导小组决定终止事件响应，并由综合管廊地震地质灾害应急中心领导发布终止命令。

① 政府部门宣布地震地质灾害应急期结束；

② 地下综合管廊的各种管道、管线等的输配设施基本恢复正常运营。

第11章 综合管廊的BIM技术应用

11.1 BIM应用概述

1. 国内BIM应用现状及发展

BIM（Building Information Modeling的英文缩写）的概念最早可追溯于查尔斯·伊斯特曼于1975年设计出的建筑描述系统（Building Description System），后经过一系列概念和技术发展，至2002年由Autodesk公司提出建筑信息模型（BIM）的理念。2007年，美国发布《美国国家建筑信息标准》（NBIMS），从三个层次对BIM的含义进行了阐述：①BIM是一个设施（建设项目）物理和功能特性的数字表达；②BIM是一个共享的知识资源，是一个分享有关这个设施的信息，为该设施从概念到拆除的全生命周期中的所有决策，提供可靠依据的过程；③在项目的不同阶段，不同利益相关方通过在BIM中插入、提取、更新和修改信息，以支持和反映其各自职责的协同作业。从此，BIM发展进入了一个新的阶段。

BIM自21世纪初进入中国后，以北京奥运会、上海世博会等为契机，一大批以造型新颖、实施困难、要求高精为特征的标志性建筑开始实施了BIM应用，并收获了良好的效果。此后，以上海中心、深圳平安金融中心、中国尊等大型超高层项目为代表，将BIM的应用推到了更广的范围和深度，带动了BIM在国内建筑业领域更快速的发展和普及。政府层面也相继推出了一系列相关的政策和标准，推动和指引着BIM在国内健康快速发展。2011年，住房城乡建设部发布了《2001～2015年建筑产业信息化发展纲要》，提出加快推广BIM、协同设计、移动通信、无线射频、虚拟现实、4D项目管理等技术在勘察设计、施工和工程项目管理中的应用；2012年，住房城乡建设部发布了5本BIM标准编制任务，包括《建筑工程设计信息模型分类和编码标准》、《建筑工程信息模型储存标准》、《建筑工程设计信息模型交付标准》、《制造工业设计信息模型交付标准》以及《建筑工程信息模型应用统一标准》；2015年，又发布了2本BIM标准编制任务，分别是《建筑工程设计信息模型制图标准》和《建筑工程施工信息模型交付标准》；2016年9月，住房城乡建设部在发布的《2016～2020年建筑业信息化发展纲要》中提出，"十三五"期间，要全面提高建筑信息化水平，多处提及BIM在各方面的应用和发展方向。同时，全国各地政府相关职能部门也相继出台了有关BIM应用的地方标准或引导性措施，助推和规范BIM在全国的快速发展。

目前，BIM在国内的发展仍处于初级阶段，其主要的应用包括（建筑业）：在方案阶段进行外立面选型、优化；在设计阶段进行辅助设计、校核设计、管线综合、辅助出图、净高优化、工程量统计以及结合VR技术的虚拟展示等应用；施工阶段进行可视化交底、场布优化、指导现场施工、施工方案模拟及4D、5D管理等应用；到运维阶段，将竣工BIM模型与运营管理系统和GIS等相关的信息技术结合，实现智慧化运维管理。然而在国内BIM技术快速发展，广泛应用的同时，仍存在较多的问题，如BIM相关的系列软件之间的数据交互性较差、部分软件本地化不够、设计人员从传统二维的单点交互式的工作模式，转变到三维的BIM协同工作模式，存在一定的技术上和思维上的困难、缺乏良好的统一的BIM协同工作平台、缺乏成熟合理的BIM协同工作流程和管理模式、硬件投资太高、相关标准不完善等，这些因素都制约着国内BIM的发展，是未来BIM普及推广和应用亟待解决的问题。

随着信息技术的高速发展，以及无纸化交付技术的成熟和在政策推动下，未来BIM将会呈现比过去十几年更快速的发展，会趋向更全面应用、更深入应用、更平台化协同、更集成化管理的方向改进。通过广泛地结合互联网、物联网、大数据、GIS、VR、AR、云计算等新型前沿技术，使BIM能够真正实现为建筑全生命周期及智慧城市建设提供友好服务和全面支持，提高社会生产效率，提高人民生活品质。

2. 城市综合管廊BIM应用现状及发展

我国市政综合管廊的建设处于起步阶段，因其能充分利用道路地下空间，减少重复开挖等独特的优势，已得到越来越多的重视。且随着城市化进程的不断加快，城市交通及道路空间日益拥挤，原本在地上的设施，如人行过街通道，大多规划到地下空间，使得本来就错综复杂的地下综合管线与地下人行通道发生交错，综合管廊与地下管道、地下交通和地下商业三者的相互避让成为设计和施工的难点。BIM作为更先进的工程建造领域的革命性理念，可以将管廊和管线综合，通过可逆的模拟完整表现出来，直观地发现碰撞点，实时修改，并根据需要反映局部断面信息。其可视化、数据化、协同化、共享化、联动性、无损传递性、强整合性等特性，对应对逐渐出现的新的复杂问题表现出了强大的优势。BIM应用到综合管廊的全生命周期中，将会对综合管廊项目的整体投资带来最大的收益。目前，BIM在城市综合管廊的应用还处在摸索阶段，国内极少有相关的成功案例，相关的综合管廊BIM技术应用标准基本空白，可参考的相关文献资料也很少。探索和发展城市综合管廊项目更高效、更节约的实施方式，离不开与先进BIM理念的积极结合。以BIM的思维和方式，开展城市综合管廊在规划、设计、施工及运维各阶段的各方面工作，将是整体综合管廊行业未来的发展趋势和基本方向。随着BIM在城市综合管廊的全生命周期的应用发展和推广普及，必将对城市基础设施领域带来更可观的经济价值以及更深远的社会效益，为智慧城市的建设提供可靠的信息支撑。

随着综合管廊项目在规划、设计和施工各阶段的复杂问题频出，及BIM各项优势的逐渐凸显，城市综合管廊项目实施BIM应用将会出现快速的发展，将在城市综合管廊的全生命周期发挥重要作用。在此过程中，国家及各级地方政府正在逐步加强相关的技术标准及规范的研究、编制、发布和完善，推动和规范BIM在综合管廊项目中的应用和实施，提高行业整体水平。各相关单位及从业人员应积极、及时、深入地探索和学习相关的工具、技术、流程及管理模式等新的东西，增强企业和人员的核心竞争力。

3. BIM在城市综合管廊项目中的应用价值

BIM在城市综合管廊项目全生命周期中的应用价值，主要体现在以下五大方面：

（1）决策支持

在城市综合管廊项目的规划、设计、施工及运维各阶段，利用BIM的可视化、模拟性、优化性等优势，对各阶段出现的问题进行可视化展示，使各方能够全面、准确地掌握相关的实际情况，支持决策层做出相对合理的判断；继而，对各决策方案进行模拟验证，并对不合理情况进行优化，最终得出相对合理、经济、可施、安全、适用、先进的决策决定，为项目全程顺利开展提供可靠保障。

（2）投资控制

BIM可以实时输出相关的工程量清单，结合相关造价软件，及时可靠地预算出在规划、设计及施工各阶段，不同的决策方案下工程项目的造价投资。由于城市综合管廊项目体量大、施工难、工期长，工程项目开展的各环节及方案的调整都会较大地影响到项目的整体投资，通过BIM对各环节进行投资更变监控和调整，可以有效地将管廊项目的整体投资控制在预期范围之内。另外，通过对BIM各项优势的充分发挥，提高生产效率，缩短工期，使项目在时间成本上的投资也会得到有效控制和节约。

（3）风险控制

施工管理是项目进展中风险最大的环节之一。在施工实施之前，对拟定施工组织方案、施工工序等，通过BIM模型进行模拟预演，验证可行性和风险。如发现问题，及时优化调整施工方案，并进一步模拟验证，确定安全、可行后再准予实施。确保施工过程无拆改、无返工、无安全事故。通过BIM模型（3D）集成时间维度（4D）和成本维度（5D），项目管理团队可以直观地查看拟定实施方案下人材机的安排，分析并优化出最优的实施组织方案，使现场的劳务、物料、资金等的总体安排得到合理、经济、平衡的规划，使施工现场管理由传统的粗放式转向精益化，将项目实施整体风险降到最低。

（4）协同工作

协同工作包括了内部协作和外部协作的全部协调工作内容。城市综合管廊在设计和施工过程中，存在大量复杂的内外部协作。信息化的虚拟工程实体是BIM实施的重要载体，其能够提供全面、实时、联动、可视的全方位的项目发展信息。面对越来越复杂的城市地下交通、地下综合体、复杂综合功能的道路交叉口，以及管廊自身庞大的附属工程系统等因素带来的协调难度大、效率低、效果差的一系列困难和问题，通过合理的BIM协同工作手段，能够获得最优的解决途径和方案。

（5）智慧运维

城市综合管廊工程的设计使用年限一般为100年，所以，在城市综合管廊项目的全部生命周期中，绝大部分的投资投入（长期运营成本）、管理工作及其本身创造价值等的一系列事情，是发生在运营维护阶段的。通过BIM使其最终实现智慧化运维，是BIM在城市综合管廊项目中应用的最重要的目标之一。以BIM指导施工并实时更新BIM成果数据，能够实现包括隐蔽工程资料在内的项目竣工信息大集成。将此信息大集成的BIM成果数据通过与互联网、物联网、GIS、RFID、大数据、数字运维管理平台等有效结合，可以极大地提高运维管理的智慧化，并且可以在未来进行的翻新、改造、维修过程中为业主及项目团队提供有效的历史信息。提高项目产品运维管理的效率和品质，最大限度实现项目的整体投资回报。

11.2 BIM实施管理

BIM作为革新的作业理念，将产生或增加新的工作流程、新的协作方式、新的生产工具、新的成果产品、新的管理工具等。BIM 实施效果的优劣，很大程度上取决于怎样合理科学地把这些新的东西有机地整合、管理起来。BIM 的实施是一个系统性工作，宏观上来讲，应做好流程的新设计、过程的强协同、成果的深应用三个大的方面工作，才能实现良好的效果，提高项目的整体投资收益。另外，BIM 虽是新的工作模式，但绝不能因此完全否定传统工作方式的所有内容，部分的工具和流程仍需保留，要和新的 BIM 实施模式做到有机结合。BIM 实施的价值发挥，也有赖于全员的参与程度，即项目进展的全部阶段、项目的各参建方均应积极地使用 BIM 的相关工具和成果，从而提高项目的整体实施质量和效率。组织怎样的一支 BIM 实施管理团队、制订怎样的 BIM 实施标准、设计怎样的 BIM 实施工作流程、选择哪些 BIM 系列软件以及在项目各阶段怎样应用等，这些都是 BIM 实施管理的重要目标和主要内容。

11.2.1　BIM 实施规划

1. BIM 实施团队（BIM 中心）组成

BIM 在项目中成功应用实施，有赖于项目各参与方有力的团队协作、明确的分工和高效的责任落实。BIM 实施是系统性工程，建设方高层应从战略高度统一项目所有成员对 BIM 实施的思想认识，明确团体利益，一致行动。为使 BIM 实施获得成功，应由建设方牵头组织一支由建设方督导、设计院主持、各参建方参与的“BIM 中心”团队，负责项目 BIM 实施管理的全部工作。“BIM 中心”团队的人员组成及职责见表 11.2-1。

BIM 中心人员组成及职责　　表 11.2-1

参建方	成员及职责
建设单位	成员:BIM 中心督导(1 名),建设方项目负责人担任 职责:负责对接建设方与 BIM 中心工作。提出需求,提供项目相关资料。督导项目各参与方配合“BIM 中心”工作
设计院	成员: (1)BIM 中心总指挥(1 名),项目设计负责人担任 (2)管线、结构、建筑相关专业负责人(各 1 名) (3)BIM 管理员(1 名) (4)BIM 技术支持相关工程师(若干名,根据项目实际情况确定) 职责: (1)BIM 中心总指挥职责 1)负责主持管理 BIM 中心日常工作 2)负责项目 BIM 实施运作、管理 3)负责对接设计院与 BIM 中心工作 4)负责对项目技术风险预测及风险控制、解决 5)负责制定项目 BIM 实施规划、计划 6)负责管控 BIM 成果的质量、交付时间 (2)BIM 专业负责人职责 1)负责审查各专业 BIM 模型符合建模规则、模型深度、信息完备等指标要求 2)负责本专业 BIM 成果质量、交付时间 3)协助 BIM 中心总指挥进行 BIM 实施运作及管理 4)协助 BIM 中心总指挥进行 BIM 技术风险预测、控制及解决 (3)BIM 管理员职责 1)协调管理各方在 BIM 协同平台的使用权限

续表

参建方	成员及职责
设计院	2)负责文件整理、归档、项目数据管理及运作 3)协助BIM中心总指挥、BIM专业负责人完成BIM实施相关标准文件,协助BIM中心总指挥进行日常项目管理及运作 (4)BIM技术支持相关工程师 1)收集或自建项目族文件,更新完善项目族库 2)管理维护BIM协同平台相关的软硬件设施 3)负责相关软件二次开发 4)负责对各方进行BIM协同工作相关的软件操作技术培训
施工方	成员:BIM施工主管(1名),总包项目经理担任 职责:负责对接施工方与BIM中心工作
监理方	成员:BIM监理主管(1名),监理方负责人担任 职责:负责对接监理方与BIM中心工作
运营方	成员:BIM运营主管(1名),运营公司技术负责人担任 职责:负责对接运营方与BIM中心工作
其他参建方	成员:根据项目实际情况指定 职责:根据项目实际情况分配

BIM整体实施应以BIM中心为核心，BIM中心作为BIM实施的中坚力量。BIM中心对整个项目全部阶段的BIM成果进行统一的规范、审查和管理；在整个过程中发挥着巨大的连接作用，连接着参建项目的各方、连接着各专业各工种的各类信息、连接着项目信息从规划、设计到施工竣工的所有动态变化。在此连接下，各方信息实时、无损共享，协同工作有序开展。BIM的实施流程亦应围绕BIM中心来设计，纵向上来讲，BIM中心的服务贯穿从规划、设计、施工到交付运维的所有阶段，保证BIM信息传递的连续性和一致性，提高项目信息交互的准确性，从而避免因各方信息掌握的不一致、不及时、不更新而导致的数据冗余、歧义和错误；横向上来讲，BIM中心的服务连接着项目各参建方，各方信息于BIM中心汇总、集成和协调，实现不同专业之间的信息共享与整合，实现不同参建方协同工作，提高工作效率和质量。BIM中心在BIM实施中的角色如图11.2-1所示。

2. BIM实施标准

BIM实施的通用性及连贯性，建立在制订并执行统一的BIM实施标准上。BIM实施标准内容包括：各专业BIM模型样板文件、建模规则、族制作规则及族库建立、文件及构件命名规则、系统命名规则、模型拆分规则、制图规则、BIM成果交付标准、模型更新维护规则等一系列BIM实施指导性策划文件。该系列标准应由BIM中心负责在项目前期详细制订。在执行过程中，任何单位及个人都应严格按此实施标准作业，如遇问题亦应交由BIM中心核实修订，确保项目信息数据在项目进展各阶段及各单位、各专业间完整无损传递。以下给出几项重要标准文件的制订原则：

(1) BIM模型样板文件：不宜制作一个适用所有专业的通用模板文件，以免无关和冗余数据太多，致使模型文件过大，影响流畅操作。各BIM模型模板文件应在统一的项目基点和定位系统下建立。

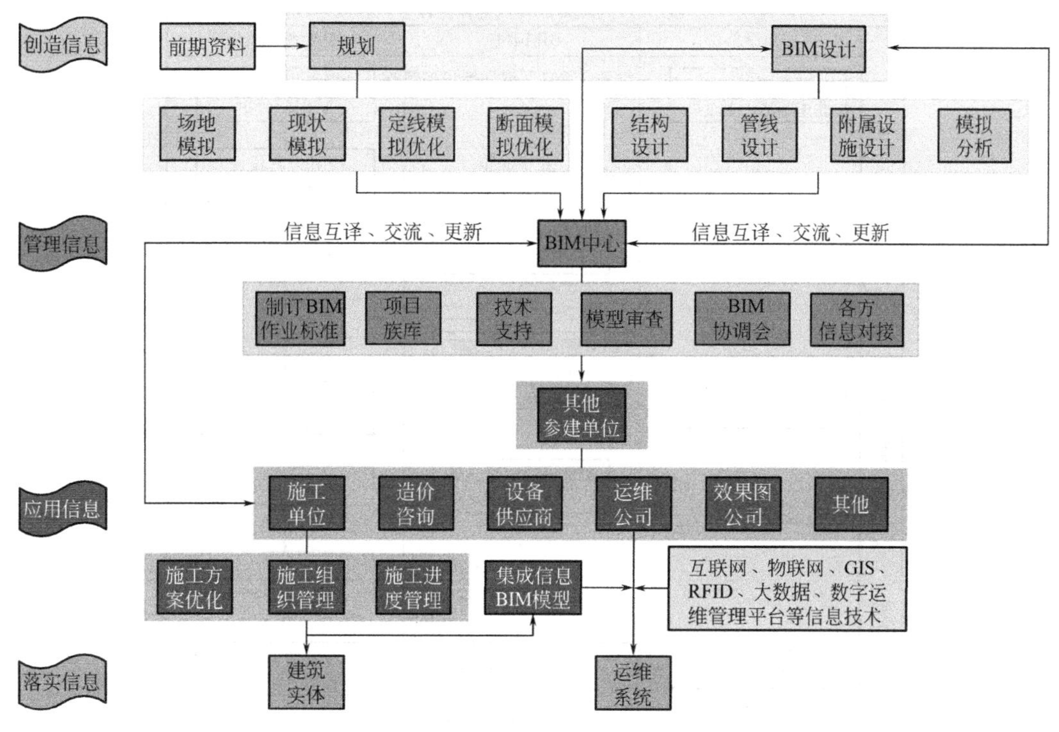

图 11.2-1　BIM 中心在 BIM 实施中的角色

(2) 建模规则：在确保模型建立快捷准确的基础上，应对构件合理分类，以兼顾考虑 BIM 模型对造价、分析、施工等各方面的延伸应用。

(3) 族制作规则及族库：对于不同类型的族使用不同的族模板文件，应做出详细的规定；族命名要详细规范；族库内容的扩展及更新应由专人管理，对于入库族文件应建立严格的审查机制；规定族库文件存放位置或二次开发相关族管理插件以规范管理族库。

(4) BIM 成果交付标准：应明确项目开展各阶段的 BIM 成果交付内容、格式和相关要求，以及 BIM 交付成果的模型深度；模型深度的定义和规定应以适合实情、内容全面、描述准确、界限明确、易于实施、简单明了为原则制订。

3. BIM 实施流程

城市综合管廊 BIM 实施总体流程规划如图 11.2-2 所示。

城市综合管廊 BIM 实施总体流程包括四大方面的内容：

(1) 一是在规划阶段 BIM 的实施应用。根据《城市综合管廊工程技术规范》GB 50838—2015 的相关要求“城市综合管廊规划应集约利用地下空间，统筹规划综合管廊内部空间，协调综合管廊与其他地上、地下工程的关系”。城市综合管廊项目的建设对整个社会的各项资源消耗较大，一经建设不可更改，在规划阶段做到科学、长远的考虑至关重要。做好前期规划是城市综合管廊项目的第一要务、重中之重。BIM 的可视化、信息化特性可以很好地为这些工作提供可靠的支持。相较传统二维地、经验地进行规划研究，BIM 通过三维直观的方式对标地现状及长远城市规划进行展示，可以使规划做到心中有数、科学严谨、远近兼顾、全局协调。

(2) 二是在设计阶段 BIM 应用的实施。城市综合管廊工程设计要求高、包含管线及附

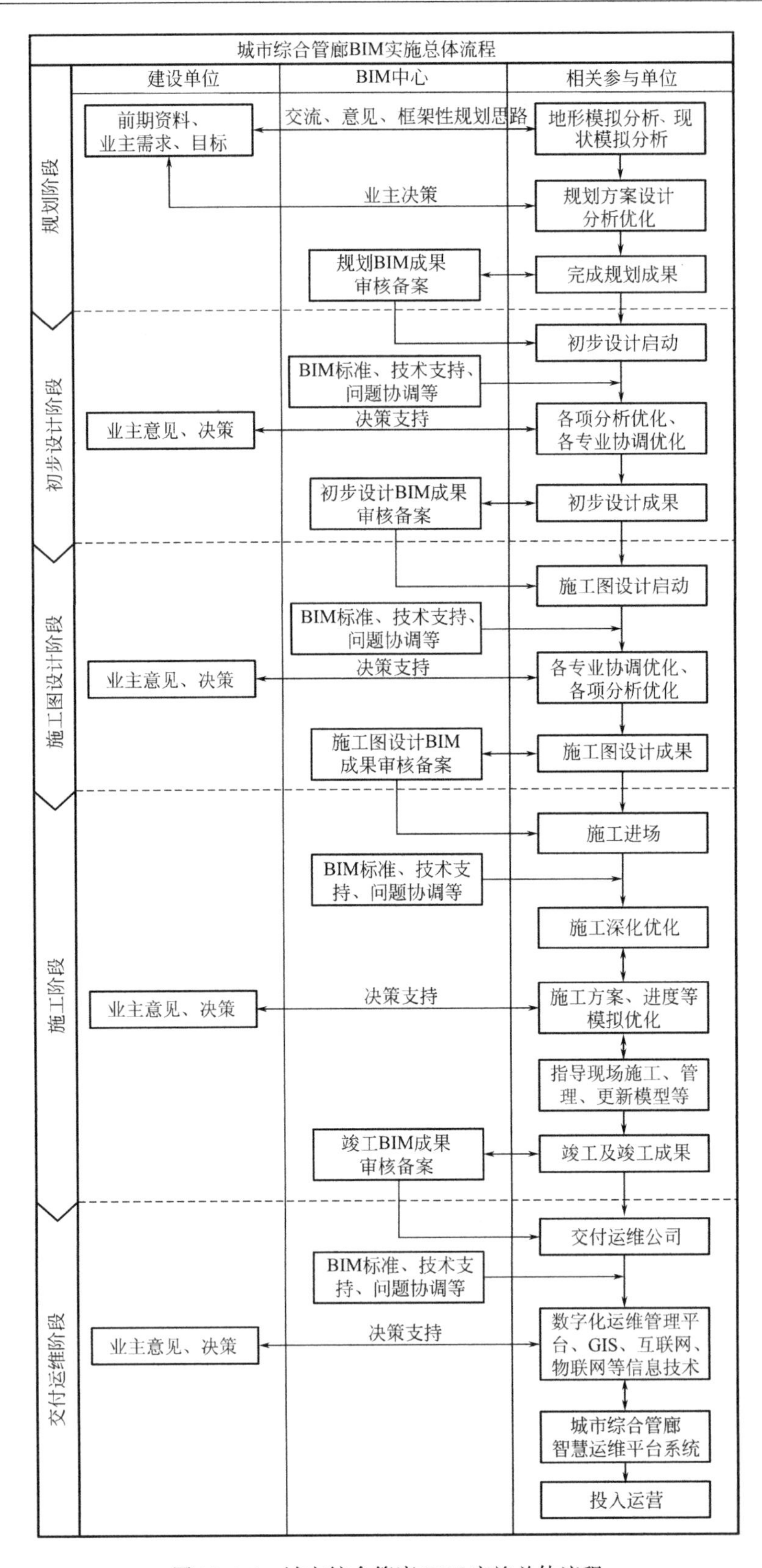

图 11.2-2　城市综合管廊 BIM 实施总体流程

属系统繁多、面对环境复杂、施工难度大、成本高、工期紧，为将更多问题提前暴露、优化，以减少项目后期运行风险，应最大程度提高设计质量，将尽量多的问题于设计阶段发现和解决。基于 BIM 进行协同设计是最好的实现这一目标的手段之一，BIM 协同设计过程中，各专业设计人员应严格遵守 BIM 中心制订的相关标准和规定，BIM 中心对设计人员提供及时可靠的相关技术支持。BIM 中心负责建立并完善项目族库，并存放在相关规定指定的位置，供各专业设计人员调用。对于项目阶段性成果，设计人员应基于 BIM 做全面的相关模拟分析和各专业协调分析，对存在问题及优化调整。根据实际情况，可由 BIM 中心组织相关协调会，由各方共同协商决策，对重难点复杂问题做出最佳的解决和处理。如此反复，完成设计阶段的 BIM 应用，提高设计质量、出图质量、完成相关 BIM 成果。BIM 中心负责对最终设计阶段的 BIM 模型进行审查，包括对软件版本、模型命名、模型深度、建模规范性、信息完备性等内容的审查。如满足各项指标要求的，对其归档备案；如有问题，应返回设计重新修改完善，直至满足要求。因各种原因，如设计院需出设计变更，变更应经由 BIM 中心进行相关审查通过后，方可下发至施工现场。

(3) 三是在施工阶段 BIM 应用的实施。项目进入施工阶段，设计院应联合 BIM 中心，向施工单位进行详细交底，包括各模型关系、模型如何查看、图样与模型关系、图样如何使用、模型如何使用、BIM 成果指导施工如何操作、重难点问题提前预警提示等内容。施工阶段 BIM 应用实施应由施工总包单位主导、各分包协助完成。施工总包应根据企业相关规定、标准以及现场实际情况，在“BIM 指导施工”的应用原则下，对设计阶段 BIM 成果进行施工深化优化，对局部构件的布置进行合理调整，以使 BIM 模型满足现场施工要求，使 BIM 成果更好落地实施。由总包深化调整后的 BIM 模型，交由设计院进行审核确认后，方可依此进行后续相关的 BIM 应用工作。过程中，BIM 中心负责提供及时可靠的技术支持，完善族库（主要为与施工措施相关的族）。施工总包应对模型数据进行及时更新，并做好相关记录。项目竣工时，施工总包应提交竣工 BIM 成果，由 BIM 中心进行审查，满足各项指标要求后存档备案，如不满足相关要求，及时返回施工总包修改完善，直至满足存档备案的要求。因各种原因，施工方需设计院出设计变更的，施工单位的变更方案应通过 BIM 模拟验证可行后，方可提请至业主及设计院。

(4) 最后进入管廊交付运营阶段，BIM 中心应对模型中各管线、设备、各附属系统以及其他构件设施的布置和参数信息，进一步进行核查，确保竣工 BIM 模型上的所有相关的设施定位信息和参数信息，与实际建成的综合管廊项目实体完全一致、准确对应。BIM 中心协助运营管理公司，将 BIM 模型数据与运营管理系统及其他相关信息技术有效集成，完成智慧运营管理平台系统的建立。

在整个项目实施过程中的任何阶段，如遇特殊重难点问题或建设方主观修改等情况，各方应充分利用 BIM 模型的可视化优势，对项目做到充分的了解和掌握，提高决策合理性、准确性，提高各方沟通效率及问题的解决效率。BIM 中心应高效协调组织相关的项目协调会。

11.2.2　BIM 实施信息交互与协同

BIM 的实施需要一系列相关的 BIM 软件作为工具支持，其中包括各类 BIM 的核心建模软件和 BIM 应用软件。各个软件间信息交换的稳定性决定了 BIM 协同工作的高效性。目前市场上存在较多的 BIM 相关软件，已能基本覆盖工程项目全生命周期过程中所需要完成的各项工作。但各软件间的数据交互的支持度较差，所以选择合适的 BIM 软件组合，也将对 BIM 的成功实施起到至关重要的作用。

1. BIM 软件组合

综合管廊 BIM 实施 BIM 软件组合推荐见表 11.2-2。

综合管廊 BIM 实施 BIM 软件组合推荐　　表 11.2-2

序号	软件名称	主要功能	支持格式
1	Infraworks	基础设施方案设计	DWG/DXF/IFC
2	Civil3D	勘测和数据采集、仿真和分析、道路、桥隧等建模与设计、土方计算	DWG/DXF/IFC
3	Revit 系列软件	建筑、结构、管道、线缆、设备设计和建模、冲突检测，工程量统计，参数化建模	RVT/IFC/FBX/DWF/gbXML
4	Allplan precast	预制件设计	DXF/DWG/IFC
5	Navisworks	项目协作、协调和沟通、4d 模拟、冲突检测、实时漫游	DWF/NWC/NWD
6	ProjectWise/Vault	工程项目协同工作管理平台	DGN/DWG/PDF OFFICE 文件
7	Fuzor	工程项目虚拟现实展示、BIM 模型浏览、整合管理	RVT/FBX/3DS
8	BIM5D 及相关软件	现场辅助施工管理	GFC

2. 各 BIM 软件信息交换与协同

理想的情况是，所有 BIM 相关软件的数据都可以通过 IFC 标准进行无缝交互，但实际情况下，很多软件的兼容性远不足以达到这个理想的效果。BIM 中心对于项目所选用的相关系列软件要进行严格、全面的测试和规范，包括数据的格式、版本、操作步骤等，并对导入后运行的稳定性、数据的准确性进行评估。综合管廊 BIM 组合软件信息交互协同示意如图 11.2-3 所示。

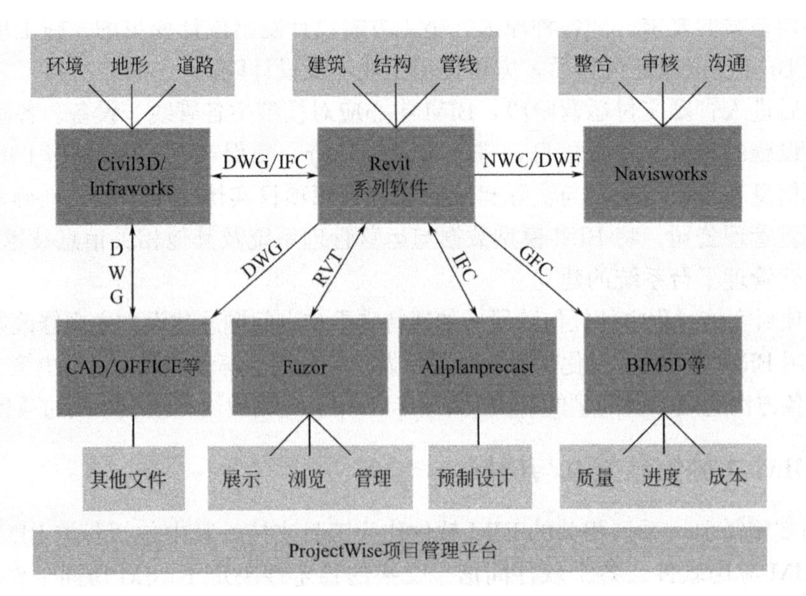

图 11.2-3　综合管廊 BIM 组合软件信息交互协同示意

设立共享服务器，搭载项目管理平台系统（如 ProjectWise），使项目各参与方使用统一标准、面对统一的数据出口和入口，可保证项目数据的唯一性、实时性和协同性，BIM 协同作业需要建立在这样的统一协同工作平台上。协同工作平台可以划分两大数据环境区域，即本地数据环境区域、共享数据环境区域。

（1）本地数据环境区域的作用：用于存放正在生产进行中的项目文件，如各专业中心文件、阶段性成果文件，设计人员可在其中创建、更新该数据文件，是设计人员平时工作的主要数据环境区域。

（2）共享数据环境区域的作用：用于存放、分享、发布制作完成的成果文件，项目各参与方可从该区域读取、复制数据信息。应规定严格不可编辑该数据环境区域的文件，只能复制到本地使用。

11.2.3　BIM 成果交付管理

1. BIM 成果交付标准

在 BIM 协同工作的模式下，工作成果也将有新的体系（我们将这个新的成果体系简称 BIM 成果）。BIM 模型作为其中最主要的成果之一，应在项目伊始对交付 BIM 模型深度进行详细规定。由于目前城市综合管廊 BIM 的应用实施还没有官方的相关标准和规范，我们暂可参考建筑业相关方面的标准规范和经验，并结合项目实际情况，编制适合项目应用的 BIM 模型和其他成果交付标准。

国内的《建筑工程设计信息模型交付标准》目前（截至收稿日期 2016 年 10 月 31 日）尚在编制中，所以，国家层面的建筑业 BIM 模型交付标准也暂时没有。在 2014 年 9 月 1 日发布实施的《民用建筑信息模型设计标准》DB11/T 1069—2014 中，对设计模型的交付提出了深度要求的规定，可以作为参考。国外包括美国、英国、新加坡等在内的一些 BIM 应用较成熟的国家都发布了相关的标准，也可以作为一定的参考。以下对几个国内建筑业普遍用到和参考的相关 BIM 模型深度标准进行简要介绍，综合管廊项目可根据项目实际情况，通过综合参考研究后，编制适用的相关标准和规定。

（1）《民用建筑信息模型设计标准》DB11/T 1069—2014 中对 BIM 模型的深度通过几何信息和非几何信息两个维度描述，每个维度划分五个层级，各专业模型深度等级由两个维度的各自五个层级组合表达。BIM 模型深度等级可根据实际情况进行组合，表达比较灵活，见表 11.2-3。

《民用建筑信息模型设计标准》定义模型深度表示　　表 11.2-3

序号	名词	描述
1	BIM 模型深度等级	BIM 模型深度等级＝{专业 BIM 模型深度等级}
2	专业 BIM 模型深度等级	专业 BIM 模型深度等级＝[GI_m，NGI_n]
3	GI_m、NGI_n	分别是该专业的几何信息、非几何信息深度等级
4	几何信息(GI)	建筑模型内部和外部空间结构的几何表达
5	非几何信息(NGI)	除几何信息之外的所有信息的集合
6	m、n	取值区间为[1.0～5.0]

（2）美国建筑师协会（AIA）在其 2013 年的文档 G202 中，将 BIM 模型深度以 LOD

(Level of Development) 定义，划分五个等级，即 LOD100、LOD200、LOD300、LOD400、LOD500。一般地，LOD100 适合项目概念级阶段的表达，LOD200 适合规划方案及初步设计阶段的表达，LOD300 适合施工图及施工深化阶段的表达，LOD400 适合工业化加工级阶段的表达，以 LOD500 为最高等级的表达，应包含竣工项目的所有构件和信息。整体上来看，模型的深度是随着项目各阶段的进展而不断发展完善的。在实际实施过程中，如果条件允许，个别阶段的 BIM 成果可能超出要求的模型深度区间，而达到了更深的深度区间，此种情况将对项目进入下阶段的工作会起到更积极的促进作用。比如，在 EPC 模式下，在设计阶段便可能确定和得到设备的拟采购信息，那么在设计阶段的 BIM 成果中完全可以按照拟采购设备的实际尺寸信息进行设计及深化，同时也可以将该设备的性能参数信息提前添加，以方便后期实际采购参考，也免去了后期大量的信息收集和输入工作。LOD 定义模型深度简要描述见表 11.2-4。

LOD 定义模型深度简要描述　　表 11.2-4

序号	LOD	描述
1	100	模型中的对象或构件用图形符号或其他通用表示形式表达，没有足以满足 LOD200 的信息
2	200	模型中的对象或构件具备大概的数量、大小、形状、位置和方向，并以图形形式表示，可能包括非图形数据
3	300	模型中的对象或构件具备具体数量、大小、形状、位置方向的角度，并含有详细的系统或协调关系，可能包括非图形数据
4	400	模型中的对象或构件具有装配的尺寸、形状、位置、数量、方向的细节，具备详图、制造、组装和安装的信息，可能包括非图形数据
5	500	在现场已经验证了大小、形状、位置、数量和方位的详细信息，可能包括非图形数据

(3) 英国发布的面向 Revit 的 AEC (UK) BIM 标准中，对模型的深度进行了三个等级的划分，即 1 级组件、2 级组件和 3 级组件，具体描述见表 11.2-5。其中强调，当对设计不太确定时，用户应尽量使用简化的三维形体，因为 BIM 中的组件复杂度对系统性能和工作效率有很大的影响。并指出，随着 BIM 的用途（指各参与方对 BIM 模型加以应用）在未来不断增加，需要为对象添加越来越多的信息，应根据 BIM 的用途去决定需要添加什么信息。笔者认为，这样的要求和规定是比较容易实施和符合实际项目生产情况的，可以作为编制模型深度要求的指导性思想。

英国面向 Revit 的 AEC (UK) BIM 标准对模型深度的定义　　表 11.2-5

序号	模型等级	描述
1	1 级组件-概念	简单的占位图元，只包含尽量少的细节（粗略的尺寸），能够辨识即可，不包含制造商信息和技术参数
2	2 级组件-定义	包含所有相关的细节信息，建模详细度足以辨别出对象的类型及组件材质，包含二维细节，用于生成“合适”比例的平面图，足以满足大多数项目的需求
3	3 级组件-渲染	如果仅用于二维制图或标注，那么 3 级与 2 级组件是完全相同的，只有当三维可视化时才有区别。仅当对象靠近照相机，有必要表现其详细的三维视觉信息时才使用

以上介绍的 BIM 模型深度标准各有优劣，综合管廊项目 BIM 中心应详细研究、综合

参考、根据实际，编制适合项目情况的模型深度标准。模型深度标准编制应以适合实情、内容全面、描述准确、界限明确、易于实施、简单明了为原则。

2. BIM 成果交付内容

在项目进展的不同阶段，各方将完善和交付相应的 BIM 成果。其中，规划阶段的 BIM 成果是重要参考，设计阶段的 BIM 成果最全面，后期阶段（施工和运维阶段）的 BIM 成果均是在设计阶段的 BIM 成果的基础上更新或添加信息。城市综合管廊项目在规划阶段的 BIM 成果由政府相关职能部门主导完成，设计阶段的由设计院主导完成，施工阶段的由施工总包单位主导完成，交付运维阶段的由运营管理公司主导完成。同时，BIM 中心团队应全过程参与、协同、管控。具体内容见表 11.2-6。

各阶段 BIM 成果交付内容　　表 11.2-6

阶段	BIM 成果交付内容	成果格式或形式	备注
规划阶段	(1)项目资料	DOC/PDF	包括对项目概况介绍和相关要求
	(2)规划图样:纸质图	纸质图	包括管廊规划总图、平面图、纵断面图等
	(3)规划图样:电子版	DWG/PDF	
	(4)规划 BIM 模型:电子版	DWG/RVT/NWD	模型应能全面反映项目规划资料和图样表达的主要内容
设计阶段	(5)施工图设计全套图样:纸质蓝图	纸质图	部分图样或由 BIM 相关软件导出,需进行处理,应满足规范规定的制图要求和出图深度
	(6)施工图设计全套图样:电子版	DWG/PDF	
	(7)施工图设计 BIM 模型:电子版	RVT/NWD	满足模型深度要求、建模标准等要求
	(8)重要节点 BIM 优化报告:电子版	DOC/PDF	优化报告应就存在问题详细阐述,给出优化建议,附三维模型截图以说明
	(9)BIM 辅助出图:复杂、重要位置的安装剖面图	DWG/PDF	剖面中出现的各管线信息应标注、定位应明确,标注结构设施名称、标高等信息
	(10)项目虚拟模拟展示:电子版	AVI/MP4/EXE	视频或漫游文件应清晰,文件不宜过大
	(11)BIM 成果使用说明	PDF	应详细说明各成果使用说明及注意事项
施工阶段	(12)BIM 竣工模型	RVT/NWD	BIM 竣工模型原则上应与项目实际现场情况一致,设备参数信息及使用、维修等说明信息完备,各构件施工管控资料
	(13)BIM 模型更新记录表	DOC/PDF	详细记录从设计 BIM 成果模型到竣工 BIM 成果模型的过程中,BIM 模型数据信息发生的所有变化、原因及修改日期、操作人
运维阶段	(14)智慧运维系统		能够达到智慧运维管理的各项指标要求

11.3　BIM 在综合管廊规划中的应用

1. BIM 在规划中的应用

BIM 在综合管廊规划中的应用主要是，通过建立标地现状（包括标地周围的地下交通设施、地下商业设施、地下市政设施、道路、桥梁、地上建筑等）模型及城市远期规划（包括地标周围地上地下的各种城市远期规划的内容）模型展示，结合 Google Earth 等为综合管廊项目进行科学规划提供可靠直观的基础信息；通过模拟规划方案，多视角、多角度对管廊定线、布局以及断面形式做出合理的规划方案比选，提高规划决策效率和质量，为项目后期顺利开展提供基础保障。见图 11.3-1、图 11.3-2。

图 11.3-1　BIM 辅助规划定线

图 11.3-2　BIM 辅助规划断面形式

2. BIM 在规划中的应用流程

BIM 在城市综合管廊规划阶段的应用流程如图 11.3-3 所示。

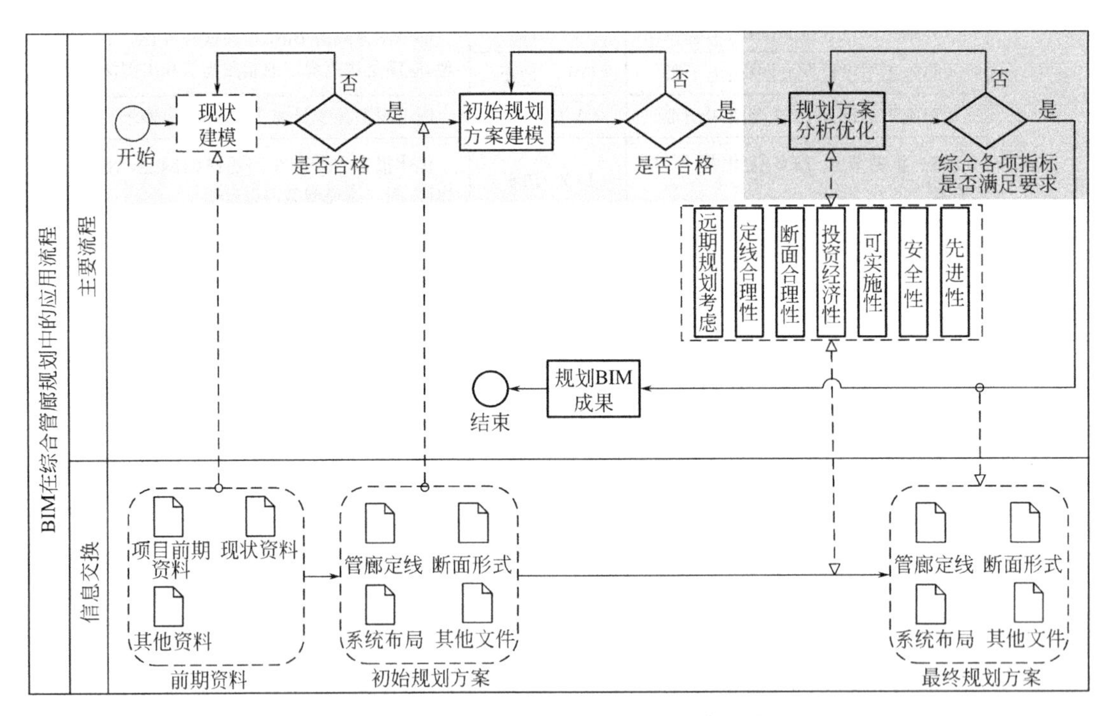

图 11.3-3　BIM 在综合管廊规划中的应用流程

在规划阶段，BIM 的实施应用大体分三个步骤开展：

（1）第一步，收集项目相关的前期资料，对周围环境进行简易建模，如通过 Revit 对周围现有地下地上建筑物建立体量模型，利用前期收集的地理信息资料和其他资料，使用 InfraWorks 结合 Civil3D 建立包括道路、桥梁、地下交通、市政等在内的现状环境模型，将 Civil3D 模型导入到 Revit 中进行模型整合。通过该环节的工作使相关决策方对项目现状况情况信息做到全面、一致的了解和掌握。

（2）第二步，在全面掌握项目实际情况的前提下，做初步的规划方案。将该初步规划方案建立模型，并与前期的现状的模型进行整合。结合整合模型对初步规划方案进行推敲调整。

（3）第三步，利用 BIM 的相关工具，结合各方面的因素对规划方案进行分析和优化，综合得出符合各项指标要求的规划方案及规划 BIM 模型，辅助输出相关的 BIM 成果。

11.4　BIM 在综合管廊设计中的应用

1. BIM 在设计中的应用

BIM 在设计阶段的主要应用有：BIM 建模、设计校核、管线综合、节点优化、空间优化、工程量统计、高效出图、虚拟展示等，具体见表 11.4-1。在设计阶段实施 BIM 应用可以有效提高设计质量和出图质量，提高设计工作效率，提升设计成果表达品质。

BIM 在综合管廊设计中的应用　　**表 11.4-1**

序号	BIM 应用项	说明
1	BIM 建模	BIM 模型是 BIM 协同设计的最主要的成果之一，BIM 模型应符合建模标准等规定要求
2	设计校核	通过 BIM 可视化设计，可以高效发现各类设计问题，包括规范强条、设计不合理、设计失误错误、不协调等问题，并能高效解决
3	管线综合	管廊内各专业进行管线综合优化，合理调整主要碰撞问题，提出优化方案，确定各管线支架、支墩布置
4	节点优化	对综合管廊节点设计进行专项优化，包括结构干涉问题、附属设施布置问题、管线干涉问题等
5	空间优化	据优化模型对各区域的空间进行检测分析，包括检修通道、检修间距、安全间距等
6	工程量统计	通过 BIM 模型输出各专业工程量清单
7	高效出图	各项优化工作完成后，通过 BIM 模型输出包括预留洞图、管线布置图、管线综合断面图、节点剖面图、节点三维图、支吊架安装定位图等图样，将三维管道布置信息完整反映在图样当中，以指导现场施工
8	虚拟展示	在项目施工完成前期，向各方形象展示设计成果，使对设计意图更高效、准确地理解和掌握，提高沟通、决策的效率和准确性

（1）BIM 建模

BIM 设计过程便是建立 BIM 模型的过程，BIM 模型的最直观的价值和意义，就在于提高决策效率、沟通效率、设计质量及出图质量。实际上通过 BIM 模型能够提高各方面工作的效率和质量的关键原因是，模型提高了信息表达的效率。传统的方式下，其实也是有“模型”的，但都在人们脑海里，经过对图样的翻译映射到人们脑海里的，每个人所理解的“模型”，但由于每个项目参与人员各方面的条件不同，每个人映射出的模型有一定偏差，造成了沟通双方的信息本身不一致，使协作出现了矛盾，降低了效率。而通过建立 BIM 模型，可以做到所见即所得，对于我们要讨论的问题的对象不会再有歧义，很多问题也便迎刃而解，提高了沟通、协作的效率（图 11.4-1）。

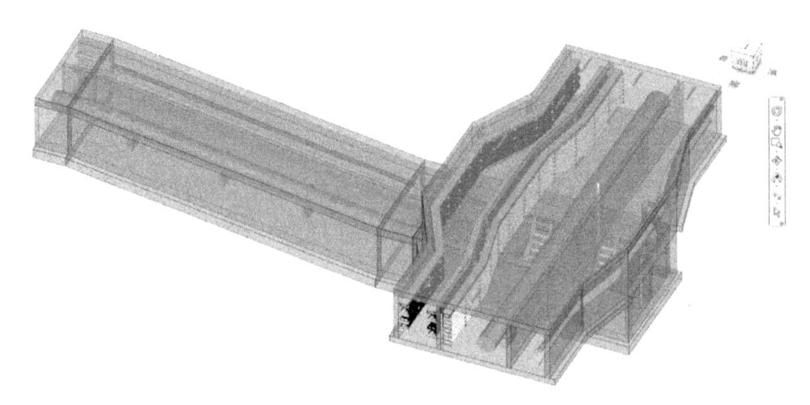

图 11.4-1　综合管廊 BIM 建模

（2）设计校核

在设计过程中，通过 BIM 的可视化特性，设计人员可以直观地表达设计意图，直观地进行专业校核和专业间协调，根据自身的专业知识，并结合相关的标准、规范、要求等，对设计的合理性和协调性做出高效可靠的判断、校核和优化，做到发现问题与解决问题一体化，提高设计质量和效率（图 11.4-2）。

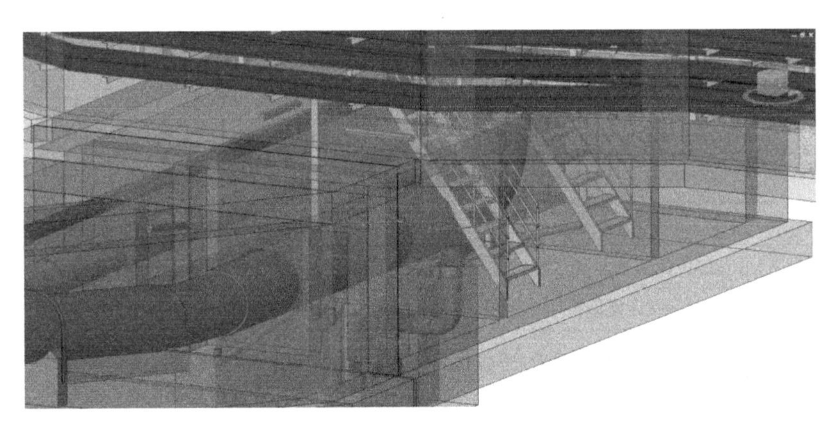

图 11.4-2　通过 BIM 模型校核设计

（3）管线综合

各专业设计模型建立好后，对综合管廊内所有管线和设施进行综合协调，在满足相关空间要求的前提下，使管线布置方便施工、经济合理、排布美观（图 11.4-3）。

（4）空间优化

在三维可视的模式下，对综合管廊内的空间进行核查、分析和优化。包括对管线的安装空间、检修空间、人员的通道空间及管线的安全距离等进行全方位严格的检测、分析及优化。使各项空间指标均达到规范和其他相关规定的要求（图 11.4-4）。

（5）高效出图

传统的二维图样即是三维模型的一个特定视角表达，如俯视的平面图、侧视的断面图等，在经过各项优化完善的 BIM 模型中，通过不同视角剖切即可得到二维的表达，添加必要的标注信息，即可高效输出相关图样（图 11.4-5）。

图 11. 4-3　BIM 对综合管廊内管线布置优化

图 11. 4-4　BIM 对综合管廊内空间优化

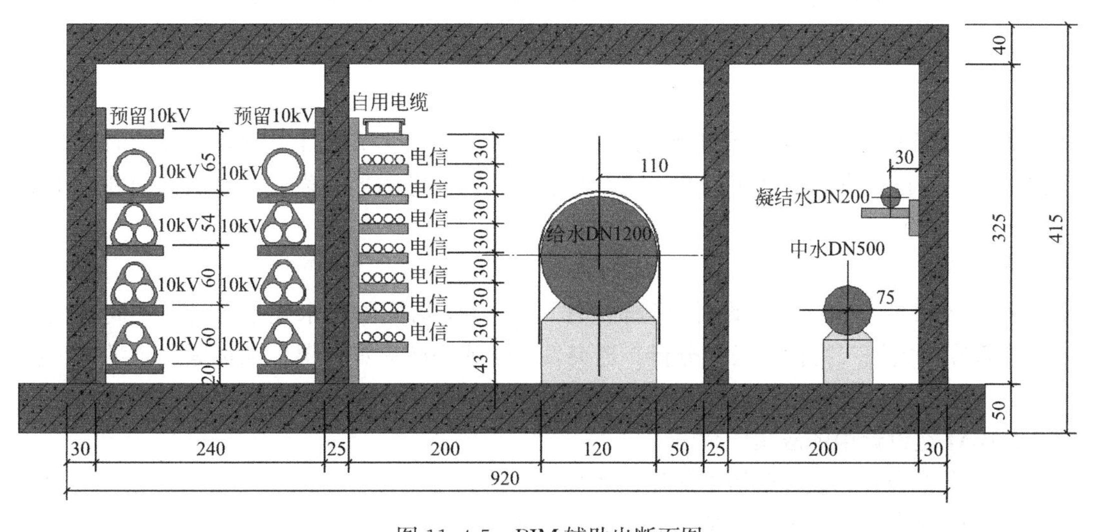

图 11. 4-5　BIM 辅助出断面图

（6）工程量统计

工程量统计可以有两种途径实现：一种是通过 Revit 软件中的“明显表”功能，汇总统计；另一种是将 Revit 模型通过相关插件，转换格式后，导入其他专业工程算量软件中汇总统计。目前能够实现通过第二种方式接入 Revit 模型的算量软件较多，比如通过广联达“GFC 插件”、鲁班的“LubanTrans _ Revit”插件等，将 Revit 模型转换成一定的格式，再导入进相应的软件中进行工程量汇总。还有包括基于 Revit 二次开发的于 Revit 平台上直接运行的一些软件或插件，比如比目云的比目云 BIM5D 算量、北京柏慕的柏慕 1.0 以及宾孚公司的“Binfo Report”插件等。通过以上各方式进行工程量统计，对模型构建的组织规则和命名都有一定的要求，在项目前期编制建模标准时，应详细研究和考虑不同算量方式对模型的不同要求。另外，模型互导会存在一定的信息丢失问题，且准确核对比较困难，容易造成数据的不完整，所以使用时应格外注意。城市综合管廊项目涉及工程材料种类相对较少，通过对模型构建进行相对规范的建立和命名，使用 Revit 自带的“明细表”或辅以相关插件，基本就可以比较理想的完成管廊项目的工程量汇总计算。随着国内各软件厂商的不断研发和更新，未来应该会出现更高效、准确、一键式的工程算量工具（图 11.4-6）。

分类条件														
楼层	名称	材质	厚度	混凝土标强度等级	形状(直/弧)	类别	长度(m)	墙高(m)	墙厚(m)	面积(m^2)	体积(m^3)	模板面积(m^2)	大钢模板面积(m^2)	内墙脚手架长度
基础层	基本墙 300mm	预拌混凝土	300	C30	直形	混凝土墙	147.4035	0.4	1.2	14.738	4.4214	29.5962	0	0
						小计	147.4035	0.4	1.2	14.738	4.4214	29.5962	0	0
					小计		147.4035	0.4	1.2	14.738	4.4214	29.5962	0	0
				小计			147.4035	0.4	1.2	14.738	4.4214	29.5962	0	0
			小计				147.4035	0.4	1.2	14.738	4.4214	29.5962	0	0
	C30	小计					147.4035	0.4	1.2	14.738	4.4214	29.5962	0	0
	小计						147.4035	0.4	1.2	14.738	4.4214	29.5962	0	0

分类条件					工程量名称							
坡度	楼层	名称	厚度	混凝土标强度等级	体积(m^3)	底面模板面积(m^2)	侧面模板面积(m^2)	数量(块)	超高模板面积(m^2)	超高侧面模板面积	板厚(m)	投影面积(m^2)
0	B1	常规-250mm C30	250	C30	31.0972	124.3886	1.5285	1	0	0	0.25	124.3886
				小计	31.0972	124.3886	1.5285	1	0	0	0.25	124.3886
			小计		31.0972	124.3886	1.5285	1	0	0	0.25	124.3886
		常规-300mm C30	300	C30	56.6648	188.8826	32.9699	2	0	0	0.6	188.8826
				小计	56.6648	188.8826	32.9699	2	0	0	0.6	188.8826
			小计		56.6648	188.8826	32.9699	2	0	0	0.6	188.8826
		常规-250mm C30	250	C30	119.8268	2392.9315	16.1277	2	0	0	0.1	2392.9315
				小计	119.8268	2392.9315	16.1277	2	0	0	0.1	2392.9315
			小计		119.8268	2392.9315	16.1277	2	0	0	0.1	2392.9315
		小计			207.5888	2706.2027	50.6261	5	0	0	0.95	2706.2027

图 11.4-6　BIM 辅助统计工程量

（7）虚拟展示

通过 BIM 模型建立虚拟漫游或动画展示，使相关人员在项目还没有建成的时候，就可以体验到项目建成后的真实效果，从而有效提高设计意图形象表达，提高沟通和决策效率（图 11.4-7）。

（8）模拟分析

基于 BIM 模型可以进行设计合理性模拟分析，包括暴雨排水模拟分析，不同断面形式综合管廊火灾烟气特性的模拟分析，遇突发事件或消防火灾情况下人员紧急疏散的模拟分析等，使设计更合理，提高地下综合管廊后期运营的稳定性和安全性。

2. BIM 在设计中的应用流程

BIM 在综合管廊设计阶段的应用流程如图 11.4-8 所示。

在设计阶段，BIM 的实施应用基本分三个步骤：

（1）第一步，各专业提资，BIM 设计建模。设计人员在 BIM 模式下进行设计，所见

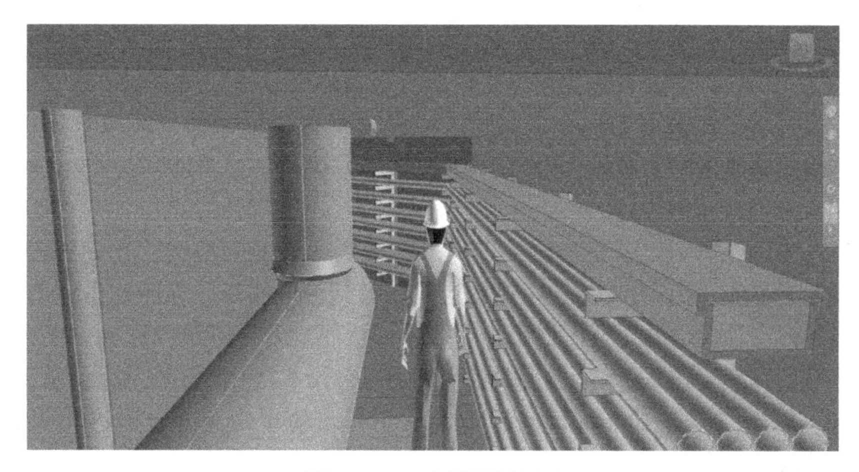

图 11.4-7　虚拟漫游展示

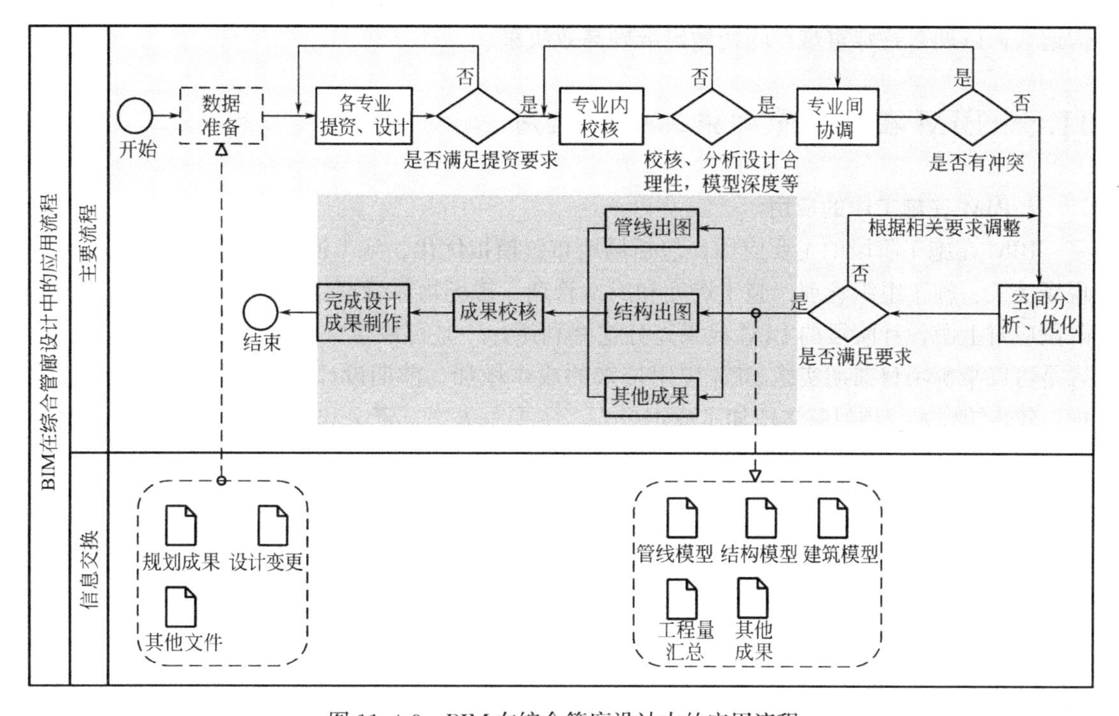

图 11.4-8　BIM 在综合管廊设计中的应用流程

即所得，设计过程便是 BIM 建模过程。在可视化模式下设计人员更直观地查看和分析设计内容，在三维仿真环境下推敲优化设计，完成阶段性成果。将设计阶段性 BIM 模型成果导入相关性能分析软件，进行性能模拟分析，进一步优化设计。校核人员对 BIM 设计成果进行校核，校核内容包括是否满足设计规范、提资要求、设计合理性、建模标准及深度要求等。

(2) 第二步，冲突检测、节点优化。在设计完成阶段性成果，经专业内校核确认后，应及时进行专业间冲突检测、管廊节点协调优化。在该过程中应对模型上表达的管道位置（主要是路由和标高）进行调整、优化排布，使各专业管道布置方便施工、经济合理、排布美观、满足检修空间和安全距离等。各专业应对发现的相关问题参考优化建议修改设计。在优化调整完善的模型中进一步进行空间检测，对不满足安全距离、检修空间等要求的区域，应进一步进行管线布置优化，以期所有区域均满足相关规范和要求。如遇特殊情况，局部位置管道布置密集无法合理通过，且经过优化调整，部分区域空间仍存在问题的，应提出相关碰撞干涉问题报告及优化建议供各方讨论，由 BIM 中心组织相关协调会协调解决。

（3）第三步，输出图样等设计成果。经过专业内、专业间协调优化完成设计 BIM 模型后，各专业在 BIM 模型中通过不同视角剖切，得到相应图样，在图样中完善相关标注、定位、说明等信息，输出各专业图样。由于 Revit 软件本地化不足的原因，图样的部分标注、定位等后期处理工作，可转入 CAD 进行最终完善，以使二维出图符合制图标准的要求。通过 Revit “明细表”功能统计输出各专业工程量清单汇总表。通过相关软件辅助，输出其他设计成果。

在设计过程中，如遇特殊重难点问题，应由建设方组织、BIM 中心主持召开各方协调沟通会，以期对特殊重难点问题做出准确高效决策。

11.5 BIM 在综合管廊施工中的应用

1. BIM 在施工中的应用

BIM 在施工阶段的主要应用，包括场地布置模拟优化、施工模架措施模拟优化、指导现场施工、施工组织管理、施工进度和成本管理、现场物料管理、质量安全管理等。施工阶段应对上游设计阶段的 BIM 成果充分挖掘利用，一是可以带来直接、可观的经济效益；二是可以平衡项目前期实施 BIM 应用带来的成本增加。前期设计阶段实施 BIM 应用过程中，较传统模式，项目整体增加了成本投入（主要是人力、资金和时间成本），其价值就是给后期工作开展带来便利性、高效性、安全性、节约性。所以，施工阶段对设计 BIM 成果应做到充分利用，才能使因实施 BIM 增加的成本投入得到有效的回报。施工阶段实施 BIM 应用，可以有效提高施工质量、施工效率及现场施工组织管理水平，节约成本，缩短工期。目前国内施工阶段 BIM 应用平台主要有广联达的 BIM5D 和鲁班的 Luban PDS 等。

（1）BIM 模拟优化场布

使用相关 BIM 三维场布软件进行现场作业设施布置模拟，对现场临舍、物料堆放区、道路、机械设备等，在有限场地中的合理布置，优化出最佳方案，为施工工作高效开展提供保障，同时满足环保、安全文明的相关要求（图 11.5-1、图 11.5-2）。

图 11.5-1　BIM 模拟综合管廊预制现场

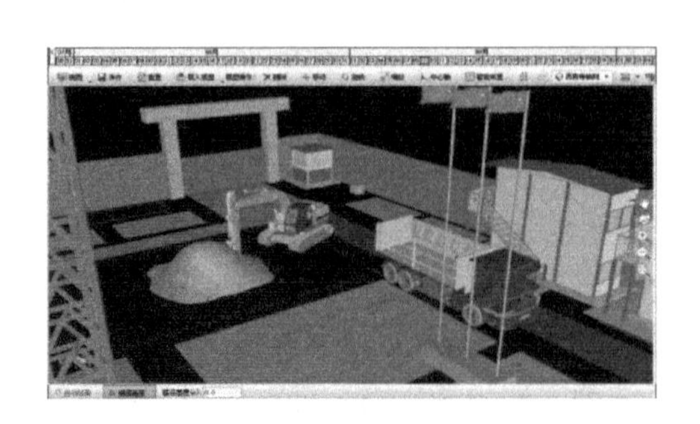

图 11.5-2　模拟施工场布导入 BIM5D

（2）BIM 模拟现场模架

通过广联达的 BIM 模架软件，可以进行模拟脚手架搭设、模板施工下料、模板支架设计等，可用其进行模板脚手架专项工程方案设计、材料用量计算、施工交底等各个技术环节。同时可以根据实际施工阶段精确计算模板、脚手架需用量，可为招投标阶段措施费竞争和施工过程材料管控提供依据（图 11.5-3）。

图 11.5-3　BIM 模拟施工措施模架

（3）指导现场施工

对设计成果进行施工深化优化，通过 BIM 模型进行三维施工交底，建立三维施工样板模型，使工程技术信息表达更直观、更形象，辅助施工人员充分掌握现场情况、施工技术要领、工作范围及注意事项，高效指导现场施工作业，最大程度提高工作效率和质量（图 11.5-4）。

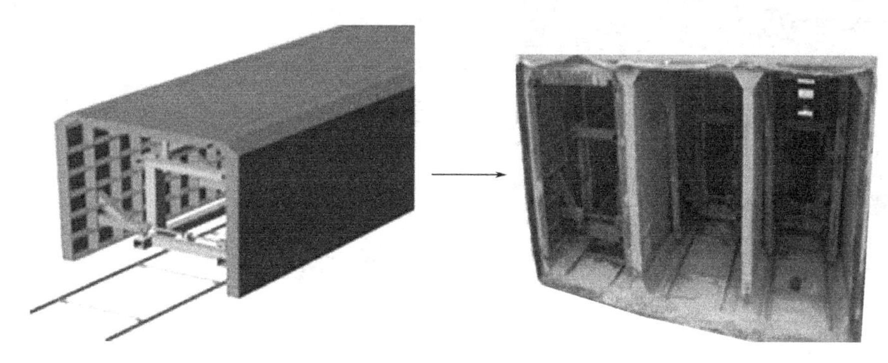

图 11.5-4　BIM 指导现场施工

（4）施工进度及工况管理

通过广联达 BIM5D 等平台进行施工进度及工况模拟，即 4D、5D 模拟，可以让相关项目管理人员在施工实施之前，对项目施工过程中每个关键点充分掌握，如施工现场布置、大型机械及措施布置方案等，同时可以监测每月、每周的人、材、机需求情况，提前发现问题并优化。实现项目施工过程的精细化管理，提高施工质量、效率（图 11.5-5）。

（5）质量安全管理

质量安全管理，在施工现场管理中是非常重要的环节。广联达 BIM5D 提供了基于 BIM 技术的质量安全管理方案。当相关人员发现现场存在质量或安全问题时，可以通过移动端（如手机）对问题现场进行拍照、录音和文字记录并关联模型。软件基于云自动实现

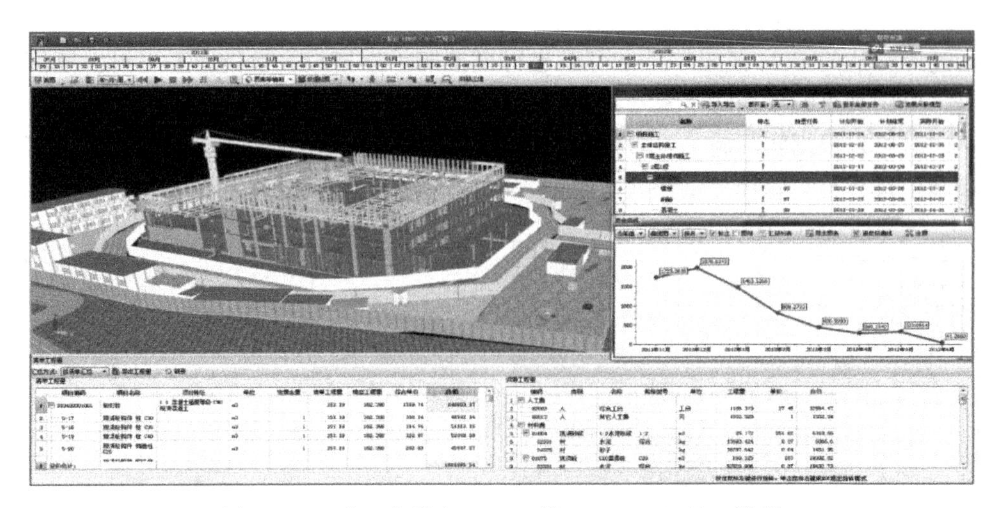

图 11.5-5　基于广联达 BIM5D 的（4D、5D）施工模拟

数据同步，以文档图钉的形式在模型中展现，协助生产人员对质量安全问题进行管理（图 11.5-6）。

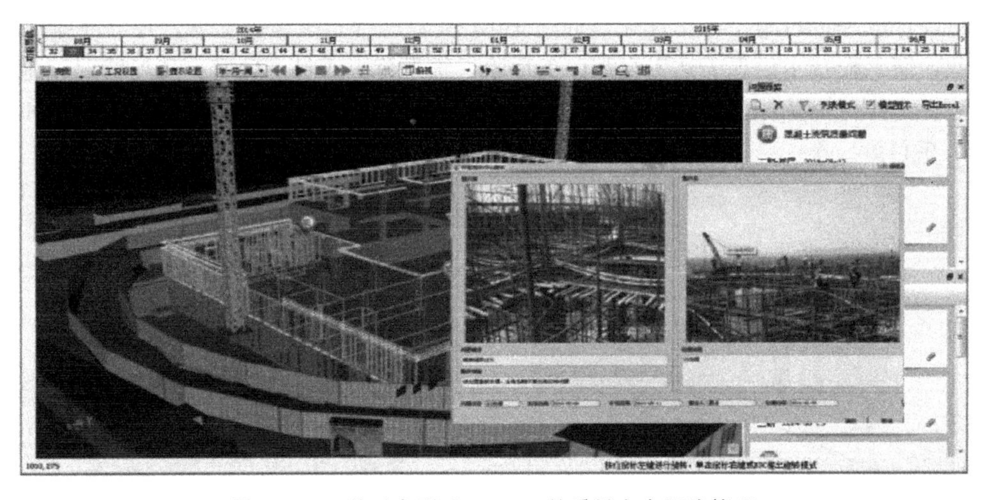

图 11.5-6　基于广联达 BIM5D 的质量安全跟踪管理

2. BIM 在施工中的应用流程

BIM 在综合管廊施工阶段的应用流程如图 11.5-7 所示。

通过 BIM 可视化设计、协同设计的设计成果，在很大程度上具备了合理性、可施性的优势，而且，虚拟实体的可视化展示，也使施工技术人员，能够更好地理解和掌握全面的设计信息。相较传统的平面表达，BIM 设计成果能够更友好地被施工现场所充分利用，指导施工、辅助现场管理。在施工阶段，应充分利用设计阶段 BIM 成果指导现场施工，以提高施工质量、效率，节约成本、缩短工期，最大化 BIM 应用价值。施工过程 BIM 实施应用，应由施工总包单位主导、BIM 中心协助协作完成。施工过程 BIM 实施应用流程分二个步骤：

（1）第一步，BIM 成果施工深化。施工总包在收到施工图、BIM 模型等全部设计

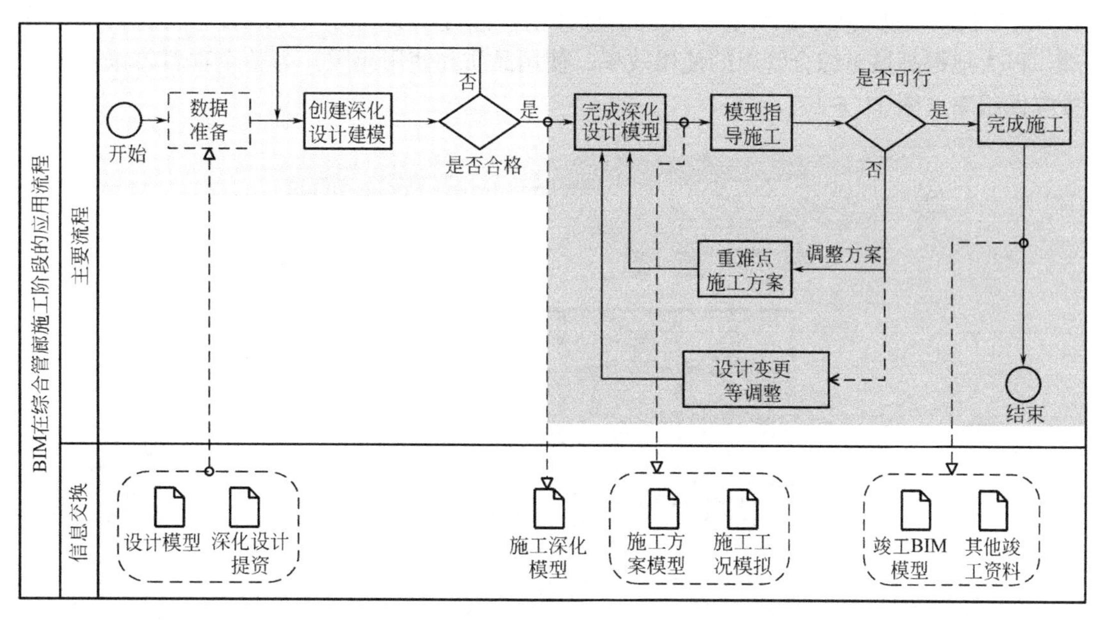

图 11.5-7　BIM 在综合管廊施工中的应用流程

BIM 成果后，应及时组织各分包单位熟悉相关图样、BIM 模型，并根据企业相关规定、标准以及现场实际情况，在“BIM 指导施工”的应用原则下，对设计阶段 BIM 模型进行施工深化优化，对局部管道的布置进行调整，使其更符合现场实际情况、具备可施性，并将调整后成果交由 BIM 中心、设计院进行审核确认，审核不合格的，应进一步深化优化，直至审核合格，之后可依此进行后续施工 BIM 应用工作。

（2）第二步，BIM 成果指导施工。施工总包组织各单位依 BIM 成果指导施工和进行相关的 BIM 施工管理应用。遇重难点区域无法实施，或实施不便而需要调整的，应先将预调整方案在 BIM 模型中验证可行性，验证可行并调整模型后，再按调整后的模型指导施工。因各种原因，施工方需设计院出设计变更的，施工单位的变更方案，同样预先在 BIM 模型中模拟验证可行后，方可提请至建设方及设计院。同时，设计院下发的设计变更，也应遵循先验证后实施的方式指导现场施工。以此方式，确保所有施工方案均预先经过了 BIM 模拟验证，力争实现现场施工无拆改、无返工情况，提高施工效率和质量，节约成本，缩短工期。

11.6　BIM 在综合管廊运维中的应用

从宏观上来讲，工程项目的全生命周期由两大阶段组成，一是从无到有的阶段，即建造阶段，包括规划设计及施工过程；二是从有到无的阶段，即运营维护阶段，包括项目投入使用，并对其进行维护管理的全部的过程，直至项目产品使用年限到期最终拆毁。BIM 的先进性在于，它集成了工程项目的所有实体的形象信息和参数信息，并且在整个项目的规划、设计和施工过程中，处于不断地更新、发展、完善的动态成长过程，最终完成竣工 BIM 成果。理论上，竣工 BIM 成果具备了实体项目产品的全部属性信息。项目竣工移交物业管理后，在竣工 BIM 成果的基础上，增加相关的运维管理系统的信息和功能，结合

GIS、互联网、物联网、云计算等先进信息技术，便可以实现对项目的智慧化运营维护管理，极大地提高城市综合管廊的使用效率、使用品质和使用年限，为整个项目带来最大的投资回报率（图 11.6-1）。

图 11.6-1　BIM 模拟综合管廊控制中心

智慧运维平台将综合管廊 BIM 可视化信息模型与三维地理信息、设备运行信息、环境信息、安全防范信息、视频图像、预警报警信号、巡检信息等内容进行融合，统一在三维可视化平台进行集中展现，实时显示附属设施系统中设备的运行状态、运行参数，仪表的监测数据以及报警信息，对排水设备、通风设备等进行远程的起停操作。实现综合管廊的一体化的立体监控和调度。

结合 BIM 数据的城市综合管廊智慧运维管理平台主要实现以下应用价值（随着信息技术的发展将来会实现更多的智慧功能模块）：

1. 数据管理

加载和显示地图、影像、地形数据。对管廊主体、管线、设备、仪表等三维模型数据进行显示、编辑和存储（图 11.6-2）。

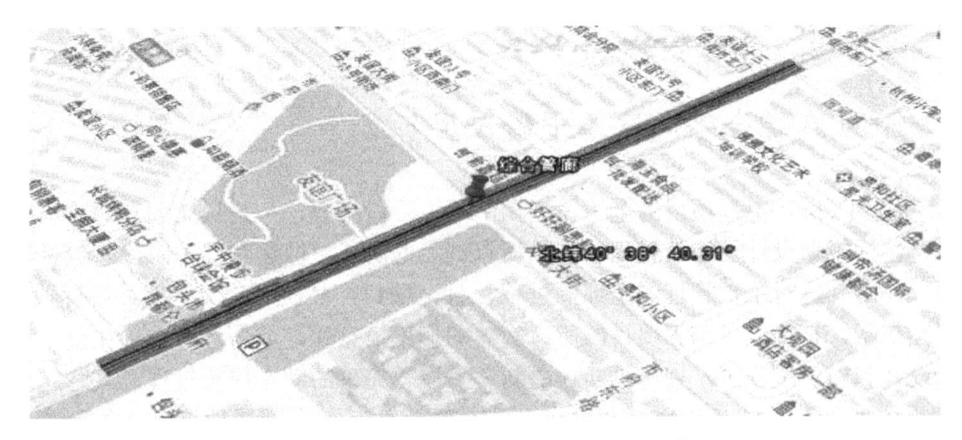

图 11.6-2　综合管廊智慧运维系统下数据管理

2. 环境监测

对综合管廊全域内环境和设备运行参数和状态进行全程监控，包含气体监测和温湿度监测，其中气体监测包含有害气体监测（H_2S、CO、CH_4）、氧气含量监测以及易燃气体监测。分别对合建舱和燃气舱等舱室进行监测。有害气体超标或者氧气含量过低时，系统声光报警，提醒监控中心工作人员采取相关措施（图 11.6-3）。

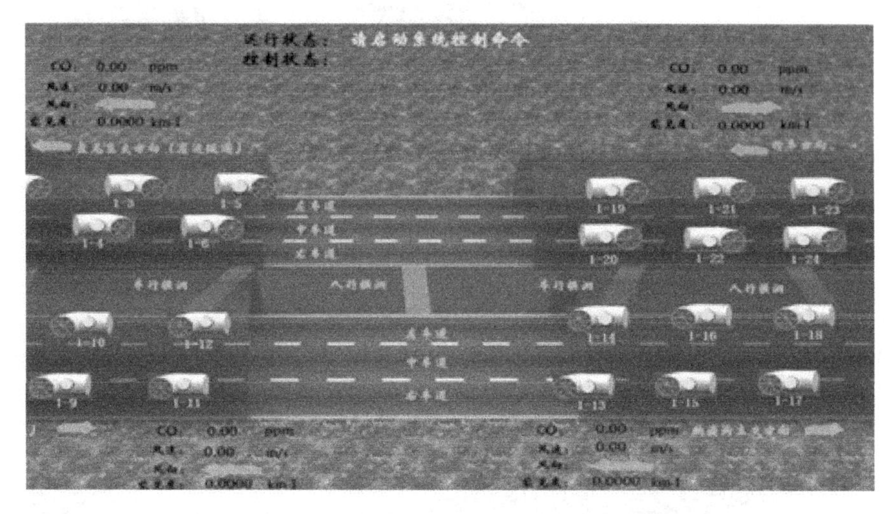

图 11.6-3　综合管廊智慧运维系统下环境监测

3. 设备监控

对综合管廊内通风设备、排水泵、电气设备等进行状态监测和控制，接入管廊内风机、防烟防火阀、管廊内部照明、浮球开关、水泵设备、防火门、液压井盖等设备，并可实现就地自动和手动以及远程控制（图 11.6-4）。

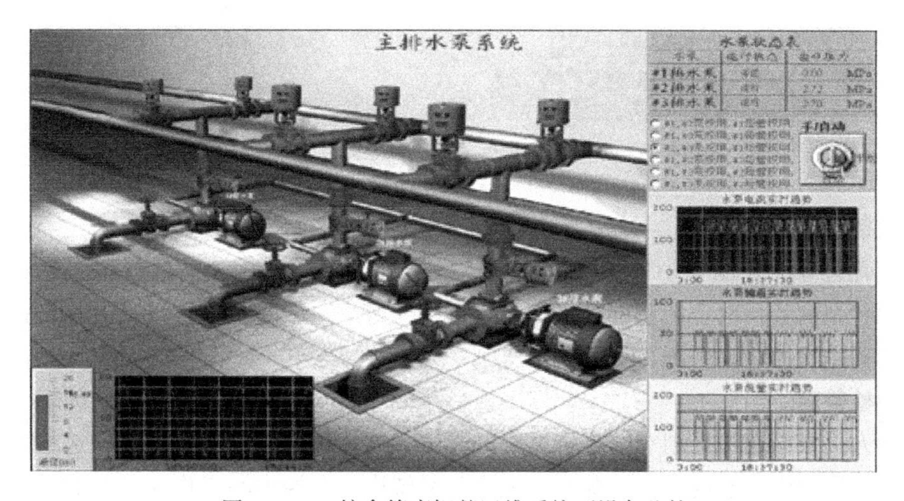

图 11.6-4　综合管廊智慧运维系统下设备监控

4. 火灾监控

火灾报警系统能够接收火灾检测信号，或者手动火灾报警按钮的报警信号，在综合管廊内部及监控中心进行声光报警。支持通过操作按钮启停相关报警设备和消防设备

（图 11.6-5）。

图 11.6-5　综合管廊智慧运维系统下火灾监控

5. 视频监控

在管廊的出入口、通风口、门禁等关键部位安装摄像头进行视频监控，在三维可视化平台中将摄像头模型与对应的视频监控数据相关联，实时显示当前的监控情况（图 11.6-6）。

图 11.6-6　综合管廊智慧运维系统下视频监控

6. 设备管理

对综合管廊的各舱室中的管段、线缆、设备、仪表等进行统一的管理。标示设备类型，维护和查询各种设备的基础信息，对设备的完好率、故障率进行统计分析，制订并严格执行设备的检修计划（图 11.6-7）。

7. 巡检管理

巡检人员根据巡检计划对综合管廊内的管道、线缆、设备等进行巡检，巡检人员通过手持终端将巡检中发现的异常情况实时上报到系统中，监控中心工作人员及时采取相关措施（图 11.6-8）。

BIM 作为建筑全生命周期应用管理的新理念，其最终成果为项目产品运维阶段提供服务，将是 BIM 应用的重要推动力和主要目标。现在国内 BIM 发展还存在乏力的现状，正是因为 BIM 在运维阶段的应用服务还很不成熟。换句话说，当 BIM 在工程项目的运维阶

图 11.6-7　综合管廊智慧运维系统下设备管理

图 11.6-8　综合管廊智慧运维系统下巡检管理

段开始真正发挥作用的时候，BIM 的发展也才会更快、更成熟、更具价值。智慧运维平台是一个系统庞大、设计严谨、服务全面的系统性工程，本书第 9 章的内容对城市综合管廊，实现智慧化运维管理进行详细介绍，读者可查阅参考。

第 12 章　综合管廊建设存在的问题及对策

12.1　规划设计问题

随着城市建设方式由粗放式向高效集约式转变，城市土地开发模式由粗放式开发向挖潜存量空间转变，空间开发利用由地上向统筹地上及地下转变。综合管廊作为一种集合了管线安置、地下空间集约利用、减少地面破挖、维持交通顺畅等多种作用于一身的管道敷设方式，受到了越来越多的关注。与此同时，综合管廊还是一项初期投资较大，建设难度较大的设施。因此，为了科学的指导综合管廊的建设，综合管廊工程规划应运而生。

12.1.1　规划中存在问题

1. 综合管廊工程规划的任务及内容

综合管廊工程规划的任务主要包括，确定综合管廊平面布局，入廊管线，断面选型和三维控制线划定（平面及纵断面控制线）。用以在综合管廊建设过程中合理布局、科学预算及预留用地。依据住房城乡建设部于 2015 年 5 月印发的《城市地下综合管廊工程规划编制指引》，综合管廊工程规划的主要内容包括：规划可行性分析、目标及规模、建设区域、系统布局、管线入廊分析、断面选型、三维控制线划定、重要节点控制、配套设施、附属设施、安全防灾、建设时序、投资估算及保障措施等。

2. 综合管廊工程规划中要点问题

（1）建设规模的确定

2010 年，深圳市最先进行了综合管廊布局规划，最终确定全市至 2020 年，规划综合管廊总长度 163km，占市政道路的 2.5%。相比国外日本东京都市区于 1995 年制订了综合管廊（共同沟）建设的基本计划，计划至 2006 年，建设共同沟总长达到 2057.5km，占市政道路的 7.4%，日本著名日比谷共同沟如图 12.1-1 所示。对比国内外两个超大城市的综

图 12.1-1　日本日比谷共同沟

合管廊建设规划发现，这两个城市的市政道路综合管廊覆盖率在 2%～8%之间。综合管廊占市政道路的比例不高，主要因为两个城市均已发展了一段时间，城市化率已达一定水平，城市道路路网已经形成，这种情况下进行综合管廊建设比例不宜过高。

综合管廊既是管线的敷设及管理方式，也是地下空间的利用方式。空间布局应结合及顺应地下空间的总体规划，建设规模也应在地下空间开发总规模的基础上进行分析。通常地下空间按照功能与设施可以分为七大类，包括地下交通设施、地下市政公用设施、地下公共管理与公共服务设施、地下商业服务设施、地下物流仓储设施、地下防灾设施及其他地下设施。因此需要在不同的规划层面用不同的方法来对地下空间的总规模进行预测。

总体规划层面需要确定地下空间总规模，而不同功能的地下空间在总规模中有一定的功能配比。其中其他设施包括基础设施、物流设施、人防设施等。在基础设施中又包括地下管线、地下变配电所、水泵房，地下水厂、综合管廊等设施。地下综合管廊在总地下空间中的比例宜参照其他设施的比例来设置，同时考虑到综合管廊只是其他设施中的一部分，应适当减小综合管廊的预测比例。通过单独或结合分析的方式对综合管廊建设规模进行预测，可合理的确定城市综合管廊的建设目标和规模，为综合管廊的布局奠定科学的基础。

（2）综合管廊布局形式

综合管廊系统布局既要考虑新城建设、旧城及棚户区改造、道路建设及改造等因素，又要考虑城市管线的需求。综合管廊本质上还是要解决城市管线敷设的问题，保证城市管线及道路功能的正常运转。按照综合管廊实施区域的不同，依照其建设年代、区域形态、管线需求等因素，将综合管廊布局划分为三类：十（口）字形、丰字形及田字形布局。对于老城区或节点区域，可采用十字形或口字形布局。运用十字形综合管廊，梳理重要节点路口管线过街及交叉情况；或将老城区重点街区通过综合管廊提升其地下空间的使用效率，为地下空间的再次开发提供基础。对于重要节点区域，可通过口字形环廊将其内部管线需求进行整合，并可结合地下交通及商业共同开发建设。

（3）其他问题

目前国内除了缺少城市区域规划、地下空间整体规划外还存在为赶形势，为求政绩，跟风建设问题。许多城市还存在不切实际、局部孤立的短期规划；在建设运营管理过程中，还存在牵头管理部门不明确，前后工作不连续等相关问题。

12.1.2　建议对策

面对以上的问题，综合管廊规划可按照以下的原则及思路进行应对。

1. 规划原则

综合管廊建设应遵循“规划先行、适度超前、因地制宜、统筹兼顾”的原则，充分发挥综合管廊的综合效益。

（1）与城市发展目标相协调的规划原则

能在一定的期限内支撑、保障城市的发展，促进城市发展目标的实现。

（2）与城市结构形态相协调的规划原则

只有其规划布局与城市协调时，才能达到其建设的目标，促进城市发展目标的实现。综合管廊网络系统与城市结构、形态的协调，主要体现在干、支线综合管廊与城市结构的形态，综合管廊管线容量与结构形态的协调方面。

（3）具有一定弹性的规划原则

与其他的地下工程一样，具有不可逆转性，即一旦建成就很难改变；规划中主要通过对综合管廊管线冗余的控制和地下空间资源的控制来保证其必要的弹性。

（4）满足城市防灾需求的基础设施规划

与管线的传统直埋建设模式相比，综合管廊的防灾能力具有显著的优势，为最大地发挥综合管廊在城市防灾中的作用，综合管廊网络系统规划应与城市防灾紧密结合，并能满足城市防灾的要求。

（5）满足城市景观要求的规划原则

综合管廊虽然是一种收容市政管线的地下构筑物，但也有许多出地面的附属设施，如人员出入口、通风口、材料投入口等，在网络系统规划中，这些设施的规划与设计应与城市设计紧密结合，并能融入城市景观系统、满足城市景观的规划要求。

2. 综合管廊规划思路

综合管廊规划与其他专项规划一样，需要根据上位的城市总体规划，现状条件，市政管线的专项规划，才能进行。综合管廊工程的规划应与地下空间、环境景观等相关城市基础设施衔接、协调。综合管廊规划应与城市工程管线专项规划及管线综合规划相协调。综合管廊规划应符合城市总体规划要求，规划年限应与城市总体规划一致，并应预留远景发展空间。

（1）梳理上位规划：用地规划、道路规划、市政管线规划、市政设施用地规划。

（2）根据现状条件，确认进入综合管廊的管线种类和规模。

（3）确定管廊断面。

（4）确定综合管廊系统。

（5）确定综合管廊的平面布局。

（6）确定综合管廊的竖向布局。

除了以上的原则和思路外，还需要严格按照《城市地下综合管廊规划编制指引》编制管廊规划，同时立足本城市实际情况和总体发展规划，考虑长远、适度开发、逐次进行建设，并明确统一牵头单位，保持总规、专规、建设计划、可行性研究等工作的连续性。

12.1.3 设计中存在问题

城市综合管廊设计必须与城市用地规划保持一致性，结合该城市用地规划的实际情况，比方说某一区域城市用地的性质等。一般城市管廊的设计和建设往往都是立足于城市商业气息浓厚或者是交通密集的区域。城市综合管廊必须要结合城市的市政管线规划来进行设计，同时管廊设计还必须要跟管线保持协调性，对如何合理的布设好各种管线要做好统筹安排。目前国内的综合管廊设计还存在一些问题。

1. 存在问题

（1）未结合具体城市发展规划，导致预留扩建空间不足、与相关配套管线不合理等问题出现。

（2）管线布置缺乏综合考虑，干扰事件时常出现。

（3）不同结构形式能否满足规范100年设计使用年限要求。规范要求结构设计使用年限是 100 年，但目前国内存在多种结构设计形式，如何保证接头及施工缝防水能满足 100 年设计使用要求存在困难。如当前预制拼装综合管廊接头防水采用膨胀橡胶止水条，该止水条在地下水长期的干湿侵蚀情况下还能否满足长期防水性能要求存在疑惑。

（4）结构断面设计不统一。管廊结构断面设计五花八门，这不仅给施工带来了极大的困难，工业化、标准化施工带来困难。同时也给后期管线、电缆及设备等安装相互干扰埋下隐患。

（5）雨污水是否入廊。雨污水等特种管线入廊后，给设计和施工都带来了困难，同时也会使建设成本也大幅上涨。雨污水需不需要入廊，以何种形式入廊存在困惑。

2. 初步建议

（1）城市综合管廊设计必须与城市用地规划保持一致性，结合该城市用地规划的实际情况。一般城市管廊的设计和建设往往都是立足于城市商业气息浓厚或者是交通密集的区域。城市综合管廊必须要结合城市的市政管线规划来进行设计，全面结合该城市的市政管线的具体情况，比如说管线的布设情况、管线的布设要求、管线的布设技术等，同时，管廊设计还必须要跟管线保持协调性，对如何合理的布设好各种管线要做好统筹安排。

（2）城市综合管廊设计必须要充分考虑到地面以下空间的利用情况，要充分结合地下空间的实际利用情况，最大程度地跟其他开发活动保持协调性，将管廊规划与地下空间开发的社会效益和经济效益发挥到最大。城市综合管廊的设计规划必须要统筹好城市各项建设工程之间的时序，因为就城市的发展规划来说，管廊设计和建设必须要超前，从节约成本投入来讲，处于道路底下的综合管廊能够跟道路建设同步就最好。因此，在对管廊进行设计的时候，必须要统筹城市建设工程的时序，并将城市近期规划与长期建设纳入到设计工作中来，保证管廊的建设跟城市建设时序的协调性。

（3）加大综合管廊施工缝及接头的防水研究。寻求新型的防水材料或构造形式，满足综合管廊工业化生产的需求，提高综合管廊建设质量的同时降低综合管廊建设成本。

（4）国家应统一国内综合管廊的断面形式，出台相关的文件和图集，解决国内断面形式多样的局面，减少施工困难和后期管线安装相互干扰。

（5）《城市综合管廊工程技术规范》GB 50838—2015 明确提出雨水污水可以入廊，但雨水污水重力管线有坡度要求，入廊将会增加管廊的埋深及建设成本，并且检查井的存也会增加综合管廊的设计难度，具体在何种情况下入廊还需要进一步的研究。

12.2　快速绿色施工问题

所谓绿色施工是指工程建设中，在保证质量、安全等基本要求的前提下，通过科学管理和技术进步，最大限度地节约资源与减少对环境负面影响的施工活动，实现四节一环保，即节能、节地、节水、节材和环境保护。绿色施工由施工管理、环境保护、节材与材料资源利用、节水与水资源利用、节地与施工用地保护六个方面组成。这六个方面涵盖了绿色施工的基本指标，同时包含了施工策划、材料采购、现场施工、工程验收等阶段。

12.2.1　存在问题

近年来，我国建筑业创造了较高的增长速度，总体来看，产业规模不断扩大产业结构不断升级，产业素质不断增强，并保持了良好的发展态势。但是不可否认，我国建筑业现阶段还处于一个劳动密集、资本密集的粗放型行业，建筑活动中高投入、高消耗、高污染、低效率的现象比较普遍。据北京、上海两地的统计数据显示，每1万m^2的住宅建筑施工就要产生500～600t的建筑垃圾，而建筑施工产生的垃圾占城市垃圾总量的30%～40%；模板周转次数低（有的仅为1～2次），大量低质、甚至劣质模板出现在建筑市场和工地现场；混凝土的养护方式落后，用水消耗量与养护效果不成比例，大量可饮用水白白流走，造成水资源大量浪费，扬尘、噪声以及光污染等问题也严重影响了环境等。

党的十七大报告中就曾指出：必须把建设资源节约型、环境友好型社会放在工业化、现代化发展战略的突出位置，落实到每个单位、每个家庭。施工企业在这其中肩负着巨大的社会责任，践行科学发展观，在综合管廊建设中推行以“四节一环保”为中心思想的绿色理念和标准对综合管廊乃至国家的全面协调可持续发展起到了积极的促进作用。随着人工成本越来越高，市政行业的绿色施工将会越来越受到重视。目前综合管廊绿色施工主要存在以下方面：

1. 技术研发和技术应用滞后

（1）预制拼装施工技术还没有得到各方的普遍认可

目前一些科研院所、业主单位及相关部门都在积极地寻求提高施工质量，降低施工成本有效的方法措施。其中某些单位已经开始研究并应用预制拼装综合管廊，并取得了良好的经济和社会效益。但是由于目前参建各方存在利益分割问题，对预制拼装技术不成熟存在担忧，特殊节点部位工厂预制繁琐等问题，这些阻碍了绿色快速预制拼装施工技术在国内的快速发展。

（2）特殊节点的处理对于整体移动模架施工存在困难

有些项目已经将滑动模架施工技术应用到了城市地下综合管廊的施工。对于常规段落，滑动模架可以发挥其独特的优势，达到快速施工的目的。但是城市地下综合管廊存在特殊的节点，像转弯处、通风口、投料口等部位，这些部位滑动模架施工将会变得困难，这势必会影响该技术在综合管廊施工中的推广，新形式的滑动模板台车的研发迫在眉睫。

2. 参建各方认识不足、重视不够

土木行业是一个门槛相对较低的行业。目前，国内的很多建筑施工企业还是粗放型运作，依靠相对廉价的劳动力，片面追求进度和短期成本，对施工给环境带来的严重影响很少关注，以至于工地往往和灰尘、噪声联系在一起。

大多数承包商一般注重按承包合同、施工图样、技术要求、项目计划及项目预算完成项目的各项目标，但较少运用现有的高新技术作为绿色施工的基础和支撑，绿色施工技术并未随着新技术、新管理方法的发展而得到充分的应用，承包商未能充分运用科学的管理方法而采取切实可行的行动做到节约资源、保护环境。

必须强调的是，绿色施工的推广离不开土木建设从业者意识的提高，特别是作为绿色施工责任主体的承包商的绿色施工意识，这是推广绿色施工最基础、最根本的问题。

3. 资金投入不足

资金问题也是施工企业开展绿色施工积极性不高的原因之一，毋庸置疑，绿色施工技术的运用前期研发实践一般需要增加一定的设施或人员投入，或需要调整施工作业时间，从而导致综合管廊建设成本的增加。例如前期预制厂房设备的购买、滑动模板台车的研发制作费用等。

导致资金不足的原因主要包括两方面，一方面，业主在招标投标过程中未充分考虑绿色施工费用，仅考虑安全措施费、排污费等，远不能满足绿色施工费用要求；另一方面，承包商自身重视不够而投入不足。当然，绿色施工不是都需要增加成本，如果在项目实施的规划管理阶段能提前编制有针对性的绿色施工方案，用更系统、更科学合理的管理方法采取包括节能、节地、节水、节材和环境保护的措施，直接成本将大为下降。另外，新技术的广泛使用也会大幅降低成本。

4. 规范（规程）、标准不健全，针对性不强

目前国家及地方层面相继出台了有关绿色建筑和绿色施工的相关标准、导则等，如：《绿色建筑评价标准》GB 50378—2014、《绿色建筑技术导则》、《绿色建筑施工导则》、《江苏省绿色施工工程评价标准》等，但针对城市地下综合管廊相关绿色施工法规和标准目前还没有，规范（规程）及标准不健全，将会阻碍综合管廊绿色施工的发展。

12.2.2　建议对策

1. 强化技术研发和技术应用

先进的施工技术是绿色施工的基础和支撑，先进的施工技术一方面可以提升绿色施工水平，另一方面对施工成本的影响也较大，成熟并广泛使用的施工技术方法在某种程度上会降低施工成本、提升施工品质。目前，综合管廊施工需要对以下方面进行技术创新。

（1）大力开发并与各方努力推广应用预制拼装技术，切实做到快速方便成本低。

（2）要开发灵活方便成本低的整体移动模架（滑模）技术。

（3）研发特殊节点预制的可行性以及节点现浇与周边预制节段的连接技术。

针对目前综合管廊大部分采取 PPP 模式为主的前提下，参建各方更应积极的推广和树立绿色施工理念、保证绿色施工的有效实施及相应效果，在保证质量、安全等基本要求下，真正做到四节一环保。

2. 加强绿色施工宣称和培训，创造良好运行环境

有关建筑管理部门、科研机关、高校和工程建设参与各方要大力组织开展绿色施工宣传活动，引导建筑业企业和社会公众提高对绿色施工的认识，全面理解绿色施工的深刻含义和实施绿色施工的重要意义，增强社会责任意识，加强开展绿色施工的统一性和协调性。

要充分利用市政行业既有人力资源优势，通过加强技术和管理人员以及一线工人分类培训，使广大工程建设者尽早熟悉掌握绿色施工的概念、要求、原则、方法，及时有效地运用于工程建设实践，保障绿色施工的实施效果。在宣传培训的同时，以绿色施工应用示范工程为切入点，组织不同层面的现场观摩与学习，通过示范工程以点带面，充分发挥示范工程的宣传推广作用。

3. 采取措施加大资金投入

毋庸置疑，资金投入的保证为绿色施工的前提条件和经济上的保障。第一，作为政府可以制定相关政策，从财政、税收和价格等不同方面采取有效的政策扶持措施，调动施工企业绿色施工的积极性。第二，在业主招标投标过程中，将绿色施工费用在清单中单独列出，并制订对应的使用、检查办法，确保绿色施工费用及时足额到位，并不得被非法挤占和挪用。第三，作为绿色施工责任主体的承包商应制订完备的资金投入、成本控制制度，鼓励施工项目部增加绿色施工费用投入，主动积极进行绿色施工。

4. 加强研究和积累，完善绿色施工的法规标准和制度

我国的绿色施工尚处于起步阶段，与城市地下综合管廊工程有关的科研机关、建设单位、监理单位、承包商应在推进绿色施工的实践中，及时总结地区和企业经验，在此基础上，对绿色施工评价指标进一步细化，在定性指标的基础上进一步增加和细化量化指标，并逐步形成相关标准和规范，使绿色施工管理有法可依。

12.3 施工及验收标准问题

12.3.1 存在问题

综合管廊的建设不同于民用建筑，其建筑特点是处于道路下方的基础设施工程，对于综合管廊在项目实施阶段的质量控制目前还缺少完整统一的验收标准，基本是按照一般的民用建筑质量验收标准监督实施，但是综合管廊有着不同于民用建筑的特点：

（1）综合管廊的结构设计使用年限 100 年，而一般民用建筑的结构设计使用年限 50 年。

（2）综合管廊由于埋设在城市道路下方，隐蔽工程比较多，受地下水位影响较大，地基不均匀沉降对结构质量影响较大。

（3）综合管廊有明挖、暗挖、盾构、顶管等多种施工方式，对于不同的施工方式，其施工与质量监控的维度不同、要点不同。

（4）综合管廊的建筑使用功能与一般的民用建筑及公路桥梁不同，其需要满足不同管线及附属设施等的安装与使用环境。

（5）综合管廊结构设计使用年限长，对结构的耐久性和地下防水要求高。

鉴于国内综合管廊建设起步较晚，并有不同于民用建筑的特点，目前国家标准《城市综合管廊工程技术规范》GB 50838—2015 仅对综合管廊的施工及验收做了符合性的一般叙述，缺少专门针对综合管廊主体、防水等过程施工的相关技术规范和质量验收标准。大规模的综合管廊建设，必须建立在科学的施工技术、合理的施工管理之上，才能保障综合管廊长期、高效、安全、节能运行。

12.3.2 建议对策

为了加强综合管廊的施工管理，提高综合管廊的施工质量，充分保证其后期安全、高效的运营服务功能，实现综合管廊的使用寿命，获取更大的社会经济效益，必须制订一套科学、合理、可操作性强的综合管廊施工及质量验收标准。

1. 需要解决的重点问题

（1）建立与明确综合管廊的模板、钢筋、混凝土、预制拼装、防水工程等施工技术及其质量验收标准。

（2）对在不同结构形式下的综合管廊施工技术、质量控制要求进行规范。

（3）对综合管廊各细部节点的构造进行设计和明确。

2. 综合管廊的施工技术要求

综合管廊的施工技术要求，相似于一般建筑工程，又不同于一般的建筑工程，有其特殊性，主要体现在以下几个方面：

（1）综合管廊属于线型结构体，综合管廊的不均匀沉降、地基处理质量尤其重要，通过反复模拟实验以及现场施工经验的总结，编制出科学合理的细部节点构造和施工方法，研究提高综合管廊现浇混凝土结构耐久性的施工方法和措施。

（2）综合管廊工程的防水施工尤为重要，管廊基坑回填后，若防水出现严重的质量问题，很难进行修补，从材料质量的控制、施工工艺质量的控制尤其重要，结合不同材料的特性和施工方法的选择，通过模拟及现场实验，编制出一套科学合理的质量验收标准。

（3）对综合管廊施工质量控制的程序进行规范，并对自检、互检、交接检及监督的具体内容、流程进行规范。

（4）针对综合管廊主体结构长达 100 年的设计使用年限，建立一套适用于综合管廊的混凝土施工技术标准和质量验收标准。

目前中国建筑股份有限公司技术中心地下工程研究所联合中建地下空间有限公司正积极编写《城市综合管廊施工及质量验收规范》，本规范的编制将主要在研究、攻关城市综合管廊工程基坑开挖及支护、管廊主体工程、防水工程、基坑回填工程、附属设施安装工程等施工技术的基础上，提出城市综合管廊工程过程控制的基本要求，制订城市综合管廊的质量验收标准，并通过示范工程的经验总结，为今后同类型工程整理一套完善的综合施工技术并提供技术支撑。该规范的完成，势必会极大地提高国内综合管廊建设的标准化、规范化，提高综合管廊建设的质量，积极推动国内综合管廊的建设。

12.4　运营管理问题

12.4.1　存在的问题

针对共同沟建设和运行的特点，一些应用共同沟的国家和地区，采取制定法律法规来加强管理，规范各方面的行为（图 12.4-1）。

图 12.4-1　运营中的综合管廊

1. 国外运营管理

日本在1963年颁布了《共同沟实施法》，并在1991年成立了专门的共同沟管理部门，负责推动共同沟的建设和管理工作。日本的综合管廊中，国道地下综合管廊的建设费用由中央政府承担一部分；地方道路地下管廊的建设费用部分由地方政府承担，同时地方政府可申请中央政府的无息贷款用作共同沟的建设费用。后期运营管理采取道路管理者与各管线单位共同维护管理的模式：综合管廊设施的日常维护由道路管理者（或道路管理者与各管线单位组成的联合体）负责，而城市地下综合管廊内各种管线的维护，则由各管线单位自行负责。

法国、英国等欧洲国家，由于其政府财力比较强，城市地下综合管廊被视为由政府提供的公共产品，其建设费用由政府承担。综合管廊建成后以出租的形式提供给管线单位实现投资的部分回收。由市议会讨论并表决确定当年的出租价格，可根据实际情况逐年调整变动。这一分摊方法基本体现了欧洲国家对于公共产品的定价思路，充分发挥民主表决机制来决定公共产品的价格，类似于道路、桥梁等其他公共设施。欧洲国家的相关法律规定一旦建设有城市地下综合管廊，相关管线单位必须通过管廊来敷设相应的管线，而不得再采用传统的直埋方式。

2. 国内运营管理

我国台湾地区在1994年以来，先后制定了“共同建设管线基金收支保管及运用办法”、“共同沟建设及管理经费分摊办法”、“共同管道法”、“共同管道法施行细则”等多部规定，推动了共同沟的建设发展。

中国台湾地区城市地下综合管廊是由主管机关和管线单位共同出资建设的，其中主管机关承担1/3的建设费用，管线单位承担2/3，其中各管线单位以各自所占用的空间以及传统埋设成本为基础，分摊建设费用。从城市地下综合管廊的维护费用分摊由管线单位于建设完工后的第二年起平均分摊管理维护费用的1/3，另2/3由主管机关协调管线单位依使用时间或次数等比例分摊。中国台湾地区还成立了公共建设管线基金，用于办理共同沟及多种电线电缆地下化共管工程的需要。

改革开放以来，我国大陆境内许多大中城市纷纷开工建设共同沟项目，见表12.4-1。为了保证项目顺利进展、有效实施，各地先后制订了一些管理办法来规范行为，协调关系。如《上海市浦东新区共同沟管理暂行办法》(内部稿)、《广州大学城共同沟管理办法》(初稿）等。这些管理办法大都在试行阶段，仅针对本地区或本项目的共同沟建设、管理问题，主要在行政管理层面上予以推行，尚未进入地方法律、法规层面，而全国性的有关共同沟的法律、法规建立问题，目前也没有制定完成。

截至2016年5月我国国内部分城市地下综合管廊开工建设统计　　表12.4-1

城市或省份	郑州	石家庄	四平市	青岛	杭州	宝山	南宁	银川	平潭	成都
公里数(km)	44.1	15	20.84	9	32.26	30.9	24.7	36.73	48.81	58
城市或省份	合肥	海东	绵阳	乌鲁木齐	西安	哈尔滨	太原	吉林省	福州	济南
公里数(km)	23.9	16.86	21.2	2.27	75	23.8	10.15	160	31.06	4.52
城市或省份	湖北省	兰州	西宁	拉萨	呼和浩特	合计				
公里数(km)	150	6.84	40	13.94	18.47	918.4				

3. 国内运营存在问题

（1）法律法规不够健全

目前国内在综合管廊的产权归属、成本分摊、费用收取等与管廊运营直接相关的重要问题上都没有出台相关立法文件，61号文虽然提到有偿使用原则，但是对具体收费标准没有明确，收费依据也需要进一步细化。国内大多数综合管廊都明显存在立法或行政规定、条例等制定的进度跟不上综合管廊建设发展的步伐；因此，如何收取费用等诸多管廊运营方面急需明确和急待解决的问题，因为没有相关行政规定作为依据，使得引入社会资本投资成为障碍。

（2）综合管廊所有权不明确

由于我国现阶段城市地下空间的产权归属不明确，会影响到运营过程中收费的问题。昆明市综合管廊起初采用的是股份制模式，后由政府收购民营部分的股份改成为全国资企业。在管线单位入廊前，综合管廊产权归国有；在管线单位进入管廊后，管廊的产权界定涉及管廊的运行和维护管理费用的收取问题。昆明城投公司认为管线单位只有公共管廊内局部空间的使用权，认为公共管廊依然归属国家所有。但是管线单位认为缴纳的入廊费与管线的直埋土建成本基本相同甚至更高，却没有得到产权，所以其后期的运营费用不应该再由管线单位负担。这种产权上的争执与矛盾给公共管廊的后期运营造成了一定的障碍。

（3）缺乏明确的收费依据和收费标准

目前，综合管廊在运营阶段还没有统一的收费标准，部分由政府投资建设的综合管廊都是免费的，或是收取部分日常运营维护费，很难收回投资成本。由于地方财政资金难以承受综合管廊前期较大的投资成本，如果想通过引入社会资本建设综合管廊，首先需要解决的问题就制定综合管廊收费标准。

（4）城市综合管廊总体规划没有得到重视

我国现阶段综合管廊的建设都没有充分考虑到城市的发展和规划，大多数城市都是根据城市特定需求成段的修建综合管廊，而综合管廊的布局和建设不同于地铁，需要在网状结构下才能充分发挥其效益，因此需要结合城市的发展和规划同步做好综合管廊的规划。日本综合管廊能够较快地发展很大程度源于日本综合管廊的规划、设计者准确预测到日本的发展远景，根据城市的长远发展规划为市政管线的扩容等预留足够的空间，同时抓住了建设公共管廊的最好时机，结合地铁项目综合开发降低建设成本，对地下空间进行整体规划，使地下空间的利用更加综合化。

（5）缺乏对管线的统一管理，管线单位各自为政

现阶段我国地下空间的开发缺少相应的协调管理机制，各管线单位各自为政，造成了我国地下管线建设多头管理，地下管线的档案及信息平台未共享的局面。在这种情况下，虽然已经建成公共管廊，但不免出现管线单位绕过管廊依然自行铺设的局面。

12.4.2　建议对策

1. 完善法律法规

日本和中国台湾地区大规模推行和发展综合管廊，都是在建立和完善配套的法律法规之后。日本在1964年颁布《共同沟特别措施法》，同年又颁布了“实施细则”，至1987

年，共进行了五次大的修改和完善。《共同沟特别措施法》以及相应的“实施细则”从根本上解决了日本公共管廊“规划建设、管理及费用分摊”等关键问题，是日本在公共管廊规划、设计、管理、费用分摊等领域研究成果的集大成者，并以法律的约束力确保其付诸实践。中国台湾地区于2000年出台“共同管道法”多部有关共同管道的规定，逐步构建起了共同管道规划建设的法规体系。该体系的最大特点就是体系完整、内容全面，内容涉及工程设计、管理维护、建设基金、经费分摊等多个方面。这些规定是中国台湾地区各地市进行共同管道规划建设的基础和依据。因此，应尽快完善有关综合管廊建设的法律法规，满足综合管廊快速发展的需求。

2. 明确综合管廊所有权

根据《物权法》第三十条，特许经营者出资建设地下管廊后，就“因合法建造”而获得这些管廊资产的所有权。针对目前社会上存在的PPP综合管廊项目，对于出资的各方对管网资产的权属应做出明确约定，便于后期综合管廊的运营管理。

3. 制定详细明确的收费依据和收费标准

国家发展改革委《关于城市地下综合管廊实行有偿使用制度的指导意见》(2015) 2754号给出了指导意见，指出要建立主要由市场形成价格的机制。各入廊管线单位应向管廊建设运营单位支付管廊有偿使用费用；有偿使用费标准原则上应由管廊建设运营单位与入廊管线单位协商确定；对暂不具备供需双方协商定价条件的城市地下综合管廊，有偿使用费标准可实行政府定价或政府指导价，同时该意见也给出了费用构成。

4. 重视城市综合管廊总体规划

充分考虑到城市的发展和规划，同步做好综合管廊的规划。根据城市的长远发展规划为市政管线的扩容等预留足够的空间，同时抓住了建设公共管廊的最好时机，结合地铁项目综合开发降低建设成本。对地下空间进行整体规划，使地下空间的利用更加综合化。

5. 管线的统一入廊管理

在管线总体规划下，严禁各管线单位私自铺设地下管线，明确要求各管线单位必须进入管廊。针对管线单位拒绝入廊这一现象，目前已有严令：已建设地下综合管廊的区域，该区内所有管线必须入廊。在地下综合管廊以外的位置新建管线的，规划部门不予许可审批，建设部门不予施工许可审批，市政道路部门不予掘路许可审批。随着国家强制性文件的出台，这种不服从管线统一管理的现象将会慢慢消失。

第 13 章 综合管廊未来发展趋势

13.1 三位一体综合管廊建设新模式

所谓三位一体（地下综合管廊＋地下空间开发＋地下环行车道）超大地下构筑物是以综合管廊作为载体，将地下空间开发与地下环行车道融为一体的地下构筑物。这种三位一体超大地下构筑物的建设模式将大大地降低综合管廊的建设成本。目前国内北京的通州区及中关村已经有了应用。由于该模式协同其他地下构筑物发展，大大地降低了工程成本。未来，这种模式将会在综合管廊的快速发展中发挥重要作用。

13.1.1 中关村西区地下综合管廊及空间开发

国内首例三位一体（地下综合管廊＋地下空间开发＋地下环行车道）超大地下构筑物是以北京中关村西区地下综合管廊为载体，将地下空间开发与地下环行车道融为一体的地下构筑物，如图 13.1-1 所示。该构筑物分为 3 层，地下 1 层是 2km 的地下环形车道，连通了区域内 20 多栋大厦；地下 2 层则是 20 万 m^2 的商铺，以及车库与物业用房；而地下 3 层则是市政管线管廊，包括水、电、冷、热、燃气、通信等市政管线都铺于其中，人员可直接进入其中进行维修。其中地下综合管廊总建筑面积 $95050m^2$，其中环形汽车通道及连接通道为 $29865m^2$，支管廊层为 $39972m^2$，主管廊层为 $25253m^2$。整个地下空间的开发集商业、餐饮、娱乐、健身、地下停车库于一体，不仅在地理位置上成为西区的交通纽带，同时在配套服务设施上也把整个西区有机地连接成一体，如图 13.1-2 所示。

图 13.1-1 中关村西区地下综合管廊及空间开发

建设的综合管廊结构形式及断面尺寸如下：

(1) 地下综合管廊敷设，敷设了电力、电信、上水、天然气和热力各占一个小室，形

图 13.1-2　中关村西区地下综合管廊及空间开发
(a) 地下1层（环形车道）；(b) 地下2层（设备用房）；
(c) 地下3层（天然气主管廊）；(d) 地下3层（给水、冷冻水、中水）

成独立的空间，主管廊全长约1500m，各小室宽度如下：天然气2.5m，电信2.5m，电力2m，上水2.8m，热力2.2m，各小室结构净高2.25m。

(2) 地下支管廊层空间开发，支管廊标准断面为：电力1.2m，上水与热力2.0m，天然气1.2m，电信1.2m，各支管廊之间有长度不等的空间可作为停车库和商业用。

(3) 地下环形车道的设置：通道建筑净宽7.7m，结构净高3.4m，其主通道为平向逆时针行驶，内侧为行车道，外侧为进入各地块和地面进出口的并线车道。以上总建筑面积：95090m^2，其中：环形汽车通道及连接通道为29865m^2，支管廊层空间开发为26009m^2，主管廊为25253m^2，支管廊及相关设备用房为12491m^2，疏散楼梯为1472m^2。

13.1.2　北京通州综合管廊工程

北京通州新城运河核心区复合型公共地下空间为集地铁换乘、交通枢纽、商业空间组织、机动车交通、市政管线安排、公共设施建设、停车、防灾等功能于一体的复合型公共地下空间，如图13.1-3、图13.1-4所示。地下1层及局部地下2层鼓励新建地下商业，并通过市政道路下联系通道形成互通；地下2层主要提供给地下停车，并通过市政道路下交通环隧形成地下车库互联、互通；地下3层在建筑用地下主要功能为停车，在市政道路下新建市政综合管廊，如图13.1-3所示。市政综合管廊位于地下环隧下方，共分为三舱，从外向内依次安排电力、中水、给水、真空垃圾、信息、有线电视、热力共 7 种市政管线。整体结构横断面尺寸为 16.55m×12.9m，是国内整体结构最大集综合管廊于一体的复合型公共地下空间（图 13.1-4）。

图 13.1-3　运河核心区北区地下空间规划

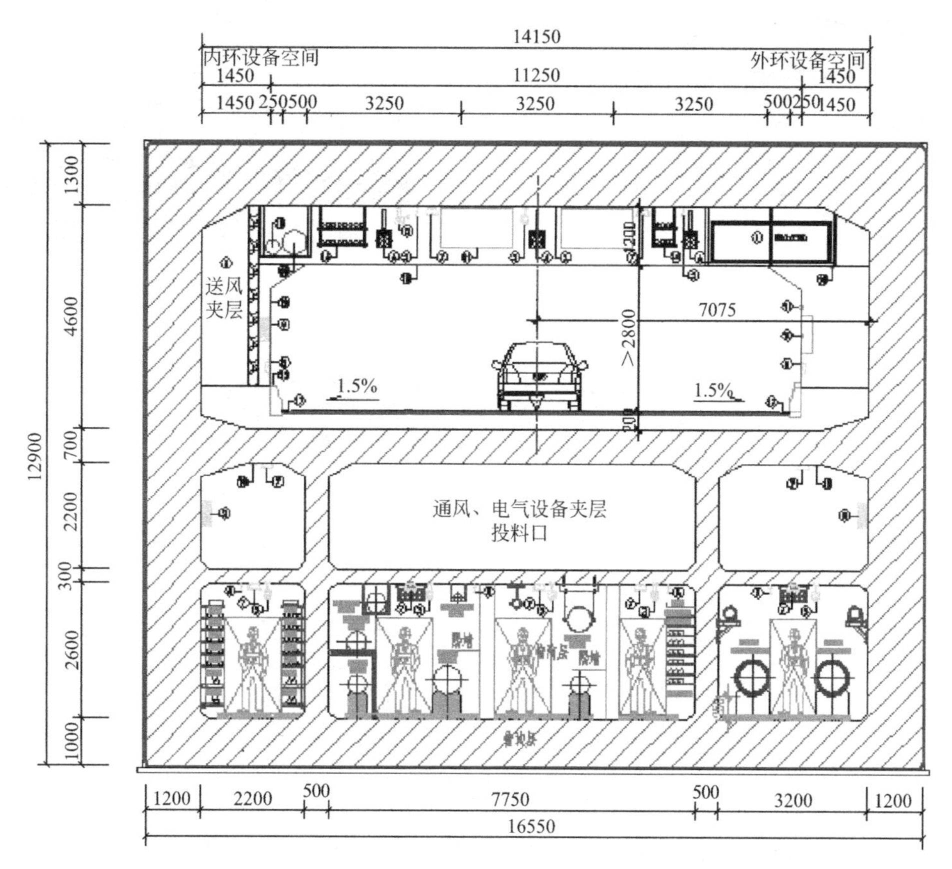

图 13.1-4　北京通州新城运河核心区复合型公共地下空间结构图

13.2 快速绿色的预制拼装技术

目前综合管廊建设成本相对较高，今后如何提高综合管廊建设速度、质量、效益将是人们关注的焦点。目前采用综合管廊预制拼装无疑是提高工程质量、缩短工期、节省造价的有效方法。尽管目前预制拼装在接头防水、不均匀沉降方面存在一定的问题，在运输和吊装方面也会大大增加工程成本，但随着工业化、标准化的不断进行，预制拼装必将给综合管廊发展带来巨大的发展空间。目前很多的研发机构正积极研究预制拼装过程中的各种问题。例如：中建七局使用喷涂速凝橡胶沥青防水涂料进行施工缝的防水，避免了沥青防水卷材施工过程中的污染。中国建筑股份有限公司技术中心也在研发双层叠合墙综合管廊技术，目前已在湖北十堰综合管廊工程中开始应用。其他还有钢制的管廊（图 13.2-1）、管廊特殊节点预制技术（图 13.2-2）及高强纤维混凝土构件（图 13.2-3）。对于目前快速绿色的预制拼装案例将在本章节进行罗列。

图 13.2-1 钢制管廊

图 13.2-2 预制特殊节点

图 13.2-3 高强纤维混凝土构件

同时中建股份技术中心对两墙合一的盖挖预制技术也进行了研究，地下连续墙可以以预制块拼装的形式拼装出来，大大地缩短了地连墙的施工工期，如图 13.2-4 所示。不过目前该预制技术还存在以下优缺点。

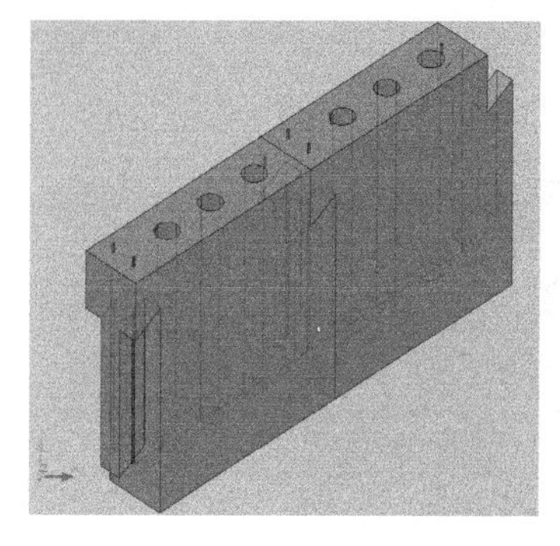

图 13.2-4　两墙合一的盖挖预制技术

（1）优点

1）两墙合一、节省成本。

2）在无法明挖和盾构施工时采用，可以快速恢复路面，对周边环境影响小。

3）软土地区适用性好。

4）控制周边建构筑变形有利。

（2）缺点

1）仍需要预先成槽，施工精度要求高。

2）预制墙构件吊重比较大，对设备要求高。

13.2.1　上海世博园区预制预应力综合管廊

2010年上海世博会园区综合管廊总长约6.4km，其中预制预应力综合管廊示范段长约200m。为提高结构的耐久性能，预制预应力综合管廊中的部分管节采用具有良好耐腐蚀性的GFRP筋代替普通钢筋。该综合管廊工程也是国内目前功能最完善，管理办法与法规最健全的综合管廊项目。

本工程的施工难点是200m长度2m预应力管节的预制、拼装以及拼装接头的防水处理施工。本工程管节的接头部位采用膨胀橡胶止水带，纵向采用螺栓拉紧，管节的外侧粘贴防水材料。经测算200m试验区段，可节约工期约45%，节约工程成本约4%。

上海世博会园区预制预应力综合管廊标准管节采用单舱截面，截面尺寸与现浇整体式综合管廊的单舱标准截面相同。为便于运输与吊装，标准管节的纵向长度确定为2m，如图13.2-5、图13.2-6所示。

13.2.2　浑南新城综合管廊

浑南新城内敷设的综合管廊，累计总长度达到24km，其中包括电力、电信两种管线。管廊内共布置400多个远红外线摄像头和300多个双鉴红外对射探测器，将管廊内的情况实时掌控，并反馈至控制中心的长8m，宽1.8m的大屏幕上，保证在发生火警、盗警、故障、水情等情况时，通过控制中心的大屏幕可以及时获取事故的准确信息，并通过远程操控进行预处理，通过预处理将事故控制在小影响程度中，然后再利用充分的时间进行定点定性的事故处理。借助实时监控的地下综合管廊系统可以避免管理不畅达所引起的市政

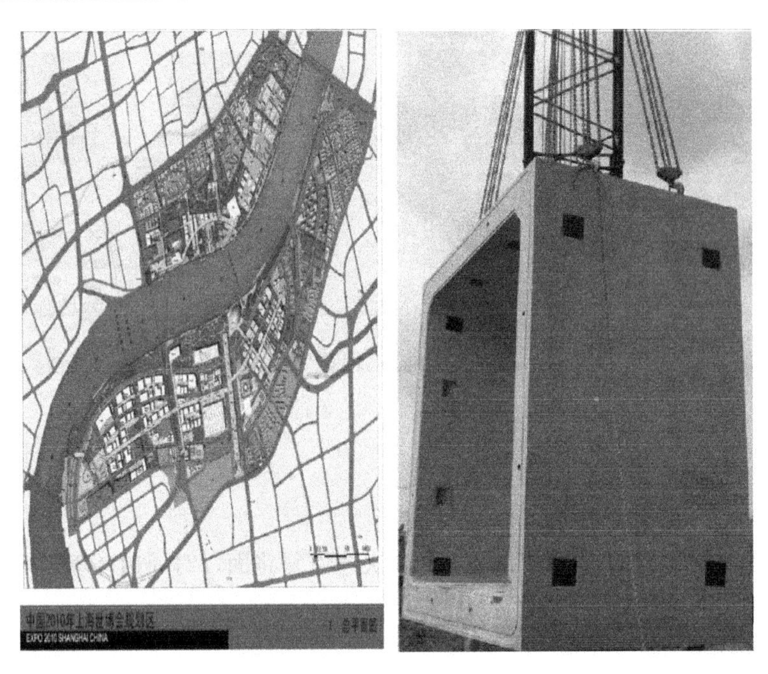

图 13.2-5　上海世博园综合管廊预应力预制管节

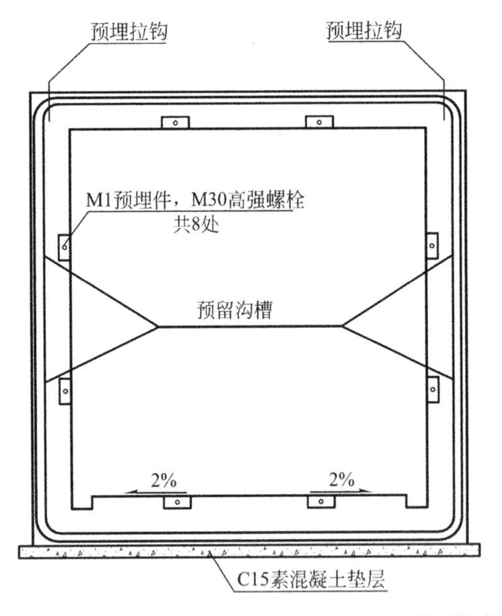

图 13.2-6　预制预应力综合管廊标准管节示意

方面的事故，实现高效的规划。

在沈阳浑南新城地下综合管廊施工组织中，沈阳市政地铁管片有限公司作为工程施工方采取预制与现浇结合的施工方案，组装采用的是地铁盾构管片施工中的遇水膨胀胶条。在厂站进行工厂预制生产混凝土箱涵，内径长 1.5m，宽 2.6m，高 2.4m，具有防水、防震作用，实现了质量好、进度快，如图 13.2-7 所示。以 30m 一段为例，在混凝土垫层施工完成后预制拼装成型仅需 1d，比现浇施工提前了工期 14d，预制拼装效率非常高，从而得到政府、施工方、设计院的高度认可。充分体现了工厂预制生产混凝土箱涵的优越性。

图 13.2-7　浑南新城综合管廊单舱管片吊装施工

13.2.3　湖南湘潭市综合管廊工程

该综合管廊工程位于霞光东路（东二环路-板马路）北侧的人行道下，总长 1680m，综合管廊净宽 3.5m，净高 3.81m，分隔为三个隔室以满足管线纳入要求。在两个综合管廊一般段间对应管线设置一个连接井。平面尺寸 5×3.5m。沿综合管廊轴线分隔为三个隔室以满足管线纳入要求。结构采用钢筋混凝土，底板（400mm 厚）、侧壁（30mm 厚）、中板（120mm 厚）及顶板（250mm）均为预制，结构底部设置 C15 垫层厚 100mm，如图 13.2-8 所示。

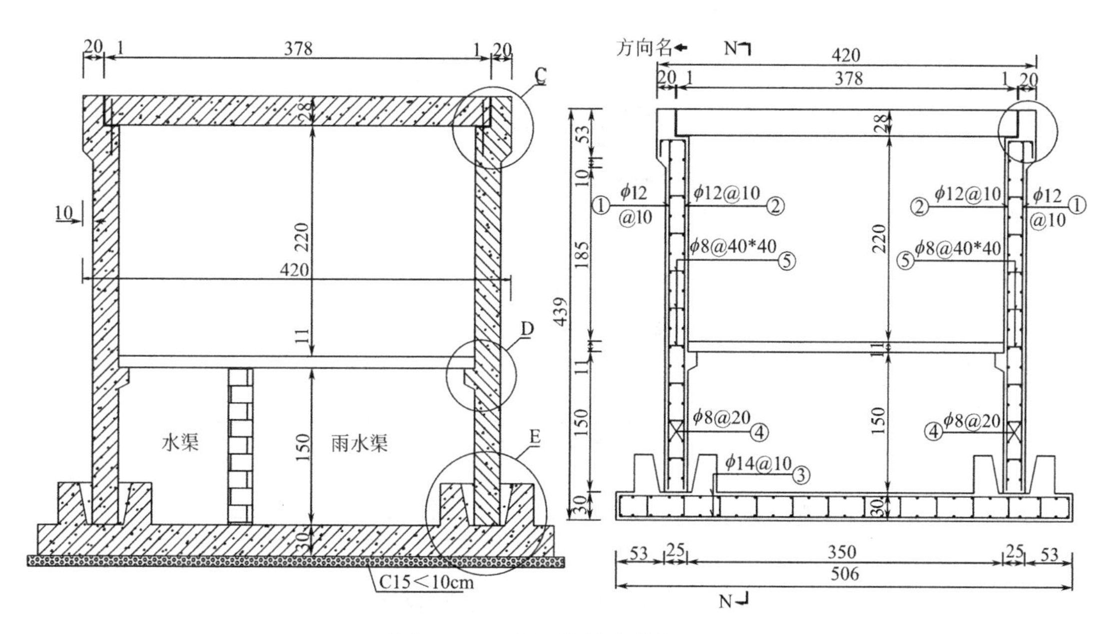

图 13.2-8　湘潭市管廊横断面图

平面位置，综合管沟设于道路北侧 K0＋080 至 K1＋760 桩处的人行道下，埋深不小于 0.7m。管沟内放入了热力管、电力电信电缆、给水管、中水管和雨污水管。综合管沟主沟设计宽度为 3.5m，高度为 3.8m，人行通道为 0.9m 宽。在管沟北侧的内壁上布置强电电缆，南侧布置弱电电缆，设计管沟内可容纳的电缆数量，在满足当前需求的情况下，还预留了未来 20 年的发展需要。

13.2.4 十堰北环路综合管廊

中国建筑股份有限公司十堰北环路综合管廊拟采用叠合整体式预制拼装技术，与全现浇相比质量好，速度快，现场无钢筋和模板脚手架作业；与全预制相比，运输和吊装作业费用低，结构整体性好，防水性能好。目前国内哈尔滨已出台了《哈尔滨市预制装配整体式混凝土综合管廊技术导则》，并已在哈尔滨一期管廊 2 标正式应用。

十堰北环路综合管廊首次设计采用双舱形式，分别为综合舱和电力舱，设计宽度为 6.95m，高 4.00m；顶板厚 0.4m，底板厚 0.4m；两侧壁厚 0.40m，中间隔墙厚 0.25m；综合舱净宽 3.6m，电力舱净宽 2.3m；标准段综合管廊外顶覆土厚度约 3m。

增加污水及燃气入廊后，设计方案调整为三舱结构，分两种形式：已施工双舱部分，于电力舱侧增加燃气舱，结构高度不变，宽 1.8m，两侧墙各厚 0.40m，独立成舱；未施工部分，设计三舱连体，中间隔墙厚 0.25m，外侧迎土墙厚 0.4m，舱室净空不变，分别为 3.6m×3.2m+2.3m×3.2m+1.8m×3.2m，如图 13.2-9、图 13.2-10 所示。

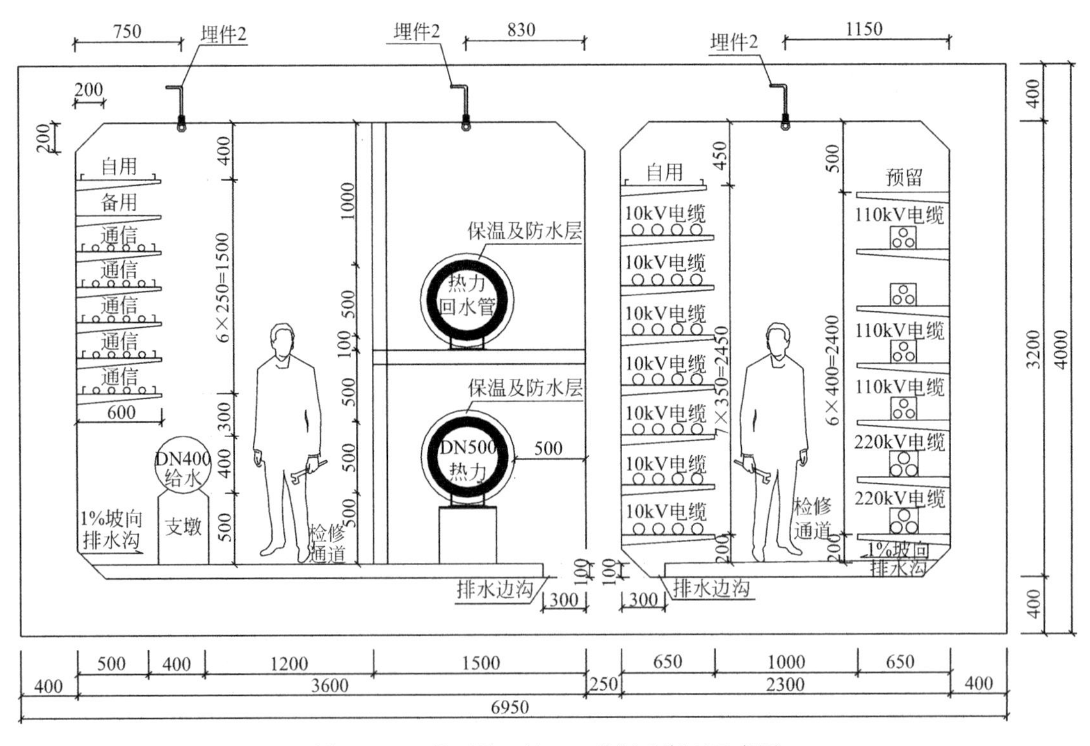

图 13.2-9 北环路已施工双舱标准断面示意图

本次叠合体系深化设计针对增加的独立燃气舱部分，为单层单室预制＋现浇混凝土结构，结构高 4.0m，宽 2.6m，顶板覆土厚度 3m，结构形式为内侧侧墙采用预制单层叠合板，外侧侧墙采用预制双层叠合板，顶板采用预制单层叠合板，底板现浇，顶板上部及侧

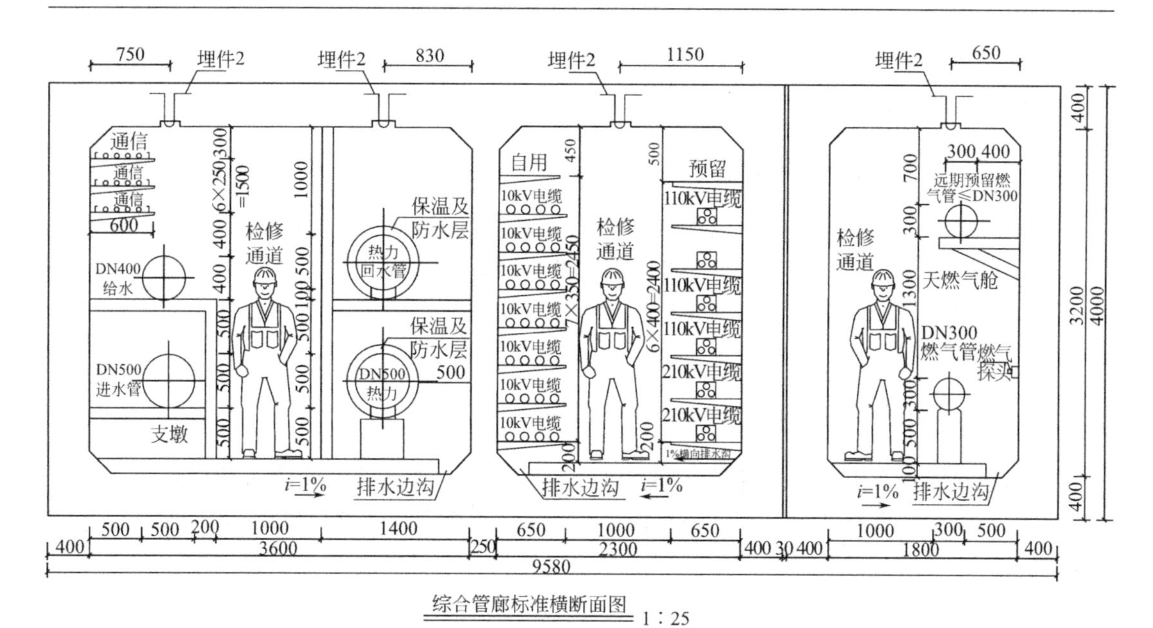

图 13.2-10 增舱后北环路标准断面示意图

墙中部采用现浇混凝土。底板与侧墙钢筋的连接采用预留钢筋搭接形式，使钢筋与预制墙板可靠连接。叠合墙竖向接缝采用销接箍筋及纵筋一起绑扎成钢筋笼后放入叠合墙中，销接纵筋与底板连接采用螺旋箍筋连接。

预制双层叠合板结构组成为：80mm 厚外墙板＋260mm 厚现浇混凝土＋60mm 厚内墙板。预制单层叠合板结构组成为：340mm 厚现浇混凝土＋60mm 厚内墙板，内外墙板兼做现浇混凝土的模板。预制顶板厚 60mm，采用单层叠合板，兼做顶板模板。侧墙中部和顶板上部采用现浇混凝土。

由于本舱为后加结构，施工时要对已建结构物及垫层进行保护，与已建结构物之间采用两层防水保护层中间夹一层挤塑板的形式。试验方案拟施工 30m。成熟后在全线推广应用，如图 13.2-11 所示。

图 13.2-11 十堰北环路综合管廊预制双层叠合墙

13.3 大断面下穿重要建构筑物的顶管技术

目前综合管廊大多应用于新城区，主要采取明挖沟槽施工技术。对于老旧城区的管线的改造，综合管廊不可避免的将会下穿道路、铁路及河流等地表障碍物。为了保证不破坏地表构筑物，顶管法施工将会得到快速的发展。在顶管施工技术中，矩形顶管机法由于其断面形式，满足综合管廊股矩形断面要求，而且国内工程已经使用过世界上最大断面的矩形顶管机，因此该施工方法将会得到快速的发展。

13.3.1 哈尔滨市会展中心广场综合管廊

哈尔滨市会展中心广场综合管廊顶管工程穿越广场采用顶管施工，总长约 300m，埋设深度 13m。管道采用内径 DN2600 的“F”型Ⅲ级钢筋混凝土管材，混凝土等级为 C50 级。根据勘察报告反映，顶管段地质情况为黏土、中黏土，管线主要在黏性土中穿过，根据地质和现场穿越道路等实际情况，此段顶管采用手掘式机械顶管，人工出土。

13.3.2 包头市新都市区矩形顶管综合管廊

中国建筑股份有限公司承建的新都市区经三路与经十二路综合管廊过建设路工程是新都市区综合管廊的重要节点工程。该路段车流量大，各类管道、光缆分布复杂，为了能够保障建设路正常通行，不破坏路面和城市绿道建设，首次尝试将矩形顶管技术用在管廊建设中。包头市新都市中心区综合管廊工程（二期）经三路工程，位于 210 国道以西，建华路以东，110 国道以南，哈屯高勒路以北。矩形顶管工程位于建设路与经三路交叉口，管廊顶进长度为 88.5m，覆土深度 6m，位于③层砾砂土层中，采用矩形顶管工艺实施。矩形管廊内截面规格为 6000mm×3300mm（外截面规格 7000mm×4300mm），壁厚 500mm，如图 13.3-1、图 13.3-2 所示。

图 13.3-1 包头新都市区经三路以及经十二路管廊矩形顶管

目前世界上最大的矩形顶管机使用也在中国。郑州市红专路下穿中州大道盾构顶管隧道，这台下穿郑州中州大道的顶管，长 10.12m，高 7.27m，是目前世界上断面最大，国内最小覆土、最小净间距、最长（105m）未采用中继间的矩形顶管隧道，如图 13.3-3 所示。

图13.3-2　包头新都市区综合管廊工程矩形顶管设备

图13.3-3　郑州市红专路下穿中州大道顶管隧道

13.4　长距离暗挖掘进盾构技术

盾构法主要应用于地铁隧道、公路隧道及水利隧道等工程领域，对于城市地下综合管廊应用较少。随着综合管廊工程建设数量的不断加大，当下穿地表建筑物、河流或者其他的构筑物距离较长，并且地质条件满足使用盾构法施工较为经济的时候，盾构法的应用将会越来越多。目前国内只有曹妃甸工业区1号路跨纳潮河综合管廊工程使用了土压平衡盾构机施工。今后，盾构法应用将会越来越多。

13.4.1　曹妃甸工业区1号路跨纳潮河综合管廊

目前国内综合管廊施工采用盾构法的只有曹妃甸工业区1号路跨纳潮河综合管廊工程。曹妃甸工业区1号路跨纳潮河综合管廊工程位于曹妃甸工业规划区北部，穿越纳潮河，与纳潮河正交，是工业区市政管线规划的一个重要节点。工程总投资约1.8亿元，采用盾构法施工建设管廊隧道，用于水电气热等市政管网的安装。工程采用2根DN5500盾构管道，建设2条廊道，单线长1046.422m。里程范围为：左线起至位置ZK0＋000.000－ZK1＋046.422；右线起至位置为YK0＋000.000－YK1＋046.422。整个标段线路最大纵坡为4.5%。工程位于1号路西侧约80m，地处渤海北岸，“海岸地貌”特征明显，地形平缓，略有起伏，土质多为杂填土、淤泥质土、松软土。

全线穿越纳潮河，其中1条作为水管廊道，布置2×1200热力管及2×DN1200原水管；另1条作为电缆廊道，布置8回10kV电力电缆、2×DN1200远期预留原水管、DN600再生水管、DN800油田废水管、DN500给水管以及电缆廊道消防水管。

本工程采用土压平衡盾构机，盾构机直径ϕ6.45m。盾构机主要适应地质为：粉土、粉质黏土、泥质炭土，最大破岩能力为100MPa。通过使用土压平衡盾构机施工，安全下穿越近1000m宽的纳潮河综合管廊工程顺利竣工。相关的施工关键技术见前面相关章节。建成后将使工业区内的供水、供电、通信、排污、热力等各类管线得到集中管理（图13.4-1、图13.4-2）。

图13.4-1　曹妃甸综合管廊内部管线布置情况

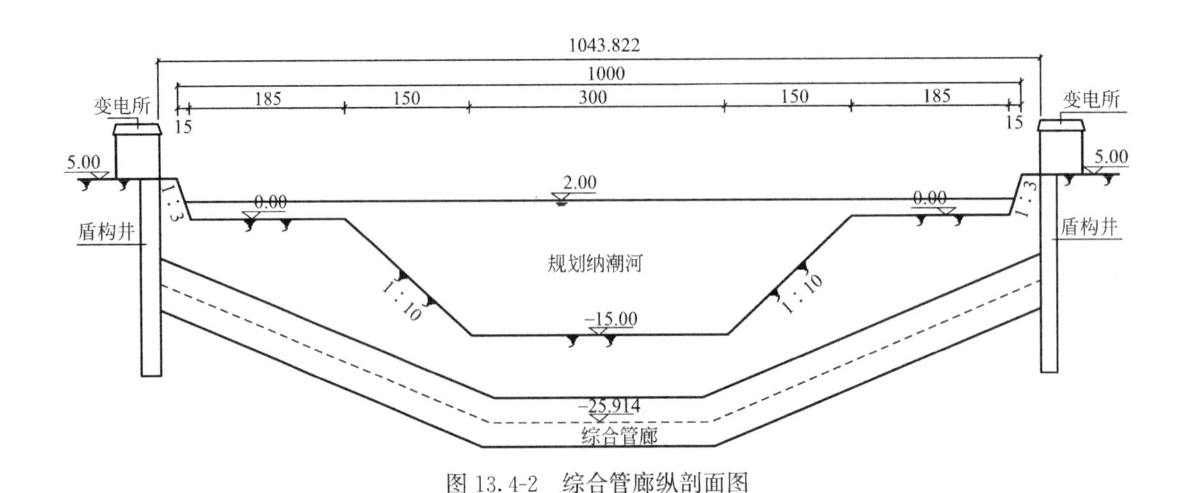

图13.4-2　综合管廊纵剖面图

中国台湾地区在综合管廊建设中也使用过盾构施工技术，图13.4-3为中国台湾地区某综合管廊盾构施工。

(1) 盾构隧道掘进　(2) 隧道内环片施工　(3) 中隔墙钢筋绑扎

(4) 地板混凝土浇筑　(5) 隧道中隔墙施筑完成　(6) 支铁及托架布设

图 13.4-3　中国台湾地区盾构综合管廊施工

13.4.2　沈阳地下综合管廊（南运河段）

计划 2017 年 12 月 31 日正式运营的 PPP 项目沈阳地下综合管廊（南运河段），沈阳市地下综合管廊（南运河段）工程起点为南运河文体西路桥北侧绿化带，终点为善林路，沿砂阳路、文艺路、东滨河路、小河沿路和长安路敷设，途径南湖公园、鲁迅公园、青年公园、万柳塘公园和万泉公园，干线管廊全长约 12.8km，如图 13.4-4 所示。沈阳地下综合

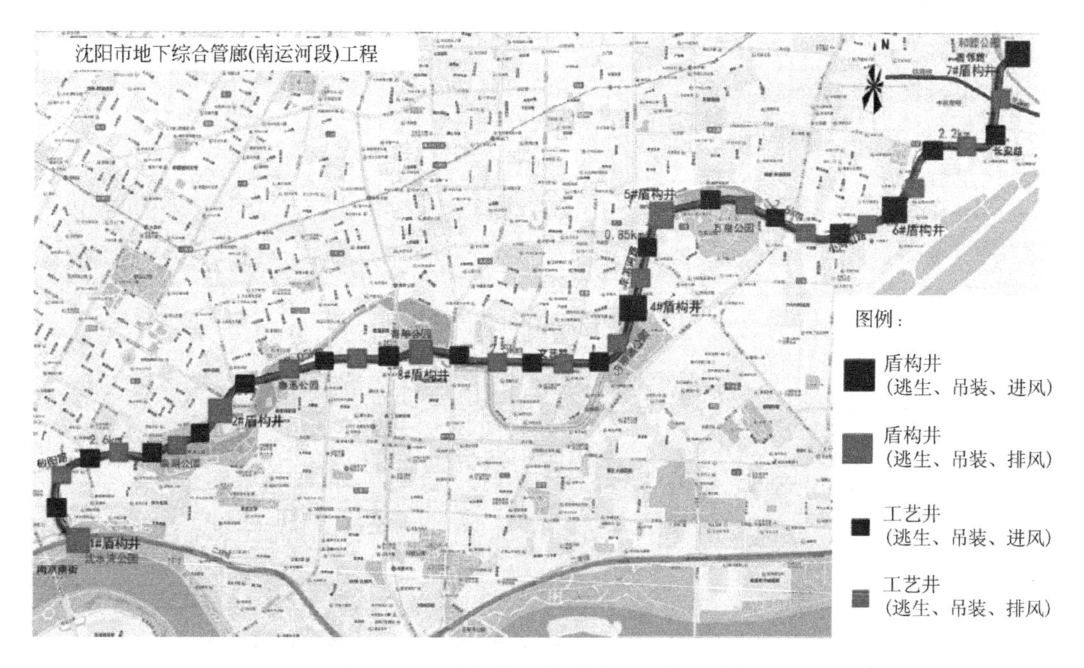

图 13.4-4　沈阳地下综合管廊（南运河段）

管廊（南运河段）在两个结构内直径 $D=5.4\mathrm{m}$ 的圆内，分别设置电力舱（含其紧急逃生通道)、水舱；天然气舱（含其紧急逃生通道)、热力+通信舱。盾构井 7 座、工艺节点井 29 座，分支线 23 处。综合管廊管理中心一处，位于和睦公园，建筑面积 $3048\mathrm{m}^2$；根据工程施工设计方案规定，工程采用盾构和明挖相结合施工方式。同时，为满足 2017 年 12 月 31 日正式运营的目标，针对本工程区间的地质条件，区间推进长度及相邻盾构井、检修井、周边环境等具体情况，并结合盾构管片运输等因素，将本工程划分为 6 个盾构区段，采用 12 台盾构机同时掘进施工。

13.5 机械化施工设备将得到迅猛发展

随着综合管廊的发展及机械设计制造的进步，一批适用于预制装配的机械也将会被研发出来，像预制综合管廊的拼装和吊装设备，如图 13.5-1 所示，目前有些地方的综合管廊已经开始使用了其中的一些设备。对于一些适用于综合管廊的矩形顶管机及盾构机也将会随着综合管廊项目的不断增多而发展迅速（图 13.5-2)。

图 13.5-1 管廊拼装机械化

图 13.5-2 矩形顶管机、各种盾构机将会越来越多

13.6　新旧地下综合管廊连接技术

目前国内综合管廊正处在新技术推动下的城市管线综合技术的赶超和革新阶段。随着综合管廊建设数量的不断增加，新旧地下综合管廊如何合理连接将会是摆在规划、设计和施工人员面前的难题。目前国内还没有关于新旧地下综合管廊连接的案例，但随着城市综合管廊建设数量的不断增加，新旧地下综合管廊连接技术将会得到快速的发展，并且会随着综合管廊的不断发展而逐渐成熟。

附录 1

国务院办公厅关于推进城市地下综合管廊建设的指导意见

国办发〔2015〕61 号

各省、自治区、直辖市人民政府，国务院各部委、各直属机构：

地下综合管廊是指在城市地下用于集中敷设电力、通信、广播电视、给水、排水、热力、燃气等市政管线的公共隧道。我国正处在城镇化快速发展时期，地下基础设施建设滞后。推进城市地下综合管廊建设，统筹各类市政管线规划、建设和管理，解决反复开挖路面、架空线网密集、管线事故频发等问题，有利于保障城市安全、完善城市功能、美化城市景观、促进城市集约高效和转型发展，有利于提高城市综合承载能力和城镇化发展质量，有利于增加公共产品有效投资、拉动社会资本投入、打造经济发展新动力。为切实做好城市地下综合管廊建设工作，经国务院同意，现提出以下意见：

一、总体要求

（一）指导思想。全面贯彻落实党的十八大和十八届二中、三中、四中全会精神，按照《国务院关于加强城市基础设施建设的意见》（国发〔2013〕36 号）和《国务院办公厅关于加强城市地下管线建设管理的指导意见》（国办发〔2014〕27 号）有关部署，适应新型城镇化和现代化城市建设的要求，把地下综合管廊建设作为履行政府职能、完善城市基础设施的重要内容，在继续做好试点工程的基础上，总结国内外先进经验和有效做法，逐步提高城市道路配建地下综合管廊的比例，全面推动地下综合管廊建设。

（二）工作目标。到 2020 年，建成一批具有国际先进水平的地下综合管廊并投入运营，反复开挖地面的“马路拉链”问题明显改善，管线安全水平和防灾抗灾能力明显提升，逐步消除主要街道蜘蛛网式架空线，城市地面景观明显好转。

（三）基本原则。

——坚持立足实际，加强顶层设计，积极有序推进，切实提高建设和管理水平。

——坚持规划先行，明确质量标准，完善技术规范，满足基本公共服务功能。

——坚持政府主导，加大政策支持，发挥市场作用，吸引社会资本广泛参与。

二、统筹规划

（四）编制专项规划。各城市人民政府要按照“先规划、后建设”的原则，在地下管线普查的基础上，统筹各类管线实际发展需要，组织编制地下综合管廊建设规划，规划期限原则上应与城市总体规划相一致。结合地下空间开发利用、各类地下管线、道路交通等专项建设规划，合理确定地下综合管廊建设布局、管线种类、断面形式、平面位置、竖向控制等，明确建设规模和时序，综合考虑城市发展远景，预留和控制有关地下空间。建立建设项目储备制度，明确五年项目滚动规划和年度建设计划，积极、稳妥、有序推进地下综合管廊建设。

（五）完善标准规范。根据城市发展需要抓紧制定和完善地下综合管廊建设和抗震防灾等方面的国家标准。地下综合管廊工程结构设计应考虑各类管线接入、引出支线的需求，满足抗震、人防和综合防灾等需要。地下综合管廊断面应满足所在区域所有管线入廊的需要，符合入廊管线敷设、增容、运行和维护检修的空间要求，并配建行车和行人检修通道，合理设置出入口，便于维修和更换管道。地下综合管廊应配套建设消防、供电、照明、通风、给水排水、视频、标识、安全与报警、智能管理等附属设施，提高智能化监控管理水平，确保管廊安全运行。要满足各类管线独立运行维护和安全管理需要，避免产生相互干扰。

三、有序建设

（六）划定建设区域。从2015年起，城市新区、各类园区、成片开发区域的新建道路要根据功能需求，同步建设地下综合管廊；老城区要结合旧城更新、道路改造、河道治理、地下空间开发等，因地制宜、统筹安排地下综合管廊建设。在交通流量较大、地下管线密集的城市道路、轨道交通、地下综合体等地段，城市高强度开发区、重要公共空间、主要道路交叉口、道路与铁路或河流的交叉处，以及道路宽度难以单独敷设多种管线的路段，要优先建设地下综合管廊。加快既有地面城市电网、通信网络等架空线入地工程。

（七）明确实施主体。鼓励由企业投资建设和运营管理地下综合管廊。创新投融资模式，推广运用政府和社会资本合作（PPP）模式，通过特许经营、投资补贴、贷款贴息等形式，鼓励社会资本组建项目公司参与城市地下综合管廊建设和运营管理，优化合同管理，确保项目合理稳定回报。优先鼓励入廊管线单位共同组建或与社会资本合作组建股份制公司，或在城市人民政府指导下组成地下综合管廊业主委员会，公开招标选择建设和运营管理单位。积极培育大型专业化地下综合管廊建设和运营管理企业，支持企业跨地区开展业务，提供系统、规范的服务。

（八）确保质量安全。严格履行法定的项目建设程序，规范招投标行为，落实工程建设各方质量安全主体责任，切实把加强质量安全监管贯穿于规划、建设、运营全过程，建设单位要按规定及时报送工程档案。建立地下综合管廊工程质量终身责任永久性标牌制度，接受社会监督。根据地下综合管廊结构类型、受力条件、使用要求和所处环境等因素，考虑耐久性、可靠性和经济性，科学选择工程材料，主要材料宜采用高性能混凝土和高强钢筋。推进地下综合管廊主体结构构件标准化，积极推广应用预制拼装技术，提高工程质量和安全水平，同时有效带动工业构件生产、施工设备制造等相关产业发展。

四、严格管理

（九）明确入廊要求。城市规划区范围内的各类管线原则上应敷设于地下空间。已建设地下综合管廊的区域，该区域内的所有管线必须入廊。在地下综合管廊以外的位置新建管线的，规划部门不予许可审批，建设部门不予施工许可审批，市政道路部门不予掘路许可审批。既有管线应根据实际情况逐步有序迁移至地下综合管廊。各行业主管部门和有关企业要积极配合城市人民政府做好各自管线入廊工作。

（十）实行有偿使用。入廊管线单位应向地下综合管廊建设运营单位交纳入廊费和日常维护费，具体收费标准要统筹考虑建设和运营、成本和收益的关系，由地下综合管廊建设运营单位与入廊管线单位根据市场化原则共同协商确定。入廊费主要根据地下综合管廊本体及附属设施建设成本，以及各入廊管线单独敷设和更新改造成本确定。日常维护费主要根据地下综合管廊本体及附属设施维修、更新等维护成本，以及管线占用地下综合管廊空间比例、对附属设施使用强度等因素合理确定。公益性文化企业的有线电视网入廊，有关收费标准可适当给予优惠。由发展改革委会同住房城乡建设部制定指导意见，引导规范供需双方协商确定地下综合管廊收费标准，形成合理的收费机制。在地下综合管廊运营初期不能通过收费弥补成本的，地方人民政府视情给予必要的财政补贴。

（十一）提高管理水平。城市人民政府要制定地下综合管廊具体管理办法，加强工作指导与监督。地下综合管廊运营单位要完善管理制度，与入廊管线单位签订协议，明确入廊管线种类、时间、费用和责权利等内容，确保地下综合管廊正常运行。地下综合管廊本体及附属设施管理由地下综合管廊建设运营单位负责，入廊管线的设施维护及日常管理由各管线单位负责。管廊建设运营单位与入廊管线单位要分工明确，各司其职，相互配合，做好突发事件处置和应急管理等工作。

五、支持政策

（十二）加大政府投入。中央财政要发挥“四两拨千斤”的作用，积极引导地下综合管廊建设，通过现有渠道统筹安排资金予以支持。地方各级人民政府要进一步加大地下综合管廊建设资金投入。省级人民政府要加强地下综合管廊建设资金的统筹，城市人民政府要在年度预算和建设计划中优先安排地下综合管廊项目，并纳入地方政府采购范围。有条件的城市人民政府可对地下综合管廊项目给予贷款贴息。

（十三）完善融资支持。将地下综合管廊建设作为国家重点支持的民生工程，充分发挥开发性金融作用，鼓励相关金融机构积极加大对地下综合管廊建设的信贷支持力度。鼓励银行业金融机构在风险可控、商业可持续的前提下，为地下综合管廊项目提供中长期信贷支持，积极开展特许经营权、收费权和购买服务协议预期收益等担保创新类贷款业务，加大对地下综合管廊项目的支持力度。将地下综合管廊建设列入专项金融债支持范围予以长期投资。支持符合条件的地下综合管廊建设运营企业发行企业债券和项目收益票据，专项用于地下综合管廊建设项目。

城市人民政府是地下综合管廊建设管理工作的责任主体，要加强组织领导，明确主管部门，建立协调机制，扎实推进具体工作；要将地下综合管廊建设纳入政府绩效考核体系，建立有效的督查制度，定期对地下综合管廊建设工作进行督促检查。住房和城乡建设部要会同有关部门建立推进地下综合管廊建设工作协调机制，组织设立地下综合管廊专家委员会；抓好地下综合管廊试点工作，尽快形成一批可复制、可推广的示范项目，经验成熟后有效推开，并加强对全国地下综合管廊建设管理工作的指导和监督检查。各管线行业主管部门、管理单位等要各司其职，密切配合，共同有序推动地下综合管廊建设。中央企业、省属企业要配合城市人民政府做好所属管线入地入廊工作。

国务院办公厅

2015 年 8 月 3 日

附录 2

住房城乡建设部关于印发《城市地下综合管廊工程规划编制指引》的通知

建城〔2015〕70 号

各省、自治区住房城乡建设厅，北京市市政市容委、规划委，天津市城乡建设委员会、规划局，上海市城乡建设和管理委员会、规划和国土资源管理局，重庆市城乡建设委员会、规划局，新疆生产建设兵团建设局：

为了贯彻落实《国务院办公厅关于加强城市地下管线建设管理的指导意见》（国办发〔2014〕27 号），做好城市地下综合管廊工程规划建设工作，我部制定了《城市地下综合管廊工程规划编制指引》。现印发你们，请认真贯彻执行。

中华人民共和国住房和城乡建设部

2015 年 5 月 26 日

城市地下综合管廊工程规划编制指引

第一章　总则

第一条　为了规范和指导城市地下综合管廊工程规划编制工作，提高规划的科学性，避免盲目、无序建设，制定本指引。

第二条　本指引适用于城市地下综合管廊（以下简称管廊）工程规划编制工作。

第三条　管廊工程规划应根据城市总体规划、地下管线综合规划、控制性详细规划编制，与地下空间规划、道路规划等保持衔接。

第四条　编制管廊工程规划应以统筹地下管线建设、提高工程建设效益、节约利用地下空间、防止道路反复开挖、增强地下管线防灾能力为目的，遵循政府组织、部门合作、科学决策、因地制宜、适度超前的原则。

第二章　一般要求

第五条　管廊工程规划由城市人民政府组织相关部门编制，用于指导和实施管廊工程建设。编制中应听取道路、轨道交通、给水、排水、电力、通信、广电、燃气、供热等行政主管部门及有关单位、社会公众的意见。

第六条　管廊工程规划应合理确定管廊建设区域和时序，划定管廊空间位置、配套设施用地等三维控制线，纳入城市黄线管理。

第七条　管廊建设区域内的所有管线应在管廊内规划布局。

第八条　管廊工程规划应统筹兼顾城市新区和老旧城区。新区管廊工程规划应与新区规划同步编制，老旧城区管廊工程规划应结合旧城改造、棚户区改造、道路改造、河道改造、管线改造、轨道交通建设、人防建设和地下综合体建设等编制。

第九条　管廊工程规划期限应与城市总体规划一致，并考虑长远发展需要。建设目标和重点任务应纳入国民经济和社会发展规划。

第十条 管廊工程规划原则上五年进行一次修订，或根据城市规划和重要地下管线规划的修改及时调整。调整程序按编制管廊工程规划程序执行。

第三章 编制内容

第十一条 规划可行性分析。根据城市经济、人口、用地、地下空间、管线、地质、气象、水文等情况，分析管廊建设的必要性和可行性。

第十二条 规划目标和规模。明确规划总目标和规模、分期建设目标和建设规模。

第十三条 建设区域。敷设两类及以上管线的区域可划为管廊建设区域。高强度开发和管线密集地区应划为管廊建设区域。主要是：

（一）城市中心区、商业中心、城市地下空间高强度成片集中开发区、重要广场，高铁、机场、港口等重大基础设施所在区域。

（二）交通流量大、地下管线密集的城市主要道路以及景观道路。

（三）配合轨道交通、地下道路、城市地下综合体等建设工程地段和其他不宜开挖路面的路段等。

第十四条 系统布局。根据城市功能分区、空间布局、土地使用、开发建设等，结合道路布局，确定管廊的系统布局和类型等。

第十五条 管线入廊分析。根据管廊建设区域内有关道路、给水、排水、电力、通信、广电、燃气、供热等工程规划和新（改、扩）建计划，以及轨道交通、人防建设规划等，确定入廊管线，分析项目同步实施的可行性，确定管线入廊的时序。

第十六条 管廊断面选型。根据入廊管线种类及规模、建设方式、预留空间等，确定管廊分舱、断面形式及控制尺寸。

第十七条 三维控制线划定。管廊三维控制线应明确管廊的规划平面位置和竖向规划控制要求，引导管廊工程设计。

第十八条 重要节点控制。明确管廊与道路、轨道交通、地下通道、人防工程及其他设施之间的间距控制要求。

第十九条 配套设施。合理确定控制中心、变电所、投料口、通风口、人员出入口等配套设施规模、用地和建设标准，并与周边环境相协调。

第二十条 附属设施。明确消防、通风、供电、照明、监控和报警、排水、标识等相关附属设施的配置原则和要求。

第二十一条 安全防灾。明确综合管廊抗震、防火、防洪等安全防灾的原则、标准和基本措施。

第二十二条 建设时序。根据城市发展需要，合理安排管廊建设的年份、位置、长度等。

第二十三条 投资估算。测算规划期内的管廊建设资金规模。

第二十四条 保障措施。提出组织、政策、资金、技术、管理等措施和建议。

第四章 编制成果

第二十五条 文本

（一）总则
（二）依据
（三）规划可行性分析
（四）规划目标和规模
（五）建设区域
（六）系统布局
（七）管线入廊分析
（八）管廊断面选型
（九）三维控制线划定
（十）重要节点控制
（十一）配套设施
（十二）附属设施
（十三）安全防灾
（十四）建设时序
（十五）投资估算
（十六）保障措施
（十七）附表
第二十六条　图纸
（一）管廊建设区域范围图
（二）管廊建设区域现状图
（三）管廊系统规划图
（四）管廊分期建设规划图
（五）管线入廊时序图
（六）管廊断面示意图
（七）三维控制线划定图
（八）重要节点竖向控制图和三维示意图
（九）配套设施用地图
（十）附属设施示意图
第二十七条　附件
规划说明书、专题研究报告、基础资料汇编等。

第五章　附则

第二十八条　县人民政府所在地镇、中心镇开展管廊工程规划编制，可参照执行。

附录 3

国家发展改革委　住房和城乡建设部
关于城市地下综合管廊实行有偿使用制度的指导意见

发改价格〔2015〕2754 号

各省、自治区、直辖市发展改革委、物价局、住房和城乡建设厅（城乡建委、规划委、局、市政市容委），新疆生产建设兵团发展改革委、建设局：

为贯彻落实《国务院办公厅关于推进城市地下综合管廊建设的指导意见》（国办发〔2015〕61 号），使市场在资源配置中起决定性作用和更好发挥政府作用，形成合理收费机制，调动社会资本投入积极性，促进城市地下综合管廊建设发展，提高新型城镇化发展质量，现就城市地下综合管廊实行有偿使用制度提出以下意见：

一、建立主要由市场形成价格的机制

（一）城市地下综合管廊各入廊管线单位应向管廊建设运营单位支付管廊有偿使用费用。各地应按照既有利于吸引社会资本参与管廊建设和运营管理，又有利于调动管线单位入廊积极性的要求，建立健全城市地下综合管廊有偿使用制度。

（二）城市地下综合管廊有偿使用费标准原则上应由管廊建设运营单位与入廊管线单位协商确定。凡具备协商定价条件的城市地下综合管廊，均应由供需双方按照市场化原则平等协商，签订协议，确定管廊有偿使用费标准及付费方式、计费周期等有关事项。

城市地下综合管廊本体及附属设施建设、运营管理，由管廊建设运营单位负责；入廊管线的维护及日常管理由各管线所属单位负责。城市地下综合管廊建设运营单位与入廊管线单位应在签订的协议中明确双方对管廊本体及附属设施、入廊管线维护及日常管理的具体责任、权利等，并约定滞纳金计缴等相关事项，确保管廊及入廊管线正常运行。

供需双方签订协议、确定城市地下综合管廊有偿使用费标准时，应同时建立费用标准定期调整机制，确定调整周期，根据实际情况变化按期协商调整管廊有偿使用费标准。供需双方可委托第三方机构对城市地下综合管廊建设、运营服务质量、资金使用效率等情况进行综合评估，评估结果作为协商调整有偿使用费标准的参考依据。

城市地下综合管廊建设运营单位与入廊管线单位协商确定有偿使用费标准，不能取得一致意见时，由所在城市人民政府组织价格、住房和城乡建设主管部门等进行协调，通过开展成本调查、专家论证、委托第三方机构评估等形式，为供需双方协商确定有偿使用费标准提供参考依据。

（三）对暂不具备供需双方协商定价条件的城市地下综合管廊，有偿使用费标准可实行政府定价或政府指导价。实行政府定价或政府指导价的管廊有偿使用费应列入地方定价目录，明确价格管理形式、定价部门。有关地方可根据实际情况，由省级价格主管部门会同住房和城乡建设主管部门或省人民政府授权城市人民政府，依法制定有偿使用费标准或政府指导价的基准价、浮动幅度，并规定付费方式、计费周期、定期调整机制等有关事项。

列入地方定价目录的，制定、调整城市地下综合管廊有偿使用费标准，应依法履行成本监审、成本调查、专家论证、信息公开等程序，保证定调价工作程序规范、公开、透明，自觉接受社会监督。

制定、调整城市地下综合管廊有偿使用费标准，应根据本指导意见关于管廊有偿使用费构成因素的规定，认真做好管廊建设运营成本监审及入廊管线单独敷设成本调查、测算等工作，统筹考虑建设和运营、成本和收益的关系，合理制定管廊有偿使用费标准。

二、关于费用构成

（一）城市地下综合管廊有偿使用费包括入廊费和日常维护费。入廊费主要用于弥补管廊建设成本，由入廊管线单位向管廊建设运营单位一次性支付或分期支付。日常维护费主要用于弥补管廊日常维护、管理支出，由入廊管线单位按确定的计费周期向管廊运营单位逐期支付。

（二）费用构成因素

1.入廊费。可考虑以下因素：

（1）城市地下综合管廊本体及附属设施的合理建设投资；

（2）城市地下综合管廊本体及附属设施建设投资合理回报，原则上参考金融机构长期贷款利率确定（政府财政资金投入形成的资产不计算投资回报）；

（3）各入廊管线占用管廊空间的比例；

（4）各管线在不进入管廊情况下的单独敷设成本（含道路占用挖掘费，不含管材购置及安装费用，下同）；

（5）管廊设计寿命周期内，各管线在不进入管廊情况下所需的重复单独敷设成本；

（6）管廊设计寿命周期内，各入廊管线与不进入管廊的情况相比，因管线破损率以及水、热、气等漏损率降低而节省的管线维护和生产经营成本；

（7）其他影响因素。

2.日常维护费。可考虑以下因素：

（1）城市地下综合管廊本体及附属设施运行、维护、更新改造等正常成本；

（2）城市地下综合管廊运营单位正常管理支出；

（3）城市地下综合管廊运营单位合理经营利润，原则上参考当地市政公用行业平均利润率确定；

（4）各入廊管线占用管廊空间的比例；

（5）各入廊管线对管廊附属设施的使用强度；

（6）其他影响因素。

三、完善保障措施

（一）扶持公益事业。企业及各类社会资本参与投资建设和运营管理的城市地下综合管廊，对城市市政路灯系统、公共安防监控通信系统等公益性管线入廊，可采取政府购买服务方式。对公益性文化企业的有线电视网入廊，有偿使用费标准可实行适当优惠，并由政府予以适当补偿。

（二）完善支持政策。城市地下综合管廊运营不能通过收费弥补成本的，由地方人民政府按照国办发〔2015〕61号文件规定，视情给予必要的财政补贴。各地可根据当地实际情况，灵活采取多种政府与社会资本合作（PPP）模式推动社会资本参与城市地下综合管廊建设和运营管理，依法依规为管廊建设运营项目配置土地、物业等经营资源，统筹运用价格补偿、财政补贴、政府购买服务等多种渠道筹集资金，引导社会资本合作方形成合理回报预期，调动社会资本投入积极性。

（三）提高管理水平。在PPP项目中，政府有关部门应通过招标、竞争性谈判等竞争方式选择社会资本合作方，合理控制城市地下综合管廊建设、运营成本。城市地下综合管廊建设运营单位应加强管理，积极采用先进技术，从严控制管廊建设和运营管理成本水平，为降低有偿使用费标准，减少入廊管线单位支出创造条件。

各省、自治区、直辖市价格主管部门应会同住房和城乡建设主管部门，根据本意见和当地实际情况制定具体实施办法，建立健全本地区管廊有偿使用制度，形成合理的收费机制，促进城市地下综合管廊建设发展。

国家发展改革委
住房和城乡建设部
2015年11月26日

参考文献

[1] 王恒栋，薛伟辰.综合管廊工程理论与实践 [M].北京：中国建筑工业出版社，2013.

[2] 中国建筑技术中心标准和资讯研究所.城市地下综合管廊建造关键技术汇编 [R].2015.

[3] 城市综合管廊工程技术规范 GB 50838—2015 [S].北京：中国计划出版社，2015.

[4] 城市综合管廊（湘 2015SZ102-3 附属工程）[S].湖南省建筑标准设计办公室，2016.

[5] 许蓁，于洁.BIM应用·设计 [M].上海：同济大学出版社，2016.

[6] National BIM Standard-United States（Version1）[S].2007.

[7] National BIM Standard-United States（Version2）[S].2012.

[8] National BIM Standard-United States（Version3）[S].2015.

[9] 姜天凌，李芳芳等.BIM在市政综合管廊设计中的应用 [J].中国给水排水，2015，31（12）：65-67.

[10] 刘铭，张京等.BIM技术在市政工程设计中的应用 [J].市政技术，2015，33（4）：195-198.

[11] 胡振中，彭阳等.基于BIM的运维管理研究与应用综述 [J].图学学报，2015，36（5）：802-810.

[12] 欧特克BIM解决方案：规划、勘察设计企业实施建议书 [R].2014.

[13] 设计企业BIM实施标准指南 [M].北京：中国建筑工业出版社，2013.

[14] 中国勘察设计协会，欧特克软件（中国）有限公司.Autodesk BIM实施计划——实用的BIM实施框架 [M].北京：中国建筑工业出版社，2010.

[15] 何关培，王轶群，应宇垦.BIM总论 [M].北京：中国建筑工业出版社，2011.

[16] 上海市建筑信息模型技术应用指南 [R].2015.

[17] 民用建筑信息模型设计标准 DB11T 1069—2014 [S].2014.

[18] AIA Document G202-2013 [R].2013.

[19] AIA Document E202-2008 [R].2008.

[20] 英国面向 Autodesk Revit AEC（UK）BIM标准（Version1）[S].2010.

[21] 张峥.基于BIM技术条件下的工程项目设计工作流程的新型模式 [D].2015.

[22] 张建平，李丁等.BIM在工程施工中的应用 [J].施工技术，2012，41（371）：10-17.

[23] 城市综合管廊工程技术规范 GB 50838—2012 [S].北京：中国计划出版社，2012.

[24] 张浩.综合管廊供配电系统的设计 [J].现代建筑电气，2011（4）：36-39.

[25] 民用建筑电气设计规范 JGJ 16—2008 [S].北京：中国建筑工业出版社，2008.

[26] 供配电系统设计规范 GB 50052—2009 [S].北京：中国计划出版社，2010.

[27] 束昱. 洪水来袭，地下空间如何保安全 [J].生命与灾害，2011（7）：4-7.

[28] 由浩宇. 综合管廊管道隔震分析 [D].哈尔滨工业大学，2011.

[29] 孙宇. 地下城市综合管廊的抗火构造与消防设计 [J]. 防灾减灾工程学报，2012，39（增刊）：109-111.

[30] 王恒栋. 城市市政综合管廊安全保障措施 [J]. 城市道桥与防洪，2014（2）：157-159.

[31] 赵伟. 城市综合管廊火灾危险性分析与预防 [J]. 消防技术与产品信息，2012（7）：3-6.

[32] 孙磊，刘澄波. 综合管廊的消防灭火系统比较与分析 [J]. 地下空间与工程学报，2009，5（3）：616-620.

[33] 工程结构可靠度设计统一标准 GB 50153—2008 [S].

[34] 城市综合管廊工程技术规范 GB 50838—2010 [S].

[35] 建筑施工承插型盘扣式钢管支架安全技术规程 JGJ 231—2010 [S].

[36] 建筑施工扣件式钢管脚手架安全技术规范 JGJ 130—2011 [S].
[37] 建筑施工碗扣式脚手架安全技术规范 JGJ 166—2008 [S].
[38] 建筑施工安全检查标准 JGJ 59—2011 [S].